농작업
안전보건기사

필기 | 한권으로 끝내기

시대에듀

농작업안전보건기사
필기 한권으로 끝내기

Always **with you**

사람의 인연은 길에서 우연하게 만나거나 함께 살아가는 것만을 의미하지는 않습니다.
책을 펴내는 출판사와 그 책을 읽는 독자의 만남도 소중한 인연입니다.
시대에듀는 항상 독자의 마음을 헤아리기 위해 노력하고 있습니다. 늘 독자와 함께하겠습니다.

머리말

농업분야 종사자의 재해 발생이 전체 산업 평균보다 훨씬 높은 것을 알게 되면서 산업보건에 종사하는 책임자로 일반 산업종사자들에게만 국한되어 있는 안전보건관리에 문제점을 느껴 왔다.

농업은 경제적인 이유로 건강보다는 농업의 생산성을 우선시하게 되고 농업안전보건의 국가관리 시스템의 부재로 인해 농업인의 안전과 보건에 대한 인식이 떨어져 농작업안전보건기사는 농업에 꼭 필요한 직업군이다.

농업은 더 이상 과거에 머물러 있지 않다. 생명공학이 발전하면서 농업분야에서도 생명공학기술을 이용하여 생산량을 높이고 기능성 작물 등을 육성하는 연구가 빠르게 진행되고 있다. 이와 같이 농업의 발전에 발맞추어 기본적이고 필수적인 농업 관련 안전 · 보건의 발전도 함께 이루어져야 한다고 생각한다.

본 교재는 교육, 안전관리, 보건관리, 안전생활에 관한 내용을 수립하였다. 특히 한국산업인력공단에서 발표한 최근 출제기준에 맞추어 시험에 꼭 나올 만한 이론들을 상세하게 기술하였고 이 이론에 맞춰 시험에 출제될 것으로 예상되는 문제들을 선별하여 과목별 적중예상문제를 수록하였다.

또한 시험 전에 최종 마무리가 가능하도록 과년도+최근 기출복원문제를 수록하여 문제 패턴 익히기에 적합하도록 만들었다.

본 교재를 이용해 공부할 때 몇 가지 당부를 드린다.

❶ 이론 부분은 밑줄을 그어가면서 처음부터 끝까지 정독을 한다. 꼼꼼하게 이론을 숙지한다.

❷ 적중예상문제는 정답과 해설을 먼저 참고하지 말고 이론을 공부한 후에 바로 풀어본다.

❸ 한 번에 맞힌 문제는 이미 알고 있는 문제이므로 넘어가고, 틀린 문제는 꼭 다시 풀어보고 유형을 익힌다. 해설도 꼭 외운다.

❹ 전 과목에서 고르게 점수를 획득할 수 있는 전략을 세운다. 어려운 내용보다는 꼭 맞힐 수 있는 내용에 집중한다. 과목별 전략을 세워 전체적으로 평균 60점을 만들 수 있도록 한다.

본 교재는 비전문가대상이 아닌 농작업안전보건전문가가 되고자 하는 분들을 위해 만들어졌으므로 기존의 안전, 보건이론에 대한 내용과 농작업, 농업인에 중점을 두고 적절하게 균형 있는 내용을 실었다.

본 교재를 통해 농작업안전보건기사 자격시험에 합격하여 농업인의 안전보건발전에 기여할 수 있는 인재가 발굴되길 바란다.

교재가 나오기까지 많은 도움을 주신 시대에듀 임직원분들에게 감사의 말씀을 올린다.

편저자 씀

수행직무

농작업 안전보건교육 계획의 수립 · 실시 · 평가 · 개선 등의 업무를 수행하고, 농작업과 관련한 위험요인을 예측 · 확인하고 대책을 제시한다. 농작업과 관련한 유해요인의 관리와 농작업 근골격계 질환 등 건강을 관리하고, 농촌에서의 안전생활을 지도하며, 농작업 관련한 보호장구류 관리 업무를 수행한다.

시험일정

구 분	필기원서접수 (인터넷)	필기시험	필기합격 (예정자)발표	실기원서접수	실기시험	최종 합격자 발표일
제3회	6.18~6.21	7.5~7.27	8.7	9.10~9.13	10.19~11.8	12.11

※ 상기 시험일정은 시행처의 사정에 따라 변경될 수 있으니, http://www.q-net.or.kr에서 확인하시기 바랍니다.

시험요강

① 시행처 : 한국산업인력공단
② 시험과목
   ㉠ 필기 : 1. 농작업과 안전보건교육 2. 농작업 안전관리 3. 농작업 보건관리 4. 농작업 안전생활
   ㉡ 실기 : 농작업안전보건 실무
③ 검정방법
   ㉠ 필기 : 객관식 4지 택일형, 과목당 20문항(과목당 30분)
   ㉡ 실기 : 필답형(1시간 30분)
④ 합격기준
   ㉠ 필기 : 100점을 만점으로 하여 과목당 40점 이상, 전 과목 평균 60점 이상
   ㉡ 실기 : 100점을 만점으로 하여 60점 이상

출제기준(필기)

필기과목명	주요항목	세부항목
농작업과 안전보건교육	농작업 안전보건	• 농작업 안전보건 이해 • 농작업 재해현황 • 농작업 안전보건 특성
	농작업 안전보건교육	• 농작업 안전보건교육 이론 • 농작업 안전보건교육 실무
	농작업 안전보건 관련법	• 농업인 안전보건 관련법 • 농기자재 안전보건 관련법
농작업 안전관리	안전관리 이론	• 안전관리 개요 • 안전관리 점검 · 계획
	농업인 안전관리	• 사고 원인조사 및 대책수립 • 재해유형별 안전관리
	농기자재 안전관리	• 농업기계 안전관리 • 농업기계별 안전지침 • 기타 농자재 안전관리
농작업 보건관리	농작업 환경의 건강 유해요인	• 유해요인의 평가 • 화학적 유해요인 • 물리적 유해요인 • 생물학적 유해요인 • 근골격계 유해요인
	농작업 관련 주요 질환	• 근골격계 질환 관리 • 농약중독 관리 • 감염성 질환 관리 • 호흡기계 질환 관리 • 기타 직업성 질환
농작업 안전생활	농촌생활 안전관리	• 농작업 시설 전기 · 화재안전 • 온열 · 한랭 · 자외선 안전 • 기타 농촌생활 안전
	농작업자 개인보호구	• 농작업자 개인보호구 선정 및 사용, 유지관리
	농업인 건강관리	• 스트레스 관리 • 기타 건강관리
	응급처치	• 응급상황별 대응방법

출제기준(실기)

실기과목명	주요항목	세부항목
농작업 안전보건 실무	농작업 안전보건교육	• 농작업 안전보건 교육계획 수립하기 • 농작업 안전보건 교육운영하기 • 농작업 안전보건교육 평가 · 개선하기
	농기자재 안전관리	• 농업기계 안전관리하기 • 농업기계별 안전지침 제시하기 • 기타 농자재 안전관리하기
	농작업 손상관리	• 재해조사 • 재해통계 및 안전점검 • 사고유형별 안전관리
	농작업 유해요인 관리	• 화학적 유해요인(농약 등) 평가 · 관리하기 • 물리적 유해요인 평가 · 관리하기 • 생물학적 유해요인 평가 · 관리하기 • 근골격계 유해요인 평가 · 관리하기
	농업인 질환관리	• 농작업 근골격계 질환 관리 • 농약중독 관리하기 • 스트레스 관리하기 • 감염성 질환 관리하기 • 호흡기계 질환 관리하기 • 피부 질환, 뇌심혈관 질환, 온열 관련 질환, 농업인 직업성 암, 과로 등 기타 건강장해 관리하기
	농촌생활 안전관리	• 전기 · 화재 안전 생활지도하기 • 추위 · 더위 · 자외선으로부터 안전 생활지도하기 • 곤충 · 동식물 안전 생활지도하기 • 일반생활 및 환경 안전관리하기 • 농촌재난대비 대응하기
	농작업 보호장구류 관리	• 농작업 보호장구류 선정하기 • 농작업 보호장구류 사용지도하기 • 농작업 보호장구류 유지관리지도하기

농작업안전보건기사 구성 및 특징

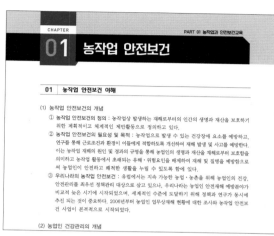

핵심이론

출제기준을 완벽 분석하여 필수적으로 학습해야 하는 핵심이론을 정리하였습니다. 중요한 내용은 그림 및 도표를 통해 좀 더 쉽게 이해할 수 있도록 하였습니다.

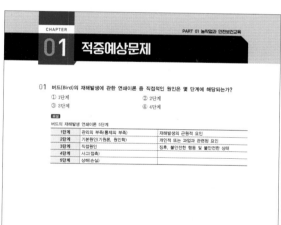

적중예상문제

꼭 풀어봐야 할 핵심문제만을 엄선하여 단원별로 수록하였습니다. 적중예상문제를 통해 핵심이론에서 학습한 중요 개념과 내용을 한 번 더 확인할 수 있습니다.

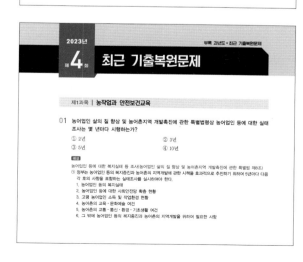

과년도 + 최근 기출복원문제

지금까지 출제된 과년도 기출문제와 최근에 출제된 기출문제를 복원하여 가장 최신의 출제 경향을 파악하고 새롭게 출제된 문제의 유형을 익혀 처음 보는 문제들도 모두 맞힐 수 있도록 하였습니다.

PART 01

농작업과
안전보건교육

CHAPTER 01 농작업 안전보건

01 농작업 안전보건 이해

(1) 농작업 안전보건의 개념

① **농작업 안전보건의 정의** : 농작업상 발생하는 재해로부터의 인간의 생명과 재산을 보호하기 위한 계획적이고 체계적인 제반활동으로 정의하고 있다.

② **농작업 안전보건의 필요성 및 목적** : 농작업으로 발생 수 있는 건강장애 요소를 예방하고, 연구를 통해 근로조건과 환경이 이들에게 적합하도록 개선하여 재해 발생 및 사고를 예방한다. 이는 농작업 재해의 원인 및 경과의 규명을 통해 농업인의 생명과 재산을 재해로부터 보호함을 의미하고 농작업 활동에서 초래되는 유해·위험요인을 배제하여 재해 및 질병을 예방함으로써 농업인이 안전하고 쾌적한 생활을 누릴 수 있도록 함에 있다.

③ **우리나라의 농작업 안전보건** : 유럽에서는 지속 가능한 농업·농촌을 위해 농업인의 건강, 안전관리를 최우선 정책관리 대상으로 삼고 있으나, 우리나라는 농업인 안전재해 예방분야가 비교적 늦은 시기에 시작되었으며, 세계적인 수준에 도달하기 위해 정책과 연구가 동시에 추진 되는 것이 중요하다. 2006년부터 농업인 업무상재해 현황에 대한 조사와 농작업 안전보건 사업이 본격적으로 시작되었다.

(2) 농업인 건강관리의 개념

① **건강의 개념**

　㉠ 건강의 정의

　　• 세계보건기구(WHO ; World Health Organization)의 건강에 대한 정의 : 건강은 신체적으로 질병이 없거나 허약하지 않을 뿐만 아니라 정신적, 사회적, 영적으로 완전히 안녕한 상태이다(1988).

　　• 건강이란 육체적·정신적으로 질병이나 이상이 없고, 개인적으로 정상적인 생활을 영위할 수 있는 신체상태를 말하였으나, 오늘날에는 개인이 사회생활에 의존하는 경향이 커짐에 따라서 사회가 각 개인의 건강에 기대하는 것도 많아졌기 때문에 사회적인 건강이란 면에서 이와 같이 건강을 정의하였다.

　㉡ 의학적 모형(생의학에서 유래)

　　• 건강과 질병을 이분법적으로 생각하여 '질병이 없는 상태는 건강상태이다'라고 정의한다.

　　• 건강한 사람과 건강하지 않은 사람으로 나눈다.

- '특정원인에 의해 질환의 발생이 가능하며(단일원인-단일결과), 특정원인을 발견해 문제의 관리방법을 개발하면 건강하다'라고 한다.

　ⓒ 생태학적 모형
- 인간의 건강은 환경, 숙주, 병원체 간의 균형에 의해 결정된다.
- 환경에는 물리적, 사회적, 환경적 요인이 작용하며 제일 중요하며 이 세 가지 균형이 깨지면 건강하지 않은 것이다.

　ⓔ 질병-안녕 연속 모형
- 질병이 없는 상태의 소극적 개념에서 발전하여 현재의 건강을 최고수준으로 유지하고 증진하는 적극인 개념을 강조한다.
- 스스로 건강을 인지하는 것부터가 건강의 시작이다.

　ⓜ 건강결정 요인 : 생물학적 요인, 사회경제적 요인, 환경적 요인, 생활양식
　　이 중에서 생활양식(흡연, 음주, 약물 습관, 식습관, 운동습관, 스트레스관리 등)이 가장 중요한 건강결정 요인이다.

② **건강증진의 개념**

　㉠ 건강증진의 정의 : 건강을 더 나은 상태로 향상시키는 것이다.
- 미국 Healthy People 2010(HP2010) : 사람들로 하여금 복지상태를 유지 또는 강화할 수 있는 생활양식을 발전시키도록 돕는 대책을 개발하는 것이다.
- WHO 오타와 헌장(Ottawa Charter) : 사람들로 하여금 자신의 건강에 대한 통제력을 증가시키고 건강을 향상시키는 능력을 갖도록 하는 과정이다.
- 평균수명 : 어떤 인구의 연간 사망자의 평균연령
- 기대수명(Life Expectancy)
- 건강수명(Health Life Expectancy) : 기대수명에서 질병이나 부상으로 고통 받는 기간을 제외한 건강한 삶을 유지하는 기간으로 최종적인 건강 증진의 목표

　㉡ 우리나라의 건강증진사업

1983년	• 국민건강조사
1989년	• 보건의식행태조사
1995년	• 국민건강증진법, 지역보건법(국가적 차원에서 처음 신설됨)
1997년	• 국민건강증진기금 조성
2002년	• 제1차 국민건강증진종합계획(HP2010, 2002~2005) 수립 • 비전 : 75세의 건강장수 실현이 가능한 사회
2005년	• 제2차 국민건강증진종합계획(HP2010, 2006~2010) 수립 • 비전 : 온 국민이 함께하는 건강세상
2011년	• 제3차 국민건강증진종합계획(HP2020, 2011~2015) 수립 • 비전 : 온 국민이 함께 만들고 누리는 건강세상 • 목표 : 건강수명 연장(75세)과 건강형평성 제고
2016년	• 제4차 국민건강증진종합계획(HP2020, 2016~2020) 수립 • 비전 : 온 국민이 함께 만들고 누리는 건강세상

2021년	• 제5차 국민건강증진종합계획(HP2030, 2021~2030) 수립 • 비전 : 모든 사람이 평생 건강을 누리는 사회 • 목표 : 건강형평성 확보, 전 생애주기에 걸친 건강권 보장

    ⓒ 건강증진의 원칙 3가지
- 옹호(Advocacy) : 대중의 관심 불러 일으키고 보건의료의 수요를 충족할 수 있는 건강한 보건정책을 수립하도록 강력히 촉구하는 것이다.
- 역량강화(Empowerment) : 본인과 가족의 건강을 유지, 증진할 수 있게 하는 것을 그들의 권리로 인정하며, 이들 스스로의 건강관리에 적극참여하여 행동에 책임을 느끼게 하는 것이다.
- 연합(Alliance) : 건강에 영향을 미치는 경제, 언론, 학교 등 모든 관련 분야의 전문가들이 협조하는 것이다.

    ⓔ 건강증진의 활동요소 5가지
- 개인의 기술개발
- 지역사회 활동 강화
- 지원적 환경의 구축
- 건강한 공공 정책의 수립
- 보건의료제도의 방향 재설정

③ **건강 행위 구분**

    ㉠ 예방행위(Preventive Behavior)
- 자신이 건강하며 질병이나 증후, 증상이 없다고 믿는 사람들이 계속 건강하기 위한 행위이다.
- 1차 예방 : 건강보호-예방접종, 사고예방, 개인위생관리, 건강증진-보건교육, 영양섭취 등
- 1차 예방은 지역사회에서 가장 중요하게 생각한다.

    ㉡ 질병행위(Illness Behavior)
- 자신의 건강을 확신하지 못하거나 건강하지 못할 때 무엇을 해야 하는지 원하는 사람의 행위이다.
- 2차 예방(치료) : 조기진단 조기치료-건강검진, 장애감소

    ㉢ 환자역할행위(Sick-role Behavior)
- 이미 병에 걸리고 아프다고 인정된 사람들이 하는 행위
- 3차 예방(재활)

④ **건강진단**

    ㉠ 일반건강진단
- 상시 사용하는 근로자의 건강관리를 위하여 사업주가 주기적으로 실시하는 건강진단
- 실시 주기
  - 사무직 종사 근로자 : 2년에 1회 이상
  - 그 밖의 근로자 : 1년에 1회 이상

- 일반건강진단의 검사항목 : 과거병력, 작업경력 및 자각·타각증상(시진·촉진·청진 및 문진), 혈압·혈당·요당·요단백 및 빈혈검사, 체중·시력 및 청력, 흉부방사선 간접촬영, 혈청 GOT, GPT, 감마GPT 및 총콜레스테롤
- ㉡ 특수건강진단
  - 특수건강진단 대상 업무에 종사하는 근로자
  - 근로자 건강진단 실시 결과 직업병 유소견자로 판정받은 후 작업 전환을 하거나 작업장 소를 변경하고, 직업병 유소견 판정의 원인이 된 유해인자에 대한 건강진단이 필요하다는 의사의 소견이 있는 근로자의 건강관리를 위하여 사업주가 실시하는 건강진단
  - 특수건강진단의 시기 및 주기(「산업안전보건법 시행규칙」 별표 23)

구 분	대상 유해인자	시 기 배치 후 첫 번째 특수건강진단	주 기
1	N,N-다이메틸아세트아마이드 다이메틸폼아마이드	1개월 이내	6개월
2	벤 젠	2개월 이내	6개월
3	1,1,2,2-테트라클로로에탄 사염화탄소 아크릴로나이트릴 염화비닐	3개월 이내	6개월
4	석면, 면 분진	12개월 이내	12개월
5	광물성 분진 목재 분진 소음 및 충격소음	12개월 이내	24개월
6	위 1~5까지의 대상 유해인자를 제외한 화학적 인자, 분진, 물리적 인자, 야간작업의 모든 대상 유해인자	6개월 이내	12개월

- ㉢ 배치전건강진단
  - 특수건강진단 대상 업무에 종사할 근로자에 대하여 배치 예정업무에 대한 적합성 평가를 위하여 사업주가 실시하는 건강진단
  - 실시 시기 : 특수건강진단 대상 업무에 근로자를 배치하기 전 사업주가 특수건강진단 실시 전 건강진단기관에 미리 알려야 할 사항
  - 특수건강진단 대상 업무에 배치하려는 근로자가 담당할 업무
  - 배치하려는 작업장의 특수건강진단 대상 유해인자 등 관련 정보
- ㉣ 수시건강진단
  - 특수건강진단대상업무로 인하여 해당 유해인자로 인한 것이라고 의심되는 직업성 천식, 직업성 피부염, 그 밖에 건강장해 증상을 보이거나 의학적 소견이 있는 근로자에 대하여 사업주가 실시하는 건강진단
  - 실시 시기
    - 특수건강진단 대상 유해인자에 노출되는 근로자 중 급성으로 증상이나 의학적 소견이 발생하는 경우

- 작업관련성이 의심되는 천식·피부질환 관련 증상을 호소하거나 의학적 소견을 보이는 경우

　㉤ 임시건강진단
- 다음의 어느 하나에 해당하는 경우에 특수건강진단 대상 유해인자 또는 그 밖의 유해인자에 의한 중독 여부, 질병에 걸렸는지 여부 또는 질병의 발생원인 등을 확인하기 위하여 지방고용노동관서의 장의 명령에 따라 사업주가 실시하는 건강진단
- 같은 부서에 근무하는 근로자 또는 같은 유해인자에 노출되는 근로자에게 유사한 질병의 자각·타각증상이 발생한 경우
- 직업병 유소견자가 발생하거나 여러 명이 발생할 우려가 있는 경우
- 그 밖에 지방고용노동관서의 장이 필요하다고 판단하는 경우

　㉥ 건강관리구분 판정(「근로자 건강진단 실시기준」 별표 4 관련)

건강관리구분		건강관리 구분내용
A		건강관리상 사후관리가 필요 없는 근로자(건강한 근로자)
C	C_1	직업성 질병으로 진전될 우려가 있어 추적검사 등 관찰이 필요한 근로자(직업병 요관찰자)
	C_2	일반질병으로 진전될 우려가 있어 추적관찰이 필요한 근로자(일반질병 요관찰자)
D_1		직업성 질병의 소견을 보여 사후관리가 필요한 근로자(직업병 유소견자)
D_2		일반 질병의 소견을 보여 사후관리가 필요한 근로자(일반질병 유소견자)
R		건강진단 1차 검사결과 건강수준의 평가가 곤란하거나 질병이 의심되는 근로자(제2차 건강진단 대상자)

⑤ 농업인의 건강에 관한 특성
　㉠ 농업인은 다른 직종군과 비교하였을 때, 작업관련성 손상과 질병에 대한 위험이 크며 농업은 가장 위험한 직업군으로 알려져 있다.
　㉡ 작업 관련성 질환에 대한 진단의 어려움, 농작업 중 노출되는 여러 위험요인과 실제 질병을 일으키는 인자들이 다양하고 복잡하여, 임상 과정에서 구체적인 병의 진단이 어려울 수 있다.
　㉢ 농업인들의 농작업은 단일한 환경 속에서 고정된 작업을 수행하는 것이 아니라 다양한 환경과 업무에 종사함으로써 복합 요인들에 노출될 수 있다는 점이다.
　㉣ 연중 계속되는 작업에 종사하는 것과 하루 대부분을 농작업을 수행하는 측면에서 농작업의 신체적 부담은 가중된다.

(3) 농작업 재해의 정의

① 농작업 재해의 정의 : 농작업 재해(농업인 업무상재해)란 농업 생산 활동 및 부수적 행위와 관련된 근골격계의 위험요인, 분진(호흡기계질환), 농약(농업인의 사고와 중독), 안전위험 요인(농기계사고) 등 각종 위험요인에 장·단기적으로 농업인이 노출되어 발생하는 작업관련 성 질환 또는 안전사고를 총칭한다. 또한 농작업 조건, 작업 환경과 재해 사이에 상당한 인과 관계가 있는 것으로 나타난 농약중독, 농부폐증 또는 농기계 사고 등을 포함한다. 농작업 재해를 좀 더 간단하게 표현하면 '농업에서 발생하는 산업재해'라고 말할 수 있는데 우리나라의 산업안전보건법상에는 "산업재해"란 노무를 제공하는 사람이 업무에 관계되는 건설물·설비· 원재료·가스·증기·분진 등에 의하거나 작업 또는 그 밖의 업무로 인하여 사망 또는 부상하 거나 질병에 걸리는 것으로 정의하고 있다.

② 재해의 이해
  ㉠ 중대재해의 정의
    • 사망자가 1명 이상 발생한 재해
    • 3개월 이상의 요양이 필요한 부상자가 동시에 2명 이상 발생한 재해
    • 부상자 또는 직업성질병자가 동시에 10명 이상 발생한 재해
  ㉡ 재해 발생 형태
    • 집중형(단순자극형) : 재해의 요소가 독립적으로 집중되어 재해가 발생하는 유형이다.
    • 연쇄형 : 하나의 사고요인이 또 다른 요인을 발생시키면서 재해를 발생시키는 유형이다.
    • 복합형 : 집중형(단순자극형)과 연쇄형의 복합적인 발생 유형이다.
  ㉢ 재해 발생 원리 및 법칙
    • 재해 발생 법칙

하인리히(1 : 29 : 300 = 330)	ILO(1 : 20 : 200 = 221)	버드(1 : 10 : 30 : 600 = 641)
1 : 중상(8일 이상 휴업) 29 : 경상해(휴업 7일 이하) 300 : 무상해(휴업 1일 미만)	1 : 중상 20 : 경상 200 : 무상해	1 : 중상 10 : 경상(물·인적 사고) 30 : 무상해 사고(물적 손실) 600 : 무상해·무사고

    • 재해 발생 원리 이론

	하인리히 도미노 이론	프랑크 버드의 신도미노 이론	아담스의 이론
제1단계	사회적 환경과 유전적인 요소	통제부족(관리소홀) (제거 가능한 요인)	관리구조
제2단계	개인적 결함(성격·개성 결함)	기본원인(기원)	작전적 에러
제3단계	불안전한 행동 및 상태 (제거 가능한 요인)	직접원인(징후)	전술적 에러
제4단계	사 고	사고(접촉)	사 고
제5단계	상해(재해)	상해(손해, 손실)	상해 또는 손해

ⓔ 재해 발생 원인
  • 직접원인 : 1차원인(시간적으로 사고발생에 가까운 원인) → 불안전 행동·상태
  • 간접원인 : 기초원인(학교교육·관리적 원인) + 2차원인(신체·정신·교육·기술적 원인)

원 인	요 인	항 목
직접 원인	불안전한 상태 (물적 요인)	• 물(物) 자체의 결함 • 안전방호장치 결함 • 복장·보호구의 결함 • 물의 배치 및 작업장소 불량 • 작업환경의 결함 • 생산 공정의 결함 • 경계표시·설비 결함
	불안전한 행동 (인적 요인)	• 위험장소 접근 • 안전장치 기능 제거 • 복장·보호구의 잘못 사용 • 기계·기구의 잘못 사용 • 운전 중인 기계장치 손질 • 불안전한 속도 조작 • 유해·위험물 취급부주의 • 불안전한 상태 방치 • 불안전한 자세·동작 • 감독 및 연락 불충분
간접 원인	기술적 원인	• 구조물, 기계장치, 설비불량 • 구조재료의 부적합 • 생산방법의 부적당 • 점검, 정비, 보존 불량
	교육적 원인	• 안전지식의 부족 • 안전수칙의 오해 • 경험훈련의 미숙 • 작업방법의 교육 불충분 • 유해위험작업의 교육 불충분
	작업관리상 원인	• 안전관리조직 결함, 설비 불량 • 안전수칙 미제정 • 작업준비 불충분 • 인원배치 부적당 • 작업지시 부적당
간접 원인	정신적 원인	• 안전 의식의 부족 • 주의력의 부족 • 방심 및 공상 • 개성적 결함 요소 • 판단력 부족 또는 그릇된 판단
	신체적 원인	• 피 로 • 시력 및 청각기능 이상 • 근육운동의 부적합 • 육체적 능력 초과

⑪ 하인리히 재해 예방의 원칙
  • 재해예방의 4원칙
    – 손실우연의 원칙 : 사고의 결과 손실의 유무 또는 대소는 사고 당시의 조건에 따라 우연적으로 발생한다.
    – 원인연계의 원칙 : 사고에는 반드시 원인이 있고 원인은 대부분 복합적 연계원인이다.
    – 예방가능의 원칙 : 천재지변을 제외한 모든 인재는 예방이 가능하다.
    – 대책선정의 원칙 : 사고의 원인이나 불안전 요소가 발견되면 반드시 대책은 선정 실시되어야 하며 대책선정이 가능하다.
  • 사고예방대책의 기본원리 5단계

구 분	내 용
1단계 안전조직	① 경영자 안전목표 설정 ② 안전관리자 선임 ③ 안전라인 및 참모조직 ④ 안전활동방침 및 계획수립 ⑤ 조직을 통한 안전활동 전개
2단계 사실의 발견, 현상파악	① 사고 및 활동 기록의 검토 ② 작업(공정)분석 ③ 점검 및 검사 ④ 사고(관찰·보고서)조사 ⑤ 각종 안전회의·토의 ⑥ 근로자 제안 및 여론조사 ※ 위의 항목을 통해 불안전 요소를 발견
3단계 분석 평가, 원인규명	① 사고원인 및 경향성 분석 ② 사고기록 및 관계자료 분석 ③ 인적·물적 환경조건 분석 ④ 작업공정 분석 ⑤ 교육훈련·적정배치 분석 ⑥ 안전수칙 및 보호장비 적부 ※ 위의 항목을 통해 사고의 직·간접 원인 분석
4단계 시정방법 선정	① 기술적 개선 ② 배치조정 ③ 교육훈련 개선 ④ 안전행정 개선 ⑤ 규칙·수칙 등 제도개선 ⑥ 안전운동 전개
5단계 시정책 적용 (3E 적용)	① 교육적 대책 : 안전교육 및 훈련 ② 기술적 대책 : 공학적 대책 　• 안전설계, 작업행정 개선, 안전기준 설정, 환경설비 개선 ③ 규제대책 : 단속·독려대책 　• 적합한 기준설정, 각종 규정 및 수칙 준수, 전 종업원의 기준 이해, 경영자 및 관리자 솔선수범, 부단한 동기부여와 사기 향상

※ 3E : 기술(Engineering), 교육(Education), 규제(Enforcement)
※ 4E : 기술(Engineering), 교육(Education), 규제(Enforcement), 환경(Environment)

ⓗ 재해 발생 처리 단계 : 긴급처리 → 재해조사 → 원인강구(원인분석) → 대책수립 → 대책실시계획 → 실시 → 평가

> **더 알아보기 긴급처리**
>
> - 피재기계의 정지
> - 피재자의 응급조치
> - 관계자에게 통보
> - 2차재해 방지
> - 현장보존

③ 농작업 재해 예방관리
　㉠ 농업으로 인한 질환과 사고를 미리 예방하고 적절한 건강관리를 유도하여 농업인의 산재 발생률과 의료비용을 낮추고 건강한 농촌생활을 유지할 수 있도록 하는 '농작업 재해 예방관리'는 매우 중요하다.
　㉡ 농업인 또는 농업근로자에게 발생한 안전재해를 보상하기 위하여 정책보험으로서 '농업인 안전재해보험'이 운영되고 있다.
　㉢ 농작업 재해에 있어서 지속가능한 농업, 농촌에 있어서 농작업 재해 예방관리, 보장제도의 활성화가 가장 먼저 해결해야 할 부문이다.
　㉣ 지속가능한 농업·농촌과 농업인 삶의 질 향상을 위한 정책은 기존의 소득보장을 통한 경제기반 정책에서 사회보장 정책을 강화하는 방향으로 법과 제도, 정책이 마련되어야 한다.

④ 산업별 재해현황

〈2022년 산업별 업무상사고 재해현황〉

(단위: 개소, 명, ‰)

구 분	전 산업	광 업	제조업	건설업	전기가스 수도업	운수창고 통신업	임 업	어 업	농 업	금융 및 보험업	기타의 사업
사업장수	2,976,026	1,055	410,117	396,622	3,502	98,044	16,483	2,163	22,509	44,013	1,981,517
근로자수	20,173,615	9,850	3,988,609	2,494,031	79,103	1,071,768	124,991	5,565	84,180	815,562	11,499,956
업무상사고 재해자수	107,214	149	23,764	27,432	105	11,591	928	56	635	465	42,089
업무상사고 재해천인율	5.31	15.13	5.96	11.00	1.33	10.81	7.42	10.06	7.54	0.57	3.66

출처 : 고용노동부

　㉠ 업무상사고 재해자수(명) = 전체 재해자수 − 업무상질병 재해자수
　㉡ 업무상사고 재해 천인율(‰) = 근로자 1,000명당 1년간에 발생하는 재해자수
　㉢ 국제노동기구(ILO)에 의하면 농업은 타 산업에 비하여 재해율이 높으며 건설업, 광업, 농업을 3대 위험산업으로 분류하였다.

⑤ 농작업 재해 현황 파악
- ㉠ 우리나라의 농촌진흥청 농업인 업무상질병 및 손상조사 보고서(2011)에 따르면 광업 다음으로 농림수산업의 재해율이 높게 나타나고 있다.
- ㉡ 고용노동부 2022 산업재해현황분석에 따르면 산업별 재해현황에서 농업은 2021년 668명, 2022년 682명으로 14명, 2.1% 증가로 나타났다.
- ㉢ 농업인의 업무상 질병 유병률은 약 6.9%로 이러한 질병 중에서 70~80%는 근골격계 질환으로 나타났으며, 농업환경의 인간공학적 위험요인 개선이 시급한 것으로 보인다. 또한 농업인의 업무상 손상은 3% 내외인데, 이 중 미끄러지거나 넘어지는 사고가 20%를 차지하여 넘어짐 사고를 예방하기 위한 조치가 필요한 것으로 나타났다.

(4) 농작업 안전 보건 통계 지표

① **건수율(Incidence Rate)** : 산업재해의 발생상황을 총괄적으로 파악하는 데 적합하다.

$$건수율 = \frac{일정기간\ 중의\ 재해건수}{일정기간\ 중의\ 평균근로자수} \times 1,000$$

② **도수율(Frequency Rate)** : 산업재해의 발생의 빈도를 나타내는 단위이다. 재해가 일어나는 빈도는 단지 어느 기간의 재해건수나 연천인율에서 정확하게 판단될 수 없다. 그러므로 근로자의 수나 가동시간을 고려할 필요가 있다. 현재는 재해발생의 정도를 나타내는 국제적 표준척도로서 이 도수율(빈도율)을 사용하고 있다. 도수율은 근로시간 합계 1,000,000시간당 재해발생 건수이다.

$$도수율(빈도율) = \frac{일정기간\ 중의\ 재해건수}{일정기간\ 중의\ 연작업시간수} \times 1,000,000$$

③ **강도율(Intensity or Severity Rate)** : 산업재해로 인한 근로손실의 정도를 나타내는 통계로서 1,000시간당 근로손실일수를 나타낸다. 이는 재해발생의 경중, 즉 강도를 나타낸다.

$$강도율 = \frac{일정기간\ 중의\ 작업손실일수}{일정기간\ 중의\ 연작업시간수} \times 1,000$$

④ **연천인율(도수율 × 2.4)** : 근로자 1,000명당 1년간에 발생하는 재해발생자수의 비율

$$연천인율 = \frac{연간재해자수}{연평균근로자수} \times 1,000$$

⑤ **평균 작업손실일수(중독률)** : 재해건수당 평균 작업손실 규모가 어느 정도인지 나타낸다.

$$평균\ 작업손실일수 = \frac{연간재해자수}{평균\ 실근로자수} \times 1,000$$

02 | 농작업 안전보건 특성

(1) 주요 농작업 유해요인

① 작업환경 시스템별 종류

　㉠ 환경요인

　　• 자연환경 요인 : 기온, 강우, 지반특성에 따른 위험

　　• 작업환경 요인 : 시설물 및 논과 밭의 특성에 따른 위험

　　• 이동환경 요인 : 도로의 특성 및 교통량에 따른 위험

　㉡ 생산작업요인 시스템

　　• 생산물 요인 : 곡물, 동물, 기타 미생물에 의한 위험

　　• 농자재 요인 : 비료 및 농약에 의한 위험

　　• 농기계 및 도구 요인

　㉢ 생산운영 및 지원요인 시스템

　　• 인간 요인 : 피로도, 노동강도, 소음, 진동, 조도, 보호구 등에 따른 위험

　　• 사회지원 요인 : 재난방지, 또는 응급구조를 위해 사회적으로 지원되는 자원의 부족에 따른 위험

② 유해물질의 종류에 따른 건강영향

　㉠ 화학적 유해요인 종류 및 건강영향

유해요인	주요 해당 작업	건강영향
농약의 유효성분	농약을 살포하는 모든 작물	농약중독
석 면	농가 및 축사 지붕 석면슬레이트	폐암, 악성중피종, 석면폐증
분 진	축산농가, 경운정지, 수확작업 등	호흡기질환
일산화탄소	시설 내에서의 동력기 사용작업	일산화탄소중독
디젤연소물질	시설 내에서의 동력기 사용작업	폐암, 천식 등
니코틴	담뱃잎 수확작업	니코틴 급성중독

　㉡ 물리적 유해요인의 종류 및 건강영향

유해요인	주요 해당 작업	건강영향
소 음	각종 농기계 사용작업	소음성난청
진 동	• 국소진동 : 예초기작업 • 전신진동 : 트랙터, 경운기, 콤바인 등의 운전	수지백색증, 수근관증후군(터널증후군), 작업성 요통 등
자외선	노지작업	피부암
온열환경	노지 및 비닐하우스	열피로, 열사병 등

ⓒ 생물학적 유해요인의 종류 및 건강영향

과민성질환	곰팡이/세균	주요 해당 작업	건강영향
독소에 의한 질환	내독소	• 축사 관련 작업(양돈, 양계 등) • 사료 취급작업 • 곡물취급작업(선별, 포장, 저장, 운송 등) • 하우스 등 밀폐작업	• 해당 작업 대부분이 권고기준을 초과함 • 비염, 부비동염, 천식, 과민성폐렴 등의 유기분진 독성증후군을 일으킴
	마이코톡신	곡물저장, 퇴비 집적 작업	• 유기분진 독성증후군 • 기형아 출산, 암 등
감염성 질환	쯔쯔가무시	들판에 서식하는 진드기 유충에 물리기 쉬운 야외 작업자	연간 약 6,000여명 보고
	신증후성 출혈열	들쥐 혹은 배설물에 접촉되기 쉬운 야외 작업자	연간 약 400여명 보고
	렙토스피라증	균에 오염된 하천이나 동물과 접촉하기 쉬운 작업자	연간 약 100여명 보고

ⓓ 인간공학적 유해요인의 종류 및 건강영향

근골격계 질환 발생요인	주요 해당 작업	건강영향
하우스 내에서 쪼그리거나 허리를 숙이는 등의 불편한 작업자세	순자르기, 수정, 수확작업	허리, 무릎, 목부위 통증
과수 등 고상작목에서의 위보기 작업	열매 솎기, 봉지 씌우기, 수확작업	어깨, 목부위 통증
수확물 및 농약통 등의 중량물 작업	수확작업, 병해충방제(등짐형)	허리부위 통증
전신진동, 국소진동	트랙터, 예초기 운전	허리, 손목, 손가락부위 통증
부적절한 수공구 사용	열매솎기, 수확작업	손목, 손가락부위 통증

③ 작목별 유해요인 종류 및 특징

작목 분류	작목 세분류	작목 세세분류	위험 요인	농업인의 주요 질병 및 손상
원예	시설 원예	채소	부자연스런 작업자세와 반복동작, 농약, 밀폐환경, 고온다습	• 농약에 의한 여러 가지 건강장해(어지러움 등 각종 중독 증상) • 불편한 자세, 반복적인 동작으로 근골격계질(요통, 관절염, 근막통증후군 등) • 유기분진에 포함된 알레르기 원인물질(응애류, 버섯 포자, 꽃가루 등)에 의한 알레르기성 피부염 또는 알레르기성 호흡기질환
		화훼	부자연스런 작업자세와 반복동작, 농약, 밀폐환경, 고온다습, 유기분진, 응애 및 진드기, 꽃가루	• 농약에 의한 여러 가지 건강장해(어지러움 등 각종 중독 증상) • 불편한 자세, 반복적인 동작으로 근골격계질환(요통, 관절염, 근막통증후군 등) • 유기분진에 포함된 알레르기 원인물질(응애류, 버섯 포자, 꽃가루 등)에 의한 알레르기성 피부염 또는 알레르기성 호흡기질환

작목 분류	작목 세분류	작목 세세분류	위험 요인	농업인의 주요 질병 및 손상
원예	시설 원예	버섯	중량물 작업(배합작업), 반복동작, 유기분진, 밀폐환경	• 밀폐 및 고온다습 환경에서의 작업으로 인한 혈압 상승, 호흡곤란 등 • 농약에 의한 여러 가지 건강장해(어지러움 등 각종 중독 증상) • 불편한 자세, 반복적인 동작으로 근골격계질환(요통, 관절염, 근막통증후군 등) • 유기분진에 포함된 알레르기 원인물질(응애류, 버섯 포자, 꽃가루 등)에 의한 알레르기성 피부염 또는 알레르기성 호흡기질환 • 밀폐 및 고온다습 환경에서의 작업으로 인한 혈압 상승, 호흡곤란 등
	노지 원예	노지채소 (고추 등)	농약, 부자연스런 작업자세와 반복동작, 중량물, 자외선 등	• 농약에 의한 여러 가지 건강장해(급성 농약중독, 만성 농약중독) • 불편한 자세, 반복적인 동작으로 근골격계질환(요통, 관절염, 근막통증증후군 등)
		과수	농약, 부자연스런 자세와 반복동작, 무거운 물체	• 뜨거운 햇볕(자외선)에 의한 열사병, 피부질환 등 • 농약에 의한 여러 가지 건강장해(급성 농약중독, 만성 농약중독) • 불편한 자세, 반복적인 동작으로 근골격계질환(요통, 관절염, 근막통증증후군 등) • 뜨거운 햇볕(자외선)에 의한 열사병, 피부질환 등
수도			농약, 부자연스런 자세와 반복동작, 기타 쯔쯔가무시 등	• 농약에 의한 여러 가지 건강장해 • 반복적인 동작이나 중량물 작업으로 근골격계질환
축산			유기분진, 유해가스(암모니아 등), 밀폐환경, 스트레스	• 유기분진으로 인한 호흡기질환 및 알레르기성 질환(천식 등), 엔도톡신에 의한 패혈증(세균 감염)

④ 농작업 유해요인의 특징

㉠ 다양한 유해요인에 노출된다.

㉡ 같은 작목이라도 지역/농가별로 다양한 농작업 방식이 존재한다.

㉢ 단기간에 노동 집약적인 작업이다.

㉣ 특정 기간 동안에 작업이 집중되어 수행된다.

㉤ 인구의 고령화 및 여성 농업인이 증가되어 있다.

㉥ 제한된 인력에 따른 작업량이 증가되어 있다.

㉦ 의료혜택 및 병원 접근성의 제한이 있다.

(2) 농작업 안전보건 관리의 특성

농업인의 안전보건 관리는 농작업 유해요인들의 발생원을 제거하고 농업인의 노출을 최소화하며, 작업으로 인한 사고나 질환이 발생하였을 경우 그로 인한 농업인의 건강, 경제상의 피해를 최소화한다는 것을 뜻한다.

① **농작업 안전보건 관리의 개념**

　㉠ 안전보건관리의 일반적 의미는 재해나 재난 등과 같이 원치 않는 사고로부터 건강, 재산상의 피해를 막기 위해 수행하는 일련의 관리들을 말한다. 화재, 전기, 교통안전 관리 등과 같은 생활상의 안전관리와는 달리 '농업 안전보건 관리'는 농작업으로 인한 안전사고와 직업성 질환을 일으킬 수 있는 다양한 유해요인, 작업방식, 환경, 공정 등에 대하여 필요한 예방 조치를 취하는 것이다.

　㉡ 안전사고가 발생하면 대부분의 사람들은 작업자 과실로 인해서 사고가 발생했다고 추측하지만 실제로는 작업자의 실수보다는 작업 시스템 자체의 결함이나, 안전표지의 미비 등과 같이 안전관리상의 다양한 오류가 중첩되어 사고가 발생한다.

　㉢ 안전 보건 관리는 많은 비용과 노력이 투자되는 일이지만 안전보건 관리의 미흡으로 인해 농작업재해가 발생하면, 관리 비용보다 더 많은 손실 비용(치료비 발생, 농작물 생산 부실, 노동력 손실 등)을 초래할 수 있다. 따라서 다양한 안전보건 관리 방식을 인지하고 적절히 조합하여 활용하는 것은 농작업재해의 적극적인 예방에 매우 중요하고 필요한 일이다.

　㉣ 예방과 재활/건강관리는 농업인에 대한 실질적인 대국민 서비스라는 점에서 국가기관과 지자체가 연계하여 수행해야 하는 기능이며, 감시와 보상은 연구와 정책에 기반을 둔 기능으로서 농림축산식품부, 농촌진흥청 등의 국가단위 기관에서 수행을 해야 하는 역할이다.

　㉤ 예방의 경우, 한번 농업인 업무상 재해가 발생할 때마다 비가역적인 인적, 경제적 손실을 일으키는 특성을 고려해 볼 때 가장 선행되어야 한다. 그러나 높은 우선순위에 비해서 지역과 작목, 농가별 개별 특성에 따라 맞춤형 예방을 해야 한다는 점에서 실제 개별 농가가 직접 수행하기에는 매우 어려운 요소이다.

② **농작업 안전보건관리의 종류** : 안전관리 상의 다양한 오류를 줄이기 위해서는 어떤 종류의 안전보건 관리방식이 있는지 인지해야 한다.

　㉠ '디자인' 관리 : 농작업 설비 및 기계의 근원적 안전성과 유해요인의 제거를 위해 설비 및 기계의 설계, 기준 등을 바꾸고 교체하는 것을 의미한다. 농업인이 물건을 운반하다 걸려 넘어질 수 있는 문턱을 제거하는 것이나, 미세분진이 많이 발생하는 디젤 엔진 자동차를 가솔린 전기 자동차로 바꾸는 것 등이 디자인 관리의 대표적인 사례이다.

　㉡ '위험요인 저감' 관리 : 위험요인을 완전히 제거하는 것이 불가능할 경우 차단막이나 시설에 보조 장치를 부착해서 위험성을 저하시키는 관리 방식이다. 분진이 발생하는 작업장에서 국소배기설비를 설치하거나, 환기장치를 설치하거나, 포장박스의 크기를 줄여서 운반 시 작업자의 노동 부담을 줄이는 방식이 여기에 해당한다.

© '정비 보수 및 감독' 관리 : 안전장치나 안전표지의 형태와 기능이 유지되도록 관리하는 것을 의미한다. 환기장치의 풍량이 감소하였는지 확인하고 축사에 붙은 '외부인 출입금지' 와 같은 표지가 이상이 없는지 확인하는 활동이 여기에 해당한다.

② '알람 및 경고' 관리 : 기계나 표식 등에 의해 농업인이 위험을 사전에 인식하도록 관리하는 것을 의미한다. 농기계 후진시의 알람, 밀폐공간의 산소농도 알람, 위험확인표지, 화재경보기 등이 여기에 해당된다.

⑩ '훈련 및 작업절차' 관리 : 기계나 시설에 대한 적절한 사용 기술을 배우고 안전에 필요한 작업 절차 준수를 관리하는 것을 말한다. 농기계 정비를 할 때 시동을 끄지 않거나, 2인 이상 공동 작업을 하거나, 농작업 안전보건 교육에 참석하여 안전 관련 지식을 얻는 행위 등이 여기에 해당한다.

⑪ '인간요인' 관리 : 작업자의 실수나 오류로 사고가 발생하지 않도록 환경을 조성하거나 개인보호구를 활용하는 것이 '인간요인' 관리이다. 실내에서 넘어지지 않도록 밝은 조명을 설치하고, 적절한 개인보호구를 착용하는 것이 여기에 해당한다.

⊗ '응급구조' 관리 : 안전사고 발생 시 신체 손상의 정도는 적절한 의학적 조치를 얼마나 신속하게 받았느냐에 따라 최소화될 수 있다. 이를 위한 관리는 '응급구조' 관리라고 한다. 작업장이나 농기계에 비상 연락망을 구비/부착하거나 타박상, 골절 등과 같이 농작업 중 흔히 발생하는 신체적 손상에 대한 응급처치 도구 등을 작업장에 비치하는 것이 여기에 해당된다.

(3) 국내외 농작업 안전보건 제도

① 농작업 안전보건 제도 특성

㉠ 농업인의 재해에 대한 보장과 근로자의 재해에 대한 보장은 직무와 관련하여 발생한 재해 및 질병에 대한 비용 발생과 소득보장을 제공하는 목적을 가지고 있다는 점에서 유사성이 있다. 따라서 농업인 재해보장은 산업재해보상보험과 기본적으로 유사한 제도적 구성을 갖게 되며, 국가에 따라서는 산재보험의 일부로 농업인에 대한 재해보험을 포함시키기도 한다.

㉡ 농업인 재해와 일반적인 산업재해 간에는 상당한 차이가 또한 존재한다. 이는 국가에 따라 다르기는 하나 농업인들이 노동자가 아닌 자영농인 경우가 많다는 점, 농작업이 시간적·공간적으로 다른 산업과는 차이가 있다는 점, 근본적인 재해보장의 성립근거도 다르다는 점 등에서 기인한다. 따라서 농업인 재해 보장은 그 기본적 제도 구성에 있어서 산재보험과 유사성이 있으며 이를 준거로 하여 제도를 형성하거나 비교·분석할 수 있지만, 동시에 산재보험과 다른 농업인 재해 보장만의 특성을 고려해야 한다. 이 점이 오스트리아와 같이 농업인의 재해 보장을 산업재해와는 완전히 분리된 형태로 운영하거나, 독일과 같이 산업재해의 틀 안에 있으면서도 농업인에 대한 별도의 관리운영주체에 의하고, 심지어는 스위스나 일본과 같이 민간 위주의 보장체계를 운영하면서도 농업인의 특성을 제도에 반영하고자 하는 형태가 나타나는 원인이다.

ⓒ 농업인의 재해보장에 있어서 또 한 가지 고려할 부분은 농업인 재해보장제도의 거시적 목적이 농업인 보호에 있는지 농업 보호에 있는지에 따라 제도적 차이가 나타날 수 있다는 점이다. 농업보호와 농업인 보호는 일견 같은 맥락으로 받아들여질 수 있지만, 재해 농업인에 대한 보호를 어떤 방향에 초점을 맞추는지에 대해 상당한 차이를 조정할 수 있다.

② 국내외 농작업 안전보건 제도 비교

〈독일, 오스트리아, 스위스 농업인재해보험 요약〉

구 분	독 일	오스트리아	스위스	일 본	한 국
적용 대상	• 농업근로자, 자영농업인 및 그 가족을 하나의 제도로 포괄(당연가입)	• 농업근로자에 대한 일반재해보험과 자영농업인 및 가족에 대한 의무보험으로 2원화(당연가입)	• 농업근로자는 의무재해보험, 자영농업인 및 가족은 의무건강보험 및 자발적 민간보험에 적용(임의가입)	• 농업근로자는 노재보험, 자영농업인 및 가족은 건강보험 및 자발적 민간보험에 적용(임의가입)	• 농업근로자는 산재보험, 자영농업인 및 가족은 건강보험 및 자발적 민간보험에 적용(임의가입)
보험료 부과 기준 및 재정 지원	• 근로자는 임금을 기준으로 하여 사용자가 보험료 납부 • 자영자 및 그 가족은 사업장 가치를 토대로 보험료 납부 • 1963년 이후 정부 보조	• 근로자는 임금기준, 자영자 및 그 가족은 농업소득을 기준으로 함 • 정부보조는 2011년에 폐지되었으며, 건강보험재정에서 부족한 재정을 보충하고 있음	• 근로자는 임금에 기초하고 업무상 재해는 사용자가, 일반 재해는 근로자가 부담 • 자영업 및 그 가족은 가입한 민간보험 제도에 따라 다양 • 연방 및 자치주의 피보험자에 대한 보험료 보조	• 근로자는 임금에 기초하고 업무상재해는 사용자가, 일반 재해는 근로자가 부담 • 자영자 및 그 가족은 민간보험을 가입할 시 보장 가능 • 가입단위, 연령, 가입규모에 따라 가입자가 선택, 정부 지원 없음	• 근로자는 임금에 기초하고 업무상재해는 사용자가, 일반 재해는 근로자가 부담 • 자영자 및 그 가족은 가입한 민간보험제도 가입 시에 보장 가능 • 가입단위(개인/부부), 가입규모에 따라 상품 선택, 국고보조 50%
재해 인정	• 업무상 재해만 보장 • 단, 농업작업의 범위를 포괄적으로 설정	• 업무상 재해만 보장 • 단, 농업작업의 범위를 포괄적으로 설정	• 업무상 재해와 비업무상 재해 모두 보장(단, 민영보험은 약정별로 차이)	• 사고에 한정(단, 민영보험은 약정별로 차이)	• 사고 및 직업병에 대해서도 보장(단, 민영보험은 약정별로 차이)
급여 종류 및 형태	• 요양급여 : 건강보험에 우선하며, 확장된 급여를 지급 • 재활급여 : 의료/직업/사회재활 • 상병급여 : 현물급여(사업장보조) 및 현금급여 제공 • 장해연금, 유족연금, 장제비 등 지급	• 요양급여 : 건강보험을 보충하여 추가적인 지원 • 재활급여 : 의료/직업/사회재활 • 상병급여 : 현물급여(사업장보조) 및 현금급여 제공 • 장해연금, 유족연금, 장제비 등 지급	• 요양급여 : 근로자는 재해보험, 자영자 및 그 가족은 건강보험에서 제공(치료비 지원) • 근로자는 재해보험 지원, 자영자 및 그 가족은 휴업급여, 장해급여 · 유족급여(연금형태) 등 지급	• 근로자는 재해보험, 자영자 및 그 가족은 건강보험에서 제공 • 근로자는 재해보험에서 제공받을 수 있으며, 자영자 및 그 가족은 장해급여, 사망공제금 등을 일시금으로 지급(단, 민영보험은 약정별로 보장수준은 상이함)	
관리 운영	• 농업, 임업, 원예 분야의 사회보험 (SVLFG)	• 농업인사회보험 공단(SVB)(근로자 : AUVA)	• 피보험자는 보험 공급자를 자유롭게 선택할 수 있음	• 근로자는 노재보험, 자영자 및 그 가족은 JA 공제 상품 가입 선택가능	• 근로자는 노재보험, 자영자 및 그 가족은 보험공급자를 자유롭게 선택 가능(농협, KB 컨소시움 등)

구 분	독 일	오스트리아	스위스	일 본	한 국
급여 중복	• 일반근로자의 재해보험과 분리되지 않아 타 제도에 우선하여 지급과는 경우가 많음	• 타 제도와 중복 시 타 제도를 우선지급하고, 이를 보충하거나(요양급여), 급여를 중단(장해연금)	가입한 민영보험 별로 상이		

출처 : 주요국의 농업인 재해보상체계(2016) 농촌진흥청 국립농업과학원

㉠ 핀란드
- 핀란드의 전국 단위 농업보건서비스 추진 사례
  - 사업명 : Farmers' Occupational Health Services(FOHS)
  - 대상 : 농업인, 농업인의 가족, 피고용 농업인
  - 사업 주체 : 국립직업보건연구원(농업보건센터), 지자체, 농업인 단체
  - 추진 배경 : 농업인이 자발적으로 안전보건 수준 향상을 위한 활동을 하도록 유도
  - 서비스 내용 : 위험요인 평가·관리, 건강수준 평가·관리, 재활·응급처치
  - 평가기준 : 농업안전관리, 농기계 및 시설점검, 개인보호구, 응급체계 등
  - 지원방식 : 세금 환급, 사업비 지원 (농작업 도구 구입 보조금 지급) 등

㉡ 독 일
- 독일의 농업인 안전감독관 활동 사례
  - 농업인 안전감독관(TAD ; Technischer Arbeitsdienst)
  - 인력 규모 : 농업인사회보험조합 인력의 10% 차지(전국 500명)
  - 임무 : 농가현장 방문에 의한 상담 및 지원에 의한 예방활동 수행(현장시찰, 상담과 교육, 재해조사, 감독 등)
  - 활동 : 활동현장방문조사를 연간 약 10만 건, 매년 전체 농가의 약 7% 방문
  - 양성 : 농업인사회보험조합에서 2년간 교육시켜 자격증 부여
- 독일의 농업인사회보험공단(SVLFG)
  농업인 대상 4대 사회보험(노령, 건강·장기요양, 상해, 실업보험)을 종합관리하고 농작업재해의 보험, 예방사업, 예방입법을 총괄하여 수행한다.

㉢ 오스트리아
- 오스트리아 농민사회보험공단(SVB)
  농업인 대상의 3종 사회보험(사고, 건강, 연금보험)을 통합관리하며, 농작업재해 예방사업 총괄한다.

ⓔ 아일랜드

아일랜드의 경우 민간보험에서 임의가입으로 농업인 안전재해보험을 운영하고 있으나 한국과는 달리 농업인의 80~90% 농업인 재해보험에 가입되어 있으며, 재해예방의 법적 의무규정 및 안전교육을 확대하고 있다. 아일랜드 농업인은 정기적인 안전관리교육을 받고, 자발적 농장 안전점검·작업 개선의 법적 의무가 있으며, 농업안전보건교육 이수자에게 각종 국가사업 지원 시 인센티브 및 세금 혜택을 부여한다.

ⓜ 미 국

미국의 경우 민영화된 건강보험 체계로서 유럽과 달리 국가가 주도하여 농업안전보건 관리를 수행하고 있지 않다. 대신 질병통제국 산하 국립산업안전보건원(NIOSH)에서 1990년대부터 농업인의 산업안전관리를 위해 11개의 농업안전보건센터를 설립 지원하고 있다. 농업안전보건센터는 대학에 기반, 관련자들의 파트너십으로 농업안전보건 관련 연구 및 지역 단위 예방활동을 한다.

• 미국의 농업안전보건센터 사업 추진 사례
  – 사업명 : 농작업 안전농가 인증제 CSF(Certified Safe Farm)
  – 대상 : 일반 농업인
  – 사업 주체 : 아이오와 대학, 지역병원, 보험회사, 산업안전보건연구원
  – 추진 배경 : 농업인이 자발적으로 안전보건 수준 향상을 위한 활동을 하도록 유도
  – 개요 : 농업인에게 건강검진, 교육, 농작업 환경점검 수행 후 안전 농가 인증, 주기적 재점검을 통한 재인증 등
  – 평가기준 : 농기계 및 시설 점검, 건축물 안전, 야외작업 안전 등
  – 지원방식 : 건강보험료 할인, 농작업 도구 구입 보조금 지급 등

CHAPTER 01 적중예상문제

01 버드(Bird)의 재해발생에 관한 연쇄이론 중 직접적인 원인은 몇 단계에 해당되는가?

① 1단계

② 2단계

③ 3단계

④ 4단계

해설

버드의 재해발생 연쇄이론 5단계

1단계	관리의 부족(통제의 부족)	재해발생의 근원적 요인
2단계	기본원인(기원론, 원인학)	개인적 또는 과업과 관련된 요인
3단계	직접원인	징후, 불안전한 행동 및 불안전한 상태
4단계	사고(접촉)	
5단계	상해(손실)	

02 근로자수 300명, 총근로 시간수 48시간×50주이고, 연재해건수는 200건일 때 이 사업장의 강도율은?(단, 연 근로 손실일수는 800일로 한다)

① 1.11

② 0.90

③ 0.16

④ 0.84

해설

일정기간 중의 작업손실 일수 / 일정기간 중의 연작업시간수 × 1,000이므로,

$$\frac{800}{48 \times 50 \times 300} \times 1,000 = 1.11$$

03 재해예방의 4원칙이 아닌 것은?

① 손실우연의 원칙   ② 사실확인의 원칙

③ 원인연계의 원칙   ④ 대책선정의 원칙

해설

재해예방의 4원칙 : 손실우연의 원칙, 원인연계의 원칙, 예방가능의 원칙, 대책선정의 원칙

04 산업현장에서 재해 발생 시 조치 순서로 옳은 것은?

① 긴급처리 → 재해조사 → 원인분석 → 대책수립 → 실시계획 → 실시 → 평가

② 긴급처리 → 원인분석 → 재해조사 → 대책수립 → 실시 → 평가

③ 긴급처리 → 재해조사 → 원인분석 → 실시계획 → 실시 → 대책수립 → 평가

④ 긴급처리 → 실시계획 → 재해조사 → 대책수립 → 평가 → 실시

해설

재해 발생 조치 순서 : 긴급처리 → 재해조사 → 원인강구(원인분석) → 대책수립 → 대책실시계획 → 실시 → 평가

05 하인리히의 사고예방대책 기본원리 5단계를 맞게 나타낸 것은?

① 조직 → 사실의 발견 → 분석·평가 → 시정책의 선정 → 시정책의 적용

② 조직 → 분석·평가 → 사실의 발견 → 시정책의 선정 → 시정책의 적용

③ 사실의 발견 → 조직 → 분석·평가 → 시정책의 선정 → 시정책의 적용

④ 사실의 발견 → 조직 → 시정책의 선정 → 시정책의 적용 → 분석·평가

해설

사고예방대책5단계 : 안전조직 → 사실의 발견, 현상파악 → 분석 평가, 원인규명 → 시정방법 선정 → 시정책 적용

06 버드(Bird)의 재해분포에 따르면 20건의 경상(물적, 인적 상해)사고가 발생했을 때 무상해, 무사고는 몇 건이 발생하겠는가?

① 600건
② 800건
③ 1,200건
④ 1,600건

> **해설**
> 버드(1 : 10 : 30 : 600 = 641)
> 1 : 중상
> 10 : 경상(물 · 인적 사고)
> 30 : 무상해 사고(물적 손실)
> 600 : 무상해 · 무사고

07 아담스(Edward Adams)의 사고연쇄 반응이론 중 관리자가 의사결정을 잘못하거나 감독자가 관리적 잘못을 하였을 때의 단계에 해당되는 것은?

① 사 고
② 작전적 에러
③ 관리구조 결함
④ 전술적 에러

> **해설**
> 아담스 이론 5단계 : 관리구조 에러, 작전적 에러, 전술적 에러, 사고, 상해 또는 손해

08 재해조사의 목적에 해당되지 않는 것은?

① 재해발생 원인 및 결함 규명
② 재해 관련 책임자 문책
③ 재해예방 자료수집
④ 동종 및 유사재해 재발방지

> **해설**
> 재해 관련 책임자를 문책하는 것은 재해조사 목적에 해당되지 않는다.

09 도수율이 12.5인 사업장에서 근로자 1명에게 평생 동안 약 몇 건의 재해가 발생하겠는가?(단, 평생근로년수는 40년, 평생근로시간은 잔업시간 400시간을 포함하여 80,000시간으로 가정한다)

① 1건
② 2건
③ 4건
④ 12건

> **해설**
> 도수율은 근로시간 합계 100만 시간당 재해발생건수이다.
> 도수율 = 일정기간 중의 재해건수 / 일정기간 중의 연작업시간수 × 1,000,000
> 환산도수율(평생 10만 시간 근로 시 예상되는 재해건수) = 도수율 × 0.08 = 12.5 × 0.08 = 1

10 재해발생 시 조치순서 중 재해조사 단계에서 실시하는 내용으로 옳은 것은?

① 현장보존
② 관계자에게 통보
③ 잠재재해 위험요인의 색출
④ 피해자의 응급조치

> **해설**
> ③ 잠재재해 위험요인의 색출이 재해조사 단계에 해당하며, 나머지 ①·②·④는 모두 긴급처리 단계에 해당한다.
> **재해발생 조치 순서** : 긴급처리 → 재해조사 → 원인강구(원인분석) → 대책수립 → 대책실시계획 → 실시 → 평가

11 미국의 하인리히는 산업재해가 발생하는 원인에는 5가지 기본적인 요소들이 서로 밀접한 관계를 가지고 있다고 하였다. 즉, 한 가지 요인이 발생하면 다른 요인이 연쇄적으로 발생하여 일어나는 도미노 이론 5단계 중 제거 가능한 요인은?

① 개인적 결함(성격·개성 결함)
② 관리의 구조
③ 사회적 환경과 유전적인 요소
④ 불안전한 행동 및 상태

> **해설**
> 하인리히 도미노이론은 1단계 사회적 환경과 유전적인 요소, 2단계 개인적 결함, 3단계 불안전한 행동 및 상태, 4단계 사고, 5단계 상해(재해)로 구성되어 있다. 이 중 3단계인 불안전한 행동 및 상태는 제거 가능한 요인이다.

12 산업안전보건법령상 근로자에 대한 일반건강진단의 실시 시기 기준으로 옳은 것은?

① 사무직에 종사하는 근로자 : 1년에 1회 이상
② 사무직에 종사하는 근로자 : 2년에 1회 이상
③ 사무직 외의 업무에 종사하는 근로자 : 6월에 1회 이상
④ 사무직 외의 업무에 종사하는 근로자 : 2년에 1회 이상

해설

일반건강진단 : 상시 사용하는 근로자의 건강관리를 위하여 사업주가 주기적으로 실시하는 건강진단
실시 주기
• 사무직 종사 근로자 : 2년에 1회 이상
• 그 밖의 근로자 : 1년에 1회 이상

13 재해통계에 있어 강도율이 2.0인 경우에 대한 설명으로 옳은 것은?

① 한 건의 재해로 인해 전제 작업비용의 2.0%에 해당하는 손실이 발생하였다.
② 근로자 1,000명당 2.0건의 재해가 발생하였다.
③ 근로시간 1,000시간당 2.0건의 재해가 발생하였다.
④ 근로시간 1,000시간당 2.0일의 근로손실이 발생하였다.

해설

강도율은 산업재해로 인한 근로손실의 정도를 나타내는 통계로서 1,000시간당 근로손실일수를 나타낸다.
강도율 = 일정기간 중의 작업손실 일수 / 일정기간 중의 연작업시간수 × 1,000

14 재해발생의 직접원인 중 불안전한 상태가 아닌 것은?

① 불안전한 인양
② 부적절한 보호구
③ 결함 있는 기계설비
④ 불안전한 방호장치

해설

불안전한 상태 : 물(物)자체의 결함, 안전방호장치 결함, 복장·보호구의 결함, 물의 배치 및 작업장소 불량, 작업환경의
결함, 생산 공정의 결함, 경계표시·설비 결함

15 재해사례 연구의 진행순서로 옳은 것은?

① 재해 상황 파악 → 사실의 확인 → 문제점 발견 → 근본적 문제점 결정 → 대책 수립

② 사실의 확인 → 재해 상황 파악 → 문제점 발견 → 근본적 문제점 결정 → 대책 수립

③ 재해 상황 파악 → 사실의 확인 → 근본적 문제점 결정 → 문제점 발견 → 대책 수립

④ 사실의 확인 → 재해 상황 파악 → 근본적 문제점 결정 → 문제점 발견 → 대책 수립

해설

재해사례 연구 진행순서
- 재해 상황의 파악(주된 항목, 재해 발생일시, 업종 규모 등)
- 사실의 확인(재해관계 사실, 재해요인으로 알려진 사실 비교)
- 문제점 발견(법규, 규정, 작업표준, 설비기준 등에서 벗어난 사실을 문제점으로 적출)
- 근본적 문제점 발견(재해의 중심적 요인을 근본적 문제점으로 결정, 재해원인결정)
- 대책 수립(유사재해 방지대책 수립)

16 버드(Bird)의 신연쇄성 이론 중 재해발생의 근원적 원인에 해당하는 것은?

① 상해 발생

② 징후 발생

③ 접촉 발생

④ 관리의 부족

해설

'1:10:30:600'이라고도 한다. 버드(Frank E. Bird. Jr., 1921~2007)는 하인리히의 도미노 이론(Heinrich's Law)을 변형한 이론을 제안하였다. 이 모델에 의하면 재해는 근본적으로 관리의 문제이고 사고 전에는 항상 사고가 발생할 전조(직접원인)가 나타난다고 보고 있다.

1단계	관리의 부족(통제의 부족)	재해발생의 근원적 요인
2단계	기본원인(기원론, 원인학)	개인적 또는 과업과 관련된 요인
3단계	직접원인	징후, 불안전한 행동 및 불안전한 상태
4단계	사고(접촉)	
5단계	상해(손실)	

17 다음 중 안전교육의 4단계를 바르게 나열한 것은?

① 도입 → 확인 → 적용 → 제시

② 도입 → 제시 → 적용 → 확인

③ 제시 → 도입 → 적용 → 확인

④ 제시 → 확인 → 도입 → 적용

해설

안전교육 방법 4단계 : 도입 → 제시 → 적용 → 확인

18 도수율(Frequency Rate of Injury)이 10인 사업장에서 작업자가 평생 동안 작업할 경우 발생할 수 있는 재해의 건수는?(단, 평생의 총근로시간수는 120,000시간으로 한다)

① 0.8건

② 1.2건

③ 2.4건

④ 12건

해설

도수율(Frequency Rate) : 산업재해의 발생의 빈도를 나타내는 단위이다.

도수율 = 일정기간 중의 재해건수 / 일정기간 중의 연작업시간수 × 1,000,000

환산도수율(평생 10만 시간 근로 시 예상되는 재해건수) = 도수율 × 0.12 = 10 × 0.12 = 1.2

CHAPTER 02 농작업 안전보건교육

01 | 농작업 안전보건 교육 이론

1. 안전보건 교육의 이해

(1) 보건교육의 정의

① 보건교육(Health Education)은 개인과 지역사회의 건강에 도움이 되는 지식을 향상시키고, 삶의 기술을 개발하는 것을 포함하여 건강에 대하여 읽고 행동할 수 있는 능력을 향상시키도록 구성된 의사소통을 포함한 학습의 기회이다(WHO, 1998).

② 농작업 안전보건 교육의 특성

  ㉠ 교육의 목표가 실천성이 강조되는 농업인의 행동변화에 있다.

  ㉡ 교육내용은 특수한 장기교육을 제외하고는 당면한 과제의 해결과 신기술이나 정보 등을 학습하는 실용성 있는 내용이 강조된다.

  ㉢ 남녀노소나 기술수준과 요구의 차이 등 교육대상자들이 다양한 사회, 경제적 특성을 갖고 있다.

  ㉣ 교육대상자의 다양성, 교육내용의 전문성과 실용성, 농업의 취약성 등으로 인하여 농업인 교육 담당자는 높은 수준의 교수능력을 겸비해야 한다.

  ㉤ 농촌성인교육으로서 실효성을 갖추기 위해서는 농업인의 참여증진과 구체적 경험획득을 위한 실증적 교육이 중요하다.

  ㉥ 농업인의 장기적인 기간에 타 지역에서 진행되는 교육에 참여하는 것이 현실적으로 어려우므로 단기핵심기술교육 및 수시 영농단계별 현장교육 시스템의 구축이 필요하다.

(2) 보건교육의 필요성 및 목표

① 보건교육의 필요성

  ㉠ 보건교육을 통해 서로 다른 보건요구를 가진 개인 또는 지역사회가 건강관련 문제를 스스로 해결할 수 있는 자가건강관리 능력을 길러야 한다.

  ㉡ 지역·계층 간 보건의료서비스 수준이 차이가 있으므로 보건교육을 통해 자신이 이용하는 서비스 수준을 판단할 수 있는 능력을 길러야 한다.

  ㉢ 보건의료가 전문화되어 의료소비자들이 보건의료에 대한 대처능력이 떨어지므로 보건교육을 통해 이러한 대처능력을 길러야 한다.

  ② 질병양상의 변화와 치료기술의 한계, 만성질환 증가 등으로 장기간 관리를 요하며 체계적인 보건교육이 필요한 대상자가 많아졌다.

  ⑩ 조기퇴원으로 가정에서 환자와 가족이 건강관리를 해야 할 필요성이 증가하고 있는데, 이를 위해 보건교육이 필요하다.

  ⑪ 건강에 대한 인식변화로서 건강은 기본권이며, 보건교육을 통해 건강관리를 생활화하고, 질병을 미리 예방해야 한다는 인식이 확산되고 있다. 또한 소비자 의식의 향상으로 인한 삶의 질을 추구하려는 전반적인 인식이 확산되고 있다.

  ⑫ 소비자들의 건강문제 및 문제해결에 대한 알 권리와 관심이 증가하면서 보건교육의 필요성이 증가하고 있다.

  ⑬ 보건교육은 모든 보건프로그램의 공통되는 구성요소이다.

  ⑭ 보건의료에 관한 최신정보를 교육대상자에게 제공할 수 있다.

② 보건교육의 목표(WHO규정)

  ㉠ 지역사회 구성원의 건강이 지역사회 발전의 중요한 자산임을 인식하게 한다.

  ㉡ 개인이나 집단이 스스로 건강을 관리할 수 있는 능력을 갖도록 돕는다.

  ㉢ 지역사회가 자신의 건강문제를 인식하고 해결하여 건강을 증진시킨다.

  ㉣ 지역사회 건강자원을 활용하고 건강자원의 개발을 촉진한다.

③ 농작업 안전교육의 목적

  ㉠ 농업인에게 안전의 중요성을 인식시키고 구체적으로 부여된 작업에 관하여 안전하게 작업할 수 있는 방법에 대한 지식과 기능을 습득시키기 위함이다.

  ㉡ 농작업 안전교육을 통해 작업에 관한 안전태도를 함양하고 위험으로부터 물적, 인적 손실을 줄이기 위한 체계적인 노력이라고 할 수 있다.

④ 농작업 보건교육의 구체적인 실제

  ㉠ 농업인과 직접 접촉하여 그들의 잘못된 건강에 관한 지식, 태도, 습관, 환경을 교육을 통해 변화시킨다.

  ㉡ 건강과 관련된 책자, 팸플릿, 포스터 등을 제작하여 농업인에게 배포한다.

  ㉢ 농업인들이 새롭게 알게 된 건강 관련 지식이나 습관을 행동화하도록 지속적으로 동기부여한다.

  ㉣ 농업인의 건강 문제를 해결하기 위한 연구수행을 통해 그 결과를 교육, 상담하고 농업인 건강증진을 위한 활동에 활용한다.

(3) 보건교육의 원리

① 보건교육의 기본요소

  ㉠ 교육자

  ㉡ 학습자

  ㉢ 교육내용

  ㉣ 환 경

② 학습에 영향을 미치는 요인

준비도	준비도는 학습자가 학습할 수 있는 기초능력을 갖고 있는 정도를 말한다. 준비도에 영향을 주는 요인에는 내적 요인인 학습자 변인과 외적 변인으로 나뉜다. • 학습자 변인(내적 변인) : 신체적 발달, 정서적 발달, 지능, 학습동기, 인성특성, 발달특성 등 • 외적 변인 : 교사특성, 교육방법, 교육내용, 교육자료, 학습분위기 등
지적 특성	학습자의 개인차를 말하며, 학습과 관련된 지적 능력 중 가장 많은 관련을 갖는 요인은 지능이다.
정의적 특성	학습자가 학습을 하게 만드는 심리학적 요인으로 학습동기, 포부수준, 주의력, 적응력, 감정, 정서, 우월감, 열등감 등을 말하며, 이 중 학습에 가장 중요한 것은 학습동기이다.
교육방법	학습의 개인차를 고려하여 교육속도를 조절하고 교육내용에 따라 적절한 교육방법을 선택하여야 학습효과가 높아진다.
환경적 조건	환경적 조건에는 교육장소의 의자배치, 교육장의 면적, 온도, 환기, 채광, 소음 등 물리적 조건과 교육장의 특성, 교육장의 분위기 등이 있다.
인간발달 특징	교육자가 교육계획을 세우거나 교육을 실시할 때 학습자의 발달 특징과 발달 단계, 발달 과업을 이해하고 그에 맞게 교육을 수행하여야 한다.

③ 교수–학습의 원리

　㉠ 자발성의 원리 : 학습자가 높은 학습 동기를 가지고 스스로 자발적으로 학습활동에 적극적으로 참여해야 한다는 원리로, 학습자 중심의 교육을 강조한다.

　㉡ 개별화의 원리 : 학습자가 지닌 개별적인 요구와 능력에 맞는 학습활동의 기회를 제공해야 한다는 원리로, 개인의 독특성, 개별성을 존중한다.

　㉢ 사회화의 원리 : 학교교육을 통하여 학생들을 사회화함으로써 사회생활에 대한 객관적·실증적인 이해와 지식을 갖추게 하는 것을 말한다. 토의법, 분단학습 등을 통해 사회화를 촉진시킬 수 있다.

　㉣ 통합성의 원리 : 지적, 정의적, 신체적 영역을 골고루 학습하도록 하는 것으로, 전인적 발달을 꾀하는 원리이다.

　㉤ 목적의 원리 : 학습자가 뚜렷한 목표의식을 갖고 교수–학습에 임할 때 학습동기와 흥미가 유발되고, 자발적인 학습이 활발히 이루어질 수 있다는 원리이다.

　㉥ 직관의 원리(직접경험의 원리) : 어떤 사물에 대한 개념을 인식시키는 데 있어서 언어적 설명이나 교재를 통하여 가르치는 것보다는 구체적인 사물이나 현상을 직접 제시하거나 경험하게 하는 것으로, 시청각 자료와 같은 교육매체를 적절히 활용한다.

(4) 학습이론

① 행동주의 학습이론

　㉠ 행동주의 학습이론은 "자극–반응(S–R) 연합이론"이 기본이며, 손다이크의 시행착오설, 파블로프의 조건반사설(고전적 조건화설, S–R), 스키너의 조작적 조건화설(R–S–R) 등이 있다.

ⓛ 행동주의 학습이론의 개념요소
- 사람들과 상호작용하는 환경이나 사건에 초점을 둔다.
- 격려나 보상 및 처벌에 따라 행동이 지속 또는 소멸된다.
- 내적요인이 아니라 외적 요인에 강조한다.

ⓒ 행동주의 주요 학자의 이론

손다이크의 시행착오설	• 미국 심리학자인 손다이크(Thorndike)의 시행착오설은 연합설, 결합설로도 불리며, 학습을 자극(Stimulus)에 대한 반응(Response) 관계로 보는 "S-R 연합이론"을 근본적 입장으로 한다. • 손다이크는 퍼즐상자 속의 굶은 고양이가 볼 수 있는 곳에 생선을 놓고 레버(고리)를 당기면 문이 열려 생선을 먹을 수 있도록 고안하였다. 고양이는 다양한 행동을 하다가 우연히 레버(고리)를 당겨 문이 열리고 나가서 생선을 먹었다. • 손다이크는 자극에 대한 반응을 반복하다가 학습이 이루어지는 과정을 시행착오(Trial and Error)라고 하면서, 이를 "시행착오설"이라고 하였다. ※ 손다이크의 학습법칙 효과의 법칙, 연습의 법칙, 준비성의 법칙을 들 수 있고, 학습은 이러한 법칙에 의해 선택되고 결합되는 것으로 보았다. • 효과의 법칙(Law of Effect) : 어떤 일을 실천했을 때 만족스러운 상태에 이르면 더욱 그 일을 계속하려는 의욕이 생긴다(만족의 법칙). 하지만 여러 번 연습을 해도 효과가 없다면 점점 하고자 하는 의욕이 상실되고 실망해서 결국 포기하게 된다(불만족의 법칙). • 연습의 법칙(Law of Exercise) : 빈도의 법칙이라고도 하는데, 연습 횟수나 사용빈도가 많을수록 결합은 강화되고, 연습 횟수나 사용빈도가 적거나 사용되지 않을 때는 결합이 약화된다는 법칙이다. • 준비성의 법칙(Law of Readiness) : 학습 태도나 준비가 되어 있을수록 결합이 용이하고, 그렇지 못했을 때는 결합이 약화된다는 법칙이다.
조건화 이론	• 조건화이론에는 파블로프(Pavlov)의 고전적 조건화설 또는 조건반사설이 있고, 스키너(Skinner)의 조작적 조건화설이 있다. • 고전적 조건화설은 외적 자극(종소리)에 의해 조건화(학습)가 이루어지는 반면(S형 조건화, 자극 중심), 조작적 조건화설은 외적 자극을 받지 않고도 "지렛대를 누르는 행동"과 같이 자발적으로 조건화(학습)가 이루어진다고 주장한다(R형 조건화, 강화 중심). 여기서 조건화는 특정한 조건하에서 학습이 이루어진 것을 말한다. ※ 파블로프의 고전적 조건화설(Classical Conditioned Theory) • 무조건 자극(음식)+조건자극(종소리) → 나중에는 조건자극(종소리)만으로 조건반사(타액분비) : 조건화된 것 • 학습은 S(자극, 종소리)-R(반응, 타액분비)의 원리이다. • 조건화된 개에게 무조건 자극을 주지 않으면서 조건자극만 반복하면 조건반사는 사라진다. ※ 스키너의 조작적 조건화설(Operant Conditioned Theory) • 배고픈 쥐 → 지렛대를 누름 → 먹이 → 반복함(강화됨) • 조작 : 쥐가 지렛대를 누르는 행동으로 환경에 스스로 작용하여 결과를 만들어낸다. • 학습은 R(반응, 지렛대를 누름)-S(자극, 먹이)-R(강화)의 원리이다. ※ 강화의 법칙 스키너가 주장한 강화(Reinforcement)는 어떤 특수한 반응이 일어날 확률을 증가시키는 모든 사건을 말하며, 강화의 법칙이란 학습자의 행동(R)이 그 행동의 결과로서 얻은 만족스러운 자극(S)에 의해 반복되거나 강화되는 현상을 말한다. • 긍정적 강화물 : 반응을 증가시키는 상, 보상, 음식, 애정, 보살핌 등을 말하며, 바람직한 행동이 일어나는 즉시 강화를 해 주면 효과가 가장 크다. • 부정적 강화물 : 반응을 감소시키는 위협이나 벌, 혐오자극 등을 말하며, 처벌은 즉각적인 효과가 있기 때문에 널리 쓰이고 있으나, 아주 일시적인 효과를 낼 뿐이다.

② 인지주의 학습이론의 개념
　　㉠ 인지(Cognition)는 학습자가 경험을 통해 어떤 의미를 갖게 되는 것과 같은 지각(Perception)을 말하며, 인지는 곧 인간의 내적 사고과정이라고 할 수 있다.
　　㉡ 인지주의 학습이론은 개인이 환경으로부터 받은 자극이나 정보를 어떻게 지각하고 해석하며 저장하는가에 관심을 둔다.
　　㉢ 인지주의 학습이론에 의하면, 학습자는 상황을 지각할 때 여러 부분들을 조직하고 연결시키는 방법에 따라 지각이 달라지며, 여러 부분을 조직하고 연결시킬 때 어떤 법칙을 따르게 된다.
　　㉣ 인지주의 학습이론에서는 인간을 문제해결을 위한 정보를 적극적으로 탐색하며 이미 알고 있는 것을 재배열하고 재구성함으로써 새로운 학습을 성취하는 능동적이고 적극적인 존재로 본다.
　　㉤ 인지주의 주요 학자의 이론

형태심리학	• 형태심리학(Gestalt Psychology)은 20세기 초 독일에서 발달된 이론으로, 대표적인 학자로는 베르타이머(Wertheimer), 코프카(Koffka), 쾰러(Köhler) 등이 있다. • 형태심리학의 기본원리는 부분을 지각하는데 전체가 영향을 주며 전체는 단순한 부분의 합이 아니고, 부분의 총합 이상의 성질을 갖는다는 것이다.
	• 형태심리학의 법칙 : 우리들이 일상에서 착시현상들로 설명되는 것들이다. • 유사성의 법칙 : 개개의 부분이 비슷한 것끼리 연결되어 하나의 형태나 색깔로 지각하는 경향을 말한다. • 근접성의 법칙 : 개개의 부분은 근접되어 있는 것끼리 하나의 의미 있는 형태를 이루고 있는 것으로 지각하는 경향을 말한다. • 폐쇄성의 법칙 : 불완전하거나 떨어져 있는 부분을 연결되고 완전한 것으로 지각하는 경향을 말한다. • 연속성의 법칙 : 처음 시작한 것을 동일한 형태로 계속해서 완성해 가는 경향을 말한다.
쾰러의 통찰이론	• 쾰러(Köhler)의 통찰이론(Insight Theory)은 침팬지의 문제해결 과정을 살펴본 실험을 통해 문제해결은 통찰에 의해 가능하다고 하였다. • 통찰은 적어도 3가지 요인, 즉 ㉠ 행위자, ㉡ 목표, ㉢ 중간에 있는 장애물 사이의 관계를 지각하는 일이며, 그 결합과정은 사고에서 순간적인 착상으로서나 상황의 투시로서 체험할 수 있다.
레빈의 장이론	레빈(Lewin)의 장(場)이론(Field Theory)은 개인의 심리적 장(場)에서 영향력을 행사하는 세력들을 알아야 개인의 행동을 이해할 수 있으므로, 대상자의 심리적 환경을 사정하여 관련 있는 교육을 할 필요가 있다는 입장이다.
피아제의 인지발달 이론	• 피아제(Piaget)는 인지발달이론에서 지적인 발달은 시간에 따라 발달하는 점진적인 과정으로 학습이란 개인이 이해력을 얻고 새로운 통찰력 혹은 더 발달된 인지구조를 얻는 적극적인 과정이라고 하였다. • 학습은 동화(이전에 알고 있던 아이디어, 개념, 기억에 새로운 아이디어를 관련시켜 통합하는 것)와 조절(새로운 관점으로 현상을 보는 것으로 인지구조가 수정되는 과정)을 통해 이루어진다.

정보처리 이론	• 사람이 자극과 반응 사이에서 정보를 어떻게 다루는가, 환경을 어떻게 지각하며 습득한 관련지식을 어떻게 조직화하고 활용하는가에 관심을 둔다. • '감각저장고 → 형태 재인 → 여과 및 선택 → 단기기억 → 장기기억'의 단계를 거친다. • 학습이란 단기기억의 정보가 장기기억으로 전이해 가는 것이다. ※ **기억의 향상을 위한 방법** • 정보를 이해하면 기억이 향상된다. • 추상적인 단어보다 구체적 단어를 글보다 그림을 더 잘 기억하므로 그림이나 시각적인 심상을 이용한다. • 정보를 비슷한 사물끼리 집단화하여 범주화한다. • 선행조직자로서 주제나 목표를 먼저 제시한다. • 새로운 정보를 기존의 정보와 결합시키면 의미파악이 쉬워지므로 기억에 도움이 된다.
반두라의 사회학습 이론	※ **사회학습이론의 개념** • 반두라(Bandura)의 사회학습이론은 사람의 행동은 다른 사람의 행동이나 어떤 주어진 상황을 관찰하고 모방함으로써 이루어진다는 입장이다. • 밖으로 드러나는 행동에만 초점을 맞추는 행동주의 학습이론과 달리, 인간의 내면에서 일어나는 인지과정도 중시한다. ※ **인간의 인지활동 중 행동에 영향을 미치는 중요한 요소** • 결과기대 : 어떤 행동으로 특정의 결과가 초래될 것이라고 믿는 것 • 자기효능 : 이러한 행동을 자신이 해낼 수 있는 능력이 있다고 믿는 것

③ 인본주의 학습이론의 개념

  ㉠ 인본주의는 인간과 그의 잠재력, 인간의 성취와 흥미에 관심을 갖는 철학이나 태도를 말하며, 인본주의 학습이론 또한 인간이 자신의 삶을 주도하고, 잠재력을 발달시킬 수 있는 자아실현적 존재라고 가정한다.

  ㉡ 학습이란 자아실현을 할 수 있도록 개인의 잠재력을 발달시키는 것을 말한다.

  ㉢ 학습에서 필수적인 것은 학습자가 경험에서 의미를 이끌어내는 것이다.

  ㉣ 학습자는 자발적인 인격체이기 때문에 교육자의 역할은 학습자의 조력자이며 촉진자이다.

  ㉤ 인본주의 주요 학자의 이론

매슬로의 욕구단계 이론	• 매슬로(Maslow)는 욕구단계이론에서 인간은 기본적인 생물학적 욕구들이 충족되어야 가장 높은 수준의 자아실현의 욕구도 이룰 수 있다고 하였다. • 학습을 최대한의 자발적인 자기실현을 위한 경험으로 보고, 이 경험을 촉진시키는 것이 교육자의 역할이라고 하였다. • 학습경험은 즐겁고 친근하고 개방적이어야 한다고 하였다.
로저스의 유의미학습	• 로저스(Rogers)에 의하면, 인간은 본성적으로 성장과 성취를 추구하는 경향이 있으며, 이상적인 상태는 기능을 충분히 발휘할 때라고 하였다. • 대상자가 감정표출, 통찰, 행동, 새로운 방향으로의 통합의 과정을 경험하도록 함으로써 대상자 자신이 스스로 문제를 해결해 나가도록 도움을 주어야 한다고 하였다. • 유의미학습(Significant Learning)은 인지적 측면과 정의적 측면이 통합되어 자아실현을 위해 자기주도적으로 일어나는 학습으로 개인적 몰두와 자기주도적 태도, 행동뿐만 아니라 학습자 자신에 의한 평가 등의 특징을 가지고 있으며, 개인적 욕구와 만족과 의미를 중요시하는 학습이다.

④ 구성주의 학습이론의 개념

　　㉠ 구성주의는 지식이란 인간이 처한 상황의 맥락 안에서 사전 경험에 의해 개개인의 마음에
　　　　재구성하는 것이라고 주장한다. 즉, 지식이 인간의 경험과는 별도로 외부에 존재한다는
　　　　객관주의와는 상반되는 이론이다.

　　㉡ 구성주의 학습은 주어진 상황에서 학습자가 자신의 주관적 경험과 사회적 상호작용을
　　　　통해 지식이 갖는 내적인 의미를 구성하는 과정, 즉 자신의 개인적인 경험에 근거해서
　　　　독특하게 개인적인 해석을 내리는 능동적이며 개인적인 과정이다.

　　㉢ 구성주의는 최근 의학이나 간호학의 학습방법으로 도입된 문제중심학습(PBL ; Problem
　　　　Based Learning)의 철학적 배경이 되며, "의미 만들기 이론" 또는 "알아가기 이론"이라고
　　　　도 한다.

　　㉣ 구성주의 주요 학자의 이론

인지적 구성주의	• 인지적 구성주의는 지식의 구성을 개인의 정신적 활동에 근거한다고 전제하는 것으로, 피아제(Piaget)의 인지발달이론에 그 이론적 근거를 두고 있다. • 피아제는 인간의 인지발달은 생물학적으로 결정되는 발달과정의 틀 안에서 동화와 조절의 과정을 거치면서 능동적으로 발달해 간다고 보았다. • 동화(Assimilation)와 조절(Accommodation)의 과정은 인간이 수동적으로 지식을 전달받는 것이 아니라 인간이 스스로 능동적으로 정보를 내면화시킴을 의미한다.
사회적 구성주의	• 사회적 구성주의는 비고츠키(Vygotsky)의 사회발달이론에 기초를 두고, 학습에 영향을 미친 사회적인 요소에 관심을 갖는다. • 사회적 구성주의에서는 인간의 인지적 발달과 기능은 사회적 상호작용이 내면화되어 이루어지는 것으로 보고 있다.

(5) 체계적인 교육 프로그램 개발을 위한 모형

농작업 안전보건교육은 다양한 교육프로그램을 통해 제공될 수 있다. 교육프로그램이란 학습자가
틀림없이 학습경험을 가질 수 있도록 교육목표를 설정하고, 학습경험을 선정 및 조직하며, 지도하
고, 평가하는 일련의 과정을 통해 도출한 최종 결과물이다.

전통적인 관점에서 교수–학습은 교육을 위한 교육에 초점을 두었으며, 계획단계에서의 분석이나
교육의 결과 측정에는 큰 관심을 두지 않았다. 그러나 체계적이고 과학적인 방법에 의한 효율적,
효과적 교육 프로그램 개발에 대한 요구가 증가함에 따라 교육프로그램을 개발하는 체계적인
접근방법이 도입되었다. 교수체제개발(ISD ; Instructional Systems Development)이란 체계적
이고 과학적인 과정을 통해 교육 프로그램을 설계하기 위한 접근 방법이다(Dick, Carey &
Carey, 2005). 이러한 접근은 효율적이고 효과적인 목표 달성을 위하여 군사훈련 영역에서
도입되었으며 산업체로 그 영역이 확대되면서 오늘날 보편적으로 활용되고 있는 프로그램 설계
모형으로 발전하였다.

교수체제개발의 특징을 살펴보면 첫째, 논리적 순서를 갖는 체계성(Systematic)을 띠며 둘째,
체제적(Systemic) 과정으로 학습에 영향을 미칠 수 있는 모든 상황적·맥락적 변인을 고려한다.
셋째, ISD의 각 단계들은 신뢰롭고(Reliable) 넷째, 분석, 설계, 개발, 실행, 평가의 과정이
반복되는 순환적(Iterative) 과정이며, 다섯째, 자료에 기초한 경험적(Empirical) 의사결정에

기반한다(김진모 외, 2007).

체계적인 교육프로그램 개발을 위한 대표적인 모형에는 Dick, Carey & Carey의 모형과 ADDIE 모형이 있다.

① Dick, Carey & Carey의 모형 – 체제화 방법

　　㉠ 각 단계의 관계를 강조하고 각 단계는 다음 단계의 조건이 되며 피드백을 통하여 요구하는 목표에 도달할 수 있을지 판단한다. 또한 요구하는 목표에 도달하지 못한 경우 도달할 때까지 수정을 반복해야 한다.

　　㉡ 교수 목표 설정, 교수분석, 학습자 및 상황분석, 수행목표 진술, 평가 도구 개발, 교수전략 개발, 교수자료 개발, 형성평가, 수업프로그램 수정, 총괄평가의 10단계로 구성하였다.

　　㉢ 단계마다 관심을 갖고 입출력 관계를 명확하게 해야 하며 결과 지향적이어야 한다. 또 학습자가 무엇을 배우고 싶어 하는지 학습자의 학습향상을 위한 자료를 수집해야 한다고 강조하였다.

② ADDIE 모형

　　㉠ 다양한 교수체제 설계 모형의 기초이며 가장 널리 활용된다.

　　㉡ 분석(Analysis), 설계(Design), 개발(Development), 실행(Implementation), 평가(Evaluation)의 5가지 과정들은 모두 유기적으로 연관되어 있다.

　　　• 분석(Analysis) : 기반 마련하기

　　　분석단계에서는 요구사정(Needs Assessment)을 실시한다. 이때 요구(Needs)란 지식, 기술, 태도의 부족으로 인해 발생한 현재 상태와 바람직한 상태의 차이를 의미한다. 요구분석은 학습자들의 학습요구를 결정하기 위해 현재 상태에 관한 정보를 수집하고 평가하는 과정이며 궁극적으로는 개인에게 요구되는 지식, 기술 및 태도와 현재 갖추고 있는 지식, 기술 및 태도 간의 격차를 규명한다. 이러한 과정의 결과로 학습자의 바람직한 상태와 현재 상태 간의 어떠한 격차가 확인되었다면 이 격차가 과연 교육적 처방으로 해결될 수 있는 것인지를 판단한다. 교육의 필요성이 확인되면 다음 단계로 학습자 분석, 환경 분석, 교육내용을 결정하기 위한 학습과제 분석이 이루어진다.

　　　• 설계(Design) : 청사진 만들기

　　　설계단계에서는 요구분석의 결과를 바탕으로 학습목표를 서술하고, 교육내용을 선정·조직하며, 효과적인 학습을 위한 다양한 교수–학습 전략을 기획한다. 설계에는 두 가지 관점이 있다. 첫째는 객관주의적 관점이고, 두 번째는 구성주의적 관점이다. 먼저 객관주의적 관점에서의 프로그램 설계는 교수자를 중심으로 이루어진다. 프로그램의 목적은 지식의 효과적인 전달이며, 주요 교수–학습 전략에는 전통적인 강의식 교수법과 동기유발 전략 등이 있다. 다음으로 구성주의 관점에서의 프로그램 설계는 학습자를 중심으로 이루어진다. 프로그램의 목적은 학습자 주도의 학습촉진이며, 주요 교수–학습 전략에는 문제중심학습(PBL ; Problem Based Learning)과 액션러닝(Actionlearning) 등이 있다(오인경, 2005).

- 개발(Development) : 아이디어에 생명력 불어넣기

개발단계에서는 설계단계에서 기획된 교육프로그램을 실제로 실행하기 위해서 필요한 제반사항을 준비한다. 제반사항에는 학습자용 교재나 학습활동에 필요한 각종 물품, 프레젠테이션, 각종 설비 등이 포함된다. 기본적으로 준비되어야 할 것 중 하나는 학습자용 교재이다. 교재는 기존에 있는 자원을 활용할 수도 있으며, 해당 프로그램에 적절한 자원이 없다면 새롭게 개발할 수도 있다. 먼저 기존의 자원을 활용하는 경우 교재를 선정하기 위해서는 형식, 교육과정, 학습자, 교수법의 네 영역에 대하여 다음과 같은 질문을 고려할 필요가 있다(서종학, 2002).

- 형 식

  교재의 체제, 표현수단(한국어, 외국어, 혼합 여부), 상세한 색인, 그림이나 지도, 도표, 오자나 탈자, 편집과 인쇄, 책의 크기와 두께, 무게, 지질, 가격 여부를 확인한다.

- 교육과정

  학습목표가 분명하게 제시되었는지, 학습목표를 포함한 교육과정은 어떤 철학(또는 이론)에 바탕을 둔 것인지, 교육과정이 합당하고 충실하며 일관성 있게 구성되어 있는지를 확인한다.

- 학습자

  교육과정(특히 학습목표)이 구체적 학습자를 대상으로 하는 것인지, 학습자의 요구와 수준(나이, 지식, 태도 등)을 고려하고 교육과정이 학습자의 문화적 배경을 고려하였는지 확인한다.

- 교수법

  교수법이 어떤 이론에 기초한지, 그 이론과 교수법이 학습목표에 적절한지, 다양하고 적합한 교수법이 제시되었는지 확인한다.

※ 교재 개발 시 고려해야 할 사항

  시간 활용 가능성, 전문가 활용 가능성, 필요한 재원의 확보, 교재 개발 관련 결정, 교재 사용 대상자, 교재 개발자

- 실행(Implementation) : 실제 테스트

교육프로그램이 개발되었다면 실제 실행을 위한 준비가 필요하다. 프로그램을 진행하기 위해서는 기본적으로 강의장이 마련되어야 하는데, 이때 고려해야 할 사항으로는 접근성, 시설, 색상, 조명, 온도, 환풍, 소음, 음향 상태, 전기시설 등이 있다. 프로그램을 운영하는 중에도 아래와 같은 점검사항을 지킨다.

- 모든 강사와 다른 스텝들은 참석하여 준비한다.
- 강의실은 강의의 변화에 따라 배치한다.
- 학습자들의 관심과 문제는 제때에 정중하게 설명해준다.
- 장비는 항상 작동시킨다.
- 음식과 다과는 정시간에 준비되고 도착하도록 한다.
- 정확한 유인물과 그 밖의 지원은 이용 가능하도록 한다.

- 평가자료는 계획된 대로 수거한다.
- 강사와 발표자는 정해진 스케줄을 따른다.
- 평가(Evaluation) : 지속적인 개선

과거의 평가에 대한 인식은 학습자의 학업성취 측정이나 성공·실패를 판단하는 미시적인 수준에 그쳤다. 그러나 현재는 학습자의 학업성취뿐 아니라 프로그램의 계획과 과정을 평가하고 이를 바탕으로 프로그램을 개선하는 것에 대한 중요성이 부각되고 있다. 이 장에서 다루고자 하는 프로그램 평가란 교육프로그램의 가치를 측정하고자 하는 수단으로써 프로그램의 효과성에 대한 정보를 체계적으로 수집, 분석하여 교육과정의 질 향상과 효과성 향상에 기여하고자 하는 활동이다. 프로그램 평가의 효과는 다음과 같다.
- 교수–학습 활동의 개선
- 학습자의 학습 증진 유도
- 학습환경의 질 개선
- 프로그램에 대한 지지 확대

2. 안전보건 교육 과정 및 방법

(1) WHO의 보건교육과정 지침

WHO의 보건교육전문위원회에서 일련의 보건교육과정에 다음과 같은 지침을 활용하도록 권장한다.
① 보건교육은 전체 보건사업의 일부로서 처음부터 계획되어야 한다,
② 지역사회진단이 선행되어야 한다.
③ 보건교육계획에 주민들이 참여해야 한다.
④ 지역사회의 인재와 자원에 관한 실태파악을 하며 지도자를 발견한다.
⑤ 지역개업의 및 공공기관의 협조를 얻도록 한다.
⑥ 작은 범위의 시범사업으로부터 시작하여 점차 확대한다.
⑦ 보건교육은 뚜렷한 목표가 있어야 하며 그 목표달성을 위해 구체적인 계획을 세워야 한다. 모든 보건요원은 보건교육의 실천자가 되어야 한다.
⑧ 보다 효율적인 보건교육 사업수행을 위해 전문가의 자문을 받는다.
⑨ 보건교육에는 예산이 요구되며, 이 예산은 사업의 우선순위에 따라 사용되어야 한다.
⑩ 효과적인 보건사업을 위해 적절한 평가가 따라야 한다.

(2) 안전보건 교육 과정

① 요구조사 및 분석

⊙ 보건교육요구의 정의

- 요구 : 현재 상태와 원하는 바람직한 상태 사이의 차이
- 보건교육 전문가의 입장에서 규정하는 요구와 함께 대상자가 감지하거나 인지하여 표출된 요구, 대상자가 속해 있는 사회·환경적 맥락에서 비롯되는 요구들이 함께 존재한다.

규범적 요구	전문가에 의해 규정되는 요구
내면적 요구	학습자의 개인적인 생각이나 느낌에 의해 인식되는 요구, 설문조사를 통해 알 수 있음
외향적 요구	학습자가 언행으로 표현하는 요구, 내면적 요구가 행위로 전환된 것
상대적 요구	다른 집단과 달리 특정 집단만이 갖는 고유한 문제

ⓛ 자료수집

- 자료수집 방법
  - 직접법 : 건강문제를 진단하고 해결하기 위해, 사전에 작성된 자료수집의 설계에 따라 자료를 직접 수집하는 것으로 1차 자료가 된다.
  - 간접법 : 다른 목적을 위해 이미 수집된 자료를, 조사자가 자신이 수행 중인 건강문제를 진단하고 해결하기 위해 사용하는 것으로, 2차 자료에 해당한다. 자료가 해당 조사목적에 부합하는지 확인할 수 있다.
- 자료수집 내용
  - 지역사회 : 자연환경 특성(기후, 지형), 지역주민들의 인구학적 특성, 사회경제학적 특성
  - 대상자 : 개인 혹은 집단, 지역사회가 될 수 있고, 반드시 학습대상자의 특성 분석이 선행되어야 한다.
  - 대상자의 특성(출발점행동, 일반적 특성, 태도)에 맞추어 교육과정 설계
  - 바람직한 수행수준과 실제 수행수준이 다른 이유는 건강문제에 대한 지식, 태도, 기술이 부족하기 때문이므로 어떤 부분이 부족한지를 밝혀 교육요구에 반영해야 한다.
  - 학습환경
  - 자원 : 지역사회의 기본 가용자원들을 먼저 조사(이미 개발된 교육매체, 프로그램, 전문보건교육가의 인적자원 상황)
  - 대상자가 속한 지역사회를 중심으로, 건강관리체계와 관련 정책 및 법률 등의 자료 조사

ⓒ 자료분석 : 건강문제를 추출한 경우, 더 필요한 자료는 없는지 확인하고 조사결과 모순되는 자료는 없는지 검토

- 자료의 분류

- 자료분석의 실제
  - 모든 학습대상자가 비슷할 것이라고 가정하지 않는다.
  - 교육과정 및 내용 설계 후 이에 적합한 대상을 찾지 않는다.
  - 교육과정 설계자가 대상자에게 희망하는 특성을 기술하는 것은 옳지 않다.
  - ㉣ 교육주제 도출 : 교육주제 도출은 다루어야 할 건강문제의 도출로서, 교육목표를 결정하기 위한 근거를 제시하고, 목적 달성을 위한 자원 활용의 유형을 결정하는 데 필요하다.
  - ㉤ 우선순위 결정 : 대상자의 보건교육요구를 분석하여 교육주제를 도출하고, 학습환경을 분석한 후에는 한정된 자원으로 파악된 건강문제 해결을 위한 가용범위 내에서 우선순위를 결정하는 작업이 진행된다.
② 보건교육계획
  - ㉠ 보건교육이 성공적으로 이루어지기 위해서는 전체 과정이 계획적이고 체계적으로 진행되어야 한다.
  - ㉡ 계획과정에 참여할 구성원 모집 → 보건교육의 목적 설정 → 목적달성을 위한 목표를 설정 → 보건교육에 활용 가능한 자원과 교육에 장애가 되는 요소들을 탐색하는 과정 → 교육방법과 매체 및 교육활동 선택 → 구체적 계획

1. 교육목표 설정	
2. 교육방법 계획	• 건강에 대한 의식의 변화 : 강의, 대중매체, 선전물, 캠페인, 집단활동 • 건강지식의 증대 : 강의, 전시, 선전물, 개별교육 • 건강에 대한 자각과 태도 결정 : 집단활동 • 행동변화・사회변화 유도 : 기술적인 방법, 압력단체 활용
3. 교육수행 계획	• 그 지역사회의 생계와 관련되어 바쁜 계절이나 시기를 피해야 한다. • 교육대상의 소집 가능성과 문제해결을 위한 교육시기를 조화롭게 계획해야 한다. • 건강문제와 관련된 교육의 주제는 궁극적으로 해결되는 것이 아니라 지속적인 문제발생이 일어나는 경우가 대부분이다. 따라서 장기간의 교육수행 계획을 세우는 것이 바람직하다. • 보건교육 장소는 교육대상자 수, 강의실의 크기, 좌석배열, 조명, 환기, 기온 등 물리적 교육환경을 고려하여 선정한다.
4. 교육평가 계획	• 평가측정을 명확히 할 수 있는 계획 • 평가자료를 수집하고 분석할 수 있는 계획 • 활동에 따른 적절한 피드백이 가능한 계획 • 건강문제와 기준을 재정립할 수 있는 계획
5. 보건교육계획서 작성	
6. 교육계획의 평가	

③ 보건교육 수행
  - ㉠ 보건교육 수행단계
    - 도입활동 : 학습자의 흥미유발과 동기부여에 도움이 되는 설명이나 해석 혹은 제시를 제공한다.
    - 전개활동 : 학습자에게 흥미가 유발된 후 계획단계에서 구성한 학습내용의 지식・기술・기능・태도 등의 습득을 위해 집단이나 개별 교육활동을 수행하는 전개활동이 진행된다.
    - 종결활동 : 전개활동을 종합하여 설정된 목표에 의해 성취감으로 나아가는 단계

ⓛ 보건교육 수행 관리
- 필요자원 검토 및 관리 : 인적 자원, 물적 자원, 재정자원
- 일정관리
- 보건교육 연계조정 : 사업장 보건교육은 지역사회와 연계하여 실시하는 것이 효과적이다.
- 모니터링 : 전 과정에서 모니터링은 필수적인 요소이다.
④ 보건교육 평가

(3) 안전보건 교육방법

구 분		보건교육방법
개별학습	수용학습	연습 / 자율학습, 프로그램학습
	발견학습	상담, 문제해결학습, 시뮬레이션학습, 모델링, 컴퓨터활용교육, 멀티미디어활용학습
집단학습	수용학습	강의, 시범, OJT(직무교육), 방송
	발견학습	집단토의, 분단토의, 배심토의, 강연식 토의, 세미나, 브레인스토밍, 실험현장학습 / 견학, 역할극, 팀기반학습
기타 학습	수용/발견학습	문제중심학습, 게임활동, 프로젝트학습, 전시관람, 캠페인활동, 인형극 컴퓨터프레젠테이션, E-learning, Storytelling

① 개별보건교육
ㄱ 개별보건교육 시 유의점
- 학습자의 능력에 적합한 목적 설정 교육 전 신뢰관계 형성 학습자의 상황에 대한 긍정적으로 수용한다.
- 학습자가 자유롭게 의사를 표시할 수 있는 조용하고 친밀한 분위기 조성을 통한 여유 있는 교육을 한다.
- 학습자와 공감대 형성, 학습자 수준에 맞는 언어 사용, 현재의 문제에 초점을 두어야 한다.
- 비밀을 엄수하며, 충고, 훈육, 명령, 설득 등을 피해야 한다.
ㄴ 개별보건교육의 장점
- 한 사람만을 대상으로 하므로 집단교육보다 교육효과가 높다.
- 학습자에 대한 기본 이해를 중심으로 하므로, 학습자의 변화 유도가 용이하다.
- 집단교육에 비하여 대상자를 모아야 하는 시간이 적게 든다.
- 짧은 시간의 교육도 가능하므로, 다양한 보건사업 현장에서 적용할 수 있다.
ㄷ 개별보건교육의 단점
- 한 번에 한 명의 학습자만 교육시킬 수 있으므로 비효율적이다.
- 일대일학습이므로, 학습자가 심리적 부담을 느낄 수 있다.
- 다른 학습자를 통해 배울 수 있는 기회가 없다.

㉣ 개별보건교육의 방법

유형(보건교육매체)		장 점	단 점
수용학습 방법	연습 / 자율학습 (실물, 모형, 인쇄물)	• 학습자의 능력에 따른 교육이 가능하다. • 학습자 스스로 학습속도 조절 가능하다. • 단계적 학습을 통해 기초를 다질 수 있다.	• 학습자의 동기부여, 준비성 등 개인적 차이가 크다. • 적절한 평가와 피드백 이 없어 교육효과가 떨어진다.
	프로그램학습 (컴퓨터)	• 학생의 능력에 따른 학습이 가능하다. • 개인차를 고려한 개별학습이 가능하다. • 즉각적인 피드백과 강화가 가능하다.	• 한번 개발된 프로그램 자료는 수정이 어렵다. • 개발비가 많이 든다. • 학습자의 사회성이 결여될 우려가 있다.
발견학습 방법	상담 (인쇄물)	• 대상자에 대한 이해가 용이하다. • 별도의 공간을 마련하지 않아도 된다. • 한 명의 건강관련 문제에 집중해 문제를 해결한다. • 회피하기 쉬운 주제에 대해서도 교육이 가능하다.	• 경제성이 낮다. • 상담자 역량에 따라 보건교육의 효과가 달라진다. • 다른 사람과의 공감과 비교를 통한 학습기회가 줄어든다.
	문제해결학습 (인쇄물, 컴퓨터, 견학장소)	• 학습자의 능동적 참여와 자율성을 유도한다. • 실생활에서 문제해결 기회를 얻는다. • 비판적 사고와 협동심을 기를 수 있다.	• 지식을 학습하는 시간이 오래 걸린다. • 수업과정이 산만하고 노력에 비해 능률이 낮다. • 기초적 지식을 함양하기 어렵다.
	시뮬레이션학습 (컴퓨터, 모형)	• 실제현장과 유사한 환경을 제공하여, 안전하고 빠르게 적절한 상황파악이 가능하고 윤리적 문제가 발생하지 않는다. • 집단교육이나 팀 훈련에 적합하다. • 교육자가 학습 상황을 유도하거나 통제한다.	• 학습 설계와 통제를 위한 시간과 비용이 많이 든다. • 학습자의 준비가 없을 때 교육의 효과 적다. • 교육자의 훈련과 준비가 요구된다. • 한 번에 학습할 수 있는 학습량이 제한된다.
	모델링 (실물)	• 학습자가 아동일 경우 효과적이다. • 적절한 모델링이 이루어질 경우 학습효과가 강하고 오래 지속될 수 있다. • 관련 주제에 대한 학습자의 태도변화의 적용이 용이하다.	• 교육자에 대한 신뢰감 없이는 학습효과가 없다. • 학습내용을 명확하게 확인하기 어렵다. • 학습자가 양가감정을 가질 수 있다.
	컴퓨터 활용교육 (인쇄물, 비디오, 영화, 컴퓨터)	• 계속적인 상호작용이 가능하다. • 개별화된 교수-학습과정이 이루어진다. • 학습자의 흥미를 유발할 수 있다. • 운영이 편리하며 비용 대비 효과가 크다.	• 하드웨어에 소용되는 비용이 적지 않다. • 모니터를 통해 제공되는 영상은 실제와 차이가 있다. • 프로그램의 질, 양, 다양성 면에서 코스웨어가 부적절하다.
	멀티미디어 활용학습 (멀티미디어, 인터넷, 스마트폰)	• 역동적인 진행이 이루어진다. • 학습자의 자율성과 창의성이 보장된다. • 실시간 상호작용이 가능하다.	• 학습목표에 도달하지 못하고 혼란에 빠질 가능성이 있다. • 비용이 많이 든다.

② 집단보건교육의 방법

유형(보건교육매체)		장 점	단 점
수용학습 방법	강의, OJT	(칠판, 인쇄물, 환등기, 프로젝터, 비디오, 컴퓨터, 인터넷, 멀티미디어 등)	
	시범 (실물, 모형, 컴퓨터)	• 흥미유발, 배운 내용을 쉽게 실무에 적용, 대상자 수준이 다양해도 쉽게 배운다. • 개별화가 가능하다.	• 소수 대상자에게만 가능하므로 비용 효과면에서 비효율적이다. • 교육자 준비 정도에 따라 학습효과에 차이 크다.
발견학습 방법	집단토의 (5~10명, 칠판)	• 목표를 위해 능동적으로 참여할 기회가 있다. • 효과적인 의사소통능력을 기른다. • 선입견이나 편견의 수정이 가능하다.	• 시간이 많이 소요된다. • 지배적인 참여자와 소극적인 참여자가 될 수 있다. • 예측하지 못한 상황의 발생이 가능하다.
	분단토의 (6~8명, 인쇄물, 컴퓨터)	• 모든 대상자들에게 참여기회가 주어진다. • 문제를 다각적으로 분석·해결할 수 있다. • 다른 그룹과 비교가 되어 반성적 사고능력을 기른다.	• 참여자들이 준비가 안 되면 효과가 없다. • 소수의견이 집단 전체의 의견이 될 수 있다. • 소심한 사람에게는 부담스러울 수 있다.
	배심토의 (빔프로젝터)	다수의 청중 앞에서 의장의 안내에 따라 집단토의를 진행하는 방법이며 자신의 견해를 발표 후, 청중과의 질의응답을 통해 청중의 참여를 촉진시킨다. • 청중은 비교적 높은 수준의 토의를 통해 문제에 대한 해결책을 제시하는 데 참여한다. • 전문적인 토의를 통해 어떤 주제에 대해 다각도로 분석하고 예측할 능력이 배양된다.	• 전문가를 초빙하므로 경제적으로 부담이 된다. • 청중이 배경지식이 없을 경우 이해가 어려워 효과가 적을 수 있다.
	강연식토의 (멀티미디어)	사회자는 해당 분야에 대한 전문가로서, 각각 발표자의 발표내용에 대해 간단히 요약한 후 질문, 답변, 토의가 진행되도록 이끌므로, 사회자의 역할이 매우 중요하다. • 특정 주제에 심도 있는 접근이 가능하다. • 주제의 전체적인 윤곽 파악과 함께 세부적인 이해도 가능하다.	• 청중에게 배경지식 없을 경우 이해가 어렵다. • 질문시간이 제한되어 있어 소수의 청중만이 질문을 통해 참여할 수 있다.
	세미나(인터넷)	토의나 연구를 하기 위해서 혹은 선정된 주제에 대해 과학적으로 분석하기 위해 전문가들이 함께 모여 구성하는 집회 참가자들의 관심과 흥미, 전문성이 향상된다.	참가자가 흥미가 없을 경우 참여율이 저조하다.
	브레인스토밍 (인쇄물)	• 재미 있으며 어떤 문제든지 다룰 수 있다. • 새로운 방법을 모색할 수 있다.	• 고도의 기술이 필요하다. • 진행을 위한 사회자의 역량이 요구된다.
	실험(실물, 모형)	• 흥미와 동기유발이 용이하다. • 주제와 관련한 변화나 현상을 직접 관찰할 수 있다.	• 사전준비가 요구되며 시간 많이 소모된다. • 안전사고 발생 위험이 있고 비용이 많이 필요하다.
	현장학습 / 견학 (실물, 인쇄물)	• 관찰능력을 기를 수 있다. • 배운 내용을 현장에서 적용하는 기회가 된다.	• 투입된 노력에 비해 효과가 적을 수 있다. • 견학을 거부하거나 제한하는 상황이 있을 수 있다.

유형(보건교육매체)		장 점	단 점
발견학습 방법	역할극 (실물, 모형, 인쇄물)	• 기술습득이 용이하며 사회성 개발에 효 과적이다. • 심리적 전환 경험을 통해 학습자 태도변 화가 용이하다.	• 준비시간이 많이 요구된다. • 극중 인물을 선택하는데 어려움이 있다. • 사실과 거리감이 있을 때는 효과가 저하 된다.
	팀 기반학습	• 구성원 모두가 학습에 주도적으로 참여 한다. • 적절한 피드백을 통해 구성원 개인과 팀 의 성장과 발전을 도모한다.	• 이질적이되 응집력 높은 팀의 구성이 어렵다. • 구성원의 적절한 역할 설정이 어렵다. • 주도적인 소수참여자 학습으로 제한 가능성이 있다.

3. 농작업 안전보건 교육 평가

(1) 평가주체에 의한 분류

① 내부평가

　㉠ 장점 : 조직에 익숙하고 사업배경을 안다. 비용이 적게 든다. 모든 사람이 받아들일 수
　　있다. 평과결과에 대해 정확하게 의사소통할 수 있다.

　㉡ 단점 : 사업에 지나치게 연관되어 있어 객관적 평가가 어렵다. 평가에 대한 전문적 기술
　　이 부족하며 결과를 성공적으로 해석하려는 선입견이 생긴다.

② 외부평가

　㉠ 장점 : 선입견 없는 태도로 평가에 임할 수 있다. 전문적 평가가 가능하며 새로운 시각으
　　로 사업을 조망할 수 있다.

　㉡ 단점 : 비용이 많이 든다. 의뢰자와 평가자 간 평가목적이 다를 수 있다. 사업을 충분히
　　숙지할 수가 없고, 사업 진행자의 협조적 참여가 쉽지 않다.

(2) 평가시기에 의한 분류

① 진단평가

　㉠ 진단평가(Pretest Evaluation)는 일종의 요구사정이라 할 수 있다.

　㉡ 진단평가를 하는 목적은 대상자들의 교육에 대한 이해 정도를 파악하고, 교육계획을 수립
　　할 때 무엇을 교육할지를 알아보기 위해 실시한다.

　㉢ 진단평가를 통해 대상자의 지식수준, 태도, 흥미, 동기, 학습자 준비도 등을 파악할 수
　　있고, 어떤 내용의 교육이 필요한지를 알 수 있다.

　㉣ 학습자의 개인차를 이해하고 이에 알맞은 교수-학습 방법을 모색하는 데 유용하다.

　㉤ 단점으로는 교육자의 진단평가의 중요성에 대한 인식부족, 대상자 수의 과다, 시간적
　　제한, 행정지원 등의 문제로 잘 실시되지 않는다.

② 형성평가

  ㉠ 형성평가(Formative Evaluation)는 교수-학습활동이 진행되는 동안 주기적으로 학습
    의 진행 정도를 파악하여 교육방법이나 내용 향상을 위해 실시한다.

  ㉡ 형성평가는 보건교육 중 하나의 체계가 끝나기 전에 하위체계 단위에서 각 단계마다
    평가를 실시하는 것을 말한다.

  ㉢ 형성평가로 대상자의 주의집중과 학습의 동기유발을 증진시킬 수 있으며 개인차를 찾아
    내 개별화 학습을 가능하게 한다.

  ㉣ 형성평가의 목적은 중간 목표도달 여부를 점검하여 효과적인 학습에 영향을 주는 요인을
    알아보고, 목표설정은 최저의 성취수준으로 해야 한다.

③ 총합평가

  ㉠ 총합평가(Summative Evaluation)는 총괄평가, 최종평가라고도 하며 일정한 교육이 끝
    난 후에 목표도달 여부를 알아보는 것이다.

  ㉡ 대상자가 학습목표를 달성했는지와 교수-학습과정의 장점과 약점을 최종적으로 평가하
    여 다음 기회에 더욱 향상시킬 방안을 찾아야 한다.

  ㉢ 평가에서 대상자의 참여는 중요하다. 자신의 능력을 자신이 평가할 뿐만 아니라, 교육자
    의 교육방법과 교육과정을 대상자가 평가함으로써 교육자와 대상자 간에 동등한 관계로
    존중받았다는 느낌을 갖게 되며 스스로 평가할 수 있는 자신감을 갖게 된다.

(3) 평가성과에 따른 교육평가

① 과정평가

  ㉠ 과정평가(Process Evaluation)는 개인의 농작업 안전보건 교육 프로그램이 성공적으로
    개발되고 운영되었는가를 평가하는 것이다.

  ㉡ 지도자의 훈련수준과 관련된 프로그램의 외적 특징, 즉 사용된 여러 가지의 자료, 예를
    들면 팸플릿, 포스터 등의 질, 제반 교육과정의 적절성·난이성, 과정의 수, 각 과정의
    시간적 길이, 참석자의 수, 대상자의 참여율 등이 평가항목이 될 수 있다.

  ㉢ 프로그램이 계획한 대로 시행되었는지를 사정하여 프로그램을 관리하는 데에 필요한
    기초정보와 평가의 영향 또는 성과적 결과를 해석하는 기초를 마련하고, 시행된 프로그램
    이 다른 환경에서도 실현될 가능성(Feasibility)과 일반화, 프로그램의 확산에 관건이
    되는 사항에 대한 판단의 실마리를 제공한다.

② 영향평가

  ㉠ 영향평가(Impact Evaluation)는 프로그램을 투입한 결과로 대상자의 지식, 태도, 신념,
    가치관, 기술, 행동 또는 실천 양상에 일어난 변화를 사정하려는 데에 목적이 있다.

  ㉡ 위험요인의 감소, 효과적인 대처 등이 영향평가의 지표에 해당한다.

  ㉢ 조직체를 대상으로 할 경우에는 조직체가 채택한 정책, 프로그램, 자원 등이 사정되며,
    정부를 대상으로 할 때에는 정책, 계획, 재정지원, 입법상태 등이 사정된다.

③ 성과평가

    ㉠ 성과평가(결과평가, Outcome Evaluation)는 오랜 기간을 두고 교육 프로그램을 통해 궁극적인 목적이 얼마나 효과적으로 달성되었는지를 평가하는 것이다. 여기서 궁극적인 목적이란 교육요구를 발생시킨 사회적 문제의 해결을 말한다.

    ㉡ 성과평가는 시간이 경과함에 따라 나타나는 장기적 성과를 측정한다.

    ㉢ 성과평가는 평가된 프로그램의 당위성과 필요성을 설명하는 중요한 최종적 수단이 된다.

(4) 교육과정 중 평가

교육과정	평가기능	평가분류	평가내용
계 획	진단평가	구조평가	건강문제 진단, 대상자의 요구 · 특성 · 환경 분석, 우선순위결정
수 행	형성평가	과정평가	교육제공자, 인적자원, 내용, 매체 및 방법, 자료, 시간, 대상자 인원, 예산
수행완료	총괄평가	영향평가	지식 · 태도 · 행동의 변화, 기술개발, 교육에 대한 수용도, 접근 용이성, 유용성, 교육에 대한 인식, 질병위험요소 인식, 보건교육의 참여도
		결과평가	사망률, 치사율, 평균수명, 이환율, 유병률, 참여자 반응, 편익

02 | 농작업 안전보건 교육 실무

1. 농작업 안전보건 교육계획 수립(계획서 작성)

(1) 농작업 안전보건 교육계획의 수립 시 고려사항

① 교육에 필요한 정보를 수집한다. 이때 농작업 안전보건교육 관련 조직이나 기관이 설정하고 있는 지침 및 기준을 반드시 확인하도록 한다.

② 현장의 의견을 반영한다. 이를 통해 교육 담당자가 미처 생각하지 못했던 좋은 아이디어를 얻을 수 있으며 의견을 제공한 사람들이 교육을 자신의 것으로 받아들여 교육과정을 실시할 때 도움을 줄 수 있다.

③ 교육 시행체계와 관련하여 시행한다. 안전보건 교육을 담당하는 다른 기관들의 기능에 따라서 각 종류의 안전보건 교육을 분담 실시하도록 하며, 이와 같은 시행체계의 범위를 벗어나지 않도록 한다.

④ 정부 법, 규정 이외의 교육도 고려한다. 정부에서 법 혹은 규정으로 정하고 있는 안전보건 교육은 어디까지나 기초적인 최소한도의 교육이므로, 지역 또는 작업장의 실태를 감안하여 필요한 교육사항을 추가하거나 교육시간을 충분히 활용해야 한다.

⑤ 교육의 효과를 고려한다. 사람 측면에서의 안전보건의 수준 향상을 도모할 뿐 아니라 물적 측면에서의 재해 예방 및 보건에 만전을 기할 수 있어야 한다.

(2) 농작업 안전보건 교육의 수립단계에서의 의사결정사항

① 안전보건 교육의 우선순위 결정 : 많은 사람에게 영향을 미치는 문제, 심각한 영향을 미치는 문제, 문제해결을 위한 효과적인 교육방법의 실현 가능성, 효율성 향상을 위한 경제적 측면 및 인력, 교육내용에 대한 교육 대상자의 관심과 자발성 등을 고려한다.

② 안전보건 교육의 목표 결정 : 무엇을, "누가, 어디서, 언제, 어느 만큼 한다" 형식으로 표현하며 실현 가능성, 관찰 가능성, 측정 가능성, 논리성, 상위 체계와의 관련성 등을 고려한다.

③ 안전보건 교육의 시행 및 평가계획 : 일회적이 아닌 연간, 월간, 주간 계획을 수립하는 것이 바람직하며 교수방법, 담당인력, 시기, 필요 자원에 대한 내용을 포함하고 있어야 한다.

(3) 작성과정

① 보건교육의 요구사정단계

② 일반적 목적과 구체적 학습목표 설정

③ 교육방법 및 매체선정

④ 학습자의 학습목표를 측정하는 평가기준 결정

⑤ 작성 시 포함되어야 할 주요사항 : 교육대상, 장소, 시간, 교육주제, 교육자, 단원목표, 교육 단계(도입, 전개, 정리) 및 소요시간, 교육방법과 교육매체, 교육평가, 참고문헌

⑥ 학습자 중심의 진술, 구체적이고 명료한 행위동사로 진술, 학습자가 수업에서 성취해야 할 것에 대한 진술, 실현가능한 것

(4) 교육 단계별 활동(교수-학습지도안의 단계별 주요 활동)

① 도입활동 : 학습자의 흥미유발과 동기부여에 도움이 되는 설명이나 해석을 제공한다.

② 전개활동 : 학습자에게 흥미를 유발하고 계획단계에서 구성한 학습 내용의 지식·기술·기능·태도 등의 습득을 위해 집단이나 개별 교육활동을 수행하는 전개활동이 진행된다.

③ 종결활동 : 전개활동을 종합하여 설정된 목표 달성을 통해 성취감으로 나아가는 단계이다.

2. 농작업 안전보건 교육 실시

(1) 효과적인 교육방법

① 학습자가 잘 알아듣도록 명료하게 말하고, 학습목표를 분명하게 제시한다.

② 시청각자료를 활용하여 교육내용을 간결하고 강하게 전달한다.

③ 교육매체는 학습자와 학습목표에 잘 부합되어야 한다.

④ 학습자를 교육활동에 능동적으로 참여시키고, 수시로 피드백을 주어 격려하고, 필요하면 수정하도록 한다.

⑤ 개인차를 인정하고 중요한 부분은 반복한다.

⑥ 기술을 가르칠 때는 시범을 보이고 학습자의 재시범을 확인한다.

(2) 농작업 안전보건 교육 운영 시 유의해야 할 사항

① 농작업 안전보건 교육은 단편적 지식이나 기능 전달을 목적으로 하는 것이 아니라 일상생활에서 응용하기 위한 것이므로 인간의 신체적, 정신적, 사회적 측면의 조화를 고려하여 실시해야 한다.

② 교육 과정 중에 전달되는 정보를 학습자들의 실제 생활과 접목시켜야 하므로 실제 경험과 비슷한 학습 환경에서 이루어져야 효과적이다.

③ 연령, 교육수준, 경제수준에 적합하게 실시해야 하며 교육 대상자가 자발적으로 참여할 수 있도록 유도해야 한다.

④ 해당 지역사회 주민의 안전보건에 대한 태도, 신념, 미신, 습관, 금기사항, 전통 등 일상생활의 전반적인 사항을 인지하고 있어야 한다.

⑤ 명확하게 목표를 설정해야 한다.

⑥ 위험에 대해 전달하는 경우 해당 교육생들이 두려움을 느끼지 않도록 배려한다.

⑦ 양과 질을 정확하게 측정할 수 있는 평가지표의 준비가 필요하다.

⑧ 교육장소는 산만하지 않고 청결하며 흥미를 끌 수 있는 상태를 유지하도록 하며 교육자재도 깔끔하게 준비하여 교육에 집중할 수 있도록 도와주어야 한다.

(3) 교육자의 바람직한 태도

① 자기확신과 자기존중감을 가지고 학습자가 편안함을 느낄 수 있는 태도를 갖는다.

② 친근하고 따뜻하며 개방적인 태도로 긍정적이며 수용적인 분위기를 조성한다.

③ 고정된 자세보다는 표정, 움직임 등을 다양하게 연출하여 변화를 준다.

④ 시선은 한곳에만 집중하지 말고 골고루 시선을 분산시킨다.

⑤ 어조에 변화를 주며 너무 빠르거나 느리지 않게 적당한 속도를 유지한다.

⑥ 학습동기가 유발되도록 실생활과 관련된 다양하고 구체적인 예화들을 제시한다.

⑦ 전달하려는 의미를 희석시키지 않도록 관계없는 내용이나 필요 이상의 예를 많이 들지 않는다.

⑧ 한꺼번에 너무 많은 내용을 가르치지 않으며 주의집중이 안 될 때는 질문 등을 통해 참여의식을 높인다.

⑨ 틀린 답을 하였을 경우 명확한 답을 제시해주고 잘 모르는 질문일 경우 솔직하게 잘 모르겠다고 하고 다음 기회를 약속하며 반드시 다음에 대답을 해 준다.

3. 농작업 안전보건 교육 평가 · 개선

(1) 농작업 안전보건 교육평가의 목적

① 설정된 학습목표의 도달 유무를 진단한다.

② 학습효과를 증진시키는데 영향을 주는 요인이 무엇인지를 알아낸다.

③ 교육자 자신의 교육방법이나 교육기법이 학습자들의 학습목표 도달에 적절한지를 판단한다.

④ 교육과정과 내용의 타당도를 알아본다.

⑤ 교육대상자들에게 교육자 자신의 노력의 결과를 알려 준다.

⑥ 학습자의 교육요구를 파악한다.

(2) 농작업 안전보건교육평가의 단계

① **농작업 안전보건교육 관계자 참여** : 보건교육 수행에 참여한 사람들 또는 단체 보건교육의 영향을 받은 사람들 또는 단체 평가결과의 주요 활용자를 참여시킨다.

② **평가대상 및 평가기준 확인**

　㉠ 보건교육 기술 : 보건교육의 목적과 전략을 충분히 이해할 수 있을 정도의 구체성을 갖고 보건교육을 기술한다.

　㉡ 필요성 : 보건교육이 해결하고자 하는 문제 혹은 해결할 수 있는 기회에 대해 보건교육이 어떻게 대응할 것인가를 기술한다.

　㉢ 예상되는 효과 : 즉각적 효과, 장기적인 효과를 볼 수 있다.

　㉣ 중재활동 : 건강증진을 유도하기 위해 보건교육이 제공한 활동을 말한다.

　㉤ 자원 : 보건교육 중재활동을 수행하는 데 이용 가능했던 것을 의미한다.

　㉥ 개발단계 : 발달의 정도를 의미한다.

　㉦ 상황 : 보건교육의 운영과 관계된 환경과 환경적 영향에 대한 기술을 말한다.

③ 평가자료 수집

④ 평가자료 분석 및 보고서 작성

⑤ **평가결론의 타당성 증명** : 도출된 결론은 평가결과로 공표되기 전, 반드시 보건교육의 장점, 가치, 중요도와 관련해 정당성을 증명하는 과정이 필요하다.

⑥ 평가결과의 활용과 보급

(3) 보건프로그램 평가의 원칙과 조건

① **보건프로그램 평가의 원칙** : WHO European Working Group(1998)은 오타와 헌장에서 제시한 건강증진의 원칙에 근거하여 제시한 평가의 원칙은 다음과 같다.

　㉠ 대상자의 참여(Participation) : 평가의 각 단계에서 건강증진사업 관련자들인 정책결정자, 지역사회 구성원, 지역사회 조직, 기타 전문가 및 국가와 지역의 보건기구 등을 포함시킬 것을 명시하고 있다. 특히 지역사회 주민의 참여가 중요하다.

　㉡ 평가방법의 다양성(Multiple Method) : 다양한 정보원을 수집하여 관련된 다양한 학문에 근거하여 평가한다.

　㉢ 평가능력의 배양(Capacity Building) : 평가를 실시하는 개인, 지역사회, 조직, 정부가 건강증진 문제를 스스로 다룰 능력을 배양하도록 한다.

ⓔ 평가의 적절성(Appropriateness) : 프로그램의 평가는 건강증진활동의 복잡한 특성과 장기적 영향을 반영할 수 있도록 설계되어야 한다.

② 보건교육 결과를 평가하는 문항의 조건

ⓖ 평가하려는 학습목표와 관련성이 있는 내용으로 문항을 구성하여야 한다.

ⓛ 학습자들이 잘 아는 경험에서부터 전혀 새로운 문제까지 포함하도록 참신도가 유지되어야 한다.

ⓔ 적절한 난이도와 변별력이 유지되어야 하고, 너무 쉽거나 어렵지 않아야 한다.

ⓡ 평가항목은 학습목표 도달유무를 명확히 평가할 수 있도록 만들어져야 한다.

(4) 농작업 안전보건 교육 평가를 설계하기 위한 세 가지 모형

① 사후조사 평가모형

ⓖ 프로그램을 실시하기 이전에 조사가 실시될 수 없거나 사전조사가 프로그램의 실시에 나쁜 영향을 미칠 것이 예상될 경우 이용된다.

ⓛ 일단 프로그램을 시행한 후, 실험군에 대한 정보(A)와 대조군에 대한 정보(B)를 동시에 수집하여 A와 B의 차이를 관찰하여 프로그램의 효과를 평가한다.

② 사전사후 조사 평가모형

ⓖ 대조군을 설정하지 않고 실험군만을 대상으로 프로그램 투입 이전의 정보(A)와 투입한 이후의 정보(B)를 수집하여 프로그램을 평가하는 모형이다.

ⓛ 대조군을 설정하기 어려울 때 활용할 수 있으며 교육 전 평가자가 학습자의 동기를 유발하기 위한 전략으로도 사용할 수 있다.

③ 실험군 및 대조군 사전사후 평가모형

ⓖ 프로그램에 참여한 집단과 프로그램에 참여하지 않은 집단에 대한 정보를 프로그램 실시 전후로 각각 수집하여, 프로그램 실시로 인해 변화된 내용과 얼마나 변화되었는지를 평가한다.

ⓛ 농작업 안전보건 교육자가 일정한 계획을 갖고 학습자를 모집하는 경우 바람직한 평가방법이 될 수 있으며, 농작업 안전보건 교육의 효과를 결정적으로 파악할 수 있는 방법이다.

(5) 평가도구의 조건과 평가방법

① 평가도구가 갖추어야 할 조건

ⓖ 타당도 : 타당도(정확도, Validity)는 평가도구가 평가하려는 내용, 즉 교육의 목표나 기준을 얼마나 잘 측정하였는가를 의미하는 것으로 타당도는 측정하려고 하는 것(What)을 잘 측정하였느냐의 문제이다.

ⓛ 신뢰도 : 신뢰도(Reliability)는 평가도구가 신뢰할만한가의 문제로, 평가도구가 얼마나 정확하고 오차 없이 측정하는가를 말한다. 신뢰도는 "재현가능성"이라고도 하는데, 반복 측정하더라도 평가결과가 들쭉날쭉하지 않고 일관되어야 함을 말한다.

ⓒ 객관도 : 객관도(Objectivity)는 평가자가 얼마나 객관적인가의 문제로, 평가가 평가자의 주관에 의하여 흔들리지 않아야 함을 말한다. 즉, 평가자의 일관성을 의미하는 것으로서 동일한 답안지를 동일한 사람이 시간이나 상황을 달리해서 평가한다 하더라도 같은 결과 가 나오면 객관도가 높은 것으로 볼 수 있다.

ⓔ 실용도 : 실용도(Usability)는 평가도구의 경제성, 간편성, 편의성을 나타내는 것으로, 교육자나 교육대상자에게 그 평가방법이 얼마나 쉽게 적용할 수 있는가를 말한다.

〈출처〉 김정남·신유선 외, 「지역사회간호학」(경기 : 수문사, 2013), p.964~965

② 평가방법

㉠ 인지적 영역의 평가 : 질문지법, 구두질문법
- 질문지법 : 최소한 읽을 수 있고 질문에 대한 지식이 있는 사람을 대상으로 사용할 수 있는 간접적 측정방법으로 고령층 농업인에게는 적절하지 않을 수 있다. 또한, 질문 문항의 타당도와 신뢰도를 고려하여야 한다.
- 구두질문법 : 교육내용에 대한 직접적인 질문을 통해 측정하는 방법으로 학습자의 이해 정도를 교수자가 즉각적으로 알 수 있으며, 학습자 또한 알고 있는 지식이 옳았는가를 즉시 알 수 있다. 그러나 큰 집단에서는 모든 개인이 질문에 반응할 수 없다는 한계가 있다.

㉡ 정의적 영역의 평가 : 관찰법, 자기보고법(질문지법)
- 관찰법 : 학습자의 학습활동을 관찰하여 학습자의 변화를 평가하는 방법으로, 정의적인 영역을 평가하기에 효과적이다. 다만 관찰자의 과거 경험, 기억, 인상, 선입견이 작용하 지 않도록 특별히 주의해야 한다.
- 자기보고법(질문지법) : 학습자 자신이 행동목록표나 특정 양식에 따라 자기보고를 하거나 자기감시를 하는 방법이다. 이 방법은 학습자가 행동을 한 후 자신의 행동을 기록하는 방식으로 정의적인 영역을 측정할 수 있으며, 학습자의 동기를 유발하는 데 유용하다.

㉢ 심동적 영역의 평가 : 관찰법, 실기시험법(시범)
- 관찰법 : 정의적 영역뿐 아니라 운동기술 영역을 평가하기에도 적절한 방법이다. 학습 목표에 부합하는 기준을 설정하고 이를 토대로 학습자의 기술 또는 운동능력 정도를 관찰하여 측정할 수 있다.
- 실기시험법(시범) : 학습자에게 학습한 기술 또는 운동 능력을 직접적으로 활용할 수 있는 실습 기회를 제공하여 그 정도를 측정하는 방법이다. 실제 상황과 동일한 환경을 제공하고 정해진 기준(평가지, 체크리스트 등 활용)을 토대로 학습자의 기술 정도를 측정할 수 있다.

01 다음은 어떤 학습이론에 대한 설명인가?

> • 사람들과 상호작용하는 환경이나 사건에 초점을 둔다.
> • 격려나 보상 및 처벌에 따라 행동이 지속 또는 소멸된다.
> • 내적요인이 아니라 외적 요인을 강조한다.

① 사회-학습이론
② 계획된 행위이론
③ 인지주의 학습이론
④ 행동주의 학습이론

해설

행동주의 학습이론 개념
행동주의 학습이론은 인간은 주어진 자극에 의하여 수동적으로 학습하는 존재이며, 자극이 반복적으로 주어짐에 따라 반응이 누적되면서 학습이 일어난다고 보는 입장이다.

02 다음에서 설명하는 학습이론은 무엇인가?

> • 학습자 개개인의 특성에 중점을 둔다.
> • 학습자가 학습방법을 스스로 선택하고 조절·관리한다.
> • 학습자가 가진 욕구에 근거하여 학습목표를 주체적으로 설정한다.
> • 교사의 역할은 학습자의 요청에 반응하는 조력자이다.
> • 교사는 인지적 학습과 함께 정의적 학습에 가치를 둔다.

① 행동주의 학습이론
② 인지주의 학습이론
③ 인본주의 학습이론
④ 구성주의 학습이론

해설

인본주의는 인간과 그의 잠재력, 인간의 성취와 흥미에 관심을 갖는 철학이나 태도를 말하며, 인본주의 학습이론 또한 인간이 자신의 삶을 주도하고, 잠재력을 발달시킬 수 있는 자아실현적 존재라고 가정한다.

03 보건교육 요구사정 시 당뇨병을 앓고 있는 대상자의 시력상태를 점검하는 것은 어떤 사정에 해당하는가?

① 신체적 준비 정도
② 정서적 준비 정도
③ 경험적 준비 정도
④ 교육환경 준비 정도

해설

현재 상태와 원하는 바람직한 상태 사이의 차이를 요구라고 하는데 보건교육 전문가의 입장에서 규정하는 요구와 함께 대상자가 감지하거나 인지하여 표출된 요구, 대상자가 속해 있는 사회·환경적 맥락에서 비롯되는 요구들이 함께 존재한다. 여기서 학습자의 시력 상태를 점검하는 것은 신체적 준비 정도를 요구사정하는 것이다.

04 지역사회 집단보건교육을 실시할 때 가장 우선적으로 해야 할 일은?

① 교육 목표를 선정한다.
② 교육 내용을 선정한다.
③ 교육 방법을 선정한다.
④ 주민들의 요구도를 사정한다.

해설

보건교육과정의 첫 번째 단계는 보건교육 요구사정이다.

05 보건교육을 계획하고자 할 때 고려해야 할 사항으로 옳은 것은?

① 첫 단계는 학습목표에 맞는 매체와 방법을 선정하는 것이다.
② 목표 진술은 명시적 행동용어보다 암시적 행동용어로 한다.
③ 학습목표에 따라 적절한 교육방법을 선택한다.
④ 학습내용은 어려운 것에서 쉬운 것으로, 추상적인 것에서 구체적인 것으로 배열한다.

해설

· 교육은 바쁜 계절이나 시기를 피해야 한다.
· 교육대상의 소집 가능성과, 그 문제의 교육시기를 조화롭게 계획해야 한다.
· 건강문제와 관련된 교육의 주제는 궁극적으로 해결되는 것이 아니라 지속적인 문제발생이 일어나는 경우가 대부분이다. 보건교육 장소는 교육대상자 수, 강의실의 크기, 좌석배열, 조명, 환기, 기온 등 물리적 교육환경을 고려하여 선정한다.

06 보건교육의 시기에 따라 평가의 종류를 구분할 때, 하나의 체계가 끝나기 전에 하위체계 단위에서 각 단계마다 평가를 실시하는 것은?

① 형성평가   ② 성과평가

③ 진단평가   ④ 영향평가

해설

형성평가는 보건교육 중 하나의 체계가 끝나기 전에 하위체계 단위에서 각 단계마다 평가를 실시하는 것으로 프로그램을 개선하기 위해 실시되는 평가로, 프로그램을 어떻게 더 잘 만들지에 대한 정보를 제공한다.

07 보건교육이 진행되는 동안 주기적으로 학습의 진행 정도를 파악하고, 대상자들의 능력이나 특성 등을 파악하여 교육방법을 개선하고 목표를 수정하려 할 때 실시하는 보건교육 평가는?

① 진단평가   ② 형성평가

③ 결과평가   ④ 성과평가

해설

형성평가(Formative Evaluation)는 교수-학습활동이 진행되는 동안 주기적으로 학습의 진행 정도를 파악하여 교육방법이나 내용 향상을 위해 실시하는데, 대상자의 주의집중과 학습의 동기유발을 증진시킬 수 있으며 개인차를 찾아내 개별화 학습을 가능하게 한다.

08 보건소에서 지역 내 산모들을 대상으로 "임산부 및 영유아보충 영양관리" 보건교육을 실시하였다. 교육담당자가 교육을 받은 산모들을 대상으로 "영유아 신체계측법"을 제대로 학습하였는지 평가하는데 적합한 평가방법은?

① 평정법   ② 관찰법

③ 질문지법   ④ 구두질문법

해설

정의적 영역의 평가 : 관찰법(기술습득평가)

09 간호사가 검진대상자의 혈압을 잴 때 신뢰도를 높일 수 있는 방법은?

① 측정하는 간호사 수를 최대로 늘린다.

② 간호사의 숙련도와 측정기술을 기른다.

③ 측정도구인 혈압계를 주기적으로 교체한다.

④ 동일한 방법으로 2번 실시한 평균값을 사용한다.

해설

신뢰도(Reliability)는 평가도구가 신뢰할만한가의 문제로, 평가도구가 얼마나 정확하고 오차 없이 측정하는가를 말한다. 신뢰도는 "재현가능성"이라고도 하는데, 반복 측정하더라도 평가결과가 들쭉날쭉하지 않고 일관되어야 함을 의미한다.

10 강의를 통한 집단교육을 할 때 주의할 점은?

① 여러 가지 목표를 설정한다.

② 최대한 많은 양의 자료를 투입한다.

③ 대상자 개개인의 개인차를 고려한다.

④ 모든 사람이 잘 들을 수 있도록 소리를 조절한다.

해설

집단교육 방법 중 강의를 할 때 주의해야 할 점은 모든 사람들이 들을 수 있도록 소리를 조절해야 한다는 것이다.

11 A구 보건소에서 지역주민을 대상으로 '심폐소생술 술기교육'을 실시하려고 할 때 가장 적절한 교육방법은?

① 세미나   ② 버즈세션

③ 모의학습   ④ 시 범

해설

시범은 학습자들이 배워야 할 기술이나 절차를 실제 또는 실제에 근접한 사례를 통해 관찰하게 하는 방법이다. 학습자의 흥미와 동기 유발에 용이하며, 배운 내용을 실제 적용해보기 쉽고 교육 수준이나 학습 경험이 다르더라도 관찰을 통해 동일한 학습 목표에 도달하기 용이하다.

12 다수의 지역주민들을 대상으로 짧은 기간 내에 "성인병 예방수칙"을 집중적인 반복과정을 통하여 알리려고 할 때 가장 적절한 교육방법은?

① 캠페인   ② 강 의

③ 전시회   ④ 심포지엄

해설

건강에 대한 의식의 변화를 위한 교육방법에는 캠페인이 있으며 이는 짧은 기간 내에 지식 전파가 가능하다.

13 다음에 해당하는 보건교육 방법은?

> 보건소에서 지역사회의 A 초등학교 전교생 800명을 대상으로 3일간 집중적으로 손 씻기의 중요성을 강조하여 학생들의 인식을 높이려고 한다.

① 역할극   ② 캠페인

③ 심포지엄   ④ 시 범

해설

비교적 짧은 기간 안에 건강 상식과 건강기술을 증진시키기 위한 방법에는 캠페인이 있다.

14 다음은 보건교육방법에 대한 설명이다. 옳은 것을 모두 고르면?

> ㉠ 강의 : 많은 대상자에게 짧은 시간 동안 많은 지식과 정보를 제공한다.
> ㉡ 그룹토의 : 일방식 교육방법으로 참가자가 자유로운 입장에서 상호의견을 교환하고 결론을 내린다.
> ㉢ 분단토의 : 각 견해를 대표하는 토론자 4~5명을 선정하고 사회자의 진행하에 토론한다.
> ㉣ 역할극 : 학습자가 실제 상황 속 인물로 등장하여 그 상황을 분석하고 해결방안을 모색한다.

① ㉠, ㉣   ② ㉡, ㉣
③ ㉠, ㉡, ㉢   ④ ㉠, ㉡, ㉢, ㉣

해설
㉡ 그룹토의 : 왕래식(회화식) 교육방법
㉢ 분단토의 : 분단을 나누어 토의시키고 다시 전체 회의에서 종합하는 방법이다.

15 당뇨병 환자에게 인슐린 자가주사법을 교육하려고 할 때 주사기 교육매체로 가장 적합한 것은?

① 융 판   ② 실 물
③ 슬라이드   ④ 투시환등기

해설
당뇨병환자에게 교육 후 실생활에 즉시 활용할 수 있는 실물방법이 가장 적합하다.

농작업 안전보건 관련법

01 | 농업인 안전보건 관련법

1. 「농어업인 삶의 질 향상 및 농어촌지역 개발촉진에 관한 특별법」(법·영·규칙)

(1) 목적(법 제1조)

이 법은 「농업·농촌 및 식품산업 기본법」, 「산림기본법」, 「해양수산발전 기본법」 및 「수산업·어촌 발전 기본법」에 따라 농어업인 등의 복지증진, 농어촌의 교육여건 개선 및 농어촌의 종합적·체계적인 개발촉진에 필요한 사항을 규정함으로써 농어업인 등의 삶의 질을 향상시키고 지역 간 균형발전을 도모함을 목적으로 한다.

(2) 기본이념(법 제2조)

이 법은 농어촌과 도시지역 간에 생활 격차를 해소하고, 교류를 활성화함으로써 농어촌 주민이 도시지역 주민과 균등한 생활을 할 수 있도록 하고, 농어촌이 지속적인 발전을 이루기 위한 기틀을 마련하는 것을 기본이념으로 한다.

(3) 농어업인 삶의 질 향상 및 농어촌 지역개발 기본계획의 수립(법 제5조)

① 정부는 농어업인 등의 복지증진, 농어촌의 교육·문화예술 여건 개선 및 지역개발을 촉진하기 위하여 5년마다 다음 각 호의 사항을 포함하는 농어업인 삶의 질 향상 및 농어촌 지역개발 기본계획(이하 "기본계획"이라 한다)을 세워야 한다.

1. 농어업인 등의 복지증진, 농어촌의 교육여건 개선 및 지역개발에 관한 정책의 기본 방향
2. 농어업인 등의 복지증진 및 사회안전망 확충에 관한 사항
2의2. 고령 농어업인에 대한 소득안정화 및 작업환경 개선에 관한 사항
3. 농어촌의 교육·문화예술 여건 개선에 관한 사항
4. 농어촌의 기초생활여건 개선에 관한 사항
4의2. 농어촌의 의료여건 개선에 관한 사항
5. 농어촌의 자연환경 및 경관 보전에 관한 사항
6. 제31조 제1항에 따른 농어촌산업 육성에 관한 사항
7. 도시와 농어촌 간의 교류확대에 관한 사항
8. 농어촌 거점지역의 육성에 관한 사항
9. 필요한 재원의 투자계획 및 조달에 관한 사항

10. 농어촌서비스기준에 관한 사항

11. 그 밖에 농어업인 등의 삶의 질 향상 및 농어촌의 지역개발 등에 관한 사항

② 정부는 기본계획을 세울 때에는 제10조에 따른 농어업인 삶의 질 향상 및 농어촌 지역개발위원회
(이하 "위원회"라 한다)의 심의를 거쳐야 한다. 기본계획을 변경할 때에도 또한 같다.

(4) 시행계획의 수립(법 제6조)

① 관계 중앙행정기관의 장은 기본계획에 따라 매년 농어업인 삶의 질 향상 및 농어촌 지역개발
시행계획(이하 "시행계획"이라 한다)을 세우고 시행하여야 한다.

② 관계 중앙행정기관의 장은 전년도 시행계획의 추진실적과 해당 연도 시행계획을 매년 3월
31일까지 위원회에 제출하여야 한다.

(5) 시·도계획 및 시·군·구계획의 수립(법 제7조)

① 시·도지사는 기본계획에 따라 5년마다 광역시·특별자치시·도·특별자치도 농어업인 삶
의 질 향상 및 농어촌 지역개발계획(이하 "시·도계획"이라 한다)을 세우고 시행하여야 한다.

② 시장·군수·구청장(광역시의 자치구 구청장을 말한다. 이하 "시장·군수·구청장"이라 한
다)은 시·도계획에 따라 5년마다 시·군·자치구 농어업인 삶의 질 향상 및 농어촌 지역개발
계획(이하 "시·군·구계획"이라 한다)을 세우고 시행하여야 한다.

③ 시·도지사와 시장·군수·구청장은 각각의 시·도계획 및 시·군·구계획을 세울 때에는
미리 관할지역의 관련 기관, 민간단체, 주민 등의 의견을 듣고 각각 제10조의2에 따른 시·도
및 시·군·구 농어업인 삶의 질 향상 및 농어촌 지역개발위원회의 심의를 거쳐야 한다.
시·도계획 및 시·군·구계획을 변경할 때도 또한 같다.

(6) 농어업인 등에 대한 복지실태 등 조사(법 제8조)

① 정부는 농어업인 등의 복지증진과 농어촌의 지역개발에 관한 시책을 효과적으로 추진하기
위하여 5년마다 다음 각 호의 사항을 포함하는 실태조사를 실시하여야 한다.

1. 농어업인 등의 복지실태

2. 농어업인 등에 대한 사회안전망 확충 현황

3. 고령 농어업인 소득 및 작업환경 현황

4. 농어촌의 교육·문화예술 여건

5. 농어촌의 교통·통신·환경·기초생활 여건

6. 그 밖에 농어업인 등의 복지증진과 농어촌의 지역개발을 위하여 필요한 사항

② 정부는 제1항에 따른 조사 항목·방법 등을 정할 때에는 농어촌서비스기준을 우선적으로
고려하여야 한다.

③ 정부는 제1항에 따른 조사결과를 위원회에 보고하여야 한다.

④ 정부는 제1항에 따른 조사결과를 기본계획과 시행계획에 반영하여야 한다.

(7) 기본계획 등의 평가(법 제9조)

① 위원회는 기본계획 기간이 끝났을 때에는 전문연구기관 등을 통하여 기본계획의 추진실적에 대한 평가를 실시하여야 한다.

② 위원회는 매년 중앙행정기관의 장이 제출한 전년도 시행계획의 추진실적에 대하여 전문연구기관 등을 통하여 점검과 평가를 실시하여야 한다.

③ 제10조의2에 따른 시·도 및 시·군·구 농어업인 삶의 질 향상 및 농어촌 지역개발위원회는 각각 시·도계획 및 시·군·구계획의 기간이 종료된 때에는 전문연구기관 등을 통하여 시·도계획 및 시·군·구계획의 추진실적에 대한 평가를 실시하여야 한다.

④ 국가와 지방자치단체는 제1항부터 제3항까지의 규정에 따른 평가결과를 제11조에 따른 재정지원에 반영할 수 있다.

⑤ 위원회가 제2항에 따라 점검·평가한 결과를 중앙행정기관에 통보하면 중앙행정기관의 장은 이에 따라 필요한 제반 조치를 시행하여야 한다.

(8) 사전 협의 대상 사업의 이행계획서 제출 등(법 제9조의2)

① 위원회는 제9조 제2항에 따른 점검과 평가를 한 결과 필요하다고 인정하는 사업에 대하여 사전 협의 대상으로 선정하여 관계 중앙행정기관의 장에게 통보할 수 있다.

② 제1항에 따라 사전 협의 대상 사업을 통보받은 관계 중앙행정기관의 장은 제도 개선 및 예산 조정 등이 포함된 이행계획서를 위원회에 제출하여야 한다.

③ 위원회는 제2항에 따른 이행계획서의 타당성 및 실현가능성 등을 심의하여 그 결과를 관계 중앙행정기관의 장에게 통보하여야 한다.

④ 제3항에 따른 통보를 받은 관계 중앙행정기관의 장은 이행계획서에 따른 조치 결과를 위원회에 제출하여야 한다.

⑤ 제1항 및 제3항에 따른 통보 절차와 제2항에 따른 이행계획서의 내용 및 제출 절차 등에 필요한 사항은 대통령령으로 정한다.

(9) 농어업인 삶의 질 향상 및 농어촌 지역개발위원회(법 제10조)

① 농어업인 등의 복지증진, 농어촌의 교육여건 개선 및 지역개발에 관한 정책을 총괄·조정하기 위하여 국무총리 소속으로 농어업인 삶의 질 향상 및 농어촌 지역개발위원회를 둔다.

② 위원회는 다음 각 호의 사항을 심의한다.

1. 기본계획
2. 전년도 시행계획 추진 실적에 대한 점검·평가 결과
3. 해당 연도 시행계획
3의2. 제9조의2 제2항에 따른 이행계획서에 관한 사항
4. 농어촌서비스기준 달성 정도

5. 그 밖에 농어업인 삶의 질 향상 및 지역개발 정책 등에 관하여 위원장이 심의에 부치는 사항

③ 위원회는 위원장 1명을 포함한 25명 이내의 위원으로 구성한다.

④ 위원장은 국무총리가 되고, 위원은 다음 각 호의 사람이 된다.

1. 기획재정부장관·교육부장관·과학기술정보통신부장관·행정안전부장관·문화체육관광부장관·농림축산식품부장관·산업통상자원부장관·보건복지부장관·환경부장관·고용노동부장관·여성가족부장관·국토교통부장관·해양수산부장관·중소벤처기업부장관·국무조정실장과 그 밖에 대통령령으로 정하는 중앙행정기관의 장

2. 농어업인 또는 농어업인 단체의 대표자와 농어촌의 복지·교육·지역개발 분야에 풍부한 학식과 경험이 있는 사람으로서 위원장이 위촉하는 사람

⑤ 제4항 제2호에 따른 위원의 임기는 2년으로 한다.

⑥ 위원회에 간사위원 1명을 두되, 간사위원은 농림축산식품부장관이 된다.

⑦ 위원회는 그 업무수행을 위하여 필요한 경우 관계 행정기관의 소속공무원 또는 관련 기관·단체의 임직원의 파견을 요청할 수 있다.

⑧ 위원회의 업무를 효율적으로 수행하기 위하여 위원회에 농림축산식품부장관을 위원장으로 하는 농어업인 삶의 질 향상 및 농어촌지역개발실무위원회(이하 "실무위원회"라 한다)를 둔다.

⑨ 위원회의 운영 및 실무위원회의 구성·기능·운영 등에 관하여 필요한 사항은 대통령령으로 정한다.

(10) 위원회의 구성 등(시행령 제3조)

위원회의 위원장은 위원회의 안건과 관련하여 필요하다고 인정할 때에는 위원이 아닌 관계 중앙행정기관의 장에게 위원회에 출석할 것을 요청할 수 있다.

(11) 위원회의 운영(시행령 제4조)

① 위원회의 위원장은 회의를 소집하고, 그 의장이 된다.

② 위원회의 위원장은 회의를 소집하려는 경우에는 회의 일시·장소 및 회의 안건을 회의 개최 7일 전까지 각 위원에게 서면으로 통지하여야 한다. 다만, 긴급히 소집해야 하거나 부득이한 사유가 있는 경우에는 그러하지 아니하다.

③ 위원회의 회의는 재적위원 과반수의 출석으로 개의(開議)하고, 출석위원 과반수의 찬성으로 의결한다.

④ 간사위원의 사무 처리를 보좌할 간사 1명을 두며, 간사는 농림축산식품부 소속 공무원 중에서 간사위원이 지명한다.

(12) 안건의 부의 요구(시행령 제5조)

위원회의 위원장은 농어업인 등의 복지증진, 농어촌의 교육여건 개선 및 지역개발과 관련된 주요 정책 및 사업 등에 관하여 관련 중앙행정기관 간의 협의 및 의견조정이 필요하다고 인정하는 경우에는 해당 중앙행정기관의 장에게 이를 위원회에 안건으로 부의할 것을 요구할 수 있다.

(13) 농어업인 삶의 질 향상 및 농어촌지역개발실무위원회의 구성 · 운영 등(시행령 제6조)

① 법 제10조 제8항에 따른 농어업인 삶의 질 향상 및 농어촌지역개발실무위원회(이하 "실무위원회"라 한다)는 다음 각 호의 사항을 심의한다.
　1. 법 제6조 제1항에 따른 농어업인 삶의 질 향상 및 농어촌 지역개발 시행계획(이하 "시행계획"이라 한다)의 수립 및 조정에 관한 사항
　2. 연도별 시행계획의 점검 · 평가에 관한 사항
　3. 법 제41조에 따라 농어촌특별세로 지원되는 사업의 총괄 · 조정 및 점검 · 평가에 관한 사항
　4. 그 밖에 실무위원회의 위원장이 농어업인 등의 복지증진, 농어촌의 교육여건 개선 및 지역개발과 관련하여 필요하다고 인정하는 사항
② 실무위원회는 위원장을 포함한 37명 이내의 위원으로 성별을 고려하여 구성하고, 위원은 다음 각 호의 사람이 된다.
　1. 위원회의 위원이 소속된 중앙행정기관의 차관급 공무원
　1의2. 통계청장, 경찰청장, 소방청장, 농촌진흥청장, 산림청장 및 해양경찰청장
　2. 농어촌의 복지 · 교육 또는 지역개발에 관한 풍부한 학식과 경험이 있는 사람으로서 실무위원회의 위원장이 위촉하는 사람
③ 제2항 제2호에 따른 위원의 임기는 2년으로 한다.
④ 실무위원회에 간사 1명을 두며, 간사는 농림축산식품부 소속 공무원 중에서 농림축산식품부장관이 지명한다.
⑤ 실무위원회의 업무를 효율적으로 수행하기 위하여 실무위원회에 분과위원회와 특별분과위원회를 둘 수 있다.

(14) 위원의 해촉(시행령 제6조의2)

① 위원회의 위원장은 법 제10조 제4항 제2호에 따른 위원이 다음 각 호의 어느 하나에 해당하는 경우에는 해당 위원을 해촉(解囑)할 수 있다.
　1. 심신장애로 인하여 직무를 수행할 수 없게 된 경우
　2. 직무와 관련된 비위사실이 있는 경우
　3. 직무태만, 품위손상이나 그 밖의 사유로 인하여 위원으로 적합하지 아니하다고 인정되는 경우
　4. 위원 스스로 직무를 수행하는 것이 곤란하다고 의사를 밝히는 경우

② 실무위원회의 위원장은 제6조 제2항 제2호에 따른 위원이 제1항 각 호의 어느 하나에 해당하는 경우에는 해당 위원을 해촉할 수 있다.

(15) 수당의 지급(시행령 제7조)

위원회, 실무위원회, 분과위원회 및 특별분과위원회(이하 "위원회 등"이라 한다)에 출석한 위원에게는 예산의 범위에서 수당을 지급할 수 있다. 다만, 공무원인 위원이 그 소관 업무와 직접적으로 관련되어 출석하는 경우에는 그러하지 아니하다.

(16) 관계 기관의 협조(시행령 제8조)

위원회 등은 그 업무 수행을 위하여 필요할 때에는 관계 기관·단체 등에 필요한 자료를 요청하거나 관계 기관·단체 등의 직원 또는 전문가로부터 의견을 들을 수 있다.

(17) 운영세칙(시행령 제9조)

이 영에서 규정한 사항 외에 위원회 및 실무위원회의 운영에 필요한 사항과 분과위원회 및 특별분과위원회의 구성 및 운영 등에 관한 사항은 위원회 및 실무위원회의 의결을 거쳐 위원회의 위원장이 정한다.

(18) 농어업인 등의 복지증진(법 제12조)

국가와 지방자치단체는 농어업인 등의 복지증진과 실질적인 생활안정에 기여할 수 있는 시책을 마련하여야 한다.

(19) 농어업인에 대한 국민건강보험료 지원(법 제13조)

정부는 농어업인의 의료비 부담을 덜기 위하여 관계 법률에서 정하는 바에 따라 농어업인이 부담하는 국민건강보험료의 일부를 지원할 수 있다.

(20) 농어업인 질환의 예방·치료 등 지원(법 제14조)

① 국가와 지방자치단체는 농어업 작업으로 인하여 농어업인에게 주로 발생하는 질환의 예방·치료 및 보상을 위한 지원시책을 마련하여야 한다.
② 국가와 지방자치단체는 농어업인의 건강을 보호하고 쾌적한 농어업 작업환경을 조성하기 위하여 농어업의 작업환경 및 작업특성에 대한 작업자 건강위해 요소를 측정하고 이를 개선하기 위하여 필요한 지원을 하여야 한다.
③ 국가와 지방자치단체는 제1항에 따른 지원시책을 체계적·효율적으로 수행하기 위하여 매년 농어업인의 질환 현황을 조사하여야 한다.

④ 국가와 지방자치단체는 농어업인에게 주로 발생하는 질환의 예방 및 치료를 위하여 농어업인의 건강검진에 필요한 비용의 전부 또는 일부를 지원할 수 있다.

⑤ 제2항부터 제4항까지에 따른 조사 및 지원에 필요한 사항은 대통령령으로 정한다.

(21) 농어업 작업자 건강위해 요소의 측정 등(시행령 제9조의2)

① 법 제14조 제2항에 따른 농어업 작업자 건강위해 요소의 측정은 다음 각 호의 사항을 대상으로 한다.
  1. 소음, 진동, 온열 환경 등 물리적 요인
  2. 농약, 독성가스 등 화학적 요인
  3. 유해미생물과 그 생성물질 등 생물적 요인
  4. 단순반복작업 또는 인체에 과도한 부담을 주는 작업특성
  5. 그 밖에 농림축산식품부장관 또는 해양수산부장관이 정하는 사항

② 국가와 지방자치단체는 법 제14조 제2항에 따라 예산의 범위에서 다음 각 호의 지원사업을 할 수 있다.
  1. 농어업 작업환경을 개선할 수 있는 장비의 개발 및 보급
  2. 농어업 작업 안전보건기술의 개발 및 보급
  3. 농어업인에게 주로 발생하는 질환 및 재해 예방교육의 실시

(22) 농업인 질환 현황 조사(시행령 제9조의3)

① 농촌진흥청장은 법 제14조 제3항에 따라 농업인의 질환 현황을 파악하기 위한 조사(이하 이 조에서 "질환현황조사"라 한다)를 매년 실시하여야 한다.

② 질환현황조사에는 다음 각 호의 사항이 포함되어야 한다.
  1. 성별·나이 등 조사 대상자의 일반적 특성에 관한 사항
  2. 조사 대상자의 건강 및 안전 특성에 관한 사항
  3. 농업 작업으로 인한 질환의 발생 경로 및 현황에 관한 사항
  4. 그 밖에 농업 작업 환경 및 작업 특성에 관한 사항

③ 질환현황조사는 현지조사를 원칙으로 하며, 통계자료·문헌 등을 통한 간접조사의 방법을 병행할 수 있다.

④ 농촌진흥청장은 질환현황조사를 하기 전에 조사 대상자의 선정기준, 조사 일시 및 방법 등을 포함한 조사계획을 수립하여야 한다.

(23) 어업인 질환 현황 조사(시행령 제9조의4)

① 해양수산부장관은 법 제14조 제3항에 따라 어업인의 질환 현황을 파악하기 위한 조사를 매년 실시하여야 한다.

② 제1항에 따른 조사에 관하여는 제9조의3 제2항부터 제4항까지를 준용한다. 이 경우 "농촌진흥청장"은 "해양수산부장관"으로, "농업"은 "어업"으로 본다.

(24) 농어업인 건강검진 비용의 지원(시행령 제9조의5)

① 국가 또는 지방자치단체는 법 제14조 제4항에 따라 농어업인에게 주로 발생하는 질환의 예방 및 치료를 위하여 필요하다고 인정되는 경우에는 예산의 범위에서 농어업인이 받은 건강검진 비용을 지원할 수 있다.

② 제1항에 따른 지원의 구체적인 방법, 절차 및 내용은 농림축산식품부장관 또는 해양수산부장관이 정한다.

(25) 업무상 재해를 입은 농어업인에 대한 지원(법 제15조)

① 정부는 농어업 작업으로 인하여 부상·질병·신체장애·사망 등 재해를 입은 농어업인의 치료·재활 및 사회 복귀를 촉진하고, 그 유족을 지원하기 위하여 필요한 시책을 마련하여야 한다.

② 정부는 농어업 작업으로 인하여 부상·질병·신체장애 등의 재해를 입은 농어업인의 치료·재활에 필요한 비용의 일부를 지원할 수 있다.

③ 「농업협동조합법」에 따른 조합이 조합원에게 제1항에 따라 정부의 지원을 받는 보험상품의 보험료 일부를 지원하는 경우에는 「보험업법」 제98조에도 불구하고 해당 보험계약의 체결 또는 모집과 관련한 특별이익의 제공으로 보지 아니한다.

(26) 농어업인 질환의 예방 등을 위한 시설의 지원(법 제15조의2)

국가와 지방자치단체는 제14조와 제15조에 따른 농어업인의 질환 및 업무상 재해의 원인규명과 관련 연구와 예방 및 치료 등을 위하여 연구기관, 대학교 또는 병원 등이 농어업안전보건센터를 설치·운영할 경우 운영비 등 필요한 사항을 지원할 수 있다.

(27) 농어업인에 대한 국민연금보험료 지원(법 제16조)

정부는 농어업인의 노후생활을 보장하기 위하여 관계 법률에서 정하는 바에 따라 농어업인이 부담하는 국민연금보험료의 일부를 지원할 수 있다.

(28) 농어업인의 영유아 보육비 지원(법 제17조)

국가와 지방자치단체는 관계 법률에서 정하는 바에 따라 농어업인의 영유아를 보육하는 데 필요한 비용을 지원할 수 있다.

(29) 농어촌 지역 아동·청소년에 대한 지원(법 제17조의2)

국가와 지방자치단체는 농어촌 지역 아동과 청소년의 역량을 강화하고 건전한 여가문화 정착을 위하여 필요한 시책을 마련하여야 한다.

(30) 농어촌 여성의 복지증진(제18조)

국가와 지방자치단체는 농어촌 여성의 모성보호, 보육여건 개선 및 사회적·경제적 지위 향상을 적극적으로 지원하여야 한다.

(31) 농어촌 다문화가족의 복지증진 지원(법 제18조의2)

국가와 지방자치단체는 농어촌에 거주하는 다문화가족(「다문화가족지원법」 제2조 제1호에 따른 다문화가족을 말한다)의 복지를 증진하고 다문화가족이 안정적인 가족생활을 영위할 수 있도록 적극적으로 지원하여야 한다.

(32) 고령 농어업인의 생활안정 지원 등(법 제19조)

① 국가와 지방자치단체는 고령(高齡) 농어업인[농어업의 경영을 이양(移讓)하고 은퇴하는 고령 농어업인을 포함한다]의 소득안정 등 생활안정을 위한 지원시책을 마련하여야 한다.
② 제1항에 따른 지원 방법·기준과 그 밖에 필요한 사항은 대통령령으로 정한다.

(33) 고령 농어업인의 생활안정 지원 방법·기준 등(시행령 제10조)

법 제19조 제1항에 따른 고령(高齡) 농어업인의 생활안정을 위한 지원시책은 「농산물의 생산자를 위한 직접지불제도 시행규정」 제2장에 따른 농지이양은퇴직접지불제도에 따른다.

(34) 농산물대금 선지급제의 실시(법 제19조의2)

지방자치단체는 「농업·농촌 및 식품산업 기본법」 제3조 제2호에 따른 농업인이 「농업협동조합법」 제13조에 따른 지역농업협동조합과 농산물의 출하를 약정하는 경우 지역농업협동조합이 농업인에게 농산물의 출하 전에 약정금액의 일부를 나누어 지급하는 제도를 실시하는 데 필요한 사항을 지방자치단체의 조례로 정할 수 있다.

(35) 고령 등 영양취약계층 농어업인 등의 영양개선(법 제19조의3)

① 국가와 지방자치단체는 고령 등 영양취약계층 농어업인 등의 영양개선을 위한 시책을 마련하여야 한다.
② 지방자치단체는 마을(「도시와 농어촌 간의 교류촉진에 관한 법률」 제2조 제4호의 마을을 말한다)별로 영양취약계층 농어업인 등의 영양개선을 위하여 급식시설을 설치·운영할 수 있다.

(36) 농어업인 등의 일자리 창출 기여 등 단체에 대한 지원(법 제19조의4)

① 농림축산식품부장관 또는 해양수산부장관은 농어촌의 지역공동체 활성화 사업을 추진하면서 농어업인 등의 일자리 창출에 기여하거나 농어촌에 공공서비스를 제공하는「민법」상 법인·조합,「상법」상 회사,「농어업경영체 육성 및 지원에 관한 법률」제2조 제2호 및 제5호에 따른 농어업법인, 그 밖에 다른 법률에 따른 비영리단체에 재정 지원 등 필요한 지원을 할 수 있다.

② 제1항에 따른 지역공동체 활성화 사업의 기준, 지원 방법, 그 밖에 필요한 사항은 농림축산식품부령 또는 해양수산부령으로 정한다.

(37) 지역공동체 활성화 사업의 기준 등(시행규칙 제2조)

① 「농어업인 삶의 질 향상 및 농어촌지역 개발촉진에 관한 특별법」(이하 "법"이라 한다) 제19조의4 제1항에 따라 재정 지원 등 필요한 지원을 받을 수 있는 지역공동체 활성화 사업은 다음 각 호의 기준을 모두 갖춰야 한다.
   1. 농어촌의 인적·물적 자원을 활용할 것
   2. 농어업인 등의 일자리 창출에 기여하거나 농어촌에 공공서비스를 제공할 것
   3. 농어업인 등이 중심이 되어 운영될 것

② 법 제19조의4 제1항에 따른 지원을 받으려는 자는 사업계획서를 작성하여 시장·군수·구청장(광역시의 자치구 구청장을 말한다)을 거쳐 광역시장·도지사에게 제출해야 하며, 특별자치도의 경우에는 특별자치도지사에게 제출해야 한다.

③ 제3항에 따라 사업계획서를 받은 광역시장·도지사·특별자치도지사는 사업계획이 제1항에 따른 기준을 충족하는지를 검토한 후 그 사업계획서에 검토한 내용을 첨부하여 농림축산식품부장관 또는 해양수산부장관에게 제출하여야 한다.

④ 제4항에 따라 사업계획서를 받은 농림축산식품부장관 또는 해양수산부장관은 제1항에 따른 기준 충족 여부, 사업계획의 타당성 및 예산 사정 등을 고려하여 법 제19조의4 제1항에 따른 지원 여부를 결정한다.

⑤ 제1항부터 제4항까지에서 규정한 사항 외에 지역공동체 활성화 사업의 기준의 세부 내용, 지원 방법, 그 밖에 필요한 사항은 농림축산식품부장관 또는 해양수산부장관이 정하여 고시한다.

(38) 농어촌학교의 시설·설비 등 지원(법 제28조)

① 국가와 지방자치단체는 농어촌학교의 시설·설비 및 교구(敎具)를 우선적으로 확보하여 지원하여야 한다.

② 국가와 지방자치단체는 농어촌학교의 정보통신매체를 이용한 수업에 필요한 시설과 설비를 우선적으로 확보하여 지원하여야 한다.

(39) 농어업인 등의 평생교육 지원(법 제28조의2)

① 국가와 지방자치단체는 농어업인 등의 평생교육의 기회를 확대하기 위하여 필요한 시책을 마련하여야 한다.

② 국가와 지방자치단체는 제1항에 따라 농어촌에서 실시하는 평생교육진흥사업(「평생교육법」 제16조에 따른 평생교육진흥사업을 말한다)에 대하여 필요한 비용을 지원할 수 있다.

(40) 농어촌의 기초생활여건 개선(법 제29조)

① 국가와 지방자치단체는 농어촌 주민의 생활편의를 증진하고, 경제활동 기반을 구축하기 위하여 다음 각 호의 사업을 지원하여야 한다.

1. 「농어촌정비법」 제2조 제11호에 따른 농어촌 주택의 공급 및 개량
2. 「농어촌정비법」 제2조 제12호에 따른 빈집의 철거 및 정비
3. 「수도법」 제3조 제9호에 따른 마을상수도 및 같은 조 제14호에 따른 소규모급수시설 등 용수시설의 확보
4. 「농어촌도로 정비법」 제2조 제1항에 따른 농어촌도로의 정비
5. 농어촌의 대중교통체계의 확충
6. 「하수도법」 제2조 제3호에 따른 하수도와 「농어촌정비법」 제2조 제10호 라목에 따른 마을하수도의 개량·정비 및 하수처리시설의 확충
7. 「폐기물관리법」 제2조 제2호에 따른 생활폐기물의 처리
7의2. 「석면안전관리법」 제25조 제2항에 따른 석면의 해체·제거 및 처리
8. 그 밖에 농어촌 주민의 생활편의 증진을 위한 사업

② 국가와 지방자치단체는 도시가스가 공급되지 아니하는 농어촌지역의 도시가스 공급을 촉진하기 위하여 「도시가스사업법」 제18조의2에 따른 가스수급계획에 농어촌지역 도시가스 보급확대계획이 포함되도록 노력하여야 한다.

③ 국가와 지방자치단체는 제1항에 따른 사업이 농어촌의 공익적 기능과 지역의 특성을 반영하여 추진되도록 하여야 한다.

(41) 농어촌 경관의 보전(법 제30조)

① 국가와 지방자치단체는 농어촌의 자연환경 및 경관이 보전될 수 있도록 필요한 시책을 마련하여야 하며, 농어촌의 경관을 체계적으로 정비하기 위한 노력을 하여야 한다.

② 시·도지사나 시장·군수·구청장은 주변 경관을 고려한 주택의 형태 및 색채 정비 등 경관보전사업을 추진하기 위하여 관할구역에서 마을 단위로 농어촌 주민과 경관보전협약을 체결할 수 있다.

③ 제2항에 따른 협약의 목표·이행방법 및 절차 등에 관한 사항은 해당 지방자치단체의 조례로 정한다.

④ 국가와 지방자치단체는 제2항에 따라 해당 지방자치단체와 협약을 체결한 마을에 대하여는 그 협약의 이행에 필요한 지원을 할 수 있다.

(42) 농어촌 지역발전협의회의 구성·운영(법 제38조의2)

① 제38조에 따른 지역종합개발계획의 수립 및 집행에 관하여 특별자치도지사·시장·군수·구청장의 자문에 응하기 위하여 특별자치도지사·시장·군수·구청장 소속으로 농어촌 지역발전협의회(이하 "협의회"라 한다)를 둘 수 있다.

② 협의회는 위원장 1명과 부위원장 1명을 포함한 50명 이내의 위원으로 구성한다.

③ 협의회의 위원은 다음 각 호의 사람 중에서 특별자치도지사·시장·군수·구청장이 임명하거나 위촉한다.

    1. 해당 지역 주민

    2. 관계 공무원

    3. 지역개발에 관한 학식과 경험이 풍부한 사람

④ 제1항부터 제3항까지에서 규정한 사항 외에 협의회의 구성과 운영에 관한 사항은 특별자치도·시·군·구의 조례로 정한다.

(43) 농어촌 거점지역의 육성(법 제39조)

① 국가와 지방자치단체는 농어촌 주민의 생활편의를 증진하고, 지역사회를 활성화하기 위하여 경제·사회·문화·복지 기능이 확충된 적정규모의 농어촌 거점지역을 다음 각 호의 사항을 고려하여 육성하여야 한다.

    1. 적절한 토지이용 및 주요기반시설 조성

    2. 적정 인구 수용 및 주거시설 조성

    3. 교통·산업·보건의료·교육·복지 시설의 설치

    4. 환경 보전 및 조성

    5. 그 밖에 농어촌 거점지역을 육성하기 위하여 필요한 사항

② 국가와 지방자치단체는 제1항에 따른 농어촌 거점지역을 육성하기 위하여 필요한 지원을 할 수 있다.

(44) 조건불리지역에 대한 특별지원(법 제40조)

① 국가와 지방자치단체는 영농·영어조건이 불리하여 농어업소득이 낮은 농어촌(이하 "조건불리지역"이라 한다)에 거주하는 주민의 생활안정에 필요한 대책을 마련하여야 한다.

② 국가와 지방자치단체는 조건불리지역의 지역사회를 유지하기 위하여 조건불리지역에 거주하는 주민이 경관 보전활동, 농어촌관광, 도시와 농어촌의 교류 등 지역활성화를 위하여 하는 사업에 필요한 지원을 할 수 있다.

(45) 농어촌특별세 재원의 우선 지원(법 제41조)

정부는 이 법에 따라 시행되는 사업 등에 대하여는 농어촌특별세로 조성된 재원을 우선하여 지원하여야 한다.

(46) 기본계획 및 시행계획의 국회 보고 등(법 제42조)

① 정부는 기본계획을 세운 경우에는 3월 31일까지 국회에 보고하여야 한다.

② 정부는 전년도 시행계획 추진 실적 점검·평가 결과, 해당 연도 시행계획, 전년도 농어촌서비스기준 달성 정도에 대하여 매년 6월 30일까지 국회에 보고하여야 한다.

③ 정부는 전년도 시행계획 추진실적 점검·평가 결과 및 전년도 농어촌서비스기준 달성 정도를 제2항에 따라 국회에 보고한 날부터 1개월 이내에 농림축산식품부 홈페이지에 공개하여야 한다.

④ 정부는 기본계획을 수립하거나 시행계획을 세울 경우 국회의 의견을 최대한 존중하여야 한다.

2. 「농어업인의 안전보험 및 안전재해예방에 관한 법률」(법·영·규칙)

(1) 목적(법 제1조)

이 법은 농어업작업으로 인하여 발생하는 농어업인과 농어업근로자의 부상·질병·장해 또는 사망을 보상하기 위한 농어업인의 안전보험과 안전재해예방에 관하여 필요한 사항을 규정함으로써 농어업 종사자를 보호하고, 농어업 경영의 안정과 생산성 향상에 이바지함을 목적으로 한다.

(2) 정의(법 제2조)

이 법에서 사용하는 용어의 뜻은 다음과 같다.

1. "농어업작업"이란 「농업·농촌 및 식품산업 기본법」 제3조 제1호의 농업과 「수산업·어촌 발전 기본법」 제3조 제1호 가목의 어업 및 마목의 양식업을 목적으로 이루어지는 모든 형태의 작업을 말한다.

2. "농어업인"이란 「농업·농촌 및 식품산업 기본법」 제3조 제2호에 따른 농업인과 「수산업·어촌 발전 기본법」 제3조 제3호에 따른 어업인을 말한다.

3. "농어업근로자"란 농어업작업을 수행하기 위하여 농어업인이나 「농어업경영체 육성 및 지원에 관한 법률」 제2조 제2호 및 제5호에 따른 농업법인 또는 어업법인에 고용되어 근로를 제공하는 사람을 말한다.

4. "농어업작업안전재해"란 농어업작업으로 인하여 발생한 농어업인 및 농어업근로자의 부상·질병·장해 또는 사망을 말한다.

5. "농어업인안전보험"이란 농어업인 또는 농어업근로자에게 발생한 농어업작업안전재해를 보상하기 위한 보험으로서 제7조 제2항에 따라 농림축산식품부장관 또는 해양수산부장관과 약정을 체결한 보험사업자가 농어업인 또는 농업법인·어업법인에 대하여 판매하는 보험을 말한다.

6. "보험료"란 농어업인안전보험에 관한 보험계약자와 보험사업자 간의 약정에 따라 보험계약자가 보험사업자에게 지급하여야 하는 금액을 말한다.

7. "보험금"이란 농어업인안전보험의 피보험자에게 농어업작업안전재해가 발생한 경우 보험계약자와 보험사업자 간의 약정에 따라 보험사업자가 피보험자 또는 그 유족 등에게 지급하는 금액을 말한다.

8. "치유"란 부상 또는 질병이 완치되거나 치료 효과를 더 이상 기대할 수 없고 그 증상이 고정된 상태에 이르게 된 것을 말한다.

9. "장해"란 부상 또는 질병이 치유되었으나 육체적 또는 정신적 훼손으로 인하여 노동능력이 상실되거나 감소된 상태를 말한다.

(3) 보험사업의 관장(법 제3조)

① 이 법에 따른 농어업인안전보험사업(이하 "보험사업"이라 한다) 중 농업인안전보험과 관련된 사항은 농림축산식품부장관이 관장하고, 어업인안전보험과 관련된 사항은 해양수산부장관이 관장한다.

② 보험사업의 회계연도는 정부의 회계연도에 따른다.

(4) 국가 등의 재정지원(법 제4조)

① 국가는 매 회계연도 예산의 범위에서 농어업인안전보험(이하 "보험"이라 한다)의 보험계약자가 부담하는 보험료의 100분의 50 이상을 지원하여야 한다. 이 경우 지방자치단체는 예산의 범위에서 보험계약자가 부담하는 보험료의 일부를 추가 지원할 수 있다.

② 제1항에 따라 보험료의 일부를 국가 및 지방자치단체가 지원할 경우 농어업인의 경영규모 등을 고려하여 보험료를 차등 지원할 수 있다.

③ 국가는 제6조 제2항에 따른 피보험자를 대상으로 보험계약을 하는 경우 제1항에도 불구하고 보험계약자가 부담하는 보험료를 지원하지 아니할 수 있다.

④ 제1항부터 제3항까지의 규정에 따른 보험료 지원에 필요한 사항은 대통령령으로 정한다.

(5) 보험료의 지원(시행령 제2조)

① 국가나 지방자치단체는 「농어업인의 안전보험 및 안전재해예방에 관한 법률」(이하 "법"이라 한다) 제4조 제1항에 따라 농어업인안전보험(이하 "보험"이라 한다)의 보험계약자가 부담하는 보험료를 지원하는 경우에는 그 지원금을 법 제7조에 따른 보험사업자(이하 "보험사업자"라 한다)에게 지급하여야 한다.

② 제1항에 따라 지원금을 받으려는 보험사업자는 농림축산식품부장관이나 해양수산부장관이 정하는 바에 따라 보험 가입현황을 농림축산식품부장관, 해양수산부장관 또는 지방자치단체의 장에게 제출하여야 한다.

③ 제2항에 따라 보험 가입 현황을 제출받은 농림축산식품부장관, 해양수산부장관 또는 지방자치단체의 장은 그 내용을 확인하고 보험계약자가 법 제6조에 따른 피보험자인지 확인한 후 보험료 지원금액을 결정하여 지급한다.

④ 법 제4조 제2항에 따라 「국민기초생활 보장법」 제2조 제2호에 따른 수급자 및 같은 법 제2조 제10호에 따른 차상위계층에 해당하는 사람에게는 보험료를 우대하여 지원할 수 있다. 이 경우 그 지원비율은 농림축산식품부장관, 해양수산부장관 및 지방자치단체의 장이 정한다.

(6) 피보험자(법 제6조)

① 보험은 농어업인 또는 농어업근로자를 피보험자로 한다. 다만, 다음 각 호의 어느 하나에 해당하는 사람은 피보험자가 될 수 없다.

1. 「산업재해보상보험법」에 따른 산업재해보상보험의 적용을 받는 사람
2. 「어선원 및 어선 재해보상보험법」에 따른 어선원보험의 적용을 받는 사람
3. 최근 2년 이내에 보험 관련 보험사기행위로 형사처벌을 받은 사람
4. 그 밖에 대통령령으로 정하는 사람

② 제1항 제1호 및 제2호에도 불구하고 「산업재해보상보험법」 및 「어선원 및 어선 재해보상보험법」에 따라 적용받는 사업장 이외의 장소에서 농어업작업을 하려는 농어업인 또는 농어업근로자는 피보험자가 될 수 있다.

(7) 농어업작업안전재해의 인정기준(법 제8조)

① 농어업인 및 농어업근로자가 다음 각 호의 구분에 따른 각 목의 어느 하나에 해당하는 사유로 부상, 질병 또는 장해가 발생하거나 사망하면 이를 농어업작업안전재해로 인정한다.

1. 농어업작업 관련 사고
   가. 농어업인 및 농어업근로자가 농어업작업이나 그에 따르는 행위(농어업작업을 준비 또는 마무리하거나 농어업작업을 위하여 이동하는 행위를 포함한다)를 하던 중 발생한 사고
   나. 농어업작업과 관련된 시설물을 이용하던 중 그 시설물 등의 결함이나 관리 소홀로 발생한 사고
   다. 그 밖에 농어업작업과 관련하여 발생한 사고
2. 농어업작업 관련 질병
   가. 농어업작업 수행 과정에서 유해·위험요인을 취급하거나 그에 노출되어 발생한 질병
   나. 농어업작업 관련 사고로 인한 부상이 원인이 되어 발생한 질병
   다. 그 밖에 농어업작업과 관련하여 발생한 질병

② 제1항에도 불구하고 다음 각 호의 어느 하나에 해당하는 경우에는 농어업작업안전재해로 인정하지 아니한다.

1. 농어업작업과 농어업작업안전재해 사이에 상당인과관계(相當因果關係)가 없는 경우
2. 농어업인 및 농어업근로자의 고의, 자해행위나 범죄행위 또는 그것이 원인이 되어 부상, 질병, 장해 또는 사망이 발생한 경우

③ 농어업작업안전재해의 구체적인 인정기준 및 농어업작업 관련 질병의 종류 등은 대통령령으로 정한다.

(8) 농어업작업안전재해의 구체적 인정기준 등(시행령 제4조)

① 법 제8조 제3항에 따른 농업작업안전재해의 구체적 인정기준 및 농업작업 관련 질병의 종류는 별표 1과 같다.

② 법 제8조 제3항에 따른 어업작업안전재해의 구체적 인정기준 및 어업작업 관련 질병의 종류는 별표 2와 같다.

더 알아보기 [별표 1] 농업작업안전재해의 구체적 인정기준 등(시행령 제4조 제1항 관련)

1. 농업작업 관련 사고의 구체적 인정기준

가. 법 제8조 제1항 제1호 가목에 따른 농업작업 중 발생한 사고

나. 법 제8조 제1항 제1호 가목에 따른 농업작업에 따르는 행위를 하던 중 발생한 사고

　　1) 주거와 농업작업장 간의 농기계(트랙터, 관리기, 동력이앙기 등 동력장치가 부착된 기계로 「농업기계화 촉진법」 제2조 제1호에 따른 농업기계를 말한다. 이하 같다)의 이동(다른 사람의 농기계에 피보험자가 편승하여 이동한 경우를 포함한다) 중 발생한 사고

　　2) 주거와 농업작업장, 출하처 간의 농산물 운반작업(손수레, 화물차 또는 농기계를 이용한 실제 운반 작업을 말하며, 운반작업 전후의 이동은 제외한다) 중 발생한 사고

　　3) 농산물을 출하하기 위한 가공·선별·건조·포장작업 중 발생한 사고

　　4) 주거와 농업작업장 간의 농업용 자재(농약, 비료, 사료와 농업용 폴리프로필렌(PP) 포대, 폴리에틸렌(PE) 필름, 쪼갠 대나무, 농업용 파이프를 말한다) 운반작업 중 발생한 사고(운반작업 전후의 이동 중에 발생한 사고는 제외한다)

　　5) 피보험자가 소유하거나 관리하는 농기계를 수리하는 작업 중 발생한 사고(수리를 위한 이동 중에 발생한 사고는 제외한다)

다. 법 제8조 제1항 제1호 나목에 따른 농업작업과 관련된 시설물 등의 결함이나 관리 소홀로 발생한 사고 : 농작물 재배시설, 농작물 보관창고, 축사 및 농기계 보관창고의 결함으로 발생한 사고 또는 해당 시설물 등의 신축·증축·개축 중 발생한 사고

라. 법 제8조 제1항 제1호 다목에 따른 그 밖에 농업작업과 관련하여 발생한 사고 : 농업작업에 의하여 자신이 직접 생산한 농산물을 주원료로 하여 상용노동자를 사용하지 않고 제조하거나 가공하는 작업 중 발생한 사고(타인이 생산한 물건을 주원재료로 구입하여 제조하거나 가공하는 작업 중 발생한 사고는 제외한다)

2. 농업작업 관련 질병의 종류

가. 법 제8조 제1항 제2호 가목의 유해·위험요인을 취급하거나 그에 노출되어 발생한 질병 : 「농약관리법」 제2조 제1호에 따른 농약에 노출되어 발생한 피부질환 및 중독 증상

나. 법 제8조 제1항 제2호 나목에 따른 질병 : 파상풍

다. 법 제8조 제1항 제2호 다목에 따른 그 밖에 농업작업과 관련하여 발생한 질병 : 과다한 자연열에 노출되어 발생한 질병, 일광 노출에 의한 질병, 근육 장애, 윤활막 및 힘줄 장애, 결합조직의 기타 전신 침범, 기타 연조직 장애, 기타 관절연골 장애, 인대장애, 관절통, 달리 분류되지 않은 관절의 경직, 경추상완증후군, 팔의 단일 신경병증, 콜레라, 장티푸스, 파라티푸스, 상세불명의 시겔라증, 장출혈성 대장균 감염, 급성 A형간염, 디프테리아, 백일해, 급성 회색질척수염, 일본뇌염, 홍역, 볼거리, 탄저병, 브루셀라병, 렙토스피라병, 성홍열, 수막구균수막염, 기타 그람음성균에 의한 패혈증, 재향군인병, 비폐렴성 재향군인병[폰티액열], 발진티푸스, 리켓차 티피에 의한 발진티푸스, 리켓차 쯔쯔가무시에 의한 발진티푸스, 신장증후군을 동반한 출혈열, 말라리아

---

1. 어업작업 관련 사고의 구체적 인정기준

가. 법 제8조 제1항 제1호 가목에 따른 어업작업 중 발생한 사고

나. 법 제8조 제1항 제1호 가목에 따른 어업작업에 따르는 행위를 하던 중 발생한 사고

1) 주거와 어업작업장 간의 어업용기계(선박, 트랙터, 화물자동차 등 동력장치가 부착되어 어업에 이용되는 기계를 말한다. 다만, 이륜자동차, 사륜구동 이륜자동차, 자전거는 제외한다. 이하 같다)의 이동(다른 사람의 어업용기계에 피보험자가 편승하여 이동한 경우를 포함한다) 중 발생한 사고

2) 주거와 어업작업장, 출하처 간의 수산물 운반작업(손수레, 달구지 또는 어업용기계를 이용한 실제 운반작업을 말하며, 운반작업 전후의 이동은 제외한다) 중 발생한 사고

3) 수산물을 출하하기 위한 가공 · 선별 · 건조 · 포장작업 중 발생한 사고

4) 주거와 어업작업장 간의 어업용자재(어망, 양식용 사료 등 수산동물 · 식물을 채취, 포획, 양식하거나 소금 생산작업을 하는 데 직접적으로 필요한 자재를 말한다)의 직접 운반작업 중 발생한 사고(운반작업 전후의 이동 중에 발생한 사고는 제외한다)

5) 피보험자가 소유하거나 관리하는 어업용기계를 수리하는 작업 중 발생한 사고(수리를 위한 이동 중에 발생한 사고는 제외한다)

다. 법 제8조 제1항 제1호 다목에 따른 그 밖에 어업작업과 관련하여 발생한 사고 : 어업작업에 의하여 자신이 직접 포획, 채취, 양식한 수산물 또는 자신이 직접 생산한 소금을 주원료로 하여 상용노동자를 사용하지 않고 제조하거나 가공하는 작업 중 발생한 사고(타인이 포획, 채취, 양식한 수산물 또는 소금을 주원료로 구입하여 제조하거나 가공하는 작업 중 발생한 사고는 제외한다)

2. 어업작업 관련 질병의 종류

가. 법 제8조 제1항 제2호 나목에 따른 질병 : 파상풍, 연조직염

나. 법 제8조 제1항 제2호 다목에 따른 그 밖에 어업작업과 관련하여 발생한 질병 : 과다한 자연열에 노출되어 발생한 질병, 일광 노출에 의한 질병, 근육 장애, 윤활막 및 힘줄 장애, 결합조직의 기타 전신 침범, 기타 연조직 장애, 기타 관절연골 장애, 인대 장애, 관절통, 달리 분류되지 않은 관절의 경직, 경추상완증후군, 팔의 단일 신경병증, 콜레라, 장티푸스, 파라티푸스, 상세불명의 시겔라증, 장출혈성 대장균 감염, 급성 A형간염, 디프테리아, 백일해, 급성 회색질척수염, 일본뇌염, 홍역, 볼거리, 탄저병, 브루셀라병, 렙토스피라병, 성홍열, 수막구균수막염, 기타 그람음성균에 의한 패혈증, 재향군인병, 비폐렴성 재향군인병[폰티액열], 발진티푸스, 리켓차 티피에 의한 발진티푸스, 리켓차 쯔쯔가무시에 의한 발진티푸스, 신장증후군을 동반한 출혈열, 말라리아

(9) 보험금의 종류(법 제9조)

① 보험에서 피보험자의 농어업작업안전재해에 대하여 지급하는 보험금의 종류는 다음 각 호와 같다.

    1. 상해·질병 치료급여금

    2. 휴업급여금

    3. 장해급여금

    4. 간병급여금

    5. 유족급여금

    6. 장례비

    7. 직업재활급여금

    8. 행방불명급여금

    9. 그 밖에 대통령령으로 정하는 급여금

② 상해·질병 치료급여금은 피보험자가 농어업작업으로 인하여 부상을 당하거나 질병에 걸린 경우에 그 의료비 중 실제로 본인이 부담한 비용(「국민건강보험법」에 따른 요양급여비용 또는 「의료급여법」에 따른 의료급여비용 중 본인이 부담한 비용과 비급여비용을 합한 금액을 말한다)의 일부를 피보험자에게 지급한다.

③ 휴업급여금은 농어업작업으로 인하여 부상을 당하거나 질병에 걸려 농어업작업에 종사하지 못하는 경우에 그 휴업기간에 따라 산출한 금액을 피보험자에게 일시금으로 지급한다.

④ 장해급여금은 농어업작업으로 인하여 부상을 당하거나 질병에 걸려 치유 후에도 장해가 있는 경우에 장해등급에 따라 책정한 금액을 피보험자에게 연금 또는 일시금으로 지급한다.

⑤ 간병급여금은 제2항에 따라 상해·질병 치료급여금을 받은 사람 중 치유 후 의학적으로 상시 또는 수시로 간병이 필요하여 실제로 간병을 받은 피보험자에게 지급한다.

⑥ 유족급여금은 피보험자가 농어업작업으로 인하여 사망한 경우 농림축산식품부령 또는 해양수산부령으로 정하는 유족에게 연금 또는 일시금으로 지급한다.

⑦ 장례비는 피보험자가 농어업작업으로 인하여 사망한 경우에 농림축산식품부령 또는 해양수산부령으로 정하는 유족에게 지급한다. 다만, 피보험자의 유족이 없는 경우에는 실제로 장례를 치른 자에게 지급한다.

⑧ 직업재활급여금은 다음 각 호의 기준에 따라 피보험자에게 지급한다.

    1. 제4항에 따라 장해급여금을 받은 사람으로서 다른 업종으로 취업하기 위하여 직업훈련이 필요한 사람에 대해서는 그 직업훈련에 드는 비용 및 재활훈련에 드는 비용

    2. 제4항에 따라 장해급여금을 받은 사람으로서 농어업작업에 복귀하는 사람에 대해서는 농어업작업을 계속하기 위한 재활훈련에 드는 비용 및 농어업작업 적응을 위한 훈련비

⑨ 행방불명급여금은 피보험자가 「어선법」 제2조 제1호 라목에 따른 선박에서 어업작업을 하던 중 난파 등의 사고로 1개월 이상 생사를 알 수 없는 경우에 해양수산부령으로 정하는 유족에게 지급한다.

⑩ 제1항부터 제9항까지의 규정에 따른 보험금의 구체적인 지급 기준과 방법, 지급액의 한도 등에 필요한 사항은 농림축산식품부령 또는 해양수산부령으로 정한다.

(10) 통계의 수집·관리 및 실태조사 등(법 제15조)

① 농림축산식품부장관과 해양수산부장관은 보험사업의 운영 및 농어업작업안전재해의 예방 등에 필요한 통계자료를 수집하여야 한다.

② 농림축산식품부장관과 해양수산부장관은 농어업작업 등으로 인하여 발생한 농어업인 및 농어업근로자의 안전재해에 대한 실태조사를 2년마다 실시하고 조사결과를 공개하여야 한다.

③ 농림축산식품부장관과 해양수산부장관은 제1항에 따른 통계자료의 수집과 제2항에 따른 실태조사를 위하여 필요한 경우에는 관계 중앙행정기관의 장, 지방자치단체의 장 및 제7조에 따른 보험사업자에게 자료의 제출을 요청할 수 있다. 이 경우 요청을 받은 관계 중앙행정기관의 장, 지방자치단체의 장 및 보험사업자는 특별한 사유가 없으면 해당 자료를 제출하여야 한다.

④ 제1항의 통계자료 수집·관리 및 제2항의 실태조사 실시에 필요한 사항은 농림축산식품부령 또는 해양수산부령으로 정한다.

(11) 농어업작업안전재해의 통계자료의 수집·관리 및 실태조사(시행규칙 제4조)

① 법 제15조 제1항에 따른 농어업작업안전재해의 예방에 필요한 통계자료의 범위는 다음 각 호와 같다.

　1. 법 제8조 제1항에 따른 농어업작업안전재해로 인정되는 부상, 질병, 장해 또는 사망에 관한 통계자료

　2. 법 제8조 제2항에 따라 농어업작업안전재해로 인정되지 아니하는 부상, 질병, 장해 또는 사망에 관한 통계자료

　3. 농기계 및 농기구·농약·비료 등 농업용자재의 사용으로 인한 농업작업안전재해 또는 어업용기계 및 어로장비·어구·양식용사료 등 어업용자재의 사용으로 인한 어업작업안전재해에 관한 통계자료

　4. 그 밖에 농어업작업안전재해의 원인과 관련된 통계자료

② 법 제15조 제2항에 따른 실태조사의 조사 대상은 다음 각 호와 같다.

　1. 농어업인 및 농어업근로자의 성별·나이, 건강상태 등 일반적 특성에 관한 사항

　2. 농어업작업안전재해의 발생 원인 및 현황에 관한 사항

　3. 그 밖에 농어업작업 환경 또는 특성에 따른 농어업작업안전재해에 관한 사항

③ 제2항에 따른 실태조사는 표본조사 및 현지조사를 원칙으로 하며, 통계자료·문헌 등을 통한 간접조사를 병행할 수 있다.

④ 농촌진흥청장 또는 국립수산과학원장은 제2항에 따른 실태조사를 수행하기 전에 조사 대상자의 선정기준, 조사 기간 및 방법 등을 포함한 조사계획을 수립하여야 한다.

(12) 농어업작업안전재해의 예방을 위한 기본계획의 수립 등(법 제16조)

① 농림축산식품부장관과 해양수산부장관은 농어업작업안전재해를 예방하기 위하여 농어업작업안전재해 예방 기본계획(이하 "기본계획"이라 한다)을 5년마다 각각 수립·시행하여야 한다.

② 기본계획에는 다음 각 호의 사항이 포함되어야 한다.

　1. 농어업작업안전재해 예방 정책의 기본방향

　2. 농어업작업안전재해 예방 정책에 필요한 연구·조사 및 보급·지도에 관한 사항

　3. 농어업작업안전재해 예방을 위한 교육·홍보에 관한 사항

　4. 보험사업에 관한 운영 성과, 문제점 및 개선방안에 관한 사항

　5. 그 밖에 농어업작업안전재해 예방에 관하여 필요한 사항

③ 농림축산식품부장관과 해양수산부장관은 기본계획에 따라 매년 농어업작업안전재해 예방을 위한 시행계획(이하 "시행계획"이라 한다)을 각각 수립·시행하여야 한다.

④ 농림축산식품부장관과 해양수산부장관은 매년 제3항에 따른 시행계획의 이행실적을 평가하여 그 결과를 지체 없이 국회 소관 상임위원회에 제출하고, 기본계획 및 다음연도 시행계획의 수립 등에 반영하여야 한다.

⑤ 제1항부터 제4항까지의 규정에 따른 기본계획 및 시행계획의 수립·시행·평가 등에 필요한 사항은 농림축산식품부령 또는 해양수산부령으로 정한다.

(13) 권한의 위임(시행령 제7조)

① 농림축산식품부장관은 법 제22조 제1항에 따라 다음 각 호의 권한을 농촌진흥청장에게 위임한다.

　1. 법 제15조 제1항 및 제3항 전단에 따른 농어업작업안전재해(농업과 관련된 작업으로 인한 재해로 한정한다. 이하 이 항에서 같다)의 예방 등에 필요한 통계자료의 수집 및 자료 제출 요청

　2. 법 제15조 제2항 및 제3항 전단에 따른 안전재해(농업과 관련된 작업으로 인한 재해로 한정한다)에 대한 실태조사의 실시, 조사결과의 공개 및 자료 제출 요청

　3. 법 제16조 제3항에 따른 농어업작업안전재해 예방을 위한 시행계획의 수립·시행

　4. 법 제16조의3 제1항에 따른 농어업작업안전재해의 예방을 위한 사업의 실시 및 같은 조 제2항 전단에 따른 지방자치단체의 장에 대한 협조 요청

② 해양수산부장관은 법 제22조 제1항에 따라 다음 각 호의 권한을 국립수산과학원장에게 위임한다.

　1. 법 제15조 제1항 및 제3항 전단에 따른 농어업작업안전재해(어업·양식업과 관련된 작업으로 인한 재해로 한정한다. 이하 이 항에서 같다)의 예방 등에 필요한 통계자료의 수집 및 자료 제출 요청

2. 법 제15조 제2항 및 제3항 전단에 따른 안전재해(어업·양식업과 관련된 작업으로 인한 재해로 한정한다)에 대한 실태조사의 실시, 조사결과의 공개 및 자료 제출 요청

3. 법 제16조 제3항에 따른 농어업작업안전재해 예방을 위한 시행계획의 수립·시행

4. 법 제16조의3 제1항에 따른 농어업작업안전재해의 예방을 위한 사업의 실시 및 같은 조 제2항 전단에 따른 지방자치단체의 장에 대한 협조 요청

(14) 농어업작업안전재해의 예방을 위한 기본계획의 수립 등(시행규칙 제4조의2)

① 농림축산식품부장관 또는 해양수산부장관은 법 제16조 제1항에 따라 농어업작업안전재해 예방 기본계획(이하 "기본계획"이라 한다)을 수립할 때에는 「농어업재해보험법」 제3조 제1항에 따른 농업재해보험심의회 또는 「수산업·어촌 발전 기본법」 제8조 제1항에 따른 중앙 수산업·어촌정책심의회의 심의를 거쳐 확정하여야 한다.

② 기본계획 및 법 제16조 제3항에 따른 농어업작업안전재해 예방을 위한 시행계획(이하 "시행계획"이라 한다)에는 다음 각 호의 사항이 포함되어야 한다.

1. 농어업작업안전재해 예방 중점 추진방향

2. 농어업작업안전재해 예방을 위한 분야별 세부 추진계획

3. 농어업작업안전재해 예방 추진실적에 대한 평가

4. 그 밖에 농어업작업안전재해 예방을 위하여 농림축산식품부장관 또는 해양수산부장관이 필요하다고 인정하는 사항

③ 농림축산식품부장관 또는 해양수산부장관(시행계획에 대해서는 농촌진흥청장 또는 국립수산 과학원장을 말한다)은 기본계획 및 시행계획을 수립한 때에는 관계 중앙행정기관의 장, 특별시 장, 광역시장, 특별자치시장, 도지사 및 특별자치도지사에게 알려야 한다.

④ 농림축산식품부장관 또는 해양수산부장관은 기본계획 및 시행계획을 수립하기 위하여 필요하 다고 인정하는 경우 관계 중앙행정기관의 장 및 지방자치단체의 장에게 기본계획 및 시행계획 의 수립에 필요한 자료를 요청할 수 있다.

(15) 농어업작업안전재해의 연구·조사 등(시행규칙 제5조)

① 법 제16조 제2항 제2호에 따른 농어업작업안전재해 예방 정책에 필요한 연구의 내용은 다음 각 호와 같다.

1. 다음 각 목의 분류에 따른 농어업작업 유해 요인에 관한 연구

가. 단순 반복작업 또는 인체에 과도한 부담을 주는 작업 등 신체적 유해 요인

나. 농약, 비료 등 화학적 유해 요인

다. 미생물과 그 생성물질 또는 바다생물(양식 수산물을 포함한다)과 그 생성물질 등 생물적 유해 요인

라. 소음, 진동, 온열 환경, 낙상, 추락, 끼임, 절단 또는 감압 등 업종별 물리적 유해 요인

2. 농어업작업 안전보건을 위한 안전지침 개발에 관한 연구
3. 농어업작업 환경개선 및 개인보호장비 개발에 관한 연구
4. 그 밖에 농림축산식품부장관 또는 해양수산부장관이 정하는 농어업작업안전재해의 예방에 관한 연구
② 법 제16조 제2항 제2호에 따른 농어업작업안전재해 예방 정책에 필요한 조사에 관하여는 제4조 제2항부터 제4항까지의 규정을 준용한다.
③ 법 제16조 제2항 제2호에 따른 농어업작업안전재해 예방을 위한 보급·지도의 내용은 다음 각 호와 같다.
1. 제1항 각 호에 따른 연구 성과
2. 농어업작업안전재해 예방을 위한 안전보건 기술 및 환경개선 기술
3. 그 밖에 농림축산식품부장관 또는 해양수산부장관이 농어업작업안전재해의 예방을 위하여 필요하다고 인정하는 사항

(16) 농어업작업안전재해의 예방 교육(시행규칙 제6조)

법 제16조 제2항 제3호에 따른 농어업작업안전재해 예방을 위한 교육의 내용은 다음 각 호와 같다.
1. 농어업인의 건강에 영향을 미치는 위험요인의 차단에 관한 교육
2. 비위생적이고 열악한 농어업작업 환경의 개선에 관한 교육
3. 작업자의 안전 확보를 위한 개인보호장비에 관한 교육
4. 농산물 수확 또는 어획물 작업 등 노동 부담 개선을 위한 편의장비에 관한 교육
5. 농어업작업 환경의 특수성을 고려한 건강검진에 관한 교육
6. 농어업인 안전보건 인식 제고를 위한 교육
7. 그 밖에 농림축산식품부장관 또는 해양수산부장관이 필요하다고 인정하는 교육

(17) 농어업작업안전재해 예방을 위한 홍보(시행규칙 제7조)

법 제16조 제2항 제3호에 따른 농어업작업안전재해 예방을 위한 홍보의 내용은 다음 각 호와 같다.
1. 주요 농어업작업안전재해 발생 시기에 맞춘 안전지도에 관한 홍보
2. 농어업작업 환경 개선 등 예방사업의 효과에 관한 홍보
3. 농어업작업안전재해로 인한 인적·사회경제적 손실에 관한 홍보
4. 농어업 안전보건 증진의 필요성에 관한 홍보
5. 그 밖에 농림축산식품부장관 또는 해양수산부장관이 농어업작업안전재해의 예방을 위하여 홍보가 필요하다고 인정하는 사항

(18) 수급권의 보호(법 제17조)

① 보험금을 지급받을 수 있는 권리는 양도하거나 담보로 제공할 수 없으며, 압류대상으로 할 수 없다.

② 수급권자의 보험금을 지급받을 권리는 폐업 또는 퇴직으로 인하여 소멸되지 아니한다.

③ 제16조의2 제1항에 따라 지정된 보험금수급전용계좌의 예금 중 대통령령으로 정하는 액수 이하의 금액에 관한 채권은 압류할 수 없다.

(19) 분쟁 조정(법 제18조)

보험과 관련된 분쟁의 조정(調停)은 「금융소비자 보호에 관한 법률」 제33조부터 제43조까지의 규정에 따른다.

---

02 | 농기자재 안전 · 보건 관련법

1. 「농약관리법」(법 · 영 · 규칙)

(1) 목적(법 제1조)

이 법은 농약의 제조 · 수입 · 판매 및 사용에 관한 사항을 규정함으로써 농약의 품질향상, 유통질서의 확립 및 농약의 안전한 사용을 도모하고 농업생산과 생활환경 보전에 이바지함을 목적으로 한다.

(2) 정의(법 제2조)

이 법에서 사용하는 용어의 뜻은 다음과 같다.

1. "농약"이란 다음 각 목에 해당하는 것을 말한다.

   가. 농작물[수목(樹木), 농산물과 임산물을 포함한다. 이하 같다]을 해치는 균(菌), 곤충, 응애, 선충(線蟲), 바이러스, 잡초, 그 밖에 농림축산식품부령으로 정하는 동식물(이하 "병해충"이라 한다)을 방제(防除)하는 데에 사용하는 살균제 · 살충제 · 제초제

   나. 농작물의 생리기능(生理機能)을 증진하거나 억제하는 데에 사용하는 약제

   다. 그 밖에 농림축산식품부령으로 정하는 약제

1의2. "천연식물보호제"란 다음 각 목의 어느 하나에 해당하는 농약으로서 농촌진흥청장이 정하여 고시하는 기준에 적합한 것을 말한다.

   가. 진균, 세균, 바이러스 또는 원생동물 등 살아있는 미생물을 유효성분(有效成分)으로 하여 제조한 농약

   나. 자연계에서 생성된 유기화합물 또는 무기화합물을 유효성분으로 하여 제조한 농약

2. "품목"이란 개별 유효성분의 비율과 제제(製劑) 형태가 같은 농약의 종류를 말한다.

3. "원제(原劑)"란 농약의 유효성분이 농축되어 있는 물질을 말한다.

3의2. "농약활용기자재"란 다음 각 목의 어느 하나에 해당하는 것으로서 농촌진흥청장이 지정하는 것을 말한다.

　　가. 농약을 원료나 재료로 하여 농작물 병해충의 방제 및 농산물의 품질관리에 이용하는 자재

　　나. 살균·살충·제초·생장조절 효과를 나타내는 물질이 발생하는 기구 또는 장치

4. "제조업"이란 국내에서 농약 또는 농약활용기자재(이하 "농약 등"이라 한다)를 제조(가공을 포함한다. 이하 같다)하여 판매하는 업(業)을 말한다.

5. "원제업(原劑業)"이란 국내에서 원제를 생산하여 판매하는 업을 말한다.

6. "수입업"이란 농약 등 또는 원제를 수입하여 판매하는 업을 말한다.

7. "판매업"이란 제조업 및 수입업 외의 농약 등을 판매하는 업을 말한다.

8. "방제업(防除業)"이란 농약을 사용하여 병해충을 방제하거나 농작물의 생리기능을 증진하거나 억제하는 업을 말한다.

(3) 원제 및 우수 농약 등의 개발·보급 등(법 제2조의2)

농림축산식품부장관은 원제 및 우수한 품질의 농약 등을 개발·보급하고 농약 등의 안전한 사용을 촉진하는 데에 필요한 시책을 수립·시행하여야 한다.

(4) 영업의 등록 등(법 제3조)

① 제조업·원제업 또는 수입업을 하려는 자는 농림축산식품부령으로 정하는 바에 따라 농촌진흥청장에게 등록하여야 한다. 등록한 사항 중 농림축산식품부령으로 정하는 중요한 사항을 변경하려는 경우에도 또한 같다.

② 판매업을 하려는 자는 농림축산식품부령으로 정하는 바에 따라 업소마다 판매관리인을 지정하여 그 소재지를 관할하는 시장(특별자치도의 경우에는 특별자치도지사를 말한다. 이하 같다)·군수 또는 자치구의 구청장(이하 "시장·군수·구청장"이라 한다)에게 등록하여야 한다. 등록한 사항 중 농림축산식품부령으로 정하는 중요한 사항을 변경하려는 경우에도 또한 같다.

③ 제조업 또는 수입업을 하려는 자 중 농약 등을 판매하려는 자는 농림축산식품부령으로 정하는 기준에 맞는 판매관리인을 지정하여 제1항 전단에 따라 등록하여야 한다.

④ 제3항에 따른 판매관리인을 지정하지 아니하고 제1항 전단에 따라 제조업 또는 수입업의 등록을 한 자 중 농약 등을 판매하려는 자는 제3항에 따른 판매관리인을 지정하여 변경등록을 하여야 한다.

⑤ 제1항이나 제2항에 따른 등록을 하려는 자는 농림축산식품부령으로 정하는 기준에 맞는 인력·시설·장비 등을 갖추어야 한다. 이 경우 원제업 또는 수입업을 하려는 자 중 「화학물질관리법」에 따른 금지물질 또는 유독물질에 해당하는 원제를 취급하는 자가 갖추어야 할 기준을 따로 정할 수 있다.

(5) 결격사유(법 제4조)

다음 각 호의 어느 하나에 해당하는 자는 제3조 제1항 전단 및 제2항 전단에 따른 등록을 할 수 없다.

1. 피성년후견인 또는 피한정후견인
2. 파산선고를 받고 복권되지 아니한 사람
3. 이 법을 위반하여 징역의 실형을 선고받고 그 집행이 끝나거나(집행이 끝난 것으로 보는 경우를 포함한다) 집행이 면제된 날부터 2년이 지나지 아니한 사람
4. 이 법을 위반하여 징역형의 집행유예를 선고받고 그 유예기간 중에 있는 사람
5. 제7조에 따라 등록이 취소(제4조 제1호 및 제2호에 해당하여 등록이 취소된 경우는 제외한다) 된 날부터 2년이 지나지 아니한 자
6. 임원 중 제1호부터 제5호까지의 어느 하나에 해당하는 사람이 있는 법인

(6) 제조업자 등의 지위승계(법 제5조)

① 다음 각 호의 어느 하나에 해당하는 자는 제3조 제1항 또는 제2항에 따라 등록을 한 자(이하 "제조업자 등"이라 한다) 또는 제3조의2 제1항에 따라 수출입식물방제업 등의 신고를 한 자(이하 "수출입식물방제업자 등"이라 한다)의 지위를 승계한다. 다만, 제조업자 등의 지위를 승계하려는 제2호 또는 제3호의 자가 제4조 제1호부터 제5호까지의 어느 하나에 해당하는 경우에는 그 지위를 승계할 수 없다.

1. 제조업자 등 또는 수출입식물방제업자 등이 사망한 경우 그 상속인
2. 제조업자 등 또는 수출입식물방제업자 등이 영업을 양도한 경우 그 양수인
3. 법인인 제조업자 등 또는 수출입식물방제업자 등이 합병한 경우 합병 후 존속하는 법인이 나 합병에 따라 설립되는 법인

② 제1항에 따라 제조업자 등의 지위를 승계한 상속인이 제4조 제1호부터 제5호까지의 어느 하나에 해당하는 경우나 그 지위를 승계한 법인이 제4조 제6호에 해당하는 경우에는 상속 개시일 또는 합병일부터 6개월 이내에 다른 자에게 그 제조업자 등의 지위를 양도하거나 결격사유가 있는 임원을 바꾸어 임명하여야 한다.

③ 제1항에 따라 수출입식물방제업자등의 지위를 승계한 자는 농림축산식품부장관에게, 제3조 제1항에 따라 제조업·원제업 또는 수입업을 등록한 자(이하 각각 "제조업자", "원제업자" 또는 "수입업자"라 한다)의 지위를 승계한 자는 농촌진흥청장에게, 제3조 제2항 전단에 따라 판매업의 등록을 한 자(이하 "판매업자"라 한다)의 지위를 승계한 자는 시장·군수·구청장에 게 1개월 이내에 농림축산식품부령으로 정하는 바에 따라 신고하여야 한다.

(7) 폐업의 신고(법 제6조)

① 영업을 폐업하고자 할 경우 수출입식물방제업자 등은 농림축산식품부장관에게, 제조업자·원제업자·수입업자는 농촌진흥청장에게, 판매업자는 시장·군수·구청장에게 농림축산식품부령으로 정하는 바에 따라 신고하여야 한다.

② 제1항에 따른 폐업의 신고를 하려는 자는 해당 사업장 및 약제 보관창고 등에 있는 농약 등 또는 원제가 사람이나 환경에 위해를 끼치지 아니하도록 해당 농약 등 또는 원제의 폐기·반품 등의 적절한 조치를 취하여야 한다.

③ 농림축산식품부장관, 농촌진흥청장 또는 시장·군수·구청장은 제1항에 따른 신고를 받은 경우 그 내용을 검토하여 이 법에 적합하면 신고를 수리하여야 한다.

(8) 폐업의 신고(시행규칙 제9조)

① 제조업자 등 또는 수출입식물방제업자 등은 법 제6조 제1항에 따라 그 영업을 폐업하려면 별지 제12호 서식의 폐업신고서에 다음 각 호의 서류를 첨부하여 농촌진흥청장, 시장·군수·구청장, 검역본부장 또는 국립농산물품질관리원장에게 제출하여야 한다.

1. 등록증 또는 신고증
2. 해당 사업장 및 약제 보관창고 등에 있는 농약, 농약활용기자재(이하 "농약 등"이라 한다) 또는 원제의 폐기·반품 등의 적절한 조치를 취했음을 증명하는 서류

② 농촌진흥청장, 시장·군수·구청장, 검역본부장 또는 국립농산물품질관리원장은 제1항의 신고가 있는 때에는 신고인이 법 제6조 제2항에 따라 적절한 조치를 취하였는지를 확인하여야 한다.

(9) 등록의 취소 등(법 제7조)

① 농촌진흥청장은 제조업자·원제업자·수입업자가 다음 각 호의 어느 하나에 해당하면 그 영업의 등록을 취소하거나 1년 이내의 기간을 정하여 영업의 전부 또는 일부의 정지를 명할 수 있다. 다만, 제1호의2·제13호 또는 제14호에 해당할 때에는 그 등록을 취소하여야 한다.

1. 정당한 사유 없이 제3조 제1항 후단 또는 같은 조 제4항에 따른 변경등록을 하지 아니한 경우

1의2. 제4조의 결격사유에 해당하게 된 경우. 다만, 법인의 임원 중 제4조 제6호에 해당하는 사람이 있는 경우 6개월 이내에 그 임원을 바꾸어 임명하였을 때에는 제외한다.

2. 제8조 제1항, 제16조 제1항, 제17조 제1항 또는 제17조의2 제1항을 위반하여 등록을 하지 아니한 농약 등 또는 원제를 제조·수입하거나 판매한 경우

3. 제14조 제2항 또는 제3항(제8조의2 제1항 후단 또는 제17조 제3항에 따라 준용되는 경우를 포함한다)에 따른 등록사항의 변경 또는 등록의 취소처분이나 제조·수출입 또는 공급을 제한하는 처분(회수·폐기명령을 포함한다)을 위반한 경우

4. 제15조 제1항에 따라 농촌진흥청장이 고시하는 수출입의 금지·제한내용이나 준수사항을 위반한 경우

4의2. 제17조 제4항 후단의 조건을 위반한 경우

5. 제20조 제1항 또는 제2항에 따른 농약 등 또는 원제의 표시를 하지 아니하거나 거짓으로 표시한 경우

6. 제21조 제1항 또는 제2항을 위반하여 농약 등 또는 원제를 제조·생산·수입·보관·진열 또는 판매한 경우

7. 제22조를 위반하여 허위광고 또는 과대광고를 하거나 같은 조에 따른 광고방법에 따르지 아니하고 광고를 한 경우

8. 제23조 제1항에 따른 농약 등의 취급제한기준을 위반하여 농약 등을 취급한 경우

9. 제24조에 따라 검사한 농약 등의 품질이 불량하다고 밝혀진 경우 또는 자체검사성적서를 제출하지 아니하거나 거짓으로 제출한 경우

10. 제24조 제1항에 따른 검사나 시료(試料) 또는 시험용 제품의 수거(收去)를 거부·방해 또는 기피한 경우

11. 제24조 제5항에 따른 농약 등 또는 원제의 수거 또는 폐기의 명령을 위반한 경우

12. 제25조에 따른 시설 등의 보완명령을 위반하거나 농약 등 관리에 관한 사항에 대한 보고를 하지 아니하거나 거짓으로 보고한 경우

13. 거짓이나 그 밖의 부정한 방법으로 영업의 등록 또는 변경등록을 한 경우

14. 영업정지명령을 위반하여 영업을 한 경우

15. 등록한 날부터 3년이 지나도록 영업을 시작하지 아니한 경우

② 시장·군수·구청장은 판매업자가 다음 각 호의 어느 하나에 해당하면 그 영업의 등록을 취소하거나 1년 이내의 기간을 정하여 영업의 전부 또는 일부의 정지를 명할 수 있다. 다만, 제1호의2·제4호 또는 제5호에 해당할 때에는 그 등록을 취소하여야 한다.

1. 정당한 사유 없이 제3조 제2항 후단에 따른 변경등록을 하지 아니한 경우

1의2. 제4조 각 호의 어느 하나에 해당하게 된 경우. 다만, 법인의 임원 중 제4조 제6호에 해당하는 사람이 있는 경우 6개월 이내에 그 임원을 바꾸어 임명하였을 때에는 제외한다.

2. 제1항 제6호·제7호 또는 제10호부터 제12호까지의 규정에 해당하게 된 경우

3. 제23조 제1항에 따른 농약 등의 취급제한기준을 위반하여 농약 등을 취급한 경우

4. 거짓이나 그 밖의 부정한 방법으로 영업의 등록 또는 변경등록을 한 경우

5. 영업정지명령을 위반하여 영업을 한 경우

6. 등록한 날부터 1년이 지나도록 영업을 시작하지 아니한 경우

③ 농림축산식품부장관은 수출입식물방제업자 등이 다음 각 호의 어느 하나에 해당하면 영업소 폐쇄를 명하거나 2년 이내의 기간을 정하여 영업의 전부 또는 일부의 정지를 명할 수 있다. 다만, 제6호 또는 제7호에 해당하는 경우에는 영업소 폐쇄를 명하여야 한다.

1. 제1항 제10호부터 제12호까지의 규정에 해당하게 된 경우

1의2. 정당한 사유 없이 제3조의2 제1항 후단에 따른 변경신고를 하지 아니한 경우

2. 제23조 제1항에 따른 농약 등의 안전사용기준 또는 취급제한기준을 위반하여 농약 등을 사용하거나 취급한 경우

3. 이 법을 위반하여 사망사고가 발생한 경우

4. 삭 제

5. 수출입식물방제업자 등이 1년 이상 방제 실적이 없거나 농림축산식품부장관이 정하여 고시하는 수출입식물 검역소독 처리규정을 위반한 경우

6. 거짓이나 그 밖의 부정한 방법으로 영업의 신고 또는 변경신고를 한 경우

7. 영업정지명령을 위반하여 영업을 한 경우

④ 제1항부터 제3항까지의 규정에 따른 취소·정지처분의 세부기준은 농림축산식품부령으로 정한다.

(10) 행정처분의 기준(시행규칙 제11조)

법 제7조 제4항의 규정에 의한 행정처분의 세부기준은 별표 2와 같다.

행정처분 기준(시행규칙 제11조 관련 별표 2) Ⅱ. 개별기준

위반행위	근거 법조문	적용대상	행정처분기준		
			1차 위반	2차 위반	3차 이상 위반
1. 정당한 사유 없이 법 제3조 제1항 후단 또는 같은 조 제4항에 따른 변경등록을 하지 아니한 경우	법 제7조 제1항 제1호	제조업자 원제업자 수입업자	경 고	영업정지 1월	영업정지 3월
1의2. 정당한 사유 없이 법 제3조 제2항 후단에 따른 변경등록을 하지 아니한 경우	법 제7조 제2항 제1호	판매업자	경 고	영업정지 1월	영업정지 3월
1의3. 정당한 사유 없이 법 제3조의2 제1항 후단에 따른 변경신고를 하지 아니한 경우	법 제7조 제3항 제1호의2	수출입 식물 방제업자 등	경 고	영업정지 1월	영업정지 3월
1의4. 법 제4조 각 호의 어느 하나에 해당하게 된 경우. 다만, 법인의 임원 중 법 제4조 제6호에 해당하는 사람이 있는 경우 6개월 이내에 그 임원을 바꾸어 임명하였을 때에는 제외한다.	법 제7조 제1항 제1호의2, 제2항 제1호의2	제조업자 원제업자 수입업자 판매업자	등록취소		
2. 법 제8조 제1항, 제16조 제1항, 제17조 제1항 또는 제17조의2 제1항을 위반하여 등록을 하지 아니한 농약 등 또는 원제를 제조·수입하거나 판매한 경우	법 제7조 제1항 제2호	제조업자 원제업자 수입업자	등록취소		
3. 법 제14조 제2항(법 제8조의2 제1항 후단 또는 법 제17조 제3항에 따라 준용되는 경우를 포함한다)에 따른 등록사항의 변경 또는 등록의 취소처분이나 제조·수출입 또는 공급을 제한하는 처분(회수·폐기명령을 포함한다)을 위반하여	법 제7조 제1항 제3호				
가. 등록사항의 변경처분을 받은 품목을 변경하지 아니하고 제조·수입한 경우		제조업자 수입업자	해당 품목 제조·수입 정지 3월	해당 품목 제조·수입 정지 6월	등록취소
나. 등록취소처분을 받은 품목을 제조·수입한 경우		제조업자 수입업자	등록취소		

위반행위	근거 법조문	적용대상	행정처분기준		
			1차 위반	2차 위반	3차 이상 위반
다. 제조·수출입 또는 공급을 제한하는 처분을 받은 품목을 제조·수출입 또는 공급한 경우		제조업자 수입업자	해당 품목 제조·수입 정지 6월	해당 품목 제조·수입 정지 1년	등록취소
4. 법 제15조 제1항에 따라 농촌진흥청장이 고시하는 수출입의 금지·제한내용이나 준수사항을 위반한 경우	법 제7조 제1항 제4호	제조업자 수입업자	해당 품목·원제 제조·수입정지 6월	해당 품목·원제 제조·수입정지 1년	등록취소
4의2. 법 제17조 제4항 후단의 조건을 위반한 경우	법 제7조 제1항 제4호의2	수입업자	해당 품목·원제의 수입 및 판매정지 1년	영업정지 6월	등록취소
5. 법 제20조에 따른 농약 등 또는 원제의 표시를 하지 아니한 경우	법 제7조 제1항 제5호	제조업자 원제업자 수입업자	경 고	해당 품목·원제·제품 제조·수입 및 판매정지 6월	영업정지 1년
5의2. 법 제20조에 따른 농약 등 또는 원제의 표시를 거짓으로 한 경우	법 제7조 제1항 제5호	제조업자 원제업자 수입업자	해당 품목·원제·제품 제조·수입 및 판매정지 1년	영업정지 6월	등록취소
6. 법 제21조 제1항을 위반하여 다음 각 목의 농약 등 또는 원제를 보관·진열 또는 판매한 경우	법 제7조 제1항 제6호, 제2항 제2호				
가. 법 제8조의2 제1항에 따라 등록을 한 농약		제조업자 수입업자 판매업자	등록취소		
나. 법 제20조에 따른 표시를 하지 아니한 농약 등 또는 원제		제조업자 원제업자 수입업자	경 고	해당 품목·원제·제품 제조·수입 및 판매정지 6월	영업정지 1년
		판매업자	경 고	영업정지 1월	등록취소
다. 법 제20조에 따른 표시사항을 위조 또는 변조하여 거짓으로 표시한 농약 등 또는 원제		제조업자 원제업자 수입업자	해당 품목·원제·제품 제조·수입 및 판매정지 1년	영업정지 6월	등록취소
		판매업자	등록취소		
라. 법 제20조에 따른 농약 등 또는 원제의 용기나 포장의 표시사항이 훼손되어 알아보기가 곤란한 농약 등 또는 원제		제조업자 원제업자 수입업자	경 고	해당 품목·원제·제품 제조·수입 및 판매정지 3월	해당 품목·원제·제품 제조·수입 및 판매정지 1년
		판매업자	경 고	영업정지 1월	영업정지 3월
마. 법 제20조 제1항에 따른 약효 보증기간이 지난 농약 등		제조업자 수입업자	해당 품목·제품 제조·수입 및 판매정지 1년	영업정지 6월	등록취소
		판매업자	경 고	영업정지 3월	등록취소

위반행위	근거 법조문	적용대상	행정처분기준		
			1차 위반	2차 위반	3차 이상 위반
바. 다시 포장하거나 나누어 포장한 농약		제조업자 수입업자	해당 품목 제조·수입 및 판매정지 1년	영업정지 6월	등록취소
사. 법 제24조 제2항에 따른 자체검사증명서가 첨부되지 아니한 농약 등		판매업자 제조업자 수입업자	등록취소 경 고	해당 품목·제품 제조·수입 및 판매정지 3월	해당 품목·제품 제조·수입 및 판매정지 1년
		판매업자	경 고	영업정지 1월	영업정지 1년
6의2. 법 제21조 제2항을 위반하여 같은 항 각 호의 어느 하나에 해당하는 농약 등 또는 원제를 제조·생산·수입·보관·진열 또는 판매한 경우	법 제7조 제1항 제6호, 제2항 제2호	제조업자 원제업자 수입업자 판매업자	등록취소		
7. 법 제22조를 위반하여 허위광고 또는 과대광고를 하거나 같은 조에 따른 광고방법에 따르지 아니하고 광고를 한 경우	법 제7조 제1항 제7호, 제2항 제2호	제조업자 수입업자	경 고	해당 품목·제품 제조·수입 및 판매정지 3월	영업정지 3월
		판매업자	경 고	영업정지 3월	등록취소
8. 법 제23조 제1항에 따른 농약 등의 안전사용기준 또는 취급제한기준을 위반하여 농약 등을 사용하거나 취급한 경우	법 제7조 제1항 제8호, 제2항 제3호, 제3항 제2호	제조업자 수입업자	경 고	해당 품목 제조·수입 및 판매정지 3월	영업정지 1년
		판매업자 수출입 식물 방제업자 등	경 고 경 고	영업정지 3월 영업정지 3월	등록취소 영업정지 2년
9. 법 제24조에 따라 검사한 농약 등의 품질이 불량하다고 판명된 경우	법 제7조 제1항 제9호	제조업자 수입업자	벌점에 따른 처분기준적용		

(11) 국내 제조품목의 등록(법 제8조)

① 제조업자가 농약을 국내에서 제조하여 국내에서 판매하려면 품목별로 농촌진흥청장에게 등록하여야 한다. 다만, 제조업자가 다른 제조업자의 등록된 품목을 위탁받아 제조하는 경우에는 그러하지 아니하다.

② 제1항에 따른 등록을 하려는 자는 다음 각 호의 사항을 적은 신청서에 제17조의4 제1항에 따라 지정된 시험연구기관에서 검사한 농약의 약효, 약해(藥害), 독성(毒性) 및 잔류성(殘留性)에 관한 시험 성적을 적은 서류(이하 "시험성적서"라 한다)를 첨부하여 농약의 시료와 함께 농촌진흥청장에게 제출하여야 한다. 다만, 천연식물보호제나 그 밖에 대통령령으로 정하는 품목을 등록하는 경우에는 농림축산식품부령으로 정하는 바에 따라 시험성적서의 전부 또는 일부의 제출을 면제할 수 있다.

　1. 신청인의 성명(법인인 경우에는 그 명칭과 대표자의 성명을 말한다. 이하 같다), 주소, 주민등록번호

2. 농약의 명칭

3. 이화학적(理化學的) 성질·상태 및 유효성분과 그 밖의 성분의 종류와 각각의 함유량

4. 품목의 제조 과정

5. 용기 또는 포장의 종류·재질 및 그 용량

6. 적용 대상 병해충 및 농작물의 범위, 농약의 사용방법 및 사용량

7. 약효의 보증기간

8. 사람과 가축에 해로운 농약은 그 내용과 해독방법

9. 수서생물(水棲生物)에 해로운 농약은 그 내용

10. 인화성·폭발성 또는 피부를 손상시키는 등의 위험이 있는 농약은 그 내용

11. 보관·취급 및 사용상의 주의사항

12. 제조장의 소재지

13. 그 밖에 농림축산식품부령으로 정하는 제조품목의 등록에 필요한 사항

(12) 국내제조품목의 등록신청 등(시행규칙 제12조)

① 법 제8조 제1항에 따라 국내제조품목을 등록하려는 제조업자는 별지 제14호 서식의 신청서에 다음 각 호의 서류를 첨부하여 농촌진흥청장에게 제출하여야 한다.

1. 이화학적 분석성적서(천연식물보호제의 경우에는 유효성분에 관한 분석성적서와 유효성분의 기원, 특성, 분류에 관한 자료를 말한다)와 그 분석방법에 관한 자료

2. 이화학적 성질·상태에 관한 자료(시간의 경과에 따른 당해 성질·상태의 변화자료를 포함한다)

3. 약효 및 약해 시험성적서

4. 독성시험성적서

5. 작물잔류성·토양잔류성 및 수질오염성 시험성적서(이하 "잔류성시험성적서"라 한다)

6. 환경 및 동·식물에 대한 영향시험성적서

7. 농약의 이화학적 분석과 독성 및 잔류성 등에 대한 시험의 실시자·방법 및 결과 등을 정리한 요약서

② 농촌진흥청장은 제1항의 규정에 의한 신청이 있는 때에는 법 제9조 제2항의 규정에 의한 제출서류와 농약시료의 검사기준에 적합한지의 여부를 국립농업과학원장으로 하여금 검토하게 한 후 이에 적합하다고 인정될 때에는 별지 제16호 서식의 품목등록증을 신청인에게 교부하고, 그 사실을 별지 제17호 서식의 등록대장에 기재하여야 한다.

③ 법 제8조 제2항의 규정에 의하여 품목등록신청을 할 때에 제출하여야 할 농약시료의 양은 별표 3과 같다.

④ 농촌진흥청장은 제3조 제4항에 따른 정보시스템과 연계하여 등록대장을 작성·관리할 수 있다.

(13) 품목등록 신청서류 등의 검토 등(법 제9조)

① 농촌진흥청장은 제8조 제2항에 따른 신청을 받으면 농업과학기술에 관한 업무를 관장하는 행정기관의 장으로 하여금 신청인이 제출한 서류를 검토하고, 농약의 시료를 검사하도록 하여야 한다.

② 제1항에 따른 제출서류의 검토 및 농약 시료의 검사기준은 농촌진흥청장이 관계 중앙행정기관의 장과 협의하여 고시한다.

③ 농촌진흥청장은 제1항과 제2항에 따른 서류검토 및 농약 시료검사 결과 다음 각 호의 어느 하나에 해당하면 신청인에게 그 사유를 구체적으로 밝혀 등록 신청서류를 반려하거나 그 보완을 명하여야 한다.

  1. 신청서의 기재사항에 허위사실이 있는 경우

  2. 해당 농약의 약효가 현저히 낮아 농약으로서 가치가 없을 때

  3. 신청서에 적힌 내용에 따라 해당 농약을 사용할 경우 농작물에 해(害)가 있을 때

  4. 해당 농약의 사용·취급요령을 따르더라도 사람과 가축에 해를 줄 우려가 있을 때

  5. 해당 농약이 다량으로 사용될 경우 수서생물에 해를 줄 우려가 있을 때

  6. 신청서에 적힌 내용에 따라 해당 농약을 사용할 경우 농작물에 잔류되어 그 농작물을 이용하는 사람과 가축에 해를 줄 우려가 있을 때

  7. 신청서에 적힌 내용에 따라 해당 농약을 사용할 경우 농경지 등의 토양에 잔류되어 토양 생태계를 파괴할 우려가 있거나 그 농경지에서 자란 농작물을 이용하는 사람과 가축에 해를 줄 우려가 있을 때

  8. 해당 농약이 다량으로 사용되는 경우 「물환경보전법」 제2조 제9호에 따른 공공수역(公共水域)의 수질이 오염되어 수생 생태계를 파괴할 우려가 있거나 그 물을 이용하는 사람과 가축에 해를 줄 우려가 있을 때

  9. 해당 농약의 명칭이 그 주요성분이나 효과에 대하여 오해를 일으키게 할 우려가 있을 때

④ 제3항에 따라 등록 신청서류를 보완한 경우의 재검사 등에 관하여는 제1항부터 제3항까지의 규정을 준용한다.

(14) 품목등록증의 발급(법 제10조)

농촌진흥청장은 제9조에 따른 서류검토 및 농약의 시료검사 결과 제9조 제3항 각 호에 따른 반려 또는 보완사유에 해당되지 아니하면 지체 없이 신청인에게 다음 각 호의 사항이 적힌 품목등록증을 내주어야 한다.

① 등록번호 및 등록연월일

② 제조업자의 성명

③ 제8조 제2항 제2호·제3호 및 제6호에 규정된 사항

④ 제조장의 소재지

⑤ 등록의 유효기간

⑥ 그 밖에 농림축산식품부령으로 정하는 사항

(15) 품목등록의 유효기간 및 재등록(법 제11조)

① 제8조 제1항에 따른 품목등록의 유효기간은 10년으로 한다.

② 제조업자는 제1항에 따른 유효기간이 만료되는 품목을 재등록하려면 그 유효기간이 만료되기 6개월 전까지 농촌진흥청장에게 품목의 재등록을 신청하여야 한다. 이 경우 재등록의 신청, 신청서류 등의 검토 및 품목등록증의 재발급에 관하여는 제8조 제2항, 제9조 및 제10조를 준용한다.

③ 제조업자가 제2항에 따라 품목의 재등록을 신청하는 경우에는 농림축산식품부령으로 정하는 바에 따라 시험성적서의 전부 또는 일부의 제출을 면제할 수 있다. 다만, 농촌진흥청장은 품목등록의 유효기간 중에 제14조 제2항 각 호의 어느 하나에 해당한다고 밝혀진 품목에 대해서는 차기 재등록 시 시험성적서의 제출을 면제하여서는 아니 된다.

(16) 품목등록자의 지위승계 등(법 제12조)

제8조 제1항에 따라 품목을 등록한 제조업자(이하 "품목등록제조업자"라 한다)의 지위승계와 행정처분 효과의 승계에 관하여는 제5조 및 제5조의2를 준용한다. 이 경우 제5조의2 중 "제7조 제1항부터 제3항까지"는 "제7조 제1항 및 제14조"로 본다.

(17) 신청에 의한 품목변경등록 등(법 제13조)

① 품목등록제조업자는 품목의 등록사항 중 농림축산식품부령으로 정하는 중요한 사항을 변경하려면 농림축산식품부령으로 정하는 사항을 적은 신청서에 등록증 및 변경내용에 대한 시험성적서를 첨부하여 농약의 시료와 함께 농촌진흥청장에게 제출하여야 한다.

② 품목등록제조업자는 품목의 등록사항 중 농림축산식품부령으로 정하는 사항을 변경하였을 때에는 그 사항을 변경한 날부터 30일 이내에 그 사유와 변경내용을 구체적으로 밝혀 농촌진흥청장에게 신고하여야 한다. 이 경우 변경된 사항이 품목등록증의 기재사항에 해당할 때에는 품목등록증의 재발급을 신청하여야 한다.

③ 제1항에 따른 품목변경등록에 관련된 품목등록 신청서류 등의 검토 및 반려 등과 품목등록증의 재발급에 관하여는 제9조와 제10조를 준용한다.

(18) 품목등록사항의 변경신고 등(시행규칙 제18조)

① 법 제13조 제2항 전단에서 "농림축산식품부령으로 정하는 사항"이란 다음 각 호의 사항을 말한다.

1. 신청인의 성명(법인인 경우에는 그 명칭과 대표자의 성명을 말한다), 주소

2. 품목의 제조 과정

3. 용기 또는 포장의 종류·재질

4. 약효의 보증기간

5. 제조장의 소재지

6. 원제공급처

7. 상표명

② 법 제13조 제2항 전단에 따라 등록사항의 변경신고를 하려는 자는 그 사항을 변경한 날부터 30일 이내에 별지 제20호 서식의 변경신고서에 변경내용을 증명할 수 있는 자료를 첨부하여 농촌진흥청장에게 제출(정보통신망에 의한 제출을 포함한다. 이하 이 항에서 같다)해야 한다. 이 경우 변경된 사항이 품목등록증의 기재사항에 해당되어 품목등록증의 재발급을 받으려는 경우에는 법 제13조 제2항 후단에 따라 별지 제20호 서식의 재발급신청서에 농약품목등록증을 함께 첨부하여 제출해야 한다.

(19) 직권에 의한 품목등록의 취소 등(법 제14조)

① 농촌진흥청장은 품목등록제조업자가 거짓이나 그 밖의 부정한 방법으로 품목을 등록한 경우에는 그 품목의 등록을 취소하여야 하며, 제7조 제1항에 따라 제조업의 등록이 취소된 경우에는 등록된 모든 품목의 등록을 취소하여야 한다. 이 경우 농촌진흥청장은 제조업자·수입업자 또는 판매업자에게 해당 품목의 농약(이미 판매된 농약을 포함한다)을 회수하여 폐기할 것을 명할 수 있다.

② 농촌진흥청장은 품목등록을 한 농약을 그 등록신청서에 적힌 내용에 따라 사용하는 경우 다음 각 호의 어느 하나에 해당된다고 판단하면 농약에 대한 안전성 평가 등 대통령령으로 정하는 바에 따른 심의절차를 거쳐 그 품목의 등록사항을 변경 또는 등록 취소를 하거나 그 제조·수출입 또는 공급을 제한하는 처분(이하 "제한처분"이라 한다)을 할 수 있다.

1. 제9조 제3항 제2호부터 제8호까지의 어느 하나에 해당하는 경우

2. 국제기구, 외국정부, 유럽연합(EU) 등에 의하여 해당 품목 또는 유효성분이 심각한 위해(危害)를 일으킬 우려가 있다고 밝혀지는 경우

③ 제2항에 따라 변경등록, 등록취소 또는 제한처분을 하는 경우 농촌진흥청장은 제조업자·수입업자 또는 판매업자에게 해당 품목의 농약(이미 판매된 농약을 포함한다)을 회수하여 폐기할 것을 명할 수 있다.

④ 농촌진흥청장은 제조업자·수입업자 또는 판매업자가 제1항 후단 또는 제3항 후단에 따른 시정명령을 이행하지 아니하는 경우에는 직접 해당 품목의 농약을 회수하여 폐기하여야 한다. 이 경우 그 비용은 해당 제조업자·수입업자 또는 판매업자가 부담한다.

⑤ 제4항에 따라 농약의 회수·폐기 업무를 수행하는 공무원은 그 권한을 표시하는 증표를 지니고 이를 관계인에게 내보여야 한다.

⑥ 제1항 및 제3항에 따라 농촌진흥청장으로부터 회수하여 폐기를 명받은 농약에 대하여 해당 농약의 제조업자, 수입업자 또는 판매업자는 농약 구매자의 요구가 있을 경우에는 회수 농약에 대하여 농림축산식품부령으로 정하는 바에 따라 보상을 하여야 한다.

⑦ 농촌진흥청장은 병해충 방제나 농작물의 생리기능 증진·억제를 위하여 긴급하다고 인정할 때에는 제10조 제3호에 규정된 품목등록사항 중 적용 대상 병해충 또는 농작물의 범위와 농약의 사용방법 및 사용량에 관한 품목등록사항을 변경할 수 있다.

⑧ 농촌진흥청장은 제2항이나 제7항에 따라 품목등록사항을 변경하였을 때에는 그 품목등록을 한 제조업자에게 제10조에 따른 품목등록증을 재발급하여야 한다.

⑨ 농촌진흥청장은 제1항이나 제2항에 따라 품목등록을 취소하거나 제한처분을 하였을 때에는 그 품목과 등록취소 또는 제한 내용을 고시하여야 한다.

⑩ 농촌진흥청장은 제2항에 따라 농약에 대한 안전성 평가 등 심의절차를 거친 경우 그 결과를 매년 12월 31일까지 국회 소관 상임위원회에 제출하여야 한다.

(20) 직권으로 인한 품목등록 취소 농약의 폐기 및 보상(시행규칙 제19조의2)

① 농촌진흥청장은 법 제14조 제1항 후단 및 같은 조 제3항에 따라 농약의 제조업자·수입업자 또는 판매업자에게 농약을 회수하여 폐기하도록 명하는 경우 해당 농약의 품목등록을 취소한 날부터 2개월 이내에 회수하여 폐기하도록 명하여야 한다.

② 농약의 제조업자·수입업자 또는 판매업자는 법 제14조 제6항에 따라 농약 구매자에게 보상을 하는 경우 다음 각 호의 구분에 따라 보상하여야 한다.
  1. 법 제14조 제1항에 따라 회수한 농약 : 해당 농약의 구입대금을 보상
  2. 법 제14조 제3항에 따라 회수한 농약 : 사용하지 아니한 농약에 한정하여 해당 농약의 구입대금을 보상

③ 제2항에 따른 보상 기한은 제1항에 따른 기한으로 한다.

(21) 위해 우려가 있는 농약 및 원제의 수입금지 등의 고시(법 제15조)

① 농촌진흥청장은 다음 각 호의 사항을 고시하여야 한다.
  1. 「특정 유해화학물질 및 농약의 국제교역 시 사전 통보 승인절차에 관한 로테르담협약」(이하 "로테르담협약"이라 한다) 제5조 및 제6조에 따라 협약 당사국이 수입을 금지하거나 제한하는 농약 및 원제에 대한 금지·제한의 내용
  2. 로테르담협약 제10조부터 제13조까지의 규정에 따라 농약이나 원제를 수출입하는 자에 대한 수출입의 승인기준 및 그 밖의 준수사항
  3. 로테르담협약 부속서Ⅲ에 규정된 농약 및 원제
  4. 그 밖에 로테르담협약에 따라 정부가 고시하여야 할 사항으로서 농림축산식품부령으로 정하는 사항

② 농촌진흥청장은 제1항에 따른 고시를 하려면 산업통상자원부장관과 협의하여야 한다.

(22) 원제의 등록 등(법 제16조)

① 원제업자가 원제를 생산하여 판매하려면 종류별로 농촌진흥청장에게 등록하여야 한다.

② 제1항에 따라 원제를 등록하려는 자는 다음 각 호의 사항을 적은 신청서에 제17조의4 제1항에 따라 지정된 시험연구기관에서 검사한 원제의 이화학적 분석 및 독성 시험성적을 적은 서류를 첨부하여 원제의 시료와 함께 농촌진흥청장에게 제출하여야 한다. 다만, 대통령령으로 정하는 원제를 등록하는 경우에는 농림축산식품부령으로 정하는 바에 따라 서류의 전부 또는 일부의 제출을 면제할 수 있다.

    1. 신청인의 성명·주소·주민등록번호

    2. 원제의 명칭, 이화학적 성질·상태 및 주요성분과 그 밖의 성분의 종류와 각각의 함유량

    3. 원제의 합성·제조 과정

    4. 인화성·폭발성 등 위험한 원제는 그 내용

    5. 제조장의 소재지

    6. 그 밖에 농림축산식품부령으로 정하는 원제등록에 필요한 사항

③ 농촌진흥청장은 제2항에 따른 신청을 받은 경우 농촌진흥청장이 정하여 고시하는 원제등록기준에 맞다고 인정할 때에는 지체 없이 신청인에게 다음 각 호의 사항을 적은 등록증을 발급하여야 한다.

    1. 등록번호 및 등록연월일

    2. 원제업자의 성명

    3. 제2항 제2호의 내용

    4. 제조장의 소재지

    5. 그 밖에 농림축산식품부령으로 정하는 사항

④ 제1항에 따른 원제등록에 관련된 원제등록자의 지위승계와 행정처분 효과의 승계, 신청에 의한 변경등록 등, 직권에 의한 등록취소에 관하여는 제12조, 제13조 및 제14조 제1항을 준용한다. 이 경우 "품목"은 "원제"로, "제조업자"는 "원제업자"로 본다.

(23) 수입농약 등의 등록 등(법 제17조)

① 수입업자는 농약이나 원제를 수입하여 판매하려고 할 때에는 농약의 품목이나 원제의 종류별로 농촌진흥청장에게 등록하여야 한다.

② 삭 제

③ 제1항에 따른 농약이나 원제의 등록을 할 경우 다음 각 호의 구분에 따라 해당 규정을 준용한다. 이 경우 "제조업" 또는 "원제업"은 "수입업"으로, "제조업자" 또는 "원제업자"는 "수입업자"로, "농약"은 "수입농약"으로, "원제"는 "수입원제"로 본다.

    1. 다음 각 목에 관하여는 제8조 제2항, 제9조부터 제14조까지 및 제16조를 준용한다.

        가. 수입농약의 품목등록 신청

        나. 품목등록 신청서류 등의 검토 등

다. 품목등록증의 발급

라. 품목등록의 유효기간 및 재등록

마. 품목등록자 등의 지위승계와 행정처분 효과의 승계

바. 신청에 의한 품목변경등록

사. 직권에 의한 품목등록의 취소 등

2. 다음 각 목에 관하여는 제16조를 준용한다.

가. 수입원제의 등록

나. 수입원제등록자의 지위승계와 행정처분 효과의 승계

다. 신청에 의한 수입원제의 변경등록

라. 직권에 의한 수입원제 등록의 취소

④ 제1항에도 불구하고 수입업자는 다음 각 호의 어느 하나에 해당하는 경우에 농림축산식품부령으로 정하는 바에 따라 농촌진흥청장의 허가를 받아 제1항에 따라 등록하지 아니한 농약 또는 원제를 수입하여 판매할 수 있다. 이 경우 수입업자는 농림축산식품부령으로 정하는 판매수량, 판매기간, 판매대상자 등의 조건을 준수하여야 한다.

1. 농약 또는 원제로서 시험용이나 학술연구용인 경우

2. 수출용 농산물의 병해충 방제나 생리기능 증진·억제를 위하여 긴급히 사용할 필요가 있는 농약으로서 제8조 제1항 또는 제17조 제1항에 따라 등록된 농약 중에는 이를 대체할 만한 농약이 없는 경우

3. 「식물방역법」 제31조 제1항에 따른 병해충 방제를 위하여 긴급히 사용할 필요가 있는 농약으로서 제8조 제1항 또는 제17조 제1항에 따라 등록된 농약 중에는 이를 대체할 만한 농약이 없는 경우

(24) 농약활용기자재의 등록(법 제17조의2)

① 제조업자 또는 수입업자가 농약활용기자재를 국내에서 제조 또는 수입하여 판매하려면 제품별로 농촌진흥청장에게 등록하여야 한다. 다만, 제조업자가 다른 제조업자의 등록된 제품을 위탁받아 제조하는 경우에는 그러하지 아니하다.

② 제1항에 따른 등록을 하려는 자는 다음 각 호의 사항을 적은 신청서에 제17조의4 제1항에 따라 지정된 시험연구기관에서 검사한 농약활용기자재의 이화학적 분석 등을 기재한 서류를 첨부하여 농약활용기자재의 시험용 제품과 함께 농촌진흥청장에게 제출하여야 한다. 다만, 대통령령으로 정하는 제품을 등록하는 경우에는 농림축산식품부령으로 정하는 바에 따라 서류의 전부 또는 일부의 제출을 면제할 수 있다.

1. 신청인의 성명(법인인 경우에는 그 명칭과 대표자의 성명을 말한다)·주소·주민등록번호

2. 농약활용기자재의 명칭

3. 이화학적 성질·상태 및 유효성분과 그 밖의 성분의 종류와 각각의 함유량

4. 제품의 제조공정

5. 용기 또는 포장의 종류·재질 및 그 용량

6. 적용 대상 병해충 및 농작물의 범위, 약효보증기간 및 제품의 사용방법

7. 인화성 또는 폭발성이 있는 경우에는 그 내용

8. 보관·취급 및 사용상의 주의사항

9. 제조장의 소재지

10. 그 밖에 농림축산식품부령으로 정하는 제품등록에 필요한 사항

③ 농촌진흥청장은 제2항에 따른 신청을 받은 경우 농촌진흥청장이 정하여 고시하는 농약활용기자재의 등록기준에 맞다고 인정할 때에는 지체 없이 신청인에게 다음 각 호의 사항을 적은 등록증을 발급하여야 한다.

1. 등록번호 및 등록연월일

2. 제조업자의 성명

3. 제2항 제2호·제3호·제6호 및 제9호의 내용

4. 등록의 유효기간

5. 그 밖에 농림축산식품부령으로 정하는 사항

④ 농약활용기자재의 등록에 관련된 농약활용기자재 등록 신청서류 등의 검토, 등록자의 지위승계와 행정처분 효과의 승계, 신청에 의한 변경등록, 직권에 의한 등록취소 등에 관하여는 제9조·제12조·제13조 및 제14조를 준용한다. 이 경우 "농약"은 "농약활용기자재"로, "품목"은 "제품"으로, "시료"는 "시험용 제품"으로, "시험성적서"는 "이화학적 분석 등을 기재한 서류"로 본다.

(25) 농약의 수급 조절 등(법 제18조)

농림축산식품부장관은 농약의 수급 안정 등을 위하여 필요하다고 인정할 때에는 제조업자·원제업자·수입업자 또는 판매업자에게 농약의 수급 조절과 유통질서의 유지를 요청할 수 있다.

(26) 농약 등 및 원제의 표시(법 제20조)

① 제조업자나 수입업자는 자신이 제조하거나 수입한 농약 등을 판매하려면 그 용기나 포장에 농약 등의 명칭, 유효성분별 함유량, 적용 대상 병해충명, 약효 보증기간, 그 밖에 농림축산식품부령으로 정하는 사항을 표시하여야 한다.

② 원제업자나 수입업자는 자신이 생산하거나 수입한 원제를 판매하려면 그 용기나 포장에 원제의 명칭, 유해성, 취급 시 주의사항, 그 밖에 농림축산식품부령으로 정하는 사항을 표시하여야 한다.

③ 판매업자 등 소비자에게 직접 농약 등을 판매하는 자는 농림축산식품부령으로 정하는 바에 따라 농약 등의 가격을 표시하여야 한다.

(27) 제조·수입·보관·진열 또는 판매의 금지 등(법 제21조)

① 제조업자·원제업자·수입업자 또는 판매업자는 다음 각 호의 어느 하나에 해당하는 농약 등 또는 원제를 보관·진열 또는 판매하여서는 아니 된다.

1. 제8조의2 제1항에 따라 등록을 한 농약. 다만, 수출을 위한 보관·진열은 가능하다.

2. 제20조 제1항 또는 제2항에 따른 표시를 하지 아니하거나 표시사항을 위조 또는 변조하거나 거짓으로 표시한 농약 등 또는 원제

3. 제20조 제1항 또는 제2항에 따른 농약 등 또는 원제의 용기나 포장의 표시사항이 훼손되어 알아보기가 곤란한 농약 등 또는 원제

4. 제20조 제1항에 따른 약효 보증기간이 지난 농약 등

5. 다시 포장하거나 나누어 포장한 농약. 다만, 수입업자가 수입하여 다시 포장하거나 나누어 포장한 농약은 보관·진열 또는 판매할 수 있다.

6. 제24조 제2항에 따른 자체검사증명서가 첨부되지 아니한 농약 등

② 누구든지 다음 각 호의 어느 하나에 해당하는 농약 등 또는 원제를 제조·생산·수입·보관·진열 또는 판매하여서는 아니 된다.

1. 제8조 제1항·제16조 제1항·제17조 제1항 또는 제17조의2 제1항에 따라 등록하지 아니한 농약 등 또는 원제

2. 제14조 제1항 또는 제2항(제8조의2 제1항 후단, 제16조 제4항, 제17조 제3항 및 제17조의2 제4항에 따라 준용되는 경우를 포함한다)에 따라 직권에 의하여 등록이 취소된 농약 등 또는 원제

3. 제14조의2 제1항에 따른 회수·폐기 대상 농약 등 또는 원제

4. 제17조 제4항에 따라 허가를 받지 아니한 농약 등 또는 원제

③ 누구든지 농약 등 또는 원제를 「전자상거래 등에서의 소비자보호에 관한 법률」 제2조 제2호에 따른 통신판매 또는 「방문판매 등에 관한 법률」 제2조 제3호에 따른 전화권유판매의 방법으로 판매하여서는 아니 된다. 다만, 인체 및 환경에 주는 영향이 경미한 농약으로서 농림축산식품부령으로 정하는 농약은 그러하지 아니다.

④ 누구든지 「청소년보호법」 제2조 제1호에 따른 청소년에게 농약 등 또는 원제를 판매하여서는 아니 된다.

(28) 허위광고 등의 금지(법 제22조)

① 제조업자·수입업자 또는 판매업자는 자신이 제조·수입 또는 판매하는 농약 등에 대하여 허위광고나 과대광고를 하여서는 아니 된다.

② 농약 등의 광고에 관한 방법과 과대광고의 범위는 농림축산식품부령으로 정한다.

(29) 농약 등의 안전사용기준 등(법 제23조)

① 방제업자(제3조의2 제1항 전단에 따른 신고를 하지 아니하고 해당 업을 영위하는 자를 포함한다. 이하 같다)와 그 밖의 농약 등의 사용자는 농약 등을 안전사용기준에 따라 사용하고, 제조업자·수입업자·판매업자 및 방제업자는 농약 등을 취급제한기준에 따라 취급하여야 한다.

② 농림축산식품부장관은 수출입식물방제업자 등에게, 농촌진흥청장 및 시장·군수·구청장은 그 밖의 농약 등의 사용자에게 제1항의 안전사용기준과 취급제한기준에 대한 교육을 실시하여야 한다.

③ 제3조 제3항에 따른 판매관리인을 지정한 제조업자·수입업자 또는 판매업자는 판매관리인으로 하여금 농촌진흥청장이 실시하는 제1항에 따른 안전사용기준과 취급제한기준에 대한 교육을 받게 하여야 한다.

④ 제조업자·수입업자 또는 판매업자는 제1항에 따른 안전사용기준과 다르게 농약 등을 사용하도록 추천하거나 추천하여 판매하여서는 아니 된다.

⑤ 방제업자와 그 밖의 농약 등의 사용자는 다음 각 호의 어느 하나에 해당하는 농약 등을 사용하여서는 아니 된다.
   1. 제8조 제1항, 제17조 제1항 또는 제17조의2 제1항에 따라 등록되지 아니한 농약 등
   2. 제17조 제4항 전단에 따른 허가를 받지 아니한 농약
   3. 제8조의2 제1항에 따라 등록을 한 농약

⑥ 제조업자 등 및 방제업자는 농약 등 또는 원제의 유출로 인한 사고를 예방하기 위하여 농약 등 또는 원제를 운반(제조업자 등 및 방제업자 간 운반하는 경우에 한정한다)하는 차량에 개인보호장구 및 응급조치에 필요한 장비 등을 갖추어야 한다. 이 경우 농약 등 또는 원제의 독성 정도 등을 고려하여 갖추어야 할 개인보호장구 및 응급조치에 필요한 장비 등의 구체적인 기준은 농림축산식품부령으로 정한다.

⑦ 농림축산식품부장관은 농약 등의 오남용 등으로 인한 환경오염의 방지 등을 위하여 필요한 조치를 마련하여야 한다.

⑧ 제1항의 안전사용기준과 취급제한기준, 제2항 및 제3항의 교육의 실시에 필요한 사항은 대통령령으로 정한다.

(30) 농약 등의 취급제한기준(시행령 제20조)

① 법 제23조 제1항에 따른 농약 등의 취급제한기준은 다음 각 호와 같다.
   1. 농약 등은 식료품·사료·의약품 또는 인화물질과 함께 수송하거나 과적하여 수송하지 말 것
   1의2. 농약 등 제조업자나 수입업자는 자신이 제조(다른 제조업자에게 자신이 등록한 품목 또는 제품을 위탁하여 제조하는 경우를 포함한다) 또는 수입한 농약 등을 판매할 때에는 잘못된 사용으로 인한 사고를 방지하기 위하여 안전용기·포장을 사용할 것. 다만, 제조

업자가 다른 제조업자에게 판매하거나 수입업자가 다른 수입업자에게 판매하는 경우에는 그러하지 아니하다.

2. 공급대상자가 정하여진 농약 등은 공급대상자 외의 자에게 공급하지 말 것

3. 공급대상자가 정하여진 농약 등은 제조업자 및 수입업자가 공급대상자에게 직접 공급할 것. 다만, 독성의 정도 등을 고려하여 농촌진흥청장이 정하여 고시하는 농약 등의 경우에는 제조업자 및 수입업자가 판매업자에게 공급할 수 있고, 그 판매업자는 해당 농약 등을 공급대상자에게만 공급할 수 있다.

4. 삭 제

5. 고독성농약은 안전장치를 갖춘 시설에 저장·보관할 것

6. 그 밖에 독성의 정도에 따라 취급이 제한되는 농약 등은 그 취급기준에 따라 제한사항을 준수할 것

(31) 농약 등의 독성 및 잔류성 정도별 구분 등(시행규칙 제24조의2)

① 영 제20조 제1항 및 제2항에 따른 농약 등의 취급제한기준과 관련된 농약 등의 독성 및 잔류성 정도별 구분은 별표 3의5와 같다.

② 영 제20조 제3항에 따른 원제의 취급제한기준과 관련된 원제의 독성 정도에 따른 구분은 별표 3의6과 같다.

> **더 알아보기** [별표 3의5] 농약 등의 독성 및 잔류성 정도별 구분(시행규칙 제24조의2 제1항 관련)

1. 급성독성 정도에 따른 농약 등의 구분

구 분	시험동물의 반수를 죽일 수 있는 양(mg/kg 체중)			
	급성경구		급성경피	
	고 체	액 체	고 체	액 체
Ⅰ급(맹독성)	5 미만	20 미만	10 미만	40 미만
Ⅱ급(고독성)	5 이상 50 미만	20 이상 200 미만	10 이상 100 미만	40 이상 400 미만
Ⅲ급(보통독성)	50 이상 500 미만	200 이상 2,000 미만	100 이상 1,000 미만	400 이상 4,000 미만
Ⅳ급(저독성)	500 이상	2,000 이상	1,000 이상	4,000 이상

비고 : 가. 고체 및 액체의 분류는 농약 등의 물리적 상태에 의한다.

나. 해당 농약 등이 휘발성이 높거나 중요 장기에 위해성이 있는 등 사람에 특히 위해한 것으로 명백히 밝혀진 농약 등은 위 표에 해당되는 등급보다 더 높은 등급으로 구분할 수 있다.

다. 급성독성시험의 수행이 곤란한 경우 등의 사유로 독성을 구분하기 어려운 경우에는 제형의 형태, 원제의 독성, 독성학적 영향 등을 종합적으로 평가하여 구분할 수 있다.

2. 어류에 대한 독성 정도에 따른 농약 등의 구분

가. 농약 등의 어류에 대한 독성(이하 "어독성"이라 한다)의 구분은 제품농약 등이 어류의 반수(半數)를 죽일 수 있는 농도를 기준으로 하여 다음 표에 의하여 구분하되, 벼재배용 농약 등의 경우에는 어류 또는 미꾸리에 대한 어독성 중 어류 또는 미꾸리의 반수를 죽일 수 있는 농도값이 낮은 것을 기준으로 구분한다.

구 분	반수를 죽일 수 있는 농도(mg/L, 96시간)
Ⅰ급	1 이하
Ⅱ급	1 초과 10 이하
Ⅲ급	10 초과

　나. 사용량을 고려한 벼재배용 농약 등의 어독성 구분

　　　1) 어독성이 Ⅱ급 또는 Ⅲ급에 속하는 농약 등으로서 10a당 평균사용량이 유효성분으로 0.1kg 을 초과하는 경우 어류의 반수를 죽일 수 있는 농도(mg/L)를 10a당 농약 등 사용량에 대한 유효성분량(kg)으로 나눈 값이 5 미만인 농약 등은 Ⅰ급으로 구분할 수 있다.

　　　2) 어독성이 Ⅰ급으로 분류되는 농약 등 중 10a당 평균사용량이 유효성분으로 0.01kg 미만인 농약 등의 경우에는 다음과 같이 위험도 평가 후 어독성을 구분할 수 있다.

　　　　• 위험도 $Z = Y/X$

　　　　　X : 농약 등의 어류 LC_{50}(mg/L)

　　　　　Y : 농약 등의 논물 중 기대농도치(mg/L, 수심 5cm)

　　　　• 어독성 구분 $Z > 5$: Ⅰ급

　　　　　　　　　　$0.1 < Z < 5$: Ⅱ급

　　　　　　　　　　$Z < 0.1$: Ⅲ급

　다. 급성어독성시험의 수행이 곤란한 훈증제, 훈연제, 연무제 등은 농약 등에 대한 어독성시험성적 서 제출을 생략하는 대신 원제의 어독성을 고려하여 어독성을 구분·평가할 수 있다.

3. 잔류성에 의한 농약 등의 구분

　가. 작물잔류성농약 등 : 농약 등의 성분이 수확물 중에 잔류하여 식품의약품안전처장이 농촌진흥 청장과 협의하여 정하는 기준에 해당할 우려가 있는 농약 등

　나. 토양잔류성농약 등 : 토양 중 농약 등의 반감기간이 180일 이상인 농약 등으로서 사용결과 농약 등을 사용하는 토양(경지를 말한다)에 그 성분이 잔류되어 후작물에 잔류되는 농약 등

　다. 수질오염성농약 등 : 수서생물에 피해를 일으킬 우려가 있거나 「물환경보전법」에 따른 공공수 역의 수질을 오염시켜 그 물을 이용하는 사람과 가축 등에 피해를 줄 우려가 있는 농약 등

(32) 유통 농약 및 농약활용기자재의 검사 등(법 제24조)

① 농림축산식품부장관, 농촌진흥청장, 특별시장·광역시장·도지사·특별자치도지사(이하 "시·도지사"라 한다) 또는 시장·군수·구청장은 관계 공무원으로 하여금 제조업자·원제업 자·수입업자·판매업자(제3조 제1항 전단 또는 제3조 제2항 전단에 따른 등록을 하지 아니하 고 해당 업을 영위하는 자를 포함한다) 또는 방제업자가 제조·수입·보관·진열·판매 또는 사용하는 농약이나 그 원제, 농약활용기자재나 그 재료, 관계 기록정보 또는 시설·장비를 검사하게 할 수 있으며, 농약이나 그 원제, 농약활용기자재나 그 재료를 검사하기 위하여 필요한 시료 또는 시험용 제품을 수거하게 할 수 있다.

② 제조업자나 수입업자는 자신이 제조 또는 수입한 농약 등에 대하여 출하(出荷) 전에 자체검사 를 하여야 하며, 검사에 합격한 농약 등은 농림축산식품부령으로 정하는 자체검사증명서를 첨부하여 출하하여야 한다. 이 경우 출하된 농약 등에 대한 자체검사성적서는 지체 없이 농촌진흥청장에게 제출하여야 한다.

③ 농촌진흥청장은 제조업자나 수입업자가 출하 전에 농약 등에 대한 검사를 의뢰하면 그 농약 등을 검사하여야 한다.

④ 농림축산식품부장관 또는 농촌진흥청장은 출하된 농약 등의 품질관리를 위하여 필요하다고 인정할 때에는 관계 공무원으로 하여금 그 농약 등에 대하여 검사하게 할 수 있다.

⑤ 관계 공무원은 이 법 또는 이 법에 따른 명령을 위반한 농약 등이나 원제에 대하여 그 위해방지를 위한 안전조치를 취할 필요가 있다고 인정할 때에는 그 농약 등이나 원제를 봉인(封印)한 후 해당 위반자에 대하여 농림축산식품부령으로 정하는 바에 따라 수거하거나 폐기할 것을 명할 수 있다.

⑥ 농림축산식품부장관 또는 농촌진흥청장은 제5항에 따른 해당 위반자가 같은 항에 따른 시정명령을 이행하지 아니하는 경우에는 직접 그 농약 등이나 원제를 봉인한 후 수거하거나 폐기하여야 한다. 이 경우 그 비용은 제5항에 따른 해당 위반자가 부담한다.

⑦ 제1항부터 제4항까지의 규정에 따른 검사의 기준은 농림축산식품부령으로 정한다.

⑧ 제1항 또는 제4항에 따라 검사를 할 때에는 미리 조사의 일시, 목적, 대상 등을 관계인에게 알려야 한다. 다만, 긴급한 경우나 미리 알리면 그 목적을 달성할 수 없다고 인정되는 경우에는 그러하지 아니하다.

⑨ 제1항과 제4항에 따라 검사를 하거나 제6항에 따라 농약 등이나 원제를 봉인한 후 수거하거나 폐기하는 공무원은 그 권한을 표시하는 증표를 지니고 이를 관계인에게 내보여야 한다.

(33) 농약 등 또는 원제의 관리에 관한 보고 등(법 제25조)

① 농림축산식품부장관, 농촌진흥청장 또는 시장·군수·구청장은 제조업자 등 또는 수출입식물방제업자 등에게 농약 등 또는 원제의 관리에 관한 사항을 보고하게 할 수 있다.

② 농림축산식품부장관은 수출입식물방제업자등에게, 농촌진흥청장은 제조업자·원제업자 또는 수입업자에게, 시장·군수·구청장은 판매업자에게 기준에 맞지 아니하게 된 인력·시설·장비 등에 대하여는 그 보완을 명할 수 있다.

(34) 이의신청(법 제26조)

① 이 법에 따른 처분을 받은 자는 그 처분을 받은 날부터 30일 이내에 농촌진흥청장에게 서면으로 이의를 신청할 수 있다.

② 농촌진흥청장은 이 법에 따른 처분에 대한 이의신청을 받으면 지체 없이 신청인에게 날짜와 장소를 통지하여 신청인이나 그 대리인에게 의견을 진술할 기회를 주어야 한다. 다만, 그 신청인이나 대리인이 정당한 사유 없이 이에 응하지 아니하거나 주소불명(住所不明) 등으로 의견진술의 기회를 줄 수 없는 경우에는 그러하지 아니하다.

③ 농촌진흥청장은 이 법에 따른 처분에 대한 이의신청을 받은 날부터 60일 이내에 심사를 하여 그 결과를 신청인에게 알려야 한다. 이 경우 그 결과의 통지 기간은 연장할 수 없다.

④ 농촌진흥청장은 제3항에 따라 심사 결과를 알릴 때에는 신청인이 심사 결과의 통지를 받은 날부터 90일 이내에 행정심판을 청구할 수 있다는 뜻을 부기(附記)하여야 한다.

(35) 제출 자료의 보호(법 제27조)

① 농촌진흥청장은 제8조 제2항(제8조의2 제1항 후단, 제11조 제2항 또는 제17조 제3항에 따라 준용되는 경우를 포함한다), 제13조 제1항(제8조의2 제1항 후단, 제16조 제4항, 제17조 제3항 또는 제17조의2 제4항에 따라 준용되는 경우를 포함한다), 제16조 제2항(제17조 제3항에 따라 준용되는 경우를 포함한다) 또는 제17조의2 제2항(제17조의3 제2항에 따라 준용되는 경우를 포함한다)에 따라 제출된 자료에 대하여 해당 등록신청자가 보호를 요청한 경우에는 그 내용을 공개하여서는 아니 된다. 다만, 자료를 공개하는 것이 공익을 위하여 필요하다고 인정되는 경우에는 그러하지 아니하다.

② 제1항에 따라 보호를 요청한 제출 자료를 열람·검토한 관계인은 이로 인하여 알게 된 내용을 외부에 공개하여서는 아니 된다.

(36) 수수료(법 제28조)

① 다음 각 호의 어느 하나에 해당하는 자는 농림축산식품부령으로 정하는 바에 따라 수수료를 내야 한다.
  1. 제3조 제1항, 제2항 또는 제4항에 따라 제조업·원제업·수입업·판매업의 등록 또는 변경등록을 신청하는 자
  2. 제3조의2 제1항에 따라 수출입식물방제업 등의 신고 또는 변경신고를 하는 자
  3. 제5조 제3항(제12조, 제16조 제4항, 제17조 제3항 또는 제17조의2 제4항에 따라 준용되는 경우를 포함한다)에 따라 지위승계를 신고하는 자
  4. 제8조 제1항, 제8조의2 제1항 전단, 제11조 제2항(제8조의2 제1항 후단 또는 제17조 제3항에 따라 준용되는 경우를 포함한다), 제13조 제1항(제8조의2 제1항 후단, 제16조 제4항, 제17조 제3항 또는 제17조의2 제4항에 따라 준용되는 경우를 포함한다), 제16조 제1항, 제17조 제1항, 제17조의2 제1항 또는 제17조의3 제2항에 따라 등록, 재등록 또는 변경등록을 신청하는 자
  5. 제17조 제4항에 따라 허가를 신청하는 자
  6. 제17조의4 제2항에 따라 시험연구기관의 지정 또는 변경지정을 신청하는 자
  7. 제23조 제3항에 따른 교육을 신청하는 자

② 제24조 제3항에 따라 농약 등에 대한 검사를 의뢰한 제조업자나 수입업자는 농림축산식품부령으로 정하는 바에 따라 검사료를 농촌진흥청장에게 내야 한다.

③ 제8조 제2항(제8조의2 제1항 후단에 따라 준용되는 경우를 포함한다), 제16조 제2항(제17조 제3항에 따라 준용되는 경우를 포함한다) 또는 제17조의2 제2항에 따른 시험연구기관이 제조업자·수입업자 또는 원제업자의 의뢰를 받아 약해·약효·독성 또는 잔류성 시험을 할 때에는 수수료를 받을 수 있다.

④ 농림축산식품부장관은 제3항에 따른 수수료의 기준을 정할 수 있다.

(37) 청문(법 제29조)

농림축산식품부장관, 농촌진흥청장 또는 시장·군수·구청장은 다음 각 호의 어느 하나에 해당하는 처분을 하려면 청문을 하여야 한다.

1. 제7조 제1항부터 제3항까지의 규정에 따른 영업의 등록취소 또는 영업소 폐쇄
2. 제14조(제8조의2 제1항 후단, 제16조 제4항, 제17조 제3항 또는 제17조의2 제4항에 따라 준용되는 경우를 포함한다)에 따른 품목등록의 취소
3. 제17조의5 제1항에 따른 시험연구기관 지정의 취소

(38) 적용 배제(법 제30조)

① 제조업자 또는 원제업자가 농약 등이나 원제를 제조하여 수출하는 경우 그 농약 등(제8조의2 제1항에 따라 등록을 한 농약은 제외한다)이나 원제에 대하여는 이 법을 적용하지 아니한다. 다만, 다음 각 호의 사항에 대하여는 제14조와 제15조를 적용한다.

1. 제14조 제9항에 따라 농촌진흥청장이 수출에 관한 제한처분의 대상으로 고시한 농약 또는 원제
2. 제15조 제1항에 따라 농촌진흥청장이 수출승인 대상으로 고시한 농약 또는 원제

② 농약사용자가 천연식물보호제로서 인체 및 환경에 주는 영향이 경미하고 그 제조 및 사용에 특별한 지식이나 주의가 요구되지 아니하는 것으로 농촌진흥청장이 고시하는 농약을 스스로 제조하여 자기가 직접 재배하는 작물에 사용하는 경우에 대하여는 이 법을 적용하지 아니한다.

③ 이 법에 따른 농약 및 원제에 대하여는 「화학물질관리법」을 적용하지 아니한다.

(39) 권한의 위임·위탁(법 제31조)

① 이 법에 따른 농림축산식품부장관의 권한은 대통령령으로 정하는 바에 따라 그 일부를 농촌진흥청장 또는 농림축산식품부 소속 기관의 장에게 위임할 수 있다.

② 제1항에 따라 위임을 받은 농림축산식품부 소속 기관의 장은 농림축산식품부장관의 승인을 받아 그 위임받은 권한의 일부를 대통령령으로 정하는 바에 따라 소속 기관의 장 또는 시·도지사에게 재위임하거나 「농촌진흥법」 제33조에 따라 설립된 한국농업기술진흥원의 장에게 위탁할 수 있다.

③ 이 법에 따른 농촌진흥청장의 권한은 대통령령으로 정하는 바에 따라 그 일부를 농업과학기술에 관한 업무를 관장하는 행정기관의 장 또는 시·도지사에게 위임할 수 있다.

④ 이 법에 따른 농촌진흥청장의 업무는 대통령령으로 정하는 바에 따라 그 일부를 「농촌진흥법」 제33조에 따라 설립된 한국농업기술진흥원 또는 농약 관련 단체의 장에게 위탁할 수 있다.

⑤ 제2항 또는 제4항에 따라 위탁받은 업무에 종사하는 한국농업기술진흥원 또는 농약 관련 단체의 장과 임직원은 직무상 알게 된 비밀을 외부에 누설하거나 다른 목적으로 사용하여서는 아니 된다.

(40) 벌칙 적용에서의 공무원 의제(법 제31조의2)

다음 각 호의 어느 하나에 해당하는 자는 「형법」 제127조 및 제129조부터 제132조까지의 규정에 따른 벌칙을 적용할 때에는 공무원으로 본다.

1. 제17조의4 제1항에 따라 지정된 시험연구기관의 임직원
2. 제23조의5 제3항에 따른 조정위원회의 위원 중 공무원이 아닌 위원
3. 제31조 제2항 또는 제4항에 따라 위탁받은 업무에 종사하는 한국농업기술진흥원 또는 농약 관련 단체의 장과 임직원

(41) 3년 이하의 징역 또는 3천만원 이하의 벌금(법 제31조의3 벌칙)

① 다음 각 호의 어느 하나에 해당하는 자는 3년 이하의 징역 또는 3천만원 이하의 벌금에 처한다.

1. 제3조 제1항 전단 또는 제2항 전단을 위반하여 등록을 하지 아니하고 농약 등을 제조·수입·판매하여 사람에게 위해를 가한 자
2. 제7조 제1항 제2호·제5호부터 제8호까지 및 제11호, 같은 조 제2항 제2호·제3호 또는 같은 조 제3항 제2호·제3호의 행위를 하여 사람에게 위해를 가한 자

② 제1항의 행위로 인하여 사람을 사상(死傷)에 이르게 한 자는 10년 이하의 징역 또는 1억원 이하의 벌금에 처한다.

(42) 3년 이하의 징역 또는 3천만원 이하의 벌금(법 제32조 벌칙)

다음 각 호의 어느 하나에 해당하는 자는 3년 이하의 징역 또는 3천만원 이하의 벌금에 처한다.

1. 제3조 제1항 전단 또는 제2항 전단을 위반하여 제조업 등의 등록을 하지 아니하고 농약 등 또는 원제의 제조·수입·판매를 업으로 한 자
2. 제7조 제1항부터 제3항까지의 규정에 따른 영업정지명령을 받고도 영업을 한 자
3. 삭 제
4. 거짓이나 그 밖의 부정한 방법으로 제3조 제1항 전단, 제2항 전단, 제8조 제1항, 제8조의2 제1항의 전단, 제16조 제1항, 제17조 제1항 또는 제17조의2 제1항에 따른 등록을 하거나 제3조의2 제1항 전단에 따른 신고를 한 자
5. 제14조 제1항부터 제3항까지(제8조의2 제1항의 후단, 제16조 제4항, 제17조 제3항 또는 제17조의2 제4항에 따라 준용되는 경우를 포함한다)에 따른 처분을 위반하여 품목을 제조·수출입 또는 공급하거나 회수·폐기명령을 이행하지 아니한 자
5의2. 제14조 제4항 후단(제14조의2 제2항에 따라 준용되는 경우를 포함한다) 또는 제24조 제6항 후단에 따른 그 비용을 부담하지 아니한 자
5의3. 제14조의2 제1항에 따른 회수·폐기명령을 이행하지 아니한 자
6. 제15조 제1항 제1호·제2호에 따른 금지·제한 또는 준수사항을 위반하여 농약이나 원제를 수출입한 자

6의2. 거짓이나 그 밖의 부정한 방법으로 제17조의4 제1항에 따른 시험연구기관의 지정을 받은 자

7. 제20조 제1항 또는 제2항에 따른 농약 등 또는 원제의 표시를 하지 아니하거나 거짓으로 표시한 자

8. 제21조 제1항 또는 제2항을 위반하여 농약 등 또는 원제를 제조 · 생산 · 수입 · 보관 · 진열 또는 판매한 자

9. 제23조의2 제3항을 위반하여 거짓이나 그 밖의 부정한 방법으로 개인정보를 요구한 제조업자 · 수입업자 · 판매업자 또는 수출입식물방제업자

10. 제24조 제5항에 따른 농약 등 또는 원제등의 수거 또는 폐기의 명령을 위반한 자

11. 제27조 제2항을 위반하여 제출 자료를 외부에 공개한 사람

(43) 1년 이하의 징역 또는 1천만원 이하의 벌금(법 제33조 벌칙)

다음 각 호의 어느 하나에 해당하는 자는 1년 이하의 징역 또는 1천만원 이하의 벌금에 처한다.

1. 제3조 제1항 후단 또는 제2항 후단을 위반하여 제조업 등의 변경등록을 하지 아니하고 등록한 사항을 변경한 자

1의2. 고의 또는 중대한 과실로 제17조의5 제1항 제2호 각 목의 서류를 사실과 다르게 발급한 자

1의3. 제21조 제3항을 위반하여 통신판매 또는 전화권유판매의 방법으로 농약 등 또는 원제를 판매한 자

1의4. 제21조 제4항을 위반하여 청소년에게 농약 등 또는 원제를 판매한 자

1의5. 제22조를 위반하여 허위광고나 과대광고를 한 자

2. 제24조 제1항에 따른 검사나 시료 또는 시험용 제품의 수거를 거부 · 방해 또는 기피한 자

3. 제24조 제2항을 위반하여 농약 등을 출하한 제조업자 · 수입업자와 거짓으로 자체검사성적서를 작성한 검사책임자

(44) 300만원 이하의 벌금(법 제34조 벌칙)

제조업자 · 수입업자 또는 판매업자가 제23조 제1항을 위반하여 농약 등을 취급한 경우에는 300만원 이하의 벌금에 처한다.

(45) 200만원 이하의 벌금(법 제35조 벌칙)

다음 각 호의 어느 하나에 해당하는 자는 200만원 이하의 벌금에 처한다.

1. 제13조 제2항(제8조의2 제1항의 후단, 제16조 제4항이나 제17조 제3항 또는 제17조의2 제4항에 따라 준용되는 경우를 포함한다)에 따른 신고를 하지 아니하거나 거짓으로 신고한 자

2. 제23조 제1항에 따른 농약 등의 안전사용기준 또는 취급제한기준을 위반하여 농약 등을 사용하거나 취급한 방제업자

3. 제23조의7 제4항 제3호 · 제4호에 따른 조정위원회의 위원의 출입 · 조사 · 열람 또는 복사를 정당한 이유 없이 거부 또는 기피하거나 방해하는 행위를 한 자

4. 제25조 제1항에 따른 농약 등 또는 원제의 관리에 관한 사항에 대한 보고를 하지 아니하거나 거짓으로 보고한 자

5. 제25조 제2항에 따른 시설 등의 보완명령을 위반한 자

(46) 양벌규정(법 제38조)

법인의 대표자나 법인 또는 개인의 대리인, 사용인, 그 밖의 종업원이 그 법인 또는 개인의 업무에 관하여 제31조의3, 제32조부터 제35조까지의 어느 하나에 해당하는 위반행위를 하면 그 행위자를 벌하는 외에 그 법인 또는 개인에게도 해당 조문의 벌금형을 과(科)한다. 다만, 법인 또는 개인이 그 위반행위를 방지하기 위하여 해당 업무에 관하여 상당한 주의와 감독을 게을리하지 아니한 경우에는 그러하지 아니하다.

(47) 몰수(법 제39조)

제32조에 따라 처벌을 받은 자가 소유·소지하는 농약 등과 그 사실을 알면서도 제3자가 취득한 농약 등은 그 전부를 몰수한다. 다만, 그 농약 등을 몰수할 수 없을 때에는 그 가액(價額)을 추징한다.

(48) 과태료(법 제40조)

① 다음 각 호의 어느 하나에 해당하는 자에게는 500만원 이하의 과태료를 부과한다.

1. 제3조의2 제1항 전단을 위반하여 신고를 하지 아니하고 수출입식물방제업을 한 자

2. 제3조의2 제1항 후단을 위반하여 수출입식물방제업의 변경신고를 하지 아니하고 신고한 사항을 변경한 자

3. 제23조 제4항을 위반하여 안전사용기준과 다르게 농약 등을 사용하도록 추천하거나 추천하여 판매한 자

4. 제23조 제5항을 위반하여 농약 등을 사용한 자

② 다음 각 호의 어느 하나에 해당하는 자에게는 100만원 이하의 과태료를 부과한다.

1. 제5조 제3항(제12조, 제16조 제4항, 제17조 제3항 또는 제17조의2 제4항에 따라 준용되는 경우를 포함한다)을 위반하여 지위승계의 신고를 하지 아니한 자

2. 제6조 제1항을 위반하여 폐업의 신고를 하지 아니한 자

3. 제6조 제2항을 위반하여 농약 등 또는 원제의 폐기·반품 등의 적절한 조치를 취하지 아니한 자

3의2. 제20조 제3항을 위반하여 농약 등의 가격을 표시하지 아니하거나 거짓으로 표시한 자

4. 제23조 제1항에 따른 안전사용기준을 위반하여 농약 등을 사용한 방제업자 외의 농약 등의 사용자

5. 제23조 제3항을 위반하여 교육을 받게 하지 아니한 제조업자·수입업자 또는 판매업자

5의2. 제23조 제6항을 위반하여 개인보호장구 및 응급조치에 필요한 장비 등을 갖추지 아니한 제조업자 등 또는 방제업자

6. 제23조의2 제1항을 위반하여 농약 구매자의 정보를 기록하여 보존하지 아니한 제조업자・수입업자・판매업자 또는 수출입식물방제업자

7. 제23조의2 제2항을 위반하여 정보를 제공하지 아니하거나 거짓이나 그 밖의 부정한 방법으로 정보를 제공한 제조업자・수입업자・판매업자 또는 수출입식물방제업자

8. 제23조의7 제4항 제3호를 위반하여 문서 또는 물건을 제출하지 아니한 자 또는 거짓 문서・물건을 제출한 자

③ 제1항과 제2항에 따른 과태료는 대통령령으로 정하는 바에 따라 농림축산식품부장관, 농촌진흥청장 또는 시장・군수・구청장이 부과・징수한다.

2. 「농업기계화 촉진법」(법・영・규칙)

(1) 목적(법 제1조)

이 법은 농업기계의 개발과 보급을 촉진하고 효율적이고 안전한 이용 등을 도모함으로써 농업의 생산성 향상과 경영 개선에 이바지함을 목적으로 한다.

(2) 정의(법 제2조)

이 법에서 사용하는 용어의 뜻은 다음과 같다.

1. "농업기계"란 다음 각 목에 해당하는 것으로서 농림축산식품부령으로 정하는 것을 말한다.
   가. 농림축산물의 생산에 사용되는 기계・설비 및 그 부속 기자재
   나. 농림축산물과 그 부산물의 생산 후 처리작업에 사용되는 기계・설비 및 그 부속 기자재
   다. 농림축산물 생산시설의 환경 제어와 자동화에 사용되는 기계・설비 및 그 부속 기자재
   라. 그 밖에 「농업・농촌 및 식품산업 기본법」 제3조 제1호에 따른 농업과 같은 조 제8호에 따른 식품산업(농림축산물을 보관, 수송 및 판매하는 산업은 제외한다)에 사용되는 기계・설비 및 그 부속 기자재

2. "농업기계화사업"이란 농업기계의 연구, 조사, 개발, 생산, 보급, 이용, 기술훈련, 사후관리, 안전관리 등을 통하여 농업생산기술의 향상과 농업의 구조 및 경영 개선을 도모하는 사업을 말한다.

3. "검정"이란 농업기계가 특정표준이나 시험방법 또는 기준에 적합한지를 객관적으로 시험・확인하는 것을 말한다.

4. "폐기"란 농업기계를 해체하여 그 기능을 유지할 수 없도록 압축・파쇄(破碎) 또는 절단하거나 농업기계를 해체하지 아니하고 바로 압축・파쇄하는 것을 말한다.

5. "농업기계해체재활용업"이란 폐기 요청된 농업기계의 인수(引受), 수리를 목적으로 한 재사용 가능 부품의 회수 및 폐기를 업(業)으로 하는 것을 말한다.

(3) 농업기계화 기본계획의 수립 등(법 제5조)

① 농림축산식품부장관은 농업기계화사업을 효율적으로 추진하기 위하여 관계 중앙행정기관의 장과 협의하여 5년마다 농업기계화 기본계획(이하 "기본계획"이라 한다)을 세워야 한다.

② 기본계획에는 다음 각 호의 사항이 포함되어야 한다.

    1. 농업기계의 이용과 임대사업 촉진에 관한 사항

    1의2. 농업기계의 보급 및 실용화에 관한 사항

    2. 농업기계의 연구·개발 및 검정에 관한 사항

    3. 농업기계와 관련한 기술훈련에 관한 사항

    3의2. 여성농업인을 위한 농업기계의 연구·개발 및 실용화에 관한 사항

    4. 농업기계의 사후관리에 관한 사항

    4의2. 농업기계 정비전문인력의 양성에 관한 사항

    5. 농업기계의 안전관리에 관한 사항

    6. 농업용 지능형 로봇의 연구·개발 및 보급에 관한 사항

    7. 그 밖에 농업기계화를 촉진하기 위하여 필요한 사항

③ 농림축산식품부장관은 기본계획을 수립하거나 변경하려는 경우에는 제6조의3에 따른 농업기계화 정책심의회의 심의를 거쳐야 한다. 다만, 대통령령으로 정하는 경미한 사항을 변경하는 경우에는 그러하지 아니하다.

④ 농림축산식품부장관은 기본계획에 따라 관계 중앙행정기관의 장과 협의하여 매년 농업기계화 시행계획(이하 "시행계획"이라 한다)을 수립·시행하고, 이에 필요한 재원을 확보하기 위하여 노력하여야 한다.

⑤ 농림축산식품부장관은 기본계획 및 시행계획을 수립한 때에는 이를 관계 중앙행정기관의 장, 특별시장·광역시장·특별자치시장·도지사·특별자치도지사(이하 "시·도지사"라 한다)에게 통보하고 국회 소관 상임위원회에 제출하여야 한다.

⑥ 농림축산식품부장관은 기본계획 및 시행계획을 수립한 때에는 농림축산식품부령으로 정하는 바에 따라 이를 공표하여야 한다. 공표한 사항을 변경하였을 때에도 또한 같다.

⑦ 농림축산식품부장관은 기본계획 및 시행계획을 수립하기 위하여 필요한 경우에는 관계 중앙행정기관의 장 또는 시·도지사에게 관련 자료의 제출을 요청할 수 있다. 이 경우 자료의 제출을 요청받은 관계 중앙행정기관의 장 또는 시·도지사는 정당한 사유가 없으면 이에 따라야 한다.

(4) 신기술 농업기계(법 제7조)

① 농림축산식품부장관은 신기술을 이용한 농업기계의 개발과 보급을 촉진하기 위하여 필요하면 신기술의 이용에 적합한 농업기계를 신기술 농업기계로 지정·고시할 수 있다.

② 국가나 지방자치단체는 제1항에 따라 지정·고시된 신기술 농업기계를 생산하거나 구입하려는 자에게 그 생산이나 구입에 필요한 자금을 우선하여 지원할 수 있다.

(5) 신기술 농업기계의 지정·고시(시행령 제4조)

① 농림축산식품부장관은 농림축산식품부령으로 정하는 바에 따라 법 제7조 제1항에 따른 신기술 농업기계의 지정을 받으려는 자의 신청을 받아 국내에서 최초로 개발한 기술이나 외국에서 도입된 기술을 개량한 새로운 기술을 적용하여 국내에서 완성된 제조공정에 따라 생산된 농업기계 중에서 신기술 농업기계를 지정한다.

② 농림축산식품부장관은 제1항에 따라 신기술 농업기계를 지정할 때에 「산업기술혁신 촉진법」에 따른 국산 신기술 제품에 해당하는 농업기계나 다른 법령에 따라 인정·평가받은 신기술을 이용한 농업기계 중 농업기계화사업을 촉진할 수 있다고 판단되는 농업기계를 우선 지정할 수 있다.

③ 제1항과 제2항에서 규정한 사항 외에 신기술 농업기계의 지정에 필요한 세부적인 사항은 농림축산식품부장관이 정한다.

(6) 신기술 농업기계의 개발 및 보급의 촉진(시행령 제6조)

① 국가나 지방자치단체는 신기술 농업기계의 개발과 보급을 촉진할 수 있는 시책을 마련할 수 있다.

② 국가나 지방자치단체는 신기술 농업기계의 개발과 보급을 촉진하기 위하여 다음 각 호의 어느 하나에 해당하는 자에게 우선 구매 등 필요한 조치를 요청할 수 있다.
  1. 지방자치단체(국가가 요청하는 경우만 해당한다)
  2. 「공공기관의 운영에 관한 법률」에 따른 공공기관
  3. 국가나 지방자치단체로부터 출연금, 보조금 등의 재정지원을 받는 자
  4. 「농업협동조합법」에 따른 조합, 중앙회 및 농협경제지주회사와 그 밖에 이에 준하는 공공단체

(7) 중고농업기계유통센터의 설치·운영(법 제8조의3)

① 국가나 지방자치단체는 다음 각 호의 사업을 수행하기 위하여 중고농업기계유통센터를 설치·운영하고자 하는 자에게 상설전시장 등 시설물 설치와 운영에 필요한 자금을 지원할 수 있다.
  1. 중고 농업기계의 거래가격, 수요 및 공급 현황 등에 관한 정보의 수집 및 제공
  2. 중고 농업기계의 상설 전시 및 매매
  3. 중고 농업기계의 유통 실태조사
  4. 그 밖에 중고 농업기계의 유통을 촉진하기 위하여 필요한 사업

② 삭 제

③ 중고농업기계유통센터의 설치·운영 및 지원 등에 필요한 사항은 농림축산식품부령으로 정한다.

(8) 농업기계의 검정(법 제9조)

① 농업기계의 제조업자와 수입업자는 제조하거나 수입하는 농업용 트랙터, 콤바인 등 농림축산식품부령으로 정하는 농업기계에 대하여 농림축산식품부장관의 검정을 받아야 한다. 다만, 연구·개발 또는 수출을 목적으로 제조하거나 수입하는 경우에는 그러하지 아니하다.

② 누구든지 제1항에 따른 검정을 받지 아니하거나 검정에 부적합판정을 받은 농업기계를 판매·유통해서는 아니 된다.

③ 농림축산식품부장관은 제1항에 따른 검정에 적합판정을 받은 농업기계와 동일한 형식의 농업기계에 대하여 품질유지 등을 위하여 필요하다고 인정하면 그 농업기계에 대하여 사후검정을 할 수 있다.

④ 삭 제

⑤ 제1항에 따른 검정 및 제3항에 따른 사후검정의 종류·신청·기준·방법과 검정 용도의 제품 처리, 검정 결과의 공표 등에 필요한 사항은 농림축산식품부령으로 정한다.

⑥ 제1항에 따른 검정을 받으려는 자는 농림축산식품부장관이 정하는 바에 따라 수수료를 내야 한다.

(9) 농업기계의 검정방법 등(시행규칙 제4조)

① 법 제9조 제1항 본문에 따른 필수적 검정대상 농업기계에 대한 검정의 종류는 다음 각 호와 같다.

　1. 종합검정 : 농업기계의 형식에 대한 구조, 성능, 안전성 및 조작의 난이도에 대한 검정

　2. 안전검정 : 농업기계의 형식에 대한 구조 및 안전성에 대한 검정

　3. 변경검정 : 종합검정 또는 안전검정에서 적합판정을 받은 농업기계의 일부분을 변경한 경우 그 변경 부분에 대한 적합성 여부를 확인하는 검정

② 별표 4에 따른 검정대상 농업기계 외의 농업기계와 법 제9조 제1항 단서에 따른 농업기계에 대한 임의적 검정의 종류는 다음 각 호와 같다.

　1. 국제규범검정 : 국제기술규정에 따른 검정

　2. 기술지도검정 : 농업기계의 개량·개발을 촉진하기 위하여 신청인이 요청하는 특정한 항목에 대한 검정

　3. 선택검정 : 법 제4조 제1항에 따른 국가의 자금지원을 받는 농업기계에 대하여 신청인이 요청하는 특정 항목(제1항 제1호 또는 제2호에 따른 검정항목만 해당한다)에 대한 검정

③ 제1항에 따른 검정의 기준(이하 "검정기준"이라 한다), 검정의 세부기준으로서의 구조기준(이하 "구조기준"이라 한다) 및 검정의 세부기준으로서의 안전기준(이하 "안전기준"이라 한다)은 농림축산식품부장관이 정하여 고시하고, 그 밖의 검정기준과 절차 등에 관한 사항은 원장이 정하여 공표한다. 다만, 검정 방법이 정해지지 않은 기술지도검정은 신청인과 원장이 협의하여 정한다.

④ 법 제9조 제3항에 따른 사후검정의 기준은 별표 7과 같고, 그 밖에 사후검정의 방법 및 절차는 농촌진흥청장이 정하여 고시한다.

(10) 검정 결과의 처리 등(시행규칙 제6조)

① 원장은 다음 각 호의 기간에 검정을 한 후 별지 제3호 서식에 따른 농업기계 종합검정 성적서, 별지 제3호의2 서식에 따른 농업기계 안전검정 성적서 또는 별지 제3호의3 서식에 따른 농업기계 검정성적서를 신청인에게 발급하고, 그 결과를 농촌진흥청장에게 알리고 농림축산식품부장관에게 보고하여야 한다.

  1. 종합검정 : 45일

  2. 안전검정 : 30일

  3. 국제규범검정 : 60일

  4. 기술지도검정 : 30일

  5. 변경검정 : 20일

② 다음 각 호의 어느 하나에 해당하는 기간은 제1항 각 호의 처리기간에 포함하지 아니한다.

  1. 별표 5, 별표 6 및 별표6의2에서 검정기준, 구조기준 및 안전기준이 정해지지 않은 농업기계의 경우 원장이 검정기준, 구조기준 및 안전기준 등을 정하여 공표할 때까지의 기간

  2. 제5조에 따라 검정에 필요한 재료와 작업성능시험장의 제공을 요구한 경우에는 그 요구일부터 제공일까지의 기간

  3. 온도·습도의 부적합 또는 그 밖의 불가피한 사유로 검정 조건이 맞지 않아 검정을 실시하지 못하는 경우에는 그 사유 발생일부터 검정 조건이 충족되는 날까지의 기간

  4. 제3조 제1항에 따라 제출된 신청서 및 서류 등의 보완을 요구한 경우에는 그 보완기간

③ 농촌진흥청장은 법 제9조 제3항에 따른 사후검정을 실시하였을 때에는 검정을 시작한 날부터 30일 이내에 그 결과를 해당 농업기계의 제조업자 또는 수입업자에게 알려야 한다.

④ 농업기계의 제조업자 또는 수입업자는 제4조 제1항 제1호 및 제2호의 검정 결과 적합판정을 받은 형식의 농업기계에 대해서는 별표 8에 따른 검정필증을 부착하여야 한다.

⑤ 원장은 제4조 제1항 제1호 및 제2호의 검정 결과 적합판정을 한 경우에는 해당 농업기계의 검정 신청인, 제조자, 형식명, 검정성적 개요 등을 공표하여야 한다.

(11) 검정의 무효·취소 등(법 제10조)

① 거짓이나 그 밖의 부정한 방법으로 제9조 제1항에 따른 검정에 적합판정을 받은 농업기계에 대하여는 그 검정을 무효로 한다.

② 농림축산식품부장관은 제9조 제3항에 따른 사후검정 결과 같은 조 제5항에 따른 검정기준에 미치지 못하는 농업기계에 대하여는 농림축산식품부령으로 정하는 바에 따라 그 출하를 금지하고 보완을 지시하거나, 검정을 취소할 수 있다.

(12) 안전관리(법 제12조)

① 삭 제

② 삭 제

③ 농업용 트랙터, 콤바인 등 농림축산식품부령으로 정하는 농업기계(이하 "안전관리대상 농업기계"라 한다)의 소유자나 사용자는 안전관리대상 농업기계의 안전장치의 구조를 임의로 개조(改造)하거나 변경해서는 아니 된다.

④ 농림축산식품부장관은 안전관리대상 농업기계의 소유자나 사용자에 대하여 안전장치 부착 여부와 안전장치 구조의 임의 개조 또는 변경 여부를 조사할 수 있다.

⑤ 안전관리대상 농업기계의 소유자나 사용자는 정당한 사유 없이 제4항에 따른 조사를 거부·방해 또는 기피할 수 없다.

⑥ 제4항에 따라 조사를 하는 경우에는 조사 7일 전에 조사의 일시, 목적, 대상 등을 관계인에게 통지하여야 한다. 다만, 긴급을 요하거나 사전통지를 하면 그 목적을 달성할 수 없다고 인정하는 경우에는 그러하지 아니하다.

⑦ 제4항에 따라 안전관리대상 농업기계를 조사하려는 사람은 그 권한을 표시하는 증표를 지니고 이를 관계인에게 내보여야 한다.

⑧ 농림축산식품부장관은 제3항을 위반하여 안전장치의 구조를 임의로 개조하거나 변경한 농업기계의 소유자나 사용자에게는 그 시정(是正)을 명할 수 있다.

⑨ 제4항에 따른 안전장치 구조의 임의 개조·변경의 조사 등에 필요한 사항은 농림축산식품부령으로 정한다.

(13) 안전장치의 시정명령 등(시행규칙 제18조의11)

① 법 제12조 제8항에 따른 시정명령은 별지 제9호 서식의 안전장치 임의 개조·변경 시정명령서에 따른다.

② 농촌진흥청장은 안전장치의 시정명령을 하였을 때에는 별지 제10호 서식의 시정명령 관리대장에 그 내용을 적고, 3년간 보존하여야 한다.

(14) 안전교육(법 제12조의2)

① 농림축산식품부장관은 농업기계의 안전사고 예방을 위하여 안전교육계획을 매년 수립하고 시행하여야 한다.

② 제1항에 따른 안전교육 대상자의 범위, 교육기간 및 교육과정, 그 밖에 필요한 사항은 농림축산식품부령으로 정한다.

(15) 안전교육 대상자의 범위 등(시행규칙 제19조)

① 법 제12조의2 제2항에 따른 농업기계 안전교육 대상자의 범위, 교육기간 및 교육과정은 다음 각 호와 같다.

1. 안전교육 대상자 : 농업용트랙터 등 농업용기계를 사용하거나 사용하려는 농업인 등
2. 교육기간 및 교육과정 : 농업기계의 종류에 따라 3일 이내의 범위에서 구조 및 조작취급성 등에 관한 교육

② 제1항에서 정하지 아니한 그 밖의 안전교육에 관하여 필요한 사항은 농촌진흥청장이 정한다.

(16) 검정대행기관의 지정(법 제12조의3)

① 농림축산식품부장관은 제9조 제1항에 따른 농업기계의 검정을 효율적으로 수행하기 위하여 검정에 필요한 인력과 시설을 갖춘 자를 검정대행기관으로 지정하여 검정의 전부 또는 일부를 대행하게 할 수 있다.

② 제1항에 따라 검정대행기관으로 지정을 받으려는 자는 농림축산식품부령으로 정하는 바에 따라 농림축산식품부장관에게 신청하여야 한다.

③ 제1항에 따른 검정대행기관의 지정 유효기간은 지정을 받은 날부터 3년으로 한다.

④ 제3항에 따른 검정대행기관의 지정 유효기간이 끝난 후에도 검정업무를 계속하려는 자는 3년마다 그 유효기간이 끝나기 전에 재지정을 받아야 한다.

⑤ 제1항부터 제4항까지의 규정에 따른 검정대행기관의 지정·재지정 기준 및 절차, 그 밖에 검정업무에 필요한 사항은 농림축산식품부령으로 정한다.

(17) 검정대행기관의 지정 취소 등(법 제12조의4)

① 농림축산식품부장관은 검정대행기관이 다음 각 호의 어느 하나에 해당하는 경우에는 그 지정을 취소하거나 6개월 이내의 기간을 정하여 업무의 전부 또는 일부의 정지를 명할 수 있다. 다만, 제1호부터 제3호까지에 해당하는 경우에는 그 지정을 취소하여야 한다.
1. 거짓이나 그 밖의 부정한 방법으로 지정을 받은 경우
2. 다른 사람에게 자신의 명의로 검정업무를 하게 한 경우
3. 검정결과를 거짓으로 내준 경우
4. 해산, 부도 또는 그 밖의 사유로 검정업무를 수행할 수 없는 경우
5. 제12조의3에 따른 검정대행기관의 지정 기준에 맞지 아니하게 된 경우
6. 그 밖에 농림축산식품부령으로 정하는 검정에 관한 규정을 위반한 경우

② 제1항에 따라 검정대행기관의 지정이 취소된 후 2년이 지나지 아니한 자는 검정대행기관으로 지정을 받을 수 없다.

③ 제1항에 따른 지정 취소 및 업무정지에 관한 세부 기준은 농림축산식품부령으로 정한다.

(18) 검정대행기관의 검정업무 수행 시 준수사항(시행규칙 제19조의5)

① 검정대행기관은 검정업무규정을 변경하려는 경우에는 농림축산식품부장관의 승인을 받아야 한다.

② 검정대행기관은 검정을 한 후 그 검정성적을 10년간 보관하여야 하며, 반기별로 농림축산식품부장관에게 검정업무 처리 결과를 보고하여야 한다.

③ 농림축산식품부장관은 필요한 경우 검정대행기관의 검정업무 수행 실태 및 검정 시설·인력 관리 현황 등을 확인할 수 있다.

(19) 검정대행기관의 지정취소 등(시행규칙 제19조의6)

① 법 제12조의4 제1항 제6호에서 "농림축산식품부령으로 정하는 검정에 관한 규정을 위반한 경우"란 다음 각 호의 어느 하나에 해당하는 경우를 말한다.

1. 고의 또는 중대한 과실로 검정업무를 부정확하게 한 경우
2. 정당한 이유 없이 검정업무를 수행하지 아니한 경우
3. 검정업무규정을 위반한 경우
4. 업무정지 기간 중에 검정업무를 수행한 경우

② 법 제12조의4 제1항에 따른 검정대행기관의 지정 취소 및 업무정지에 관한 세부 기준은 별표 16과 같다.

③ 농림축산식품부장관은 법 제12조의4 제1항에 따라 검정대행기관의 지정을 취소하거나 업무정지 처분을 한 경우에는 지체 없이 그 사실을 공고하여야 한다.

(20) 권한의 위임 및 위탁(법 제16조, 시행령 제9조)

① 이 법에 따른 농림축산식품부장관의 권한은 대통령령으로 정하는 바에 따라 그 일부를 소속 기관의 장 또는 농촌진흥청장에게 위임하거나 관련 법인 또는 단체에 위탁할 수 있다.

② 농촌진흥청장은 제1항에 따라 위임받은 권한의 일부를 농림축산식품부장관의 승인을 받아 소속 기관의 장에게 재위임할 수 있다.

③ 농림축산식품부장관은 위의 ①항에 따라 다음 각 호의 권한을 농촌진흥청장에게 위임한다.

1. 법 제5조의2 제1항에 따른 실태조사 실시 및 같은 조 제2항에 따른 자료 제공의 요청

1의2. 법 제6조의2 제1항부터 제3항까지 및 제5항에 따른 농업기계에 관한 수요조사 및 평가

1의3. 법 제7조 제1항에 따른 신기술 농업기계의 지정·고시

1의4. 법 제7조의3에 따른 신기술 농업기계의 지정 취소

2. 법 제9조 제3항에 따른 농업기계의 사후검정

2의2. 법 제9조의5 제1항에 따른 농업기계해체재활용업자의 지정

2의3. 법 제9조의6 제1항에 따른 농업기계해체재활용업자의 지정 취소, 업무정지 및 같은 조 제2항에 따른 지정 취소, 업무정지에 관한 현황의 기록·관리

3. 법 제10조 제2항에 따른 농업기계의 출하금지, 보완지시 및 검정취소

4. 법 제12조 제4항에 따른 조사 및 같은 조 제8항에 따른 시정명령

5. 법 제12조의2 제1항에 따른 안전교육계획의 수립 및 시행

5의2. 법 제14조에 따른 자료 요구(농촌진흥청장에게 위임된 권한을 행사하기 위하여 필요한 자료에 대한 요구로 한정한다)

6. 법 제15조에 따른 청문

7. 법 제19조 제4항에 따른 과태료의 부과 및 징수

④ 농림축산식품부장관은 위의 제1항에 따라 법 제9조 제1항에 따른 농업기계의 검정 업무를 「농촌진흥법」 제33조에 따른 한국농업기술진흥원에 위탁한다.

⑤ 농림축산식품부장관은 제1항에 따라 법 제9조의3 제2항에 따른 전산정보처리시스템의 구축·운영 업무를 「농업·농촌 및 식품산업 기본법」 제11조의2에 따른 농림수산식품교육 문화정보원에 위탁한다.

(21) 과태료(법 제19조)

① 다음 각 호의 어느 하나에 해당하는 자에게는 1천만원 이하의 과태료를 부과한다.

1. 제8조의7 제1항을 위반하여 농업기계를 정당한 사유 없이 도로나 타인의 토지에 대통령령으로 정하는 기간 이상 사용하지 아니한 채 방치한 자

1의2. 거짓이나 그 밖의 부정한 방법으로 제9조 제1항에 따른 검정에서 적합판정을 받은 자

1의3. 제9조 제1항을 위반하여 검정을 받지 아니한 자

2. 제9조 제2항을 위반하여 검정을 받지 아니하거나 검정에서 부적합판정을 받은 농업기계를 판매·유통한 자

3. 제9조의2 제1항 또는 제2항을 위반하여 농업용 표시 또는 제조번호 표시를 하지 아니하거나 거짓으로 표시한 자

4. 제9조의2 제3항을 위반하여 제조번호 표시를 지우거나 알아보기 곤란하게 하는 행위

5. 제9조의2 제4항에 따른 표시에 관한 기준 및 방법을 위반하여 농업용 표시 또는 제조번호 표시를 한 자

6. 제9조의3 제1항을 위반하여 농업기계를 판매하고 신고를 하지 아니한 자

7. 제9조의4 제1항을 위반하여 폐기된 농업기계에 대한 신고를 허위로 한 자

8. 제9조의4 제2항을 위반하여 폐기 사실 확인서류를 허위로 발급한 자

9. 제9조의4 제4항 후단을 위반하여 재활용 중고부품을 새로운 농업기계 제작에 사용한 자

10. 제9조의4 제5항을 위반하여 중고부품 판매내역 또는 재활용 현황을 허위로 기록하여 관리·보관한 자

11. 제9조의5 제1항에 따른 농림축산식품부장관의 지정을 받지 아니하고 농업기계해체재활용업을 영위한 자

12. 제9조의7 제1항을 위반하여 중고농업기계 거래를 허위로 신고한 자

13. 제9조의8을 위반하여 인도 이전에 발생한 하자에 대한 수리 여부와 상태 등(반품된 농업기계의 경우 그 사유를 포함한다)을 구매자에게 고지하지 아니하고 판매한 자

② 제14조에 따른 자료제출을 정당한 이유 없이 거부·방해 또는 기피한 자에게는 500만원 이하의 과태료를 부과한다.

③ 다음 각 호의 어느 하나에 해당하는 자에게는 100만원 이하의 과태료를 부과한다.

1. 제9조의4 제1항을 위반하여 폐기된 농업기계에 대한 신고를 하지 아니한 자

2. 제9조의4 제4항 전단을 위반하여 재활용 중고부품임을 알려주지 아니한 자

3. 제9조의4 제5항을 위반하여 중고부품 판매내역 또는 재활용 현황을 기록하지 아니하거나 관리·보관하지 아니한 자
4. 제9조의7 제1항을 위반하여 중고농업기계 거래를 신고하지 아니한 자
5. 제12조 제5항을 위반하여 정당한 사유 없이 조사를 거부·방해 또는 기피한 자
6. 제12조 제8항에 따른 시정명령에 따르지 아니한 자

④ 제1항부터 제3항까지의 규정에 따른 과태료는 대통령령으로 정하는 바에 따라 농림축산식품부장관이 부과·징수한다. 다만, 제1항 제1호의 경우는 특별자치시장, 특별자치도지사 또는 시장·군수·구청장이 부과·징수한다.

(22) 안전관리대상 농업기계의 주요 안전장치(시행규칙 별표 12, 제18조의2 제2항 관련)

1. 가동부의 방호
2. 동력취출장치 및 동력입력축의 방호
3. 안전장치
4. 제동장치
5. 운전석 및 그 밖의 작업장소
6. 운전·조작장치
7. 작업기 취부장치 및 연결장치
8. 계기장치
9. 등화장치
10. 고온부의 방호
11. 돌기부 및 예리한 단면 등의 방호
12. 비산물의 방호
13. 축전지의 방호
14. 안정성 관련 장치
15. 작업등
16. 전도 시 운전자 보호장치
17. 안전표시
18. 취급성 관련 장치
19. 그 밖에 농림축산식품부장관이 안전을 위하여 특별히 필요하다고 인정하는 것

01 농어업인 삶의 질 향상 및 농어촌지역 개발촉진에 관한 특별법령상 농어업인 등에 대한 실태조사는 몇 년마다 시행하는가?

① 2년

② 5년

③ 10년

④ 15년

해설

정부는 농어업인 등의 복지증진과 농어촌의 지역개발에 관한 시책을 효과적으로 추진하기 위하여 5년마다 실태조사를 실시하여야 한다(농어업인삶의질법 제8조 제1항).

02 농어업인 삶의 질 향상 및 농어촌지역 개발촉진에 관한 특별법령상 농어업인 등에 대한 복지실태 등 조사 내용으로 틀린 것은?

① 농어업인 등의 복지실태

② 고령 농어업인 소득 및 작업환경 현황

③ 농어업인의 종교활동

④ 농어촌의 교통ㆍ통신ㆍ환경ㆍ기초생활 여건

해설

농어업인 등에 대한 복지실태 등 조사 내용에는 농어업인 등의 복지실태, 농어업인 등에 대한 사회안전망 확충 현황, 고령 농어업인 소득 및 작업환경 현황, 농어촌의 교육ㆍ문화예술 여건, 농어촌의 교통ㆍ통신ㆍ환경ㆍ기초생활 여건, 그 밖에 농어업인 등의 복지증진과 농어촌의 지역개발을 위하여 필요한 사항 등이 포함된다(농어업인삶의질법 제8조 제1항).

정답 1 ② 2 ③

03 농어업인 삶의 질 향상 및 농어촌지역 개발촉진에 관한 특별법령상 농어업 작업자의 건강위해 요소의 측정 대상이 아닌 것은?

① 소음, 진동, 온열 환경 등 물리적 요인

② 농약, 독성가스 등 화학적 요인

③ 유해미생물과 그 생성물질 등 생물적 요인

④ 교통, 생활환경 등 환경적 요인

해설

농어업 작업자 건강위해 요소의 측정은 소음, 진동, 온열 환경 등 물리적 요인, 농약, 독성가스 등 화학적 요인, 유해미생 물과 그 생성물질 등 생물적 요인, 단순 반복 작업 또는 인체에 과도한 부담을 주는 작업특성, 그 밖에 농림축산식품부장 관 또는 해양수산부장관이 정하는 사항을 대상으로 한다(농어업인삶의질법 시행령 제9조의2 제1항).

04 다음은 농어업인 삶의 질 향상 및 농어촌지역 개발촉진에 관한 특별법령상 농업인 질환 현황조사 에 관한 설명이다. 빈칸에 들어갈 말을 차례대로 바르게 나열한 것은?

> (   )은 농업인 질환 현황을 파악하기 위한 조사를 (   ) 실시해야 한다.

① 보건소장, 매년

② 시도지사, 5년마다

③ 농촌진흥청장, 매년

④ 군수·구청장, 매년

해설

농촌진흥청장은 농업인의 질환 현황을 파악하기 위한 조사("질환현황조사")를 매년 실시하여야 한다(농어업인삶의질 법 시행령 제9조의3).

05 농어업인 삶의 질 향상 및 농어촌지역 개발촉진에 관한 특별법령상 사용하는 용어의 뜻이 틀린 것은?

① 농어촌학교란「유아교육법」제2조 제2호 및「초・중등교육법」제2조에 따른 학교 중 농어촌에 있는 학교를 말한다.

② 공공서비스란 주거・교통・교육・보건의료・복지・문화・정보통신 서비스 및 그 밖에 이에 준하는 서비스를 말한다.

③ 농어촌서비스기준이란 농어업인 등이 일상생활을 하는 데 요구되는 공공서비스 중 농림축산식품부령으로 정하는 서비스 항목과 그 항목별 목표치를 말한다.

④ 농어업인 등이란「농업・농촌 및 식품산업 기본법」제3조 제2호에 따른 농업인과 농촌 주민 및「수산업・어촌 발전 기본법」제3조 제3호에 따른 어업인과 어촌주민을 말한다.

해설

③ 농어촌서비스기준이란 농어업인 등이 일상생활을 하는 데 요구되는 공공서비스 중 대통령령으로 정하는 서비스 항목과 그 항목별 목표치를 말한다(농어업인삶의질법 제3조 제6호).

06 농어업인 삶의 질 향상 및 농어촌지역 개발촉진에 관한 특별법령상 국가와 지방자치단체가 농어촌의 기초생활여건 개선을 위해 지원하는 사업에 해당하지 않는 것은?

① 빈집의 철거 및 정비
② 농어촌도로의 정비
③ 농어촌 주민을 위한 정보이용시설의 설치 및 운영
④ 농어촌의 대중교통체계의 확충

해설

국가와 지방자치단체는 농어촌 주민의 생활편의를 증진하고, 경제활동 기반을 구축하기 위하여 농어촌 주택의 공급 및 개량, 빈집의 철거 및 정비, 마을상수도 및 소규모급수시설 등 용수시설의 확보, 농어촌도로의 정비, 농어촌의 대중교통체계의 확충, 하수도와 마을하수도의 개량・정비 및 하수처리시설의 확충, 생활폐기물의 처리, 석면의 해체・제거 및 처리, 그 밖에 농어촌 주민의 생활편의 증진을 위한 사업을 지원하여야 한다(농어업인삶의질법 제29조 제1항).

07 농어업인 삶의 질 향상 및 농어촌지역 개발촉진에 관한 특별법령상 국가중요농업유산의 보전과 활용과 관련하여 다음 빈칸에 들어갈 말로 알맞은 것은?

> (   )은/는 농업인이 해당 지역의 환경 · 사회 · 풍습 등에 적응하면서 오랫동안 형성시켜 온 유형 · 무형의 농업자원 중에서 보전할 가치가 있는 농업자원을 국가중요농업유산으로 지정할 수 있다.

① 시장 · 군수 · 구청장
② 농림축산식품부장관
③ 문화체육관광부장관
④ 특별자치시장 · 특별자치도지사

해설

농림축산식품부장관은 농업인이 해당 지역의 환경 · 사회 · 풍습 등에 적응하면서 오랫동안 형성시켜 온 유형 · 무형의 농업자원 중에서 보전할 가치가 있는 농업자원을 국가중요농업유산으로 지정할 수 있다(농어업인삶의질법 제30조의2 제1항).

08 농어업인 삶의 질 향상 및 농어촌지역 개발촉진에 관한 특별법령상 지역종합개발계획에 포함되는 사항이 아닌 것은?

① 농어촌의 경관 보전
② 주거환경의 개선
③ 생활기반시설의 확충
④ 적절한 토지이용 및 주요기반시설 조성

해설

국가와 지방자치단체는 농어촌의 지역사회를 활성화하기 위하여 인근 마을을 하나의 권역(圈域)으로 하여 주거환경의 개선, 생활기반시설의 확충, 정보이용시설 및 문화복지시설의 설치, 농어촌의 경관 보전, 농어촌관광의 진흥, 농어촌산업의 육성 등 주민소득의 증대, 그 밖에 주민의 생활편의 증진 등에 관한 사항을 포함하는 지역종합개발계획을 세워 시행할 수 있다(농어업인삶의질법 제38조 제1항).

09 농어업인 삶의 질 향상 및 농어촌지역 개발촉진에 관한 특별법 및 시행규칙에 따른 국가중요어업유산 지정기준에서 어업 유산의 특징에 해당하지 않는 것은?

① 경관형성
② 식량생산
③ 생물다양성
④ 지방자치단체 정책

해설

국가중요어업유산 지정기준에서 어업 유산의 특징에는 식량생산 및 생계유지, 생물다양성 및 생태계기능, 지식체계, 전통문화, 경관형성, 역사성 등이 있다(농어업인삶의질법 시행규칙 별표 2 참조).

10 농어업인 삶의 질 향상 및 농어촌지역 개발촉진에 관한 특별법령상 농어촌 거점지역의 육성을 위해 고려해야 할 사항에 포함되지 않는 것은?

① 적정 인구 수용 및 주거시설 조성
② 농어촌서비스기준 달성 정도의 점검·분석
③ 환경 보전 및 조성
④ 교통·산업·보건의료·교육·복지 시설의 설치

해설

국가와 지방자치단체는 농어촌 주민의 생활편의를 증진하고, 지역사회를 활성화하기 위하여 경제·사회·문화·복지 기능이 확충된 적정규모의 농어촌 거점지역을 육성하는 데 있어 적절한 토지이용 및 주요기반시설 조성, 적정 인구 수용 및 주거시설 조성, 교통·산업·보건의료·교육·복지 시설의 설치, 환경 보전 및 조성, 그 밖에 농어촌 거점지역을 육성하기 위하여 필요한 사항을 고려하여야 한다(농어업인삶의질법 제39조 제1항).

11 농어업인의 안전보험 및 안전재해예방에 관한 법령상 농어업작업안전재해의 인정기준으로 적합한 것은?

① 농어업인 및 농어업근로자가 농어업작업이나 그에 따르는 행위를 하던 중 발생한 사고

② 농어업작업을 가던 중 일어난 음주운전사고

③ 농어업작업과 농어업작업안전재해 사이에 상당 인과관계가 없는 경우

④ 농어업인 및 농어업근로자의 고의, 자해행위나 범죄행위 또는 그것이 원인이 되어 부상, 질병, 장해 또는 사망이 발생한 경우

> **해설**
> ① 농어업인 및 농어업근로자가 농어업작업이나 그에 따르는 행위(농어업작업을 준비 또는 마무리하거나 농어업작업을 위하여 이동하는 행위를 포함한다)를 하던 중 발생한 사고는 농어업작업안전재해로 인정한다(농어업인안전보험법 제8조 제1항 제1호 가목).

12 농어업인의 안전보험 및 안전재해예방에 관한 법령상 농어업작업안전재해의 예방을 위한 기본계획의 수립 등에 포함되어야 할 내용으로 틀린 것은?

① 농어업작업안전재해 예방 정책의 기본방향

② 농어업작업안전재해 예방 정책에 필요한 연구·조사에 관한 사항

③ 농어업작업안전재해 예방을 위한 교육·홍보에 관한 사항

④ 농어업작업안전재해 예방을 위한 농업인의 재산현황

> **해설**
> ④ 농어업작업안전재해의 예방을 위한 기본계획에는 농어업작업안전재해 예방 정책의 기본방향, 농어업작업안전재해 예방 정책에 필요한 연구·조사 및 보급·지도에 관한 사항, 농어업작업안전재해 예방을 위한 교육·홍보에 관한 사항, 보험사업에 관한 운영 성과, 문제점 및 개선방안에 관한 사항, 그 밖에 농어업작업안전재해 예방에 관하여 필요한 사항이 포함되어야 한다(농어업인안전보험법 제16조 제2항).

11 ① 12 ④ **정답**

13 농어업인의 안전보험 및 안전재해예방에 관한 법률 및 시행규칙상 농어업작업안전재해의 예방 정책에 필요한 연구의 내용으로 틀린 것은?

① 단순 반복작업 또는 인체에 과도한 부담을 주는 작업 등 신체적 유해 요인

② 농약, 비료 등 화학적 유해 요인

③ 농어업작업인의 스트레스 관리방안

④ 농어업작업 안전보건을 위한 안전지침 개발에 관한 연구

해설

농어업작업안전재해 예방 정책에 필요한 연구의 내용(농어업인안전보험법 시행규칙 제5조 제1항)

1. 다음 각 목의 분류에 따른 농어업작업 유해 요인에 관한 연구
   가. 단순 반복작업 또는 인체에 과도한 부담을 주는 작업 등 신체적 유해 요인
   나. 농약, 비료 등 화학적 유해 요인
   다. 미생물과 그 생성물질 또는 바다생물(양식 수산물을 포함한다)과 그 생성물질 등 생물적 유해 요인
   라. 소음, 진동, 온열 환경, 낙상, 추락, 끼임, 절단 또는 감압 등 업종별 물리적 유해 요인
2. 농어업작업 안전보건을 위한 안전지침 개발에 관한 연구
3. 농어업작업 환경개선 및 개인보호장비 개발에 관한 연구
4. 그 밖에 농림축산식품부장관 또는 해양수산부장관이 정하는 농어업작업안전재해의 예방에 관한 연구

14 농어업인의 안전보험 및 안전재해예방에 관한 법률 및 시행규칙상 농어업작업안전재해의 예방교육의 내용으로 틀린 것은?

① 농어업인의 건강에 영향을 미치는 위험요인의 차단에 관한 교육

② 자연재해를 입은 농작물의 보상범위에 관한 교육

③ 작업자의 안전 확보를 위한 개인보호장비에 관한 교육

④ 농어업인 안전보건 인식 제고를 위한 교육

해설

농어업작업안전재해 예방을 위한 교육의 내용(농어업인안전보험법 시행규칙 제6조)

1. 농어업인의 건강에 영향을 미치는 위험요인의 차단에 관한 교육
2. 비위생적이고 열악한 농어업작업 환경의 개선에 관한 교육
3. 작업자의 안전 확보를 위한 개인보호장비에 관한 교육
4. 농산물 수확 또는 어획물 작업 등 노동 부담 개선을 위한 편의장비에 관한 교육
5. 농어업작업 환경의 특수성을 고려한 건강검진에 관한 교육
6. 농어업인 안전보건 인식 제고를 위한 교육
7. 그 밖에 농림축산식품부장관 또는 해양수산부장관이 필요하다고 인정하는 교육

15 농어업인의 안전보험 및 안전재해예방에 관한 법령상 사용하는 용어의 뜻이 잘못된 것은?

① 농어업작업안전재해란 농어업작업으로 인하여 발생한 농어업인 및 농어업근로자의 부상·질병·장해 또는 사망을 말한다.

② 농어업인안전보험이란 농어업인 또는 농어업근로자에게 발생한 농어업작업안전재해를 보상하기 위한 보험으로서 행정안전부장관과 약정을 체결한 보험사업자가 농어업인 또는 농업법인·어업법인에 대하여 판매하는 보험을 말한다.

③ 보험료란 농어업인안전보험에 관한 보험계약자와 보험사업자 간의 약정에 따라 보험계약자가 보험사업자에게 지급하여야 하는 금액을 말한다.

④ 치유란 부상 또는 질병이 완치되거나 치료 효과를 더 이상 기대할 수 없고 그 증상이 고정된 상태에 이르게 된 것을 말한다.

해설

② 농어업인안전보험이란 농어업인 또는 농어업근로자에게 발생한 농어업작업안전재해를 보상하기 위한 보험으로서 농림축산식품부장관 또는 해양수산부장관과 약정을 체결한 보험사업자가 농어업인 또는 농업법인·어업법인에 대하여 판매하는 보험을 말한다(농어업인안전보험법 제2조 제5호).

16 농어업인의 안전보험 및 안전재해예방에 관한 법령상 국가 등의 재정지원과 관련하여 다음 빈칸에 들어갈 내용으로 알맞은 것은?

> 국가는 매 회계연도 예산의 범위에서 농어업인안전보험의 보험계약자가 부담하는 보험료의 (　　　) 이상을 지원하여야 한다. 이 경우 지방자치단체는 예산의 범위에서 보험계약자가 부담하는 보험료의 일부를 추가 지원할 수 있다.

① 100분의 10
② 100분의 20
③ 100분의 30
④ 100분의 50

해설

국가는 매 회계연도 예산의 범위에서 농어업인안전보험의 보험계약자가 부담하는 보험료의 100분의 50 이상을 지원하여야 한다. 이 경우 지방자치단체는 예산의 범위에서 보험계약자가 부담하는 보험료의 일부를 추가 지원할 수 있다(농어업인안전보험법 제4조 제1항).

15 ② 16 ④ **정답**

17 농어업인의 안전보험 및 안전재해예방에 관한 법령상 피보험자가 될 수 없는 사람을 모두 고른 것은?

> ㉠ 농어업인 또는 농어업근로자
> ㉡ 어선원보험의 적용을 받는 사람(「어선원 및 어선 재해보상보험법」에 따른 사업장에서 작업)
> ㉢ 산업재해보상보험의 적용을 받는 사람(「산업재해보상보험법」에 따른 사업장에서 작업)
> ㉣ 최근 2년 이내에 보험 관련 보험사기행위로 형사처벌을 받은 사람

① ㉠, ㉡, ㉢
② ㉠, ㉢, ㉣
③ ㉡, ㉢, ㉣
④ ㉠, ㉡, ㉢, ㉣

해설

피보험자(농어업인안전보험법 제6조)

1. 보험은 농어업인 또는 농어업근로자를 피보험자로 한다. 다만, 다음 각 호의 어느 하나에 해당하는 사람은 피보험자가 될 수 없다.
   가. 「산업재해보상보험법」에 따른 산업재해보상보험의 적용을 받는 사람
   나. 「어선원 및 어선 재해보상보험법」에 따른 어선원보험의 적용을 받는 사람
   다. 최근 2년 이내에 보험 관련 보험사기행위로 형사처벌을 받은 사람
   라. 그 밖에 대통령령으로 정하는 사람
2. 제1항 제1호 및 제2호에도 불구하고 「산업재해보상보험법」 및 「어선원 및 어선 재해보상보험법」에 따라 적용받는 사업장 이외의 장소에서 농어업작업을 하려는 농어업인 또는 농어업근로자는 피보험자가 될 수 있다.

18 농어업인의 안전보험 및 안전재해예방에 관한 법령상 행방불명급여금은 선박에서 어업작업을 하던 중 난파 등의 사고로 몇 개월 이상 생사를 알 수 없는 경우에 지급하는가?

① 1개월
② 3개월
③ 5개월
④ 7개월

해설

행방불명급여금은 피보험자가 선박에서 어업작업을 하던 중 난파 등의 사고로 1개월 이상 생사를 알 수 없는 경우에 해양수산부령으로 정하는 유족에게 지급한다(농어업인안전보험법 제9조 제9항).

19 농어업인의 안전보험 및 안전재해예방에 관한 법령상 통계의 수집·관리 및 실태조사 등에 대한 설명으로 옳은 것은?

① 농림축산식품부장관과 해양수산부장관은 보험사업의 운영 및 농어업작업안전재해의 예방 등에 필요한 통계자료를 수집하여야 한다.

② 농림축산식품부장관과 해양수산부장관은 농어업작업 등으로 인하여 발생한 농어업인 및 농어업 근로자의 안전재해에 대한 실태조사를 매년 실시하고 조사결과를 공개하여야 한다.

③ 국토교통부장관은 통계자료의 수집과 실태조사를 위하여 필요한 경우에는 관계 중앙행정기관의 장, 지방자치단체의 장 및 보험사업자에게 자료의 제출을 요청할 수 있다.

④ 통계자료 수집·관리 및 실태조사 실시에 필요한 사항은 대통령령으로 정한다.

> **해설**
> ② 농림축산식품부장관과 해양수산부장관은 농어업작업 등으로 인하여 발생한 농어업인 및 농어업근로자의 안전재해에 대한 실태조사를 2년마다 실시하고 조사결과를 공개하여야 한다(농어업인안전보험법 제15조 제2항).
> ③ 농림축산식품부장관과 해양수산부장관은 통계자료의 수집과 실태조사를 위하여 필요한 경우에는 관계 중앙행정기관의 장, 지방자치단체의 장 및 보험사업자에게 자료의 제출을 요청할 수 있다(농어업인안전보험법 제15조 제3항).
> ④ 통계자료 수집·관리 및 실태조사 실시에 필요한 사항은 농림축산식품부령 또는 해양수산부령으로 정한다(농어업인안전보험법 제15조 제4항).

20 농어업인의 안전보험 및 안전재해예방에 관한 법령상 3년 이하의 징역 또는 3천만원 이하의 벌칙에 처하는 경우에 해당하는 것은?

① 보험사업의 회계 구분을 위반하여 회계를 처리한 자

② 거짓이나 그 밖의 부정한 방법으로 보험금을 받은 자

③ 금품 등을 제공한 자 또는 금품 등을 요구하여 받은 보험계약자

④ 보험을 모집할 수 있는 자가 아닌데도 이를 위반하여 모집을 한 자

> **해설**
> ① 500만원 이하의 벌금(농어업인안전보험법 제23조 제4항)
> ② 2년 이하의 징역 또는 2천만원 이하의 벌금(농어업인안전보험법 제23조 제2항)
> ④ 1년 이하의 징역 또는 1천만원 이하의 벌금(농어업인안전보험법 제23조 제3항)

19 ① 20 ③ **정답**

21 농약관리법에서 사용되는 용어의 정의 중 틀린 것은?

① 농약의 범주에는 농림축산식품부령이 정하는 기피제, 유인제 등도 포함된다.

② 농약이란 농작물의 생리기능을 증진하거나 억제하는데 사용하는 약제를 포함한다.

③ 원제란 농약의 유효성분이 농축되어 있는 물질을 말한다.

④ 농작물이란 수목 및 임산물을 제외한 모든 농산물을 말한다.

해설

④ 농작물은 수목(樹木), 농산물과 임산물을 포함한다(농약관리법 제2조 제1호).

22 농약관리법령상 농약안전성심의위원회의 기능 중 틀린 것은?

① 농약 등의 안전사용 및 취급제한에 관한 사항

② 농약 등의 안전성 시험의 기준 및 방법에 관한 사항

③ 농약의 판매관리인의 변경 및 등록

④ 농약 등의 안전성에 대한 조사·연구 및 평가에 관한 사항

해설

농약안전성심의위원회의 기능에는 ①, ②, ④ 외에 그 밖에 농약 등의 안전관리를 위하여 농촌진흥청장이 회의에 부치는 사항을 심의한다(농약관리법 시행령 제12조).

23 농약관리법령상 농약 등의 안전사용 기준으로 틀린 내용은?

① 적용대상 농작물에만 사용할 것

② 적용대상에 상관없이 제한 적용지역에만 사용할 것

③ 적용대상 병해충에만 사용할 것

④ 적용대상 농작물에 대하여 사용시기 및 사용가능 횟수가 정해진 농약 등은 그 사용시기 및 사용가능 횟수를 지켜 사용할 것

> **해설**
>
> ② 사용지역이 제한되는 농약 등은 사용제한지역에서 사용하지 말아야 한다(농약관리법 시행령 제19조 제1항).

24 농약관리법령상 10년 이하의 징역 또는 1억원 이하의 벌금에 해당하는 자는?

① 농약으로 사람을 사상에 이르게 한 자

② 농약으로 사람에게 위해를 가한 자

③ 제조업 등의 등록을 하지 아니하고 농약 등 또는 원제의 제조·수입·판매를 업으로 한 자

④ 제조업 등의 변경등록을 하지 아니하고 등록한 사항을 변경한 자

> **해설**
>
> ② 3년 이하의 징역 또는 3천만원 이하의 벌금(농약관리법 제31조의3)
>
> ③ 3년 이하의 징역 또는 3천만원 이하의 벌금(농약관리법 제32조)
>
> ④ 1년 이하의 징역 또는 1천만원 이하의 벌금(농약관리법 제33조)

25 농약관리법령상 300만원 이하의 벌금을 처분받는 자는?

① 신고를 하지 아니하고 수출입식물방제업을 한 자

② 농약판매업의 폐업의 신고를 하지 아니한 자

③ 취급제한기준을 위반하여 농약을 취급한 제조업자 등

④ 등록되지 아니한 농약 등을 사용한 자

> **해설**
>
> ③ 제조업자·수입업자 또는 판매업자가 농약 등을 취급제한기준에 따라 취급하여야 함을 위반하여 농약 등을 취급한 경우에는 300만원 이하의 벌금에 처한다(농약관리법 제34조).
>
> ① 500만원 이하의 과태료(농약관리법 제40조 제1항)
>
> ② 100만원 이하의 과태료(농약관리법 제40조 제2항)
>
> ④ 500만원 이하의 과태료(농약관리법 제40조 제1항)

26 농약관리법령에서 농림축산식품부령으로 정하는 동식물이 아닌 것은?

① 달팽이

② 파충류

③ 이끼류

④ 잡 목

해설

농약관리법에서 농림축산식품부령으로 정하는 동식물이란 동물은 달팽이·조류 또는 야생동물, 식물은 이끼류 또는 잡목을 말한다(농약관리법 시행규칙 제2조).

27 농약관리법에서 등록취소를 해야 하는 경우는?

① 영업정지명령을 위반하여 영업을 한 경우

② 등록을 하지 아니한 농약 등 또는 원제를 제조·수입하거나 판매한 경우

③ 농약 등 또는 원제의 표시를 하지 아니하거나 거짓으로 표시한 경우

④ 농약 등의 취급제한기준을 위반하여 농약 등을 취급한 경우

해설

등록의 취소 등(농약관리법 제7조)
• 제조업자·원제업자 또는 수입업자가 결격사유에 해당하게 된 경우(다만, 법인의 임원 중 결격사유에 해당하는 사람이 있는 경우 6개월 이내에 그 임원을 바꾸어 임명하였을 때에는 제외한다)
• 거짓이나 그 밖의 부정한 방법으로 영업의 등록 또는 변경등록을 한 경우
• 영업정지명령을 위반하여 영업을 한 경우

28 농약관리법에서 반드시 시험연구기관의 지정취소를 해야 하는 경우는?

① 업무정지명령을 위반하여 업무를 한 경우

② 중대한 과실로 시험성적서를 사실과 다르게 발급한 경우

③ 고의로 농약활용기자재의 이화학적 분석 등을 사실과 다르게 발급한 경우

④ 3년 이상 계속하여 업무실적이 없는 경우

해설

농촌진흥청장은 시험연구기관의 지정을 거짓이나 그 밖의 부정한 방법으로 지정을 받은 경우, 업무정지명령을 위반하여 업무를 한 경우에는 그 지정을 취소해야 한다(농약관리법 제17조의5 제1항).

29 다음 농약 등의 안전사용기준에 대한 내용으로 바르지 않은 것은?

① 방제업자와 그 밖의 농약 등의 사용자는 농약 등을 안전사용기준에 따라 사용해야 한다.

② 농촌진흥청장은 수출입식물방제업자에게 농약 등의 안전사용기준과 취급제한기준에 대한 교육을 실시하여야 한다.

③ 수입업자는 안전사용기준과 다르게 농약 등을 사용하도록 추천해서는 아니 된다.

④ 농림축산부장관은 농약 등의 오남용 등으로 인한 환경오염의 방지 등을 위하여 필요한 조치를 해야 한다.

> 해설
> ② 농림축산식품부장관은 수출입식물방제업자 등에게, 농촌진흥청장 및 시장·군수·구청장은 그 밖의 농약 등의 사용자에게 안전사용기준과 취급제한기준에 대한 교육을 실시하여야 한다.

30 농약관리법령의 행정처분 기준의 내용으로 바르지 않은 것은?

① 위반행위가 둘 이상인 경우로서 그에 해당하는 각각의 처분기준이 다른 경우에는 그중 무거운 처분기준에 따른다.

② 위반 정도가 경미하거나 기타 특별한 사유가 있다고 인정하는 경우에는 그 처분을 감경할 수 있다.

③ 위반행위의 횟수에 따른 순차적 행정처분의 기준은 최근 3년간 같은 위반행위로 행정처분을 받은 일이 있는 경우에 적용한다.

④ 부정·불량농약 등으로 판명되어 처분하는 경우에는 감경하지 아니한다.

> 해설
> ③ 위반행위의 횟수에 따른 행정처분의 기준은 최근 2년간 같은 위반행위로 행정처분을 받은 일이 있는 경우에 적용한다. 이 경우 그 기준 적용일은 같은 위반행위에 대한 행정처분일과 그 처분 후에 한 위반행위가 다시 적발된 날을 기준으로 한다(농약관리법 시행규칙 별표 2).

31 농약 등의 취급제한기준으로 바르지 않은 것은?

① 농약 등 수입업자가 다른 수입업자에게 수입한 농약 등을 판매할 때, 반드시 안전용기를 사용해야 한다.

② 농약 등은 식료품·사료와 함께 수송하지 않는다.

③ 공급대상자가 정하여진 농약 등은 공급대상자 외의 자에게 공급하지 말아야 한다.

④ 독성의 정도에 따라 취급이 제한되는 농약 등은 그 취급기준에 따라 제한사항을 준수해야 한다.

해설

① 농약 등 제조업자나 수입업자는 자신이 제조(다른 제조업자에게 자신이 등록한 품목 또는 제품을 위탁하여 제조하는 경우를 포함) 또는 수입한 농약 등을 판매할 때에는 잘못된 사용으로 인한 사고를 방지하기 위하여 안전용기·포장을 사용할 것. 다만, 제조업자가 다른 제조업자에게 판매하거나 수입업자가 다른 수입업자에게 판매하는 경우에는 그러하지 아니하다(농약관리법 시행령 제20조 제1항 제1의2호).

32 농업기계화 촉진법령의 목적으로 옳은 것은?

① 농업기계의 개발과 보급을 촉진하고 효율적이고 안전한 이용 등을 도모함으로써 농업의 생산성 향상과 경영 개선에 이바지함을 목적으로 한다.

② 농업기계의 유통질서 확립을 세우기 위함이다.

③ 농업기계의 활발한 사용을 위해 만든 법령이다.

④ 농업기계 운전자에게 농업기계 사용방법을 교육하기 위한 법령이다.

해설

농업기계화 촉진법은 농업기계의 개발과 보급을 촉진하고 효율적이고 안전한 이용 등을 도모함으로써 농업의 생산성 향상과 경영 개선에 이바지함을 목적으로 한다(농업기계화 촉진법 제1조).

33 농업기계화 촉진법령에서 100만원 이하의 과태료를 부과받는 자는?

① 정당한 사유 없이 조사를 거부·방해 또는 기피한 자

② 농업용 표시 또는 제조번호 표시를 하지 아니하거나 거짓으로 표시한 자

③ 거짓이나 그 밖의 부정한 방법으로 검정에서 적합판정을 받은 자

④ 표시에 관한 기준 및 방법을 위반하여 농업용 표시 또는 제조번호 표시를 한 자

해설

②, ③, ④의 경우는 1천만원 이하의 과태료가 부과된다(농업기계화 촉진법 제19조 제1항)

34 농업기계화 촉진법에서 농업기계에 해당하지 않는 것은?

① 농림축산물 생산시설의 환경 제어와 자동화에 사용되는 기계·설비

② 농림축산물 판매하는 산업에 사용되는 기계·설비

③ 농림축산물의 생산시설의 환경 제어와 자동화에 사용되는 기계·설비 및 그 부속 기자재

④ 농림축산물과 그 부산물의 생산 후 처리작업에 사용되는 기계·설비

해설

② 「농업·농촌 및 식품산업 기본법」에 따른 농업과 식품산업(농림축산물을 보관, 수송 및 판매하는 산업은 제외한다)에 사용되는 기계·설비 및 그 부속 기자재(농업기계화 촉진법 제2조)

35 농업기계화 촉진법에서 농업기계화 기본계획에 포함되지 않는 것은?

① 농업기계의 사후관리에 관한 사항

② 농업기계의 임대사업 촉진에 관한 사항

③ 노인 농업후계인을 위한 농업기계의 실용화에 관한 사항

④ 농업기계의 보급에 관한 사항

해설

③ 여성농업인을 위한 농업기계의 연구·개발 및 실용화에 관한 사항(농업기계화 촉진법 제5조 제2항 제3의2호).

36 농업기계화 촉진법령에서 신기술 농업기계의 개발 및 보급의 촉진을 위해 우선구매 등의 조치를 요청할 수 있는 단체가 아닌 것은?

① 지방자치단체가 설립하고, 그 운영에 관여하는 기관
② 「공공기관의 운영에 관한 법률」에 따른 공공기관
③ 국가로부터 보조금 등의 재정지원을 받는 자
④ 「농업협동조합법」에 따른 농협경제지주회사

> **해설**
>
> 국가나 지방자치단체는 신기술 농업기계의 개발과 보급을 촉진하기 위하여 다음의 어느 하나에 해당하는 자에게 우선 구매 등 필요한 조치를 요청할 수 있다(농업기계화 촉진법 시행령 제6조 제2항).
> 1. 지방자치단체(국가가 요청하는 경우만 해당한다)
> 2. 「공공기관의 운영에 관한 법률」에 따른 공공기관
> 3. 국가나 지방자치단체로부터 출연금, 보조금 등의 재정지원을 받는 자
> 4. 「농업협동조합법」에 따른 조합, 중앙회 및 농협경제지주회사와 그 밖에 이에 준하는 공공단체

37 농업기계화 촉진법에서 지정 취소해야만 하는 검정대행기관은?

① 부도로 검정업무를 수행할 수 없는 경우
② 검정대행기관의 지정 기준에 맞지 아니하게 된 경우
③ 고의 또는 중대한 과실로 검정업무를 부정확하게 한 경우
④ 다른 사람에게 자신의 명의로 검정업무를 하게 한 경우

> **해설**
>
> 농림축산식품부장관은 검정대행기관이 거짓이나 그 밖의 부정한 방법으로 지정을 받은 경우, 다른 사람에게 자신의 명의로 검정업무를 하게 한 경우, 검정결과를 거짓으로 내준 경우에는 그 지정을 취소하여야 한다(농업기계화 촉진법 제12조의4 제1항).

38 다음 중 농업기계의 범위에 해당하지 않는 것은?

① 가정용 도정기
③ 이앙기
② 사료급이기
④ 연속식 열풍형 건조기

> **해설**
>
> ④ 곡물건조기 중 열풍형 건조기(원적외선 건조기는 포함, 연속식 건조기는 제외), 상온통풍저장형 건조기는 농업기계의 범위에 들어간다(농업기계화 촉진법 시행규칙 별표 1).

39 농업기계화 촉진법령에서 과태료 부과기준으로 옳지 않은 것은?

① 시정명령의 기한을 지키지 않은 경우에 1개월 이내 시정 시 25만원

② 농업용 표시 또는 제조번호 표시를 거짓으로 표시한 경우 1차 위반 시 750만원

③ 정당한 사유 없이 조사를 거부한 경우 1차 위반 시 25만원

④ 부적합판정을 받은 농업기계를 판매한 경우 1차 위반 시 500만원

해설

② 농업용 표시 또는 제조번호 표시를 하지 않거나 거짓으로 표시한 경우 1차 위반 500만원, 2차 위반 750만원, 3차 이상 위반 시 1,000만원의 과태료를 부과한다(농업기계화 촉진법 시행령 별표).

40 농업기계화 촉진법령에서 농림축산식품부장관이 농촌진흥청장에게 위임할 수 있는 사항이 아닌 것은?

① 영농교육계획의 수립 및 시행

② 신기술 농업기계의 지정・고시

③ 과태료의 부과 및 징수

④ 농업기계에 관한 수요조사 및 평가

해설

① 안전교육계획의 수립 및 시행이다(농업기계화 촉진법 시행령 제9조 제1항).

PART **02**

농작업
안전관리

합격의 공식 시대에듀

www.**sdedu**.co.kr

CHAPTER 01 안전관리 이론

01 안전관리 개요

1. 안전관리 개념 및 정의

(1) 안전관리(Safety Management) 정의

① 생산성의 향상과 재산손실의 최소화를 위한 활동

② 비능률적 요소인 안전사고가 발생하지 않은 상태를 유지하기 위한 활동

③ 재해로부터 인간의 생명과 재산을 보호하기 위한 활동

④ 조직 내에 마련된 위험에 대한 계획적이고 체계적인 활동

⑤ **풀프루프(Full Proof)** : 인간의 착오나 실수 등으로 휴먼에러가 발생되더라도 기계설비는 안전하게 설계하는 것

⑥ **페일 세이프(Fail Safe)** : 인간 또는 기계의 과오나 동작상의 실패가 있어도 안전사고가 발생하지 않도록 2중 또는 3중의 통제장치를 하는 것

⑦ **안전의 서양적 해석** : 'SAFETY'의 단어 앞자리를 각각 따서 의미 해석

    ㉠ S : Supervise(관리감독, 관찰)

    ㉡ A : Attitude(태도기술)

    ㉢ F : Fact(현상파악)

    ㉣ E : Evaluation(평가분석 및 대책수립)

    ㉤ T : Training(반복훈련)

    ㉥ Y : You are the Owner(철저한 주인의식)

(2) 안전관리 목적 및 필요성 : 인명존중, 사회복지 증진, 생산성/경제성 향상, 인적 손실 예방 인간존중의 구현에 있으며 근로자의 근로의욕을 고취시켜 생산능률 향상이라는 결실을 가져 오고 산업재해로 인한 기업의 경제적, 인적 손실 방지를 목적으로 한다.

기업 환경적 측면	• 사원 개인 및 가정의 불행 • 숙련기능 인력의 손실 • 작업능률의 저하 • 노사관계의 불안정 • 생산성 저하
경제적 측면	• 재해보험료 증가 • 치료비 증가 • 그 밖에 직간접 손실액의 증가
안전의 확보를 통해 기대되는 성과	• 안전은 생산성을 향상 • 안전은 작업의욕을 고취 • 안전은 손실을 감소시킴으로써 이익 증대

(3) 안전관리 순서

① PDCA 4Cycle : 계획(Plan) - 실시(Do) - 검토(Check) - 조치(Action)

구 분	내 용
1단계 : 계획(Plan)	• 법규 및 그 밖의 요구사항 파악 • 목표, 세부목표 및 추진계획
2단계 : 실시 및 운용(Do)	• 자원, 역할, 책임 및 권한 • 적격성, 교육훈련 및 인식 • 의사소통 • 문서화, 문서관리, 운영관리 • 비상시 대비 및 대응
3단계 : 검토 및 점검(Check)	• 모니터링 및 측정 • 준수평가 • 부적합 사항 체크 및 예방조치 • 기록관리 • 내부 심사
4단계 : 검토결과에 따른 조치(Action)	• 개선 : 방법개선, 공정변경 • 수정 및 검토 후 다음 계획 수립

② PDS 3단계 : 계획(Plan) - 실시(Do) - 평가(See)

(4) 안전관리조직

① 목 적

㉠ 모든 위험요소를 제거함에 있다.

㉡ 위험제거 기술 수준을 향상시킨다.

㉢ 재해예방률을 향상시켜 단위당 예방비용을 절감한다.

② 구비조건

㉠ 회사의 특성 및 규모에 부합해야 한다.

㉡ 기능발휘를 위한 제도적 체계를 구비한다.

㉢ 구성원의 책임과 권한을 명확히 한다.

㉣ 생산라인과 밀착된 조직이어야 한다.

③ 안전관리조직 형태

㉠ 라인형(직계형)

구 분	특 징	장 점	단 점
라인형 (직계형)	• 소규모 사업장(100명 이하 사업장)에 적용 가능 • 안전관리에 관한 계획, 실시, 평가에 이르기까지 안전관리의 모든 것을 생산조직을 통하여 행하는 관리 방식 • 생산과 안전을 동시에 지시하는 형태	• 안전에 대한 지시 및 전달이 신속·용이하다. • 명령계통이 간단·명료하다. • 참모형보다 경제적이다.	• 안전에 관한 전문지식이 부족하고 기술의 축적이 미흡하다. • 안전정보 및 신기술 개발이 어렵다. • 라인에 과중한 책임이 물린다.

㉡ 스태프형(참모형)

구 분	특 징	장 점	단 점
스태프형 (참모형)	• 중규모 사업장(100~1,000명 정도의 사업장)에 적용 가능 • 안전관리를 전담하는 스태프를 두고 안전관리에 대한 계획, 조사, 검토 등을 행하는 관리방식 • 안전 전문가(스태프)가 문제해결방안을 모색한다. • 스태프는 경영자의 조언, 자문 역할을 한다. • 생산부문은 안전에 대한 책임, 권한이 없다.	• 안전에 관한 전문지식 및 기술의 축적이 용이하다. • 경영자의 조언 및 자문역할이 가능하다. • 안전정보 수집이 용이하고 신속하다.	• 생산부서와 유기적인 협조가 필요하다. • 생산부문의 안전에 대한 무책임·무권한 • 생산부서와 마찰이 일어나기 쉽다.

㉢ 라인-스태프형(혼합형)

구 분	특 징	장 점	단 점
라인- 스태프형 (혼합형)	• 대규모 사업장(1,000명 이상 사업장)에 적용 가능 • 스태프는 안전을 입안, 계획, 평가, 조사하고, 라인을 통하여 생산기술, 안전대책이 전달되는 관리방식	• 안전지식 및 기술 축적 가능 • 안전지시 및 전달이 신속·정확하다. • 안전에 대한 신기술의 개발 및 보급이 용이하다. • 안전활동이 생산과 분리되지 않으므로 운용이 쉽다.	• 명령계통과 지도·조언 및 권고적 참여가 혼동되기 쉽다. • 스태프의 힘이 커지면 라인이 무력해진다.

(5) 안전의 4M

① Man(인간) : 심리적 원인(감각, 무의식 등), 생리적 요인(피로, 질병 등), 직장의 원인(본인 외의 사람, 직장의 인간관계, 의사소통 등)

② Machine(기계) : 기계, 장치, 설비 등의 물적 요인

③ Media(매체) : 작업정보, 작업방법, 작업자세, 동작 등

④ Management(관리) : 작업관리, 법규준수, 단속, 점검 등

(6) J. H. Harvey의 3E 재해예방이론

재해는 간접원인과 직접원인에 의해 발생되며, Harvey는 3E 이론에서 기술, 교육, 규제의 안전 대책으로 재해를 예방 및 최소화할 수 있다는 이론을 제시하였다.

① 기술(Engineering) 대책
  ㉠ 기술적 원인에 대한 설비, 환경을 개선한다.
  ㉡ 기술기준을 작성하고 그것을 활용하여 대책을 추진한다.

② 교육(Education) 대책
  ㉠ 교육적 원인에 대한 안전교육과 훈련을 실시한다.
  ㉡ 지식, 기술 등을 이해시킨다.

③ 규제(Enforcement) 대책
  ㉠ 엄격한 규칙에 의해 제도적으로 시행한다.
  ㉡ 적절한 조절 및 조직활동을 위한 관리계획을 세운다.

2. 안전심리

(1) 안전심리의 개요
① 인간의 심리 및 행동에 관한 조사 및 분석을 통해 과학적인 원리를 도출한다.
② 심리학적 지식을 산업조직현장에 적용시키고 생산성을 증가시켜 근로자의 복지를 증진시킨다.
③ 인간행동과 정신과정에 대한 과학적인 연구이며 인적 자원의 효율적인 활용을 도모한다.
④ 효율성 향상, 생산성 향상, 직무만족, 인사선발 및 배치 등 근로자에게 복지와 직무만족을 제공하는 심리적 분야이다.
⑤ 산업에서의 인간행동을 심리학적인 방법과 식견을 가지고 연구하는 실천과학 및 응용심리학 의 한 분야이다.

(2) 인간의 행동 특성
① **주의의 일점집중현상** : 돌발 사태에 직면하면 공포를 느끼게 되고 주의가 일점(주시점)에 집중되어 판단정지 상태에 빠지게 되어 유효한 대응을 못하게 된다.
② **리스크 테이킹(Risk Taking)** : 객관적인 위험을 자기 편리한대로 판단하여 의지결정을 하고 행동에 옮기는 현상이다.
③ 순간적인 경우의 대피방향은 좌측이다.
④ **동조행동** : 인간은 일반적으로 소속한 집단의 행동기준을 지키고 동조행동을 하는 경향을 보인다.
⑤ **좌측통행** : 자유로이 보행할 때, 인간은 좌측으로 통행하려는 경향을 보인다.

(3) K. Lewin의 인간행동 법칙

사고발생 메커니즘을 분석해보면 인간의 심리적 요인과 주변환경에 의해 '불안전한 상태' 또는 '불안전한 행동'이 야기되어 사고를 일으키게 된다. 이때 물적·인적 손실이 수반되는 '재해'가 발생한다. 안전심리를 연구한 학자들에 의하면 인간행동 방정식 등을 통해 계산하면 재해의 원인 중 인적 요인이 90% 내외(K. Lewin은 88%라고 주장)라고 말한다.
인간의 행동은 개체의 자질과 심리적 환경의 상호작용의 관계에서 전개된다.

$$B = f(P \cdot E)$$

여기서, B : Behavior(인간의 행동)
　　　　P : Person(개체의 특성 ; 연령, 경험, 심신 상태, 성격, 지능 등)
　　　　E : Environment(심리적 환경 ; 인간관계, 작업환경 등)
　　　　f : function(함수 ; 적성, 기타 P와 E에 영향을 주는 조건)

(4) 라스무센(Rasmussen)의 인간 행동 수준의 3단계

① **지식 수준** : 여러 종류의 자극과 정보에 대해 심사숙고하여 의사를 결정하고 행동하는 것
② **규칙 수준** : 일상적인 반복작업 등으로 경험에 의해 판단하고 행동규칙 등에 따라서 반응하여 수행하는 것
③ **기능 수준** : 아무런 생각 없이 반사 운동처럼 수행하는 것

(5) 인간 행동의 내적, 외적 조건

① **내적 조건**
　　㉠ 생리적 조건(피로, 긴장, 건강)
　　㉡ 근무경력에 의한 경험시간
　　㉢ 개인차(적성, 성격, 개성)
② **외적 조건**
　　㉠ 동적 조건 : 대상물의 동적 성질을 나타내는 것
　　㉡ 정적 조건 : 높이, 폭, 길이, 크기 등의 조건
　　㉢ 환경 조건 : 기온, 습도, 조명, 분진, 소음 등의 물리적 환경조건

(6) 인간 행동 실패 원인과 이를 막기 위한 조건

① **인간 행동 실패의 원인**
　　㉠ 기상 조건, 환경조건과 같은 환경적 조건
　　㉡ 피로, 긴장 등에 의한 생리적 조건
　　㉢ 작업 강도, 작업자세의 불균형
　　㉣ 적성, 성격, 개성과 같은 개인의 내적 조건

② 인간 행동 실패를 막기 위한 조건
  ㉠ 착각을 일으킬 수 있는 외부 조건이 없을 것
  ㉡ 감각기의 기능이 정상적일 것
  ㉢ 올바른 판단을 내리기 위해 필요한 지식을 갖고 있을 것
  ㉣ 시간적, 수량적으로 능력을 발휘할 수 있는 체력이 있을 것
  ㉤ 의식 동작을 필요로 할 때 무의식 동작을 행하지 않을 것

(7) 산업심리와 관련된 인간의 심리특성

① **지각과정** : 환경으로부터의 자극이 지각되어 이에 대한 반응이 실행되기까지 다음 순서의 정보처리과정을 거치게 된다.
  ㉠ 감각과정–지각–인지과정과 기억체계–반응선택 및 실행–주의와 피드백
  ㉡ 감각과정(Sensing) : 인간이 접하고 있는 환경(물건, 사건, 사람 등) 속에서 오감의 감각기관(시각, 청각, 후각, 촉각, 미각)을 통해 자극이 지각세계로 들어오는 과정
  ㉢ 지각(Perception) : 감각신호를 장기기억 속에 있는 기존기억과 비교하여 그 의미를 부여하고 해석하는 과정(선택–조직화–해석–착시)
  ㉣ 인지과정과 기억체계 : 인간의 정보처리 과정에는 단기기억, 장기기억 등이 동원되며 지각된 정보를 바탕으로 어떻게 행동할 것인지 의사결정을 해야 한다. 이 의사결정과정에서 계산, 추론, 유추 등의 복잡한 과정이 요구되는 경우 인지과정이라고 한다.
  ㉤ 반응선택 및 실행 : 의사결정을 통해 이루어진 상황의 이해는 반응의 선택이라는 목표를 수립하게 되며, 반응 실행은 선택된 목표가 정확하게 수행되도록 반응이나 행동들이 이루어지는 것이다.
  ㉥ 주의와 피드백 : 정보처리과정에서 주의는 지각, 인지, 반응선택 및 실행과정에서의 정신적인 노력으로 주의 자원의 제한으로 필요에 따라 선택 적용되며, 정보처리 및 반응실행과정에서는 정보 흐름 폐회로에 따라 피드백이 존재하기 때문에 정보의 흐름이 연속적으로 진행되고 정보처리가 어떤 지점에서도 시작될 수 있다.

② **반응 시간(Reaction Time)** : 인간의 행동은 환경의 자극에 의해서 일어나고 거기에 작용하는 것이며, 환경으로부터의 자극은 눈이나 귀와 같은 감각기관에서 수용되고, 신경을 통해 대뇌에 전달된 후 해석되고 판단되어 반응한다. 반응시간은 어떤 자극에 대하여 반응이 발생하기까지의 소요시간을 말한다.
  ㉠ 단순 반응 시간 : 하나의 특정자극에 대하여 반응을 시작하는 시간으로 항상 같은 반응을 요구하며 약 0.2초 정도의 시간이 소요된다.
  ㉡ 선택 반응 시간 : 여러 개의 자극을 제시하고 각각의 자극에 대하여 반응할 과제를 준 후 자극이 제시되어 반응할 때까지의 시간을 말한다.

③ 주의와 부주의

　㉠ 주의의 특성

　　• 선택성 : 사람은 한 번에 여러 종류의 자극을 지각하거나 수용하지 못함

　　• 변동성 : 주의는 리듬이 있어 언제나 일정한 수준을 지키지 못함

　　• 방향성 : 한 지점에 주의를 하면 다른 곳에 대한 주의는 약해지며 시선에서 벗어난 부분은 무시되기 쉬움

　　• 인간의 심리에는 수치상의 신뢰도만으로는 만족할 수 없는 문제들이 있으며, 그중 하나가 주의력이다. 주의력에는 넓이, 깊이, 내향, 외향이 존재한다.

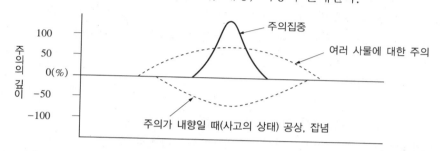

　㉡ 주의의 수준

　　• 0(Zero)의 수준 : 수면 중, 자극에 의한 반응시간

　　• 중간수준 : 다른 곳에 주의를 기울이고 있을 때, 가시 시야 내 부분, 일상과 같은 조건

　　• 고수준 : 주시부분 · 예기수준이 높을 때, 예측 가능할 때

　㉢ 부주의

　　• 부주의 현상

　　　- 의식의 단절

　　　- 의식의 우회 : 작업도중 걱정, 고뇌, 욕구불만 등에 의해서 발생

　　　- 의식 수준의 저하 : 심신이 피로하거나 단조로움

　　　- 의식의 혼란 : 애매모호하거나, 자극이 강할 때나 약할 때

　　　- 의식의 과잉

　　• 부주의 발생원인과 대책

원 인		대 책
외적 측면	작업환경 조건불량	환경정비
	작업순서의 부적당	작업순서의 정비
내적 측면	소질적 문제	적성 배치
	의식의 우회	상담(카운셀링)
	미경험	안전교육, 훈련
정신적 측면	집중력 부족	주의력 집중 훈련
	스트레스	스트레스 해소 대책
	안전의식 부족	안전 의식의 재고
	작업의욕 저하	작업 의욕의 고취

원 인	대 책
기능 및 작업측면	적성배치
	안전작업 방법 습득
	표준작업의 습관화
	적응력 향상과 작업조건의 개선
설비 및 환경측면	표준작업 제도의 도입
	설비 및 작업의 안전화
	긴급 시 안전대책 수립

- 부주의와 신뢰도 : 미국 안전협회(NSC)의 통계에 의하면 전체 사고 100% 중 사고의 원인은 불안전한 행동 88%, 불안전한 상태 10%, 불가항력 2%라고 한다. 그중 불안전한 행동(88%)에 의한 원인 중 부주의가 대부분을 차지했다.
- 인간의 신뢰도를 결정하는 요인
  - 주의력
  - 긴장수준
  - 의식수준(경험 연수, 지식 수준, 기술 수준)

④ 의식수준과 안전심리 : 의식수준의 단계는 다음과 같다.
  ㉠ β(Beta)파 : 뇌세포가 활발하게 활동, 활동파, 당황, 공포
  ㉡ α(Alpha)파 : 안전상태, 휴식파
  ㉢ θ(Theta)파 : 의식이 멍청하고, 졸음이 심하여 에러를 일으키기 쉬움. 방추파, 피로, 단조로움
  ㉣ δ(Delta)파 : 숙면상태, 무의식, 실신상태

단 계	의식 모드	의식의 작용	행동상태	신뢰성	뇌파형태
제0단계	무의식, 실신	없음(Zero)	수면, 뇌 발작	0	δ파
제1단계	정상 이하, 의식둔화(의식 흐림)	부주의	피로, 단조로움	0.9 이하	θ파
제2단계	정상(느긋한 기분)	수동적	안정된 행동, 휴식, 정상작업	0.99~0.99999	α파
제3단계	정상(분명한 의식)	능동적, 위험예지, 주의력 범위 넓음	판단을 동반한 행동, 적극적 행동	0.999999 이상	α~β파
제4단계	과긴장, 흥분상태	주의의 치우침, 판단정지	감정 흥분, 긴급, 당황과 공포반응	0.9 이하	β파

(8) 인간의 안전심리의 5대 요소

안전행동에 영향을 주는 개인의 심리적 특성은 습성(Habit), 동기(Motive), 기질(Temper), 감정(Feeling), 습관(Custom)을 안전심리의 5대 요소라 하며, 이를 잘 분석하고 통제하는 것이 사고예방의 핵심이 된다.

① 습성 : 골드버그의 빅5 모델에 의하면 성격은 신경성, 외향성, 친화성, 성실성, 경험에 대한 개방성의 5가지 요인으로 구성되어 있다고 한다. 빅5와 직장사고를 연결한 연구에서는 우호성과 성실성이 직장에서의 사고와 의미있게 역상관이 있음을 증명하였다. 이에 따르면 우호성과 성실성이 낮을수록 사고발생과 관련이 많은 것으로 나타났다. 또한 연구에서도 볼 수 있듯이 성실성이 높을수록 안전행동을 더 많이 하며, 개인들이 안전과 관련된 교육과 규칙 준수에 관련된 행동들을 충실히 수행할 가능성이 높다고 말했다. 우호성은 타인과 편안하고 조화로운 관계를 유지하는 정도를 말하며, 안전행동을 준수하고, 습관화하는 경향이 있다는 결과를 나타내었다.

② 동기 : 능력개발 목표와 성공추구 목표는 매우 높은 동기 상태이며 자신의 능력 및 평가를 좋게 개선하고자 하는 목표라고 할 수 있다. 능력개발 그리고 성공추구 목표가 높을수록 안전행동을 추구한다.

③ 기질 : 외부에서 발생한 사건을 자신이 통제할 수 있다고 믿는 사람과 통제할 수 없다고 생각하는 사람이 있을 때 우연, 운명, 행복 등 외적 요인에 비중을 두고 자신이 통제할 수 없다고 생각하는 사람이 사고를 더 많이 경험한다고 밝혀졌다. 자신이 통제할 수 있다고 믿는 사람이 안전수칙을 지키고 안전행동을 많이 하는 것으로 분석되었다.

④ 감정 : 부정적인 정서는 자신에게 주어진 과업에 대한 주의집중을 방해하게 된다. 자신의 감정을 잘 관리하고 긍정적인 정서를 갖는 것은 목표달성을 향해 지속적 노력을 기울이게 하며 수행을 잘할 수 있도록 돕는다.

⑤ 습 관
　㉠ 성장과정을 통해 형성된 특성이 자기도 모르게 습관화된 현상을 말한다.
　㉡ 습관에 영향을 미치는 요소 : 동기, 기질, 감정, 습성 등

02 │ 안전관리 점검 · 계획

1. 농작업 안전 점검

(1) 기본 안전점검의 이해

① 안전점검의 정의 : 안전 확보를 위해 실태를 파악하여 설비의 불안전한 상태나 인간의 불안전한 행동에서 생기는 결함을 발견하고, 안전대책의 이상상태를 확인하는 행동을 말한다.

② 안전점검의 개념과 목적
　㉠ 개념 : 안전을 위한 체계화된 최소한의 필요조건을 미리 점검함으로써 농업인의 지식, 행동에 변화를 가져오게 하는 것이다.
　㉡ 목적 : 사전점검 및 일상점검을 통해 안전사고를 사전에 예방하는 것이 있다.
　㉢ 중요성 : 일상화된 사전점검은 문제점을 인지하여 문제요인을 차단하고, 행동과 체계를 변화시켜 사고를 예방하는 출발점이기 때문에 안전점검은 중요하다.

③ **안전시스템의 구성요소** : 안전은 다음의 6가지 영역의 안전시스템이 만족될 때 보장될 수 있다.

> **더 알아보기 6가지 영역의 안전시스템**
>
> 1. 디자인과 공학적 조치사항 : 자동 차단장치 등
> 2. 정비보수와 감독 : 정비 프로그램 및 체계
> 3. 완화조치 및 장치 : 하우스 전기시설 누전차단기
> 4. 경고장치 : 고온 감지 등
> 5. 훈련과 과정 : 응급조치 등
> 6. 인적 요인 : 보호구 착용, 휴식시간 준수 등

④ **안전점검의 대상** : 기계장치, 유지관리, 작업방법과 절차, 작업당사자의 인적 요인
⑤ **안전점검의 절차와 단계**
   ㉠ 1단계 안전 체계에 대한 점검(정기점검) : 디자인 혹은 구조적 결함, 교육 및 훈련
   ㉡ 2단계 작업 전 점검(일상점검) : 기계시스템, 각종 보호장치, 작업방법과 절차, 인적 요인
   ㉢ 3단계 작업 후 점검(일상점검) : 기계시스템 확인, 보관 및 유지관리 준비
   ㉣ 4단계 유지관리점검(정기점검) : 정비 및 보수
⑥ **안전점검표의 활용과 중요성** : 점검표는 안전점검의 기본으로 보이지 않는 개념을 눈으로 보고 기록하는 방법이다. 실수를 최소화할 수 있고 작업자의 인식과 행동변화를 위한 가장 쉬운 교육과 훈련의 과정이다. 그 내용에는 농업인의 농작업 문제점, 개선방안, 지원방안 등이 있다.

(2) 농작업 시설 안전점검

① **농작업 시설의 종류** : 비닐하우스, 농기계창고시설, 축사, 각종 선별장, 보관시설

시설의 종류	문제 및 안전점검 항목
비닐하우스	• 발생가능 문제 : 자연재해(강풍, 폭우, 폭설, 냉해 등), 전기감전, 열피로, 농약중독, 가스중독 • 안전점검 항목 : 강풍과 폭설, 장마, 냉해 등 자연재해에 관한 항목, 환기 및 전기 온도와 관련된 시설 점검 항목, 휴게시설 설치 여부 등
축 사	• 발생가능 문제 : 가축전염병, 자연재해(강풍, 폭우, 폭설, 냉해 등), 전기감전, 화재, 호흡기질환, 가스중독 • 안전점검 항목 : 전염병예방, 안전보호구착용, 강풍과 폭설, 장마, 냉해 등 자연재해에 관한 항목, 환기 및 전기 온도와 관련된 시설 점검 항목, 배설물에 의한 미끄럼방지 항목, 동물에 의한 부상위험 여부 항목
소방시설	모든 시설에 적용된다. • 소화기 안전점검, 비상연락체계 점검, 전기시설안전 점검, 비상구표지판 확인 등이 있다.
전기시설	모든 시설에 적용된다. • 매일 점검 : 파손 유무 확인 등 • 매월 점검 : 누전차단기 작동 시험 등 • 매년 점검 : 누전 여부 측정, 내구연한 확인 • 정전 시 주의사항 : 마을 전체 혹은 일부분 여부 확인 • 침수 시 주의사항 : 분전반 차단기 차단

② 농작업 시설 관련 법규
  ㉠ 「전기사업법」 : 제7장 전기설비의 안전관리
  ㉡ 「소방시설 설치 및 관리에 관한 법률」, 「화재의 예방 및 안전관리에 관한 법률」 : 소방검사, 소방시설의 설치 및 유지관리, 소방대상물의 안전관리
  ㉢ 「건축법」
③ 시설 안전점검의 대상 및 방법 : 기본점검대상인 전기, 화재, 사고, 환기 등을 안전점검표를 통해 매일, 매월, 매년, 특별 등의 주기적으로 점검한다.

2. 농작업 안전보건 표지

(1) 안전표지 설치 관련 법령
① 「산업안전보건법」 : 안전보건표지의 설치·부착(제37조), 물질안전보건자료 비치(제110조, 제114조), 물질안전보건자료대상물질 용기 등의 경고표시(제115조)
② 「농약관리법」 : 농약 등 및 원제의 표시(제20조)
③ 「도로교통법」

(2) 안전표지의 목적
① 현존 또는 잠재적인 위험을 경고
② 위험 확인과 그 위험의 성격을 설명
③ 위험이 가진 잠재적인 손상의 결과를 설명
④ 위험을 피할 수 있는 방법 설명

(3) 안전표지의 종류

구 분	색도기준	사용처	종 류	색 상			
				바 탕	기본모형	관련 부호	그 림
금지표지	빨간색 7.5R 4/14	정지신호, 소화설비 및 그 장소, 유해행위의 금지	출입금지 등 8종	흰 색	빨간색	검은색	검은색
경고표지	빨간색 7.5R 4/14	화학물질 취급장소에서의 유해·위험경고	인화성물질 경고 등 15종	◇ 무색	빨간색 (검은색도 가능)	검은색	검은색
	노란색 5Y 8.5/12	화학물질 취급장소에서의 유해·위험경고 이외의 위험경고, 주의표지 또는 기계방호물		△ 노란색	검은색	검은색	검은색

구 분	색도기준	사용처	종 류	색 상			
				바 탕	기본모형	관련 부호	그 림
지시표지	파란색 2.5PB 4/10	특정행위의 지시 및 사실의 고지	보안경착용 등 9종	파란색	×	×	흰 색
안내표지	녹색 2.5G 4/10	비상구 및 피난소, 사람 또는 차량의 통행표지	녹십자표지 등 8종	흰 색	녹 색	녹 색	×
				녹 색	×	흰 색	(흰색)
관계자 외 출입금지	흰색 N9.5	파란색 또는 녹색에 대한 보조색	허가대상물질 작업장 등 3종	글자는 흰색 바탕에 흑색 ⇨ 다음 글자는 적색 • ○○○제조 / 사용 / 보관 중 • 석면취급 / 해제 중 • 발암물질 취급 중			
	검은색 N0.5	문자 및 빨간색 또는 노란색에 대한 보조색					

| 금지표지 | 출입금지 | 보행금지 | 차량통행금지 | 사용금지 | 탑승금지 | 금연 | 화기금지 | 물체이동금지 |

경고표지	인화성물질 경고	산화성물질 경고	폭발성물질 경고	급성독성물질 경고	부식성물질 경고	발암성 · 변이원성 · 생식독성 전신독성 · 호흡기과민성물질 경고
	방사성물질 경고	고압전기 경고	매달린 물체 경고	낙하물 경고	고온 경고	저온 경고
	몸균형 상실 경고	레이저광선 경고	위험장소 경고			

| 지시표지 | 보안경 착용 | 방독마스크 착용 | 방진마스크 착용 | 보안면 착용 | 안전모 착용 | 귀마개 착용 |
| | 안전화 착용 | 안전장갑 착용 | 안전복 착용 | | | |

| 안내표지 | 녹십자표지 | 응급구호표지 | 들것 | 세안장치 | 비상용기구 | 비상구 | 좌측비상구 | 우측비상구 |

〈출처 : 안전보건공단〉

농약라벨	산업안전보건표지	농기계표지판	도로교통표지판

[여러 안전표지의 예]

3. 농작업 안전관리 개선계획

(1) 농작업 안전관리 개선계획 목적

같은 종류의 농작업 재해가 되풀이되어 일어나지 않도록 재해의 원인이 되는 위험한 상태 및 불안전한 행동을 미리 발견하고, 이것을 분석 검토하여 올바른 재해 예방 대책을 세우기 위함이다.

(2) 농작업 안전관리 개선계획서의 목차

① 농작업 공정별 유해 위험분포도
② 농작업 재해발생 현황
③ 농작업 재해다발 원인 및 유형분석
④ 교육 및 점검계획
⑤ 농작업 재해위험 작업관련 업종 및 재해자 수
⑥ 개선계획
　　㉠ 필수사항 : 시설, 안전보건관리체제, 안전보건교육, 산업재해 예방 및 작업환경 개선을
　　　 위하여 필요한 사항
　　㉡ 공통사항 : 안전보건관리조직, 안전보건표지 부착, 보호구 착용, 건강진단 실시, 참고사항
　　㉢ 중점 개선 계획 사항 : 시설, 원료 및 재료, 기계장치, 작업방법, 작업환경 등

적중예상문제

01 부주의에 대한 사고방지대책 중 기능 및 작업측면의 대책이 아닌 것은?

① 작업표준의 습관화
② 적성배치
③ 안전의식의 제고
④ 작업조건의 개선

> **해설**
> 부주의에 대한 사고방지 대책에서 기능 및 작업측면에 해당하는 것은 적성배치, 안전작업 방법 습득, 작업표준의 습관화, 적응력 향상과 작업조건의 개선 등이다.

02 주의의 특성에 해당되지 않는 것은?

① 선택성
② 변동성
③ 가능성
④ 방향성

> **해설**
> 주의의 특성에는 선택성, 변동성, 방향성이 있으며 주의력에는 넓이, 깊이, 내향, 외향이 존재한다.

03 주의의 수준이 Phase 0인 상태에서의 의식상태로 옳은 것은?

① 무의식 상태
② 의식의 이완 상태
③ 명료한 상태
④ 과긴장 상태

> **해설**
> 주의의 수준은 제0단계에서 제4단계까지 분류되며 제0단계는 무의식, 실신상태, 제1단계는 의식의 둔화상태, 제2단계는 의식의 이완상태, 제3단계는 명료한 상태, 제4단계는 과긴장, 흥분상태이다.

1 ③ 2 ③ 3 ① **정답**

04 라인-스태프형 안전보건관리조직에 관한 특징이 아닌 것은?

① 안전지식 및 기술 축적이 가능하다.
② 스태프의 월권행위가 있을 수 있으며, 라인이 무력해질 수 있다.
③ 생산부문은 안전에 대한 책임과 권한이 없다.
④ 명령계통과 조언 및 권고적 참여가 혼동되기 쉽다.

해설
생산부문의 안전에 대한 책임과 권한이 없는 형태는 스태프형이다. 스태프형은 안전관리 전담 스태프와 안전 전문가가 안전에 관한 계획, 조사, 검토를 시행하기 때문에 생산부문은 안전에 대한 책임과 권한이 없다.

05 레빈(Lewin)의 법칙 $B = f(P \cdot E)$ 중 B가 의미하는 것은?

① 인간관계
② 행 동
③ 환 경
④ 함 수

해설
$B = f(P \cdot E)$
B : Behavior(인간의 행동)
P : Person(개체의 특성 ; 연령, 경험, 심신 상태, 성격, 지능 등)
E : Environment(심리적 환경 ; 인간관계, 작업환경 등)
f : function(함수 ; 적성, 기타 P와 E에 영향을 주는 조건)

06 안전보건관리조직의 유형 중 스태프(Staff)형 조직의 특징이 아닌 것은?

① 생산부문은 안전에 대한 책임과 권한이 없다.
② 권한 다툼이나 조정 때문에 통제수속이 복잡해지며 시간과 노력이 소모된다.
③ 생산부분에 협력하여 안전명령을 전달, 실시하므로 안전지시가 용이하지 않으며 안전과 생산을 별개로 취급하기 쉽다.
④ 명령 계통과 조언 및 권고적 참여가 혼동되기 쉽다.

해설
명령계통과 지도 조언 및 권고적 참여가 혼동되기 쉬운 안전관리조직 형태는 라인-스태프형(혼합형)이다.

07 산업안전보건법령상 안전·보건표지의 색채와 색도기준의 연결이 틀린 것은?(단, 색도기준은 한국산업표준(KS)에 따른 색의 3속성에 의한 표시방법에 따른다)

① 빨간색 – 7.5R 4/14

② 노란색 – 5Y 8.5/12

③ 파란색 – 2.5PB 4/10

④ 흰색 – N0.5

해설

관계자 외 출입금지 표지 : 흰색 N9.5, 검은색 N0.5

08 인간의 행동특성과 관련한 레빈의 법칙(Lewin) 중 P가 의미하는 것은?

$$B = f(P \cdot E)$$

① 사람의 경험, 성격 등

② 인간의 행동

③ 심리에 영향을 주는 인간관계

④ 심리에 영향을 미치는 작업환경

해설

$B = f(P \cdot E)$

B : Behavior(인간의 행동)

P : Person(개체의 특성 ; 연령, 경험, 심신 상태, 성격, 지능 등)

E : Environment(심리적 환경 ; 인간관계, 작업환경 등)

f : function(함수 ; 적성, 기타 P와 E에 영향을 주는 조건)

09 산업재해의 기본원인인 4M에 해당되지 않는 것은?

① 방식(Mode)
② 기계(Machine)
③ 매체(Media)
④ 관리(Management)

해설

Man(인간), Machine(기계), Media(매체), Management(관리)

10 주의의 특성에 관한 설명 중 틀린 것은?

① 한 지점에 주의를 집중하면 다른 곳에의 주의는 약해진다.
② 장시간 주의를 집중하려 해도 주기적으로 부주의의 리듬이 존재한다.
③ 의식이 과잉상태인 경우 최고의 주의집중이 가능해진다.
④ 여러 자극을 지각할 때 소수의 현란한 자극에 선택적 주의를 기울이는 경향이 있다.

해설

의식이 과잉상태일 경우 주의의 치우침 혹은 판단정지 기능이 나타난다.

11 산업안전보건법상 안전·보건표지의 종류 중 보안경 착용이 표시된 안전·보건표지는?

① 안내표지
② 금지표지
③ 경고표지
④ 지시표지

해설

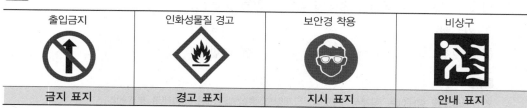

출입금지	인화성물질 경고	보안경 착용	비상구
금지 표지	경고 표지	지시 표지	안내 표지

12 산업안전보건법령상 안전·보건표지의 바탕 색채와 사용사례의 연결이 틀린 것은?

① 노란색 – 정지신호, 소화설비 및 그 장소 유해행위의 금지

② 파란색 – 특정 행위의 지시 및 사실의 고지

③ 녹색 – 비상구 및 피난소, 사람 또는 차량의 통행

④ 흰색 – 파란색·녹색에 대한 보조색

해설

노란색 : 화학물질 취급장소에서의 유해·위험경고 이외의 위험경고, 주의표지 또는 기계방호물

13 다음 중 안전관리조직의 형태에 속하지 않는 것은?

① 감독형 ② 직계형

③ 참모형 ④ 복합형

해설

안전관리조직 형태에는 직계식, 참모식, 직계참모 복합형의 3가지 형태로 분류된다.

농업인 안전관리

01 | 농작업 재해현황

(1) 표본통계 기반 재해현황 이해

① 산업별 업무상 사고 재해현황(2022년)

〈2022년 산업별 업무상사고 재해현황〉

(단위: 개소, 명, ‰)

구 분	전 산업	광 업	제조업	건설업	전기가스 수도업	운수창고 통신업	임 업	어 업	농 업	금융 및 보험업	기타의 사업
사업장수	2,976,026	1,055	410,117	396,622	3,502	98,044	16,483	2,163	22,509	44,013	1,981,517
근로자수	20,173,615	9,850	3,988,609	2,494,031	79,103	1,071,768	124,991	5,565	84,180	815,562	11,499,956
업무상사고 재해자수	107,214	149	23,764	27,432	105	11,591	928	56	635	465	42,089
업무상사고 재해천인율	5.31	15.13	5.96	11.00	1.33	10.81	7.42	10.06	7.54	0.57	3.66

＊ 업무상 사고 재해자 수(명) = 전체 재해자 수 - 업무상 질병 재해자 수
＊ 업무상 사고 재해 천인율(‰) = 근로자 1,000명당 1년간 발생하는 재해자 수

출처 : 고용노동부

㉠ 국제 노동기구(ILO)에 의하면 농업은 타 산업에 비해 재해율이 높아 건설업, 광업, 농업을 3대 위험산업으로 분류하였다. 우리나라도 광업, 임업, 어업 다음으로 농업의 재해율이 높게 나타나고 있다.

㉡ 고용노동부 2022 산업재해현황분석에 따르면 산업별 재해현황에서 농업은 2021년 668명, 2022년 682명으로 14명, 2.1% 증가로 나타났다.

② 농업인의 업무상 손상 및 질병조사

2009년부터 농촌진흥청에서 전체 농업인의 대표 표본농가를 대상으로 방문면접조사를 통해 집계하는 조사통계이다. 표본조사 결과에 가중치를 적용하여 전체 농업인 대상의 업무상 손상·질병률을 추정하며, 재해 발생 관련 요인 및 재해의 특성 등에 대한 통계를 나타낸다.

㉠ 대상 : 전국 10,000개 표본농가에 거주하고 있는 19세 이상의 성인 농업인 전수

㉡ 조사방법 : 방문면접설문조사

㉢ 조사내용 : 전년도에 발생한 모든 농작업 재해
  • 홀수해 : 업무상 손상조사
  • 짝수해 : 업무상 질병조사

③ 농업인의 업무상 손상 현황 및 특징

    ㉠ 농업인의 업무상 손상률은 약 2~3%(매년 농업인 100명 중 2~3명 손상)로 조사·추정된다.

    ㉡ 우리나라 전체 근로자 산업재해율의 4~6배 이상의 손상률을 나타낸다.

    ㉢ 여성보다는 남성이, 연령이 증가할수록 사고발생률이 높다. 남성은 농기계 관련 사고가, 여성은 넘어짐 사고가 각 성별 사고의 50% 가량을 차지하였다.

    ㉣ 발생유형은 넘어짐, 농기계관련 사고, 떨어짐, 과도한 힘·동작에 의한 손상, 부딪힘·접촉에 의한 손상이다.

    ㉤ 농기계 손상 사고의 반절 정도는 경운기 관련 사고로 나타났다. 경운기 외 주요 손상발생 농업기계는 트랙터, 예취기, 관리기였다.

④ 농업인의 업무상 질병 현황 및 특징

    ㉠ 농업인의 업무상 질병 유병률은 약 5.0~5.2%(농업인 100명 중 약 5명이 업무상 질환 보유)

    ㉡ 남성보다는 여성이, 연령이 많은 사람이 업무상 질병률이 높은 것으로 나타났다.

    ㉢ 질병의 종류는 근골격계 질환이 약 70% 이상을 차지하여 가장 많았다. 다음으로 순환기계 질환이, 이외에 소화기계 질환, 호흡기계 질환, 피부 질환, 내분비계 질환, 감염성 질환 등의 유병이 보고되었다.

(2) 보상통계 기반 재해현황 이해

요양 형태	빈도(%)	요양기간(일) 평균 ± 표준편차	본인 부담액(천원) 평균 ± 표준편차
입원 및 통원	48(31.2)	62.9 ± 88.5	934.7 ± 1,197.0
통원 치료만	63(40.9)	18.3 ± 33.8	607.6 ± 209.4
치료 없이 일만 쉰 경우	43(27.9)	7.6 ± 14.7	–
계	154(100)	37.6 ± 67.0	641.8 ± 1,644.3

① 재해 분류가 가능한 건수(180건) 분류 : 농기계 사고 74건(41.1%), 농기구 사고 15건(8.3%), 추락/넘어짐 46건(25.6%), 농약중독 11건(6.1%), 감전 1건(0.6%), 가축상해 1건(0.6%), 기타 32건(17.8%)으로 분류되었다.

② 농기계 종류에 따른 사고분석(61건 분석) : 경운기에 의해 발생된 것이 42건(68.9%)으로 가장 많았으며, 트랙터 3건(4.9%), 콤바인 3건(4.9%), 동력예취기 6건(9.8%), 기타 농기계 7건(11.5%)으로 나타났다.

③ 농기계 사고의 사고 원인 분류 : 기계전복 및 깔리는 경우 27건(37.0%), 기계에 끼이거나 말리는 경우 14건(19.2%), 기계에서 떨어지는 경우 15건(20.5%), 건물이나 다른 농기계, 차량, 물체와 충돌 12건(16.9%), 기타 5건(6.8%)으로 나타났다.

④ 사고 장소에 따른 사고분류 : 사고건수 179건 중 논과 밭 92건(51.4%), 농로 32건(17.9%), 비닐하우스 13건(7.3%), 도로 11건(6.1%), 집 안 11건(6.1%), 기타 20건(11.2%)으로 나타났다.

⑤ 농기계 사고만을 대상으로한 사고장소 분류 : 분류한 결과 논과 밭 28건(38.4%), 농로 23건(31.5%), 비닐하우스 6건(8.2%), 도로 6건(8.2%), 집 안 3건(4.1%), 기타 7건(9.6%)으로 나타나 큰 차이는 없으나 농로에서 발생한 비율이 다소 높아졌다.

⑥ 신체손상부위 : 175건 중 하지 54건(30.9%), 상지 40건(22.9%), 척추 28건(16.0%), 머리 및 안면부 20건(11.4%), 흉부 17건(9.7%), 복부 및 골반 3건(1.7%), 기타 13건(7.4%)으로 나타났다.

    ㉠ 농기계 사고만을 대상으로 분류한 결과 73건 중 상지 21건(28.8%), 하지 20건(27.4%)으로 나타나 상지 손상이 다소 높게 나타났다.

    ㉡ 손상 내용은 174건 중 좌상 및 타박상 50건(28.7%), 염좌 및 근육 긴장 41건(23.6%), 골절 33건(19.0%), 열상 20건(11.5%), 절단 11건(6.3%), 농약중독 11건(6.3%), 뇌손상 1건(0.6%), 기타 7건(4.0%)으로 나타났다.

    ㉢ 재해 후 현재 상태에 대한 설문에 97건(55.7%)이 완치되었다고 하였으나 현재 계속 불편한 경우가 63건(36.2%), 장해가 남은 경우가 14건(8.0%)으로 나타났다.

    ㉣ 입원과 통원치료를 받은 경우는 48건(31.2%)으로 나타났으며, 통원 치료만 한 경우는 63건(40.9%), 일만 쉬고 재가 요양을 받은 경우는 43건(27.9%)으로 나타났다.

    ㉤ 평균 요양기간은 각각 62.9(±88.8)일, 18.3(±33.8)일, 7.6(±14.7)일이었으며, 입원 및 통원 치료를 받은 경우 본인부담액은 934.7(±1,197.0)천원, 통원 치료만 받은 경우 본인부담액은 607.6 (±209.4)천원으로 나타났다.

⑦ 농작업 재해통계로서의 산업재해통계의 문제점

    산업재해통계는 산업재해보상보험에 가입된 사업체를 대상으로 하는 통계이며, 우리나라 산업재해보상보험법의 의무적용 대상은 임금을 받는 모든 근로자를 대상으로 하고 있다.

    ㉠ 농산업분야의 경우 5인 이상의 상시 근로자가 있는 법인사업체만을 가입의무 대상으로 규정하고 있다. 산업재해보상보험에 가입된 농산업체 근로자는 6~8만 여명이며, 이는 전체 농업인구의 약 2~3%에 해당한다.

    ㉡ 우리나라의 대부분의 농업인인 소규모·자영농업인은 본 통계의 대상에서 제외되어 있어, 전체 농업인을 대표하는 통계로 활용되기에 역부족인 상황이다.

02 | 사고 원인조사 및 대책수립

(1) 사고 원인조사방법

① 조사 목적 : 같은 종류의 사고가 되풀이해서 일어나지 않도록 사고의 원인이 되는 위험한 상태 및 불안전한 행동을 미리 발견하고, 이를 분석 검토하여 올바른 사고예방 대책을 세우기 위함이다. 또한 생산성 저해요인을 제거하며 관리 조직상의 장애요인을 색출해 내는데 목적을 둔다.

② 조사 시 유의사항

　㉠ 조사는 객관적 입장을 유지하고 사실을 수집한다.

　㉡ 조사는 가능한 빨리 현장이 변경되기 전 실시하며 2차 재해방지를 도모한다.

　㉢ 불안전한 상태, 행동에 대하여 조사한다.

　㉣ 목격자, 현장책임자, 피해자의 상황설명을 듣는다.

　㉤ 현장의 평상시 상식이나 관습에 대해서도 직장의 책임자로부터 듣는다.

　㉥ 현장상황에 대한 사진, 도면을 작성하여 기록한다.

　㉦ 사고와 관계있다고 생각되는 것은 모두 수집하여 보관한다.

　㉧ 책임추궁은 피하며 재발방지에 목적을 둔다.

③ 사고발생 처리순서

　㉠ 긴급처리 → 사고조사 → 원인분석 → 대책수립 → 대책실시계획 → 실시 → 평가

　㉡ 산업재해, 사고발생 시의 조치

순 서	조 치	조치내용	
1	긴급조치	• 피재기계의 정지 • 재해자의 응급조치 • 2차 재해의 방지	• 재해자의 구출 • 관계자에게 통보 • 현장 보존
2	사고조사	잠재재해 요인의 적출 • 누 가 • 언 제 • 어떠한 장소에서 • 어떠한 작업을 하고 있을 때 • 어떠한 물 또는 환경 • 어떠한 불안전한 상태 또는 행동이 있었기에 • 어떻게 하여 재해가 발생하였는가	
3	원인의 결정	원인 분석 • 직접원인(사람 · 사물) • 간접원인(관리)	
4	대책의 수립	안전보건 12가지 열쇠에 의하여 • 동종 재해의 방지대책 • 유사 재해의 방지대책	
5	실시계획		
6	실 시		
7	평 가		

출처 : 한국산업안전보건공단 사업장 보건관리 실무

④ **사고원인 조사순서** : 사실의 확인 → 사고요인의 파악 → 사고요인의 결정 → 대책 수립

　㉠ 사실의 확인

　　• 육하원칙에 의거 현장에 대한 구체적인 조사를 실시한다.

　　• 작업시작부터 사고발생까지의 사실관계를 명확히 밝힌다.

　㉡ 사고요인의 파악 : 사고요인과 상관관계를 고려하여 물적, 인적, 관리적 면에서 사고요인을 파악한다.

ⓒ 사고요인의 결정

- 사고요인의 상관관계와 중요도를 고려하여 직접 원인 및 간접원인을 결정한다.
- 직접원인과 문제점 발견, 기본원인과 근본적 요인의 문제를 결정한다.
- 직접원인에 해당하는 불안전한 행동 및 상태를 유발시키는 기본원인을 4M에 의거하여 분석하고 문제를 결정한다.

ⓓ 대책 수립 : 근본적인 문제점 및 사고원인을 근거로 동종 또는 유사사고 방지대책을 구체적으로 수립한다.

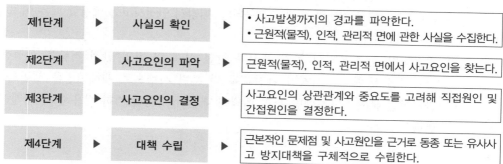

제1단계	▶	사실의 확인	▶	• 사고발생까지의 경과를 파악한다. • 근원적(물적), 인적, 관리적 면에 관한 사실을 수집한다.
제2단계	▶	사고요인의 파악	▶	근원적(물적), 인적, 관리적 면에서 사고요인을 찾는다.
제3단계	▶	사고요인의 결정	▶	사고요인의 상관관계와 중요도를 고려해 직접원인 및 간접원인을 결정한다.
제4단계	▶	대책 수립	▶	근본적인 문제점 및 사고원인을 근거로 동종 또는 유사사고 방지대책을 구체적으로 수립한다.

(2) 안전대책 보고서 작성

① 사실 확인, 직접원인 발견, 기본원인 분석 등의 사고원인 조사를 통해 밝혀진 문제점으로부터 방지대책을 수립한다.
② 대책은 구체적으로 실시 가능한 것이어야 한다.
③ 시정해야 할 대책 중 우선순위를 결정한다.
④ 대책 수립 후 실시계획을 수립한다.
⑤ 유사재해 방지대책을 동시에 수립한다.

(3) 하인리히 법칙에 의한 재해 예방의 4가지 원칙

① 손실우연의 원칙 : 사고의 결과 생기는 손실은 우연히 발생한다.
하인리히의 법칙에 따르면 비슷한 종류의 재해가 계속 발생할 때 상해의 확률은 상해 정도가 심한 중상의 경우 1회, 상해 정도가 비교적 가벼운 경상이 29회, 전혀 상해가 발생하지 않은 경우가 300회 정도 나타난다. 이 원칙은 사고가 났을 때 상해의 정도에는 항상 우연한 확률이 존재한다는 이론이며, '1 : 29 : 300의 하인리히 법칙'이라고 한다.
따라서, '사고가 발생했을 때 상해의 정도, 즉 사고가 발생함으로써 생긴 인적·물적 손실의 크고 작음 또는 이러한 손실의 종류는 어떤 우연한 결과에 의해 결정된다'라는 것이다.
② 원인계기의 원칙 : 재해는 직접 원인과 간접 원인이 연계되어 일어난다.
사고가 발생할 때는 사고의 원인 사이에 반드시 필연적인 인과 관계가 성립한다는 원칙이다. 사고가 났을 때 발생하는 손실은 우연적인 결과로 발생하지만, 사고가 발생하는 것과 사고의 원인 사이에는 필연적인 관계가 성립된다.

③ **예방가능의 원칙** : 천재지변을 제외한 모든 재해는 예방이 가능하다.

인적 재해로 발생한 사고는 자연재해로 인한 사고에 비해 사전에 예방이 가능하다는 특성이 있다. 재해예방을 목적으로 안전 관리를 철저히 하는 것은 바로 이러한 예방 가능의 원칙을 바탕으로 시행하는 것이며 이를 통해 동원할 수 있는 모든 자원을 활용해서 사고의 원인이 될 만한 각종 징후들을 사전에 발견하고 예방하여 재해 발생을 최소화시키는 것이 중요하다.

④ **대책선정의 원칙** : 재해는 적합한 대책이 선정되어야 한다.

산업 안전사고를 줄이고 재해 예방을 효율적으로 하려면 기술적인 차원, 교육적인 차원, 관리적인 차원에서 철저한 대책이 요구된다. 따라서 안전사고를 예방할 때는 이 3가지 차원을 적절하게 활용한다.

ⓐ 기술적인 문제 : 작업 환경 개선과 안전 설계 및 작업 안전 기준을 설정한다.

ⓑ 교육적인 문제 : 상시적인 안전교육 및 훈련 시행으로 재해예방을 생활화한다.

ⓒ 관리적인 문제 : 재해예방 관리 대책에 대한 규정을 엄격히 적용하고, 체계적으로 관리한다.

(4) 사고원인분석

통계학적 방법에 의하여 사고의 경향이나 사고요인의 분포 상태와 상호관계 등을 주안점으로 재해원인을 찾아내어 거시적(Macro)으로 분석하는 주요방법이 있다.

① **파레토도(Pareto Diagram)** : 사고의 유형, 기인물 등 분류항목을 큰 순서대로 도표화(문제나 목표의 이해에 편리)

② **특성요인도** : 특성과 요인관계를 도표로 하여 어골상(魚骨狀)으로 세분

③ **클로즈(Close) 분석** : 2개 이상 문제관계를 분석하는 데 사용하는 것으로, 데이터(Data)를 집계하고 표로 표시하여 요인별 결과 내역을 교차한 클로즈(Close) 그림을 작성하여 분석

④ **관리도** : 재해 발생 건수 등의 추이를 파악하여 목표관리를 행하는 데 필요한 월별 발생수를 그래프(Graph)화하여 관리선을 설정 관리하는 방법

관리구역 – 관리상한(UCL ; Upper Control Limit), 중심선(CL ; Center Limit), 관리하한 (LCL ; Lower Control Limit)

(5) 로직트리 분석기법

로직트리(Logic Tree)분석기법은 사고의 원인이 되는 사실을 논리적으로 나무형태로 그려나가는 기법으로서, 발생된 재해에 대해서 재해를 구성하고 있는 사실들을 거꾸로 추적하여 근본적 원인을 찾아내는 시스템적 분석기법이다. 로직트리의 장점은 다양한 사실들을 누락 없이 수렴해서 사고원인을 논리적으로 분석하는 것이며, 사고가 왜 발생하게 되었는지 메커니즘을 이해하는 것을 돕는다. 로직트리 기법은 오류나무(Fault Tree)기법이라고도 불리며, 미국의 뉴저지 의과대학 OTEC에서 2009년에 사고예방을 위해 개발된 원인조사기법으로, 한국의 석유화학 분야의 사고원인 분석에 적용하면서 국내에 소개되었다.

① 수행방법
- 사실의 수집

  로직트리 다이어그램을 만드는 첫 번째 단계는 모든 사실들에 대해 리스트를 작성하는 것이다. 인터뷰와 사고현장 조사 등을 통해 사실기록지를 활용하여 사실을 한 가지씩 정리한다.
  - 하나의 리스트에는 하나의 사실만 기록
  - 객관적 사실만을 기록, 주관적이거나 편견 있는 단어를 사용 금지
  - 사실에 대한 가정이나 조작 금지
  - 비약적으로 결론을 내지 않음
  - 중요하거나 부적절하다고 해서 사실도 배재하지 않음
- 시간에 따라 사실을 배열

  조사된 사실 리스트에 있는 내용들을 시간에 따라 배열함으로써, 사고과정에서 있었던 일들을 재구성하고 이해한다. 시간적 배열은 사고로부터 출발해서 거꾸로 거슬러 올라오면서 사고과정에 있었던 일을 순서대로 배치한다.
  - 시간에 따라 배열될 수 없는 사실들이라도 별도로 구분해서 놓는다.
  - 시간적으로 정확하게, 확실한 증거가 있을 때에만 사실들의 순서를 정한다. 시간상 비는 곳이 있다고 해서 사실들을 억지로 끼워 넣지 않는다. 모르는 것이 있으면 더 조사를 해야 한다.
  - 동시에 발생하는 사고는 나란히 배열한다.
- 작 성

  사고의 최종 사실을 최상단에 놓고, 그 사건의 직접적인 원인들을 체계적인 트리구조로 아래로 연장하며 작성한다. 각 단계별로 필요조건 테스트(해당 사건을 발생시키는 데 각 원인사실들이 필수적인 요인인지 검토)와 충분조건 테스트(해당 사건을 발생시키는 데 충분한 원인을 모았는지 검토)를 수행한다. 최하위 원인이 다음과 같은 세 가지 유형 중의 하나에 도달할 때, 로직트리의 확장을 종료한다.
  - 안전시스템(SOS ; System of Safety)의 문제로 정의될 때 : 이는 트리를 종료하는 최소한의 조건일 뿐이며, 안전시스템 중에서 어떤 부분이 잘못된 것인지 추가 트리를 진행할 수도 있음
  - 정상(Normal) : 원인과 결과를 설명할 필요가 없는 그냥 정상적인 사실일 경우
  - 더 많은 정보가 필요함(NMI ; Need More Information) : 로직트리를 확장하기 위해 필요한 정보가 없고 추가 조사가 필요한 경우

② 분석결과

로직트리 분석을 통해 재해를 발생시키는 복합적이고 다양한 원인들을 체계적으로 분석함으로써, 향후 동종 사고의 재발방지를 위한 안전시스템의 개선 방향 등 구체적인 대책 수립에 활용할 수 있다.

(1) 넘어짐 사고 예방관리

① 환경 개선

㉠ 축사 등 실내 공간 또는 실외의 이동 통로가 항상 젖어 있는 경우에는 마찰력이 높은 바닥재를 사용한다.

㉡ 작업장을 자주 정리 정돈하여 환경을 개선한다.

㉢ 미끄럼주의 위험 표지를 설치 및 부착한다.

㉣ 물이 고여 있는 경우에 물기 제거 또는 표면을 흙 등으로 덮어 마찰력을 높인다.

㉤ 빙판이 생겼을 경우 빙판 제거 또는 모래, 소금 등으로 덮어 마찰력을 높인다.

㉥ 실내의 경우에는 비로 인해 천정이 새어 바닥에 물이 고이지 않도록 시설을 유지 및 보수한다.

㉦ 실내 작업 시에는 충분한 조명을 설치하며 넘어짐 사고가 많은 이동공간에도 조명을 설치한다.

㉧ 경사도를 완화하는 조치를 취한다.

㉨ 계단 등 안전한 이동 통로를 확보한다.

② 장비 개선

㉠ 이동 시 몸의 중심 잡기를 방해하는 중량물 취급을 제한한다.

㉡ 평소보다 적은 중량물을 취급한다.

㉢ 바닥의 마찰력이 높은 작업화를 착용한다.

㉣ 논 작업의 경우는 발의 크기에 맞는 물장화를 착용한다.

③ 안전 작업 절차 준수

㉠ 주의를 강화한다.

㉡ 환경 개선 의지를 높인다.

㉢ 기상 악천후일 경우에는 작업을 삼간다.

㉣ 급하게 보행하지 않도록 한다.

㉤ 논 작업의 경우는 하체를 우선적으로 이동한 이후 상체를 이동한다.

㉥ 갑자기 방향전환을 하거나 출발하는 것을 삼가고 지면의 상태를 살피며 천천히 이동한다.

㉦ 하지 근육 피로를 초래할 수 있는 장시간의 노동을 제한한다.

㉧ 안전과 관련된 충분한 비용지출을 한다.

(2) 떨어짐 사고 예방관리

① 작업자가 사다리 기둥 중앙부에서 작업하도록 하고 오르내릴 때 양손을 사용한다.

② 사다리 위에서 팔이 닿지 않는 곳은 무리하지 않고 사다리를 옮겨 작업한다.

③ 사다리에서 내려오거나 올라갈 때 팔, 다리는 항상 사다리에 3점 이상 지지되도록 한다.

④ 사다리 발판의 물기나 기타 이물질은 제거하고 발판에 미끄럼방지 장치를 부착한다.

⑤ A형 사다리의 상부 3개 발판은 사용을 금하고 그 아래의 발판을 이용하여 작업한다.

⑥ 사다리 작업 시 2인 1조 작업을 실시하며 안전모 등 개인보호구를 지급 착용하도록 한다.

⑦ 사다리 등 작업발판을 넓게 하고, 미끄럼방지 신발을 착용한다.

⑧ 이동식 사다리의 길이가 6m 초과하는 것을 사용하지 않도록 한다.

⑨ 이동식 사다리 발판의 수직간격은 25~35cm 사이, 사다리 폭은 30cm 이상으로 제작된 사다리를 사용한다.

⑩ 일자형 사다리의 설치각도는 수평면에 대하여 75° 이하를 유지하고, 일자형 사다리 높이의 1/4 길이의 수평거리를 유지하도록 한다.

⑪ 일자형 사다리의 상단은 사다리를 걸쳐놓은 지점으로부터 1m 이상 또는 사다리 발판 3개 이상의 높이로 올라오게 하여 설치한다.

⑫ 일자형 사다리의 상부 3개 발판 미만에서만 작업하며, 3점 접촉을 유지한다.

⑬ 곡면에 사다리를 세우면 옆으로 쓰러져 불안정해지므로 나무나 전주 등에는 가능한 한 세우지 않는다.

⑭ 지면에서 2m 이상 높이에서는 사다리가 아닌 고소작업대를 사용한다.

⑮ 경운기 등 농기계 탑승 시 안전벨트를 착용한다.

⑯ 과수나무 오르기 등의 작업 시 주의에 만전을 기한다.

(3) 질식사고 예방관리

① 기술적·관리적 대책

ㄱ 작업 시작 전과 작업 중에 유해가스 농도 및 산소농도를 측정한다.

ㄴ 충분한 환기를 실시하고 호흡용 보호구를 지급한다.

ㄷ 폐수처리 저류소 수위를 확인하고 방법을 개선한다.

ㄹ 안전담당자를 지정하고 감시인을 배치한다.

ㅁ 질식자 구출 시 송기마스크 등 호흡용 보호구를 착용한다.

ㅂ 작업장소에 출입하는 근로자의 인원을 상시점검한다.

ㅅ 해당 근로자 외 출입금지와 작업장소에 "관계자 외 출입금지" 표지판을 게시한다.

ㅇ 밀폐공간 작업자가 외부 감시인과 상시연락을 취할 수 있는 연락장비를 구비한다.

② 교육적 대책

ㄱ 현장에서의 질식재해 예방에 관한 교육을 실시한다.

ㄴ 작업위험 요인과 이에 대한 대응방법에 대하여 교육을 실시한다.

ㄷ 사고 시의 응급조치에 대해 교육한다.

(4) 기타 사고 예방관리(끼임사고)

① 안전장치 설치

ㄱ 유압식 안전장치를 설치한다.

ㄴ 협착점, 끼임점, 물림점 등에 방호장치를 설치한다.

ⓒ 불량부품제거 시 수공구를 사용한다.

② 안전작업 표준 준수

 ㉠ 기계, 기구 정비 등 작업 시에 반드시 운전을 정지한다.

 ㉡ 급정지장치 및 비상정치장치의 이상 유무를 확인한다.

 ㉢ 기계사용 중에 상하 사이로 손을 넣지 않는다.

 ㉣ 가공물을 송급 혹은 배출 시에 수공구나 안전장치를 사용한다.

 ㉤ 반드시 작업 종료 후에 청소 및 주유 등을 시행한다.

 ㉥ 운전 조작 스위치를 수동으로 놓고 금형 개폐 스위치를 작동하여 이상 유무를 확인한다.

 ㉦ 작업복은 기계에 말려들어가지 않도록 몸에 알맞는 것을 착용한다.

③ 안전작업 수칙 준수

 ㉠ 보수 점검 시에 전원스위치를 잠금장치하고 "점검작업 중" 표지판을 부착한다.

 ㉡ 지정점검자가 점검하며 관계자 이외에 접근을 금지한다.

적중예상문제

01 재해조사의 목적에 해당되지 않는 것은?

① 재해발생 원인 및 결함 규명

② 재해관련 책임자 문책

③ 재해예방 자료수집

④ 동종 및 유사재해 재발방지

해설

재해조사의 목적은 같은 종류의 재해가 되풀이되어 일어나지 않도록 사고의 원인이 되는 위험한 상태 및 불안전한 행동을 미리 발견하고, 이를 분석 검토하여 올바른 사고예방대책을 세우기 위함이다. 또한 생산성 저해요인을 제거하여 관리 조직상의 장애요인을 찾아내는 과정으로 재해관련 책임자 문책은 해당되지 않는다.

02 재해예방의 4원칙이 아닌 것은?

① 손실우연의 원칙

② 사실확인의 원칙

③ 원인계기의 원칙

④ 대책선정의 원칙

해설

하인리히의 재해예방 4원칙 : 손실우연의 원칙, 원인계기의 원칙, 예방가능의 원칙, 대책선정의 원칙

03 산업현장에서 재해 발생 시 조치 순서로 옳은 것은?

① 긴급처리 → 재해조사 → 원인분석 → 대책수립 → 실시계획 → 실시 → 평가
② 긴급처리 → 원인분석 → 재해조사 → 대책수립 → 실시 → 평가
③ 긴급처리 → 재해조사 → 원인분석 → 실시계획 → 실시 → 대책수립 → 평가
④ 긴급처리 → 실시계획 → 재해조사 → 대책수립 → 평가 → 실시

해설

긴급처리 → 사고(재해)조사 → 원인분석 → 대책수립 → 대책실시계획 → 실시 → 평가

04 사고원인의 조사순서로 맞는 것은?

① 사실의 확인 → 사고요인의 파악 → 사고요인의 결정 → 대책수립
② 사고요인의 파악 → 사고요인의 결정 → 대책수립 → 사실의 확인
③ 사실의 확인 → 사고요인의 결정 → 사고요인의 파악 → 대책수립
④ 사고요인의 파악 → 대책수립 → 사고요인의 결정 → 사실의 확인

해설

사고원인에 대한 조사순서는 사실의 확인 → 사고요인의 파악 → 사고요인의 결정 → 대책수립이다.

05 농기계 종류에 따라 사고를 분석하였을 때, 가장 많은 사고가 발생한 농기계는 무엇인가?

① 동력예취기
② 트랙터
③ 경운기
④ 콤바인

해설

사고를 농기계 종류에 따라 분석하였을 때, 가장 많은 사고가 발생한 농기계는 경운기, 그 다음은 동력예취기이다.

06 재해 예방에 대한 하인리히의 법칙 중 '천재지변을 제외한 모든 재해는 예방이 가능하다'는 것은 어떤 원칙에 해당하는가?

① 예방가능의 원칙

② 손실우연의 법칙

③ 원인계기의 원칙

④ 대책선정의 원칙

> **해설**
>
> 하인리히의 법칙
> - 손실우연의 원칙 : 사고의 결과 생기는 손실은 우연히 발생한다.
> - 원인계기의 원칙 : 재해는 직접 원인과 간접 원인이 연계되어 일어난다.
> - 예방가능의 원칙 : 천재지변을 제외한 모든 재해는 예방이 가능하다.
> - 대책선정의 원칙 : 재해는 적합한 대책이 선정되어야 한다.

07 넘어짐 사고를 예방하기 위한 방법으로 옳지 않은 것은?

① 경사도를 가능하면 높게 한다.

② 작업장을 자주 정리 정돈하여 환경을 개선한다.

③ 실내 작업 시에는 충분한 조명을 설치한다.

④ 계단 등 안전한 이동 통로를 확보한다.

> **해설**
>
> 넘어짐 사고를 예방하기 위해서는 경사도를 완화하는 조치를 취하는 것이 좋다.

08 하인리히(Heinrich)의 재해구성비율에 따른 58건의 경상이 발생한 경우 무상해 사고는 몇 건이 발생하겠는가?

① 58건

② 116건

③ 600건

④ 900건

> **해설**
>
> 1 : 29 : 300 = 2 : 58 : 600

CHAPTER 03 농기자재 안전관리

01 | 농업기계 안전관리

(1) 농업기계 사용 일반 안전지침

① 농업기계의 정의 : 농업을 경영하는 데 필요한 모든 기계의 총칭으로 작물의 생산, 축산, 잠업, 원예 및 임업 등 넓은 의미의 농업에서 수단으로 이용되는 기계 또는 생산 후의 가공 처리와 부산물의 처리에 관련되는 모든 기계, 기구 및 장비를 말한다.

② 농업기계 사고의 원인 : 4M 위험성 평가에 따르면 농업기계 사고의 원인은 크게 4가지로 볼 수 있다. 이러한 4가지 원인의 상호 작용에 의해 농기계 사고가 발생한다.

   ㉠ 기계적 원인(Machine) : 농기계 자체에 결함이 있거나 안전장치가 미흡한 경우

   ㉡ 환경적 원인(Media) : 농기계를 활용하는 주변 환경(매체)에 문제가 있는 경우

   ㉢ 인적 원인(Man) : 농기계를 사용하는 농업인의 부주의나 음주 등

   ㉣ 관리적 원인(Management) : 농기계 안전사용에 대한 교육훈련, 관리감독, 지도, 규정, 안전수칙 게시 등이 미흡한 경우

③ 농업기계의 안전사고

   ㉠ 농업기계의 종류 : 경운기-예취기-트랙터-관리기의 순서로 안전사고가 가장 많이 발생되었다.

   ㉡ 농업기계 사고 발생 위험군 : 주로 사고 발생 연령대는 60대 이상 고령자(70.3%)이며, 남성이 84.3%로 나타났다.

   ㉢ 농업기계 사고 발생 시기

   • 농번기인 봄철과 가을철에 많이 발생된다.

   • 하루의 시간대로 보면 오전 10시, 오후 3시경에 주로 발생한다.

   • 농업기계 교통사고는 농작업을 위해 나가거나 들어오는 아침과 저녁시간대에 주로 발생한다.

④ 농업기계 사고예방을 위한 운전자 준비사항

   ㉠ 안전모 : 농업기계가 넘어짐 또는 작업 중 농업기계로부터 머리를 보호해 준다.

   ㉡ 몸에 맞는 옷 : 늘어진 옷으로 인해 농기계에 말려들어가는 것을 예방한다.

   ㉢ 안전화 : 농기구가 떨어지거나 발등이 기계에 끼는 것을 예방한다.

   ㉣ 운전 미숙련자는 반드시 사용법을 숙지하고, 다른 사람의 도움을 받아 연습 후 운전한다.

   ㉤ 피로한 상태 혹은 음주상태에서는 농업기계 조작을 금지한다.

ⓗ 조작 전 반드시 농업기계에 부착된 안전주의 명판을 숙지한다.

ⓢ 농업기계 조작 전 반드시 취급설명서를 숙지한다.

(2) 농업기계 안전점검 및 보관 관리

① 농업기계 안점점검의 필요성 및 목적

ⓐ 계절에 따라 각 농업기계의 이용시간이 한정되어 있다.

ⓑ 농업기계별 대상 작업이 다양하다.

ⓒ 부하변동이 심하다.

ⓓ 작업환경이 열악하여 고장 및 사고 발생가능성이 높다.

ⓔ 농업기계의 수명을 연장시킬 수 있으며 안전사고 발생을 줄일 수 있다.

ⓕ 일상점검을 비롯한 정기점검과 사전정비를 생활화하여 큰 고장을 방지하고 농기계 이용 수명을 연장시킬 수 있다.

② 농업기계 일상점검

ⓐ 점검시기 : 매일점검(일상점검)

ⓑ 사용 전 점검 : 기계를 운전하기 전에 각 부분을 점검함으로써 고장을 미연에 방지할 수 있으며, 일상점검은 습관처럼 실시한다.

• 엔진오일은 적량인가 확인한다.

• 냉각수를 점검한다.

• 냉각, 팬벨트를 확인한다.

• 각 부분의 볼트, 너트의 조임 상태나 연결부의 부착상태를 확인한다.

• 각 부분의 오일, 연료, 냉각수 등이 새는 곳이 있는지 확인한다.

ⓒ 사용 중 점검 : 사용 중에 이상이 생길 수 있으므로 기계에 대하여 점검해야 한다.

• 엔진 또는 각 부분에서 이상한 소리가 나는지 확인한다.

• 오일 또는 냉각수가 새는 곳이 없는지 확인한다.

• 연료계통에서 원료가 새는 곳이 없는지 확인한다.

• 배기가스의 색이 정상인지 확인한다.

• 연료가스가 새는 곳이 없는지 확인하면서 작업한다.

ⓓ 사용 후 점검 : 사용 중 부분의 이상을 발견하지 못한 곳은 정지 상태에서 확인하여 다음 작업을 정상적으로 이루어질 수 있도록 실시한다.

• 사용 전 점검을 같은 요령으로 실시한다.

• 사용연료를 보충시켜 준다.

③ 농업기계 운행 전, 중, 후 안전점검 및 보관관리

㉠ 트랙터의 안전점검 및 보관관리

운 행	안전점검 및 보관관리
운행 전	• 넘어질 시 운전자를 보호할 수 있는 안전 프레임(ROPS)을 부착한다. • 배터리 단자에서 코드를 분리할 때는 (-)측을 먼저 떼어내고, 부착 시에는 (+)측을 먼저 끼운다. • 전, 후륜 타이어의 볼트체결상태를 확인한다. • 농작업 외의 도로주행 시 반드시 브레이크페달을 좌, 우 연결고리로 연결시킨다. • 유압관련 부품을 점검하거나 분해하기 전에 엔진을 정지시키고 유압리프트부를 최전상태로 내려 잔류압력을 뺀 뒤에 작업을 실시한다. • 점검 및 정비 등으로 떼어낸 커버 등은 점검 및 정비 완료 후 모든 커버를 재부착한다.
운행 중	• 작업기를 내려 놓고 톱링크를 조정한다. • 요크(유니버설조인트)의 안전커버는 벗겨내지 않는다. – PTO축을 사용하지 않을 때는 PTO캡을 부착하여 작업자가 협착되는 사고를 예방한다. • 좌/우 브레이크페달의 연결 차동페달의 고정장치 해제를 확인한다. • 경사지에서 주변속, 부변속 또는 셔틀레버를 중립에 놓거나, 클러치를 조작하여 주행하지 않는다. • 높이가 제한된 비닐하우스나 과수원에서 안전 프레임을 제거해야 할 경우는 미리 작업장 높이를 파악하여 부딪히는 일이 없도록 한다.
운행 후	• 적절한 점검 정비를 시행한다. • 점검 정비는 평탄한 장소에서 주차브레이크를 걸고 엔진을 멈춘 후 가동부가 완전히 정지되었을 때 실시한다. • 점검정비 후 안전커버는 반드시 다시 장착한다. • 배터리, 배선, 소음기, 엔진주변부는 화재의 우려가 있으므로 항상 청결히 한다. • 운전일지, 점검 정비 일지 등을 기록한다. • 보관창고는 충분히 밝도록 전등설치 및 환기시설을 설치한다. • 포크가 부착된 작업기는 포크의 선단에 커버를 씌어둔다.
보관 및 관리	• 엔진오일을 교환하고 5분 정도 운전하여 각부에 오일이 퍼지도록 한다. • 연료탱크에 방청제를 주입하고 규정온도가 될 때까지 엔진을 가동한다. • 유압은 최대로 올리고, 녹이 슬기 쉬운 부위는 도장한다. • 부동액을 희석하여 주입한다. • 배터리는 접지코드를 떼어내고 별도로 보관하며 1개월에 1~2회씩 충전한다. • 웨이트는 떼어내고 작업기는 지면에 내려놓은 상태로 한다. • 공기압은 표준보다 높게 하며 발전기 벨트는 냉각된 다음 느슨하게 해 준다. • 뒷바퀴 앞뒤에 받침대를 놓아 바퀴를 지면에서 띄우고 야외에 보관할 때는 기대커버를 씌어준다. • 연료콕을 OFF로 해두며 클러치는 끊어진 상태, 클러치 페달은 밟은 상태에서 '클러치페달로크'를 걸어둔다.

ⓛ 경운기의 안전점검 및 보관관리

운 행	안전점검 및 보관관리
운행 전	• 차축플랜지, 엔진, 로터리 날 등 각부의 볼트, 너트를 점검한다. • 주클러치, 조향클러치의 작동을 확인한다. • 변속, 부변속, 갈이변속 레버가 제자리에서 작동되는지 확인한다. • 고무타이어의 공기압 상태, 윤활유를 점검한다.
운행 중	• 동력취출장치(PTO ; Power Take Out)축을 사용하지 않을 때는 보호캡을 장착하여 보호한다. • 엔진풀리에 평풀리 등을 취부해 "동력취출작업"을 할 때는 벨트커버를 떼어 작업하게 되므로 벨트에 협착이 되지 않도록 보호망을 설치한다.
운행 후	• 주클러치 레버를 '작동', 변속레버는 '중립', 간이변속레버는 '멈춤' 위치에 놓는다. • 각 부의 누유나 과열 여부를 점검한다. • 로터리 날을 점검한다.
보관 및 관리	• 주클러치는 '끊김'의 위치에, 조향클러치는 넣은 상태로 한다. • 연료코르크레버는 올려서 연료를 차단한다. • 크랭크케이스 오일은 빼고 새오일을 규정량만큼 넣어 5~10분간 공회전한다. • 시동핸들로 회전하여 밸브가 닫힌 상태로 보관한다. • 에어클리너, 소음기 등 대기에 접하는 구멍부는 비닐, 종이 등으로 덮는다. • 경운기를 장기 보관할 때는 청결하고, 또 습기가 없는 곳에 보관한다. • 실린더 안에 소량의 오일을 넣어 공회전을 시킨 후 플라이휠을 돌려 압축이 느껴지는 곳에서 멈춘다. • 광택이 나는 부분은 오일을 발라 녹이 생기지 않도록 한다. • 타이어를 끼운 채로 보관할 때는 그늘진 곳에 보조 받침대를 놓고 그 위에 기체를 올려놓아 타이어가 땅에서 들리도록 보관한다.

ⓒ 콤바인의 안전점검 및 보관관리

운 행	안전점검 및 보관관리
운행 전	• 연료호스의 손상이나 누유가 없는지 점검하고 각 부분의 센서가 정상작동하는지 살핀다. • 엔진시동이나 각 클러치를 넣을 때에는 경적이나 기타 방법으로 보조자나 주위사람에게 신호하여 안전을 확인한다. • 배터리 단자에서 코드를 분리할 때는 (−)측을 먼저 떼어내고, 부착 시에는 (+)측을 먼저 끼운다. • 머플러 등 뜨거운 부위에 지푸라기나 이물질이 끼어 있지 않은지 작업 전에 점검하여 제거한다. • 예취부를 올리고 장시간 경과하면 하강할 염려가 있으므로 정비 시에는 받침을 댄다. • 점검 및 정비 등으로 떼어낸 커버 등은 점검 및 정비 완료 후 모든 커버를 재부착한다.
운행 중	• 각 부의 볼트, 너트, 로터리의 칼날 등이 느슨하지 않은지 확인한다. • 두렁 옆 베기를 할 때는 보조발판을 반드시 접어 올린다. • 손으로 벤 벼의 탈곡 시에는 기체를 정지하고 부변속 레버를 N의 위치로 한 후 작업한다. • 절단기를 열 때에는 반드시 지지봉을 사용하고 절단기를 닫을 때는 칼날에 유의한다. • 차량을 이용하여 콤바인을 운반할 경우 충분한 강도, 폭, 길이의 미끄럼방지, 훅이 달린 발판을 사용하여 차량 적재함에 투입한다.
운행 후	• 적절한 점검정비를 시행한다. • 점검정비는 평탄한 장소에서 주차브레이크를 걸고 엔진을 멈춘 후 가동부가 완전히 정지되었을 때 실시한다. • 점검정비 후 안전커버는 반드시 다시 장착한다. • 배터리 충전 중에는 가연성 가스가 배출되므로 환기하면서 실시한다. • 운전일지, 점거정비일지 등을 기록한다. • 1년 1회는 전문 수리업자에게 정비를 의뢰한다. • 보관창고는 충분히 밝도록 전등설치 및 환기시설을 설치한다. • 트레일러, 직장식 작업기는 보관 시 스탠드가 있을 시에 반드시 스탠드를 사용해 지지한다.

운 행	안전점검 및 보관관리
보관 및 관리	• 스로틀 레버는 '저'측으로 최대한 돌리고, 각 레버는 '끊김'으로 한다. • 작업기 절환 레버는 '카터'위치로 해둔다. • 젖힘 가이드나 보조 짐받이를 접어두고 분초간 보호판을 부착하여 예취부를 최대한 내려 준다. • 메인스위치를 빼고 기계 전체를 비닐 덮개를 씌워 보관한다. • 각 회전부나 절단부, 벨트, 체인 등에 감긴 지푸라기를 제거한다. • 미끄럼부, 체인 등에 오일을 충분히 주유한다. • 탈곡부는 왕겨에 새 오일을 묻혀 탈곡부에 회전시켜 넣어 녹을 방지한다. • 라디에이터의 냉각수를 빼주고 캡과 배수 콕을 열어 놓는다. • 각종 윤활유를 교환해주고 배터리의 (−)선을 빼놓는다. • 주차브레이크 고정고리를 걸어 놓는다.

④ 농업기계 보관시설

   ⊙ 농업기계는 습기가 없고 햇볕이 들지 않으며, 비바람이 들이치지 않는 시설 내에 보관한다.

   ⓒ 보관창고는 항상 밝고 깨끗하게 정리 정돈한다.

   ⓒ 내부 및 출입구의 높이, 폭 등을 여유 있게 한다.

   ⓔ 창고 내부는 충분한 밝기를 유지하고 환기가 잘되도록 한다.

   ⓜ 기계 및 공구는 정해진 장소에 정리 정돈한다.

   ⓗ 취급설명서는 금방 꺼내 볼 수 있도록 정해진 위치에 보관한다.

(3) 농업기계 방호장치 및 등화장치

① 농업기계 방호장치

   ⊙ 전체 방호장치

     • 위험부분의 앞뒤, 좌우, 상하 등의 개방된 모든 면에 걸쳐서 사람이 접촉하는 것을 방지할 수 있도록 덮개를 설치한 것을 말한다.

     • 덮개 내부에 먼지가 쌓이지 않도록 아래 면의 일부를 개방할 수 있으나, 개구부의 크기를 최소로 해야 한다.

   ⓒ 부분 방호장치

     • 전체 덮개 중에 한 면이 개방된 것을 말한다.

     • 기계 몸체가 방호 덮개의 일부를 구성하는 것으로 방호덮개와 기계 몸체와의 틈새를 12mm 이하로 유지한다.

   ⓒ 그 밖의 방호장치

     • 기계의 구조나 기능상 전체 또는 부분방호를 할 수 없는 경우 사람이 접근하여 적합한 덮개를 하는 경우를 말한다.

     • 개구부의 크기는 최소한으로 한다.

② 농업기계의 방호조치

   ⊙ 기계 자체 또는 지상에 고정시켜 위험부분에 사람의 신체가 접촉하는 것을 차단하기 위한 방호가드를 설치하여야 한다.

ⓛ 위험부분이 기계 바깥 쪽 면이나 방호가드에서 충분히 떨어진 거리에 있도록 함으로써 운전 중이나 기계의 보수, 조정 작업 시 사람에게 위험이 발생되지 않는 구조로 한다.

ⓒ 회전부와 함께 회전하지만 그 표면이 평활하여 사람이 접촉하는 경우에도 다치게 할 우려가 없는 구조이어야 한다.

ⓔ 고온 부분의 방호
- 엔진 등 온도가 130℃ 이상 될 수 있는 고온 부분은 신체가 접촉되지 않도록 방호장치를 한다.
- 배기매니폴드, 소음기, 배기관 및 연소실은 청소가 용이한 구조이어야 한다.
- 연료주입 시에 넘친 연료가 기관의 고온부에 접촉할 수 없는 구조이어야 한다.

ⓜ 그 밖의 방호 조치
- 주행용 농업기계는 넘어질 때 운전자를 보호할 수 있는 견고한 상부덮개나 안전구조를 갖추어야 한다.
- 보행용 농업기계의 최고 속도는 7km/h를 초과하지 않아야 하며, 작업기를 부착하여 승용으로 사용할 수 있는 농업기계는 15km/h 이하이어야 한다.
- 운전위치에서 기계 후방을 확인하기 곤란한 자주식 농업기계는 후진 시에 경고음을 발생하게 하거나 또는 후방의 물체를 감지하여 운전자에게 경고하는 장치를 부착하여 야 한다.
- 전기배선은 절연물로 피복되어 있고 기계에 고정되어야 한다.
- 주행용 농업기계는 경음기를 부착하여야 한다.

③ 농업기계의 등화장치
ⓐ 도로를 주행하는 농업기계는 방향지시등, 점멸등, 차폭등과 같은 등화장치를 반드시 부착하여야 한다.

ⓑ 농업기계에 부착된 등화장치와 반사판은 도로주행 시 상대 차량 운전자에게 보다 나은 정보를 제공하여 안전사고 예방에 크게 도움을 준다. 희미하거나 혹은 상대 운전자의 시야에 제대로 들어오지 않는 조명과 반사판은 상대차량의 운전자로 하여금 위급 시 재빠른 판단과 반사행동을 취하기 어렵게 만들므로 주의한다.

ⓒ 등화장치에 관한 권고사항 : ASAE(American Society for Agricultural Engineer) 표준 을 보면 도로 위를 주행하는 농업용 장비의 등화장치와 그 위치에 대해 규정하고 있다. 일반적으로 등화장치는 지면으로부터 최소한 0.9m 이상의 높이에 있어야 되고, 3m보다 높아서도 안 된다.

등화장치	권고사항
전조등	규격에 맞는 두 개의 램프가 같은 높이에 붙어 있어야 하고 가능하다면 농업기계의 중앙으로부터 동일한 간격으로 가능한 멀리 떨어져 있어야 한다.
작업등	농업기계에는 작업등이 부착되어 있어야 한다. 뒤쪽을 향해 있는 작업등은 도로를 주행 중에는 사용해서는 안 되지만 그 밖의 경우라면 농업기계 근처의 옆쪽이나 앞쪽을 밝게 비추기 위해 사용하도록 한다.
후미등	두 개의 붉은 후미등은 동일한 높이의 위치에 두고 중앙으로부터 동일한 간격으로 가능한 멀리 떨어져 있어야 한다. 지면으로부터 최소한 0.9m 이상인 높이에 있어야 되며 또한 3m 이상이 되어서는 안 된다.
경고등	차폭이 특별히 넓은 차량(3.6m 이상)의 경우 다른 차량이 측면에서 부딪히는 사고를 줄이기 위하여 양쪽에 비상등이 있어야 한다. 주행 중에는 두 개의 램프가 동시에 1분에 60~85회 정도 깜빡여야 한다.
방향지시등	붉은색의 후미등 외에 방향지시등이 부착되어 있어야 한다. 방향지시등이 켜져 있으면, 회전하는 반대 방향쪽의 경고등은 깜빡이지 않는 반면에 회전하는 방향지시등 옆의 경고등은 1분에 110회 정도로 더 빨리 깜빡이게 된다.

(4) 농업기계 교통사고 안전

농업기계 교통사고 발생 시 사망자가 발생할 가능성이 일반 교통사고보다 5배 정도가 높아 도로 주행 시 각별한 주의가 필요하다.

① 농업기계 교통사고 예방수칙

　㉠ 등화장치 작동

　　• 농작업을 나가고 들어오는 새벽, 저녁 혹은 날씨가 좋지 않을 때는 전조등, 후미등, 경광 등 및 야간 반사판을 통하여 농기계의 위치를 확실하게 알려서 추돌사고를 예방한다.

　　• 농업기계를 안전한 곳에 주차하여야 하며, 부득이 국도변에 정차할 경우, 농업기계나 작업부착기 뒷면 좌우에 야간반사판을 부착하여 상대 차량에게 농업기계를 인지시킨다.

　㉡ 방어운전, 운전방향 신호

　　• 차도에서 농로로 진입할 때와 같은 방향전환 시 뒤차량이 인식할 수 있도록 방향지시등 을 사용하거나 수신호를 준다.

　　• 마을길이나 농로에서 차도로 진입 시에는 차량통행을 잘 살펴 충분한 시간 여유를 확보 한 후에 진입한다.

　　• 농업기계는 도로주행에 적합하지 않은 기계이므로 도로주행 시 다양한 위험이 생길 수 있으므로 방어운전한다.

　㉢ 곡선도로 감속

　　• 농업기계는 운전을 위한 기계가 아니므로 운전 시 일반 차량과 다르게 원하는 방향으로 진행하기 어렵다.

　　• 트랙터는 일반 자동차에 비해 무게 중심이 위쪽에 있어, 곡선도로에서 가속하게 되면 전복사고 위험이 있으므로 멀리서 차가 오는지 파악하고 안전하게 감속 운행한다.

ⓔ 신호준수

- 농업기계는 속도가 느리고 조작이 어려워 갑작스럽게 다가오는 자동차를 피하기가 어렵다.
- 도로에 차가 없더라도 항상 신호를 준수하며 안전을 지킨다.

ⓜ 음주운전 금지

- 음주 후에는 판단력이 흐려지고 침착성이 떨어져 사고를 당할 위험성이 높고 돌발상황에 신속하게 대처할 수 없기 때문에 음주운전은 금한다.
- 농기계는 일반 자동차보다 많은 주의가 필요하므로 음주 후 운행은 절대 금한다.
- 음주 후 술을 깨기 위해 충분한 휴식을 취한다고 해도 스스로 몸상태를 확인할 수 없으므로, 단시간 휴식 후에는 운전을 삼간다.

02 | 기종별 농업기계 안전관리

(1) 트랙터 및 부속작업기 안전이용지침

① 트랙터의 일반지침

ⓐ 트랙터의 도입

- 트랙터를 구입할 때는 가격이나 성능뿐만 아니라 안전성도 선택의 기준으로 삼는다. 이때 일정 수준 이상의 안전성을 가진 트랙터임을 나타내는 형식검사합격증의 유무를 확인한다.
- 중고 트랙터를 구입할 때는 안전장치의 상태, 취급설명서의 유무 등을 확인하고 적절하게 정비한 제품을 구입하여야 하며, 그렇지 못할 경우에는 구입 후 적절한 점검정비 및 수리를 하여 사용하여야 한다.
- 트랙터를 인수할 때는 조작방법, 안전장치 등에 대한 충분한 설명을 들어야 한다.

ⓑ 취급설명서의 숙독, 보관 : 취급설명서를 숙독하여 트랙터의 기능, 사용상의 주의사항, 안전장치의 사용 및 위험회피 방법 등에 대해 잘 알아둔다. 동시에 트랙터에 부착되어 있는 안전표식을 확인해 둔다. 취급설명서는 일정한 보관장소에 보관하여 필요시 언제라도 꺼내 읽을 수 있도록 한다.

ⓒ 안전프레임, 안전캡, 안전벨트의 장착

- 트랙터의 넘어짐, 떨어짐에 의한 사고가 많이 발생하고 있으므로 트랙터의 안전프레임 또는 안전캡을 가급적 장착하고 안전벨트도 착용한다.
- 안전프레임이 접이식(2주)인 경우에는 헛간 출입 등 프레임이 접촉되는 경우를 제외하고는 프레임을 세우고 확실하게 고정한 다음 작업한다.

ⓒ 목적 외 사용과 개조 금지
- 본래의 목적 이외에는 사용하지 않는다.
- 안전장치를 떼어 내거나 안전프레임, 안전캡에 구멍을 뚫는 등의 개조를 절대 하지 않는다.

② **트랙터 작업 전 안전지침**
- ㉠ 긴급 시 정지방법의 주지
  긴급상황에 대비하여 작업기의 동력 차단방법, 엔진의 정지방법을 가족이나 작업자 모두가 알아 두도록 한다.
- ㉡ 적절한 복장, 보호구의 착용 등
  - 옷단, 소맷자락이 조여진 작업복을 착용하고 필요에 따라 헬멧, 장갑, 안전화, 보호안경, 귀마개, 기타 보호구를 착용한다.
  - 수건을 허리에 감거나 목이나 머리에 두르지 않도록 한다.
  - 트랙터에 말려 들어갈 우려가 있는 작업을 할 때에는 장갑을 착용하지 않는다.
- ㉢ 몸상태가 나쁠 때는 가급적 농업기계를 운전하지 않으며, 피로를 느낄 때에는 충분한 휴식을 취한다.
- ㉣ 악천후일 때는 사고의 위험이 높으므로 무리하여 작업하지 않는다.
- ㉤ 트랙터의 정비불량은 중대한 사고를 초래할 우려가 있으므로 운전하기 전에는 반드시 점검정비를 하는 습관을 갖는다. 또한 이상이 있는 경우에는 정비할 때까지 사용하지 않는다.

③ **트랙터의 운전조작 시 안전지침**
- ㉠ 트랙터에 타고 내림
  - 항상 승차용 계단과 손잡이를 이용하여 탑승한다.
  - 트랙터의 왼쪽에서 타고 내리도록 한다.
  - 트랙터가 움직이고 있는 도중에 타거나 내리지 않는다.
  - 원칙적으로 트랙터를 등지고 타거나 내리지 않는다.
  - 발을 헛디디지 않도록 주의하며, 발판이나 발바닥의 진흙은 수시로 제거한다.
  - 넘어짐, 떨어짐의 우려가 있으므로 뛰어 올라타거나 내리지 않는다.
  - 궤도식 트랙터의 경우 미끄러질 우려가 있으므로 궤도를 발로 딛고 타고 내리지 않는다.
- ㉡ 운전석 주변
  - 핸들, 의자, 거울 등의 조절은 트랙터를 안전하게 세워 놓고 운전석에 바른 자세로 앉아 조절장치를 작동하면서 적당히 조절한다.
  - 의자의 위치는 모든 조절장치를 어려움 없이 작동할 수 있도록 조절한다.
  - 거울은 바로 맞추어져 있는지 확인하고, 거울과 창은 깨끗하게 하여 충분한 시야를 확보할 수 있는지 확인해야 한다.
  - 페달을 밟을 때 방해가 되면 사고의 위험이 있으므로 운전석 바닥에 공구, Draw-bar Pin, Top Link 등을 두지 말아야 한다.

- 운전석에는 운전자 1명만 탑승해야 하며, 운전석 옆이나 트레일러 등에 사람을 태우지 않는다.
  © 엔진시동, 출발
    - 교육훈련을 받지 않은 상태에서는 절대로 트랙터를 운전하지 말아야 하며 작동 전에는 각각의 조절장치의 기능과 역할에 대해 충분히 알아두어야 한다.
    - 엔진은 반드시 운전석에 앉아서 각종 조작레버가 중립위치에 있는지, 주차브레이크가 걸려 있는지를 확인한 다음 주위를 잘 살피고 공동 작업자 등이 있을 경우에는 신호를 보낸 후 시동을 건다.
    - 운전 전에는 브레이크, 조향핸들 그리고 다른 장치의 점검도 해야 하며, 운전은 주위의 안전을 확인한 후 좌석에 앉아서 천천히 출발한다.
  ② 이동주행
    - 트랙터를 안전하게 작동시키려면 반드시 안전 운전자가 되어야 한다. 매번 출발할 때마다 위험 요인이 없는지 확인하고, 무엇보다도 다른 사람이나 차량들을 잘 살펴야 하며 과속하지 말아야 한다.
    - 주행 시에는 한눈을 팔거나 손을 놓고 운전을 하지 않는다. 장비들이나 짐 또는 날씨로 인해 운전시야가 좁아질 수 있다는 것을 명심하고 사각지대를 잘 살펴야 한다.
    - 경고 표지판을 잘 살펴 주의하고, 시야 확보가 안 될 경우, 특히 후진을 할 때는 거울과 경적을 활용하여 필요시에는 도움을 청하도록 한다.
    - 트랙터를 급출발, 급선회, 급정지시키지 않는다. 요철이 심한 노면을 주행할 때는 속도를 낮춘다. 특히, 작업기 장착이나 물품 적재에 의해 무게중심이 높아지거나 뒤로 쏠릴 때가 있으므로 주의한다.
    - 무거운 작업기를 후방에 장착하고 주행할 경우에는 전륜에 걸리는 하중이 감소하여 조향하기 힘들어지고 심하면 앞바퀴가 들리기도 하므로 속도를 낮추어 주행하고, 필요에 따라 앞쪽에 밸런스 웨이트를 장착하도록 한다.
    - 좌우 독립브레이크를 부착한 트랙터에서는 주행하거나 언덕이나 논둑을 넘을 때에는 좌우 브레이크 페달을 연결하여 일체로 작동하도록 한다.
    - 본체와 작업기의 폭이나 높이의 차이에 주의하고 방제기의 붐, 광폭써레 등 폭이 넓은 것은 접는다. 또한 장착해야 할 방호커버 등은 장착한다.

④ 트랙터 점검정비 시 안전지침
  ⊙ 작업 후 점검정비는 평탄한 장소에서 주차브레이크를 걸고 엔진을 멈춘 후 가동부가 완전히 정지된 뒤 실시하며 점검정비를 하기 위해 떼어 놓았던 안전덮개는 종료 후 반드시 장착하도록 한다.
  ⓛ 배터리, 배선, 소음기, 엔진 주변부는 화재의 우려가 있으므로 항상 청소하고, 소음기나 엔진이 충분히 식은 후 점검정비해 둔다.
  © 야간에는 가급적 점검정비를 하지 않으며, 어쩔 수 없이 야간에 할 때에는 적절한 조명을 이용하도록 한다.

ⓔ 유압시스템의 작동유는 고압이므로 점검정비 전에 회로 내의 압력을 낮춰준다.

ⓜ 고압유가 분출하여 피부나 눈에 닿지 않도록 보호안경과 두꺼운 장갑을 착용하고 누유점검 시에는 두꺼운 종이나 합판을 이용한다. 만일 기름이 피부에 침투했을 때는 즉시 의사의 진료를 받도록 한다.

ⓗ 유압라인을 테이프나 피팅 접착제 등으로 임시 수리하여 사용하지 않도록 한다.

ⓢ 작업기를 점검정비할 때에는 작업기를 하강한 상태에서 하며, 어쩔 수 없이 작업기를 들어올린 상태에서 점검정비할 때에는 작업기가 하강하지 않도록 받침대 등으로 받친다.

ⓞ 배터리를 분리할 필요가 있을 때에는 (−)단자를 먼저 분리하고, 연결할 때에는 (+)단자를 먼저 연결해준다.

⑤ 트랙터 이동 및 운반 시 안전지침

㉠ 매번 출발할 때마다 위험요인이 없는지 확인하고, 무엇보다도 다른 사람이나 차량들을 잘 살펴야 하며 과속하지 않는다.

㉡ 주행할 때는 한눈을 팔거나 손을 놓고 운전하지 않고 장비들이나 짐 또는 날씨로 인해 운전시야가 좁아질 수 있다는 것을 명심하고 사각지대를 잘 살핀다.

㉢ 경고 표지판을 잘 살펴 주의하고, 시야 확보가 안 될 경우, 특히 후진을 할 때는 거울과 경적을 활용하며 필요시에는 도움을 청한다.

㉣ 트랙터를 급출발, 급선회, 급정지하지 않으며, 요철이 심한 노면을 주행할 때는 속도를 낮추고 작업기 장착이나 물품 적재에 의해 무게중심이 높아지거나 뒤로 쏠릴 때가 있으므로 항상 주의한다.

㉤ 무거운 작업기를 후방에 장착하고 주행할 경우에는 앞바퀴에 걸리는 하중이 감소하여 조향하기 힘들어지고 심하면 앞바퀴가 들리기도 하므로 속도를 낮추어 주행하고, 필요에 따라 앞쪽에 밸런스웨이트를 장착한다.

㉥ 좌우 독립브레이크를 부착한 트랙터는 주행하거나 언덕이나 논둑을 넘을 때 좌우브레이크 페달을 연결하여 일체로 작동한다.

㉦ 본체와 작업기의 너비나 높이의 차이에 주의하고 방제기의 붐, 광폭 써레 등 너비가 넓은 것은 접는다. 또한, 장착해야 할 방호덮개 등은 장착해준다.

㉧ 지면의 높이차가 있는 포장으로 출입하거나 논두렁을 타고 넘을 때에는 넘어질 우려가 있으므로 직각으로 하며, 높이차가 큰 경우에는 디딤판을 사용하도록 한다.

㉨ 언덕을 내려올 때 클러치를 끊거나 변속을 중립으로 하여 타성(惰性)으로 주행하지 않도록 한다.

㉩ 주차는 가급적 평탄지를 선택하여 하고 승강부를 낮추고, 엔진을 정지시킨 뒤 주차브레이크를 걸고 키를 빼둔다. 어쩔 수 없이 경사지에 트랙터를 주차할 때는 돌 등을 바퀴 밑에 받쳐놓고 타기 쉬운 볏짚이나 마른 풀 위에 트랙터를 세우지 않는다.

㉪ 트랙터에 운전자 외에 동승한 사람이 있을 경우에는 주행 시, 급정지 및 회전 시 또는 트랙터가 뒤집혀 넘어지면서 떨어지거나 밖으로 튕겨져 나가는 사고가 발생할 수 있으므로 가급적 운전자 외에는 동승하지 않는다.

ⓉE 작업등을 소등하고 좌우 독립브레이크를 가진 트랙터는 좌우의 브레이크 페달을 연결한 후 주행해야 하며, 또한 교통법규를 준수하여 주행하도록 한다.

ⓅE 일반 자동차와의 속도 차이가 사고로 이어지는 경우가 많기 때문에 저속차량표시등과 야광 반사판 등을 부착하여 눈에 띄기 쉽도록 하고, 기체폭도 차폭등이나 야간반사테이프를 부착하는 등으로 상대 운전자가 쉽게 알아 볼 수 있게 한다.

ⓗ 농로의 가장자리로 주행하지 않지만 어쩔 수 없이 가장자리를 주행할 경우에는 연약한 지반인지를 확인한다.

ⓐ 농로에서 차도로 진입 시에는 시야를 충분히 확보한 후 진입해야 하고 선회 시에는 방향지시등을 반드시 작동시켜 추돌 및 충돌사고 예방에 주의를 기울이고 충분히 감속하여 서행으로 선회하도록 한다.

ⓑ 후진할 때에는 전진 주행이 완전히 정지된 후 변속해야 하며, 후방의 안전을 확인하면서 천천히 후진하도록 한다.

ⓒ 트럭 등으로 트랙터를 하차, 운반할 때에는 넘어짐, 떨어짐의 위험성이 있으므로 주의하고, 주차브레이크를 걸고 고임목을 괴는 등 움직이지 않는다.

ⓓ 디딤판은 충분한 너비와 강도가 있어야 하고, 미끄럼 방지처리가 되어 있는 것으로 경사 각이 15° 이하가 되도록 하고 디딤판의 길이는 화물칸 높이의 4배 이상인 것을 사용한다. 디딤판의 훅은 운반용 차량의 화물칸에 확실하게 걸쳐 고정해준다.

ⓔ 작업 후에는 부착작업기의 상태를 고려하여 전·후진 어느 쪽이든 적절한 방향으로 가급적 저속으로 이동하고 디딤판 위에서는 조향, 클러치 조작, 변속조작을 하지 않는다.

ⓕ 운반차량에 상하차 작업을 할 때에는 주위에 위험물이 없는 평탄하고 안전한 장소에서 작업한다.

ⓖ 기계를 상차한 후 바퀴를 고이고 로프로 기계를 확실히 고정해준다.

⑥ 트랙터 보관 시 주의사항

㉠ 보관창고는 충분히 밝도록 전등을 설치하고, 환기가 잘 되도록 환기창이나 환기팬을 설치한다.

㉡ 트랙터는 승강부를 내리고 키를 뽑아 보관하도록 한다.

㉢ 기체를 안정시키는 스탠드 등이 부착된 탑재식 또는 견인식 작업기를 보관할 때에는 반드시 스탠드를 사용하도록 한다.

㉣ 포크가 부착된 작업기는 포크의 선단에 덮개를 씌운다.

㉤ 평탄한 장소에 고임목을 받치는 등 기계가 움직이지 못하도록 하여 보관해둔다.

㉥ 어린이들이 보관 중인 농기계를 만지거나 주변에서 놀지 못하게 한다.

㉦ 기계에 묻어 있는 흙이나 먼지, 짚 등 이물질은 제거하여 보관해둔다.

㉧ 장기간 보관할 때에는 배터리선을 분리하여 보관해둔다.

(2) 경운기, 관리기 안전이용지침

① 경운기, 관리기의 일반지침

　ⓐ 경운기, 관리기의 도입

　　• 경운기, 관리기를 구입할 때는 가격이나 성능뿐만 아니라 안전성도 선택의 기준으로 삼는다. 이때 일정 수준 이상의 안전성을 가진 농기계임을 나타내는 형식검사합격증의 유무를 확인한다.

　　• 중고 경운기, 관리기를 구입할 때는 안전장치의 상태, 취급설명서의 유무 등을 확인하고 적절하게 정비한 제품을 구입하여야 하며, 그렇지 못할 경우 구입한 뒤 점검정비 및 수리하여 사용하여야 한다.

　　• 경운기, 관리기를 인수할 때는 조작방법, 안전장치 등에 대한 충분한 설명을 들어야 한다. 특히 트레일러를 견인하여 도로를 주행할 때에는 차량으로서 필요한 등화장치를 부착해야 한다.

　ⓑ 취급설명서의 숙독, 보관 등 : 취급설명서를 숙독하여 경운기, 관리기의 기능, 사용상 주의사항, 안전장치의 사용 및 위험회피 방법 등을 잘 알아 둔다. 동시에 기계에 부착되어 있는 안전표식을 확인해 둔다. 취급설명서는 일정한 장소에 보관하여 필요시 언제라도 꺼내 읽을 수 있도록 한다.

　ⓒ 목적 외 사용과 개조의 금지

　　• 본래의 목적 이외에는 사용하지 않는다.

　　• 개조하지 않는다. 특히, 안전장치를 떼어내지 않는다.

② 경운기, 관리기 작업 전 안전지침

　ⓐ 긴급 시 정지방법 주지 : 긴급 상황에 대비하여 작업기의 동력 차단방법, 엔진의 정지방법 등을 가족이나 작업자 모두가 알아 두도록 한다.

　ⓑ 옷단, 소맷자락이 조여진 작업복을 착용하고 필요에 따라 헬멧, 장갑, 안전화, 보호안경, 귀마개, 기타 보호구를 착용한다.

　ⓒ 수건을 허리에 감거나 또는 목이나 머리에 수건을 두르지 않도록 한다.

　ⓓ 기계에 말려 들어갈 우려가 있는 작업을 할 때에는 장갑을 착용하지 않는다.

　ⓔ 몸 상태가 나쁠 때는 가급적 경운기, 관리기를 운전하지 않으며, 피로를 느낄 때에는 충분한 휴식을 취한다.

　ⓕ 악천후일 때에는 사고의 위험이 높으므로 무리하여 작업하지 않는다.

　ⓖ 경운기, 관리기의 정비 불량은 중대한 사고를 초래할 우려가 있으므로 운전하기 전에 반드시 점검 정비하는 습관을 갖는다. 또한 이상이 있는 경우에는 정비할 때까지 사용하지 않는다.

③ 경운기, 관리기의 작업 중 안전지침

　ⓐ 끼임, 말림의 방지

　　• 작업기는 작업할 때 이외에는 동력을 연결하지 않는다. 필요 없이 작업기 아래에 발을 넣지 않는다.

　　• 후진할 때에는 발이 작업기에 말려 들어가지 않도록 주의하고, 노면이나 포장 상태, 후방의 장애물 등에 주의한다. 또한 후진 시에는 핸들이 들려 올라가기 쉽기 때문에 엔진회전을 저속으로 하고 핸들을 확실히 누르면서 천천히 클러치를 연결한다.

　　• 선회를 할 때에는 주위나 발밑을 확인하면서 하고, 논 또는 밭두렁 아주 가까이에는 작업하지 않는다.

　　• 비닐하우스 등의 시설 내에서 작업할 때는 충돌이나 낄 우려가 있으므로 배관, 지주, 유인와이어 등의 장애물에 주의한다.

　ⓑ 넘어짐 방지

　　• 언덕길 또는 경사지에서는 조향클러치를 조작하지 말고 핸들을 조작하여 선회한다.

　　• 차축에 로터리 등을 부착하여 경운작업을 할 때에는 폭주하지 않도록 저항봉을 작동시켜 작업한다.

　ⓒ PTO축에 벨트를 걸어 동력을 취출 사용하는 방제 등의 작업에서는 엔진을 작동시킨 상태에서 벨트를 걸지 않는다. 또한 벨트에 말리지 않도록 주위에 안전커버 등을 씌운다.

　ⓓ 기 타

　　• 경운기, 관리기를 이용한 농작업은 장시간의 보행으로 피로해지기 쉽기 때문에 충분한 휴식을 취하여 피로 축적을 적게 한다.

　　• 이동주행 시와는 달리 포장 내 작업에서는 저속으로 적정 속도를 유지하면서 작업한다.

④ 경운기, 관리기의 운전조작

　ⓐ 엔진 시동, 출발

　　• 교육훈련을 받지 않은 상태에서는 절대로 경운기, 관리기를 운전하지 말아야 하며, 작동 전에는 각각의 조절장치의 기능과 역할에 대해 충분히 알아두어야 한다.

　　• 주클러치를 넣고 끊는 등 조작방법이 기종에 따라 다른 경우가 있으므로 주의한다.

　　• 엔진 시동 시에는 사전에 주위를 잘 확인하고 주위에 작업자 등이 있는 경우는 신호를 보내 안전을 확인한 후, 변속 레버, 각종 레버 등이 중립 또는 정지 위치에 있는지, 주차브레이크가 있는 것은 걸려 있는지를 확인한 후 시동한다.

　　• 리코일스타터를 당길 때에는 주위와 부딪히지 않도록 주의한다.

　　• 주위의 안전을 확인한 후 천천히 출발한다.

　ⓑ 주행, 주차 시의 주의

　　• 이동은 가급적 자주 하지 않도록 하고 트럭 등으로 운반한다.

　　• 핸들의 방향이 바뀌는 경운기, 관리기는 주행 시에는 정상위치로 확실하게 고정한 후 주행한다.

- 넘어질 우려가 있으므로 급선회하지 않는다. 요철이 심한 노면을 주행할 때에는 속도를 낮춘다.
- 급경사지나 언덕길에서는 경운기, 관리기의 폭주를 초래할 우려가 있으므로 변속조작을 하지 않는다. 경사진 곳에서 조향클러치의 작동은 평지와 반대방향으로 선회하므로 조향클러치를 사용하지 말고 반드시 핸들로 선회한다.
- 넘어질 우려가 있으므로 높이 차가 있는 포장으로 출입하거나 논두렁을 넘을 때는 직각으로 하고 높이 차가 큰 경우에는 디딤판을 사용한다.
- 끼이거나 넘어질 우려가 있으므로 후진할 때에는 후방에 장애물이 없는지 확인한다.
- 경운기, 관리기에서 떠날 때는 평탄지를 선택하여 엔진을 정지시키고 주차브레이크가 있는 것은 브레이크를 걸고, 키를 뽑아둔다. 특히, 타기 쉬운 볏짚이나 마른 풀 등의 위에 경운기, 관리기를 정지시키지 않는다.

ⓒ 연료 보급 : 화재의 우려가 있으므로 연료를 보급할 때는 엔진을 정지시킨 다음 엔진이 식은 후 급유한다. 급유 중에는 화기를 가까이 하지 말고 경운기, 관리기에서 떠나지 않는다. 연료캡은 확실하게 잠그고 흐른 연료는 깨끗하게 닦는다.

ⓓ 배출가스 중독방지 : 비닐하우스 등 실내에서는 엔진 배출가스에 의한 일산화탄소 중독의 우려가 있으므로 충분히 환기하면서 작업한다.

ⓔ 화상방지
- 뜨거운 물이 분출되어 화상을 입을 우려가 있으므로 운전 중이거나 정지 직후에는 라디에이터의 압력 캡을 절대로 열지 않는다.
- 점검이나 정비 시 엔진내부에 손을 대면 화상 입을 우려가 있으므로 가급적 엔진이 식은 상태에서 두꺼운 장갑 등으로 충분히 방호한 후 실시한다.

ⓕ 경운기, 관리기의 운반 : 트럭 등으로 경운기, 관리기를 운반할 때에는 넘어짐, 떨어짐의 위험성이 있으므로 주의한다.

운 반	주의사항
준 비	• 운반용 차량은 주차브레이크를 걸고, 돌을 괴어 놓는 등 움직이지 않도록 한다. • 디딤판은 충분한 폭과 강도를 가져야 하며 미끄럼 방지 처리가 되어 있는 것으로 경사각이 15° 이하가 되도록 한다. 또한 디딤판의 길이는 화물칸 높이의 4배 이상인 것을 사용한다. 디딤판의 훅은 운반용 차량의 화물칸에 확실하게 걸쳐 고정한다.
하 차	• 안전한 하차를 위하여 유도자 및 유도방법을 결정한 후 작업한다. 유도자는 위험을 회피하기 위해 경운기, 관리기의 진행 경로상에 위치하거나 경운기, 관리기에 너무 가깝게 접근하지 않도록 한다. • 하차할 때는 부착작업기의 상태를 고려하여 전후진 어느 쪽이든 적절한 방향으로 하고 가급적 저속으로 움직이며, 디딤판 위에서는 조향클러치나 변속조작은 절대 하지 않는다. 또한 차륜이나 경운 날, 미륜 등이 디딤판이나 주위에 걸리지 않도록 주의한다.
기체의 고정	충분한 강도를 갖춘 로프, 와이어로프 등으로 잘 고정한다.
운반 시	운반용 차량의 급출발, 급정지, 급선회 등을 피한다.

ⓢ 작업기의 착탈
- 작업기의 착탈은 평탄하고 충분히 강도를 가진 단단한 바닥 위에서 주위에 공간적 여유가 충분한 장소에서 착탈한다.
- PTO축과 작업기의 연결은 확실하게 하며 착탈 시에 떼어낸 안전커버는 반드시 다시 장착한다.
- PTO축을 사용하지 않을 때는 PTO축에 커버를 씌우며, 윤거조절이나 작업기 탈착은 지지대나 스탠드를 받쳐 놓고 실시한다.

◎ 트레일러 견인

타고 내림	• 떨어질 우려가 있으므로 승하차 시에는 발을 헛디디지 않도록 주의한다. • 넘어짐, 떨어짐의 우려가 있으므로 뛰어 올라타거나 내리지 않는다.
운전석 주변	• 운전석에 앉아서 운전 조작한다. • 운전석 또는 트레일러에 사람을 태우지 않는다.

ⓩ 화물 적재 시
- 트레일러에 과다한 짐을 적재하거나 크고 긴 물건을 다량으로 적재하지 않도록 한다.
- 원칙적으로 농로 등의 가장자리로 주행하지 않는다. 어쩔 수 없이 도로 가장자리를 주행할 경우에는 연약하지 않은가 충분히 확인한다.
- 사고의 우려가 있으므로 야간 주행 시에는 등화장치를 점등하고 필요에 맞게 야간 반사 테이프, 반사판 등을 부착하여 상대차량의 운전자가 잘 알아볼 수 있도록 하며 특히, 최대 폭이 멀리서도 확인될 수 있도록 한다.
- 언덕을 내려올 때에는 브레이크의 제동력이 떨어지므로 엔진 브레이크를 병행하여 사용한다.
- 트레일러를 부착한 경우에 고속주행 시 급선회하면 잭나이프현상이 일어날 우려가 있으므로 가급적 조향클러치를 사용하지 말고 핸들조작으로 선회하도록 한다.

⑤ 경운기, 관리기 작업 후 안전지침
㉠ 작업 후에는 점검정비를 반드시 실시한다. 이때에는 엔진을 정지시키고 가동부가 정지한 다음 실시해야 하며 점검정비를 위해 떼어놓은 안전커버는 종료 후 반드시 다시 장착한다.
㉡ 고장이나 막힘 등에 의하여 정비를 할 때는 엔진을 반드시 정지시킨다.
㉢ 배터리 충전 중에는 가연성 가스가 발생되기도 하므로 환기하면서 한다.
⑥ 경운기, 관리기의 관리지침
㉠ 관리를 위한 기록 등
- 운전일지, 점검정비 일지 등을 작성하고 기록에 근거하여 적정하게 관리한다.
- 1년에 1회는 전문 수리업자에게 의뢰하여 정비하도록 한다.
㉡ 경운기, 관리기의 보관
- 보관창고는 충분히 밝도록 전등을 설치하고, 환기창이나 환기팬을 설치하여 환기를 잘 시킨다.
- 어린이들이 만질 우려가 있으므로 키를 뽑아서 보관한다.

- 트레일러, 직장식 작업기는 보관할 때 기체를 안정시키기 위한 스탠드가 있는 경우 반드시 스탠드를 사용하여 지지한다.
  © 경운기, 관리기를 대여할 경우 : 경운기, 관리기를 대여할 때는 적절하게 정비하고 사용방법, 안전상의 주의사항을 충분히 숙지하고 취급설명서를 잘 읽은 후 작업한다.

(3) 파종 이식, 재배 관리용 기계 안전이용지침

① 파종 이식, 재배 관리용 기계 일반지침
　㉠ 기계의 도입
　　• 파종 이식, 재배 관리용 기계를 구입할 때는 가격이나 성능뿐만 아니라 안전성도 선택의 기준으로 삼는다. 이때 일정 수준 이상의 안전성을 가진 농업기계임을 나타내는 형식검사합격증의 유무를 확인한다.
　　• 중고 파종 이식, 재배 관리용 기계를 구입할 때는 안전장치의 상태, 취급설명서의 유무 등을 확인하고 적절하게 정비한 제품을 구입하여야 하며 그렇지 못할 경우에는 구입 후 적절한 점검정비 및 수리를 한 뒤 사용하여야 한다.
　　• 파종 이식, 재배 관리용 기계를 인수할 때는 조작방법, 안전장치 등에 대한 충분한 설명을 들어야 한다.
　㉡ 취급설명서의 숙독, 보관 등 : 취급설명서를 숙독하여 파종 이식, 재배 관리용 기계의 기능, 사용상의 주의사항, 안전장치의 사용 및 위험회피 방법 등을 잘 알아 둔다. 동시에 파종 이식, 재배 관리용 기계에 부착되어 있는 안전표식을 확인해 둔다. 취급설명서는 일정한 장소에 보관하여 필요할 때 언제라도 꺼내 읽을 수 있도록 한다.
　㉢ 목적 외 사용과 개조의 금지
　　• 본래의 목적 이외에는 사용하지 않는다.
　　• 개조하지 않는다. 특히, 안전장치를 떼어내지 않는다.
② 파종 이식, 재배 관리용 기계의 작업 전 안전지침
　㉠ 긴급 시의 정지방법의 주지 : 긴급 시에 대비하여 엔진의 정지 및 동력의 차단방법 등을 가족이나 작업자 모두가 알아두도록 한다.
　㉡ 적절한 복장, 보호구의 착용 등
　　• 옷단, 소맷자락이 조여진 작업복을 착용하고 필요에 따라 헬멧, 장갑, 안전화, 보호안경, 이어머프, 기타 보호구를 착용한다.
　　• 수건을 허리에 감거나 목이나 머리에 두르지 않도록 한다.
　　• 파종 이식, 재배 관리용 기계에 말려들어갈 우려가 있는 작업에서는 장갑을 착용하지 않는다.
　㉢ 몸 상태가 나쁠 때에는 가급적 파종 이식, 재배 관리용 기계를 운전하지 않으며 피로를 느낄 때에는 충분한 휴식을 취한다.
　㉣ 기후 : 악천후일 때에는 사고의 위험이 높으므로 무리하여 작업하지 않는다.

ⓜ 점검, 정비 : 사용 전에는 반드시 점검하고 이상이 있을 경우에는 정비할 때까지 사용하지 않는다.

③ 파종 이식, 재배 관리용 기계 운전조작 안전지침

　ⓐ 타고 내리기
　　• 원칙적으로 승용형 파종 이식, 재배 관리용 기계를 등지고 타거나 내리지 않는다.
　　• 발을 헛디디지 않도록 주의하며, 발판이나 발바닥의 진흙은 수시로 제거한다.
　　• 넘어짐, 떨어짐의 우려가 있으므로 뛰어 올라타거나 내리지 않는다.

　ⓑ 운전석 주변
　　• 핸들 및 좌석은 원활한 작업수행을 위하여 최적 위치로 조절한다. 페달을 밟을 때 방해가 되어 사고의 위험이 있으므로 운전석 바닥에 공구, Draw-bar Pin, Top Link 등의 물건을 두지 말아야 한다.
　　• 운전석에는 운전자 1명만 승차해야 한다.

　ⓒ 엔진시동
　　• 교육훈련을 받지 않은 상태에서는 절대로 파종 이식, 재배 관리용 기계를 사용하지 말아야 하며 작동 전에는 각각의 조절장치의 기능과 역할에 대해 충분히 알아두어야 한다.
　　• 엔진의 시동을 걸기 전에 각종 조작레버가 중립위치에 있는지, 주차브레이크가 걸려 있는지를 확인한 다음 주위를 잘 살피고 공동작업자 등이 있을 경우 신호한 후 시동을 건다.
　　• 리코일스타터를 당길 때는 부딪히지 않도록 주의한다.

　ⓓ 주행, 주차 시의 주의
　　• 출발은 주위에 신호를 하고 안전을 확인한 후 천천히 한다.
　　• 떨어질 우려가 있으므로 좌석 이외의 부분에는 타지 않는다.
　　• 넘어질 우려가 있으므로 급선회는 하지 않는다. 특히, 묘나 비료의 적재로 무게중심이 높아질 때는 주의한다. 보행형 파종 이식, 재배 관리용 기계인 경우 언덕길에서는 조향 클러치를 조작하지 말고 핸들조작으로 선회한다.
　　• 요철이 심한 노면을 주행할 때는 속도를 낮춘다. 경사지 또는 언덕 중간에서 변속조작을 하지 않는다.
　　• 넘어질 우려가 있으므로 높이 차가 있는 포장에의 출입이나 논두렁 등을 넘을 때는 직각으로 하고, 높이 차가 큰 경우에는 디딤판을 사용한다.
　　• 포장의 출입구를 올라갈 경우에는 전륜이 들리거나 미끄러지기 쉽기 때문에 후진으로 하고, 내려올 경우는 전진으로 천천히 내려온다. 이때 식부부 자동수평장치 등은 끊어 두거나 보조 묘탑재대 또는 비료호퍼에 묘나 비료 등을 적재하면 기체가 불안정해지므로 미리 적재물을 내려놓는다.

- 기계가 낄 우려가 있으므로 보행형 파종 이식, 재배 관리용 기계의 후진 시에는 배후에 장애물의 유무를 확인한다. 또한, 비닐하우스 등의 시설 내에서 작업할 때는 배관, 지주, 유인와이어 등의 장애물에 주의한다.
- 파종 이식, 재배 관리용 기계에서 내릴 때는 평탄지를 선택하여 승강부를 내리고 엔진을 정지시킨 다음 주차브레이크를 걸고 키를 뽑아둔다. 또한 타기 쉬운 볏짚이나 마른 풀 등의 타기 쉬운 물건 위에 파종 이식, 재배 관리용 기계를 세워두지 않는다.

ⓜ 도로주행 시 주의
- 장거리를 이동하거나 도로를 주행하기 어려운 파종 이식, 재배 관리용 기계는 트럭 등으로 운반한다.
- 교통사고의 우려가 있으므로 야간주행할 때는 등화장치를 점등하고, 필요에 따라 야간 반사판, 반사테이프 등으로 눈에 띄도록 함과 동시에 최대폭을 멀리서도 확인할 수 있도록 한다.
- 선회불능이 되므로 도로주행 시에는 차동잠금장치를 걸지 않는다. 좌우 독립브레이크인 경우에는 좌우의 브레이크페달을 확실히 연결한다.
- 원칙적으로 도로의 가장자리를 주행하지 않는다. 어쩔 수 없이 도로의 가장자리를 주행할 경우에는 지반이 연약하지 않은지 확인한다.

ⓗ 연료보급 : 화재의 우려가 있으므로 연료를 보급할 때는 엔진을 정지시킨 다음 엔진이 식은 후 급유한다. 급유 중에는 화기를 가까이 하지 말고, 농기계에서 떠나지 않도록 한다. 연료캡은 확실하게 잠그고 흘러내린 연료는 잘 닦아낸다.

ⓢ 파종 이식, 재배 관리용 기계의 운반 : 트럭 등으로 파종 이식, 재배 관리용 기계를 하차하고 운반할 때는 넘어짐, 떨어짐의 위험성이 있으므로 주의한다.

운 반	주의사항
준 비	• 운반용 차량은 주차브레이크를 걸고 돌을 괴어 놓는 등 움직이지 않도록 한다. • 디딤판은 충분한 폭과 강도를 가져야 하며 미끄럼 방지 처리가 되어 있는 것으로 경사각이 15° 이하가 되도록 한다. 또한 디딤판의 길이는 화물칸 높이의 4배 이상인 것을 사용한다. 디딤판의 훅은 운반용 차량의 화물칸에 확실하게 걸쳐 고정시킨다.
하 차	• 안전한 하차를 위하여 유도자와 유도방법을 결정한 후에 하차한다. 유도자는 파종 이식, 재배 관리용 기계의 진행경로 상에 서거나 파종 이식, 재배 관리용 기계에 너무 가깝게 접근하지 않도록 한다. • 하차는 부착기 등의 상태를 고려하여 전·후진 어느 쪽이든 적절한 방향으로 가급적 저속으로 움직여야 한다. • 디딤판 위에서는 조향클러치나 변속조작을 절대로 하지 않는다. 또한, 자동수평제어장치가 부착된 파종 이식, 재배 관리용 기계는 기체가 갑자기 기울어 운반경로에 높이 제한이 있는 곳에서는 그 이하가 되는지 확인한다.
기체의 고정	주차브레이크를 걸어 놓고 충분한 강도의 로프, 와이어로프 등으로 잘 고정한다.
운반 시	운반용 차량의 급출발, 급정지, 급선회 등을 피한다.

④ 파종 이식, 재배 관리용 기계 작업 중 안전지침
  ㉠ 떨어짐, 넘어짐 방지
    • 발에 진흙이 묻어 있으면 미끄러지기 쉬우므로 잘 털어내고 승차한다. 또한 육묘상자를 싣고 논두렁을 주행할 때에도 주의한다.
    • 지반이 연약한 수렁논 등은 보조차륜을 부착하는 등 차륜이 빠지지 않도록 주의한다.
  ㉡ 말림, 끼임 방지
    • 식부날에 돌, 짚 등 이물이 엉킨 경우에는 엔진을 멈춘 후 작동부가 정지한 다음 제거한다.
    • 부주의로 식부부 아래로 들어가거나 발이 깔리지 않도록 한다. 식부부 아래에 들어갈 경우 반드시 승강부 낙하방지장치로 고정한 후 한다.
  ㉢ 자재 취급
    • 묘 매트나 비료자루를 취급할 때는 허리가 아프지 않도록 주의한다.
    • 이앙 또는 이식작업 시 시비기나 농약살포기를 병행하여 사용할 경우 자료의 설명서를 잘 읽고 적절하게 사용한다.
  ㉣ 기타 : 보행형 파종 이식, 재배 관리용 기계의 경우에는 장시간 보행으로 피로해지기 쉬우므로 휴식을 충분히 취해 피로가 축적되지 않도록 한다.
⑤ 파종 이식, 재배 관리용 기계 작업 후 안전지침
  ㉠ 점검 및 정비
    • 작업 후 점검정비는 반드시 평탄한 장소에서 엔진을 정지시키고 가동부가 정지된 후에 실시한다. 또한 점검정비를 위해 떼어놓았던 안전커버는 종료 후 반드시 장착한다.
    • 승강부를 올려서 점검할 때는 버팀목 등을 이용하여 낙하방지조치를 취한다.
    • 배터리 충전 중에는 가연성 가스가 발생되기도 하므로 환기시키면서 충전한다.
  ㉡ 파종 이식, 재배 관리용 기계의 관리
    • 관리를 위한 기록 : 운전일지, 점검·정비일지 등을 작성하고 기록에 근거하여 적정하게 관리한다.
  ㉢ 파종 이식, 재배 관리용 기계의 보관
    • 보관창고는 충분히 밝도록 전등을 설치하고 환기가 잘 되도록 환기창이나 환기팬을 설치하도록 한다.
    • 파종 이식, 재배 관리용 기계의 승강부를 내리고 시동키를 뽑아 보관한다.

(4) 수확, 가공용 기계 안전이용지침

① 수확, 가공용 기계별 안전지침
  ㉠ 이앙기
    • 연료 주입 시 담배 등 불씨가 될 수 있는 물질을 멀리한다.

- 외관 등 이상 유무, 연료와 엔진오일의 양과 누유 여부, 브레이크 페달의 유격과 엔진 시동 후 이상음 등을 확인한다. 천천히 출발해 보고 브레이크 작동 상태와 주변속 및 변속페달의 작동 상태를 확인해준다.
- 승용 이앙기를 타거나 내릴 때에는 이앙기를 등지지 않고 발을 헛디디지 않도록 주의한다. 발판이나 발바닥의 진흙은 수시로 제거한다. 또한, 이앙기에 뛰어 올라타거나 뛰어 내리지 않도록 한다.
- 논 출입 시는 포장 출입로 또는 논두렁에 직각으로 진행해야 하며, 논둑이 높을 경우 보조발판을 사용한다. 경사지 운전은 후진한다.
- 포장 출입로, 경사진 농로, 차량 적재 시 등 경사진 곳에서는 후진으로 올라가고 전진으로 내려온다. 이때 보조 묘 탑재대 등에 적재물을 적재하지 않도록 한다.
- 떨어질 우려가 있으므로 좌석 이외의 부분에는 타지 않는다. 또한, 넘어질 우려가 있으므로 좌석 이외의 부분에는 타지 않도록 한다.
- 이앙작업 중 모 매트는 반드시 주행을 정지한 후에 보급하되 엉거주춤한 자세로 매트를 공급하지 않도록 한다.
- 식부 날에 돌, 짚 등 이물질이 끼인 경우에는 엔진을 멈춘 후 작동부가 정지한 다음 제거해준다.
- 논둑에서 모판을 공급받을 때에는 이앙기에서 떨어지거나 무리한 동작으로 어깨나 허리 등이 삐지 않도록 주의하도록 한다.
- 정차 및 주차 시에는 브레이크 페달을 고정하고 비탈길의 경우 바퀴에 받침목을 고인다. 타기 쉬운 볏짚이나 마른 풀 등의 위에 이앙기를 세워두지 않도록 한다.
  - 부주의로 식부부 아래로 들어가거나 발이 깔리지 않도록 한다. 식부부 아래에 들어갈 경우 반드시 승강부 낙하방지장치로 고정한다.
  - 아주 가까운 거리가 아니면 트레일러나 트럭 등을 이용하여 운반한다. 운반 시에는 훅이 달린 알루미늄 사다리를 준비한다. 이때 사다리의 길이는 차량 적재함 높이의 4배 이상되어야 안전하다. 운반차량은 평탄한 장소에 정차를 하고 주차브레이크를 걸어 확실히 고정시킨다. 운반 중에는 차륜바퀴에 로프를 걸어 확실하게 고정시킨다.

ⓛ 파종기
- 사용하기 전에는 각 부위의 구동 상태, 체결 상태 등을 점검하여 이상 유무를 확인하도록 한다.
- 체인 및 스프로킷의 안전방호장치 커버를 절대로 제거하지 않도록 한다.
- 이물질이 들어갔다거나 종자가 막혀서 제거할 경우, 파종기에 이상이 발생했을 때는 엔진을 정지한 상태에서 점검하도록 한다.
- 파종 작업 시 구절기의 원판에 절대로 손을 대지 않도록 한다.
- 파종기에는 절대로 사람이 올라타지 않는다.
- 파종기가 올려진 상태에서 정비점검해야 한다면, 추가의 안전 지지대를 사용하여 파종기가 하강하지 않는다.

- 주행 시 파종기를 지면에서 약 30~40cm 정도 올리고 이동하고 구동시키지 않는다.

ⓒ 동력분무기
- 보조자에게 조작방법 및 안전사항에 관해 충분히 교육시키도록 한다.
- 각 부의 안전커버는 반드시 제 위치에 부착시켜 준다.
- 작업을 할 때에는 농약의 살포범위 내에 사람이 접근하지 못하게 한다.
- 분무호스의 처리는 상당한 노동 부담이 되므로 보조자와 공동으로 작업하도록 한다.
- 작동 중인 동력전달벨트에 손이나 발 등 신체의 일부분이 접촉하거나 옷 등이 말려들어 가지 않게 한다.
- 작업 중 현기증이나 두통이 있을 시에는 반드시 작업을 중지하시고 의사의 진찰을 받는다.

ⓔ 비료살포기
- 비료살포기에 부착된 안전 커버를 제거하지 않도록 한다.
- 유니버설 조인트에 씌워진 안전 커버와 축 커버를 점검한 후 사용하도록 한다.
- 유니버설 조인트의 착탈은 엔진을 정지한 후에 하도록 한다.
- 살포작업 시 주위에 사람이 접근하지 않도록 주의하도록 한다.
- 기계에 이상이 발생하였을 때는 엔진을 정지하고 점검하도록 한다.
- 도로 주행 시 비료살포기 동력을 정지하고, 가능한 지면에 닿지 않는 범위에서 비료살포기를 내리고 운행하도록 한다.

ⓜ 퇴비살포기
- 퇴비살포기를 트랙터에 장착할 때는 반드시 2인 1조로 하여 한 사람은 퇴비살포기를 잡고 다른 한 사람은 3점 링크를 연결하여 단단히 고정해준다.
- 퇴비살포기와 트랙터를 결합하거나 분리하기 위하여 핀을 끼우거나 뺄 때 손에 상해를 입을 우려가 있으므로 주의하도록 한다.
- 시동을 걸 때에는 퇴비살포기 동력 연결 차단레버를 반드시 차단위치에 놓고 시동을 걸도록 한다.
- 퇴비살포기 위에 올라가거나 퇴비 투입구에 손을 넣지 않도록 한다.
- 퇴비나 이물질이 작동부에 끼면 엔진을 정지시키고 제거해준다.
- 살포회전판은 기계작동을 정지한 후 조정하고, 작동 시 회전판 주위에 사람의 접근을 금하도록 한다.

ⓗ 동력살분무기
- 항상 보안경과 청력보호구를 착용하고 먼지가 많은 곳에서는 안면 필터 마스크를 사용하도록 한다.
- 엔진 시동 시에는 평탄한 지면에 놓고 시동을 걸고, 엔진을 등에 맨 상태에서 시동을 걸지 않도록 한다.
- 작업 중 어깨에 메고 있는 동력살분무기가 떨어지는 사고를 방지하기 위해 제품의 어깨끈, 어깨끈 고리의 체결나사 및 방진고무의 이상이 있는지 확인하고 이상이 발견되면 즉시 수리하게 한다.

- 작업 중 살분무 범위 내에 사람이 접근하지 못하도록 하는 등 안전을 확인한다.
- 분사 파이프를 사람이나 동물에게 향하게 하지 않도록 한다.
- 엔진 및 소음기 등은 고열이 발생하므로, 손 또는 인화물질 등이 접촉되지 않도록 주의한다.
- 팬의 흡입구에 이물질이 흡입되지 않도록 주의하도록 한다.

⓼ 비닐피복기
- 매 일정시간 작업 후에는 너트의 풀림 상태, 오일의 누유 여부, 각 부품의 파손 여부를 면밀히 관찰·정비하도록 한다.
- 기계를 정비할 때에는 반드시 평탄하고 안전한 장소에서 PTO를 중립 위치에 놓고, 작업기를 땅에 내린 후 주차브레이크를 고정시키고 정비하도록 한다.
- 트랙터 부착형의 경우 부득이 작업기를 상승시킨 상태에서 정비해야 할 경우, 작업기를 받침대 등으로 확실하게 고정시킨 후 안전을 확인하고 정비하도록 한다. 비닐롤을 장착하고 도로 주행을 하지 않도록 한다.

ⓞ 스피드 스프레이어
- 분리된 작업기는 안전하게 고정되었는지 반드시 확인하고 사람의 접근을 금지시킨다.
- 방제작업 시에는 맹독성의 농약액이 풍향에 따라 비산되므로 방제작업을 시작하기 전에 주위에 사람과 동물이나 가축(꿀벌 포함), 다른 작물, 자동차, 주택 등지에 피해가 미치지 않는지 확인하도록 한다.
- 약액탱크 위 또는 안에 절대로 사람을 태우지 않는다.
- 살포장치가 상승된 상태에서 정비점검 시 반드시 안전 받침대를 고여 놓고 안전하게 작업하도록 한다.
- 후진 시에는 좌우나 후방을 잘 살피고 저속으로 후진한다.
- 오르막길, 내리막길에서 1단, 2단으로 출발하고 주행 도중 변속을 삼가도록 한다.
- 과수원 지형조건이 SS기 주행에 부적합할 때는 반드시 차도를 형성하여 사용한다.
- 방제작업 전 작업환경을 반드시 확인(노면 상태, 장애물 등)한 뒤 작업에 임한다.

ⓩ 동력예취기
- 안전모, 보호안경, 무릎보호대, 안전화 등 보호구를 착용하도록 한다.
- 제초용으로만 사용하고 전지나 전정 등 원래의 기능 이외 용도로 사용하지 않도록 한다.
- 예취날 등 각 부분의 체결 상태와 손상된 부분은 없는지 등을 확인하여 이상 부위는 즉시 정비시킨다.
- 작업할 곳에 빈 병이나 깡통, 돌 등 위험요인이 없는지 확인하여 반드시 치워준다.
- 언덕이나 경사지에서 작업 시 신체의 균형을 잡아 안정된 자세로 작업하도록 한다.
- 운전 중 항상 기계의 작업범위 15m 내에 사람이 접근하지 못하도록 하는 등 안전을 확인하고, 예취작업은 오른쪽에서 왼쪽 방향으로 진행한다.
- 시동 전 반드시 스로틀 레버를 조정하여 저속 위치에 맞추고 예초기가 움직이지 않도록 확실히 잡고 예취날이 지면에 닿지 않도록 한 다음 시동을 건다.

- 반드시 두 손으로 작업하고 작업 중 칼날을 지면에서 30cm 이상 이격시키지 않는다. 가급적 예취날은 작업에 맞도록 사용하며 일자 날은 사용하지 않는다.
- 예취날에 손이나 발 등 신체의 일부분을 집어넣거나 접촉하지 않도록 주의한다. 또한, 옷 등이 말려들어가지 않도록 신경 쓴다.

ⓩ 무인방제기

- 송풍팬 보호망은 절대로 분해하지 않도록 한다.
- 안전장치가 파손되었을 때에는 즉시 교환해준다.
- 부품을 임의로 개조하거나 기능을 벗어난 용도 이외의 사용을 하지 않으며, 특히 안전과 관련된 보호 장치들은 절대 제거하지 않는다.
- 회전 부위에 이물질이 들어가지 않게 한다.
- 기계 작동 중에는 공기압축기에 열이 발생하므로 만지지 않도록 한다.
- 약제 살포 시 하우스 내에 출입하지 않는다.
- 약액 살포 후 반드시 노즐은 세척하고, 하우스 환기 후 입실하도록 한다.

ⓚ 연무기

- 농업용 이외의 약제를 살포하거나 기타의 용도로 사용하지 않도록 한다.
- 연무기 몸체가 물에 젖지 않도록 주의하도록 한다.
- 연무기를 임의로 분해하거나 조작하지 않도록 한다.
- 인화물질 가까이에서 시동 및 작업을 하지 않는다.
- 방제작업 시에는 바람을 등지고 살포하고 방제복, 방제마스크, 고무장갑 등의 보호장구를 착용한다. 사람이나 가축을 향해 약제를 살포하지 않는다.
- 연소실 커버 및 방열통 커버는 상당히 뜨거우니 작업 중 또는 작업 직후에는 옷, 손, 작물 등이 닿지 않도록 조심하며 연소실이 가열된 상태이거나 기계가 가동 중일 때는 연료나 약제를 주입하지 않도록 한다.
- 실내 또는 비닐하우스 방제작업 시에는 약제를 살포한 후 문을 닫고 약제가 충분히 가라앉은 후 환기를 시키고 들어간다.
- 작업 완료 후에는 반드시 깨끗한 물을 분사하여 약제 이송관 및 분사관을 깨끗이 청소한다.

ⓔ 난방기

- 반드시 사양명판에 표시된 전원을 사용하여야 하며, 전원 연결부에 손상이 없도록 주의하도록 한다.
- 난방기 주위에 소화기를 배치해 둔다.
- 난방실에서 실내로 통하는 문은 반드시 닫아서 배기가스 중독사고를 예방하도록 한다.
- 점검창을 열 경우 반드시 난방기 가동을 정지시키고 마스크와 보호장갑 등을 착용한다.
- 작동 중 난방기 주변에 지정된 사용자 외에는 접근하지 못하게 한다.
- 온수나 열풍, 버너 등 고온부에 접촉하지 않도록 주의하도록 한다.

- 연탄 난방기는 사용 후 약 1년이 경과하면 연탄가스에 의한 내부부식이 우려되므로 재사용을 위해 보일러 좌우측면을 개봉하여 가스 누설 여부를 확인 후 사용하도록 한다.
- A/S 직원 등 전문가 이외에는 절대로 난방기를 분해하거나 개조하지 않도록 한다.

② 수확, 가공용 기계 일반지침

㉠ 수확, 가공용 기계의 도입
- 수확기를 구입할 때는 가격이나 성능뿐만이 아니라 안정성도 선택의 기준으로 삼는다. 이때 일정 수준 이상의 안전성을 가진 농업기계임을 나타내는 형식검사합격증의 유무를 확인한다.
- 중고 수확기를 구입할 때는 안전장치의 상태, 취급설명서의 유무 등을 확인하고 적절하게 정비한 제품을 구입하여야 하며 그렇지 못할 경우에는 적절한 점검 정비 및 수리를 한 후 사용하여야 한다.
- 수확기를 인수할 때는 조작방법, 안전장치 등에 대한 충분한 설명을 듣도록 하여야 한다.

㉡ 취급설명서의 숙독, 보관 등 : 취급설명서를 숙독하여 수확기의 기능, 사용상의 주의사항, 안전장치의 사용 및 위험회피 방법 등에 대해 잘 알아둔다. 동시에 수확기에 부착되어 있는 안전표식을 확인해 둔다. 취급설명서는 일정한 장소에 보관하여 필요시 언제라도 꺼내 읽을 수 있도록 한다.

㉢ 목적 외 사용과 개조의 금지
- 본래의 목적 이외에는 사용하지 않는다.
- 개조하지 않는다. 특히, 안전장치를 떼어내지 않는다.

③ 수확, 가공용 기계 작업 전 안전지침

㉠ 긴급 시 정지방법의 주지 : 긴급 시에 대비하여 엔진의 정지방법, 동력의 차단방법 등을 가족이나 작업자 모두가 알아두도록 한다.

㉡ 적절한 복장, 보호구의 착용 등
- 옷단, 소맷자락이 조여진 작업복을 착용하고 필요에 따라 헬멧, 장갑, 안전화, 보호안경, 이어머프, 기타 보호구를 착용한다.
- 수건을 허리에 감거나 목이나 머리에 두르지 않도록 한다.
- 수확기에 말려들어갈 우려가 있는 작업에서는 장갑을 착용하지 않는다.

㉢ 몸 상태가 나쁠 때에는 가급적 수확기를 운전하지 않으며 피로를 느낄 때에는 충분한 휴식을 취한다.

㉣ 악천후일 때는 사고의 위험이 높으므로 무리해서 작업하지 않는다.

㉤ 사용 전에는 반드시 점검하고 이상이 있는 경우는 정비할 때까지 사용하지 않는다.

④ 수확, 가공용 기계 운전조작 시 안전지침

㉠ 승용형 수확기에 타고 내리기
- 원칙적으로 수확기를 등지고 타고 내리지 않는다.
- 발을 헛디디지 않도록 주의하며, 발의 진흙은 수시로 털어낸다.
- 넘어짐, 떨어짐의 우려가 있으므로 뛰어 올라타거나 내리지 않는다.

ⓛ 승용형 수확기의 운전석 주변

- 핸들 및 좌석은 원활한 작업수행을 위하여 최적 위치로 조절한다. 페달을 밟을 때 방해가 되어 사고의 위험이 있으므로 운전석 바닥에 공구, Draw-bar Pin, Top Link 등의 물건을 두지 말아야 한다.
- 작업자의 승차위치 이외의 부분에 사람을 태우지 않는다.

ⓒ 엔진 시동

- 교육훈련을 받지 않은 상태에서는 절대 수확기를 운전하지 말아야 하며 작동 전에는 각각의 조절장치의 기능과 역할에 대해 충분히 알아두어야 한다.
- 엔진은 반드시 운전석에 앉아서 각종 조작레버가 중립위치에 있는지, 주차브레이크가 걸려 있는지 확인한 다음 주위를 잘 살피고 공동작업자 등이 있을 경우 신호를 한 후 시동을 건다.
- 운전 전에는 브레이크, 스티어링 그리고 다른 장치의 점검도 하여야 하며 운전은 주위의 안전을 확인한 후 좌석에 앉아서 천천히 한다.

ⓔ 주행, 주차 시의 주의

- 출발은 주위에 신호를 하고 안전을 확인한 후에 천천히 한다.
- 떨어짐의 우려가 있으므로 좌석, 난간 등이 없는 경우에는 타지 않는다.
- 넘어짐의 우려가 있으므로 급선회는 하지 않는다.
- 요철이 심한 노면을 주행할 때에는 속도를 낮추며 경사지거나 언덕의 중간에서는 변속 조작을 하지 않는다.
- 높이 차가 있는 포장으로의 출입이나 논둑을 타고 넘을 때에는 넘어질 우려가 있으므로 직각으로 하며 높이 차가 클 경우에는 디딤판을 사용한다.
- 넘어짐의 우려가 있는 급경사지에서는 주행하지 않으며 또한, 경사지에서는 등고선 방향으로는 가급적 주행하지 않는다.
- 이동을 할 때에 보조가이드, 보조자 발판, 벼가마 적재대 등을 접고 디바이더 가드 등을 장착하며, 배출 오거도 정해진 위치에 놓는다. 또한 예취·탈곡 클러치를 끊고 자동수평장치, 예취부 승강장치 등 자동화장치를 끊는다.
- 낄 우려가 있으므로 후진 시에는 뒤쪽에 장애물이 없는지 확인한다.
- 정차할 때는 반드시 주차브레이크를 건다.
- 주차할 때는 평탄지를 선택하여 승강부를 낮추고 엔진을 정지시킨 후 주차 브레이크를 걸고 키를 빼둔다. 어쩔 수 없이 경사지에 수확기를 주차시킬 때는 돌 등을 바퀴 밑에 대어 놓는다. 또한 타기 쉬운 볏짚이나 마른 풀 위에 수확기를 세워두지 않는다.
- 궤도식인 경우에는 선회반경, 선회중심위치가 차륜식과는 다름을 잘 이해하고 선회한다. 또한 요철을 넘을 때는 갑자기 기계가 흔들리기도 하므로 반드시 저속으로 진행한다.

ⓜ 도로 주행 시의 주의

- 작업등은 떼어내고 장비해야 하는 부품을 부착한다.
- 도로를 주행할 수 없는 수확기는 트럭 등으로 운반한다.

- 교통사고의 우려가 있으므로, 야간주행 시에는 등화장치를 점등하고 필요에 따라 야간 반사판, 반사씰 등으로 눈에 잘 띄도록 하는 동시에 수확기의 최대폭이 멀리서도 확인 가능하도록 한다.
- 자동 수평제어장치가 부착된 경우에는 노상이나 경사지의 주행 시에 기체가 갑자기 기울어져 넘어질 우려가 있으므로 그 기능을 끊어둔다.
- 원칙적으로 길 가장자리를 주행하지 않는다. 어쩔 수 없이 길 가장자리를 주행해야 할 때는 지반이 연약하지 않은지 확인한다.

ⓑ 연료 보급
- 연료를 보급할 때는 화재의 우려가 있으므로 엔진이 충분히 식은 후 급유한다.
- 급유 중에는 화기를 가까이 하지 않고 수확기에서 떠나지 않도록 한다.
- 연료캡은 확실하게 잠그고 흘러나온 연료는 잘 닦아낸다.

ⓢ 수확기의 운반 : 트럭 등에 수확기를 싣고 내리거나 운반 시에는 넘어짐, 떨어질 위험이 있으므로 주의한다.

운 반	주의사항
준 비	• 운반용 차량은 주차브레이크를 걸고 차량 고정장치로 움직이지 않도록 한다. • 디딤판은 충분한 폭과 강도를 가져야 하며 미끄럼 방지 처리가 되어 있는 것으로 경사각이 15° 이하가 되도록 한다. 또한 디딤판의 길이는 화물칸 높이의 4배 이상인 것을 사용한다. 디딤판의 훅은 운반용 차량의 화물칸에 확실하게 걸쳐 고정시킨다.
하 차	• 안전한 하차를 위하여 유도자와 유도방법을 결정한 후에 작업한다. 유도자는 수확기의 진행경로상에 서 있거나 수확기에 너무 가깝게 접근하지 않도록 한다. • 작업 후에는 부착작업기의 상태를 고려하여 전·후진 어느 쪽이든 적절한 방향으로 가급적 저속으로 이동하고, 디딤판 위에서는 조향클러치나 변속조작을 절대 하지 않는다. • 궤도식인 경우에는 운반용 차량의 화물칸과 디딤판의 이음새를 넘을 때 갑자기 기계가 흔들릴 수도 있기 때문에 주의한다. • 운반경로에 높이 제한이 있을 때는 그 이하가 되는지 확인한다.
기체의 고정	주차브레이크를 걸고 충분한 강도의 로프, 와이어로프 등으로 잘 고정한다.
운반 시	급출발, 급정지, 급선회 등을 피한다.

⑤ 수확, 가공용 기계 작업 중 안전지침
ㄱ 기본 안전지침
- 자루들기, 손 예취(베기), 벼자루 운반 등의 작업을 수행하는 보조 작업자와는 미리 작업방법, 신호 등을 협의한다.
- 엔진 시동 또는 작업부 구동 시에는 경보기를 울려 주변 사람들에게 주의를 환기시킨다. 소음 때문에 경보가 들리지 않는 경우가 있으므로 수확기의 후방에 충분히 주의한다.
- 먼지가 많은 작업환경일 경우에는 방진마스크, 보호안경을 착용한다.
- 작물 때문에 측량기둥, 두둑이 보이지 않으므로 특히, 두둑 옆의 작업은 주의한다.
- 야간작업을 할 때는 작업등을 사용한다.

ㄴ 콤바인
- 자루식인 경우 보조자용 승차발판에서는 떨어짐방지용 가이드를 사용한다.

- 점검정비 시에는 주차브레이크를 걸고 엔진을 정지시킨다. 특히 막힘이나 얽힘 현상을 제거할 때는 부상의 우려가 있으므로 반드시 회전부가 정지된 후 두꺼운 장갑을 착용한 다음 한다. 또한 예취부 등의 밑으로 들어가지 않는다. 만일 들어가야 할 때는 예취부의 낙하방지 장치를 고정한 다음 들어간다.
- 화재나 오버히트를 방지하기 위하여 엔진, 소음기, 풀리 등 구동부의 주변 쓰레기는 자주 치워 준다. 또한, 도복된 작물을 예취하면 반송부나 커터에 볏짚 등이 말려들어 막히는 경우가 있으므로 정기적으로 청소한다.
- 산물형 콤바인에서 곡물을 트럭 등에 배출할 때는 유도자가 끼이지 않도록 기계 사이에 있지 않도록 한다. 배출오거를 조작할 때는 주위 상황을 잘 확인하면서 작업하고, 배출 중에 배출구가 막히지 않도록 배출오거를 자주 이동하면서 배출시킨다. 만일 배출구가 막히더라도 손을 넣지 않는다.
- 산물형 콤바인인 경우 탱크에 곡물이 채워진 상태에서 떨어질 위험이 특히 높으므로 논둑넘기, 급선회, 급경사지에서의 작업 등은 가급적 하지 않는다.
- 자루형 콤바인의 경우 벼 자루의 취급 시 요통이 생기지 않도록 주의한다. 또한 콤바인 으로 벼를 운반하지 않는다.
- 두렁에 한쪽 바퀴만을 올려놓은 채로 작업할 때에는 떨어지지 않도록 조심하여 작업 한다.

ⓒ 정치 탈곡
- 소음기의 열로 지푸라기가 고온이 되어 화재가 일어날 우려가 있으므로 지푸라기가 퇴적된 부근에 수확기를 세워놓고 탈곡하지 않는다.
- 탈곡과 관계없는 예취부 등을 정지한 후 탈곡한다.
- 탈곡부에 손을 넣지 않는다. 또한, 피드체인에 말려들어가지 않도록 소매 끝을 조여 준다. 장갑을 끼거나 수건을 허리에 두르지 않는다. 만일 손이나 옷이 말려 들어갈 때는 긴급 정지장치를 작동시켜 엔진을 정지시킨다.
- 정치 탈곡할 때는 작물을 무리하게 투입하지 않는다.
- 보통형 콤바인인 경우 릴, 예취날의 클러치를 끊은 후 탈곡한다.
- 인력 예취 시 사용하는 낫은 밟거나 탈곡부에 투입될 우려가 있으므로 사용하지 않을 때에는 일정한 위치에 둔다.

ⓓ 바인더, 결속기 등
- 결속기에 끈을 통과시킬 경우 엔진을 정지하고 주차브레이크를 건 후 한다.
- 결속기가 회전하고 있을 때에는 결속부 클러치가 작동하면 방출 암 등 각 부가 갑자기 움직이기 시작하여 부상당할 우려가 있으므로 절대 도어부를 만지지 않는다.
- 결속기에 끈을 걸 때는 방출 암에 닿지 않도록 결속기에서 50cm 이상 떨어진다.
- 결속기에서 결속다발이 방출되는 방향에 서 있지 않는다.
- 결속기 등에 부착기를 장착하면, 기체가 길어지거나 주위가 보이지 않게 될 경우가 있으므로 충돌에 주의한다.

⑥ 수확, 가공용 기계 작업 후 안전지침
  ㉠ 작업 후에는 반드시 점검정비를 한다. 점검정비는 평탄하고 넓은 장소에서 주차브레이크를 걸고 엔진을 정지시킨 다음 가동부가 정지된 후 실시한다.
  ㉡ 승강부를 올리고 점검할 때는 잠금장치를 거는 등 낙하방지조치를 설치한다. 커터, 산물탱크, 엔진룸 등을 열 경우에는 열린 부분을 확실하게 고정한다.
  ㉢ 커터, 요동판 등 무거운 부품을 착탈할 경우에는 2명 이상이 같이한다. 또한 예취날 등을 교환할 때에는 맨손으로 하지 말고 두꺼운 장갑을 착용한다.
  ㉣ 화재의 우려가 있으므로 체인, 베어링 등에 말려 들어간 쓰레기는 자주 제거한다. 또한 발열되지 않도록 정기적으로 주유한다.
  ㉤ 점검정비를 위해 떼어 놓은 안전커버는 반드시 다시 장착한다.
  ㉥ 배터리 충전 중에는 가연성 가스가 발생하기도 하므로 환기하면서 충전한다.
⑦ 수확, 가공용 기계의 관리지침
  ㉠ 관리를 위한 기록 등
    • 운전일지, 점검 · 정비일지 등을 작성하고, 기록에 근거한 적정한 관리를 한다.
    • 1년에 1회는 전문수리업소에서 정비하도록 한다.
  ㉡ 수확, 가공용 기계의 보관
    • 보관창고는 충분한 밝기를 갖도록 전등을 설치하고 환기창이나 환기팬을 설치하여 자주 환기한다.
    • 승강부를 내리고 키를 뽑아 보관한다.
    • 장기간 격납할 경우에는 쥐가 전선 등을 갉아먹지 않도록 신경 써서 깨끗이 청소한다. 또한 쥐가 침입할 가능성이 있는 부분에 뚜껑을 씌운다.
  ㉢ 수확, 가공용 기계를 대여할 경우 : 수확, 가공용 기계를 대여할 때는 적절한 정비를 하고 사용방법, 안전상의 주의사항을 충분히 설명하고 취급설명서를 잘 읽은 후 작업하도록 지시한다.

(5) 축산, 시설, 운반용 기계 안전이용지침

① 지게차 안전이용지침
  ㉠ 작업자들은 지게차와 다른 차량 사이의 좁은 공간에 서 있지 않도록 한다. 조작에러나 기계적 오작동으로 기계가 움직여 작업자에게 상해를 입힐 수도 있다.
  ㉡ 지게차를 사용하지 않을 때에는 다른 차량과 가급적이면 평행이 되는 위치에 주차해 두어야 한다.
  ㉢ 주차 브레이크는 사람이 기계 앞에 서 있는 경우 항상 채워져 있어야 한다. 주위의 위험요소가 없음을 확인한 후 주차 브레이크를 풀도록 한다. 지게차를 떠나기 전에는 적재칸은 밑으로 내리고 반드시 브레이크를 채우도록 한다.

② 지게차로 떠받쳐진 적재물 아래에서 작업해서는 안 된다. 평탄하지 않은 지형이나 불균형한 적재, 경험 부족 심지어 간단한 조작실수도 치명적인 요인이 될 수도 있다.

　　　⑨ 유압 시스템은 연결 호스가 닳거나 끊어진 경우 또는 부속의 연결이 느슨해지면 작동하지 않을 수 있으므로 신속히 정비해야 한다.

　② 스키드로더 안전이용지침

　　　㉠ 스키드로더(Skid Loader) 사용자는 공장 출고 시 장착된 안전장치들을 제거하거나 개조해서는 안 된다. 일시적으로 작업효율을 높이는 것이 영구적인 상해나 죽음의 위험을 무릅쓰는 것보다 중요하진 않다.

　　　㉡ 안전프레임을 제거하거나 개조하는 것은 로더버킷이나 리프트 암 작동 시 운전자에게 아주 큰 위험을 가져다 줄 수 있다.

　　　㉢ 스키드로더 운전자는 기계작동 중 운전석을 떠나거나 올려져 있는 로더 버킷이나 리프트 암 아래에 있지 말아야 한다.

　　　㉣ 운전자가 기계 밖으로 나와야 할 때는 로더버킷(Loader Bucket)은 반드시 아래쪽에 내려 놓도록 하며 엔진은 정지시켜야 한다.

　　　㉤ 스키드로더 옆에 기대서서 작동을 하면 시간은 줄일 수 있겠지만 안전사고 발생 가능성이 더욱 높아진다.

　　　㉥ 엔진이 정지해 있을 때, 리프트 암이 멈춰 있을 때 혹은 견고한 버팀대가 사용된 경우를 제외하고는 위로 올려져 있는 버킷 아래로 걸어가거나 그 아래에서 기계에 기대지 않는다.

　　　㉦ 유압시스템은 정상적으로 연결이 안 돼 있을 경우와 상태가 좋지 않은 호스나 오일실 등으로 인해 언제라도 사고가 날 수 있으므로 주의한다.

　　　㉧ 스키드로더 사용자는 필요 없이 왔다 갔다 하는 것을 최소화하기 위해 미리 작업계획을 세우는 것이 좋으며 작업장의 방해물은 미리 치우도록 하여야 한다.

　　　㉨ 동절기에 스키드로더를 사용하는 경우에는 페달 및 유압 연결장치 주변 등을 자주 청소해 주도록 한다. 또한 스키드로더 조작자는 크기를 초과한 버킷을 이용해 과적해선 안 된다.

03 　농약 안전관리

(1) 농 약

　① 농약의 정의(「농약관리법」 제2조) : 농작물(수목, 농산물과 임산물 포함)을 해치는 균, 곤충, 응애, 선충, 바이러스, 잡초, 그 밖에 농림축산식품부령으로 정하는 동식물(이하 "병해충")을 방제하는 데에 사용하는 살균제·살충제·제초제와 농작물의 생리기능을 증진하거나 억제하는 데에 사용하는 생장조절제 및 약효를 증진시키는 약제를 의미한다.

② 농약의 분류

㉠ 분류 기준에 따른 농약의 종류

분류기준	종류
목 적	살충제(해충제거 목적), 살균제(바이러스, 곰팡이, 세균 등으로 인한 질병을 제거), 제초제(잡초제거 목적), 식물생장조절제(식물의 생리 기능 증진 또는 억제) 살비제, 살선충제, 살서제
화학성분	유기염소계, 유기인계, 카바메이트계, 합성피레스로이드계, 페녹시계, 무기농약 등
제 형	• 고체 : 분제, 입제, 분립제, 수화제, 과립수화제, 수용제, 기타 • 액체 : 유제, 액제, 액상수화제, 에멀젼, 마이크로 캡슐 • 기타 : 연무제, 훈연제, 훈증제, 도포제
독성*	Ia : 맹독성, Ib : 고독성, II : 보통독성, III : 저독성, U : 미독성

*세계보건기구 독성분류   출처 : 농촌진흥청 국립농업과학원, 농작업 안전보건관리

㉡ 용도 및 독성분류에 따른 농약 표시

[농약 용도 구분에 따른 용기마개 색]

종 류	살균제	살충제	제초제	비선택성 제초제	생장조정제	기 타
마개 색	분홍색	녹 색	황색(노랑)	적 색	청 색	백 색

출처 : 농촌진흥청 국립농업과학원, 농작업 안전보건관리

[농약 독성 분류에 따른 색띠(포장지 최하단에 표시)]

독성 분류	고독성	보통독성	저독성
띠 색	적 색	황색(노랑)	청 색

출처 : 농촌진흥청 국립농업과학원, 농작업 안전보건관리

(2) 농약 안전사용법

① 농약의 일반적 예방대책

㉠ 농약을 살포할 때에 농약이 체내로 들어오지 않도록 하거나 들어오더라도 독작용이 나타나지 않을 정도로 농약을 살포한다.

㉡ 농약 살포작업 시 중독 사고를 방지하기 위해서 농약에 맞는 적절한 보호구를 착용한다.

㉢ 농약 포장지의 '사용상의 주의사항'을 주의깊게 읽은 후 농약을 다루고 보관 및 살포한다.

㉣ 더운 여름 살포 시 호흡량이 늘어나 농약의 흡입가능성이 높아지게 되므로 적절한 마스크를 착용한다.

㉤ 농약과 인체의 접촉을 막기 위해서 방수성 방제복을 착용한다.

② 농약 살포 전 주의사항

㉠ 농약 라벨(포장지)의 표시사항을 반드시 읽는다.

㉡ 살포에 적합한 방제복, 장갑, 마스크, 보호안경 등의 보호구와 장비를 준비한다.

㉢ 방제기구는 고장 시 사고의 원인이 될 수 있으므로 사전에 정비한다.

㉣ 사전에 건강관리를 철저히 하고 몸의 상태가 좋지 않으면 살포작업을 하지 않는다.

㉤ 살포액 조제 시에 피부 노출이나 흡입 노출을 피한다.

③ 농약 살포 시 주의사항

    ㉠ 농약 포장지의 사용약량(희석배수, 살포량)을 준수한다.

    ㉡ 살포자의 체력 유지를 위해 살포작업은 시원한 시간대에 살포한다.

    ㉢ 장시간 살포작업을 하지 않으며, 통상 2시간 이내에 살포작업을 마친다.

    ㉣ 농약은 바람을 등지고 살포하며, 살포작업 중 흡연, 음식물을 삼간다.

    ㉤ 살포 시에는 소지품이 오염되지 않도록 청결히 관리한다.

④ 농약 살포 후 주의사항

    ㉠ 농약 살포지역에 사람의 접근을 막는다.

    ㉡ 살포 후 남은 농약을 깔끔하게 처리하며, 빈 농약 포장용기를 확실하게 처분한다.

    ㉢ 몸을 비눗물로 깨끗이 씻고, 수면을 취하는 등 휴식을 취한다.

    ㉣ 만일 몸에 이상이 감지되면 의사의 진찰을 받는다.

(3) 농약 보관 및 관리

① 농약은 가축과 사람이 섭취하는 사료, 식품, 음료수 등과 완전히 분리하여 별도의 보관창고 혹은 보관함에 보관한다.

② 어린이와 노약자가 내용물을 혼돈하여 섭취할 위험성이 있으므로 사용하고 남은 농약은 다른 용기에 담아두지 않고 본래의 용기에 넣어 라벨이 잘 보일 수 있도록 한다.

    ㉠ 농약 포장지는 과자류와 비슷하여 어린이가 접근하기 쉬우므로 주의한다.

    ㉡ 어린이는 내부기관이 완전히 발달되지 않은 상태이므로 면역체계가 떨어져 더 높은 독성을 일으킬 수 있다.

③ 농약 보관함은 반드시 시건(잠금)장치를 해 둔다.

④ 농약 취급자 이외의 사람이 손을 댈 수 없도록 한다.

(4) 농약 형태에 따른 농약 분류

유 제	농약의 주제를 용제에 녹여 계면활성제를 유화제로 첨가하여 제제한 것
수화제 및 수용제	수화제는 물이 녹지 않는 원제를 화이트카본, 중량제 및 계면활성제와 혼합·분쇄한 제제
분 제	주제를 중량제, 물리성 개량제, 분해방지제 등과 균일하게 혼합·분쇄하여 제제한 것
입 제	입제는 주제에 중량제, 점결제, 계면활성제를 혼합하여 입상으로 되어 있는 약제

(5) 농약의 오용으로 발생되는 약해

① 농약의 고농도 및 과량 살포

② 농약의 불합리한 혼용으로 인한 약해

③ 농약의 근접 살포로 인한 약해

04 | 기타 농자재 안전관리(보조장비)

(1) 농자재 안전사용

① **농작업 보조 장비의 중요성** : 농업근로자의 염좌와 육체적 스트레스를 줄이는 방법은 바람직한 작업방법에 따라 적합한 보조장비(수공구 등)를 사용하는 것이다.

② **농작업 보조장비의 개념**

　㉠ 이미 채용된 것이거나 전혀 새로운 것으로 작업을 좀 더 안전하고 쉽게 할 수 있도록 고안된 수공구 또는 보조장치를 말한다.

　㉡ 농작업자의 허리와 육체적 스트레스를 줄이는 방법은 바람직한 작업관행에 따라 적합한 공구를 사용하는 것이다.

　㉢ 농작업자에게 가장 중요한 건강문제는 허리, 손, 팔, 어깨 등의 통증을 줄이는 것이다.

③ **농작업 보조장비의 유형**

　㉠ 허리를 보호하기 위한 운반용 들어올리기 보조장비와 허리 굽힘 보조도구

　㉡ 허리와 상지의 반복을 줄여 줄 수 있는 보조장비

　㉢ 손이나 손목 등의 자세와 상지의 힘을 감소시킬 수 있는 보조장비

　㉣ 기타 진동 또는 접촉스트레스를 감소시켜 줄 수 있는 보조장비

(2) 농자재 안전보관 및 폐기

① 내부 및 출입구의 높이, 폭 등을 여유 있게 한다.

② 창고 내부는 충분히 밝도록 전등을 설치하고, 환기창이나 환기팬을 설치하여 환기를 잘 시킨다.

③ 농기계 비치 공구는 정해진 장소에 정리 정돈하여 둔다.

④ 취급 설명서도 금방 꺼내 볼 수 있도록 정해진 위치에 보관한다.

적중예상문제

01 트랙터의 운전 중 주행 시 주의사항으로 가장 올바른 것은?

① 변속기를 조작할 때는 클러치를 사용하지 않는다.

② 길고 급한 비탈길에서는 클러치를 끊고 내려간다.

③ 운전 중에는 언제나 클러치 페달 위에 발을 올려놓는다.

④ 좌우 브레이크 페달을 연결하여 일체로 작동하도록 한다.

해설

경사지에서는 클러치를 조작하여 주행하지 않아야 하고, 운전 중 클러치 위에 발을 올려 놓는 반클러치 상태를 유지할 경우 클러치판이 상할 수 있기 때문에 반클러치 사용을 자제해야 한다.

02 농업기계의 보관관리 방법으로 틀린 것은?

① 기계사용 후 세척하고 기름칠하여 보관한다.

② 보관 장소는 건조한 장소를 선택한다.

③ 장기 보관 시 사용설명서에 제시된 부위에 주유한다.

④ 장기 보관 시 공기타이어의 공기압력을 낮추어 지면에 타이어를 부착시킨다.

해설

타이어를 끼운 채로 보관할 때는 그늘진 곳에 보조 받침대를 놓고 그 위에 기체를 올려놓아 타이어가 땅에서 들리도록 보관한다.

03 기계 정지 상태 시의 점검사항이 아닌 것은?

① 급유상태

② 힘이 걸린 부분의 흠집, 손상의 이상 유무

③ 방호장치, 동력전달장치의 점검

④ 기어의 맞물림 상태

> **해설**
> 연료, 냉각수, 윤활유, 누수 및 누유, 타이어 공기압, 바퀴의 정렬상태는 기계 정지상태 시 점검사항이며, 기어의 맞물림은 시동 후 점검사항이다.

04 농기계 사용 시 사고를 예방하는 방법으로 옳은 것은?

① 매년 한 번씩 기계의 점검과 정비를 게을리하지 말 것

② 기계의 성능과 자기 기술을 초월하여 사용할 것

③ 안전장치를 떼어내지 않도록 할 것

④ 생산 가격을 충분히 알아 둘 것

> **해설**
> 점검을 위해 안전장치를 떼어냈더라도 농기계를 사용할 때에는 반드시 다시 장착해야 한다.

05 농업기계의 안전사항으로 틀린 것은?

① 과열된 엔진에 손이 닿으면 화상을 입으니 주의한다.

② 운반 작업은 적재량을 준수한다.

③ 트랙터 정차 시 주차 브레이크를 사용한다.

④ 동력 경운기 운전 시 경사지를 오를 때는 조향장치를 신속하게 조작한다.

> **해설**
> 언덕길 또는 경사지에서는 조향클러치를 조작하지 말고 핸들을 조작하여 선회한다.

3 ④ 4 ① 5 ④ **정답**

06 농업기계 안전관리 중 운반기계의 안전수칙으로 틀린 것은?

① 규정중량 이상은 적재하지 않는다.

② 부피가 큰 것을 적재할 때 앞을 보지 못할 정도로 쌓아 올리면 안 된다.

③ 물건이 움직이지 않도록 로프로 반드시 묶는다.

④ 물건 적재 시 가벼운 것을 밑에 두고, 무거운 것은 위에 놓는다.

해설

물건 적재 시 무거운 것을 아래에 두고 가벼운 것은 위에 둔다.

07 동력경운기의 내리막길 주행 시 조향클러치의 작동방법으로 옳은 것은?

① 양쪽 클러치를 모두 잡는다.

② 회전하는 쪽의 클러치를 잡는다.

③ 평지에서와 같은 방법으로 운전한다.

④ 조향 클러치를 사용하지 않고 핸들만으로 운전한다.

해설

경사지에서는 조향클러치 대신 핸들을 이용해 선회하는 것이 좋다.

08 다음 용어에 관한 설명 중 틀린 것은?

① 재해란 안전사고의 결과로 일어난 인명과 재산의 손실을 말한다.

② 안전관리란 재해로부터 인간의 생명과 재산을 보호하기 위한 계획적이고 체계적인 활동을 말한다.

③ 사상(私傷)이란 어느 특정인에게 주는 피해 중에서 과실이나 타인과의 계약에 의하여 업무수행 중 입은 상해이다.

④ 안전사고란 고의성 없는 불안전한 행동이나 조건이 선행되어 일을 저해하거나 능률을 저하시키며 직간접적으로 인명이나 재산의 손실을 가져올 수 있는 사고이다.

해설

사상이란 조직에서 공무(公務)가 아닌 사사로운 일로 입은 부상을 말한다.

09 콤바인 사용 시 주의 사항으로 틀린 것은?

① 운전 조작 요령을 숙달한 후에 운전해야 한다.

② 탈곡기 내부 확인은 엔진을 정지시킨 후 한다.

③ 언덕을 오르내릴 때는 각 레버 및 클러치 조작을 한다.

④ 급유 또는 주유 시에는 엔진의 시동을 정지한다.

해설

경사지에서 클러치를 조작하여 주행하지 않는다.

10 동력경운기 조작 시 안전 사항으로 틀린 것은?

① 직진 주행 중에는 조향클러치를 사용하지 말 것

② 로터리 작업 중 후진할 때는 경운 변속레버를 중립에 둘 것

③ 경사진 작업장을 오를 때 기어변속을 빠르게 실시할 것

④ 고속 주행 시에는 원칙적으로 조향클러치 사용을 삼가할 것

해설

급경사지나 언덕길에서는 경운기, 관리기의 폭주를 초래할 우려가 있으므로 변속 조작을 하지 않는다.

8 ③ 9 ③ 10 ③ 정답

11 농기계의 매일 점검사항에 해당되는 것은?

① 연료 및 윤활유 점검
② 밸브의 간극 조정
③ 기호기의 청소
④ 소음기 청소

해설

연료, 냉각수, 윤활유, 누수 및 누유, 타이어 공기압, 바퀴의 정렬상태, 계기판, 기어변속, 핸들유격, 유압 작동 상태, 브레이크 장치는 농기계의 매일 점검사항이다.

12 유효성분이 물에 녹지 않으므로 유기용매에 유효 성분을 녹여 만드는 농약은?

① 유제(乳劑)
② 액제(液劑)
③ 수용제(水溶劑)
④ 수화제(水和劑)

해설

유제란 농약의 주제를 용제에 녹여 계면활성제를 유화제로 첨가하여 제제한 것이다. 다른 제형에 비하여 제제가 간단하고, 약효가 우수하며 확실하다는 장점이 있다.

13 유기용매에 녹여 유화제를 첨가한 용액으로 제조한 약제는?

① 유 제
② 액 제
③ 수용제
④ 수화제

해설

유제는 농약의 주제를 용제에 녹여 계면활성제를 유화제로 첨가하여 제조한 것이다.

14 농약의 사용법에 의한 약해로 가장 거리가 먼 것은?

① 근접살포에 의한 약해

② 동시 사용으로 인한 약해

③ 불순물 혼합에 의한 약해

④ 섞어 쓰기 때문에 일어나는 약해

15 다음 중 카바메이트계(Carbanate) 농약은?

① 펜티온 유제

② 다이티오피르 유제

③ 이프로디온 수화제

④ 티오파네이트메틸 수화제

해설

카바메이트계 농약은 카바민산과 아민의 반응에 의하여 얻어지는 화합물로서 티오파네이트메틸 수화제가 대표적이며, 주로 살충제로 사용되나 일부 제초제로 개발된 것도 있다.

16 농약의 효력을 충분히 발휘하도록 첨가하는 물질은?

① 보조제   ② 훈증제

③ 유인제   ④ 기피제

해설

보조제는 살균제, 살충제, 살서제, 제초제 등과 같은 농약 주제의 효력을 증진시키기 위하여 사용하는 약제이다.

PART 03

농작업
보건관리

농작업환경의 건강 유해요인

01 | 유해요인의 평가

1. 농작업환경 유해요인의 개요

(1) 농작업환경의 개념 및 특징

① 농작업환경의 유해요인의 개념

㉠ 농업인에게 질병, 건강, 심각한 불쾌감, 업무능률 저하를 일으킬 수 있는 모든 환경적 요인이다.

㉡ 농업인 건강에 직접적으로 영향을 주는 작업환경 요인과 간접적으로 영향을 주는 사회심리적 요인으로 구성되어 있다.

㉢ 작업환경의 유해요인으로는 인간공학적 요인(근골격계질환), 화학적 요인, 물리적 요인, 생물학적 요인으로 구성되어 있다.

㉣ 주로 작업과 관련된 정신적 부담에 의해 건강장해를 유발하는 인자를 말한다.

② 농작업환경의 특징

㉠ 노동집약적인 작업

㉡ 인구의 고령화, 제한된 인력에 따른 작업량의 증가

㉢ 특정 기간 동안(농번기)에 집중되는 작업

㉣ 시설작업 비중의 증가로 인한 농사기간의 증가

㉤ 여성과 미성년이 함께하는 가족노동

㉥ 다양한 유해환경요인의 노출, 표준화되어 있지 않은 비특이적 작업

㉦ 의료혜택 및 병원접근성의 제한 등

(2) 농작업환경 유해요인의 종류 및 건강영향

① 화학적 유해요인의 종류 및 건강영향

유해요인	주요 해당 작업	건강영향
농약의 유효성분	농약을 살포하는 모든 작물	농약중독
석 면	농가 및 축사 지붕 석면슬레이트	폐암, 악성중피종, 석면폐증
분 진	축산농가, 경운정지, 수확작업 등	호흡기질환
일산화탄소	시설 내에서의 동력기 사용작업	일산화탄소중독
디젤연소물질	시설 내에서의 동력기 사용작업	폐암, 천식 등
니코틴	담뱃잎 수확작업	니코틴 급성중독

② 물리적 유해요인의 종류 및 건강영향

유해요인	주요 해당 작업	건강영향
소음	각종 농기계 사용작업	소음성난청
진동	• 국소진동 : 예초기작업 • 전신진동 : 트랙터, 경운기, 콤바인 등의 운전	수지백색증, 수근관증후군(터널증후군), 작업성 요통 등
자외선	노지작업	피부암
온열환경	노지 및 비닐하우스	열피로, 열사병 등

③ 생물학적 유해요인의 종류 및 건강영향

과민성질환	곰팡이/세균	주요 해당 작업	건강영향
독소에 의한 질환	내독소	• 축사관련작업(양돈, 양계 등) • 사료 취급작업 • 곡물취급작업(선별, 포장, 저장, 운송 등) • 하우스 등 밀폐작업	• 해당 작업 대부분이 권고기준을 초과함. • 비염, 부비동염, 천식, 과민성폐렴 등의 유기분진 독성증후군을 일으킴
	마이코톡신	곡물저장, 퇴비 집적 작업	• 유기분진 독성증후군 • 기형아 출산, 암 등
감염성질환	쯔쯔가무시	들판에 서식하는 진드기 유충에 물리기 쉬운 야외 작업자	발열, 오한, 두통, 피부발진 등
	신증후성출혈열	들쥐 혹은 배설물에 접촉되기 쉬운 야외 작업자	발열, 두통, 안구통 등
	렙토스피라증	균에 오염된 하천이나 동물과 접촉하기 쉬운 작업자	신부전, 출혈, 황달 등

④ 인간공학적 유해요인의 종류 및 건강영향

근골격계 질환 발생요인	주요 해당 작업	건강영향
하우스 내에서 쪼그리거나 허리를 숙이는 등의 불편한 작업자세	순자르기, 수정, 수확작업	허리, 무릎 목 부위 통증
과수 등 고상작목에서의 위 보기 작업	열매솎기, 봉지 씌우기, 수확작업	어깨, 목 부위 통증
수확물 및 농약통 등의 중량물 작업	수확작업, 병해충방제(등짐형)	허리 부위 통증
전신진동/국소진동	트랙터/예초기 운전	허리, 손목, 손가락 부위 통증
부적절한 수공구 사용	열매솎기, 수확작업	손목, 손가락 부위 통증

(3) 농작업환경 유해요인 조사 및 평가의 중요성

① 유해요인에 얼마나 노출되었는지에 대한 조사 결과는 향후 농업인 업무상 재해 보상을 위한 작업관련성 판정의 주요한 근거

② 농작업환경과 관련된 질환 및 안전사고의 원인을 구명하고 이를 개선하기 위한 연구 자료로 활용

③ 위험요인의 노출 허용·권고 기준 제정의 근거 및 안전보건 관리수준 평가의 역할

④ 농작업 유해요인의 노출 특성에 대한 정보 제공(농업인의 알권리 충족)

⑤ 농작업 시설개선, 개인보호구 개발을 위한 기초자료 제공 및 시범사업 수행을 위한 작목·작업 선정 시 우선순위 결정의 근거

⑥ 향후 치명적인 재해 발생의 가능성이 높은 작업에 대한 선제적 예방관리의 근거

2. 농작업환경 유해요인 위험도 평가

(1) 위험도 평가 절차

단계	단계별 수행내용	세부 수행내용 및 주의사항	비고
1	위험도 평가대상 유해요인, 작업 선정	• 평가 목적에 따라 평가 대상 유해요인 및 작업을 선정한다. 선정 시 해당하는 유해요인과 작업에 대한 기존 연구(측정) 자료와 기본적인 정보(유해성, 작업방식 등)를 확보한다.	• 1, 2, 3단계는 '예비조사'에 해당하며 상황에 따라 순서를 바꾸거나 동시에 수행할 수 있다. • 예비조사의 가장 중요한 목적은 평가 대상 농가와 작업의 특성을 확인하는 것이다.
2	대상 농장 섭외	• 기존 연구(측정)자료를 토대로 접근성과 대표성을 고려하여 대상 농장을 섭외한다. 섭외 시 작목반 등을 통해 섭외하는 것이 대표성 확보를 위해 유리하다. • 농장이 이미 결정되어 있다면, 1단계와 2단계의 순서를 바꿀 수 있다.	
3	예비 방문 조사	• 섭외된 농장에 전화를 하거나 직접 방문해 예비조사를 수행한다. • 예비 방문 조사 결과에 따라 농가 섭외를 다시 할 수도 있다.	
4	측정방식 결정 및 일정 확정	• 예비조사 결과를 토대로 측정방식(직독식 기기 사용 여부 등), 측정시료수, 측정자, 일정을 확정한다. 농업 특성상 작업일정의 가변성이 크다는 것을 고려하여 측정일정을 잡는다.	• 4~8단계는 노출수준을 확인하는 실질적인 단계이다. • 신호등 평가 방식에서 노출수준을 조사하는 단계이다.
5	본조사 준비	• 본조사 이전 측정방식에 따라 필요한 장비 및 측정매체를 준비한다(장비의 충전, 측정 기록지 인쇄, 측정 매체의 구매, 측정자용 개인보호구 준비 등). • 본조사 장비 및 물품은 이동성과 작업방해 가능성을 고려하여 최대한 간소히 하는 것이 유리하다.	
6	본조사 (Walkthrough Survey, 유해요인 측정)	• 본조사에는 측정자가 농업인 인터뷰 및 체크리스트를 가지고 작업현장을 확인하는 작업장 현장조사(Walkthrough Survey)를 수행하고, 미리 준비된 측정기기로 노출수준을 측정한다. • 조사 시에는 되도록 캠코더 등으로 조사 당시의 상황을 있는 그대로 기록하며, 측정에 사용된 매체 및 기록지는 일자, 측정자, 식별번호를 반드시 기입하도록 한다.	• 4~8단계는 노출수준을 확인하는 실질적인 단계이다. • 신호등 평가 방식에서 노출수준을 조사하는 단계이다.
7	시료 운반 및 보관	• 기록된 체크리스트와 유해요인이 포집된 측정매체(시료)를 운반하고 적절한 장소에 보관한다. 조사 결과는 시료의 보관 기한 및 측정자의 기억력을 고려하여 최대한 빨리 분석하는 것이 유리하다.	
8	측정 결과 정리 및 분석	• 조사 시 기록된 내용은 엑셀 등에 변환하기 전에 원본스캔을 통해 원자료를 전산 보관한다. • 직독식 기기에 기록된 유해요인 측정 데이터는 해당 기기에만 보관하는 것이 아니라 반드시 별도의 컴퓨터 및 폴더에 옮겨 저장한다. • 실험실 분석으로 포집된 유해요인의 양을 확인한다.	
9	위험도 평가	• 8단계까지 조사된 정보를 가지고 신호등 평가법을 이용하여 위험도를 평가한다.	
10	위험도 평가 결과 공유	• 평가 결과는 반드시 측정 대상 농장의 농업인과 공유하고 농업인이 충분히 이해할 수 있을 정도로 설명한다.	

(2) 예비조사

① 농작업 환경을 평가할 때 가장 중요한 것은 평가시기를 정하는 것이다. 농작업의 계절적 특성으로 인해 작목·작업별로 연중 작업시기가 정해져 있으므로, 특정한 작업시기를 놓치게 되면 길게는 1년 이상 기다릴 수 있기 때문이다. 따라서 위험도 평가 절차 중 1, 2, 3단계는 본격적인 농사가 시작되기 전에 이루어져야 하며, 다음과 같은 필수적인 정보를 사전에 파악한다.

    ㉠ 주 작목에 대한 작업 특성과 작업시기, 작업내용, 농사현황 등 필요한 정보를 파악한다.

    ㉡ 작목의 작업 단계별로 어떤 유해요인이 문제될 것인지 노출 가능한 유해요인을 예측한다.

② 이 예비 정보의 확인과 더불어, 측정 대상 농작업장의 농업인 면담을 통해 선정된 작목의 전체 재배주기를 포함한 작업 단계별 주요 정보(작업단계, 작업시기, 작업일수, 주요 유해요인 등)를 파악한 후, 이를 바탕으로 최종적으로 평가해야 할 유해요인 항목과 평가시기를 결정한다.

③ 작업 단계를 파악할 때는, 마을 작목반을 대상으로 간담회 형태의 집단 인터뷰방식을 추천한다. 이때 작업 단계 조사표를 이용하여 작업 단계별 개요와 각 단위작업에 대한 정의 및 내용을 알기 쉽게 정리한다.

④ 작업단계 조사표는 작목별로 한 장씩 작성하며, 유해요인 평가의 기본인 단위작업을 선정하기 위한 준비 단계로 다음의 내용을 포함한다.

    ㉠ 작업단계 : 시기별로 진행되는 작업명을 기록하되 표준화된 농업 용어를 사용한다.

    ㉡ 작업시기 : 최소한 월(초, 중, 말) 단위로 파악해야 하며, 현장 평가의 시기를 예측하는 중요한 정보이다.

    ㉢ 노동시간(노동일수) : 최종적인 위험도 평가 시 노출비중(시간)의 중요한 자료로 활용한다.

    ㉣ 주요 유해요인 : 작업 단계별로 발생 가능한 유해요인을 기록한다.

    ㉤ 평가 예정 항목 : 주요 유해요인의 발생 특성과 노출시간을 고려하여 구체적인 측정 혹은 평가가 필요한 유해요인 항목을 기록한다.

3. 농작업환경 인간공학적 유해요인 측정

인간공학적 유해요인 평가는 체크리스트 분석과 비디오 분석을 병행하여 실시한다. 이때 사용하는 평가 방법은 작목별 작업 특성을 고려하여 기존에 타당도 및 신뢰도가 검증된 평가도구를 선택하여 사용하며, 평가도구에 따른 결과를 바탕으로 위험도는 다음과 같이 3단계로 판정된다.

평가도구	조치수준(위험도)		
	하	중	상
OWAS	수준 1, 2	수준 3	수준 4
REBA	7점 이하	8~10점	11점 이상
JSI	5점 미만	5~7점	7점 이상
NLE	LI 1 미만	LI 1 이상~2 미만	LI 2 이상

결과해석(JSI)
① SI score ≤ 3 : 안전하다.
② 5 < SI score < 7 : 작업이 상지 질환으로 초래될 수도 있다.
③ SI score ≥ 7 : 매우 위험하다.

4. 농작업환경 화학적 유해요인 측정

(1) 농약 측정방법

① 예비조사(작업 관련 사항) : 작업자의 노출시간을 추정하여 위험도를 평가하며, 면담조사를 통해 보호장구나 개인위생 특성을 파악한다.

　　㉠ 연간 농약 노출시간

> **A작목 연간 농약 노출시간**
> = 연간 살포횟수 × 1회당 살포시간
> **총농약 노출시간**
> = A작목 연간 농약 살포시간 + B작목 연간 농약 살포시간 + …

연간 농약 노출시간은 최근 1년을 기준으로 작목별로 재배면적, 연간살포횟수, 1회당 살포시간, 살포방법, 주로 사용하는 농약명 등을 기록한다.

> **더 알아보기**　**농약살포방법 보기**
>
> 1. 핸드스프레이(동력식) 2. 등짐형분무기(동력식) 3. 등짐형분무기(수동식)
> 4. 고압분무기(SS기)-캡 있음 5. 고압분무기(SS기)-캡 없음 6. 연무기
> 7. 손으로 뿌림(입제, 분제 등) 8. 씨앗 소독(액에 담금) 9. 무인살포기 10. 기타

작목명	재배면적	연간 살포 횟수	1회당 살포시간	살포방법(보기)	주로 사용하는 농약명
	평	연　　회	시간		
	평	연　　회	시간		
	평	연　　회	시간		

　　㉡ 보호장구 착용 특성 조사 양식

개인보호구 착용	없음/착용 안 함	가끔 착용	자주 착용	항상 착용
방수용 보호장갑	1	2	3	4
보안경	1	2	3	4
보호모자	1	2	3	4
방제복 상의	1	2	3	4
방제복 하의	1	2	3	4
방수용 보호장화	1	2	3	4
국가검정 마스크	1	2	3	4

ⓒ 농약 살포작업 및 개인위생 특성 조사 양식

준수사항	지키지 않는다.	가끔 지킨다.	대체로 지킨다.	반드시 지킨다.
사용법과 용량을 설명대로 지킨다.	1	2	3	4
농약을 희석할 때에도 마스크와 장갑을 착용한다.	1	2	3	4
한낮에는 뿌리지 않는다.	1	2	3	4
소독작업 후에는 곧바로 옷을 갈아입는다.	1	2	3	4
소독작업 후에는 비누로 목욕을 한다.	1	2	3	4
농약 살포 시 바람을 등지고 한다.	1	2	3	4

ⓔ 농약 독성 조사 기록 양식

상품명	유효성분(%)	농약관리법 독성정보	작업안전보건 관련 노출기준
다이센엠-45	Mancozeb (75%)	저독성 어독성 Ⅱ급	노출기준 : $1mg/m^3$ (고용노동부 기준 있을 시 기재)

② **농약 노출수준 조사**

농약의 위험도평가 과정에서 제일 중요한 단계는 농약 성분이 호흡기 및 피부를 통하여 직접적인 노출이 되는 양을 평가하는 것이다. 작업자의 호흡기나 피부를 통해 흡수되는 농약 노출농도를 평가하기 위해서는 별도의 측정 및 분석장비는 물론이고 분석전문가가 필요하다. 농약 노출의 90% 이상은 피부를 통해 흡수되기 때문에 농약의 피부노출에 대한 평가가 반드시 이루어지도록 한다.

ⓐ 피부 노출 조사 방법

1. 패치법	• 농약을 흡수할 수 있는 소재의 패치를 농약을 사용할 작업자 몸의 각 부위에 부착한 후 패치에 묻은 농약의 양을 분석하여 해당 부위에 묻었을 것으로 예상되는 농약의 양을 예측하는 방법이다. 이 법은 노출조사에서 가장 많이 활용된다. • 장점은 비용이 저렴하고 작업자를 방해하지 않고 부위별 노출량 차이를 확인할 수 있다. • 단점은 농약을 많이 뿌리거나 잎, 가지 등에 많이 접촉하는 농작업장에서는 패치가 떨어져 나갈 수 있으며, 잎이나 가지에 묻은 농약이 작업자에게 다시 묻게 되는 2차 노출의 경우에는 노출량을 과대 또는 과소평가할 수 있다는 점이다. • 노출 평가부위(패치 부착부위) - 모자 위 등, 머리 위에 최대한 가까이. - 의복의 바깥, 가슴 - 의복의 안쪽, 가슴 - 의복의 바깥, 오른쪽 팔 윗부분(Forearm), 몸에서 90° 방향, 팔꿈치와 팔목 사이 - 의복의 바깥, 왼쪽 발 앞쪽, 허벅지 중간 - 의복의 바깥, 왼쪽 발 앞쪽, 발목 위 - 의복의 바깥, 등쪽, 어깨뼈의 중간 - 손/발의 평가는 얇은 면소재의 장갑과 양말 이용(보호 장갑·장화 아래에 착용)

1. 패치법	• 농약을 포집하기 위한 패치는 농약포집을 위한 TLC(Thin Layer Chromatography) 종이와 TLC 종이를 포장하기 위한 은박포장재를 활용하여 자체 제작한다. 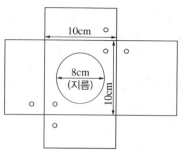 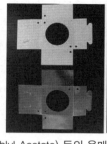  • 농약이 포집된 패치는 에틸아세테이트(Ethlyl Acetate) 등의 용매(25~75mL)에 넣어 초음파 처리와 30분 정도 교반기 등으로 흔들어서 농약을 추출해 낸 후 가스 크로마토그래피(Gas Chromatography)의 질소 인 분석기(NPD ; Nitrogen Phosphorus Detector)나 불꽃 이온화 검출기(Flame Ionization Detector) 센서 등을 사용하여 분석하게 된다. • 패치에서 검출된 농약의 양을 패치의 면적으로 나누어 단위면적당 농약노출량을 계산한 후, 패치가 부착된 부위의 체표면적을 곱하여 해당 부위의 전체 농약노출량을 구한다. • 패치 부착이 안 되는 손과 발에 대한 노출을 평가하는 경우는 농약을 사용하는 작업자가 면(100%)장갑과 면양말을 착용하여 농약을 포집하고 포집된 농약을 패치와 마찬가지로 에틸아세테이트(Eathyl Acetate)로 추출해 낸 후 가스 크로마토그래피 (Gas Chromatography)의 NPD 등으로 분석하게 된다. • 이때 손과 발의 전체 표면적을 면장갑과 면양말이 다 감싸고 있는 것을 전제로 하므로, 검출된 농약의 전체 양을 해당 부위의 농약 노출량으로 그대로 사용할 수 있다. • 샘플러의 부착 및 평가 : 패치가 부착된 방제복 및 면양말/면장갑과 흡착튜브가 부착된 펌프를 가지고 현장에 도착하면 작업자의 동의를 거쳐 측정을 시작한다. 이때 측정이 시작되는 시간과 마치는 시간을 반드시 기록하여야 하며, 작업자에게는 농약 노출 보호를 위해 활성탄이 함유된 방독 마스크와 방제복에 붙은 모자를 반드시 착용한다. • 측정 시료의 운반 및 분석 : 측정이 끝난 후 시료는 각각의 패치별로 분리하여 외부 공기와의 접촉을 막을 수 있는 1회용 비닐백에 넣은 후 아이스박스에 보관하여 운반한다. 운반된 시료는 냉장 보관하며, 되도록 포집된 농약의 분해로 인한 과소평가를 막기 위해 1주일 이내에 분석을 한다.
2. 형광물질 조사법	눈에 보이지 않는 형광물질을 농약에 첨가하여 농약을 사용한 작업자의 몸이나 옷에 묻은 형광물질의 양을 측정하는 방법이다.
3. 전신노출 조사법	농약을 흡수할 수 있는 소재의 옷과 모자, 장갑을 작업자의 몸에 착용시키고 농약을 사용한 후 옷, 모자, 장갑에 묻은 농약을 분석하는 방법이다.
4. 워시(Wash)법	농약이 묻은 손 등을 용매에 씻은 후 용액에 녹아 있는 농약을 분석하는 방법이다.

ⓒ 공기 중 노출 조사 방법

• 농약의 공기 중 노출을 평가하는 방법은 다른 화학적 유해요인과 마찬가지로, 공기를 펌프로 끌어당겨 농약을 흡착할 수 있는 매체에 통과시키고 이를 통해 매체에 흡착된 농약의 양을 분석하는 방식을 활용한다.
• 이 방법들은 영국의 산업안전보건청(HSE), 미국 산업안전보건연구원(NIOSH), 환경보호청(EPA) 등에서 정해진 측정 및 분석 매뉴얼을 통해 확인할 수 있다.

- 농약을 흡착하는 매체로는 OVS-2 Tube나 XAD-2와 같이 다공성 중합체 등을 활용하게 된다.
- 농약의 종류와 제형이 점차 다양해지고 있지만 피부 노출평가법과 달리 공기 중 노출평가법은 흡착매체의 한계로 인해 일부 농약에 대해서만 국한되어 있다.
- 국내 작업환경 측정 시 가장 많이 사용되는 미국 산업안전보건연구원의 측정 및 분석 매뉴얼(NMAM ; NIOSH Manual of Analytical Method)에서는 공기 중 농약 노출을 평가하기 위해서 유기인계(NMAM-5600), 유기염소계(NMAM-5602) 계통의 농약 등에 대한 평가 방법을 제시하고 있다.

(2) 분진 측정방법

① 예비조사 : 분진의 경우 분진 노출 작업이 뚜렷하게 구분이 안 되거나, 농업인이 분진 노출 여부를 인지하지 못할 수도 있다. 그러므로 측정자는 분진이 노출될 가능성이 있는 작업을 미리 선정하여 농업인에게 해당 작업에 대한 작업시간을 물어보는 것이 바람직하다.

　㉠ 연간 분진 노출시간 조사 양식

작목명	작업명	연간 작업 횟수	1회 작업시간	작업 시 사용 도구/농기계	분진마스크 사용 여부
		연　　회	시간		
		연　　회	시간		
		연　　회	시간		
		연　　회	시간		

　㉡ 작목별 주요 분진 노출작업

수도작	밭작물	과 수	시설작물	특수작목
수확 후 관리작업	아주심기작업, 수확작업	비료살포작업	경운·정지작업, 아주심기 작업, 화훼선별작업	버섯배지 제조작업 등

　㉢ 분진 노출시간 계산법

A작목 연간 분진 노출시간 = 연간 작업횟수 × 1회당 작업시간

② 분진 노출수준 조사

　㉠ 여과채취방법
- 펌프로 공기를 일정한 유량으로 끌어당기면서 펌프에 연결된 필터로 공기 중 분진을 거르고, 이때 걸러진 분진의 무게를 포집된 유량으로 나누어서 분진의 공기 중 농도를 결정하는 방법이다.
- 필터에 걸러진 분진량의 측정에는 0.01mg까지 판독할 수 있는 정밀저울(밸런스)을 활용하며, 필터의 무게를 분진 포집 전과 후로 각각 3회 이상 칭량한 후 3회 평균값의 차이로 결정한다.

- 필터의 무게를 칭량할 때에는 반드시 온습도가 일정하게 조절되는 데시케이터(Desicator)에 필터를 하루 이상 집어넣어 포집에 사용될 전체 필터에 함유된 습도의 양을 일정하게 조절한다.
- 또한 전체 포집시료 개수의 10% 수준의 필터를 공시료(Blank)로 지정하여 측정 시에는 사용하지 않고 포집시료와 동일한 환경, 시간으로 보관 및 칭량하여 필터의 분진량을 분석할 때 보정값으로 사용한다.

> 필터에 걸러진 분진량(mg)
> = 측정 후 필터의 무게 평균값(3회 반복 칭량의 평균) − 측정 전 필터의 무게 평균값(3회 반복 칭량의 평균)
> − (측정 후 공시료 무게값 − 측정 전 공시료 무게값)

- 포집된 유량을 설정하기 위하여 분진의 포집 전과 후에 각각 세 번 이상 유량을 측정하여 산출된 평균값을 포집 유량으로 정하며, 측정 시에는 반드시 펌프의 작동을 시작하는 시간과 마치는 시간을 기록하도록 하여 필터를 통과한 총공기량을 계산하도록 한다.

> 필터를 통과한 총공기량(L) = 펌프 작동시간(min) × 단위시간당 흡입 유량(L/min)

총분진 측정	총분진을 거르기 위한 필터는 직경 37mm, 5μm 공극 크기의 PVC 멤브레인 필터를 사용하고, 37mm 3단 카세트와 지지 패드를 이용하여 고정하며, 일반적으로 펌프의 유량은 2.0L/분으로 설정한다.
	〈분진 측정용 필터와 37mm 3단 카세트〉 〈분진 측정용 필터가 삽입된 카세트와 공기 흡입 펌프의 연결 사례〉  
호흡성분진 측정	• 총분진을 분석하기 위해서는 총분진과 동일한 직경 37mm, 5μm 공극 크기의 PVC 멤브레인 필터와 필터 패드를 사용하지만, 입경이 작은 호흡성 분진은 37mm 2단 카세트와 카세트에 부착되는 사이클론을 사용하여 측정한다. • 총분진의 경우 필터 카세트로 바로 공기가 들어가지만, 호흡성 분진을 측정할 경우에는 장착된 사이클론으로 먼저 공기가 들어가서 호흡성 분진보다 큰 분진이 사이클론에 걸러지고, 이로 인해 필터에는 호흡성 분진만 남게 된다. 펌프의 유량은 사용하는 사이클론의 종류에 따라 정해진 매뉴얼대로 다르게 유량을 설정하도록 한다. 〈사이클론이 연결된 카세트와 공기 흡입 펌프의 연결 사례〉 

ⓒ 직독식 기기 측정방법
- 작업자에 대한 분진 노출수준 조사 시에 현장측정자는 중량법을 기본으로 활용하며, 직독식 기기는 상황에 따라 지역시료 측정과 함께 활용하는 것이 바람직하다.
- 장점 : 직독식 기기는 측정과 분석이 용이하고, 입경별 분진의 노출수준을 한번에 측정할 수 있다.

- 단점 : 기기가 상대적으로 펌프에 비해 커서 개인 측정이 어렵고, 중량법에 비해 정확도가 떨어진다.

〈직독식 분진 측정기기〉

(3) 유해가스상 물질 측정방법

① 예비조사 : 가스로 인한 건강영향이 발생 가능한 특정 작목(작업, 작업장)과 작업에 한정

작 목	작업 및 작업장	유해가스
축 산	축사, 분뇨처리사	황화수소, 암모니아, 메탄가스 등
밭작물	퇴비작업, 시설하우스	황화수소, 암모니아 등
수도작	소각작업, 퇴비작업	일산화탄소, 황화수소, 암모니아 등
공 통	농기계작업(특히 비닐하우스)	디젤연소가스, 일산화탄소 등

② 가스 측정방식

㉠ 가스 측정방식은 분진의 측정과 유사하게 소형펌프와 흡착 매체를 통해 가스를 포집한 후 실험실에서 탈착하여 분석하는 방식과 직독식 기기를 활용하는 방식의 두 가지가 사용된다.

> **더 알아보기 펌프를 이용한 방법**
>
> - 기존 연구 등을 통해 정확도와 신뢰도가 검증되어 있어서 현재까지 가장 많이 사용되는 방법이다. 이 방법을 사용할 때 가장 많이 참조하는 매뉴얼은 미국 산업안전보건연구원의 측정시험법(NMAM ; NIOSH Manual of Anatycal Method)이다.
> - 매체나 펌프 등의 필요장비가 상대적으로 고가이며 측정 준비와 분석을 위해 고난도의 기술과 많은 시간이 필요하다는 점에서, 유해물질의 측정에 대해 훈련받은 전문가가 아니면 활용하기 어렵다는 단점이 있다.

> **더 알아보기 직독식 기기**
>
> - 최근 들어 정확도와 신뢰도가 향상되고, 무게 및 크기가 휴대할 수 있을 정도로 작아지면서 활용성이 높아지고 있다.
> - 직독식 기기의 가장 큰 장점은 가스의 농도를 실시간으로 알려 주고 측정자나 작업자의 생명을 위협하는 정도로 위험 수준을 초과하였을 경우, 즉시 사용자에게 소리, 진동, 빛 등을 통해 위험 신호를 보내줄 수 있다는 측면에서 펌프를 이용한 기존 방법보다 안전하다고 할 수 있다.

ⓛ 측정자는 시간과 비용, 측정 대상, 작업장의 상황에 따라 펌프를 이용한 방법과 직독식 기기의 사용 중 어느 방식을 사용할지에 대해서 판단해야 하며, 특별히 산소 부족이나 일산화탄소 노출로 인해 사망사고가 발생하는 농산물 저장고(생강 저장굴 등), 황화수소, 메탄가스 발생이 염려되는 퇴비사 등에서는 반드시 직독식 기기를 사용해야 한다(시중에서 판매되는 가스측정기의 경우 정확도에서 차이가 발생할 수 있으나, 측정자의 안전을 위해 되도록 직독식 기기를 구비하도록 한다).

ⓒ 일반적으로 농작업에서 발생하는 유해요인의 대부분은 직독식 기기를 활용하여 측정이 가능하며, 황화수소, 암모니아의 경우 개인노출 측정을 위해 펌프를 이용한 방법을 활용한다.

③ 직독식 기기 사용 및 관리

ⓐ 직독식 기기의 구매 시에는 반드시 정확도, 신뢰도(재현성)를 확인해야 한다.

ⓑ 정확도 검증 시 검증 조건(가스의 농도 수준)에 따라 정확도가 달라질 수 있기 때문에, 가능하다면 구매 시 해당 직독식 기기의 검증서(Validation Sheet) 등을 확보하여 측정해야 하는 작업환경의 조건과 맞는지 확인하는 것이 필요하다.

ⓒ 또한 센서의 수명, 교체 비용 등을 확인해야 한다.

ⓓ 측정 전날에는 배터리의 충전 여부를 확인하며, 관련 소모품은 여분을 준비하도록 한다.

ⓔ 직독식 기기는 활용 시간이 늘어날수록 정확도, 신뢰도 등이 달라질 수가 있으므로 매뉴얼 또는 판매처와 협의하여 주기적으로 교정(Calibration)하며, 필요 시 센서(소모품)를 교체하도록 한다.

④ 유해가스별 노출 조사

ⓐ 황화수소

• 황화수소는 활성탄 관(Coconut Shell Charcoal, 400mg/200mg, 0.5μm PTFE Pre-filter)을 펌프에 연결하여 작업장에서 개인노출 또는 지역노출을 평가하기 위한 시료를 포집하고, 전처리 한 후 IC로 분석한다(미국 산업안전보건연구원 매뉴얼 NMAM-6013).

• 100ppm 이상의 고농도로 황화수소에 노출될 경우 급성중독이나 사망사고 등이 발생할 수 있으므로, 퇴비사나 분뇨처리사같이 밀폐된 곳에서 황화수소를 측정할 때에는 반드시 직독식 기기를 같이 사용하여 위험상황에 대비하도록 한다.

ⓑ 암모니아 : 암모니아는 실리카겔 튜브(MCE Prefilter, 황산 처리, 0.8μm)가 연결된 펌프를 이용하여 시료를 포집 및 전처리 한 후 전도도 검출기를 갖춘 이온 크로마토그래프 (IC ; Ion Chro- matography/Conductivity Detector)로 분석한다(미국 산업안전보건연구원 매뉴얼 NMAM-6016).

ⓒ 메탄, 이산화탄소, 일산화탄소 : 메탄, 이산화탄소, 일산화탄소는 폭발(메탄), 질식 및 중독(이산화탄소, 일산화탄소)의 위험이 있기 때문에 반드시 직독식 기기를 활용하도록 한다.

ㄹ 산소농도 측정

- 산소측정 대상 작업장
  - 산소 측정의 대상이 되는 작업은 산소가 부족한 생강굴, 농산물 저장고에서의 농산물 운반작업 등이다.
  - 저장되어 있는 농산물은 자체적으로 호흡하면서 산소를 소모하게 되고 밀폐된 환경으로 인해 산소가 부족한 상황이 계속 유지되면서 작업자의 건강에 영향을 미치는데, 심할 경우에는 질식사를 일으킬 수도 있다.
- 산소 측정방법
  - 산소농도를 측정하는 경우는 대부분 질식사 등이 발생할 수 있는 위험한 상황이기 때문에 농도수준을 상황에 따라 바로 확인하고 경보로 알려줄 수 있는 직독식 측정기를 활용해야 한다.
  - 시중의 측정기를 구매할 경우 되도록 농도를 표시해 주는 액정이 크고, 액정 조명이 있으며, 소리와 진동 등으로 경보를 알려주는 기능이 있는 직독식 기기의 구매가 바람직하다.
  - 측정 시에는 측정자가 반드시 산소측정기를 몸에 휴대한 상태에서 작업장에 들어가면서 측정하며, 측정기의 여유가 있을 경우 작업장의 특정 장소에 고정하여 시간대별 산소농도의 변화 추이를 확인하도록 한다.
- 산소 측정 시 주의사항
  - 작업장에 들어가는 그룹과 외부에 남아 있는 그룹으로 측정팀을 구성한다.
  - 불의의 사고가 발생할 경우에 측정자의 몸을 끌어낼 수 있도록 로프 등을 측정자의 몸에 묶는다.
  - 공기호흡기나 송기마스크를 착용하고 작업장에 들어간다(측정 대상 작업장에 송기마스크에 사용될 수 있는 전원이 있는지 확인한다).
  - 작업환경 측정 및 산소농도 결핍 작업장이라는 표지판을 준비한다.
  - 산소측정기의 알람을 켜 놓고 농도수준이 떨어질 때마다 소리와 불빛으로 위험을 알리도록 한다.

5. 농작업환경 물리적 유해요인 측정

(1) 소음 노출수준 조사

농작업에서의 소음은 대부분 농기계 운전에서 발생한다.

① 과수에 농약을 살포할 때 사용하는 SS살포기, 농약 살포를 위해 사용하는 경운기 동력부터 경운기 작업을 하기 위해 사용하는 트랙터, 전기톱까지 다양한 형태의 농기계에서 소음이 발생한다. 또한 기타 예초기를 이용한 제초작업, 콤바인, 볏짚 절단기 등을 사용할 때도 소음이 발생한다.

② 소음노출은 개인노출과 지역노출을 측정하는 경우에 따라서 측정방식과 사용기기가 달라진다.
　㉠ 개인노출측정
　　• 개인노출 측정의 경우 소형 마이크로폰과 측정된 데이터를 저장할 수 있는 저장기(로거)로 구성된 도시미터를 사용한다.
　　• 작업자의 귀에 최대한 가까운 곳에 소음을 측정할 수 있는 소형 마이크로폰을 고정시키고, 데이터 저장기(로거)는 작업자의 허리에 채워 작업시간 동안 작업자가 실제로 노출되는 양을 측정한다.
　　• 측정된 노출량은 시간가중평균 소음수준으로 데이터 저장기에 기록되며, 이 기록을 통해 농업인이 작업시간 동안 평균적으로 얼마나 소음노출이 되었는지를 확인한다.
　㉡ 지역노출측정
　　• 지역노출을 측정하는 경우에는 마이크로폰과 주파수 분석이 가능한 소음계(Sound Pressure Level Meter)를 사용한다.
　　• 지역노출을 측정하는 목적은 소음발생원의 특성이나 작업장의 위치에 따른 소음의 수준 차이를 구명하는 데 있다.
③ 소음수준은 1일 작업시간 동안 연속 측정하거나 작업시간을 1시간 간격으로 나누어 6회 이상 측정하고, 이를 8시간 작업 시의 평균 소음수준으로 한다.
④ 단위 작업장소에서 소음의 강도가 불규칙적으로 변동하는 소음 등을 누적소음 폭로량 측정기로 측정하여 폭로량으로 산출하였을 경우에는 시간가중평균 소음수준으로 환산해야 한다.
⑤ 소음노출 측정 시 가능하다면 주파수에 따른 소음수준을 측정해 사람이 영향을 많이 받는 고주파 소음에 대한 특성을 분석하는 것이 바람직하다.
⑥ 소음노출 측정에 대한 전문적인 내용은 측정방법과 측정위치 및 지점, 측정횟수, 소음수준의 평가에 관해 규정하고 있는 「작업환경측정 및 정도관리 등에 관한 고시」 '제4절 소음'을 참조한다.

〈개인노출 소음 측정기〉　　　　　〈지역노출 소음 측정기〉

(2) 진동 노출 조사

① 농작업 과정에서 주로 문제되는 진동은 전신진동이다.

ⓐ 전신진동은 주로 트랙터, 콤바인, SS기 등 비교적 규모가 큰 농기계를 운전할 때 노출되며, 직업성 요통의 중요한 위험요인이다.

ⓑ 진동 발생수준은 농기계 상태, 작업 대상의 노면 상태, 작업 내용 등에 따라 매우 다르게 나타날 수 있다.

② 진동 측정장치는 절대단위로 측정하는 진동계(Vibration Meter)와 진동수준계(Vibration Level Meter)가 있다.

ⓐ 진동계는 진동의 물리적 양을 측정하는 것이며, 진동이 인체에 미치는 영향을 생각할 때는 인체의 진동감각을 고려한 물리량을 측정하는 진동수준계를 사용한다.

ⓑ 소음에서의 음압수준과 마찬가지로 진동 가속도 수준(VAL ; Vibration Acceleration Level)이 사용된다.

③ 진동수준계

ⓐ 진동을 감지하는 감지기(픽업, Pick Up)와 감지기의 기계적 신호를 전기적 신호로 바꿔주는 변환기, 신호를 증폭시키는 증폭기, 특정한 주파수 범위에서 진동을 측정하는 분석기, 그리고 진동단위로 눈금을 표시하는 표시기로 구성되어 있으며 압전식(Piezoelectric)이 많이 사용된다.

ⓑ 진동은 방향성이 있으므로 인체 진동노출을 평가하기 위해서는 3방향(X, Y, Z축)을 측정해야 하며, 손에 전달되는 진동을 측정하는 경우에는 진동이 손으로 전달되는 위치로부터 가까운 곳에서 측정한다.

〈전신진동측정기〉

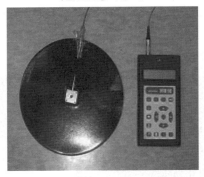

(3) 온열환경 노출수준 조사

① 측정위치 : 주 작업위치의 바닥면으로부터 50cm 이상, 150cm 이하의 위치

② 흑구 및 습구흑구 온도 계산

    ⊙ 옥외(태양광선이 내리쬐는 장소) 측정

        습구흑구온도(WBGT, ℃) = 0.7 × 습구온도 + 0.2 × 흑구온도 + 0.1 × 건구온도

    ⓒ 옥내(태양광선이 내리쬐는 않는 장소) 측정

        습구흑구온도(WBGT, ℃) = 0.7 × 습구온도 + 0.3 × 흑구온도

    ※ WBGT : Wet-Bulb Globe Temperature

③ 온도 지표별 측정 시간

구 분	측정 시간
습구온도	• 아스만통풍 건습계 : 25분 이상 • 자연습구 온도계 : 5분 이상
흑구 및 습구흑구 온도	• 직경이 15cm일 경우 25분 이상 • 직경이 7.5 또는 5cm일 경우 5분 이상

6. 농작업환경 생물학적 유해요인 측정

(1) 내독소 노출 조사

① 내독소 포집

    ⊙ 내독소 측정 및 분석은 기본적으로 분진의 포집 방식과 유사하다. 다만, 내독소가 미생물의 부산물이므로 사용되는 필터(25mm, 5μm 공극 크기, PVC 필터)와 카세트의 종류가 다르고, 측정 전 필터 및 카세트의 멸균이 필요하다. 또한 시약을 통한 전처리 후분석이 필요하다.

    ⓒ 내독소 측정 전의 필터 및 카세트의 멸균 과정

        • 카세트 살균 : 클린벤치(Clean Bench) 내에서 카세트에 알코올(70%) 분무 후 30분간 UV살균

        • 필터의 전처리 : 알루미늄포일로 각각의 필터를 포장 → 멸균(Autoclave)에서 120℃로 15분 멸균 → 멸균 후 건조오븐(Dry-oven)에서 100℃로 30분 건조 멸균 과정에 필요한 장비가 없거나 직접 멸균이 어려울 경우에는 필터 및 카세트의 구입 시 판매처에 따라 감마선 멸균 처리된 제품을 구매하여 사용할 수 있다.

    ⓒ 시료채취 시에는 펌프의 단위시간당 유량을 2.0L/min으로 설정하고 측정시간은 2~3시간으로 한다. 측정 후에는 반드시 필터 및 카세트를 냉장상태로 운반 및 보관한다.

② 내독소의 분석

    ⊙ 내독소의 분석 실험에 앞서 사용할 유리기구는 건조오븐에서 180℃, 2시간 동안 멸균하며, 클린벤치(Clean Bench)에서 사용될 초자, 도구 등은 알코올 등으로 닦아 위생상태를 유지하도록 한다.

ⓛ 전처리된 내독소 시료는 내독소 분석 키트(LAL ; Limulus Ambocyte Lysate)를 이용하여 측정할 수 있으며, 내독소 분석기(LAL Reader)를 활용하여 전처리된 용액의 450nm에서 흡광도를 읽어 농도(EU/m^3)를 계산한다.

내독소의 전처리 절차

단계	단계별 수행 절차	비 고
1단계	카세트에서 필터를 분리	사용하는 핀셋은 필터가 바뀔 때마다 매번 알코올램프에 소독하여 사용
2단계	필터를 50mL 코니칼 원심분리 튜브(Conical Centrifuge Tube)에 넣음	
3단계	각각의 튜브에 내독소 분석용 시약(LAL Water) 10mL를 넣은 후 혼합	1회용 Pipette(20mL) 사용
4단계	혼합 후 쉐이커(초자 흔드는 기계)에서 150rpm, 60분 동안 흔듦	
5단계	흔든 후 초음파 세척기에서 60분 동안 추출	
6단계	추출 후 혼합 1분 후, 원심분리기에서 1,000rpm, 15분	
7단계	원심분리 후 상등액을 15mL 튜브에 취함	1회용 멸균주사기(5mL) 및 튜브(15mL) 사용, 상등액은 최소 4mL 이상을 취하도록 함

(2) 미생물 · 곰팡이 노출 조사

① 필터를 이용한 방법

ⓐ 필터를 이용하여 미생물과 곰팡이를 포집하는 방법은 분진을 포집하는 방법과 동일한 원리를 사용한다.

ⓛ 채취필터는 공극구멍 $0.4\mu m$, 직경 37mm 필터를 사용하고 채취유량은 2L/min으로 설정한다.

ⓒ 필터에 채취된 박테리아와 곰팡이는 멸균된 추출액으로 추출하며, 카세트 앞뒤 플러그를 빼고 추출액 일정량을 주입한 후 일정 시간 흔들고, 적정양의 추출액을 배지에 접종하여 배양한다.

ⓓ 이 방법을 활용할 경우 분진 포집방법에서 활용되는 소형펌프 및 37mm 카세트를 사용함으로써 개인 노출시료를 포집하는 것이 가능하다. 또한 희석이 가능하므로 고농도의 미생물 또는 곰팡이가 공기 중에 있는 환경에서 측정할 때 과다포집으로 인한 분석의 어려움이 없다는 장점이 있다. 또한 박테리아와 곰팡이를 한꺼번에 채취할 수 있다.

ⓜ 필터에 채취된 곰팡이와 박테리아가 공기와의 지속적인 접촉으로 인해 활성이 저하되거나 죽는 경우가 있어 측정량이 과소평가되고, 죽은 미생물은 채취되지 않는 단점이 있다.

② 충돌기를 이용한 방법

ⓐ 이 방법은 배지(Agar)를 충돌기(Impactor)에 곧바로 장착하고 28.3L/분의 유량으로 공기 중의 박테리아와 곰팡이를 배지에 충돌시켜 채취하는 방법이다.

ⓛ 배지를 바로 배양기에 넣어 분석할 수 있고, 높은 포집유량으로 측정시간을 단축할 수 있다는 측면에서 매우 편리한 방법이다.

ⓒ 펌프의 크기가 커서 개인시료의 측정이 불가능하고, 장기간 포집할 경우 과다 포집으로 인해 미생물 및 곰팡이의 계수가 어렵다는 단점이 있다. 따라서 농도가 높은 농작업환경에서는 매우 짧게(5~10분 이내) 채취하는 것이 바람직하다.

ⓡ 배지는 채취하고자 하는 미생물에 따라 배지 종류를 달리하여 장착해야 하며, 단점으로는 필터법과 마찬가지로 죽은 미생물은 채취되지 않는다는 것이다.

〈충돌포집기〉

7. 농작업환경 유해요인 노출수준의 측정과 평가

(1) 노출수준 측정의 정의 및 평가

① 사람이 유해요인에 노출(Exposure)된다는 것은 유해요인이 다양한 경로(호흡기, 피부, 소화기 등)를 통해 인체에 영향을 미치거나 인체 내로 흡수되는 것을 의미한다.

② 노출된 유해요인의 정량적인 '양'을 측정하는 것이 노출수준(농도) 측정의 정의이다.

③ 유해요인에 대한 가장 바람직한 노출수준을 측정하는 방법은 건강에 영향을 미치는 조직이나 기관에서 흡수(결합)된 양을 측정하는 것이다. 그러나 인체 내에서 그러한 조직이나 기관을 찾는 것, 채취하는 것, 분석하는 것 등이 어렵기 때문에 사실상 이러한 측정은 불가능한 경우가 많다.

④ 따라서 측정이 상대적으로 용이한 환경에서 유해요인의 양, 예를 들어 특정 환경(예 단위부피의 공기)에 있는 유해요인의 농도를 알아내는 방법이 많이 사용된다.

(2) 유해요인 측정방식

① 공기 흡입펌프를 이용하여 화학적 유해요인이나 생물학적 유해요인들로 오염된 공기를 여재(필터, 활성탄 등)로 통과시켜 채취된 유해요인의 양(mg 등)을 알아내는 방법이 있다. 대부분의 화학적 또는 생물학적 유해요인을 측정하는 경우에는 이 방법을 통해 작업자의 호흡기 주변에서 노출되는 유해요인을 채취(Sampling)하여 농도를 알아낼 수 있다.

② 여재에 의한 채취과정 없이 현장에서 기계, 색적장비 등을 활용하여 실시간(Real Time)으로 측정하는 방법이 있다.

　㉠ 직독식 측정(Direct-reading Measurement : 현장에서 직접 농도나 강도를 읽는다는 의미)의 가장 대표적인 방법이다. 리트머스 종이의 색깔 변화를 통해 액체의 산도를 확인하는 방식 등이 여기에 속한다. 이러한 직독식 측정은 유해요인의 대상, 측정하고자 하는 목적, 활용도에 따라 사용하는 방법과 장비, 기기 등이 다를 수 있다.

　㉡ 직독식 기기 활용의 장점 : 작업자나 환경에서 시간에 따라 유해요인의 농도가 변하는 상황을 확인하여 바로 대응할 수 있으며, 준비와 분석시간이 짧기 때문에 측정자의 시간을 크게 절약할 수 있다.

　㉢ 직독식 기기 활용의 단점 : 측정값이 기기의 종류나 측정방식의 정확도와 신뢰도에 따라 같은 환경에서도 다르게 변할 수가 있으며, 직독식 장비 자체의 무게나 크기 때문에 작업자의 몸에 부착하기 어렵다. 이로 인해 직독식 장비는 작업자 노출평가(개인시료)보다는 환경 노출평가(지역시료)에 많이 사용된다.

③ 동영상 촬영 및 체크리스트 평가방식이 있다. 인간공학적 위험요인 등과 같이 작업방식 자체가 유해요인인 경우에는 앞서 설명한 방식들이 아닌 동영상 촬영과 인터뷰 등을 통하여 작업방식을 확인하고, 이를 제조업에서 활용하고 있는 인간공학적 위험요인 체크리스트로 점수를 매겨 노출량을 결정하는 방식을 사용한다.

(3) 개인시료와 지역시료

① 개인시료(Personal Monitoring)

　㉠ 채취위치 : 근로자의 호흡위치(호흡기 중심으로 반경 30cm인 반구 위치)에서 시료를 채취한다.

　㉡ 활용 및 방법 : 측정기기 또는 샘플러를 작업자의 몸에 부착하여 작업자가 이동하는 동선과 노출부위를 연동하여 측정한다. 환경의 위험 요인 노출수준 평가는 위험요인의 발생원 특성과 발생원과의 거리 및 환경조건에 따른 작업장 내 공간요인의 노출분포를 확인하는 것을 목적으로 한다.

② 지역시료(Area Monitoring)

　㉠ 채취위치 : 어떤 공정이나 기계 등 고정된 위치에서 시료를 채취한다.

　㉡ 활용 및 방법 : 시료채취기를 이용하여, 가스, 증기, 분진, 흄, 미스트 등을 근로자의 작업행동 범위에서 호흡기 높이에 고정하여 채취하는 것으로 작업활동 개선, 근로자에게 노출되는 유해인자의 배경농도와 시간별 변화 등을 평가, 특정 공정의 계절별 농도 변화, 농도분포의 변화, 공정의 주기별 농도 변화, 환기장치의 효율성 변화 등을 파악한다.

　㉢ 농작업 유해요인의 평가 시에 개인평가 위주로 하고 지역평가가 이를 보조한다. 그것은 채취위치가 지역에서 농업인의 호흡위치라 하더라도 작업활동이 호흡위치의 농도분포에 영향을 끼치기 때문이다.

(4) 노출수준 측정결과의 대표성

① 측정값의 대표성 확보를 위해 측정 시 기록해야 하는 사항

　㉠ 공기 중 온습도, 토양습도 : 분진, 미생물, 내독소 등은 온습도 및 토양습도에 따라 공기 중 농도가 달라지는 것으로 알려져 있다. 따라서 측정자는 해당 유해요인을 측정할 경우 시간대별로 온습도 및 토양습도를 측정하여 기록하는 것이 중요하다.

　㉡ 작업속도 : 같은 종류의 작업일지라도 작업속도에 따라 유해요인의 발생 및 노출량이 달라질 수 있다.

　㉢ 풍속, 환기량 : 시설 하우스, 축사 등의 실내 농작업환경에서는 시간당 환기횟수, 환기방식, 내부공기 순환 여부에 따라 분진, 농약 등의 노출량이 달라질 수 있다. 풍량 및 풍향을 시간대별로 측정하거나 가능하다면 환기량을 측정하는 것이 중요하다.

　㉣ 작업자 수 : 아주심기작업 시 작업자가 땅을 파면서 분진이 발생하는 것처럼 작업자의 활동이 유해요인의 발생원일 경우가 많다. 따라서 같은 작업시간, 작업공간에서 일하는 작업자의 수를 기록해야 한다.

　㉤ 작업자의 동선·방향 : 농약의 경우 잎과 가지에 묻은 농약으로 인한 2차 노출이 일어나기 때문에 이동하는 방향과 동선에 따라 농약 노출량이 달라진다. 이에 이동방향, 이동방식(전·후진), 동선 등을 그림이나 표 등을 통해 기록해 놓아야 한다.

　㉥ 농자재의 유형 및 사용방식 : 같은 작업을 할지라도 농자재의 유형 및 사용방식에 따라 유해요인의 노출이 달라진다. 예를 들어 농약 살포작업 시 SS기를 사용할 때와 동력식 분무기를 사용할 경우의 농약 노출량은 매우 다르며, 같은 SS기라고 할지라도 시간당 살포량에 따라 노출량의 차이가 발생하게 된다.

② 샘플수의 통계적 산정

　㉠ 유사작업 및 동일 유해요인에 대하여 기존의 측정자료나 연구결과가 있다면 평균과 표준오차 등을 근거로 하여 통계적으로 대표성 있는 샘플 수를 산정할 수 있다.

　㉡ 이 방식은 샘플수를 산정하기 위해서는 통계에 대한 전문적인 지식과 해당 작목의 노출수준에 대한 축적된 연구결과가 필요하다.

　㉢ 일반적으로 측정값의 통계적 대표성과 비용, 효율 등을 고려할 때, 일정 시기 동안 동일 작업장에서 이루어지는 동일 작업에 대한 유해요인의 측정 샘플 수는 5~30개 정도가 적절한 것으로 알려져 있다.

1. 유해요인(농약 등) 유형

(1) 입자상 물질(분진, 석면)

① 입자상 물질 개요 : 공기 중에 부유하고 있는 고체나 액체의 미립자(Particle)로 보통 $0.001{\sim}100\,\mu m$ 이다.

  ㉠ 분진(먼지, Dust) : 고체물질이 각종 공정(분쇄, 마찰, 연삭, 운동, 굴착 등)에 의해 붕괴되어 공기 중으로 발생된 미립자의 고체입자를 말한다.

  ㉡ 미스트(Mist) : 공기 중에 부유하고 있는 액체미립자로 액체물질이 각종 공정(교반, 뿌림, 끓임 등)을 거쳐 공기 중으로 비산하는 것을 말한다.

  ㉢ 바이오에어로졸(Bio-aerosol) : 생물학적 특징이 있는 고체나 액체가 공기 중에 입자상 태로 존재하는 유기분진(박테리아, 곰팡이, 바이러스, 진드기, 내독소, 마이코톡신, 털, 피부, 꽃가루 등)을 말한다.

  ㉣ 농작업 관련 요인 : 먼지, 미스트, 바이오에어로졸

② 분진의 분류

  ㉠ 흡입성 먼지(IPM) : 호흡기의 어느 부위에 침착하더라도 독성을 나타내는 물질이다[평균 입경(D50) $100\,\mu m$ 이하].

  ㉡ 흉곽성 먼지(TPM) : 기도나 폐포에 침착하여 독성을 나타내는 물질이다[평균입경(D50) : $10\,\mu m$ 이하].

  ㉢ 호흡성 먼지(RPM) : 가스교환부위(폐포)에 침착하여 독성을 나타낸다. 분진의 크기가 작아 인체 방어기전으로 제거가 힘들어 진폐증 및 폐암 등 폐포의 건강영향을 측정하기 위해 측정한다[평균입경(D50) : $4{\sim}5\,\mu m$].

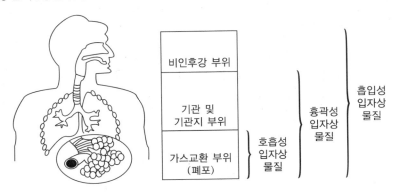

③ 석 면

　㉠ 석면(Asbestos) : 천연에서 생산되는 섬유상 형태를 가지고 있는 '규산염 광물류'이다. 단열, 내열성, 절연성이 좋고 산이나 알칼리와 같은 화학물질에 대한 내구성이 강하고 내마모성이 좋아 건축자재, 자동차 부품 등을 비롯한 여러 가지 제품에 많이 사용된다.

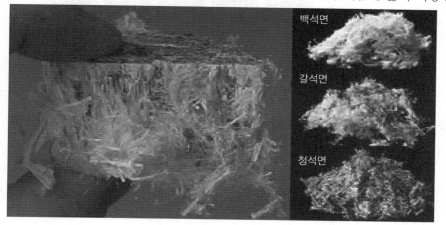

　㉡ 석면의 유형

　　• 백석면(Chrysorile), 갈석면(Amosite), 청석면(Crocidolite), 트레몰라이트, 안토필라이트, 악티놀라이트와 이 물질이 화학적 변형을 일으킨 광물질이 석면이다.

　　• 단위 : Fiber(개) / cc

　　• 석면의 종류

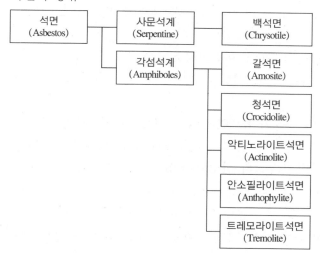

(2) 농 약

① **살균제** : 식물의 병의 원인인 각종 미생물(진균, 세균, 원생동물)을 방제하기 위하여 사용하는 약제로 분홍색

② **살충제** : 해충을 방제하기 위하여 사용하는 약제로 초록색

③ 제초제 : 잡초를 방제하기 위하여 사용되는 약제로 노란색 혹은 빨간색
④ 생장촉진(조절)제 : 식물의 생육촉진 또는 억제, 개화촉진, 낙과방지 또는 촉진 등 식물의 생육을 조절하기 위하여 사용하는 약제로 파란색

(3) 가스상 물질(일산화탄소, 디젤연소물질)

① 일산화탄소 : 일산화탄소(Carbon Monoxide)는 탄소나 탄소화합물처럼 불에 잘 타는 가연성 성분의 불완전연소나 이산화탄소가 온도가 높은 상태의 탄소와 접촉할 경우에 생긴다. 물질이 연소할 경우 산소 부족이나 연소온도가 낮은 상태에서 불완전하게 연소되면 발생하는 생성물이다.

② 디젤연소물질(질소산화물)

　㉠ 디젤연료는 탄화수소 혼합물로 이루어져 이론적으로 완전연소 시 연소생성물은 이산화탄소(CO_2)와 물(H_2O), 엔진 흡입공기(N_2, O_2 등)가 되겠지만, 실제로는 연료의 불완전연소, 고온고압에서의 혼합물의 반응, 윤활유와 윤활유첨가제의 연소 그리고 연료첨가제와 연료 중에 들어 있는 유황성분의 연소 등으로, 미량일지라도 인체에 유해한 입자상 물질(PM ; Particulate Matter) 등의 디젤엔진 배출물질(Pollutant Emission)을 포함하고 있다.

　㉡ 산화질소(NO), 이산화질소(NO_2), 아산화질소(N_2O), 무수질소(N_2O_5) 등이 있다. NO는 무색이며, 고온에서 연료를 연소시킬 때 발생한다. 이 기체가 산소와 반응하면 NO_2가 발생한다.

　㉢ NO_2는 자극성의 기체로 농도가 높으면 갈색을 띤다. 질소산화물의 가장 큰 발생원으로는 화력발전소, 주거난방, 산업용 연료의 연소 및 자동차 배기가스 등이 있다.

　㉣ 질소산화물은 광화학적 스모그와 산성비 생성의 주원인이 된다.

(4) 니코틴

① 식물의 2차 대사물질인 알칼로이드의 일종으로 담배와 같은 가지과 식물의 잎에 주로 존재한다.

② 염기성 유기화합물이며 말초신경을 흥분시키거나 마비시켜 동물에게 각성효과가 있지만 의존성, 독성이 존재한다.

2. 유해요인(농약 등) 노출 특성

(1) 분진 노출 위험 농작업

① 경운정지작업(로터리작업)
② 콤바인을 이용한 수확작업
③ 각종 볏짚작업
④ 작물수확 및 선별작업(양파, 파, 고구마, 감자 등)
⑤ 축사 작업 : 건초급여, 청소작업, 분동작업
⑥ 작물 잔재물 처리작업

(2) 석면 노출 위험 농작업

농가 및 축사 지붕 석면 슬레이트

(3) 농약 노출 특성

대부분의 농약은 인체에 침투하였을 때 나쁜 영향을 끼치게 되며, 독성이 강한 농약은 조금만 인체에 침투되어도 매우 위험하다. 농약의 주요 침투경로로는 호흡기, 피부, 소화기를 들 수 있다. 다리를 통한 흡수가 전체 피부노출의 35% 이상을 차지한다.

① 흡입 : 가스나 미세분무액, 더스트, 흄, 연무 상태로 존재할 때 쉽게 호흡기를 통해 폐로 침투한다. 흄이나 가스 상태의 농약을 취급하는 사람들은 농약을 흡입할 위험이 높다. 흡입을 통하여 농약이 직접 체내에 들어가기 때문에 독작용이 강하며, 호흡에 의해 들어간 농약은 피부를 통해 들어간 농약량의 30배에 해당한다는 결과가 있다.

② 피부 흡수 : 가장 흔히 볼 수 있는 독성물질의 침투경로이다. 농약은 잡초의 표피나 해충의 체벽을 쉽게 침투하여 잡초와 해충을 죽게 만든다. 고온 작업조건에서는 피부의 땀구멍들이 개방되기 때문에 위험도가 높아지며, 고온상태에서는 베인 곳, 피부병이나 오픈된 상처 등에 의한 농약의 흡수가 빨라진다.

③ 섭취 : 농약을 우발적으로 섭취하거나 농약으로 입 주위가 오염되는 것은 부적절한 습관 때문인 경우가 많다. 작업 중 담배를 피우거나, 음식을 먹기 전 손이나 얼굴을 씻지 않는 습관, 막힌 스프레이 노즐을 입으로 부는 행위 등을 사례로 볼 수 있다. 그리고 농약을 음료수로 착각하여 마시는 일이 발생하기도 한다.

(4) 가스상 물질 노출 위험 농작업

① 일산화탄소 발생작업
  ㉠ 하우스 등과 같이 밀폐된 공간에서 동력기기를 사용하는 작업 : 로터리작업, 농약 방제작업
  ㉡ 하우스 내 난방시설(보일러 등) 가동작업
  ㉢ 볏짚, 보리대 등 작물 잔해물 소각작업

② 디젤연소물질 발생작업
  ㉠ 하우스 등과 같이 밀폐된 공간에서 동력기기를 사용하는 작업
  ㉡ 로터리작업
  ㉢ 농약 방제작업
  ㉣ 각종 트랙터작업

(5) 니코틴 노출 위험 농작업
담뱃잎 수확작업 및 건조작업

3. 유해요인(농약 등)의 허용기준 및 건강영향

(1) 분진의 노출허용기준 및 건강영향
① 고용노동부의 분진노출허용기준

유해물질의 명칭	시간가중 노출량(mg/m^3)	비 고
기타 분진(일반분진)	10	
곡물분진	4	
곡분분진	0.5	흡입성
면분진	0.2	
목재분진(적삼목)	0.5	흡입성, 발암성 1A
목재분진(적삼목 외 기타 모든 종)	1	흡입성, 발암성 1A

※ 유럽의 경우 유기분진을 별도로 구분하여 $5mg/m^3$(TWA)로 노출기준을 제정하고 있음

② 분진의 건강영향
  ㉠ 분진의 화학적 성분(광물성 분진, 곡물 분진, 면 분진, 나무 분진, 용접, 흄, 유리섬유 분진)에 따라 건강에 미치는 영향이 다양하다.
  ㉡ 석면 : 슬레이트 지붕, 각종 건축자재(천정보드 등) 등에서 발생 가능하며, 폐암 중피종 등의 치명적인 질병을 일으킨다.
  ㉢ 목재분진(참나무 등) : 비암을 일으키는 발암물질이다.
  ㉣ 분진을 일으키는 농작업으로는 경운·정지 작업(로터리 작업), 콤바인을 이용한 수확작업, 각종 볏짚작업, 작물수확 및 선별작업(양파, 파, 고구마, 감자 등), 축사작업(건초급여, 청소작업, 분동작업), 작물 잔재물 처리작업 등이 있다.
  ㉤ 농부폐증 : 곰팡이가 핀 건초 등 식물성 분진을 흡입함으로써 생기는 폐질환으로 1~3월 사이에 많이 발생된다. 급성형, 만성형이 있으며 급성형은 흡인된 지 몇 시간 뒤 기침, 오한, 발열, 심한 호흡곤란을 일으킨다.

(2) 석면의 노출허용기준 및 건강영향

① 근로자를 보호하기 위한 석면의 노출허용기준

　㉠ 미국 산업위생전문가협의회(ACGIH) 및 미국 산업안전보건청(OSHA) : 석면의 종류에 관계없이 0.1f/cc

　㉡ 우리나라 고용노동부(산업안전보건법)–화학물질 및 물리적 인자의 노출기준 : 석면의 종류에 관계없이 0.1f/cc

② 석면의 일반환경 노출허용기준

　㉠ 미국 환경보호청(EPA) : 석면에 대한 노출의 안전수준은 없는 것으로 결론을 내리고 기준을 제시하고 있지 않음

　㉡ 미국의 일부 주에서는 실내공기청정법에서 0.01f/cc로 제시

　㉢ 환경부 다중이용시설 등의 실내공기질관리법–실내공기질 권고기준 : 실내공기질 관리법에서 권고기준으로 0.01f/cc로 제시

③ 석면의 건강영향

악성 중피종	• 주요 영향부위는 폐의 외부(흉막이나 복막)에 생기는 암이다. • 잠복기는 초기노출 후 15~20년이다. • 진단이 어려우며 보통 진단 후 1년 이내 사망한다. • 석면에 짧은 기간(1주일) 혹은 매우 적은 양에 노출되어도 발생 가능하며 확립된 치료법이 없다.
석면폐	• 진폐증처럼 석면에 의한 폐섬유화 질병이다. • 잠복기는 10~30년 • 호흡곤란, 기침, 체중감소, 흉통 등의 증상이 있다. • 만성적이나 암은 아니며, 점진적 악화 가능 • 폐포에 상처를 주고 상처를 입은 세포는 산소와 이산화탄소의 교환기능을 수행하지 못하게 된다.
폐 암	• 주요 영향부위는 폐의 내부이다. • 잠복기는 초기노출 후 15~20년이다. • 주요 원인은 흡연으로 알려져 있다. • 흡연 이외의 원인 : 석면, 크롬, 유리규산 등에 직업 · 환경적 노출, 방사선 치료력 등이 있다.

(3) 농약의 노출 허용기준 및 건강영향

① 고용노동부의 농약노출허용기준

유해물질의 명칭		시간가중 노출량		15분 단시간 노출량		비 고 (CAS번호 및 독성확인 신체 부위)
국문표기	영문표기	ppm	mg/m³	ppm	mg/m³	
파라치온	Parathion	–	0.05	–	–	[56-38-2] 피부
파라쿼트	Paraquat (Respirable Fraction)	–	0.1	–	–	[4685-14-7] 호흡성
디클로르보스	Dichlorvos	0.01	0.1	–	–	[62-73-7] 피부
메토밀	Methomyl	–	2.5	–	–	[16752-77-5]
포노포스	Fonofos	–	0.1	–	–	[944-22-9] 피부
데미톤	Demeton	0.01	0.1	–	–	[8065-48-3] 피부
디설포톤	Disulfoton	–	0.05	–	–	[298-04-4] 피부
디아지논	Diazinon(Inhalable Fraction and Vapor)	–	0.01	–	–	[333-41-5] 피부, 흡입성 및 증기
디옥사티온	Dioxathion	–	0.2	–	–	[78-34-2] 피부
디쿼트	Diquat	–	0.5	–	–	[2764-72-9][87-00-7] [6385-62-2] 피부
디크로토포스	Dicrotophos	–	0.25	–	–	[141-66-2] 피부
말라티온	Malathion	–	1	–	–	[121-75-5] 피부
메빈포스	Mevinphos	0.01	0.1	0.03	0.3	[7786-34-7] 피부
메틸 데메톤	Methyl Demeton	–	0.5	–	–	[8022-00-2] 피부
설포텝	Sulfotep	–	0.2	–	–	[3689-24-5] 피부
설프로포스	Sulprofos	–	1	–	–	[35400-43-2] 피부
에티온	Ethion	–	0.4	–	–	[563-12-2] 피부
엔도설판	Endosulfan	–	0.1	–	–	[115-29-7] 피부
엔드린	Endrin	–	0.1	–	–	[72-20-8] 피부
이피엔	EPN(Inhalable Fraction)	–	0.1	–	–	[2104-64-5] 피부, 흡입성
클로르피리포스	Chlorpyrifos(Inhalable Fraction and Vapor)	–	0.1	–	–	[2921-88-2] 피부, 흡입성 및 증기
티 람	Thiram	–	1	–	–	[137-26-8] 피부
페나미포스	Fenamiphos	–	0.1	–	–	[22224-92-6] 피부
페노티아진	Phenothiazine	–	5	–	–	[92-84-2] 피부
펜설포티온	Fensulfothion	–	0.1	–	–	[115-90-2] 피부
포노포스	Fonofos	–	0.1	–	–	[944-22-9] 피부
포레이트	Phorate(Inhalable Fraction and Vapor)	–	0.05	–	–	[298-02-2] 피부, 흡입성 및 증기

② 농약의 건강영향 : 인체에 침투한 대부분의 농약은 신경계나 효소계를 교란시킨다. 농약성분의 계통에 따라 작용기구가 달라 중독증상도 다르게 나타나지만, 농약을 살포할 때에는 여러 가지를 혼용하여 살포하기 때문에 어떤 농약에 의한 것인지 구분하기 어렵다.

　　㉠ 농약중독의 일반적 증상
- 어지럽다. 머리가 아프다. 머리가 무겁다.
- 구토, 복통, 설사가 있다.
- 온몸이 나른하다. 불안하다.
- 손발이 떨린다. 쥐가 난다. 몸이 말을 듣지 않는다.
- 가슴이 답답하다. 숨이 가쁘다.
- 피부가 가렵고 두드러기나 붉은 반점이 생긴다.
- 땀이 많이 난다.
- 침을 많이 흘리고 입안에 궤양이 생긴다.
- 눈이 빨갛고 아프다.
- 의식을 잃는다. 전신 경련을 일으킨다.
- 호흡과 맥박이 빠르다.

　　㉡ 농약 계통별 급성증상

농약 계통	해당 농약(예)	중독 증상
유기인계	글라이포세이트, 페니트로티온, 포스파미돈	온몸 나른함, 두통, 현기증, 설사, 흉부압박감, 구토증, 복통, 운동실조, 다량의 땀
카바메이트계	카보퓨란, 티오파네이트메틸	유기인계와 증상은 같으나 증상이 빠르게 나타나고 회복도 빠름
피레스로이드계	델타메트린, 람다사이할로트린, 사이퍼메트린, 알파사이퍼메트린	온몸이 나른함, 근육이 굳어짐, 가벼운 운동실조, 수족 떨림
네레이스톡신계	카탑하이드로클로라이드	얼굴, 눈, 귀 등 노출부위 가려움증, 두드러기, 천식, 발작
유기염소계 살충제	엔도설판(폐지)	구토, 수족 떨림, 침 흘림, 호흡곤란, 붉은 반점
유기염소계 살균제	클로로탈로닐	온몸이 나른함, 두통, 머리가 무거움, 현기증, 구토
비피리딜리움계	패러콧다이클로라이드(폐지)	오심, 구토, 복통, 설사, 입안 궤양, 폐손상으로 호흡곤란

(4) 가스상 물질의 노출허용기준 및 건강영향

① 일산화탄소

　　㉠ 일산화탄소 노출허용기준
- 시간가중평균노출기준(TWA) : 30ppm으로 1일 8시간, 주 40시간 동안 거의 모든 근로자가 나쁜 영향을 받지 않고 노출될 수 있는 농도
- 단시간 노출기준(STEL) : 200ppm으로 건강상의 나쁜 영향을 나타내지 않고 15분 동안 노출될 수 있는 농도

ⓛ 일산화탄소 건강영향
　　　• 일산화탄소를 흡입하면 폐에서 혈액 속의 헤모글로빈과 결합하여 일산화탄소헤모글로빈($COHb$)을 형성하는데 혈액의 산소운반능력이 상실되어 질식상태에 빠진다.
　　　• 대부분이 급성중독으로 두통 · 현기증 · 이명(耳鳴) · 구역질 · 구토 · 사지 마비 등을 일으키고 심하면 질식사에 이른다.

② 디젤연소물질
　　ⓐ 디젤연소물질 노출허용기준
　　　• 성분에 따라 노출기준이 개별적으로 있으며(예를 들어, 벤젠은 1ppm), 혼합물질의 개념에서 원소탄소(Element Carbon)의 노출기준은 $0.2mg/m^3$
　　　• 고용노동부의 유해가스 노출허용기준

유해물질의 명칭	화학식	시간가중 노출량		15분 단시간 노출량	
		ppm	mg/m^3	ppm	mg/m^3
황화수소	H_2S	10	14	15	21
암모니아	NH_3	25	18	35	27
이산화탄소	CO_2	5,000	9,000	30,000	54,000
이산화질소	NO_2 / N_2O_4	3	6	5	10
일산화질소	NO	25	30	–	–
일산화탄소	CO	30	34	200	229

　　ⓛ 디젤연소물질 건강영향
　　　• 디젤연소물질에는 황산화물과 질산화물 같은 가스나 다핵방향족화합물, 벤젠 등 발암물질이 다수 포함되어 있다.
　　　• 천식 등의 호흡기질환을 일으키며 장기간 노출 시 폐암 등의 암을 일으킨다(국제암연구소, IARC ; International Agency for Research on Cancer).

(5) 니코틴 노출허용기준 및 건강영향

① 니코틴 노출허용기준 : 8시간 노출기준 시 $0.5mg/m^3$
② 니코틴 건강영향
　　ⓐ 담뱃잎을 수확하는 농부들에게 나타나는 급성 직업성 질환(Green Tobacco Sickness)
　　ⓛ 특히 담뱃잎 수확작업 후 많이 나타나며 3~17시간 후에 오심, 구토, 두통, 쇠약 및 현기증의 증상이 나타난다.
　　ⓒ 특이적 증상은 혈압과 맥박의 변동이 일어난다. 대부분 병원에서는 급성 니코틴중독을 농약중독으로 오인하는 경우가 있다.
　　ⓔ 유병률은 9~41%이며, 증상경험률은 90% 이상으로 나타났다.

4. 유해요인(농약 등) 노출 관리방안

(1) 입자상 물질 노출 관리방안

① 먼지가 많은 노지나 건물에서 일하는 사람, 화학비료나 농약을 다루는 사람, 곰팡이가 핀 밀핀을 다루는 사람, 곡식저장소에서 일하는 사람, 사료를 먹이거나 사료 관련 작업을 하는 사람, 가금류나 가축의 털에 노출되는 사람 등은 호흡기 보호가 필요하다.

② 물뿌림이나 환기를 자주하여 분진농도를 낮춘다.

③ 분쇄기 기계에는 덮개를 씌우거나 국소 배기장치를 한다.

④ 호흡보호구를 착용한다.

　ㄱ 공기정화식 호흡보호구 : 공기 중의 오염물질을 걸러 주며 먼지마스크, 활성탄소 마스크, 가스 마스크 호흡기 등이 있다.

　ㄴ 산소공급식 호흡보호구 : 산소가 부족한 환경에 공기탱크를 이용해 산소를 공급한다.

(2) 농약 노출 관리방안

농약을 살포할 때에 농약이 체내로 들어오지 않도록 하거나 들어오더라도 독작용이 나타나지 않을 정도로 농약을 살포한다면 농약중독의 위험은 적게 될 것이다.

농약 살포작업 시 중독사고를 방지하기 위해서는 사용하는 농약에 맞는 적절한 보호구를 착용하는 것이 제일 중요하며, 이에 대해서는 농약 포장지의 "사용상의 주의사항"에 표기되어 있다. 어떤 화학물질이라도 위해성이 전혀 없는 것은 없으니 안전하게 사용하는 방법은 있기 마련이므로, 사용 전에 포장지의 사용설명서를 주의 깊게 읽고 설명서의 내용대로 다루고 보관하고 살포한다.

① 흡입 예방 : 무더운 여름 날 살포작업을 하는 것은 상당한 중노동으로 호흡량도 평소보다 훨씬 많아져 농약의 흡입 가능성도 높아지게 된다. 따라서 살포작업자는 농약이 입이나 코로 흡입되지 않도록 적절한 마스크를 착용한다.

② 피부 흡수 예방 : 농약과 인체의 접촉을 막기 위해서 방수성의 방제복을 착용한다. 방제복의 선택 시에는 농약의 침투를 막는 기능은 물론 내구성도 좋고 시원한 소재의 것인지를 고려할 필요가 있다.

③ 농약 살포 전 주의사항

　ㄱ 농약 라벨(포장지)의 표시사항을 반드시 읽는다.

　ㄴ 살포에 적합한 방제복, 장갑, 마스크, 보호안경 등의 보호구와 장비를 준비한다.

　ㄷ 방제기구는 고장 시 사고의 원인이 될 수 있으므로 사전에 정비한다.

　ㄹ 사전에 건강관리를 철저히 하고 몸의 상태가 좋지 않으면 살포작업을 하지 않는다.

　ㅁ 살포액 조제 시에 피부노출이나 흡입노출을 피한다.

④ 농약 살포 시 주의사항

　ㄱ 농약 포장지의 사용약량(희석배수, 살포량)을 준수한다.

　ㄴ 살포자의 체력유지를 위해 살포작업은 시원한 시간대에 한다.

　ㄷ 장시간 살포작업을 하지 않는다. 통상 2시간 이내에 살포작업을 마친다.

  ② 농약은 바람을 등지고 살포하며, 살포작업 중 흡연, 음식물 섭취를 삼간다.

  ⑩ 살포 시에는 소지품이 오염되지 않도록 청결히 관리한다.

⑤ 농약 살포 후 주의사항

  ㉠ 농약 살포지역에 사람의 접근을 막는다.

  ㉡ 살포 후 남은 농약을 깔끔하게 처리하며, 빈 농약 포장용기를 확실하게 처분한다.

  ㉢ 몸을 비눗물로 깨끗이 씻고, 수면을 취하는 등 휴식을 취한다.

  ㉣ 만일 몸에 이상이 감지되면 의사의 진찰을 받는다.

⑥ 농약 원재료 방제작업 시의 조치(「산업안전보건기준에 관한 규칙」 제670조)

  ㉠ 사업주는 근로자가 농약 원재료 살포, 훈증, 주입 등의 업무를 하는 경우에 다음 각 호에 따른 조치를 하여야 한다.

   • 작업을 시작하기 전에 농약의 방제기술과 지켜야 할 안전조치에 대하여 교육할 것

   • 방제기구에 농약을 넣는 경우에는 넘쳐 흐르거나 역류하지 않도록 할 것

   • 농약 원재료를 혼합하는 경우에는 화학반응 등의 위험성이 있는지를 확인할 것

   • 농약 원재료를 취급하는 경우에는 담배를 피우거나 음식물을 먹지 않도록 할 것

   • 방제기구의 막힌 분사구를 뚫기 위하여 입으로 불어내지 않도록 할 것

   • 농약 원재료가 들어 있는 용기와 기기는 개방된 상태로 내버려두지 말 것

   • 압축용기에 들어 있는 농약 원재료를 취급하는 경우에는 폭발 등의 방지조치를 할 것

   • 농약 원재료를 훈증하는 경우에는 유해가스가 새지 않도록 할 것

  ㉡ 사업주는 근로자가 농약 원재료를 배합하는 작업을 하는 경우에 측정용기, 깔때기, 섞는 기구 등 배합기구들의 사용방법과 배합비율 등을 근로자에게 알리고, 농약 원재료의 분진이나 미스트의 발생을 최소화하여야 한다.

  ㉢ 사업주는 농약 원재료를 다른 용기에 옮겨 담는 경우에 동일한 농약 원재료를 담았던 용기를 사용하거나 안전성이 확인된 용기를 사용하고, 담는 용기에는 적합한 경고 표지를 붙여야 한다.

(3) 가스상 물질 노출 관리방안

① 출입금지 표지판 설치 및 안전장비 구비

  ㉠ 위험농도를 소리와 빛으로 알려 주는 측정장비(황화수소, 산소, 암모니아)를 휴대하고 작업을 수행한다.

  ㉡ 환기팬 : 유독가스 배출을 위한 환기팬을 구비한다.

  ㉢ 공기호흡기 : 송기마스크, 공기호흡기(SCBA)를 활용한다.

  ㉣ 무전기를 사용하여 밀폐공간 내외부 간 의사소통을 한다.

  ㉤ 출입구에 '출입금지' 표지판을 설치한다.

② 가스농도 측정(측정가스 종류 및 적정농도)

    ㉠ 산소 : 정상농도 범위인 18% 이상 23.5% 미만을 유지한다(18% 미만일 경우 맥박 증가와 두통이 일어나고, 12% 미만에서 어지러움, 구토증세가 발생하며, 8% 미만일 경우 8분 내 사망).

    ㉡ 황화수소 : 10ppm 미만으로 유지한다(달걀 썩는 냄새가 나지만 100ppm을 초과할 때부터 후각이 마비되며, 700ppm 농도수준에서는 의식장애가 일어나 사망).

    ㉢ 가연성가스(메탄 등) : 공기 중 농도가 10% 미만이 되도록 유지한다.

    ㉣ 이산화탄소 : 정상농도인 1.5% 미만으로 유지한다.

    ㉤ 일산화탄소 : 30ppm 미만으로 유지한다.

③ 환기실시

    ㉠ 작업 전, 작업 중 계속 환기를 수행해야 한다.

    ㉡ 적절한 환기방법

- 밀폐공간 체적의 5배 이상의 외부공기로 환기한다.
- 급기(공기를 불어넣음) 시 : 토출구를 근로자 머리 위에 위치시킨다.
- 배기(공기를 빼어냄) 시 : 유입구를 작업공간 깊숙이 위치시킨다.

④ 작업관리

    ㉠ 밀폐공간의 작업상황을 볼 수 있는 확인자를 배치한다.

    ㉡ 무전기 등을 활용하여 밀폐공간 작업자와 확인자 간의 연락을 유지한다.

    ㉢ 밀폐공간의 출입인원(성명, 인원수) 및 출입시간을 확인한다.

⑤ 재해자 발생 시 구조요령

    ㉠ 아무리 급한 경우라도 재해자 구조를 위해 안전장비의 착용 없이 밀폐공간 내로 들어가지 않도록 해야 한다.

    ㉡ 주변 동료작업자 또는 119로 연락한다.

    ㉢ 재해자 구조(호흡 보호구-산소통 등 착용)를 한다.

    ㉣ 심폐소생술을 실시한다.

    ※ 심폐소생술 순서(p.371 심폐소생술 참고)

- 반응의 확인
- 119 신고 : 환자의 반응이 없다면 즉시 큰 소리로 119 신고를 요청
- 호흡 확인
- 가슴압박 30회 시행
  - 손가락이 가슴에 닿지 않도록 주의하면서, 양팔을 쭉 편 상태로 체중을 실어서 환자의 몸과 수직이 되도록 가슴을 압박하고, 압박된 가슴은 완전히 이완되도록 함
  - 분당 100~120회의 속도와 약 5cm 깊이(소아 4~5cm)로 강하고 빠르게 시행
- 인공호흡 2회 시행
  - 환자의 기도를 개방

- 엄지와 검지로 환자의 코를 잡아서 막고, 가슴이 올라올 정도로 1초에 걸쳐서 숨을 불어 넣음
- 환자의 가슴이 부풀어 오르는지 눈으로 확인, 불어 넣은 후 입을 떼고 코도 놓아주어서 공기가 배출되도록 함
  - 가슴압박과 인공호흡의 반복

03 | 물리적 유해요인

1. 물리적 유해요인 유형 및 노출 특성

(1) 물리적 유해요인 유형

① 소음 : 작업자의 업무와 관련하여 아무런 정보를 주지 않는 청각기관의 자극이나, 직업적 반복노출로 청력장애를 야기할 수 있는 크기의 소리이다.

② 진 동
  ㉠ 국소진동 : 주로 동력 수공구를 잡고 일할 때 손, 팔을 통해 진동이 전달되는 경우로, 수완진동(HAV ; Hand-Arm Vibration)이라고도 한다.
  ㉡ 전신진동 : 주로 운송수단과 중장비 등에서 발견되는 형태로서 바닥, 좌석의 좌판, 등받이와 같이 몸을 받치고 있는 지지구조물을 통하여 몸 전체에 전해지는 진동을 말한다.

③ 온 열
  ㉠ 열사병 : 고열로 인해 발생하는 건강장해 중 가장 위험성이 크며 신체 내부의 체온조절중추가 기능을 잃어 사망까지 이르게 된다.
  ㉡ 열피로 : 다량의 발한으로 수분과 염분 손실이 많이 발생되어 두통, 오심, 현기증, 허약증, 갈증, 불안정한 느낌을 받게 된다. 고열환경에서 염분 보충 없이 수분만 섭취할 경우 발생된다.
  ㉢ 열경련 : 더운 환경에 과도한 육체작업 시 땀으로 배출된 수분과 염분의 부족으로 발생되며, 염분의 손실이 클 경우 근육에 경련을 일으킬 수 있다.
  ㉣ 열발진 : 작업환경에서 가장 흔히 발생하는 장해로 땀띠라고도 한다.

④ 자외선
  ㉠ 태양광선에는 γ선, X선, 자외선, 가시광선, 적외선, 라디오파 등으로 구성되어 있으며, 각각 파장에 따라 구별한다.
  ㉡ 가시광선은 눈으로 볼 수 있는 광선으로 색깔을 띠고 있다. 즉, 자색으로부터 적색(400~780nm)까지의 파장을 갖는다.

ⓒ 자외선은 가시광선의 자색보다 짧은 광선이란 의미에서 약어로 UV(Ultra Violet)라 한다. 자외선은 3영역으로 나눌 수 있다.
- 장파장 : 파장 320~400nm, UV-A
- 중파장 : 파장 280~320nm, UV-B
- 단파장 : 파장 200~280nm, UV-C

(2) 물리적 유해요인 노출 특성

① 소음 노출 위험 농작업 : 트랙터, 경운기, 예초기, 콤바인 등 농기계 운전작업
② 진동 노출 위험 농작업
  ㉠ 국소진동 : 예초기
  ㉡ 전신진동 : 트랙터, 경운기, 콤바인
③ 온열환경 노출 위험 농작업
  ㉠ 하우스 내 모든 작업 : 5~8월 10~15시
  ㉡ 그늘이 없는 노지작업 : 7~8월 한낮
④ 자외선 노출 위험 농작업
  ㉠ 노지에서 이루어지는 모든 작업
  ㉡ 기타 용접작업(용접 아크) : 눈에 모래알이 들어간 것 같은 이물감을 느끼는 전광성 안염(Arc Eye)을 경험

2. 물리적 유해요인의 허용기준 및 건강영향

(1) 소음의 허용기준 및 건강영향

① 소음의 노출 허용기준 : 소음에 노출되는 방식에는 두 가지가 있다.
  ㉠ 첫째는 일정한 수준의 소음이 장시간 연속해서 발생하는 연속소음(Continuous Noise)이다.
  ㉡ 두 번째는 순간적으로 높은 수준의 소음이 폭발적으로 발생하는 충격소음이다.

〈연속소음 노출기준(고용노동부)〉

소음수준, dB(A)	허용 노출기준(hr)
80	32
85	16
90	8
95	4
100	2
105	1
110	0.50
115	0.250

〈충격소음 노출기준(고용노동부)〉

1일 노출 횟수	충격 소음의 강도, dB(A)
100회	140
1,000회	130
10,000회	120

- 고용노동부에서 설정한 연속소음에 대한 허용기준에 따르면 90dB부터 소음수준이 5dB 증가함에 따라 허용 노출시간(Permissible Duration Time)은 50% 감소하게 된다. 즉, 작업장의 소음이 커질수록 작업이 가능한 시간이 줄어든다는 의미이다.
- 또한 허용 가능한 최대 연속소음은 115dB로 이를 초과하는 연속소음에 노출될 수 없다.
- 반면 미국 산업위생전문가협의회의 연속소음에 대한 노출기준은 우리나라보다 다소 엄격한 기준을 적용하고 있다. 5dB 단위로 허용 노출시간이 줄어들도록 정해 놓고 있지만 허용기준이 80dB부터 설정되어 있는 것이다. 즉, 85dB에 연속해서 노출될 경우 4시간만 작업이 가능하도록 규정하고 있다. 순식간에 발생하는 충격소음에 대한 노출 기준은 우리나라 고용노동부 허용기준과 동일하다.

② 소음의 건강영향(소음성 난청)
  ㉠ 일시적 난청
  - 강한 소음에 노출되어 생기는 일시적인 난청을 말한다.
  - 소음에 노출되고 2시간 이후부터 발생이 되며 4,000~6,000Hz에서 많이 발생된다.
  - 20~30dB의 청력손실이 있고, 청신경세포의 피로현상으로 12~24시간 후 회복이 가능하다.
  - 영구적인 청력장애의 경고신호라고 할 수 있다.
  ㉡ 영구적 난청
  - 일시적 청력손실이 충분하게 회복되지 않은 상태에서 계속적으로 소음에 노출되어 생긴다.
  - 회복과 치료가 불가능하다.
  ㉢ 직업성 난청
  - 직업으로 인한 소음에 폭로되어 발생한 난청이다.
  - 소음폭로(노출) 작업장에서 종사하거나 장기간 근무한 경력근로자로서 한 귀의 청력손실이 40dB 이상이 되는 감각신경성 난청이며, 소음폭로 중단 시 더 이상 진행이 되지 않는다.
  - 과거에 소음성 난청이 있었더라도 소음노출에 민감하지 않고 청력역치가 증가할수록 청력손실률이 감소된다.
  - 소음에 폭로되는 초기에는 저음역보다 고음역에서 청력손실이 더 심하게 나타난다.
  - 충격소음보다 연속소음에 폭로되는 것이 더 큰 장해를 초래한다.
  ㉣ 사회성 난청
  - 생활소리 노출에 의한 청력장애이다.
  - 음향기기, 휴대폰 등의 음악, 생활소음, 교통수단의 소음 등이 있다.
  - 사회성 난청과 직업성 난청이 함께 있다면 소음성 난청을 더욱 악화시킨다.

③ 소음 노출 관리 방안

　　㉠ 흡음을 통한 소음의 차단

　　　작업장 내의 소음 전파는 발생되는 소음의 흡음 정도와 방향성에 의해 영향을 받는다. 주로 소음이 발생되는 공간의 바닥, 벽, 천장 등에 흡음제를 설치하여 소음을 줄인다. 녹음실 등에서 볼 수 있는 흡음벽이 소음 저감 개선에 많은 도움이 된다.

　　㉡ 소음원의 격리와 밀폐

　　　소음원을 벽으로 밀폐시키거나 차단하는 방법으로 벽으로 밀폐할 경우 차음효과는 사용하는 물질에 따라 차이가 많으며, 보통 저주파음에서는 최소한 2~5dB, 고주파음에서는 최소한 10~15dB의 차음효과를 얻을 수 있다. 차음효과를 높이려면 밀도가 높은 물질을 사용하고, 2중, 3중의 벽을 사용하면 효과가 높으며 부분 밀폐보다는 완전 밀폐방식이 차음효과가 높다.

　　㉢ 소음에 대한 노출시간 단축

　　　공학적 개선이 불가능할 때 사용할 수 있는 행정적 관리방법으로써 소음의 노출기준은 노출시간에 따른 음압 수준으로 제시되어 있기 때문에 이를 참고하여 실제적인 소음의 누적 노출 수준을 줄이는 방법이다. 보통 소음 노출이 많은 작업자와 소음이 낮은 부서의 작업자를 규칙적으로 순환 근무시키는 방법이 있다.

　　㉣ 개인보호구 착용

　　　소음 관리에서 선택할 수 있는 최후의 방법이며 주로 귀마개와 귀덮개를 사용하며, 이를 동시에 착용하면 차음효과가 훨씬 커지게 된다. 보호구의 차음효과를 나타내는 일반적인 값으로 소음 저감 비율(Noise Reduction Rating)을 사용하고 있으며, 미국 산업안전보건청에서는 소음 측정치의 정확성을 고려하여 소음 저간 비율값에서 7dB을 빼고, 다시 안전계수 50%를 적용하여 작업 현장의 차음효과를 예측할 수 있다.

　　　차음효과 = (NRR-7) × 50%

(2) 진동의 허용기준 및 건강영향

① 진동의 노출 허용기준

　　㉠ 진동은 국소진동과 전신진동으로 나누어 기준이 정해져 있으며, 소음과 마찬가지로 노출수준에 따라 작업이 가능한 시간을 제한하는 방식으로 적용하고 있다.

　　㉡ 우리나라에서는 아직 활용되고 있는 법적 기준이 제정되어 있지 않으며, 주로 ISO 기준과 미국 산업위생전문가협의회의 기준을 사용하고 있다.

　　㉢ 전신진동의 경우 유럽연합에서는 건강평가와 관련하여 노출시간과 변환가속도에 대한 전신진동수준에 따른 영역을 제시하고 있다. 예를 들어 8시간 등가주파수 가중 가속도 값(A(8))의 하한한계는 $0.5m/s^2$, 상한한계는 $1.15m/s^2$로 정의하고 있는 방식이다.

ⓔ 국소진동에 대해 미국 산업위생전문가협의회의 경우에는 하루 평균 진동 폭로시간을 기준으로 초과할 수 없는 진동가속도의 수준을 제시하고 있다. 예를 들어 하루 평균 진동 공구에 대한 폭로시간이 4시간 이상~8시간 미만일 경우 폭로되는 진동의 크기는 $4m/s^2$ 을 초과하지 않도록 규정하는 방식이다.

ⓜ 진동측정기를 이용하여 진동수준을 직접 평가하고자 할 때 노출농도수준을 상, 중, 하로 평가한다.

② 진동의 건강영향

전신진동 노출수준(8시간 노출 등가가속도)		
상	중	하
$1.15m/s^2$ 이상	0.5~$1.15m/s^2$	$0.5m/s^2$ 이하

※ 유럽연합(EU)의 Action Level($0.5m/s^2$)과 Limit Level($1.15m/s^2$)을 기준으로 평가

㉠ 전신진동
- 전신진동의 경우 진동수 3Hz 이하이면 신체도 함께 움직이고 동요감을 느끼게 된다.
- 진동수가 4~12Hz로 증가되면 압박감과 동통감을 받게 되며 심할 경우 공포감과 오한을 느낀다.
- 신체 각 부분이 진동에 반응해 고관절, 견관절 및 복부장기가 공명하여 부하된 진동에 대한 반응이 증폭된다.
- 20~30Hz에서는 두개골이 공명하기 시작하여 시력 및 청력장애를 초래하고, 60~90Hz 에서는 안구가 공명하게 된다.
- 일상생활에서 노출되는 전신진동의 경우 어깨 뭉침, 요통, 관절 통증 등의 영향을 미친다.

㉡ 국소진동
- 레이노병(Raynaud's Phenomenon or Raynaud's disease)
  - 진동공구를 사용하는 근로자의 손가락에 흔히 발생되는 증상으로, 손가락에 있는 말초혈관운동의 장애로 인하여 혈액순환이 저해되어 손가락이 창백해지고 동통을 느끼게 된다.
  - 한랭한 환경에서 이러한 증상은 더욱 악화되며 이를 Dead Finger, White Finger라고 부른다.
- 뼈 및 관절의 장애
  - 심한 진동을 받으면 뼈, 관절 및 신경, 근육, 경인대, 혈관 등 연부조직에 병변이 나타난다.
  - 심한 경우 관절연골의 괴저, 천공 등 기형성 관절염, 이단성 골연골염, 가성관절염과 점액낭염, 건초염, 건의 비후, 근위축 등이 생기기도 한다.

③ 진동 노출 관리방안

농기계 자체의 진동을 직접 줄여주는 것은 불가능하므로, 농업인은 최대한 농기계 정비를 주기적으로 수행하고, 딱딱한 의자에 앉지 않고 쿠션이 좋은 방석을 사용하도록 한다. 기타 진동장해를 최소화하기 위해서는 다음과 같은 방법들이 복합적으로 이루어져야 한다.

㉠ 방진장치 설치 등 공학적 제어

㉡ 진동을 줄이고 추위 노출을 피하기 위한 보호구(방진장갑 등) 착용

㉢ 노출시간을 최소화하기 위한 작업방법 변경

㉣ 수지 진동증후군 조기 증상자 선별을 위한 의학적 관리

(3) 온열환경의 허용기준 및 건강영향

① 온열환경의 노출 허용기준

㉠ 더운 여름날의 노지작업이나, 시설 하우스같이 고온의 작업장에서 장시간 작업을 하는 농업인들은 온열로 인하여 심부온도 상승, 피로도 증가 등의 생리적 부담과 탈수증, 염분 부족 등으로 인한 열사병, 열경련, 열피로, 열실신 등의 건강영향을 겪을 수 있다.

㉡ 고열 스트레스에 취약한 고령 농업인이 많은 농촌의 특성을 감안해 볼 때 온열은 매우 중요한 유해요인이다.

㉢ 고열에 대한 작업자 노출수준을 평가할 때는 일반적으로 미국 산업위생전문가협의회가 개발한 노출기준을 적용하여 습구흑구 온도지수(WBGT, ℃)를 기준으로 작업시간을 제한하고 있다.

작업강도 작업휴식시간비	WBGT(℃)		
	경작업 (3kcal/분 이상)	중등도작업 (5kcal/분 이상)	중작업 (7kcal/분 이상)
계속 작업	30.0	26.7	25.0
매시간 75% 작업, 25% 휴식	30.6	28.0	25.9
매시간 50% 작업, 50% 휴식	31.4	29.4	27.9
매시간 25% 작업, 75% 휴식	32.2	31.1	30.0

1) 경작업(Light) : 200kcal까지의 열량이 소요되는 작업을 말하며, 앉아서 또는 서서 기계의 조정을 하기 위하여 손 또는 팔을 가볍게 쓰는 일 등이 해당된다.
2) 중등도작업(Moderate) : 시간당 200~350kcal의 열량이 소요되는 작업을 말하며, 물체를 들거나 밀면서 걸어다니는 일 등이 해당된다.
3) 중작업(Heavy) : 시간당 350~500kcal의 열량이 소요되는 작업을 뜻하며, 곡괭이질 또는 삽질하는 일과 같이 육체적으로 힘든 일 등이 해당된다.
예를 들면 경작업(가벼운 작업)을 하는 작업장에서 WBGT가 32.2℃로 측정되었다면 시간당 작업과 휴식 비율은 25%의 작업과 75%의 휴식으로 기준이 정해져 있다. 즉, 해당 온열환경에서는 1시간 근무하는 동안 15분간 작업하고 45분간 휴식을 취해야만 고열로 인한 건강상의 장해를 예방할 수 있다는 뜻이다.

㉣ 습구흑구온도 지수는 기류 측정이 필요 없고, 평가방법이 간단하며, 심박수, 체온 등의 변화에 잘 대응하는 점 등의 이유로 널리 사용되는 지표이며 우리나라 고용노동부의 작업장 고온 노출기준도 WBGT로 나타내고 있다.

② 온열환경의 건강영향

    ⊙ 열사병(Heat Stroke) : 열사병은 고온 스트레스를 받았을 때 열을 발산시키는 체온조절 기전에 문제가 생겨(Thermal Regulatory Failure) 심부체온이 40℃ 이상 증가하는 것을 특징으로 한다. 의식장애, 고열, 비정상적 활력징후, 고온 건조한 피부 등이 나타난다. 치명률은 치료 여부에 따라 다르게 나타나지만 대부분 매우 높게 나타나고 있다.

    ⓒ 열피로(Heat Exhausion) : 다량의 발한으로 수분과 염분 손실이 많이 발생되어 두통, 오심, 현기증, 허약증, 갈증, 불안정한 느낌을 받게 된다. 고열환경에서 염분보충 없이 수분만 섭취할 경우 발생된다.

    ⓒ 열경련(Heat Cramps) : 더운 환경에 과도한 육체작업 시 땀으로 배출된 수분과 염분의 부족으로 발생되며 염분의 손실이 클 경우 근육에 경련을 일으킬 수 있다. 염분손실이 클 경우 작업 시 주로 사용했던 근육(팔, 다리, 복근, 배근, 수지의 굴근 등)에 자주 발생한다.

    ⓔ 열발진 : 작업환경에서 가장 흔히 발생하는 장해로 땀띠라고도 하며 땀에 젖은 피부 각질층이 떨어져 땀구멍을 막아 땀샘이 압력에 의해 염증선 반응을 일으켜 붉은 반점형태로 나타난다.

③ 온열환경의 노출 관리 방안

    ⊙ 챙이 넓은 모자, 선글라스, 수건, 긴팔 의복을 입는다.

    ⓒ 햇빛 가리개, 천막 등으로 햇빛을 가리고, 선풍기·환기시스템을 이용한다.

    ⓒ 작업 시 물을 많이 마신다.

    ⓔ 작업 중 음주는 탈수현상을 가중시키므로 음주를 삼간다.

    ⓜ 그늘이나 통풍이 잘되는 곳에서 자주 짧은 휴식을 취한다.

(4) 자외선의 허용기준 및 건강영향

① 자외선의 노출 허용기준

    ⊙ 자외선지수는 태양고도가 최대인 남중시각 때 지표에 도달하는 자외선-B(UV-B) 영역의 복사량을 의미하며, 태양에 대한 과다노출로 예상되는 위험에 대한 예보를 제공함으로써 일상생활 중 자외선에 우리가 어느 정도로 주의해야 하는지의 정도를 제시한다.

    ⓒ 자외선 지수는 10등급으로 구분되는데, 0은 과다노출 때 위험이 매우 낮음을 나타내고, 9 이상은 과다노출 때 위험이 매우 높다는 것을 의미하며, 지수를 구하는 방식은 나라별로 약간의 차이가 있다.

〈나라별 자외선 노출위험도〉

UV지수	0	1	2	3	4	5	6	7	8	9	10	11
EPA	Minimal			Low		Moderate		High			Very High	
캐나다	Low				Moderate			High		Extreme		
우리나라	매우 낮음			낮 음		보 통		높 음		매우 높음		

〈자외선지수의 범위에 따른 위험도 및 대응요령〉

노출단계	지수범위	대응요령
위 험	11 이상	• 햇볕에 노출 시에 수십분 이내에도 피부 화상을 입을 수 있어 가장 위험하다. • 가능한 실내에 머물러야 한다. • 외출 시 긴 소매 옷, 모자, 선글라스를 이용한다. • 자외선 차단제를 정기적으로 발라야 한다.
매우 높음	8 이상 10 이하	• 햇볕에 노출 시에 수십 분 이내에도 피부 화상을 입을 수 있어 매우 위험하다. • 오전 10시부터 오후 3시까지 외출을 피하고 실내나 그늘에 머물러야 한다. • 외출 시에 긴 소매 옷, 모자, 선글라스를 이용한다. • 자외선 차단제를 정기적으로 발라야 한다.
높 음	6 이상 7 이하	• 햇볕에 노출 시에 1~2시간 내에도 피부 화상을 입을 수 있어 위험하다. • 한낮에는 그늘에 머물러야 한다. • 외출 시에 긴 소매 옷, 모자, 선글라스를 이용한다. • 자외선 차단제를 정기적으로 발라야 한다.
보 통	3 이상 5 이하	• 2~3시간 내에도 햇볕에 노출 시에 피부 화상을 입을 수 있다. • 모자, 선글라스를 이용한다. • 자외선 차단제를 발라야 한다.
낮 음	2 이하	• 햇볕 노출에 대한 보호조치가 필요하지 않다. • 햇볕에 민감한 피부를 가진 사람은 자외선 차단제를 발라야 한다.

출처 : 기상청(http://www.weather.go.kr)

② **자외선의 건강영향**

㉠ 눈에 미치는 영향

- 피부가 두꺼워지고 검게 탐으로써 자외선에 부분적으로 적응할 수 있는 피부와는 달리, 눈은 고유의 적응 메커니즘을 가지고 있지 않다.
- 눈의 각막은 주로 파장이 300nm 미만인 UV-B, UV-C가 잘 흡수되며, 300nm보다 긴 파장을 가진 자외선은 각막을 투과하여 수정체까지 전달되어 흡수된다. 이러한 자외선의 파장에 따른 흡수 정도에 따라 Arc Eye라는 광각막염 및 결막염 등의 급성영향과 백내장과 같은 장기영향을 가져올 수 있다.
- 광각막염과 결막염은 주로 270~280nm의 파장에서 가장 많이 발생하며 동통, 눈물, 충혈, 이물감 등의 증상을 수반하고 약 2일 후면 완화되는 특성을 가진다.
- 백내장은 290~310nm의 파장이 가장 유효한 파장이며, 수정체에 구름같은 것이 생겨 선명도를 잃게 하는 눈 손상의 한 형태이다.

백내장	• 선천성 백내장은 대부분 원인 불명이며 유전성이거나 태내 감염(자궁 내의 태아에게 발생하는 감염), 대사 이상에 의한 것도 있다. • 후천성 백내장은 나이가 들면서 발생하는 노년 백내장이 가장 흔하며, 외상이나 전신질환, 눈 속의 염증에 의해 생기는 백내장도 있다.
익상편	• 확실한 원인은 아직 밝혀지지 않았으나 유전적 요인과 야외에서 많은 시간을 보내는 사람에게 많이 발생하는 것으로 보아 환경적인 요인이 작용할 것으로 생각된다. • 강한 햇빛(자외선), 먼지, 건조한 공기 등이 원인으로 거론되고 있으며 가장 주요한 원인인자는 자외선이다. • 눈의 코 쪽 흰자위는 콧등에서 반사된 빛이 비추어지며 눈을 감을 때 가장 늦게 감기는 부위이므로 다른 부위에 비해 항상 많은 자극을 받기 때문에 코쪽 흰자위에서 익상편이 많이 발생하며, 상기 환경적 인자들이 원인임을 뒷받침해준다.

ⓛ 피부에 미치는 영향
- 단기간 자외선 노출에 대한 영향
  - 피부의 구조와 빛 : 자외선을 포함하는 태양광의 에너지는 사람의 뇌, 심장, 소화기관까지 이르지 못하고 피부의 일정 부분까지밖에 들어가지 못한다. 피부의 구조는 표피, 진피, 피하조직으로 되어 있다. 자외선의 파장이 짧은 UV-C(지표에서는 인공광원에 의한 것)는 거의 표피까지밖에 도달하지 못하고, UV-B는 일부만 진피까지, UV-A는 진피까지 도달한다. 피부색과의 관계는 흰 코카서스인이 가장 투과가 잘되며, 황색인종이 중간, 흑인이 가장 투과가 안 되는 것으로 알려져 있다.
  - 홍반반응(Erythema Reaction) : 30분 이상 뜨거운 여름의 태양광선에 피부를 쬐이면 피부에는 홍반이 나타난다(일반적으로 Sun Burn현상이라고 불려진다). 태양광에 노출된 피부는 혈관이 확장하고 혈류가 증가하며 혈관의 투과성이 항진하는 등의 결과로 피부가 빨갛게 되는데 이것은 주로 UV-B에 의한 영향이다. 홍반의 정도는 피폭된 자외선에 의존하며 보다 강한 자외선에 쬐이면 홍반이 생길 뿐만 아니라 통증, 부종, 수포가 형성되게 된다.
  - 일광화상반응(Sunburn Reaction) : 일광화상반응은 일광조사, 특히 일광 속의 UV-B에 의해 발생된다. 일광화상반응의 증상은 4~8시간의 잠복기 후 홍반이 나타나며 심하면 부종과 수포, 동통을 나타낸다. 두통, 오한, 발열, 오심과 심하면 쇼크현상이 나타날 수 있다.
  - 색소반응(Pigment Reaction) : 피부의 색깔은 멜라닌, 혈관분포와 혈색소, 카로텐 및 각질층의 두께 등에 의해 좌우되며, 이 중 멜라닌색소가 가장 주된 역할을 한다. 멜라닌은 피부색을 결정하는 주된 물질로서 인종, 개인에 따라 차이가 있으며 자외선에 의한 반응도 차이가 있다. 피부에 자외선을 조사하면 색소침착을 일으키는데, 여기에는 두 가지 반응이 있다. 하나는 즉시 색소침착으로서 자외선 조사 즉시 나타나며, 1차적 색소침착 반응이라고 부른다. 다른 하나는 지연 색소침착으로서 서서히 나타나는데, 우리가 말하는 자외선에 의해 살갗이 탔다고 하는 경우가 이에 해당한다.
- 장시간 자외선 노출에 대한 영향
  - 피부의 노화 : 장기간에 걸쳐 자외선에 노출되면 피부의 노화가 촉진된다. 즉, 피부가 얇아지고 주름이 증가하고 거칠어지며 가볍게 부딪혀도 피하출혈이 일어나게 된다. 이러한 피부의 변화는 진피결합조직이 장기간의 일광피폭에 의해 변성하기 때문인데, 진피에 있는 피부의 탄력과 관계있는 단백질의 양이 감소하고 성질도 변성하며 탄력이 없어진다. 자외선에 반복노출되는 어민, 농민, 실외작업자 등에는 반복노출로 인한 특이한 피부의 반응이 나타난다. 즉, 피부는 탄력이 없어지고 갈색의 주름진 피부가 된다. 또 안면에는 모세혈관이 확장하고 경부에서는 목의 움직임에 의한 선모양의 균열(다이아몬드형 피부)이 일어난다. 이러한 변화는 그 자체는 유해하지 않지만 피부암의 위험을 높이므로 주의가 필요하다.

- 자외선에 의한 피부암 : 태양광선 특히 자외선이 피부암의 주원인 중 하나인 것은 각종 역학조사에 의해 보고되어 있다. 자외선이 피부암을 유발하는 기구는 현재 명확하지 않지만 자외선이 피부암의 원인 중 하나인 것은 확실하다.

흑색종 피부암	• 흑색종은 피부 속에서 색소를 만드는 세포의 성장으로 시작된다. 흑색종은 남자와 여자의 등 위쪽이나 여자의 다리에서 가끔 발견되지만, 신체의 어느 부위에서도 발생할 수 있다. • 이상한 피부상태 특히, 점의 크기나 색, 검고 불규칙한 색상을 띤 종기나 점의 변화, 즉 비늘모양의 피부, 염증, 혹에서 나타나는 변화나 출혈, 피부 주위를 싸고 있는 가장자리로부터 색이 번지는 것, 가려움증이나 부스럼, 통증 같은 감각적 변화에 주의하여야 한다. • 흑색종 피부암(Melanoma)은 전체 피부암으로 인한 사망률의 75%를 차지하며 다른 기관, 특히 폐와 간에 전이되기가 쉽다. 흑색종은 25~29세의 여성에게 가장 흔하며, 다음으로 30~34세의 여성에서 발병률이 높다.
비흑색종 피부암	• 흑색종과는 달리, 비흑색종 피부암은 그다지 치명적이지는 않다. 그러나 퍼질 때까지 치료하지 않는다면 건강에 심각한 문제가 생기게 된다. • 비흑색종 피부암은 초기에 발견하여 치료했을 때 높은 치료율을 보인다. 증상을 유심히 살펴보고 초기 단계에서 암을 발견하는 것이 중요하다.

- 기초세포 악성종양(Basal Cell Carcinomas) : 이것은 보통 머리나 목에 작은 돌출 부위나 혹이 나타나는 피부의 종양이지만 다른 피부 부위에서도 마찬가지로 발견될 수 있고, 신체의 다른 부분으로 잘 퍼지지는 않는다. 주의해야 할 증상은 기초세포 악성종양은 보통 천천히 성장하여, 돌출한 후 반투명하고 진주모양을 한 혹처럼 나타나 만약 치료하지 않으면 부스럼 딱지가 생겨 염증을 유발하고 때때로 피가 나기도 한다. 기초세포암은 자외선에 의해 발생하는 피부암 중 가장 일반적인 것으로 주로 여성에게 잘 발생한다. 초기에 치료한다면 95% 이상의 회복이 가능하다.

- 비늘모양세포 악성종양(Squamous Cell Carcinomas) : 이것은 혹이나 붉은 비늘모양의 조각처럼 나타나는 종양이고, 검은 피부를 가진 사람들에게는 잘 발견되지 않는다. 이 암은 커다란 덩어리로 발달할 수 있고, 기초세포 악성종양과는 달리 신체의 다른 부분에 퍼질 수도 있다. 비늘모양세포 악성종양은 대개 돌출하여 붉거나 분홍빛 비늘모양의 혹이나 사마귀 같은 종기로 나타나 중앙에 염증이 생기기도 한다. 귀나 얼굴, 입술, 입, 손의 가장자리와 신체의 다른 노출 부분에 잘 생긴다. 비늘세포암(Squamous Cell Carcinoma)은 여성보다 남성에게 2~3배 높은 발병률을 나타내고 있다. 이 두가지 암에 의한 치사율은 매우 낮은 편이다.

- 화학선 작용의 각질물질(Actinic Kerayoses) : 태양으로 인해 생긴 종양은 태양에 노출된 신체 부위에서 생긴다. 얼굴, 손, 팔뚝과 목의 'V' 부분은 특히 민감하다. 악성이 되기 전에 치료하지 않고 내버려두게 되면 화학선 작용의 각질물질이 악성으로 될 수 있다. 돌출하여 불그스레하고 거칠게 생긴 종기가 있는지 살펴보고, 만약 이러한 종양을 발견했다면 즉시 피부과 의사에게 보여야 한다.

ⓒ 면역 저하(Immune Suppression)
- 과학자들은 태양에 살갗을 태우는 것이 태양에 노출된 후 24시간 동안 질병과 싸우는 백혈구의 기능과 분포를 변경시킬 수 있다는 것을 알아냈다.
- 자외선 복사에 계속해서 노출되면 신체의 면역체에 오래 지속되는 손상을 입게 된다.
- 피부가 검은 사람이라 하더라도 가볍게 볕에 타는 것조차 피부의 면역기능을 저하시킨다. 그러한 증거는 광선알레르기 반응, 일광두드러기의 일부, 다형 일광발진의 발생 등의 예에서 찾아볼 수 있다.

04 | 생물학적 유해요인

1. 생물학적 유해요인 유형 및 노출 특성

(1) 생물학적 유해요인 유형

① 공기 중 부유미생물 종류(유기분진)
  ㉠ 죽은 생물체 자체 : 박테리아, 곰팡이, 바이러스, 진드기 등
  ㉡ 죽은 생물체로부터 배출되는 대사산물 : 휘발성 유기물질, 내독소, 마이코톡신 등
  ㉢ 죽은 생물체로부터 떨어져 나오는 파편 : 가죽, 털, 피부, 꽃가루 등
  ㉣ 가장 대표적인 인자 : 곰팡이, 세균 등

② 질환별 발생원인 인자

		발생원	원 인
세균성 질환	Q열(Q-fever)	가축 - 양, 소	Coxiella Bumetii
	탄저병(Anthrax)	가 축	Bacillus Anthracis
	부루셀라증(Brucellosis)	소, 돼지	Brucella Sp.
	앵무새병(Psittacosis)	칠면조	Chlamydia Psittaci
	야토병(Tularemia)	양	Francisella Tularensis
	항산균성 질환(Mycobacterial Disease)	가금류, 소	Mycobacterium Avium-intracellulare Complex
	랩토스피라병(Leptospirosis)	소, 양	Loeptospira Interraogans
곰팡이 질환	콕시디오이데스 진균증(Coccidiodomycosis)	오염된 토양	Coccidioides Immitis
	히스토플라스마증(Histoplasmosis)	목축, 가금류 배설물	Histoplasma Capsulatum

(2) 생물학적 유해요인 노출 특성

① 부유미생물 노출 위험 농작업
  ㉠ 밀폐된 비닐하우스 내에서 이루어지는 모든 작업
  ㉡ 버섯 재배 작업 : 수확 및 선별 작업

ⓒ 축사 관련 작업 : 건초 작업, 사료 급여 작업, 청소 작업, 분동 작업 등
② 감염성질환 노출 위험 농작업
ⓐ 쯔쯔가무시증 : 들에 서식하는 진드기 유충에 물리기 쉬운 야외 작업자
ⓑ 신증후성출혈열 : 들쥐 혹은 배설물에 접촉되기 쉬운 야외 작업자
ⓒ 렙토스피라증 : 균에 오염된 지역(하천 등)이나 동물(가축 등)과 접촉하기 쉬운 작업자

2. 생물학적 유해요인 허용기준 및 건강영향

(1) 생물학적 유해요인 노출 허용기준

생물학적 위험요인은 미생물·곰팡이 등과 같이 다양한 형태로 발생하지만 관련 건강영향이 아직 명쾌하게 입증되지 못해 국내외적으로 노출기준이 명확하게 제정되어 있지 않다. 다음은 국내외 학계 등에서 제안하고 있는 생물학적 유해요인의 노출 권고기준이다.

항 목	내독소	박테리아	곰팡이
평가기준(제안기준)	50~100EU/m³	10,000CFU/m³	1,000CFU/m³

(2) 생물학적 유해요인 건강영향

① 부유미생물의 건강영향
ⓐ 감염성질환 : 특정 곰팡이와 세균이 인체 내로 들어와 번식함으로써 질병을 초래하는 것
ⓑ 과민성질환 : 유기분진 노출 후 4~12시간 후에 나타나는 급성중독
ⓒ 발열, 무기력감, 두통, 근육통, 기침, 숨막힘 등이 나타남
ⓓ 비염, 천식, 폐렴 등의 만성적인 호흡기질환을 유발하기도 함
ⓔ 이러한 장해를 통칭해서 유기분진독성증후군(ODTS ; Organic Dust Toxic Syndrome)이라고 한다.

② 감염성질환의 건강영향
ⓐ 쯔쯔가무시증
• 발열, 오한, 피부발진, 구토, 복통, 기침, 심한 두통 등
• 가피(Eschar) 형성 : 털진드기 유충에 물린 부위에 발생
• 우리나라의 경우 겨드랑이(24.3%) → 사타구니(9.3%) → 가슴(8.3%) → 배 등의 순서로 많이 발생한다.
• 피부발진 : 발병 5일 이후 발진이 몸통에 나타나 사지로 퍼지는 형태(일부 혹은 온몸의 림프절 종대)
ⓑ 중증열성혈소판감소증후군(SFTS)
• 고열, 소화기 증상(구토, 설사 등), 백혈구감소증, 혈소판감소증
• 혈소판감소가 심할 경우 출혈 경향이 나타날 수 있다.

- 치명률은 국내에서 초기에는 40%를 넘었으나, 최근에는 20% 내외로 보고
  - ⓒ 신증후성 출혈열
    - 특징 : 혈관기능의 장애
    - 급성 : 발열, 출혈 경향, 요통, 신부전이 발생
    - 오한, 두통, 결막충혈, 발적, 저혈압, 소변 감소, 복통, 폐부종, 호흡곤란
    - 임상경과 5단계
      - 1단계 발열기(3~5일) : 발열, 두통, 복통, 요통, 피부 홍조, 결막충혈
      - 2단계 저혈압기(1~3일) : 중증인 경우 정신 착란, 섬망, 혼수 등 쇼크 증상 발생
      - 3단계 핍뇨기(3~5일) : 소변량이 줄면서 신부전 증상 발생, 객혈, 혈변, 혈뇨, 고혈압, 폐부종, 뇌부종으로 인한 경련
      - 4단계 이뇨기(7~14일) : 소변량이 크게 늘면서(하루 3~6L) 심한 탈수, 전해질 장애, 쇼크 등으로 사망할 수 있음
      - 5단계 회복기(3~6주) : 소변량이 서서히 줄면서 증상 회복, 전신 쇠약감이나 근력 감소 등을 호소
  - ⓔ 렙토스피라증
    - 주요증상은 주로 혈관의 염증, 고열, 두통, 오한, 눈의 충혈, 각혈, 근육통, 복통 등이다.
    - 폐출혈, 뇌수막염, 황달, 신부전 등 심각한 합병증이 동반되기도 한다.

3. 생물학적 유해요인 노출 관리방안

(1) 개인보호구 착용

① 오염된 배설물이나 찢기거나, 긁히거나, 물리는 등의 신체상해를 예방하기 위해 개인보호장비를 착용한다.

② 농작업자는 동물사체 취급에 특히 주의해야 한다. 보통은 불편하고, 비싸고, 잘 맞지 않는다는 이유로 개인보호구 착용을 무시하지만, 항상 착용하는 습관을 들여야 한다.

③ 고글이나 안경은 결막을 보호하며, 장갑·앞치마·장화는 감염된 동물이나 그 부산물을 취급할 때 상처를 통한 세균 침입을 막을 수 있다.

④ 호흡보호구는 탄저 포자, 분진이 많은 작업장에서 Q열 감염을 방지한다.

⑤ 노출된 피부에는 곤충퇴치제(다이에틸톨루아미드 ; Diethyltoluamide가 가장 효과가 크다)가 효과가 있다.

(2) 예방조치

농작업자의 직업적 감염 예방과 관리에 효과적인 조치는 예방접종과 감염되기 전 피부검사가 있다.

(3) 교 육

① **상처 관리** : 시기적절한 상처 관리는 가장 효과적인 방법임을 주지시킨다.
② **음식 저장과 섭취** : 소화기계 질환을 예방하기 위해 뜨거운 음식은 뜨겁게, 찬 음식은 차게 보관하며, 음식을 먹기 전과 배변 후 손을 잘 씻어야 한다.
③ 감염된 동물사체와 그 찌꺼기는 적절하게 처리해야 하며 전염을 막기 위해 감염된 동물은 격리시킨다.
④ 가족의 감염을 막기 위해 작업장에서 오염된 옷은 매일 세탁한다.

(4) 작업장 관리 조치

① 적절한 환기장치 설치와 습식작업은 분진의 발생을 감소시킨다.
② 헛간 청소작업 시 울타리 위생을 강화한다.
③ 털, 피부, 발굽 등을 소독한다.
④ 작업장 안팎에 응급조치용 구급약을 비치한다.

(5) 동물 관리조치

보통 예방에서 무시되는 부분이지만, 동물백신 노출이나, 감염된 동물이나 사체의 격리 또는 매장, 음용수 공급원에서의 배설 등에 대해 수의사의 도움을 받아 조치를 취한다.

01 화학적 인자에 대한 작업환경 측정순서를 보기를 참고하여 올바르게 나열한 것은?

> • A : 예비조사   • B : 시료채취 전 유량보정
> • C : 시료채취 후 유량보정   • D : 시료채취
> • E : 시료채취 전략수립   • F : 분석

① A → B → C → D → E → F

② A → B → E → D → C → F

③ A → E → D → B → C → F

④ A → E → B → D → C → F

해설

예비조사 → 시료채취 전략수립 → 시료채취 전 유량보정 → 시료채취 → 시료채취 후 유량보정 → 분석

02 다음 화학적 인자 중 농도의 단위가 다른 것은?

① 흄   ② 석 면

③ 분 진   ④ 미스트

해설

석면단위 : fiber(개) / cc, 분진단위 : μm

03 옥외(태양광선이 내리쬐지 않는 장소)의 온열조건이 다음과 같은 경우에 습구흑구온도 지수(WBGT)는?

> 건구온도 : 30℃, 흑구온도 : 40℃, 자연습구온도 : 25℃

① 28.5℃

② 29.5℃

③ 30.5℃

④ 31.0℃

해설

옥내(태양광선이 내리쬐는 않는 장소) 측정
습구흑구온도(WBGT, ℃) = 0.7 × 습구온도 + 0.3 × 흑구온도
= 0.7 × 25 + 0.3 × 40 = 29.5

04 국소진동에 의하여 손가락의 창백, 청색증, 저림, 냉감, 동통이 나타나는 장해를 무엇이라 하는가?

① 레이노드 증후군

② 수근관통증 증후군

③ 브라운세커드 증후군

④ 스티브블래스 증후군

해설

레이노병(Raynaud's Phenomenon or Raynaud's disease)
진동공구를 사용하는 근로자의 손가락에 흔히 발생되는 증상으로 손가락에 있는 말초혈관운동의 장애로 인하여 혈액 순환이 저해되어 손가락이 창백해지고 동통을 느끼게 된다.

05 소음성 난청에 영향을 미치는 요소에 대한 설명으로 틀린 것은?

① 음압수준이 높을수록 유해하다.

② 저주파음이 고주파음보다 더 유해하다.

③ 지속적 노출이 간헐적 노출보다 더 유해하다.

④ 개인의 감수성에 따라 소음반응이 다양하다.

해설

소음에 폭로되는 초기에는 저음역보다 고음역에서 청력손실이 더 심하게 나타난다.

06 열경련(Heat Cramps)을 일으키는 가장 큰 원인은?

① 체온 상승

② 중추신경 마비

③ 순환기계 부조화

④ 체내수분 및 염분 손실

해설

열경련(Heat Cramps)
더운 환경에서의 과도한 육체작업 시 땀으로 배출된 수분과 염분의 부족으로 발생되며 염분의 손실이 클 경우 근육에 경련을 일으킬 수 있다. 염분손실이 클 경우 작업 시 주로 사용했던 근육, 팔, 다리, 복근, 배근, 수지의 굴근 등에 호발한다.

07 전신진동에 관한 설명으로 틀린 것은?

① 말초혈관이 수축되고, 혈압 상승과 맥박 증가를 보인다.

② 산소소비량은 전신진동으로 증가되고, 폐환기도 촉진된다.

③ 전신진동의 영향이나 장애는 자율신경 특히 순환기에 크게 나타난다.

④ 두부와 견부는 50~60Hz에 공명하고, 안구는 10~20Hz에 공명한다.

해설

20~30Hz에서는 두개골이 공명하기 시작하여 시력 및 청력 장애를 초래하고, 60~90Hz에서는 안구가 공명하게 된다.

6 ④ 7 ④ 정답

08 고온노출에 의한 장애 중 열사병에 관한 설명과 거리가 가장 먼 것은?

① 중추성 체온조절 기능장애이다.

② 지나친 발한에 의한 탈수와 염분 소실이 발생한다.

③ 고온다습한 환경에서 격심한 육체노동을 할 때 발병한다.

④ 응급조치 방법으로 얼음물에 담가서 체온을 39℃ 정도까지 내려주어야 한다.

해설

열사병(Heat Stroke)
열사병은 고온 스트레스를 받았을 때 열을 발산시키는 체온조절 기전에 문제가 생겨(Thermal Regulatory Failure) 심부체온이 40℃ 이상 증가하는 것을 특징으로 한다. 의식장애, 고열, 비정상적 활력징후, 고온 건조한 피부 등이 나타난다. 치명률은 치료 여부에 따라 다르게 나타나지만 대부분 매우 높게 나타나고 있다.

09 소음성 난청에 대한 설명으로 틀린 것은?

① 손상된 섬모세포는 수일 내에 회복이 된다.

② 강력한 소음에 노출되면 일시적으로 난청이 발생할 수 있다.

③ 일주일 정도가 지나도록 회복되지 않는 청력치의 감소부분은 영구적 난청에 해당된다.

④ 강한 소음은 달팽이관 주변의 모세혈관 수축을 일으켜 이 부근에 저산소증을 유발한다.

해설

일시적 난청은 20~30dB의 청력손실이 있고 청신경세포의 피로현상으로 12~24시간 후 회복이 가능하다. 하지만 영구적 난청은 한번 손상된 청신경세포의 회복과 치료가 불가능하다.

10 WBGT(Wet Bulb Globe Temperature Index)의 고려 대상으로 볼 수 없는 것은?

① 기 온   ② 상대습도

③ 복사열   ④ 작업대사량

11 소음성 난청에 대한 설명으로 틀린 것은?

① 소음성 난청의 초기단계를 C5-dip현상이라 한다.

② 영구적인 난청(PTS)은 노인성 난청과 같은 현상이다.

③ 일시적인 난청(TTS)은 코르티기관의 피로에 의해 발생한다.

④ 주로 4,000Hz 부근에서 가장 많은 장해를 유발하며, 진행되면 주파수영역으로 확대된다.

해설

영구적 난청

일시적 청력손실이 충분하게 회복되지 않은 상태에서 계속적으로 소음에 노출되어 생긴다.

12 레이노병(Raynaud's Phenomenon or Raynaud's disease)의 주된 원인이 되는 것은?

① 소 음　　　　　② 고 온

③ 진 동　　　　　④ 기 압

해설

레이노병(Raynaud's Phenomenon or Raynaud's disease)

진동공구를 사용하는 근로자의 손가락에 흔히 발생되는 증상으로 손가락에 있는 말초혈관운동의 장애로 인하여 혈액순환이 저해되어 손가락이 창백해지고 동통을 느끼게 된다.

13 직업성 피부질환에 영향을 주는 직접적인 요인에 해당되는 항목은?

① 연 령　　　　　② 인 종

③ 고 온　　　　　④ 피부의 종류

해설

연령, 인종, 피부의 종류는 피부질환에 영향을 주는 간접적인 요인이다.

농작업 근골격계 질환관리

01 근골격계 질환 개요

1. 근골격계 질환 개념

(1) 근골격계 질환 정의

① 근골격계질환이란 반복적인 동작, 부적절한 작업자세, 무리한 힘의 사용, 날카로운 면과의 신체접촉, 진동 및 온도 등의 요인에 의하여 발생하는 건강장해로서 목, 어깨, 허리, 팔·다리의 신경·근육 및 그 주변 신체조직 등에 나타나는 질환을 말한다.

② 근골격계 질환의 증상은 이러한 신체 부위가 저리거나 화끈거리거나, 마비 혹은 경련이 생기거나, 심한 통증 등을 느끼게 되며, 많은 사람들이 이러한 증상들을 '쑤신다, 결린다' 하는 등의 표현을 쓰고 있다.

③ 근골격계 질환으로 나타나는 가장 대표적인 질환은 각종 퇴행성질환으로 특정한 신체 부위를 많이 사용하거나 계속되는 무리로 인하여 생기게 된다. 또한 디스크와 같은 각종 요통 관련 질환(허리병)이나, 근육 혹은 근막에 염증이 생기거나 굳게 되는 근막통증후군 등이 주로 문제되고 있다.

(2) 근골격계 질환 예방의 중요성

① 이미 외국에서는 근골격계 질환 문제가 농업인들에게 가장 중요한 건강문제로 부각되면서 1990년대 이후 활발한 연구가 진행되고 있다. 미국 켈리포니아주에서 조사된 결과에 의하면 1981~1990년까지 보고된 농업인의 직업적인 상해 중 전체 43%가 근골격계 질환과 관련되어 있고, 이 중 약 40% 정도가 요통과 관련되어 있어 근골격계 질환이 전체 상해 발생률이나 비용 면에 있어 가장 중요한 문제이다.

② 특히 농업인의 요통과 관련된 연구들이 많이 진행되었는데, 일본에서 연구된 결과에 의하면 비닐하우스 내의 시설작목 작업자의 경우 50% 이상이 허리와 어깨 부위의 통증을 호소하였고 이들 작업은 작물을 수확하는 과정에서 허리를 숙이는 작업자세와 관련되어 있다. 또한 트랙터 운전과정에서 전신진동에 노출되는 작업자의 경우 그렇지 않은 작업자들에 비해 약 10% 이상 요통의 자각증상 호소율이 높다고 하였고, 이러한 증상들은 전신진동과 허리가 틀어지는 작업자세 그리고 장시간 동안 운전석에 앉아 있는 요인과 관련이 있다.

③ 이러한 근골격계 질환은 연령이 많은 사람일수록 신체적인 노화와 근력 저하 등으로 인해 근골격계 질환의 유발 정도가 심한 것으로 알려져 있다. 따라서 근골격계질환 문제는 농업인의 건강문제에서 더 이상 방치할 수 없는 가장 중요한 문제라고 할 수 있다.

(3) 근골격계 질환 발생현황

① 근골격계 질환 호소율에서는 고추재배 농업인이 다른 작목에 비해 높게 나타났으며, 특히 허리, 어깨, 무릎 등이 주로 문제되는 것으로 나타났다. 이러한 결과들은 의학적인 검진결과에서도 동일한 경향으로 나타났다.

② 고추농사를 주로 지었던 농민들에게서 약 80%에 가까운 근골격계 질환 유병률이 나타났고, 그중 50% 정도가 두 가지 이상 관련 질환을 갖고 있었다. 질환의 정도도 수술을 필요로 할만큼 심한 경우가 많았다.

③ 과수 농민들에게서도 약 30% 이상이 관련 근골격계 질환을 갖고 있는 것으로 나타났다.

통증부위 주요재배작목		*전 체	손/손목/ 손가락	팔/팔꿈치	어 깨	목	무 릎	허 리
주요 재배 작목	과수(97명)	51	15	12	23	10	25	25
	고추(30명)	69	31	19	25	13	44	56
	축산(100명)	45	9	7	17	10	13	30
	벼(13명)	48	3	14	21	14	14	35
	기타(20명)	35	17	6	21	13	15	21

• 증상이 적어도 1주일 이상 지속되거나 혹은 지난 1년간 1번 이상 증상이 발생하는 경우
• 미국 산업안전보건연구원(NIOSH) 기준에 의거

〈성별 직업관련성 인정 질환자 수〉

부 위	남 성		여 성		전 체	
	근골격계 질환자(%)	작업관련성 인정자(%)	근골격계 질환자(%)	작업관련성 인정자(%)	근골격계 질환자(%)	작업관련성 인정자(%)
목	19(12.0)	9(5.7)	42(16.3)	20(7.8)	61(14.7)	29(7.0)
어 깨	25(15.8)	12(7.6)	51(19.8)	22(8.5)	76(18.3)	34(8.2)
팔/팔꿈치	10(6.3)	4(2.5)	16(6.2)	3(1.2)	26(6.3)	7(1.7)
손/손목	15(9.5)	3(1.9)	30(11.6)	9(3.5)	45(10.8)	12(2.9)
허 리	59(37.3)	33(20.9)	121(46.9)	55(21.3)	180(43.3)	88(21.2)
무 릎	31(19.6)	11(7.0)	97(37.6)	30(11.6)	128(30.8)	41(9.9)
전 체	113(71.5)	63(39.9)	200(77.5)	104(40.3)	313(75.2)	167(40.1)

출처 : 농업인 근골격계질환 진단 표준화 방안 개발 및 작업관련성 평가(농촌진흥청, 2015)

2. 근골격계 질환의 발생요인

(1) 작업특성 요인

비교적 통제가 가능한 요인으로 근골격계 질환과 관련된 인간공학적 위험요인 평가의 대상이 된다.

① 부적절한 작업자세
  ㉠ 쪼그린 상태에서 고추를 수확하는 작업
  ㉡ 팔을 머리 위로 들어올려 작업하는 경우
  ㉢ 허리나 목을 숙여 작업하는 경우
  ㉣ 허리가 옆으로 틀어지는 경우
  ㉤ 손목이 지나치게 숙여지거나 젖혀지는 경우
  ㉥ 장시간 서 있는 자세

② 많은 힘을 요구하는 격한 일(무거운 것 들기, 밀기, 당기기)
  ㉠ 다루거나 들어 올리는 짐의 무게가 증가할 때
  ㉡ 다루거나 들어 올리는 짐의 부피가 증가할 때
  ㉢ 부적합한 자세로 작업할 때
  ㉣ 움직임의 속도가 올라갈 때
  ㉤ 다루는 물체가 미끄러울 때(꽉 쥐는 힘을 요구할 때)
  ㉥ 진동 시(예 공구가 국부적으로 진동을 가할 때 꽉 쥐는 힘이 증가한다)
  ㉦ 물건을 쥘 경우 집게손가락과 엄지손가락을 사용할 때(예 전체 손가락을 사용하지 않을 때)

③ 반복되는 동작
  ㉠ 고추나 과일 등을 수확할 때 손목, 손가락 등을 반복사용하는 작업
  ㉡ 농약을 살포할 때 반복적으로 분무질을 하거나 팔을 좌우로 흔드는 경우
  ㉢ 반복적으로 망치질을 하는 경우

④ 날카로운 면과의 신체접촉 : 전지가위의 손잡이가 가늘거나 짧아서 손바닥의 적은 면적을 반복적으로 누르는 경우, 이러한 지속적인 접촉은 신체의 한 부분에 압력을 가하여 혈류나 신경의 기능을 억제할 수 있다.

⑤ 과도한 진동 : 경운기나 트랙터 등을 장시간 운전할 때는 전신진동에 의한 요통이 생길 수 있다.

⑥ 기타 요인들
  ㉠ 저온창고에서 장시간 동안 일하는 경우
  ㉡ 불충분한 휴식
  ㉢ 익숙하지 않은 작업
  ㉣ 스트레스를 많이 받는 작업

(2) 작업통제 요인

① 시간적 통제

② 장시간 작업

③ 부적절한 휴식시간

(3) 사회심리적 요인

① 만족도

② 대인관계 특성

③ 직무스트레스

3. 근골격계 부위별 질환 사례

(1) 고추재배 작업 사례

고추 작업의 경우 바닥에 쪼그린 상태에서 상완을 들고 허리를 숙이는 작업자세가 가장 문제되고 있다. 따라서 이동이 가능하고 좌식 작업이 가능한 작업보조도구를 고려하는 것이 개선방향의 핵심이라고 할 수 있다. 한 연구에 의하면 하루에 30분 이상 쪼그린 자세를 취하는 경우 무릎 퇴행성관절염의 유병률이 높은 것으로 알려져 있다.

① 위험요인 발생원인

㉠ 대부분이 고랑 위에 쪼그린 상태에서 작업위치가 높아 상완을 들고 허리를 숙여 일하는 정적인 작업자세가 가장 문제된다.

㉡ 고추따기 작업의 경우 수확하기 위해 계속 이동하면서 작업을 하는 관계로 중량물 작업에 의한 힘이 문제된다.

② 작업개선 방향

㉠ 너무 높지 않은 적정한 높이(약 30cm 내외)에서 좌식 작업이 가능한 보조도구 개발(수확물 운반용 도구와 결합된 보조도구를 개발하는 것 고려)

㉡ 이랑 사이로 이동이 가능한 운반용 도구 개발

(2) 과수 작업 사례

과수 작업의 경우는 고추 작업과는 반대로, 작업위치가 너무 높아 항상 팔을 머리 위로 90° 이상 들어 올리고 목과 허리를 뒤로 젖히는 작업자세가 가장 문제되고 있다. 따라서 과수목이 너무 커 생기는 이러한 문제를 근본적으로 해결하는 데는 많은 한계성이 있을 수 있으나, 문제를 최소화시키기 위해서는 현재 사용하는 사다리를 수평적 개념과 수직적 개념이 함께 고려된 안정적인 사다리를 설계하는 것이 필요하다.

① 위험요인 발생원인

　　㉠ 대부분의 작업위치가 머리 위에 위치하기 때문에 항상 상완을 90° 이상 머리 위로 들어올리고, 동시에 목과 허리를 뒤로 젖힌 상태에서 작업하는 정적인 작업자세가 문제된다.

　　㉡ 사다리에 올라 작업하는 과정에서 몸의 무게중심을 잡기 위해 힘이 많이 필요하다.

② 작업개선 방향

　　㉠ 과수목 자체의 키를 낮추는 방법이 가장 근본적인 방법이다. 종자개량 혹은 가지의 높이를 물리적으로 낮추도록 성정과정에서 조정하는 등의 방법을 장기적으로 고려해야 한다.

　　㉡ 현재 사용하고 있는 사다리의 발 받침대 폭을 넓히고, 수직적 개념으로 설계된 것을 수직적 개념과 수평적 개념이 결합된 사다리를 설계하도록 고려한다.

02 | 근골격계 질환 유해요인 확인

1. 근골격계 부담작업 평가

(1) 근골격계 부담작업 평가

근골격계 부담작업 평가는 체크리스트 분석과 비디오 분석을 병행하여 실시한다. 이때 사용하는 평가방법은 작목별 작업 특성을 고려하여 기존에 타당도 및 신뢰도가 검증된 평가도구를 선택적으로 사용하며, 평가도구에 따른 결과를 바탕으로 위험도는 다음과 같이 3단계로 판정한다.

〈인간공학적 요인의 평가도구에 따른 위험요인 노출도〉

평가도구	조치수준(위험도)		
	하	중	상
OWAS	수준 1, 2	수준 3	수준 4
REBA	7점 이하	8~10점	11점 이상
JSI	5점 미만	5~7점	7점 이상
NLE	LI 1 미만	LI 1 이상~2 미만	LI 2 이상

(2) 평가도구

① REBA(Rapid Entire Body Assessment) : 간호사 등과 같이 예측하기 힘든 자세에서 이루어지는 서비스업에서 전체적인 신체에 대한 부담 정도와 위해 인자에의 노출 정도를 분석하기 위한 목적으로 개발되었다(손, 아래 팔, 목, 어깨, 허리, 다리 부위 등 전신 허리, 어깨, 다리, 팔, 손목 등의 부적절한 자세와 반복성, 중량물 작업 등이 복합적으로 문제되는 작업).

② RULA(Rapid Upper Limb Assessment) : 의류산업체 및 다양한 제조업의 작업을 대상으로 하여 어깨, 팔, 손목, 목 등 상지(Upper Limb)에 초점을 맞추어서 작업자세로 인한 작업부하를 쉽고 빠르게 평가하기 위해 만들어진 기법이다.

③ OWAS(Ovako Working-posture Analysis System) : 철강업에서 작업자들의 부적절한 작업자세를 정의하고 평가하기 위해 개발한 대표적인 작업자세 평가기법이다(허리, 어깨, 다리 부위 쪼그리거나 허리를 많이 숙이거나, 팔을 머리 위로 들어 올리는 작업).

④ JSI(Job Strain Index) : 손목, 손가락 부위 – 수확물 선별 포장 혹은 반복적인 전지가위 사용 등 손목, 손가락 등을 반복적으로 사용하거나 힘을 필요로 하는 작업

⑤ NLE(NIOSH Lifting Equation) : 허리 부위 – 중량물을 반복적으로 드는 작업

(3) 체크리스트

① OWAS의 체크리스트

평가번호		작업명	
OWAS 자세코드:		위험도 수준:	

• 신체부위별 작업자세에 따른 코드 체계

신체부위	작업자세(괄호 안은 자세코드)			
허 리	(1) 바로 섬	(2) 굽힘	(3) 비틈	(4) 굽히고 비틈
팔	(1) 양팔 어깨 아래	(2) 한팔 어깨 아래	(3) 양팔 어깨 위	
다 리	(1) 앉음	(2) 두 다리로 섬	(3) 한 다리로 섬	(4) 두 다리 구부림
	(5) 한 다리 구부림	(6) 무릎 꿇음	(7) 걷기	
하 중	(1) 10kg 이하	(2) 10~20kg	(3) 20kg 이상	

• OWAS 자세코드에 따른 조차수준(위험도) 판정표

허리	팔	하중	다리																			
			1			2			3			4			5			6			7		
			1	2	3	1	2	3	1	2	3	1	2	3	1	2	3	1	2	3	1	2	3
1	1		1	1	1	1	1	1	1	1	1	2	2	2	2	2	2	1	1	1	1	1	1
	2		1	1	1	1	1	1	1	1	1	2	2	2	2	2	2	1	1	1	1	1	1
	3		1	1	1	1	1	1	1	2	2	2	2	3	1	1	1	1	1	1	1	1	2
2	1		2	2	3	2	2	3	2	2	3	3	3	3	3	3	3	2	2	2	2	3	3
	2		2	2	3	2	2	3	3	3	3	3	4	4	3	4	4	3	3	4	2	3	4
	3		3	3	4	2	2	3	3	3	3	3	4	4	4	4	4	4	4	4	2	3	4
3	1		1	1	1	1	1	1	1	1	2	3	3	3	3	4	4	1	1	1	1	1	1
	2		2	2	3	1	1	1	1	1	2	4	4	4	4	4	4	3	3	3	1	1	1
	3		2	2	3	1	1	1	2	3	3	4	4	4	4	4	4	4	4	4	1	1	1
4	1		2	3	3	2	2	3	2	2	3	4	4	4	4	4	4	2	3	4	2	3	4
	2		3	3	4	2	3	4	3	3	4	4	4	4	4	4	4	2	3	4	2	3	4
	3		4	4	4	2	3	4	3	3	4	4	4	4	4	4	4	2	3	4	2	3	4

• 조차수준(위험도) 점수에 따른 인간공학적 건강영향 및 개선 시급성

조차수준 점수	평가내용
수준 1	• 근골격계에 특별한 해를 끼치지 않음 • 작업자세에 아무런 조치가 필요하지 않음
수준 2	• 근골격계에 약간의 해를 끼침 • 가까운 시일 내에 작업자세의 교정이 필요함
수준 3	• 근골격계에 직접적인 해를 끼침 • 가능한 한 빨리 작업자세를 교정해야 함
수준 4	• 근골격계에 매우 심각한 해를 끼침 • 즉각적인 작업자세의 교정이 필요함

② OWAS 체크리스트 사용방법

㉠ 1단계 : 작업자세 체크

작업자의 자세를 허리, 팔, 다리 세 신체부위로 나누어 확인하고, 작업물의 하중 및 요구되는 힘도 함께 고려하여 관찰하는 등 작업자세를 분류하는 과정이다. 허리, 팔, 다리의 세 신체부위의 자세코드를 차례대로 확인한 후 마지막으로 그 작업에서 필요한 하중을 체크한다. 대개의 경우 작업은 여러 자세가 취해지므로 작업자의 자세를 비디오로 촬영하고 일정 간격으로 관찰해서 각 자세에 대하여 허리, 팔, 다리, 하중/힘에 해당하는 코드를 기록한다. 작업자세의 측정간격은 작업자세가 자주 바뀌는 작업의 경우에는 10초 이내의 짧은 측정간격을, 작업자세가 자주 바뀌지 않는 경우에는 상대적으로 긴 간격을 설정한다. 특히 작업주기가 짧은 경우에는 측정횟수를 늘리는 것이 좋다.

㉡ 2단계 : 작업자세 코드 확인

작업자세 분류체계표를 이용하여 세 가지 작업자세(① 허리 → ② 팔 → ③ 다리)와 하중을 순서대로 체크한 후 해당되는 작업의 고유한 작업자세 코드(4자리 수)를 분류하는 과정이다. 예를 들어, ① 허리를 굽히고, ② 한 팔을 어깨 위로 하고, ③ 두 다리를 구부린 자세로, ④ 10kg 이하의 하중을 받는 경우에 자세코드는 '2241'이 된다. '2241'에 해당되는 작업자세 코드의 조치수준(AC)은 '3'이다.

㉢ 3단계 : 조치수준 결정 및 결과 해석

최종적으로 관찰하고자 하는 작업의 자세코드와 이에 해당하는 조치수준을 확인하는 단계이다. 자세코드에 따른 조치수준은 근골격계 영향에 따라 크게 네 수준으로 분류된다. 이들 네 가지 조치수준 중, 수준 '3'과 '4'는 근골격계에 나쁜 영향을 미치는 자세로 시급한 조정이 필요한 것이다. 따라서 조치수준 '3'과 '4'의 비중이 많은 작업에 대해서는 적절한 개선책이 요구된다.

2. 근골격계 부담작업과 건강상 징후

신체부위	코 드	작업자세 설명
허 리	1	곧바로 편 자세(서 있음)
	2	상체를 앞으로 굽힌 자세
	3	바로 서서 허리를 옆으로 비튼 자세
	4	상체를 앞으로 굽힌 채 옆으로 비튼 자세
팔	1	양손을 어깨 아래로 내린 자세
	2	한 손만 어깨 위로 올린 자세
	3	양손 모두 어깨 위로 올린 자세
다 리	1	의자에 앉은 자세
	2	두 다리를 펴고 선 자세
	3	한 다리로 선 자세
	4	두 다리를 구부린 자세
	5	한 다리로 서서 구부린 자세
	6	무릎 꿇는 자세
	7	걷 기
하중/힘	1	10kg 이하
	2	10~20kg
	3	20kg 이상

AC값		(1)			(2)			(3)			(4)			(5)			(6)			(7)		
		(1)	(2)	(3)	(1)	(2)	(3)	(1)	(2)	(3)	(1)	(2)	(3)	(1)	(2)	(3)	(1)	(2)	(3)	(1)	(2)	(3)
(1)	(1)	1	1	1	1	1	1	1	1	1	2	2	2	2	2	2	1	1	1	1	1	1
	(2)	1	1	1	1	1	1	1	1	1	2	2	2	2	2	2	1	1	1	1	1	1
	(3)	1	1	1	1	1	1	1	1	1	2	2	3	2	2	3	1	1	1	1	1	2
(2)	(1)	2	2	3	2	2	3	2	2	3	3	3	3	3	3	3	2	2	2	2	3	3
	(2)	2	2	3	2	2	3	2	3	3	3	4	4	3	4	4	3	3	4	2	3	4
	(3)	3	3	4	2	2	3	3	3	3	3	4	4	4	4	4	4	4	4	2	3	4
(3)	(1)	1	1	1	1	1	1	1	1	2	3	3	4	3	4	4	1	1	1	1	1	1
	(2)	2	2	3	1	1	1	1	2	4	4	4	4	4	4	4	3	3	3	1	1	1
	(3)	2	2	3	1	1	1	2	3	4	4	4	4	4	4	4	4	4	4	1	1	1
(4)	(1)	2	3	3	2	2	3	2	2	3	4	4	4	4	4	4	4	4	4	2	3	4
	(2)	3	3	4	2	3	4	3	3	4	4	4	4	4	4	4	4	4	4	2	3	4
	(3)	4	4	4	2	2	3	3	3	4	4	4	4	4	4	4	4	4	4	2	3	4

(1) 근골격계 부담작업

① 팔을 위로 올린 자세 : 목과 어깨의 부담(목 통증 및 회전근개파열 등 어깨질환 유발)

② 위로 팔을 올리거나 아래로 숙여 보는 자세 : 목과 어깨, 허리의 부담(목 통증, 요통 등 유발)

③ 수확용 가방을 한쪽으로 메고 있는 자세 : 한쪽 어깨의 부담 과중(근막통증후군 유발)

④ 수확물 옮겨 담기 : 어깨, 팔, 허리의 부담(근막통증후군, 요통 등 유발)

⑤ 수확바구니 운반 : 어깨, 팔, 허리의 부담(근막통증후군, 내외상과 염, 허리디스크 등 유발)

(2) 건강상 징후

① 회전근개파열

어깨 관절을 감싸면서 관절을 잘 움직일 수 있게 해 주는 힘줄들을 회전근개라고 하며 이 힘줄들이 과도한 작업 등으로 손상되면서 팔을 들어올리기 힘들거나 통증이 생기는 질환이다.

② 수근관증후군

손의 과도한 사용으로 손목의 힘줄들이 두꺼워지면서 손목으로 지나가는 신경을 누르게 되는데, 이 신경이 눌리면서 손의 저림이나 감각이상, 통증 등을 유발하는 질환이다.

③ 손 골관절염

손의 과도한 사용으로 부드럽게 움직여야 할 손가락 관절들이 뻣뻣하거나 통증이 발생하고 손가락 마디가 튀어나오기도 하는 질환이다.

※ 반복된 가위질 : 손목과 손의 부담(수근관증후군 및 내외상과염, 손골관절염 등 유발)

④ 내외상과염

무거운 물건을 들어 올리거나 가지치기 작업, 망치질 등 손목을 젖히거나 굽히는 동작들을 많이 하면서 팔꿈치 안팎으로 튀어나온 부위에 통증이 발생하는 질환이다.

3. 근골격계 부담작업 개선

(1) 쪼그리는 작업자세에 대한 개선

쪼그려 앉는 작업자세는 거의 모든 농사일에 공통적으로 문제되는 가장 비중 있고 중요한 위험요인이다. 농업인에게 무릎 부위 근골격계 질환 유병률이 높은 것은 쪼그려 앉는 작업특성과 관련되어 있다. 문제 해결 방안은 의자에 앉아서 작업하거나, 작업위치를 높여 서서 일하는 방법 등이 있다.

① 작업위치 높이기 : 딸기 작목의 경우 일부 시설에서 계단식 농법을 도입한 사례가 있다. 이는 쪼그려 앉는 자세를 서서 하는 작업자세로 개선하여 문제원인을 해결한 사례이다. 초기 시설투자 비용이 문제가 되기는 하지만 중장기적으로는 작물의 두둑 높이를 상향 조정하는 등의 검토가 이루어져야 한다.

② 보조의자의 사용 : 쪼그려 앉는 작업에서는 엉덩이에 부착하는 스티로폼 형태의 의자나 바퀴달린 이동식 의자를 사용하여 부분적인 개선을 하고 있다. 이러한 개선안은 대부분 생육 초기단계에서 어느 정도 작업공간이 확보되었을 때는 사용이 가능하지만 작물이 자라면서 작업자가 앉을 수 있는 공간이 부족해지면 이용하는 데 한계가 있다. 또한 주된 작업자의 이동통로인 고랑이 평탄하지 않고 물기가 있으면 사용이 제한적이다. 만약 이러한 고랑의 이동성만 확보된다면 바퀴달린 보조의자(등받이가 있어야 함)를 사용할 수 있으며, 중량물을 쉽게 이동할 수 있고, 쪼그려 앉는 불편한 작업자세의 근본적인 문제를 해결할 수 있다.

(2) 과수 및 기타 고상 작목에서의 위 보기 작업개선

위 보기 작업의 근본 원인은 작업물의 높이에 있다. 따라서 장기적인 관점에서는 작물의 키를 낮추는 방법(종자 개량 등)을 고려해야 한다. 그러나 단기간에 작물의 키를 낮추기는 어렵기 때문에 다음과 같은 위험요인 개선방안들을 제안한다.

① 사다리의 전 단계로 가볍고 안정성이 있는 이동식 작업발판(약 3단 높이 정도)을 사용한다. 특히 포도와 같이 높이가 일정한 작목에서는 활용도가 높을 수 있다. 이동식 작업발판은 무게를 최소화하여 휴대가 가능해야 하고 작업특성상 안정감이 중요하므로 넘어지지 않도록 매우 안정적이어야 한다.

② 사다리 등의 보조도구를 이용하여 작업자 위치를 높이는 방법을 강구한다. 그러나 현재 사용하고 있는 사다리에는 많은 한계점들이 있어 다음과 같은 조건들을 고려한 새로운 사다리가 개발되어야 한다.

　㉠ 발판의 폭이 조정되어야 한다.

　㉡ 현재의 사다리는 수직 이동만 가능한데 보조적으로 수평 이동을 겸할 수 있어야 한다.

　㉢ 사다리는 이동성과 안정성이 생명이므로 가볍고 넘어지지 않아야 한다.

　㉣ 농장 재정이나 작업장에 여유가 있다면 테이블 리프트(Table Lift)와 같이 자유로운 높낮이 조절과 이동이 가능한 동력형 도구를 활용한다.

(3) 수확물 이동을 위한 동력식 운반도구 개선

수확물 이동 시 문제되는 중량물 작업은 크게 두 가지 형태이다. 하나는 작물을 수확한 후 집이나 선별장으로 이동하는 것이며, 다른 하나는 선별포장 시 수확물 박스를 이동시키는 것이다.

① **수확물을 이동하는 경우** : 운반 보조도구를 사용하여 해결할 수 있으나 이 역시 고랑의 이동성에 한계가 있어 외발이 달린 운반도구와 같이 제한적인 도구만을 사용하고 있다. 따라서 이 문제 역시 고랑의 이동성 확보가 전제되어야만 문제를 해결할 수 있다. 화훼, 딸기 등의 작목에서는 시설 하우스 상부에 레일을 부착하여 천장수레를 이용하기도 한다. 비용이 많이 든다는 한계가 있으나 상당한 개선효과가 있는 것으로 평가되고 있다.

② **수확물 박스를 이동하는 경우** : 선별장 내에서 쉽게 이동할 수 있는 바퀴달린 보조작업대 사용과 컨베이어시스템을 이용한 개선이 가능하다.

적중예상문제

01 산업안전보건법에서 규정하는 근골격계 부담작업의 범위에 해당하지 않는 것은?

① 단기간 작업 또는 간헐적인 작업

② 하루에 10회 이상, 25kg 이상의 물체를 드는 작업

③ 하루에 총 2시간 이상 쪼그리고 앉거나 무릎을 굽힌 자세에서 이루어지는 작업

④ 하루에 4시간 이상 집중적으로 자료입력 등을 위해 키보드 또는 마우스를 조작하는 작업

해설

근골격계부담작업 범위(근골격계부담작업의 범위 및 유해요인조사 방법에 관한 고시 제3조)
근골격계부담작업이란 다음의 어느 하나에 해당하는 작업을 말한다. 다만, 단기간 작업 또는 간헐적인 작업은 제외한다.
• 하루에 4시간 이상 집중적으로 자료입력 등을 위해 키보드 또는 마우스를 조작하는 작업
• 하루에 총 2시간 이상 목, 어깨, 팔꿈치, 손목 또는 손을 사용하여 같은 동작을 반복하는 작업
• 하루에 총 2시간 이상 머리 위에 손이 있거나, 팔꿈치가 어깨 위에 있거나, 팔꿈치를 몸통으로부터 들거나, 팔꿈치를 몸통 뒤쪽에 위치하도록 하는 상태에서 이루어지는 작업
• 지지되지 않은 상태이거나 임의로 자세를 바꿀 수 없는 조건에서 하루에 총 2시간 이상 목이나 허리를 구부리거나 트는 상태에서 이루어지는 작업
• 하루에 총 2시간 이상 쪼그리고 앉거나 무릎을 굽힌 자세에서 이루어지는 작업
• 하루에 총 2시간 이상 지지되지 않은 상태에서 1kg 이상의 물건을 한 손의 손가락으로 집어 옮기거나, 2kg 이상에 상응하는 힘을 가하여 한 손의 손가락으로 물건을 쥐는 작업
• 하루에 총 2시간 이상 지지되지 않은 상태에서 4.5kg 이상의 물건을 한 손으로 들거나 동일한 힘으로 쥐는 작업
• 하루에 10회 이상 25kg 이상의 물체를 드는 작업
• 하루에 25회 이상 10kg 이상의 물체를 무릎 아래에서 들거나, 어깨 위에서 들거나, 팔을 뻗은 상태에서 드는 작업
• 하루에 총 2시간 이상, 분당 2회 이상 4.5kg 이상의 물체를 드는 작업
• 하루에 총 2시간 이상 시간당 10회 이상 손 또는 무릎을 사용하여 반복적으로 충격을 가하는 작업

02 인간공학에 관련된 설명으로 틀린 것은?

① 편리성, 쾌적성, 효율성을 높일 수 있다.

② 사고를 방지하고 안전성과 능률성을 높일 수 있다.

③ 인간의 특성과 한계점을 고려하여 제품을 설계한다.

④ 생산성을 높이기 위해 인간을 작업특성에 맞추는 것이다.

> **해설**
> 생산성을 높이기 위해 인간의 특성과 한계점을 고려하여 작업이나 제품을 설계하는 것이다.

03 인간공학적 수공구의 설계에 관한 설명으로 맞는 것은?

① 손잡이 크기를 수공구 크기에 맞추어 설계한다.

② 수공구 사용 시 무게균형이 유지되도록 설계한다.

③ 정밀작업용 수공구의 손잡이는 직경을 5mm 이하로 한다.

④ 힘을 요하는 수공구의 손잡이는 직경을 60mm 이상으로 한다.

> **해설**
> 인간공학적 수공구란 작업을 수행할 때 손목이 굽혀지거나 불필요한 접촉스트레스 등이 없이 작업자가 편하게 작업할 수 있는 보조도구를 말한다.

04 인체측정치를 이용한 설계에 관한 설명으로 옳은 것은?

① 평균치를 기준으로 한 설계를 제일 먼저 고려한다.

② 자세와 동작에 따라 고려해야 할 인체측정치수가 달라진다.

③ 의자의 깊이와 너비는 작은 사람을 기준으로 설계한다.

④ 큰 사람을 기준으로 한 설계는 인체측정치의 5%tile을 사용한다.

> **해설**
> 작업대 및 작업기기의 조절가능 범위, 작업형태와 방법 등을 설계 또는 선택할 때는 인체측정기준치를 이용하여 근로자의 신체조건과 운동성을 고려한다.

2 ④ 3 ② 4 ② 정답

05 근골격계 질환의 유해요인 조사방법 중 인간공학적 평가기법이 아닌 것은?

① OWAS

② NASA-TLX

③ NLE

④ RULA

해설

근골격계 질환의 유해요인 조사방법 중 인간공학적 평가기법에는 REBA(Rapid Entire Body Assessment), RULA(Rapid Upper Limb Assessment), OWAS(Ovako Working-posture Analysis System), NLE(NIOSH Lifting Equation) 등을 들 수 있다.

06 사업장에서 인간공학의 적용분야로 가장 거리가 먼 것은?

① 제품설계

② 설비의 고장률

③ 재해·질병 예방

④ 장비·공구·설비의 배치

해설

인간의 활동과 관련하여 효율성과 안전성, 편리성을 높이는 데 응용되며 작업설계와 조직의 변경, 작업 관련 근골격계 질환, 제품의 사용성 평가, 인간-컴퓨터 인터페이스, 육체작업환경의 설계, 교통안전과 자동차 디자인 등과 관련된 연구분야가 있다.

07 인간공학적인 의자 설계를 위한 일반적 원칙으로 적절하지 않은 것은?

① 척추의 허리 부분은 요부 전만을 유지한다.

② 허리 강화를 위하여 쿠션을 설치하지 않는다.

③ 좌판의 앞 모서리 부분은 5cm 정도 낮아야 한다.

④ 좌판과 등받이 사이의 각도는 90~105°를 유지하도록 한다.

해설

좌식작업 설계 시 원칙

체압분포와 앉은 느낌, 의자 좌면의 높이 조절성, 의자 좌면의 깊이와 폭, 의자 좌판의 각도 조절, 몸통의 안정성, 의자의 등 받침대(요추 지지대) 조절성, 팔 받침대의 조절성, 의자의 발 받침대, 의자의 바퀴, 의자 좌면의 회전, 몸통의 안정

08 의자 설계의 인간공학적 원리로 틀린 것은?

① 쉽게 조절할 수 있도록 한다.

② 추간판의 압력을 줄일 수 있도록 한다.

③ 등 근육의 정적 부하를 줄일 수 있도록 한다.

④ 고정된 자세로 장시간 유지할 수 있도록 한다.

> **해설**
> 부적절한 자세에는 주로 반복적이거나 길게 뻗거나, 비틀거나, 구부리거나, 머리 위로 작업하거나, 무릎을 꿇거나, 웅크리거나, 고정된 자세를 유지하거나, 집어잡기 등이 포함된다.

09 들기 작업 시 요통재해예방을 위하여 고려할 요소와 가장 거리가 먼 것은?

① 들기 빈도 ① 작업자 신장

③ 손잡이 형상 ④ 허리 비대칭 각도

> **해설**
> 들기 작업 시 보조수단 없이 자주 무거운 물건을 부적당하게 들 경우 등 인대를 팽창시켜 척추에 이상을 야기할 수 있다.

10 사업주가 근골격계 부담작업에 근로자를 종사하도록 하는 경우 3년마다 실시하여야 하는 조사는?

① 근골격계 유해요인조사 ② 근골격계 부담조사

③ 정기부담 조사 ④ 근골격계 작업조사

> **해설**
> 상시근로자가 1인 이상의 근로자를 사용하는 사업주는 근로자가 근골격계 부담작업을 하는 경우 3년마다 근골격계 유해요인 조사를 시행한다.

8 ④ 9 ② 10 ① **정답**

11 작업 관련 질환은 다양한 원인에 의해 발생할 수 있는 질병으로 개인적인 소인에 직업적 요인이 부가되어 발생하는 질병을 말한다. 다음 중 농작업 관련 질환과 가장 밀접한 것은?

① 진폐증

② 악성중피종

③ 납중독

④ 근골격계 질환

12 작업자세는 피로 또는 작업능률과 밀접한 관계가 있는데, 바람직한 작업자세의 조건으로 보기 어려운 것은?

① 정적 작업을 도모한다.

② 작업에 주로 사용하는 팔은 심장 높이에 두도록 한다.

③ 작업물체와 눈과의 거리는 명시거리로 30cm 정도를 유지토록 한다.

④ 근육을 지속적으로 수축시키기 때문에 불안정한 자세는 피하도록 한다.

해설

부적절한 자세에는 주로 반복적이거나 길게 뻗거나, 비틀거나, 구부리거나, 머리 위로 작업하거나, 무릎을 꿇거나, 웅크리거나, 고정된 자세를 유지하거나, 집어잡기 등이 포함된다.

03 농작업 관련 주요 질환

01 | 농약중독 관리

1. 농약중독 개요

(1) 용어의 정의

① **독성** : 어떤 화학물질이 생물체에 손상을 끼칠 수 있는 능력을 말한다.

② **반수치사약량(LD$_{50}$)** : 급성독성의 강도를 나타내는 것으로 독성시험에 사용된 동물의 반수(50%)를 치사에 이르게 할 수 있는 화학물질의 양(mg)을 그 동물의 체중 1kg당으로 표시하는 수치이다. 즉 반수치사약량은 독성의 강약을 비교하는 데 사용한다.

③ **최대무작용량(NOAEL ; No Observed Adverse Effect Level)** : 만성독성시험, 번식독성시험, 기형독성시험, 발암성시험 등에서 시험농약을 시험기간 동안 매일 반복투여하며, 전시험기간에 걸쳐 투여실험동물에 아무런 악영향을 미치지 않는 최대의 농약량을 최대무작용량이라 하고 mg/kg/bw/day 단위로 표기한다.

④ **1일 섭취허용량(ADI ; Acceptable Daily Intake)** : 농약 등 의도적으로 사용하는 화학물질을 일생 동안 섭취하여도 유해영향이 나타나지 않는 1인에 대한 1일 최대섭취허용량을 말하며, 최대무작용량을 안전계수로 나누어 설정한다. 단위는 mg/kg/bw/day로 표기한다.

⑤ **노출한계(MOE ; Margin of Exposure)** : 최대무작용량 등 독성이 관찰되지 않는 기준값을 인체노출량으로 나눈 값을 의미한다.

⑥ **환경추정농도(PEC ; Predicted Exposure Concentration)** : 농약을 살포하였을 때 환경 중에 농약의 농도를 추정한 값을 의미한다.

⑦ **독성노출비(TER ; Toxicity Exposure Ratio)** : 시험생물에 대한 독성값(LC$_{50}$)을 농약을 사용했을 때의 노출량으로 나눈 값으로 위해성을 판단하는 기준이 된다.

⑧ **위해성지수(HQ ; Harzard Quotient)** : 노출량을 독성값으로 나눈 것으로 위해성 평가 시 위해성 정도를 나타내는 지수이다.

(2) 농약중독 현황

① 전 세계적으로 매년 최소 3백만 명의 급성 또는 심각한 농약중독 환자가 발생(1/3 직업적 노출, 2/3 자살의도)하며 2만여 명이 직업적(자살 외) 농약노출로 사망하고 있는 것으로 집계되고 있다(세계보건기구, 1990).

② 1994년 국제노동기구(ILO)의 추정에 따르더라도 2~5백만 명이 매년 직업적으로 중독되고 있고 이 중 4만 여명이 사망하는 것으로 나타나고 있어 농약에 의한 중독은 전 세계적으로 주요한 사망원인 중 하나이다.

③ 국내적으로는 1990년대 자몽의 잔류농약 사건을 계기로 국내 농산물에 대한 위해성 평가가 강화되었고, 위해 우려가 높은 농약에 대한 안전성 종합평가를 실시하여 품목 폐지, 사용량 제한, 등록제한 등의 조치를 취하면서 안전성을 강화해 왔다. 또한 유럽 및 미국의 재등록 보류성분에 대하여 국내에서 위해성평가를 실시하고, 고독성 9품목과 비선택성 제초제인 그라목손을 품목 폐지시켰다. 이와 같이 농약의 독성 평가 및 규제는 2000년대에 들어오면서 급격하게 강화되어 최근에는 인·축뿐만 아니라 환경 및 환경생물에 대한 영향도 정밀하게 평가하여 화학물질 중 가장 엄격하게 관리되고 있다고 할 수 있다.

④ 지금까지 조사·보고된 자료에 의하면 농약중독 경험자의 수는 대체로 전체 조사 대상자의 15~57% 정도이며, 농약중독의 원인으로는 크게 사용자의 잘못과 사회적인 요인으로 나눌 수 있다.

　㉠ 사용자의 잘못이 원인인 경우는 장시간 살포, 복장미비, 취급 부주의, 살포작업 미숙 등을 들 수 있다.

　㉡ 사회적 요인
　　• 첫째, 농촌인구의 감소로 인한 노동력 부족으로 농촌노동력의 노령화, 부녀화로 인한 농약에 대한 인식부족과 살포작업 미숙 등이다.
　　• 둘째, 병·해충의 약제저항성 증대로 다량·고농도 농약 장시간 살포, 살포횟수 증가 및 다종·혼용 살포가 있다.
　　• 셋째, 안전한 살포기구 개발 및 보급이 미흡한 점도 원인의 하나이다.

(3) 급성농약중독

경 증	• 두 통 • 현기증이 난다. • 기분이 나쁘다. • 숨쉬기가 힘들다.	• 머리가 무겁다. • 토할 것 같다. • 몸이 나른하고 자꾸 처진다. • 피부가 가렵다.
중등증	• 구 토 • 설 사 • 얼굴이 벌게진다. • 머리가 멍하다. • 눈이 빨갛고 아프다.	• 복 통 • 열이 난다. • 걸음이 휘청거린다. • 땀과 침이 많이 난다. • 피부에 수포가 생기거나 아프다.
중 증	• 의식을 잃는다. • 입에서 거품이 난다. • 호흡과 맥박이 빠르다.	• 전신이 경련을 일으킨다. • 대소변을 지린다.

① **혈청콜린에스테라제의 저하** : 유기인계 농약, 카바메이트계 농약에 중독되면 아세틸콜린에스테라제(Acetylcolinesterase)라고 하는 효소의 분비가 억제되며 대부분의 급성 증상들은 이러한 과정에서 나타나는 현상이다.

　⊙ 두 종류의 농약은 우리 몸의 신경계에 있는 이 효소의 분비를 억제하는데 이 효소는 원래 신경계에서 신경을 전달하는 데 중요한 기능을 수행하는 물질이다. 이것의 분비가 억제되면 신경이 제대로 전달되지 않고 과잉자극을 일으키게 된다. 그에 따라 분비물의 증가, 근육강직, 심혈관계 영향, 동공축소 등과 같은 전형적인 급성중독증상을 유발하게 된다.

　⊙ 농약에 많이 노출되면 기관지 협착, 기관계 분비물 증가, 횡경막 수축, 뇌의 호흡조절중추 억제 등으로 인한 호흡곤란으로 사망할 가능성이 있다. 과거에 파라치온과 같은 맹독성의 유기인계 농약이 사용될 때는 PAM이나 아트로핀 등과 같이 이러한 급성중독 시 이용하는 응급조치 주사제를 구비한 경우도 있으나, 현재는 응급후송 여건이 많이 좋아짐에 따라 가능한 병원으로 옮겨서 응급조치를 받는 것이 바람직하다.

② **피부장해** : 농약 중에는 특히 피부에 강하게 작용하는 약제가 있는데 피부에 직접 자극을 주어서 가려움증과 물집을 일으키는 것, 처음에는 괜찮다가 반복되면서 알레르기성 피부염을 일으키는 것, 햇빛에 닿으면 악화하는 것 등이 있다.

③ **눈장해** : 농약이 눈에 들어가면 결막염 및 각막염을 일으켜 심하면 각막이 벗겨지거나 각막에 궤양이 생겨서 심각한 시력손상을 가져오기도 한다.

(4) 만성농약중독

① 농약을 반복해서 뿌리는 사람의 몸에 극히 소량씩 흡수된 경우 당장 증상이 나타나지는 않지만 몇 개월에서 몇 년이 지난 후 서서히 중독증상이 나타나는 것을 만성중독이라고 한다.

② 몸에 축적되기 쉬운 유기염소제와 중금속이 함유된 농약은 위험이 더욱 크다고 할 수 있으나 기타 농약도 계속해서 흡수하면 만성중독이 될 수 있다. 또한 만성신경계 영향, 면역기계 영향, 내분비계 영향, 기타 암 발생 가능성 등이 있다.

③ 유기인계 농약은 만성적으로도 신경영향을 주어서 기억력 감퇴를 비롯한 신경증을 유발할 수 있는 것으로 확인되었다.

　⊙ 기억력·사고력 장해

　⊙ 노이로제

　⊙ 신경염, 하지마비

　⊙ 간기능 장해

　⊙ 지각 이상

　⊙ 내분비계 이상으로 인한 전신적 문제 발생(특정 부위를 포함하지 않는 것으로 면역 기능 저하)

(5) 농약 계통별 증상

① 유기인계 농약은 주로 아세틸콜린에스테라제(Acetylcholinesterase)를 저해하여 급성중독 증상을 보이며, 임상증상으로 두통, 현기증, 무력감, 경련, 청색증, 설사, 기관지 분비액 증가, 구토 등을 발생시킨다.

② 카바메이트계 농약은 유기인계 농약의 중독 증세와 유사하며, 역시 아세틸콜린에스테라제 저해에 의해 중독증상을 유발시킨다. 임상증상으로 두통, 신경과민, 무력감, 구토, 경련, 동공수축, 기관지분비물 증가, 청색증 등을 초래한다. 유기인계 농약의 중독증상과의 차이점은 아세틸콜린에스테라제의 불활성이 빠른 시간 내에 회복되는 것이다.

③ 피레스로이드계 농약은 식물에서 유래한 농약이며 중추신경계를 자극하여 중독증상을 유발한다. 임상증상으로는 전신을 떨고, 깜작깜작 놀라며, 근육이 꼬이거나, 쉽게 흥분하는 증세를 나타낸다.

④ 네레이스톡신계 농약은 갯지렁이에서 추출한 성분으로 아세틸콜린에스테라제를 저해하는 신경독성이 있으며 강한 자극성을 보인다. 임상증상으로는 얼굴, 눈, 귀 부위의 가려움증, 두드러기, 발작 등의 증세를 나타낸다.

⑤ 유기염소계 농약은 급성독성은 낮으나 잔류기간이 길고 지용성으로 생물농축성이 있으며, 임상증상으로는 구토, 수족떨림, 침흘림 호흡곤란, 현기증 증세를 나타낸다.

⑥ 비피리딜리움계 농약은 패러캇디클로라이드가 대표적이며, 주로 활성산소의 과다생성으로 인한 폐세포 섬유화 등을 유발한다. 임상증상으로는 오심, 구토, 복통, 입안 궤양, 폐손상에 따른 호흡곤란을 나타낸다.

2. 농약중독 관련 요인

(1) 살포 중 중독원인

① 보호구가 불충분할 때(37.4%) : 마스크를 착용하지 않거나 혹은 불충분할 때, 의복이 방수되지 않거나 피부노출이 많은 경우 노출되기 쉽다.

② 건강상태가 나쁠 때(15.7%) : 과로, 임신 중, 생리 중, 알레르기성 체질, 만성질환자들은 중독에 노출되기 쉽다.

③ 본인 부주의(14.0%) : 농약을 뿌릴 때 사용한 수건으로 얼굴을 닦고, 농약을 뿌리고 손을 씻지 않은 채로 담배를 피울 때 노출되기 쉽다.

④ 농약 살포방식의 문제(7.5%) : 장시간 살포를 하거나 강풍 혹은 바람이 불 때 살포 시 노출되기 쉽다.

⑤ 기타(25.1%)

(2) 살포 외 중독원인

① 살포 후 농경지에 들어감(58.5%) : 살포 중이 아니더라도 농약 살포 직후 과수원이나 밭, 논 등에서 무방비 상태로 작업하다가 중독을 일으키는 경우가 있다.

② 살포 농약이 날아옴(7.5%) : 다른 장소에서 살포한 농약이 비산되어 날아와 흡입하여 중독을 일으키는 경우가 있다.

③ 수확한 농산물(2.5%) : 수확한 농산물에 남은 농약으로 인해 중독을 일으키는 경우가 있다.

④ 기타(31.5%) : 농약을 다른 용기에 보관하였다가 농약을 음료수로 잘못 알고 마시는 경우에도 섭취 시 중독의 원인이 될 수 있다.

3. 농약중독 예방관리

(1) 농약중독의 일반적 예방대책

① 농약의 올바른 사용 : 농약이 사람에게 해를 나타내려면 일정량 이상의 농약이 체내로 들어와야 한다. 따라서 농약을 살포할 때에 농약이 체내로 들어오지 않도록 하거나, 들어오더라도 독작용이 나타나지 않을 정도로 농약을 살포한다면 농약중독의 위험은 적게 될 것이다.

② 안전수칙 인지 : 농약은 등록 시에 각종 독성시험 성적을 근거로 해당 농약에 대한 최소한의 안전사용수칙이 설정되어 농약포장지에 명시되어 있다. 농약 살포작업 시 중독사고를 방지하기 위해서는 사용농약에 맞는 적절한 보호장비를 착용하는 것이 제일 중요하며, 이에 대해서도 농약포장지의 '사용상의 주의사항'에 표기되어 있다.

③ 마스크 착용 : 농약살포 시 체내에 농약이 들어가는 주요경로는 입, 피부, 호흡기의 3경로이다. 흡입을 통하여 농약이 직접 체내에 들어가기 때문에 독작용이 강하고, 호흡에 의해 들어간 농약은 피부를 통해 들어간 농약량의 30배에 상당한다는 실험결과도 있다. 무더운 여름날 살포작업을 하는 것은 상당한 중노동으로 호흡량도 평소보다 훨씬 많아져 농약의 흡입가능성도 높아지게 된다. 따라서 살포작업자는 농약이 입이나 코로 흡입되지 않도록 적절한 마스크를 착용해야 한다.

④ 방제복 착용 : 농약은 피부를 통해서 흡수되는 경우도 많으므로 농약과 인체의 접촉을 막기 위해서 방수성의 방제복을 착용해야 한다. 방제복의 선택 시에는 농약의 침투를 막는 기능은 물론 내구성도 좋고 시원한 소재의 것인지를 고려할 필요가 있다.

(2) 농약살포자의 예방관리

① 농약 살포 전 주의사항

㉠ 농약라벨(포장지)의 표시사항을 반드시 읽는다.

㉡ 살포에 적합한 방제복, 장갑, 마스크, 보호안경 등의 보호장비를 준비한다.

㉢ 방제기구는 고장 시 사고의 원인이 될 수 있으므로 사전에 정비한다.

ㄹ 사전에 건강관리를 철저히 하고 몸의 상태가 좋지 않으면 살포작업을 하지 않는다.

ㅁ 살포액 조제 시에 피부노출이나 흡입노출을 피한다.

② 농약 살포 중 주의사항

ㄱ 농약 포장지의 사용약량(희석배수, 살포량)을 준수한다.

ㄴ 살포자의 체력유지를 위해 살포작업은 시원한 시간대에 한다.

ㄷ 농약은 바람을 등지고 살포한다.

ㄹ 주변 환경(하천, 개울 등)을 고려하여 영향을 주지 않도록 한다.

ㅁ 장시간 살포작업을 하지 않는다. 통상 2시간 이내에 살포작업을 마친다.

ㅂ 살포작업 중에 흡연, 음식물을 삼간다.

ㅅ 살포 시에는 소지품이 오염되지 않도록 청결히 관리한다.

③ 농약 살포 후 주의사항

ㄱ 농약 살포지역에 사람의 접근을 막는다.

ㄴ 살포 후 남은 농약을 깔끔하게 처리한다.

ㄷ 빈 농약 포장용기를 확실하게 처분한다.

ㄹ 몸을 비눗물로 깨끗이 씻는다.

ㅁ 음주를 하지 않고 수면을 취하는 등 휴식을 취한다.

ㅂ 만일 몸에 이상이 감지되면 의사의 진찰을 받는다.

---

02 | 감염성 질환 관리

1. 감염성 질환 개요

(1) 감염성 질환

① 감염성 질환은 어떤 특정한 병원체 또는 그 독성 물질로 인해 발병하는 것으로 기생충, 곰팡이, 바이러스, 세균 등의 병원체가 사람 또는 동물에 침입·전파·증식하여 세포와 조직에 병을 발생시켜 증상이 나타나게 하는 질환이다.

② 농작업 관련 주요 감염성 질환으로는 쯔쯔가무시증, 중증열성혈소판감소증, 신증후성출혈열, 간흡충증/폐흡충증(간/폐디스토마), 기타 감염성 질환 등이 있다. 이 중 쯔쯔가무시증, 중증열성혈소판감소증, 신증후성출혈열, 렙토스피라증은 대표적인 농작업 관련 감염성 질환이다.

(2) 감염전파의 구분

① 기계적 전파(Mechanical Transmission) : 병원체를 보유하고 있는 사람, 동물, 곤충 등에 의해 건강한 사람에게로 병원체가 단순전달되어 전파되는 경우

② 생물학적 전파(Biological Transmission) : 병원체가 곤충의 체내에서 증식이나 발육 등으로 생물학적 과정을 거친 후 인체감염이 가능해지는 경우

〈생물학적 전파의 종류와 특징〉

항 목	특 징	매개해충(질병)
증식형	병원균의 개체수만 증가	벼룩(흑사병), 모기(뇌역, 황열, 태그열)
배설형	증식한 병원체가 곤충의 배설물과 함께 배출	이(발진티푸스), 벼룩(발진열)
발육형	병원균이 발육만 함(개체수 무변화)	모기(사상충증)
발육증식형	발육과 증식이 동시에 이루어짐	체체파리(아프리카 수면병)
경란형	난소 내에서 증식, 부화된 개체에 영향	진드기(쯔쯔가무시증)

③ 질병매개에 의한 전파

　㉠ 흡혈에 의한 질병매개 : 모기, 벼룩, 파리류의 흡혈을 통한 병원체 매개

　㉡ 물리거나 쏘여서 질병매개 : 벌독 알레르기 쇼크, 아나필락시스(Anaphylaxis) 반응

　㉢ 활동에 의한 질병 매개

질병명	매개종	매개경로	병원체
유행성출혈열	등줄쥐	배설물	한타바이러스
렙토스피라	쥐	오줌에 접촉	바이러스, 세균
발진열	쥐벼룩	외 상	리케차

2. 감염성 질환별 관련 요인

(1) 쯔쯔가무시증

① 감염경로 : 들쥐에 기생하는 털진드기의 유충이 풀숲이나 관목 숲을 지나는 사람을 물어 전파

② 주요증상

　㉠ 발열, 오한, 피부발진, 구토, 복통, 기침, 심한 두통 등

　㉡ 가피(Eschar) 형성 : 털진드기 유충에 물린 부위에 발생

　㉢ 우리나라의 경우 겨드랑이(24.3%) → 사타구니(9.3%) → 가슴(8.3%) → 배 등의 순서로 많이 발생한다.

　㉣ 피부발진 : 발병 5일 이후 발진이 몸통에 나타나 사지로 퍼지는 형태(일부 혹은 온몸의 림프절 종대)

③ 잠복기 : 1~3주(9~18일)

④ 발생시기 : 10~12월

(2) 중증열성혈소판감소증후군(SFTS)

① 감염경로 : 작은소피참진드기(Haemaphysalis longicornis)가 사람을 물어 전파되며, 체액이나 혈액을 통한 사람과 사람 간 전파가 가능하다.

② 주요증상

    ㉠ 고열, 소화기 증상(구토, 설사 등), 백혈구감소증, 혈소판감소증

    ㉡ 혈소판감소가 심할 경우 출혈 경향이 나타날 수 있다.

    ㉢ 치명률은 국내에서 초기에는 40%를 넘었으나, 최근에는 20% 내외로 보고

③ 잠복기 : 4~15일

④ 발생시기 : 4~11월(최근에는 9~10월에 집중되는 경향)

(3) 신증후군출혈열

① 감염경로 : 들쥐의 배설물에 있는 한타바이러스가 증가하여 호흡기를 통해 전파

〈한타바이러스〉

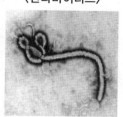

② 주요증상

    ㉠ 특징 : 혈관기능의 장애

    ㉡ 급성 : 발열, 출혈경향, 요통, 신부전이 발생

    ㉢ 오한, 두통, 결막충혈, 발적, 저혈압, 소변감소, 복통, 폐부종, 호흡곤란

    ㉣ 임상경과 5단계

      • 1단계 발열기(1일) : 발열, 두통, 복통, 요통, 피부 홍조/결막충혈

      • 2단계 저혈압기(4~6일) : 중증인 경우 정신 착란, 섬망, 혼수 등 쇼크 증상 발생

      • 3단계 핍뇨기(6~8일) : 소변량이 줄면서 신부전 증상 발생, 객혈, 혈변, 혈뇨, 고혈압, 폐부종, 뇌부종으로 인한 경련

      • 4단계 이뇨기(9~14일) : 소변량이 크게 늘면서(하루 3~6L) 심한 탈수/전해질 장애, 쇼크 등으로 사망할 수 있음

      • 5단계 회복기(15~21주) : 소변량이 서서히 줄면서 증상 회복, 전신 쇠약감이나 근력 감소 등을 호소

③ 잠복기 : 5~42일

④ 발생시기 : 10~12월

(4) 렙토스피라증

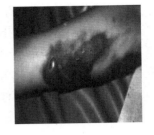

① 감염경로 : 감염된 들쥐, 족제비 등 야생동물의 배설물에 오염된 물이나 흙이 피부상처를 통하여 감염(벼베기작업 중 가장 많이 발생, 연간 100건 이상)

② 주요증상 : 주로 혈관의 염증, 고열, 두통, 오한, 눈의 충혈, 각혈, 근육통, 복통 등 폐출혈, 뇌수막염, 황달, 신부전 등 심각한 합병증이 동반되기도 한다.

③ 잠복기 : 2~14일

④ 발생시기 : 9~11월

3. 감염성 질환 예방관리

(1) 쯔쯔가무시, 중증열성혈소판감소증후군(SFTS)

① 작업 전 주의사항

　㉠ 긴 옷에 토시를 착용하고 장화를 신는다.

　㉡ 야외 활동 및 작업 시 기피제를 사용한다.

② 작업 중 주의사항

　㉠ 풀밭에서 옷을 벗어 놓고 직접 눕거나 앉지 않고, 돗자리를 깔고 앉는다.

　㉡ 풀숲에 앉아서 용변을 보지 않는다.

　㉢ 개울가 주변 풀밭은 피하며, 작업지 근처 풀을 벤다.

③ 작업 후 주의사항

　㉠ 야외활동 후 즉시 옷을 털고, 뜨거운 물로 옷을 세탁한다.

　㉡ 집에 돌아온 후 바로 목욕을 한다.

　㉢ 주변 식물과의 접촉을 최소화하기 위해 길 중앙으로 걷도록 한다.

(2) 신증후군출혈열

① 유행지역의 산이나 풀밭에 가는 것을 피한다.

② 늦가을(10~11월)과 늦봄(5~6월)에는 절대 잔디 위에 눕거나 잠을 자지 않는다.

③ 들쥐의 배설물에 접촉을 피한다.

④ 잔디 위에 침구나 옷을 말리지 않는다.

⑤ 야외활동 후 귀가 시에는 옷에 묻은 먼지를 털고 목욕을 한다.

⑥ 가능한 한 피부의 노출을 적게 한다.

⑦ 전염위험이 높은 사람(군인, 농부 등)은 반드시 예방접종을 받는다.

⑧ 신증후군출혈열 의심 시 조기에 치료를 받는다.

(3) 렙토스피라증

① 홍수 물에서 작업하는 경우 피부에 상처가 있는 사람은 모두 방수드레싱을 한다.

② 홍수 물이 손이나 음식, 의복 등에 의하여 입에 닿지 않도록 주의한다.

③ 모든 식품과 음용수는 오염되지 않도록 주의한다.

④ 모든 음용수는 절대적으로 안전한 경우를 제외하고는 끓여서 먹는다.

⑤ 렙토스피라증의 증상 발생 시 반드시 의료진을 방문한다.

⑥ 논이나 고인 물에 들어갈 때는 고무장갑과 장화를 반드시 착용한다.

⑦ 태풍, 홍수 뒤 벼 세우기 작업 시에는 고무장갑과 장화를 착용한다.

03 호흡기계 질환 관리

(1) 호흡기계 질환 개요

① 먼지는 무기먼지와 유기먼지로 나뉘며 농업현장에서 나오는 먼지는 유기먼지로 분류할 수 있다.

② 무기먼지는 일반적으로 돌이나 흙과 같은 광석의 비율이 많은 먼지를 뜻하고, 대부분의 무기먼지는 이산화규소나 석면 같은 몇 종을 제외하고는 건강에 대한 영향이 적은 편이다.

③ 유기먼지는 식물이나 동물같은 유기체에서 나오는 탄소가 포함된 것들을 말하는데 보통 미생물을 포함하고 있는 경우가 많다. 이러한 유기먼지는 무기먼지와 비교해서 인체에 들어가면 생물반응을 유도하게 되므로 건강에 더 해롭다. 유기먼지는 주로 축산, 버섯, 화훼 등에 종사하는 농업인들이 많이 노출되고 있다.

(2) 호흡기계 질환 관련 요인

유기먼지는 비염, 결막염, 천식, 기관지염, 농부폐, 유기먼지독성증후군 등과 같은 여러 가지 호흡기계 질환을 일으키며 주로 알레르기성일 경우가 많다. 유기먼지에 포함된 물질들 중에는 알레르기를 일으키는 물질이 있기 때문인데, 이러한 물질들은 우리 몸의 면역계를 과잉반응하도록 하며 여러 가지 증상과 질환을 일으키게 된다.

① 알레르기성 호흡기 질환을 일으킬 수 있는 물질

ㄱ 곡물먼지, 꽃가루, 돼지오줌, 곰팡이가 자라는 건초더미의 곰팡이 포자, 일부 버섯의 포자

ㄴ 가금류(닭, 오리 등)의 깃털 등

ㄷ 기타 가축의 분뇨에서 배양된 미생물이나 미생물 부산물이 포함된 먼지

② 알레르기 유발인자에 의해 나타날 수 있는 증상

  ㉠ 비염과 같이 계속 흐르는 콧물

  ㉡ 따끔따끔한 눈(알레르기성 결막염)

  ㉢ 숨쉴 때 쌕쌕거리는 소리, 가슴 답답함, 기침과 호흡곤란(천식)

  ㉣ 발열, 두통, 가슴 답답함, 전반적으로 좋지 않은 상태('농부폐'로 알려진 알레르기성 폐포
     염증 반응)

(3) 호흡기계 질환 예방관리

① 동물을 다루는 일을 할 때에는 작업복을 반드시 따로 구비한다.

② 가족들의 잠재노출을 피하기 위해서 작업복은 항상 작업장에 두고 나간다.

③ 동물사육장은 항상 청결하게 유지한다.

④ **보호구 착용** : 동물의 비듬이나 정자, 소변과 같은 동물에서 나오는 물질들이 피부에 접촉하는
   것을 줄이기 위해 장갑, 가운, 인증된 분진용 호흡보호구를 착용한다.

⑤ **환기와 여과시스템의 변경**

  ㉠ 동물의 사육장에서는 환기량과 습도를 높인다.

  ㉡ 동물사육장과 조작실은 다른 시설과 따로 환기시킨다.

  ㉢ 작업자에게 기류가 직접적으로 가지 않게 하고, 기류가 동물사육장의 뒤쪽으로 향하도록
     한다.

⑥ 사육장의 1평방미터당 동물의 수를 줄임으로써 동물의 밀도를 줄인다.

---

04 | 스트레스 관리

(1) 스트레스 개요

농업은 편안한 생활로 묘사되는 경우가 많다. 그러나 궂은 날씨, 오르내리는 농산물 가격, 가축
및 작물의 병충해, 정부 프로그램과 규정, 대부이자, 작물 경작 등은 농작업자와 그 가족에게
막대한 스트레스를 유발한다. NIOSH 연구결과 농작업자는 직업 관련 스트레스가 가장 높은
부류에 속한다고 한다.

- 스트레스원(Stressor)은 환경적 요구와 이러한 요구에 접하는 개인 또는 가족원의 능력 사이에서 느껴지는 불균형 상태라고 정의할 수 있으며, 스트레스(Stress)는 스트레스원(Stressor)으로 인한 적응요구가 개인 또는 가족 자원에 크게 부담을 줄 때 일어나는 긴장상태라고 정의할 수 있다.
- 스트레스는 도전이나 위협으로 간주되는 어떤 것에 대한 인간의 반응이다. 그것은 자신이나 다른 사람에 의해 정신적, 육체적으로 발생하는 정서적인 부담 및 압박이다. 스트레스가 생기면 우리 몸은 거기에 대처하기 위해 준비를 시작한다. 이것은 사람을 더 강하고, 더 긴장하게 하지만 많은 에너지를 소모시킨다.

(2) 스트레스 관련 요인

① 건강 : 스트레스를 받아 긴장하게 되면 몸의 어떤 기능은 증진되고 어떤 기능은 감퇴된다. 혈액순환은 증진되고 소화기능은 감퇴되거나 완전히 정지된다. 그 결과 심장질환이나 위궤양과 같은 건강상의 문제가 발생되기도 한다. 이외에도 불면증, 두통, 소화불량에 시달리는 경우도 있다.

② 대인관계 : 스트레스를 받으면 자신의 문제에만 신경이 곤두서 있기 때문에 주변 사람에 대해 배려하지 못하게 된다. 이와 동시에 주변인에게 화풀이를 한다. 그러면 스트레스로 인해 자기 자신뿐 아니라 온 가족원이 문제에 시달리게 된다.

③ 일의 능률 : 단기간 동안은 스트레스에 의해 일의 능률이 증진될 수 있다. 그러나 시간이 지날수록 지치게 되어 몸이 약해지고 쉬이 피로하게 된다. 집중이 되지 않아 잘못된 결정을 내릴 수도 있다. 이러한 상태는 기계를 조작할 때 매우 위험하다.

④ 더 큰 스트레스 : 스트레스는 눈덩이처럼 불어나는 속성이 있다. 스트레스로 인해 건강, 가족, 일에 새로운 문제가 발생된다. 조절능력이 없는 경우에는 스트레스는 끝없이 지속된다.

(3) 스트레스 예방관리

① 스트레스 일반관리

㉠ 자신의 문제에 관해 이야기를 나눈다.

　　마음을 열고 솔직한 대화를 나눌 수 있는 사람에게 자신의 문제를 얘기한다. 주변에 그런 사람이 없는 경우에는 종교 관계자나 주치의와 상의한다.

㉡ 스트레스를 받게 될 때 어떤 반응이 나타나는지 알아차리도록 한다.

　　모든 사람에게는 각자 다르기는 해도 특정 신체반응이 있다. 목이나 어깨 근육이 뻣뻣해지거나, 어지럽고 메스껍거나, 인상을 찌푸리게 된다. 스트레스에 대한 자신의 반응을 알게 되면 긴장을 풀고 이에 대처할 수 있도록 자신을 조절한다.

㉢ 스트레스의 원인이 되는 문제를 찾아내어 문제의 실질적인 심각성을 판단한다.

　　그리고 자신이 통제할 수 없는 문제(가격이나 날씨 등)는 제외시킨다. 그래도 여전히 스트레스를 받는다면 그 원인을 생각해 본다.

② 큰 문제를 다룰 때에는 작은 부분으로 나누어서 해결한다.

　　예를 들어, 크게 수리해야 하는 창고가 있다면 한 부분씩 떼어내어 이를 해결할 수 있는 방안을 모색한다. 그 일을 해결한 후에 또 다른 일을 해결하도록 한다.

⑩ 현실에 맞도록 일정을 짠다.

　　실제 완수할 수 있는 것보다 더 많은 일을 계획하지 말아야 한다. 또 예상치 못한 일이 발생할 수 있으므로 여유를 두고 계획을 짠다.

⑭ 휴식시간을 자주 갖는다.

　　휴식을 취하지 않고 계속 일하는 사람은 일을 열심히 할 수 없으며 잠깐 동안씩 휴식을 취하는 사람은 일의 능률이 오르게 된다.

ⓢ 긴장을 푸는 방법을 익힌다.

　　이를 위한 한 가지 방법은 어떤 일을 천천히 하는 것이다. 천천히 식사하거나, 걸어가거나, 의자에 편히 기대앉아 근육을 이완시키는 것이다. 이러한 행동이 여의치 않은 경우에는 변화에 익숙해지기까지 긴장을 풀도록 한다.

◎ 잠시 동안 문제를 잊을 수 있는 다른 관심거리를 개발한다.

　　스포츠, 독서, 운동, 사람들과 어울리기 등을 시도해 보는 것이 좋다.

ⓩ 상담이나 치료 모임과 같은 외부의 도움을 고려해 본다.

　　이런 방법이 좀 더 공적인 접근이기는 하지만 다른 사람의 도움을 받는 것은 효과가 큰 경우가 많다. 종종 자신이 발견할 수 없었던 문제를 다른 사람이 지적해 주기도 한다.

② **농업인 스트레스 관리**

　㉠ 정기적인 휴일 갖기 : 한 달에 하루만이라도 적당한 날을 택해서 '휴식의 날'로 정하여 하루를 마음놓고 쉬면서 가족의 건강도를 살펴보는 기회를 가지며, 여성농업인들도 여가시간에 취미를 가짐으로써 생활을 풍요롭게 하고, 고된 농작업에서 벗어나 몸과 마음을 건강하게 가꾼다.

　㉡ 농번기 관리 : 농번기에는 한계치를 넘는 노동이 장시간 계속되므로 과로하게 되어 건강장해를 일으키거나 잠재했던 병이 발병 혹은 악화된다. 또한 여성농업인은 농업노동과 가사노동 및 육아 등의 노동에 집중하게 되어 피로가 쌓이고 건강을 해치기 쉬우므로, 마을의 공동취사, 농번기 탁아소, 마을공동 목욕탕 운영 등의 농번기 대책을 세운다.

　㉢ 작업분담 : 농업노동은 가족노동이 기본이기 때문에 가사를 포함한 역할분담을 적절히 한다.

1. 뇌심혈관 질환

(1) 뇌심혈관 질환 정의

① 뇌심혈관 질환은 뇌혈관질환(뇌의 혈관이 막히거나 터져서 생기는 질환)과 심장혈관질환(심장질환과 혈관질환)을 합하여 부르는 말이다.

② 뇌혈관질환과 심장혈관질환이 발생하는 부위는 다르지만 질병의 원인, 위험요인, 악화요인이 거의 같으므로 그에 대한 대책도 비슷하기 때문에 뇌혈관질환과 심혈관질환을 합하여 부른다.

(2) 뇌심혈관 질환 증상

① 뇌혈관 질환의 전조현상

㉠ 갑자기 팔, 손, 다리에 힘이 빠지고 약해진 느낌, 저림

㉡ 얼굴이나 몸 한쪽에 느낌이 없음

㉢ 갑자기 한쪽 눈이 보이지 않음

㉣ 갑자기 말을 하는 데 어려움을 느낌

㉤ 다른 사람의 말을 잘 이해하지 못함

㉥ 어지럽거나 비틀거림

㉦ 이전에 느끼지 못했던 심한 두통을 느낌

② 심혈관질환의 전조현상

㉠ 호흡곤란과 맥박이상이 옴

㉡ 가슴에 압박감과 통증이 옴

㉢ 눈이 아픔

㉣ 치통, 구토, 위통, 식욕부진을 느낌

㉤ 추운 느낌이 들거나 진땀이 나고 온몸에 힘이 빠짐

㉥ 현기증을 느낌

(3) 뇌심혈관 질환 원인

① 개인적 원인

㉠ 고정요인 : 바꾸기 힘든 요인

• 나이가 많을수록 발생위험이 높아진다.

• 일반적으로 남성이 여성보다 높다가 여성이 폐경기를 지나면 비슷해진다.

• 가족 중 남성이 55세 전에, 여성이 65세 전에 뇌·심혈관질환에 의한 사망자가 있었다면 유전인자로 인해 발생할 확률이 높다.

ⓛ 변동요인 : 내가 노력하여 바꿀 수 있는 요인
　　　• 고혈압, 당뇨병, 이상지질혈증, 심장질환, 동맥경화, 비만, 흡연, 과도한 음주
　② 직업적 원인
　　ⓘ 화학물질에 의한 위험요인 : 염화탄화수소, 일산화탄소, 황화수소, 휘발성 유기용제 등
　　ⓛ 물리적 인자에 의한 위험요인 : 소음, 고열이나 한랭작업
　　ⓒ 근무조건과 관련한 요인 : 교대근무, 야간근무, 장시간근무, 과도한 스트레스, 업무량,
　　　운전 작업, 고소 작업, 연속적인 육체적 중노동, 산소가 부족한 밀폐공간 작업

(4) 뇌심혈관 질환 예방관리

　① 식습관 개선
　　ⓘ 채소, 과일, 해조류를 포함한 여러 가지 식품을 골고루 섭취한다.
　　ⓛ 우유나 우유가공식품을 많이 섭취한다.
　　ⓒ 백미보다는 현미를, 쌀밥보다는 잡곡밥을 많이 섭취한다.
　　② 음식 양을 줄인다(과식, 결식이나 폭식은 안 됨).
　　ⓜ 지방이 많은 음식은 줄이고 등푸른 생선을 섭취한다.
　　ⓗ 단 음식과 청량음료는 가능한 피한다.
　　ⓢ 식사는 규칙적으로 천천히 잘 씹어서 싱겁게 먹는다.
　② 운 동
　　ⓘ 규칙적으로 1주일에 3회 이상 운동한다.
　　ⓛ 한 번에 30분 이상 운동하되 어려울 때는 조금씩 나누어 하루에 30분 이상 채운다.
　　ⓒ 최소 6개월 이상 꾸준하게 하며, 땀이 나고 숨이 찰 정도로 운동한다.
　　② 걷기 등의 유산소운동과 근력강화운동을 함께 실시한다.
　③ 스트레스 해소
　　ⓘ 정신건강이 몸건강보다 더 중요한 건강임을 인식한다.
　　ⓛ 스트레스 멀리하고 긍정적인 사고와 행동을 한다.
　　ⓒ 심리상담 등에 대한 부정적인 편견을 버리고 증상이 있으면 악화되기 전에 빨리 치료하는
　　　것이 치료기간을 줄이고 비용을 절감하는 현명한 방법이다.
　④ 일 관련 위험요인 제거
　　ⓘ 일터 내에서 화학물질이나 소음과 같은 위험요인이 발생하는 것을 줄인다.
　　ⓛ 보호구나 보호의 등을 착용하여 위험요인에 노출되는 시간을 줄인다.
　　ⓒ 휴식시간 안배 및 외부의 신선한 공기를 공급한다.
　　② 주기적인 스트레칭을 실시한다.
　⑤ 고지혈증 예방
　　ⓘ 저지방, 저칼로리 식사를 한다.
　　ⓛ 비만을 치료하여 표준체중을 유지한다.

ⓒ 규칙적이고 적절한 유산소운동을 실시한다.

　　　ⓔ 의사가 처방한 약을 꾸준히 복용한다.

　　　ⓜ 고지혈증의 원인이 되는 당뇨병, 갑상선기능저하증, 신부전증을 치료한다.

　⑥ 금연 및 절주 시행

　　　㉠ 담배는 반드시 끊어야 한다.

　　　　• 담배를 피우는 사람은 그렇지 않은 사람보다 심근경색증, 뇌졸중에 걸릴 위험이 두 배 정도 높고 간접흡연도 그 위험을 증가시킨다.

　　　　• 흡연자인 당뇨병 환자는 합병증이 비흡연자보다 일찍 발생한다.

　　　㉡ 술은 하루에 한두 잔 이하로 줄인다.

　　　　• 우리나라의 음주율은 꾸준히 증가하고 있으며, 고위험 음주자의 비율도 높다.

　　　　• 과한 음주는 부정맥과 심근병증을 유발할 수 있고 뇌졸중 위험도 증가시킨다.

(5) 뇌심혈관 질환 관련 과제

　① 농작업과 농업인 관련 뇌심혈관질환은 그 원인이 다양하고 사망으로 이끌 뿐 아니라 장애에 따른 부담이 크기 때문에 심각하고 시급한 문제다.

　② 농촌의 뇌심혈관질환 예방 및 관리는 현재 만족스럽게 이루어지지 않은 상태이며, 좀 더 체계적·지속적인 관리가 필요하다.

　③ 농작업과 농업인 관련 뇌심혈관질환 관리는 농업인의 건강한 삶의 유지와 함께 노동력과 삶의 질 확보를 목표로 삼아야 한다.

2. 피부질환(자외선 관련)

(1) 자외선 정의 및 특징

　① 자외선의 정의

　　　㉠ 태양광선은 γ선, X선, 자외선, 가시광선, 적외선, 라디오파 등으로 구성되어 있으며, 각각 파장에 따라 구별한다.

　　　㉡ 가시광선은 눈으로 볼 수 있는 광선으로 색깔을 띠고 있다. 즉, 자색으로부터 적색(400~780nm)까지의 파장을 갖는다.

　　　㉢ 자외선은 가시광선의 자색보다 짧은 광선의 의미이며, 약어로 UV(Ultra Violet)라 한다.

　　　㉣ 자외선은 3영역으로 나눌 수 있다. 파장 400~320nm를 UV-A(A자외선, 장파장 자외선, 근자외선), 파장 320~280nm를 UV-B(B자외선, 중파장 자외선), 파장 280~200nm를 UV-C(C자외선, 단파장 자외선, 원자외선)으로 나누고 있다.

② 자외선의 특징

㉠ 우리나라 자외선량의 연간변동

- 북쪽에서 남쪽으로 갈수록 강해지고, 육지보다 해안지역이 강한 경향을 보인다. 계절적으로 봄에서 여름에 걸쳐서 급증하며 특히 3~4월에서의 증가가 크다.
- 최대치를 나타내는 것은 5~6월에 걸쳐서이고 반드시 한여름이 최대가 되는 것은 아니다.
- 사람의 피부는 자외선의 조사에 대해서 멜라닌색소의 침착, 각질층의 비후에 의해 방어적인 변화를 나타내는데, 이 변화는 자외선이 많아지는 봄에서 여름에 걸쳐 생긴다. 초봄의 자외선 양은 여름에 비교하여 적음에도 불구하고 영향은 크게 된다.

㉡ 우리나라 자외선량의 월간변동

- UV-B 조사량은 여름이 겨울보다 약 6~7배 크게 변하는 데 비해 UV-A 조사량은 2.5배 정도로 작게 변한다.
- UV-A는 연중 큰 변화 없이 지표면에 도달하여 사람의 피부에 좋지 않은 영향을 미칠 수 있다.

㉢ 우리나라 자외선량의 일간변동

- UV-A, UV-B는 모두 오전(11:00~12:00)에 최대광량을 나타낸다.
- 오후 4시에 UV-B는 오전의 20%로, 오후 5시에 UV-A는 오전의 40% 정도로 낮아진다.

(2) 자외선으로 인한 영향

① 눈에 미치는 영향

㉠ 피부가 두꺼워지고 검게 탐으로써 자외선에 부분적으로 적응할 수 있는 피부와는 달리, 눈은 고유의 적응 메커니즘을 가지고 있지 않다.

㉡ 눈의 각막은 주로 파장이 300nm 미만인 UV-B, UV-C가 잘 흡수되며, 300nm보다 긴 파장을 가진 자외선은 각막을 투과하여 수정체까지 전달되어 흡수된다. 이러한 자외선의 파장에 따른 흡수 정도에 따라 Arc Eye라는 광각막염 및 결막염 등의 급성영향과 백내장과 같은 장기영향을 가져올 수 있다.

㉢ 광각막염과 결막염은 주로 270~280nm의 파장에서 가장 많이 발생하며 동통, 눈물, 충혈, 이물감 등의 증상을 수반하고 약 2일 후면 완화되는 특성을 가진다. 백내장은 290~310nm의 파장이 가장 유효한 파장이며, 수정체에 구름같은 것이 생겨 선명도를 잃게 하는 눈 손상의 한 형태이다.

- 백내장 : 선천성 백내장은 대부분 원인 불명이며 유전성이거나 태내 감염(자궁 내의 태아에게 발생하는 감염), 대사 이상에 의한 것도 있다. 후천성 백내장은 나이가 들면서 발생하는 노년 백내장이 가장 흔하며, 외상이나 전신질환, 눈 속의 염증에 의해 생기는 백내장도 있다.

- 익상편 : 확실한 원인은 아직 밝혀지지 않았으나 유전적 요인과 야외에서 많은 시간을 보내는 사람에게 많이 발생하는 것으로 보아 환경적인 요인이 작용할 것으로 생각된다. 즉, 강한 햇빛(자외선), 먼지, 건조한 공기 등이 원인으로 거론되고 있으며 가장 주요한 원인인자는 자외선이다. 눈의 코 쪽 흰자위는 콧등에서 반사된 빛이 비추어지며 눈을 감을 때 가장 늦게 감기는 부위이므로 다른 부위에 비해 항상 많은 자극을 받기 때문에 코 쪽 흰자 위에서 익상편이 많이 발생하며, 상기 환경적 인자들이 원인임을 뒷받침해준다.

② 피부에 미치는 영향
  ㉠ 단기간 자외선 노출에 의한 영향
  - 피부의 구조와 빛 : 자외선을 포함하는 태양광의 에너지는 사람의 뇌, 심장, 소화기관까지 이르지 못하고 피부의 일정 부분까지밖에 들어가지 못한다. 피부의 구조는 표피, 진피, 피하조직으로 되어 있다. 파장이 짧은 UV-C(지표에서는 인공광원에 의한 것)는 거의 표피까지밖에 도달하지 못하고 UV-B는 일부만 진피까지, UV-A는 진피까지 도달한다. 피부색과의 관계는 백인 코카서스인이 가장 투과가 잘되며, 황색인이 중간, 흑인이 가장 투과가 안 되는 것으로 알려져 있다.
  - 홍반반응(Erythema Reaction) : 30분 이상 뜨거운 여름의 태양광선에 피부를 쬐이면 피부에는 홍반이 나타난다(일반적으로 Sunburn현상이라고 불린다). 태양광에 노출된 피부는 혈관이 확장하고 혈류가 증가하며 혈관의 투과성이 항진하는 등의 결과로 피부가 빨갛게 되는데 이것은 주로 UV-B에 의한 영향이다. 홍반의 정도는 피폭된 자외선에 의존하며 보다 강한 자외선에 쬐이면 홍반이 생길 뿐만 아니라 통증, 부종, 수포가 형성된다.
  - 일광화상반응(Sunburn Reaction) : 일광화상반응은 일광조사 특히 일광 속의 UV-B에 의해 발생된다. 일광화상반응의 증상은 4~8시간의 잠복기 후 홍반이 나타나며 심하면 부종과 수포, 동통을 나타낸다. 두통, 오한, 발열, 오심과 심하면 쇼크현상이 나타날 수 있다.
  - 색소반응(Pigment Reaction) : 피부의 색깔은 멜라닌, 혈관분포와 혈색소, 캐로틴 및 각질층의 두께 등에 의해 좌우되며, 이 중 멜라닌색소가 가장 주된 역할을 한다. 멜라닌은 피부색을 결정하는 주된 물질로서 인종, 개인에 따라 차이가 있으며 자외선에 의한 반응도 차이가 있다. 피부에 자외선을 조사하면 색소침착을 일으키는데 여기에는 두 가지 반응이 있다. 하나는 즉시 색소침착으로서 자외선 조사 즉시 나타나며, 1차적 색소침착 반응이라고 부른다. 다른 하나는 지연 색소침착으로서 서서히 나타나는데, 우리가 말하는 자외선에 의해 살갗이 탔다고 하는 경우가 이에 해당한다.
  ㉡ 장시간 자외선 노출에 의한 영향
  - 피부의 노화 : 장기간에 걸쳐 자외선에 노출되면 피부의 노화가 촉진된다. 즉, 피부가 얇아지고 주름이 증가하고 거칠어지며 가볍게 부딪혀도 피하출혈이 일어나게 된다. 이러한 피부의 변화는 진피결합조직이 장기간의 일광피폭에 의해 변성하기 때문인데, 진피에 있는 피부의 탄력과 관계있는 단백질의 양이 감소하고 성질도 변성하며 탄력이

없어진다. 자외선에 반복노출되는 어민, 농민, 실외작업자 등은 반복노출로 인한 특이한 피부의 반응이 나타난다. 즉, 피부는 탄력이 없어지고 갈색의 주름진 피부가 된다. 또 안면에는 모세혈관이 확장하고 경부에서는 목의 움직임에 의한 선모양의 균열(다이아몬드형 피부)이 일어난다. 이러한 변화는 그 자체는 유해하지 않지만 피부암을 일으킬 위험이 높아 주의가 필요하다.

- 자외선에 의한 피부암 : 태양광선 특히 자외선이 피부암의 주원인 중 하나인 것은 각종 역학조사에 의해 보고되어 있다. 자외선이 피부암을 유발하는 기구는 현재 명확하지 않지만 자외선이 피부암의 원인의 하나인 것은 확실하다.

  - 흑색종 피부암 : 흑색종은 피부 속에서 색소를 만드는 세포의 성장으로 시작된다. 흑색종은 남자와 여자의 등 위쪽이나 여자의 다리에서 가끔 발견되지만, 신체의 어느 부위에서도 발생할 수 있다. 이상한 피부상태 특히, 점의 크기나 색, 검고 불규칙한 색상을 띤 종기나 점의 변화, 즉 비늘모양의 피부, 염증, 혹에서 나타나는 변화나 출혈, 피부 주위를 싸고 있는 가장자리로부터 색이 번지는 것, 가려움증이나 부스럼, 통증 같은 감각적 변화에 주의하여야 한다.

    흑색종 피부암(Melanoma)은 전체 피부암으로 인한 사망률의 75%를 차지하며, 다른 기관, 특히 폐와 간에 전이되기가 쉽다. 흑색종은 25~29세의 여성에게 가장 흔하며, 다음으로 30~34세의 여성에서 발병률이 높다.

  - 비흑색종 피부암 : 흑색종과는 달리, 비흑색종 피부암은 그다지 치명적이지는 않다. 그러나 퍼질 때까지 치료하지 않는다면 건강에 심각한 문제가 생기게 된다. 비흑색종 피부암은 초기에 발견하여 치료했을 때 높은 치료율을 보인다. 증상을 유심히 살펴보고 초기 단계에서 암을 발견하는 것이 중요하다.

기초세포 악성종양 (Basal Cell Carcinomas)	• 이것은 보통 머리나 목에 작은 돌출 부위나 혹이 나타나는 피부의 종양이지만 다른 피부 부위에서도 마찬가지로 발견될 수 있다. • 기초세포 악성종양은 빨리 성장하지 않으며 신체의 다른 부분으로 잘 퍼지는 않는다. 주의해야 할 증상은 보통 천천히 성장하여, 돌출한 후 반투명하고 진주모양을 한 혹처럼 나타나 만약 치료하지 않으면 부스럼 딱지가 생겨 염증을 유발하고 때때로 피가 나기도 한다. • 기초세포암(Basal Cell Carcinoma)은 자외선에 의해 발생하는 피부암 중 가장 일반적인 것으로 주로 여성에게 잘 발생한다. 초기에 치료한다면 95% 이상의 회복이 가능하다.
비늘모양세포 악성종양 (Squamous Cell Carcinomas)	• 이것은 혹이나 붉은 비늘모양의 조각처럼 나타나는 종양이고, 검은 피부를 가진 사람들에게는 잘 발견되지 않는다. • 이 암은 커다란 덩어리로 발달할 수 있고, 기초세포 악성종양과는 달리 신체의 다른 부분에 퍼질 수도 있다. • 비늘모양세포 악성종양은 대개 돌출하여 붉거나 분홍빛 비늘모양의 혹이나 사마귀 같은 종기로 나타나 중앙에 염증이 생기기도 한다. • 귀나 얼굴, 입술, 입, 손의 가장자리와 신체의 다른 노출 부분에 잘 생긴다. • 비늘세포암(Squamous Cell Carcinoma)은 여성보다 남성에게 2~3배 높은 발병률을 나타내고 있다. 이 두 가지 암에 의한 치사율은 매우 낮은 편이다.

- 화학선 작용의 각질물질(Actinic Keratoses) : 태양으로 인해 생긴 종양은 태양에 노출된 신체 부위에서 생긴다. 얼굴, 손, 팔뚝과 목의 'V' 부분은 특히 민감하다. 악성이 되기 전에 치료하지 않고 내버려두게 되면 화학선 작용의 각질물질이 악성으로 될 수 있다. 돌출하여 불그스레하고 거칠게 생긴 종기가 있는지 살펴보고, 만약 이러한 종양을 발견했다면 즉시 피부과 의사에게 보여야 한다.

③ 면역 저하(Immune Suppression) : 과학자들은 태양에 살갗을 태우는 것이 태양에 노출된 후 24시간 동안 질병과 싸우는 백혈구의 기능과 분포를 변경시킬 수 있다는 것을 알아냈다. 자외선 복사에 계속해서 노출되면 신체의 면역체에 오래 지속되는 손상을 입게 된다. 피부가 검은 사람이라 하더라도 가볍게 볕에 타는 것조차 피부의 면역기능을 저하시킨다. 그러한 증거는 광선알레르기 반응, 일광두드러기의 일부, 다형 일광발진의 발생 등의 예에서 찾을 수 있다.

(3) 예방관리

① 안구질환 예방관리

ㄱ 백내장 예방관리
- 선천성 백내장은 태어날 때부터 가지고 있는 병이고, 노인성 백내장은 연령 증가에 따른 자연스러운 노화과정에 의한 것으로 특별한 예방법은 없다.
- 외상을 입어 생기는 외상성 백내장의 경우에는 눈에 외상을 입지 않도록 주의하는 것이 중요하다.

ㄴ 익상편
- 원인인자로 알려진 햇빛, 먼지, 바람 등으로부터 눈을 보호하는 것이 중요하다.
- 해변같이 직사광선이 강한 곳에서는 선글라스를 착용해 되도록 자외선을 차단하는 것이 좋으며, 황사철과 같이 먼지가 많고 바람이 부는 날은 보안경을 착용하고 외출하는 것이 도움이 된다.

ㄷ 주의사항
- 거울을 자주 보면서 익상편이 커지고 있는지 스스로 잘 관찰해야 한다.
- 충혈, 자극감 등 염증이 있다면 안과를 방문해서 치료를 받는 것이 좋다.
- 안구건조증이나 만성결막염이 있는 경우 건조해지지 않도록 인공누액을 자주 사용한다.
- 직사광선을 피하기 위해 모자나 선글라스를 사용하는 것이 도움이 된다.
- 건조한 계절에는 실내의 습도를 높여 준다.
- 환기에 유의해서 공기를 깨끗하게 한다.
- 녹황색 채소나 항산화제 같은 것들이 도움이 될 수 있으나 그 효과는 불분명하다.

② 피부질환 예방관리

    ⊙ 햇볕

- 가능한 정오에 햇볕 쬐는 것을 피한다. 자외선 노출 예방의 가장 쉬운 방법은 태양을 피하는 것이다.
- 최고의 일조량은 오전 10시부터 오후 4시까지이다. 개인활동을 안 할 수는 없으나 햇빛이 가장 강한 시간에는 노출을 줄일 수 있도록 작업계획을 세운다.

    ⓒ 그늘

- 되도록 그늘을 찾는다.
- 그늘을 만드는 것은 태양으로부터 자신을 보호하는 가장 좋은 방법 중 하나이다.

    ⓒ 자외선차단제

- 항상 자외선차단제를 바른다.
- 외부에 나갈 때면 최소 15 이상의 SPF지수를 가진 자외선 차단제를 바른다. 또한 외부 작업이나 운동을 할 때면 2시간마다 덧발라야 한다.
- 방수용 차단제라도 수건으로 닦거나 땀이 나거나, 물 속에 장시간 있으면 지워지므로 다시 발라준다.

    ② 모자

- 항상 모자를 착용한다.
- 태양으로부터 눈과 귀, 얼굴, 뒷목 등을 보호하려면 챙이 넓고 큰 모자를 써야 한다.

    ⑩ 긴 옷

- 긴 옷을 착용한다.
- 촘촘하게 짠 헐렁하고 긴 옷을 착용하는 것이 자외선으로부터 피부를 보호하는 좋은 방법이다.

    ⓗ 선글라스

- 자외선 차단용 선글라스를 착용한다. UV-A와 UV-B를 99~100% 차단하는 선글라스의 착용은 백내장과 그 외 눈의 손상을 막아줄 수 있다.
- 선글라스를 구입할 때는 라벨을 잘 살펴보아야 한다.

    ⓢ 태양등

- 태양등(Sunlamp)과 선탠실을 피한다. 태양등으로부터의 조사는 피부에 해를 주고, 눈에 손상을 입힌다.
- 자외선 조사의 인공적 출처는 되도록 피하는 것이 좋다.

    ◎ 자외선지수

- 자외선지수를 눈여겨본다. 자외선지수는 외부활동 계획을 세우는 데 중요한 정보이다.
- 자신의 지역에 내려진 그날의 자외선지수를 확인한다. 지수가 높은 날에는 가능한 외출을 삼가거나 불가피할 경우에는 햇빛을 차단할 수 있는 여러 방법을 동원한다.

3. 온열관련 질환

(1) 열사병 정의 및 특성

① **열사병 정의** : 주변 환경 등의 영향이나, 운동 등으로 중심체온이 40℃ 이상이면서 의식의 저하, 경련 등의 신경학적 이상이 나타나는 상태를 말한다. 열사병은 크게 온열 손상에 의한 고전적 열사병과 고온다습한 환경에서 무리한 운동·작업 등으로 인한 운동유발성 열사병으로 구분된다.

② **열사병 농업인 특성** : 고온다습한 환경에서 심한 육체노동을 하는 경우 누구에게나 발생할 수 있다. 비닐하우스는 고온다습하고, 바람이 없어 매우 위험한 환경이다. 가림막이 없이 직접 햇볕을 받게 될 경우 직사광선에 의한 온도 상승이 더해져 더 위험하다.

(2) 열사병 증상

① 몸에 저장된 수분과 염분이 소모되면서 땀 배출이 중단되었을 때 발생하며, 체온이 급격하게 오르면서 갑자기 의식을 잃거나 경련이 발생하기도 한다.

② 열사병으로 인해 근육이 파괴되는 횡문근 융해증, 신장 및 간 기능장애, 급성 호흡부전, 파종성 혈관 내 응고증 등 다발성 장기손상에 의해 사망할 수 있는 응급질환이다.

③ 적극적인 체온저하 조치가 이루어지면 수일 혹은 수주 내에 회복될 수 있으나, 조치가 늦어질 경우 신경학적 이상으로 인한 구음장애, 보행장애, 마비, 강직 등의 합병증이 생길 수 있다.

④ 현기증, 오심, 구토, 발한 정지에 의한 피부건조, 허탈, 혼수상태, 헛소리, 체온 40℃ 이상

(3) 열사병 예방관리

① **야외활동 자제** : 열지수는 습도를 고려한 기온을 보여주는 수치로, 기온이 30℃이고 습도가 40%이면 열지수는 30.9℃이지만 만약 습도가 90%라면 열지수는 40.8℃이 된다. 만약 바람이 불지 않는 곳이면 더욱 위험하다. 폭염이 발생하면 야외활동을 하지 않고 냉방시설, 선풍기, 얼음, 충분한 물이 있는 곳에 머무르는 것이 최선이다. 만약 불가피하다면 혼자 활동하지 않고 2명이 짝지어 활동하도록 한다.

② **충분한 수분섭취** : 땀이 피부에서 증발되면서 몸에 있는 열을 빼앗아가므로 우리 몸은 더운 환경에서도 적정한 체온을 유지할 수 있다. 만약 수분섭취가 부족하여 땀이 적어진다면 우리 몸의 온도조절 능력이 저하된다. 고온다습한 환경에서는 1시간에 2L의 땀이 분비되므로, 더운 환경에서 불가피하게 일할 때는 15~20분마다 한 컵씩의 물을 마신다.

③ **의복관리**

㉠ 피부가 땀에 젖어 있는 상태에서 적당한 바람이 불었을 때 몸에 생긴 열이 잘 빠져나가게 되는데, 몸에 딱 붙는 옷은 이러한 작용을 어렵게 하여 열 배출을 방해한다.

㉡ 만약 불가피하게 보호복이나 장화같은 땀 배출이 어려운 옷을 입을 경우에는 작업시간을 줄여야 한다.

ⓒ 챙이 넓은 모자는 직접 햇빛을 받는 것을 막아서 열이 오르는 것을 막아준다.

ⓓ 밝은 색의 옷은 자외선에 의한 열흡수를 줄인다.

4. 농업인 직업성 암 등

(1) 피부암

① 피부암은 농부들이 태양 밑에서 오랜 시간 일하면서 나타나는 질병이다. 피부암은 매년 미국에서 450,000명의 환자가 발생하는 가장 흔히 발병하는 암이다.

② 피부가 하얗게 되거나, 눈이 파랗게 질리거나, 머리카락이 붉거나 금발로 변하는 사람들은 피부암의 위험이 높은 사람이다.

③ 모든 피부암의 90%가 옷으로 보호되지 않은 피부에서 발병한다. 가장 많이 발병하는 부분은 목 뒷부분이다. 과도한 노출이나 특히 오전 11시~오후 2시까지는 외출을 피하고, 자외선차단제를 사용한다. 긴소매 셔츠, 바지, 넓은 챙이 있는 모자 같은 보호복을 착용하고, 초기진단을 위해 자가진단을 해 본다.

④ 피부암에는 3가지의 주된 질환이 있다. 기저세포암, 편평상피암, 악성흑색종이 있다.

ⓐ 기저세포암은 가장 흔한 종류의 피부암이다. 세포에 많이 전염되지는 않지만, 치료하지 않고 내버려둔다면 기저조직에 침투해서 조직을 파괴시킨다. 기저세포암은 대체로 궤양과, 딱딱한 껍질형태의 작고 반짝거리는 진주 빛깔의 작은 혹에서 시작된다.

ⓑ 편평상피암은 사망에는 거의 이르지는 않지만 세포침투가 빠르기 때문에 기저세포암보다 더 위험하다. 편평상피암은 붉고, 비늘이 있고, 날카로운 윤곽의 작은 혹에서 시작한다.

ⓒ 악성흑색종은 일반적이진 않지만 사망에 이를 확률은 가장 높다. 악성흑색종은 작고 사마귀처럼 생긴 혹에서 시작해서 불규칙적으로 커진다. 혹은 색깔이 변하고, 궤양화되고, 작은 상처에도 피가 난다. 악성 흑색종은 초반에는 완전히 치료 가능하지만, 치료하지 않고 내버려둔다면 임파선을 통해 빠르게 전염된다.

⑤ 아이오와 대학의 연구에서는 백혈병과 임파종이 일반 사람보다 농부들에게 25%나 더 발병한다고 한다. 농업적 원인은 결정적으로 확인되진 않았지만 질산염, 살충제, 바이러스, 항흥분제, 다양한 기름, 오일, 용제 등을 경계해야 한다.

(2) 농부증

① 농부증의 특징 및 원인

ⓐ 국내 농가인구는 대략 4백여 만명이고 대부분이 50~70대 장·노년층으로 절반 이상이 건강에 이상이 있는 것으로 알려져 있다.

ⓑ 전체 농부의 20% 정도가 농부증 환자로 진단될 수 있으며, 40%는 농부증으로 진단할 만큼 증세를 보이고 있다.

ⓒ 농부증은 육체적·신체적으로 다양한 증상들이 복합적으로 나타나는 증후군의 하나다. 어지럼증, 퇴행성 관절염, 어깨결림, 요통, 수족감각 둔화, 야간 오줌소태, 호흡곤란, 불면, 복부팽만감, 식욕부진, 뒷머리 압박감 등의 증상이 동시에 나타난다.

ⓡ 농부증은 1943년 일본에서 처음 명명된 질환이지만, 농민들의 경제수준이 낮아 의학연구자들이 큰 관심을 갖지 않아 아직도 뚜렷한 원인과 치료대책이 마련돼 있지 않다. 그러나 추정되는 농부증의 주된 원인은 과로, 잘못된 자세로 하는 장시간 작업, 농약·제초제 등 화학물질 등이다.

ⓜ 이밖에 지극히 춥거나 더운 환경에서의 작업, 불량한 영양상태와 위생상태 등도 원인으로 꼽힌다.

ⓗ 농부증은 다양한 증상들의 집합으로 나타나지만 국내 여러 통계에 따르면 5~90%가 난치성의 퇴행성 질환으로 악화되는 것으로 나타나고 있다. 농부증이 뇌심혈관계 질환, 신기능부전, 류마티즘 및 퇴행성 관절염의 전주곡이 될 수도 있다는 얘기다.

② 농부증 예방

⃝ 농부증을 예방하려면 과로를 삼가고 부적합한 자세로 장시간 일하지 않도록 작업환경을 개선하는 것이 가장 중요하다.

ⓛ 농사일의 특성상 파종과 수확하는 농번기에는 일이 몰리게 마련이지만 노동량을 최대한 분산시킬 수 있는 방안을 찾아봐야 한다.

ⓒ 요통의 경우 농번기에 늘어난 노동시간과 과도한 작업강도로 인해 일어나는 경우가 많으므로 주의해야 한다. 여성들이 요통을 더 많이 호소하는데 이는 가사노동을 겸하고 다산한 여성이 폐경기를 맞기 때문이다. 남편들이 가사를 분담해 주는 배려가 요구된다.

ⓡ 작업자세를 편안하게 해야 한다. 비닐하우스 등의 재배시설에 레일을 깔아 의자에 앉은 자세로 작업하는 것이 좋은 예다.

ⓜ 농민들은 운동량이 부족하다. 흔히 농부들은 운동이 필요 없다고 생각하기 쉬우나 농사일은 생계수단을 위한 노동이며 운동은 아니다.

ⓗ 노동은 피로를 유발하지만 적당한 운동은 오히려 피로를 해소시키고 같은 노동량에도 덜 지치게 해준다. 따라서 매일 아침 일하려 나가기 전에 가벼운 체조와 조깅 등을 하는 것이 좋다.

ⓢ 농부들의 손발 저림은 운동이 부족해서, 어깨결림 증상은 작업 전후 스트레칭을 하지 않아 생긴다. 균형 잡힌 식생활도 농부증 예방을 위한 방법의 하나다.

ⓞ 탄수화물을 줄이고 대신 단백질, 비타민, 무기질의 섭취를 늘릴 필요가 있다.

ⓩ 농부증은 단일 질환이 아니라 여러 증상이 복합적으로 나타나는 것이므로 체계적인 검진을 통해 그 원인을 밝혀내야 한다. 농민들이 정확한 건강정보를 아는 것도 중요하다.

(3) 농작업별 위험요인과 관련된 직업병

작목 분류	작목 세분류	작목 세세분류	위험 요인	건강 장해
원예	시설 원예	채소	부자연스러운 작업자세와 반복동작, 농약, 밀폐환경, 고온다습, 응애 및 진드기	• 농약에 의한 여러 가지 건강장해(각종 급성증후군, 만성신경 영향, 면역기능 약화 등) • 불편한 자세, 반복적인 동작으로 근골격계 질환(요통, 관절염, 근막통증후군 등) • 유기성먼지에 포함된 알레르기원(응애류, 버섯포자, 꽃가루 등)에 의한 알레르기성 피부염 또는 알레르기성 호흡기질환 • 밀폐 및 고온다습 환경에서의 작업으로 인한 혈압상승, 호흡곤란 등
		화훼	부자연스런 작업자세와 반복동작, 농약, 밀폐환경, 고온다습, 응애 및 진드기, 꽃가루	
		버섯	부자연스런 작업자세와 반복동작, 농약, 밀폐환경, 고온다습, 포자	
	노지 원예	노지채소 (고추 등)	농약, 부자연스런 작업자세와 반복동작, 중량물, 자외선 등	• 농약에 의한 여러 가지 건강장해(각종 급성증후군, 만성신경 영향, 면역기능 약화 등) • 불편한 자세, 반복적인 동작으로 근골격계 질환(요통, 관절염, 근막통증후군 등) • 뜨거운 햇볕(자외선)에 의한 열사병, 피부질환 등
		과수	농약, 부자연스런 자세와 반복동작, 무거운 물체	
수도			농약, 부자연스런 자세와 반복동작, 곡물먼지, 기타 쯔쯔가무시 등 동물매개감염병	• 농약에 의한 여러 가지 건강장해 • 근골격계 질환 • 유기성먼지(곡물분진 등)에 의한 동물매개감염병 등
축산			유기성먼지, 유해가스(암모니아 등), 밀폐환경, 스트레스	• 유기성먼지로 인한 호흡기 질환 및 알레르기성 질환(천식 등), 아주 부패한 사료에서 나오는 엔도톡신에 의한 패혈증 • 고농도 암모니아가스 중독

01 직업성 피부질환에 영향을 주는 직접적인 요인에 해당되는 항목은?

① 연 령 ② 인 종

③ 고 온 ④ 피부의 종류

해설

연령, 인종, 피부의 종류는 피부질환에 영향을 주는 간접적인 요인이다.

02 고온작업자의 고온스트레스로 인해 발생하는 생리적 영향이 아닌 것은?

① 피부와 직장온도의 상승

② 발한(Sweating)의 증가

③ 심박출량(Cardiac Output)의 증가

④ 근육에서의 젖산 감소로 인한 근육통과 근육피로 증가

해설

근육에서의 젖산이 증가되어 근육통과 근육피로가 증가된다.

03 농약 사용 시 주의해야 할 사항으로 옳지 않은 것은?

① 처리시기의 온도, 습도, 토양, 바람 등 환경조건을 고려한다.

② 농약 사용이 천적관계에 미치는 영향을 고려한다.

③ 새로운 종류의 농약 사용에 따른 병해충의 면역 및 저항성 증대를 고려하여 가급적 같은 농약을 연용(連用)한다.

④ 약제의 처리부위, 처리시간, 유효성분, 처리농도에 따라 작물체에 나타나는 저항성이 달라지므로 충분한 지식을 가지고 처리한다.

04 야외의 고온환경에서 장시간 일을 하던 근로자가 쓰러졌을 때 취할 수 있는 적절한 조치는?

① 혈압상승제를 투여한다.

② 산소를 공급해 준다.

③ 소금물을 준다.

④ 얼음물을 준다.

해설

온열질환자 발생 시 서늘하고 시원한 그늘로 옮기고 수분과 전해질을 공급해 준다.

05 항생제를 맞고 나서 맥박이 빨라지고 혈압이 떨어졌을 경우의 증상으로 옳은 것은?

① 상승작용

② 아나필락시스 증상

③ 내출혈 증상

④ 뇌경색 증상

해설

페니실린·코티손·인슐린·예방접종약·그 외 약물 등으로 아나필락시스가 생길 수 있다.

06 일사병 환자에게 취해 주어야 할 우선적인 조치는 무엇인가?

① 찬물을 마시게 한다.

② 머리를 낮추고 얼음찜질을 해 준다.

③ 시원한 곳으로 옮기고 안정시킨다.

④ 설탕물을 마시게 한다.

해설

일사병·열사병 등 온열질환이 발생하면 즉시 환자를 시원한 곳으로 옮기고, 옷을 풀고 시원한 물수건으로 몸을 닦아주어 체온을 방사시킨다.

07 약물중독 환자를 발견했을 때 가장 먼저 해야 하는 조치는?

① 쇼크증상을 관찰한다.

② 약물용기를 확인한다.

③ 물을 마시게 한다.

④ 위세척을 한다.

해설

약물중독 시 섭취한 물질의 종류와 양, 섭취한 시간 등의 병력을 수집하고 환자 주위에서 발견할 수 있는 약물용기를 확인하여 약물을 파악한다.

08 피부층을 피부표면에서 안쪽으로 순서대로 연결한 것은?

① 진피 – 표피 – 피하조직

② 표피 – 피하조직 – 진피

③ 표피 – 진피 – 피하조직

④ 피하조직 – 표피 – 진피

해설

피부층은 표피 – 진피 – 피하조직의 순서로 노출되어 있다.

09 감염병 환자를 따로 격리해 두는 이유는?

① 환자의 프라이버시를 위해

② 환자의 면역증강을 위해

③ 다른 사람에게 감염되는 것을 막기 위해

④ 약물요법을 사용하기 위해

해설

일부 법정 감염병 환자에 대하여 일정 기간 격리를 통하여 타인에 대한 감염을 예방하고 건강을 유지시킨다.

PART 04

농작업 안전생활

농촌생활 안전관리

01 | 농작업 시설 전기·화재안전

1. 전기·화재의 개요

(1) 전기·화재의 정의

전기에 의한 발열체가 발화원으로 작용하는 화재를 말하는 것으로 전기회로 중에 발열이나 방전을 수반하는 장소에 가연물, 가연성가스가 존재할 때 발생하는 화재를 말한다.

(2) 전기·화재 발생원인

① **단락(합선)** : 전선이나 전기기계에 있어서 절연체가 전기적 또는 기계적 원인으로 파괴 혹은 변질되면서 전선의 통로가 바뀌어 단락현상이 일어난다.

② **과전류** : 전선에 전류가 흐르면 Joule의 법칙에 의하여 열이 발생하는데, 과전류에 의하여 이 발열과 방열의 평형이 깨져 발화의 원인이 될 수 있다.

③ **지락** : 전선로 중 전선의 하나 또는 두 선이 대지에 접촉하여 대지로 지락전류가 흐를 때 고전압 회로인 경우 발화원이 될 수 있다.

④ **누전** : 절연이 파괴되어 전류가 대지로 흐르는 것을 누전이라고 하며, 누설전류에 의한 발열의 누적으로 발화가 될 수 있다.

⑤ **접촉부의 과열** : 전기적 접촉 상태가 불완전할 때의 접촉저항에 의한 발열에 의하여 발화의 원인이 된다.

⑥ **절연열화** : 전선의 피복이 경년 변화에 의해 탄화되면 누전현상(도전성)을 일으킨다(트래킹 현상).

⑦ **열적경과** : 열 발생 전기기기를 방열이 잘되지 않는 장소에서 사용할 경우, 열의 축적에 의하여 발화할 수 있다.

⑧ **정전기 스파크** : 정전기 스파크에 의하여 가연성가스에 인화하는 경우가 대부분으로 위험이 가장 크다.

⑨ **낙뢰** : 낙뢰는 정전기에 의한 구름과 대지 간의 방전현상인데 낙뢰가 발생하면 전기회로에 이상전압이 유기되어 절연물을 파괴시킬 뿐만 아니라, 이때 흐르는 대전류로 인하여 화재의 원인이 되는 경우가 있다.

⑩ 기타 발화원에 의한 전기화재

   ㉠ 이동식 전열기 : 전기난로, 전기풍로, 전기다리미, 전기장판, 전기담요, 전기방석, 커피
      포트, 헤어드라이어, 용접기, 기타

   ㉡ 고정식 전열기 : 건조기, 전기로 빵 굽는 기계, 전기부화기, 육추기, 전기히터, 기타

   ㉢ 전기기기 : 형광등, 전등, 네온등, 전기냉장고, 라디오, 오디오, 영사기, 전지, 기타

   ㉣ 배선 : 송·배전선, 인입선, 옥내배선, 케이블, 코드, 기관배선, 배선접촉부, 옥외배선,
      기타

   ㉤ 배선기구 : 개폐기, 과전류차단기, 안전기(두꺼비집), 접속기(콘센트 및 플러그), 스위치,
      지시계기, 기타

   ㉥ 누전 : 몰탈라스, 함석판의 이음매, 벽에 박은 못, 금속판이나 파이프의 접합부 등의
      구조재와 전기기계·기구 및 배선에 의한 것

   ㉦ 정전기 스파크 : 고무레더, 제지용 기계, 롤러 등, 관내 유동액체, 관에서 분출하는 가스,
      분말의 마찰, 기타

⑪ 가스화재

가스는 청정하며 사용이 편리하여 일반적으로 많이 사용되고 있는 연료 중의 하나이다. 그러
나 가스는 공기와 일정 비율로 혼합되어 있을 때 착화되면 급격히 연소·폭발하기 때문에
매우 위험하다. 가스사고는 사람들의 취급 부주의에 의한 것이 대부분이며 그 다음이 제품
및 시설 불량 등에 의한 것으로 나타난다.

   ㉠ 용기밸브 및 조정기를 함부로 만지거나 분해하는 경우

   ㉡ 용기를 옮길 때 밸브의 손잡이를 잡는 경우

   ㉢ 빈 용기라고 밸브를 잠그지 않은 경우

   ㉣ 용기를 직사광선에 방치하거나 넘어지지 않도록 고정하지 않은 경우

   ㉤ 가스밸브는 KS규격품이 아닌 불량품을 사용하는 경우

2. 전기·화재의 위험요인 및 안전대책

(1) 전기·화재의 위험요인

① 전기기계·기구의 절연파괴 등 접지 미실시로 인한 감전 위험

② 분전함 내부의 충전부(부스바 등)에 접촉 시 감전 또는 단락사고 위험

③ 분전함에 케이블을 인입하거나 인출할 때 정해진 경로를 통하지 않아 누전 또는 단락사고가
   발생할 위험

④ 회로도 및 회로명 등을 분전함에 표기하지 않아 오조작에 의한 감전사고 위험

⑤ 전선피복 손상으로 인한 감전, 화재

(2) 전기·화재의 안전대책

① 전기화재의 예방

- ㉠ 이동전선 등 전선피복 손상 부위는 절연테이프로 보수하고 바닥의 물기에 접촉하지 않도록 걸이대에 건다.
- ㉡ 분기회로별로 누전차단기를 설치한다.
- ㉢ 금속제 외함에는 접지를 실시한다.
- ㉣ 분전함 내부 충전부가 노출되지 않도록 보호판, 접촉방지판 등을 설치한다.
- ㉤ 배선용 전선은 가급적 중간에 접속 연결 부분이 있는 것을 사용하지 않는다.
- ㉥ 전기기계·기구의 절연 상태를 주기적으로 측정·관리한다.

② 분전반 관리

- ㉠ 외함에 회로도 및 회로명, 사용전압 및 책임자를 지정, 표시한다.
- ㉡ 분전함 문에는 시건장치를 하고 "취급자 외 조작 금지" 표지를 부착한다.
- ㉢ 부스바(동판)는 코팅 또는 열수축튜브 등으로 절연처리를 하고, 아크릴판 또는 금속제 보호판으로 충전부를 보호한다.
- ㉣ 전원 케이블 인입·인출 시 외함의 지정된 곳에 천공된 구멍을 통하여 실시하고, 케이블 그랜드 등 전용부속품으로 케이블 피복이 벗겨지지 않도록 조치한다.
- ㉤ 설비 정비·보수 시에는 잠금장치(Lock Out) 및 꼬리표(Tag Out)를 부착하여 타인에 의한 조작을 예방한다.

  ※ LOTO(Lock Out, Tag Out) : 정비, 청소, 수리 등의 작업을 수행하기 위하여 해당 기계의 운전을 정지한 후, 다른 사람이 그 기계를 운전하는 것을 방지하기 위하여 기동장치에 잠금장치를 하거나 표지판을 설치하는 등의 조치를 의미한다.

③ 폐쇄형 외함 또는 감전방지용 절연 덮개 설치 장소

- ㉠ 전기기계·기구 : 전동기, 발전기, 변류기, 교류아크 용접기, 전등, 변압기, 축전기, 배전반, 분전반, 접속기, 개폐기, 제어기 등의 외함
- ㉡ 단자부 : 배전반, 분전반, 접속기, 개폐기, 제어기 등의 단자부
- ㉢ 노출·충전부 : 도전체 또는 도체 부분 등 충전부의 노출이 불가피한 전열기의 발열체, 아크로, 용접기 등의 전극 등 제외

④ 출입 금지 또는 방호망 설치

- ㉠ 일반 작업자 출입 금지 : 배전반실, 변전실, 전력개폐소, 발전소 내의 전력실 등
- ㉡ 일반 작업장과 격리 : 배전용 전주, 송전용 철탑

⑤ 누전에 의한 감전 예방을 위한 접지 장소

- ㉠ 전기기계·기구의 금속제 외함·금속제 외피 및 철대
- ㉡ 고정 설치되거나 고정배선에 접속된 전기기계·기구의 노출된 비충전 금속체 중 충전될 우려가 있는 장소
- ㉢ 코드 및 플러그를 접속하여 사용하는 전기기계·기구의 노출된 비충전 금속체

② 수중 펌프를 금속제 물탱크 등의 내부에 설치하여 사용하는 경우, 그 탱크를 수중펌프의 접지선과 접속

⑩ 전동식 양중기의 프레임과 궤도

⑪ 고압(750V 초과 7,000V 이하의 직류전압 또는 600V 초과 7,000V 이하의 교류전압) 이상의 전기를 사용하는 전기기계·기구 주변의 금속제 칸막이·망 및 이와 유사한 장치

⑥ 누전에 의한 감전 예방을 위한 누전차단기 설치 장소

㉠ 대지전압이 150V를 초과하는 이동형 또는 휴대형 전기기계·기구

㉡ 물 등 도전성이 높은 액체에 의한 습윤 장소에서 사용하는 저압(750V 이하 직류전압이나 600V 이하의 교류전압)용 전기기계·기구

㉢ 철판·철골 위 등 도전성이 높은 장소에서 사용하는 이동형 또는 휴대형 전기기계·기구

㉣ 임시배선의 전로가 설치되는 장소에서 사용하는 이동형 또는 휴대형 전기기계·기구

⑦ 누전차단기의 설치방법

㉠ 전동기계·기구의 금속제 외함, 금속제 외피 등 금속 부분은 누전차단기를 접속한 경우에도 접지해야 한다.

㉡ 누전차단기는 배전반 또는 분전반에 설치하는 것을 원칙으로 한다. 다만, 정상운전 시 누설전류가 적은 소용량 부하의 전로에는 분기회로에 일괄하여 설치할 수 있으며, 꽂음접속기형 누전차단기는 콘센트에 연결 또는 부착하여 사용할 수 있다.

㉢ 지락보호 전용 누전차단기는 과전류를 차단할 수 있는 퓨즈 또는 차단기 등과 조합하여 설치한다.

㉣ 누전차단기의 영상변류기에 서로 다른 배선이나 접지선이 통과하지 않도록 한다.

㉤ 서로 다른 중성선이 누전차단기 부하측에서 공유되지 않도록 한다.

㉥ 중성선은 누전차단기 전원측에서 접지, 부하측에는 접지되지 않도록 한다.

⑧ 과전류차단장치 설치방법

㉠ 과전류차단장치는 반드시 접지선이 아닌 전로에 직렬로 연결하여 과전류 발생 시 전로를 자동으로 차단하도록 설치한다.

㉡ 차단기, 퓨즈는 계통에서 발생하는 최대 과전류에 대하여 충분하게 차단할 수 있는 성능을 가져야 한다.

㉢ 과전류차단장치가 전기계통상에서 상호 협조·보완되어 과전류를 효과적으로 차단하도록 한다.

※ 과전류란 정격전류를 초과하는 전류로 단락사고 전류, 지락사고 전류를 포함한다.
※ 과전류차단장치란 차단기, 퓨즈 또는 보호계전기 등과 이에 수반되는 변성기(變成器)를 말한다.

⑨ 안전작업 방법

㉠ 작업 전 전원스위치를 넣을 때 이상 유무를 확인한다.

㉡ 스위치나 개폐기 앞에서 인화성물질 또는 위험성물질을 보관, 취급 및 사용을 금지한다.

㉢ 젖은 손 또는 물기가 있는 장갑 등으로 전기설비를 취급하면 안 된다.

㉣ 전선은 가능하면 통로상에 설치하지 말고 만약, 통로 설치 시 방호덮개를 설치한다.

⑩ 금속제 외함이 있는 경우에는 반드시 접지를 실시한다.

　　　ⓗ 전원 플러그가 손상되어 충전부가 노출된 경우에는 즉시 교체한다.

　　　ⓢ "고장수리" 및 "위험표시" 등의 표찰이 걸려 있는 경우 절대로 손을 대지 않는다.

　　　ⓞ 작업 종료 후에는 반드시 전원을 차단한다.

　⑩ 정전작업 요령의 작성사항

　　작업책임자의 임명과 정전범위·절연용 보호구의 이상 유무 점검 및 활선접근경보장치의 휴대 등 작업 시작 전에 필요한 사항, 전로 또는 설비의 정전 순서에 관한 사항, 개폐기관리 및 표지판 부착에 관한 사항, 정전 확인 순서에 관한 사항, 단락접지 실시에 관한 사항, 전원 재투입 순서에 관한 사항, 점검 또는 시운전을 위한 일시운전에 관한 사항, 교대근무 시의 근무인계에 필요한 사항

　⑪ 국제사회안전협회(ISSA)에서 제시하는 정전작업의 5대 안전수칙

　　ⓐ 작업 전에 전원 차단

　　ⓑ 전원 투입의 방지

　　ⓒ 작업 장소의 무전압 여부 확인

　　ⓓ 단락접지

　　ⓔ 작업 장소의 보호

〈농업용 시설 등의 위험방지〉

양수기, 고압분무기 등 물을 사용하는 장비	• 양수기, 고압분무기 등의 취급 시 신체 일부 등이 물에 젖을 경우 인체의 전기저항이 급격히 저하되어 인체 감전사고의 위험이 높으므로, 전기절연장갑, 절연화 등 절연용 보호구를 착용해야 한다. 물에 젖은 손 등으로 양수기 등을 취급하는 일이 없게 한다. • 기계를 접지하거나 인체감전방지용 누전차단기를 반드시 사용한다. • 위치 이동이 필요할 때에는 반드시 전원 스위치를 끈 후 이동한다. • 논, 밭에 설치하는 양수기용 전선은 반드시 지지대를 세워 땅에서 충분히 띄어서 가공(架空)배선하여야 한다. • 양수기 설치장소가 전기공급 지점에서 멀리 떨어져 있는 경우 전선은 케이블을 사용하여야 한다.
축사 내 보온장치	• 보온등에 사용하는 배선에는 충분한 용량을 가지는 절연전선 또는 케이블을 사용하고 비닐코드를 사용하지 않는다. • 환풍기, 배선의 접속부 등 먼지 퇴적이 많은 곳은 수시로 점검하여 청소하도록 한다. • 헐겁게 끼워진 보온등은 과열로 인해 화재가 발생할 수 있으므로 안전하게 끼워졌는지 확인하도록 한다. • 보온등, 온풍기 등 발열기기 주변에는 인화물질을 제거해준다.
이동전선 접속 사용 시 보호장치	• 이동전선에 접속하여 임시로 사용하는 전등이나 가설의 배선 또는 이동전선에 접속하는 가공매달기식 전등 등을 접촉함으로 인한 감전 및 전구의 파손에 의한 위험을 방지하기 위하여 보호망을 부착하여야 한다. • 보호망 설치 시 준수 사항 　- 전구의 노출된 금속 부분에 근로자가 쉽게 접촉되지 않는 구조로 해야 한다. 　- 재료는 쉽게 파손되거나 변형되지 않는 것으로 한다.

(3) 화재의 종류 및 적용 소화제

구 분	A급	B급	C급	D급
명 칭	일반화재	유류·가스화재	전기화재	금속화재
가연물	목재, 종이 섬유 등	유류 및 가스	전기기계·기구 등	Mg 분말, Al 분말 등
소화효과	냉 각	질 식	질식, 냉각	질 식
적용 소화제	• 물 • 산알칼리 소화기 • 강화액 소화기	• 포말 소화기 • CO_2 소화기 • 분말 소화기 • 할론1211 • 할론1301	• CO_2 소화기 • 분말 소화기 • 할론1211 • 할론1301	• 마른 모래 • 팽창 질석
적용 색상	백 색	황 색	청 색	무 색

(4) 소화의 원리

소화의 원리는 연소의 4요소(가연물, 산소, 점화원, 연쇄반응)를 제거·차단하는 방법이 있다.

① **제거소화** : 가연물의 공급을 중단하여 소화하는 방법

② **질식소화** : 산소(공기) 공급을 차단하여 연소에 필요한 산소농도 이하가 되도록 소화하는 방법

③ **냉각소화** : 물 등 액체의 증발잠열을 이용하여 가연물을 인화점 및 발화점 이하로 낮추어 소화하는 방법

④ **억제소화** : 가연물 분자가 산화됨으로 인하여 연소되는 과정을 억제하여 소화하는 방법

(5) 소화기의 종류

① **가압방식에 따른 분류**

㉠ 축압식은 몸체에 별도의 게이지가 부착되어 가스 충압 여부가 확인 가능하고, 저장용기 내에 분말약제와 가압가스를 같이 축압시켜 약제 방출하는 방식이다.

㉡ 가압식은 소화약제의 방출원이 되는 압축가스를 소화약제가 담긴 본체 용기와는 별도로 전용용기(압력봄베)에 봉입하여 장치하고 압력봄베의 봉판을 파괴하는 등의 조작으로 방출한다.

② **소화약제에 따른 분류**

㉠ 물 소화약제 : 물은 불순물이 없는 깨끗한 물이 적당하며, 냉각작용을 일으켜 소화약제로 적당하다.

㉡ 산 알칼리 소화기 : 산알칼리 소화기는 물 소화기의 일종으로 산과 알칼리의 반응에 의해 생기는 이산화탄소의 가스압력을 이용하여 물을 방출한다.

㉢ 이산화탄소 소화기 : 고압가스 용기에 액화 이산화탄소를 충전한 것으로 용기에서 방사된 후 가스 상태가 되므로 좁은 공간에도 침투가 잘되고, 전기에 대한 절연성을 가지며, 소화약제에 의한 오손이 없으나 다른 소화약제에 비해 소화 효과는 비교적 적다.

ㄹ ABC급 화재용 소화기 : 소화약제로 사용하는 분말은 제1인산암모늄 건조분말을 주성분으로 하는데 방습제 등을 첨가하여 분홍색으로 착색한 것이다. 일반가연물 보통화재(A급화재), 유류/가스화재(B급화재), 전기화재(C급화재) 모두 사용가능하다.

ㅁ 할로겐 화합물 소화기 : 탄화수소의 할로겐 화합물을 소화약제로 사용하며, 할로겐 화합물은 어느 것이나 무색투명의 액체 또는 기체로서 특유의 강한 냄새를 풍긴다.

(6) 소화기 설치 및 취급요령

① 소화기는 보기 쉽고 사용하기 편리한 곳에 설치한다.

② 통행에 지장을 주지 않는 곳에 습기나 직사광선을 피하여 설치한다.

③ 소화기를 사용할 때는 바람을 등지고 방사한다.

④ 이산화탄소 소화기는 지하층이나 창이 없는 층(무창층)에는 설치하지 않아야 하며, 방사 시 노즐 부분의 취급에 주의하여 기화에 따른 동상을 입지 않도록 한다. 그리고 방사된 가스는 호흡하지 않아야 하며, 방사 후 즉시 환기하여야 한다.

⑤ 할론 소화기는 할론1301 소화기 이외에는 창이 없는 층(무창층), 지하층, 사무실 또는 거실로서 바닥 면적 $20m^2$ 미만의 장소에서는 사용할 수 없고, 방사된 가스는 호흡하지 않아야 하며, 방사 후 즉시 환기하여야 한다.

⑥ 소화기를 사용한 후에는 다시 사용할 수 있도록 허가업체에서 소화약제를 재충약하여 설치한다.

⑦ 분말 소화기의 사용온도 범위는 -20℃ 이상, 40℃ 이하이다.

⑧ 소화기는 바닥으로부터 1.5m 이하의 곳에 비치하고 '소화기' 표식을 보기 쉬운 곳에 게시하여야 한다.

3. 사고 시 대처방법

(1) 전기사고 시의 대처

① 우선 전원을 차단하고 피재자를 위험지역에서 신속히 대피시키고 2차 재해가 발생하지 않도록 조치한다.

② 호흡, 의식, 맥박 상태 등을 신속·정확하게 확인한다.

③ 높은 곳에서 떨어진 경우 출혈 상태, 골절 유무 등을 확인한다.

④ 관찰결과 의식이 없거나 호흡 및 심장이 정지해 있거나 출혈이 심할 경우 필요한 응급처치를 실시한다.

⑤ 감전쇼크로 호흡정지 시 약 1분 이내에 혈액 중의 산소함유량이 감소하여 산소결핍 현상이 나타나므로 최단시간 내에 인공호흡을 실시한다.

⑥ 감전사고로 호흡정지가 온 환자의 인공호흡은 분당 12~15회, 실시시간은 30분 이상으로 한다.

⑦ 단시간 내에 인공호흡 등 응급조치를 할 경우 1분 이내 95%, 5분 경과 시 25% 내외로 소생한다.

※ 최소감지전류 : 교류인 경우 사용주파수에서 60Hz에서 건강한 성인남자의 경우 1mA 정도로 감지한다.

(2) 화재사고 시의 대처

화재 발생 시에는 비상조치계획에 의한 행동지침에 따라 침착하게 행동조치하여야 하며 일반적으로 비상조치계획에는 다음 사항이 포함되어 있다.

① 대피 전 주요 공정설비에 대한 안전조치를 취해야 할 대상과 절차
② 비상대피 후 전 직원이 취해야 할 임무와 절차
③ 피해자에 대한 구조응급조치 절차
④ 비상사태 발생 시 내·외부와의 연락 및 통신체계
⑤ 비상사태 발생 시 통제조직 및 업무 분장
⑥ 사고 발생 시 및 비상대피 시의 보호구 착용지침
⑦ 비상사태 종료 후 오염물질 제거 등 수습절차
⑧ 주민홍보계획
⑨ 외부기관과의 협력체계
⑩ 비상시 대피절차와 비상대피로의 지정

(3) 화재 등 비상사태 발생신고

화재·폭발 등 비상사태 발생을 확인한 사람은 비상경보 발신기의 작동 등 비상사태에 따른 응급조치를 취해야 하고 이를 신고한다.

(4) 초기 화재 진압

① 소화기를 이용한 화재 진압
　㉠ 전기기계·기구 또는 전선에서 화재가 발생한 경우 먼저 차단기를 내린 후 소화한다.
　㉡ 가스화재인 경우 가스공급원을 차단한 후 소화한다.
　㉢ 유류화재 시 주위의 유류를 제거한 후 소화한다.
　㉣ 금속화재 시 모래 또는 팽창질석 등으로 덮어서 진압한다.
　㉤ 커튼에 불이 붙었을 때에는 커튼을 떨어뜨린 후 진압한다.
　㉥ 밀폐된 공간에 불이 났을 경우 불을 끄기 위해 출입문을 갑자기 열지 않는다.
　㉦ 초기 소화에 실패하였다면 지체 없이 대피한다.

② 옥내외 소화전을 이용한 화재 진압
　㉠ 소화기로 화재를 진압하지 못한 경우 소화전을 사용한다.
　㉡ 전기가 차단되지 않았을 경우 전기설비 및 전선에 방수하지 않는다.
　㉢ 과다한 물 사용으로 인한 설비파손 피해를 방지한다.
　㉣ 소화전의 방출압력이 강하면 위험하므로 밸브로 압력을 조정한다.
　㉤ 소방대원이 도착하기 전까지 인명대피를 병행하며 화재를 진압한다.

(5) 비상대피

① 침착하고 신속한 태도로 안전한 곳, 지정된 대피장소로 대피한다.

② 연기 속을 피난할 때에는 수건 등에 물을 적셔 입에 대고 낮은 자세로 대피한다.

③ 빨리 대피하기 위하여 승강기는 절대 사용하지 말고 정전 시를 대비한다.

④ 불에서 일단 대피한 후 귀중품을 가지러 다시 들어가지 않는다.

⑤ 불이 난 곳으로부터 아래층 또는 옥상으로 대피한다.

⑥ 피난이 불가능하다고 판단되면 현 위치에서 구조를 요청한다. 수건 등을 흔들어 알린다.

⑦ 연기가 들어오지 않도록 젖은 수건 등으로 문틈을 막는다.

---

02 | 온열·한랭·자외선 안전

1. 온열·한랭·자외선의 유해·위험요인

(1) 온열의 유해·위험요인

① **열사병** : 고열로 인해 발생하는 건강장해 중 가장 위험성이 크며 신체 내부의 체온조절중추가 기능을 잃어 사망에까지 이르게 된다. 증세로는 의식장애, 고열, 비정상적 활력징후, 고온 건조한 피부 등이 있다.

② **열피로** : 땀을 많이 흘린 후에 수분과 염분 손실이 많이 발생되어 두통, 오심, 현기증, 허약증, 갈증, 불안정한 느낌을 받게 되며, 체온이 상승하는데 38.9℃를 넘는 경우는 드물다. 고열환경에서 염분 보충 없이 수분만 섭취할 경우 발생된다.

③ **열경련** : 더운 환경에 과도한 육체작업 시 땀으로 배출된 수분과 염분의 부족으로 발생되며 염분의 손실이 클 경우 근육에 경련을 일으킬 수 있다.

④ **열실신** : 피부의 혈관이 확장되어 전신과 대뇌의 저혈압으로 의식을 잃고 쓰러진다. 심한 신체작업 후에 나타나며 이때 수축기 혈압은 100mmHg이다.

⑤ **열발진** : 작업환경에서 가장 흔히 발생하는 장해로 땀띠라고도 한다.

(2) 한랭의 유해·위험요인

① 동 상

 ㉠ 심한 추위에 노출되어 피부 등이 얼어 조직이 손상되는 상태이다.

 ㉡ 코, 볼, 귀, 손가락 발가락 등의 신체 부위에 잘 발생한다.

 ㉢ 저리고, 따끔거리며, 간지러운 증상이 나타나고 피부가 회백색으로 변하며 붓기도 한다.

 ㉣ 심한 경우 뼈, 근육, 신경의 괴사 및 괴저, 궤양이 생기면서 감각이상, 경직이 나타난다.

② 참호족과 침수족

ⓐ 참호족 : 물이 어는 온도 또는 그 부근의 찬 공기에 발이 오래 접하거나 물에 잠겨 발생한다.

ⓑ 침수족 : 물이 어는 온도 이상의 냉수에 오랫동안 발이 노출되어 발생한다.

• 초기에는 발이 차고 감각이 없으며 붓고 창백해지다가, 2~3일이 지나면 충혈이 나타나고 심한 통증, 부종, 발적, 수포 형성, 출혈 등을 보인다.

• 10~30일 후에는 감각이상으로 통증을 느끼지 못하며 찬공기에 대해 민감하게 반응하여 다량의 땀을 흘리는 증상이 나타난다.

③ 저체온증

ⓐ 체온이 35℃ 이하로 떨어지는 것을 말하며, 주로 기온이 18.3℃ 또는 수온이 22.2℃ 정도에서 발생할 수 있다.

ⓑ 한랭 지방에서 많이 발생하지만 기온과 상관없이 저체온증은 발생할 수 있다.

ⓒ 저체온증은 뇌에 영향을 끼쳐 명확한 의사결정 및 움직임에 악영향을 끼치고 약물이나 음주를 하였을 때 더욱 악화될 수 있다.

ⓓ 술, 약물에 의한 온도조절능력의 상실과 환경적인 원인이 함께 작용하기도 한다.

ⓔ 초기에는 심한 떨림과 냉감각이 생기고, 맥박이 약해지며 혈압이 낮아진다.

ⓕ 점차적으로 떨림이 발작적이고 예측 불가하며, 언어이상, 기억상실, 근육운동, 무력화와 졸음 등을 동반한다.

ⓖ 체온이 하강할 때마다 자극에 대한 반응이 느려지고 신체기능이 급격하게 떨어지며 부정맥, 혼수상태에 이르러 사망까지 하게 된다.

ⓗ 의식이 없는 경우 음료를 주지 않는다.

ⓘ 신속히 병원으로 가거나 119로 신고한다.

ⓙ 겨드랑이나 배 위에 핫팩이나 더운 물통을 올려 놓는다.

(3) 자외선의 유해 · 위험요인

① 눈 : 자외선에 노출 시 눈물이 흐르고 동통, 출혈, 이물감, 안검 경련, 안검 홍반과 종창을 수반하는 급성 광각결막염(Arc Eye)을 일으킬 수 있다.

② 피 부

ⓐ 홍반현상이 일어나며 색소가 침착되면 흑화현상이 일어난다.

ⓑ 홍반현상이 심할 경우 부종과 수포가 함께 일어난다.

ⓒ 피부암은 몸속 세포가 변화를 일으키며 나타난다.

③ 전신작용 : 두통, 흥분, 피로, 불면, 체온 상승 등을 일으킨다.

2. 온열 · 한랭 · 자외선 안전 건강 대책

(1) 온열 안전 건강 대책

① 온열질환은 예방이 중요하므로 물과 염분을 수시로 보충해야 한다.

② 폭염시간대는 농작업 및 야외활동을 피하고, 밖을 나설 때는 챙이 넓은 모자, 여유 있는 긴팔 옷과 바지 등을 착용하여 자외선 노출을 차단해야 한다.

③ 비닐하우스 등 밀폐공간에서의 농작업은 5시간 이하로 제한해야 하며 일하는 중간에 그늘이나 통풍이 잘되는 곳에서 자주 짧은 휴식을 취한다.

④ 고열에 순응할 때까지 고열작업시간을 점차 단계적으로 증가시킨다.

⑤ 온습도를 쉽게 알 수 있도록 온도계 등의 기기를 작업장에 부착한다.

⑥ 여름철 옥외작업의 경우 일정 온도 이상이 되면 옥외작업을 중단한다.

⑦ 작업시간 중간에 주기적으로 휴식시간을 갖는다.

⑧ 물과 식염을 작업공간 곳곳에 비치하고 휴게장소는 고열작업장과 떨어진 시원한 곳에 마련한다.

⑨ 카페인이 함유된 음료, 알코올은 탈수현상을 가중시키므로 삼간다.

⑩ 온열질환 응급환자가 발생할 경우 응급구조방법을 숙지한다.

⑪ 모자, 긴팔 등의 직사광선을 피할 수 있는 대책을 세운다.

⑫ 냉각 젤이나 얼음이 들어 있는 냉각 조끼(Cooling Vest) 등의 냉각도구를 착용한다.

⑬ 힘든 작업은 되도록 시원한 시간대(아침, 저녁)에 한다.

(2) 한랭 안전 건강 대책

① **작업복** : 두꺼운 옷 한 겹보다는 얇은 옷을 여러 겹 겹쳐 입는다.

    ㉠ 제일 안쪽 : 공기가 잘 통하고 땀을 잘 흡수하는 것(면, 합성 메리야스 등)

    ㉡ 중간 : 땀을 흡수하는 동시에 젖었을 때에도 단열효과를 유지하는 것(양모, 오리털, 합성 솜 등)

    ㉢ 가장 바깥쪽 : 짜임새가 치밀하여 바람을 막아 주고 약간의 환기기능이 있는 것(고어텍스 나 나일론 등)

② 손, 발, 머리, 얼굴을 특히 보호한다.

③ 반드시 모자를 쓴다(머리 노출 시 체열의 40%가 발산된다).

④ 양말을 겹쳐 신었을 때 양말이나 신발이 너무 죄지 않도록 주의한다(혈액순환이 억제되어 동상의 원인이 된다).

⑤ 작업복이 젖을 경우에 갈아입을 수 있도록 여분의 옷을 준비한다.

⑥ 여자는 특히 하반신 보온에 신경 쓴다.

⑦ 공복 상태는 금물이므로, 단백질과 지방질을 충분히 섭취하고 더운물, 더운 음식을 섭취한다.

⑧ 고혈압, 류머티즘, 신경통이 있는 사람은 한랭작업에 맞지 않으므로 피하도록 한다.

(3) 자외선 안전 건강 대책

① 오전 10시~오후 3시 사이에는 자외선 조사량이 최대가 되므로, 일광 노출을 피하도록 한다.

② 챙이 넓은 모자, 긴 팔 셔츠(촘촘하게 짠 헐렁한 옷), 긴 바지, 선글라스 등을 착용하여 직사광선에 노출되지 않도록 한다.

③ 자외선 차단제를 바르되, 옷에 가려지지 않는 모든 피부면에 바른다. 미국 암 학회에서는 일광차단지수(SPF)가 15 이상인 것을 권하고 있다. 효과를 보려면 2시간마다 덧발라야 하며, 피부에 흡착되는 시간을 고려하여 햇볕에 노출되기 최소 30분 전에 바른다.

④ 흐린 날씨에도 화상을 입을 수 있고, 스키장이나 눈이 많이 내린 날에 자외선 반사가 많다. 유리창으로도 일부 자외선이 통과되고, 햇빛은 30cm 정도 두께의 물도 통과한다는 점에 유의한다.

⑤ 실내에 자외선 광원이 있다면 작업장의 벽면과 천장은 자외선을 흡수하는 페인트나 도료로 칠해야 한다. 이는 자외선이 벽면 등에 반사되어 작업자에게 흡수되는 것을 막기 위해서이다.

⑥ 자외선 지수를 눈여겨본다. 해당 지역에 내려진 그 날의 자외선 지수를 확인하여, 지수가 높은 날은 작업을 삼가거나 보호를 강화한다.

3. 온열 · 한랭 · 자외선 사고 시 대처방법

(1) 온열질환 사고 시 대처방법

① 열성부종 사고 시 대처방법

㉠ 뜨거운 환경에 노출된 첫 수일 내에 신체가 더워지면서 손, 발, 발목 등이 붓는 것으로 부은 부위를 높게 올려준다.

㉡ 붓기가 빠지지 않으면 병원을 방문하여 치료를 받는다.

② 열경련 사고 시 대처방법

㉠ 환자를 그늘진 시원한 장소로 옮겨 휴식을 취한다.

㉡ 수분이나 전해질 소실로 인해 발생한 증상으로, 소금이 조금 들어간 물이나 이온 음료 등을 통해 수분과 전해질을 공급해 준다.

㉢ 경련이 계속되는 경우 병원으로 이송한다.

㉣ 술이나 카페인이 들어 있는 음료는 피한다.

③ 열실신 사고 시 대처방법

㉠ 시원한 곳으로 가서 누워서 휴식을 취하고, 다리를 높이 올려 주면 저절로 회복된다.

㉡ 의식이 회복되면 입으로 이온음료를 마시게 한다.

④ 일사병의 응급처치

㉠ 환자를 더운 환경에서 그늘지고 시원한 장소로 이동한 후 환자의 의복을 제거하고 꼭 끼는 의복은 느슨하게 해 준다.

㉡ 의식이 있으면 입으로 수분과 전해질 용액을 공급한다(소금을 조금 탄 물 또는 이온 음료).

ⓒ 스펀지에 찬물을 적셔 환자의 몸을 적신 후에 부채질을 해 준다.

ⓒ 의식이 나빠지거나 체온이 더욱 상승하고, 증상이 신속히 호전되지 않으면 즉시 병원으로 이송한다.

ⓒ 체온이 상승된 일사병 환자는 빠른 조치를 취하지 않으면 열사병으로 진행될 수 있다.

⑤ 열사병 사고 시 대처방법

ㄱ 열사병이 의심될 때는 죽음에 직면한 긴급한 사태라는 것을 반드시 인식하고 즉시 119 구급차를 불러야 하며, 구급차가 도착하기 전까지는 서늘한 곳에서 물을 뿌려가며 체온을 내려야 한다.

ㄴ 의식불명 환자 발생 시 우선 '기도 확보' 등 현장 응급처치를 하고 곧장 119로 신고해야 한다.

ㄷ 환자를 시원하고 탁 트인 곳으로 옮기고 젖은 물수건, 에어컨 또는 찬물을 이용해 체온을 낮춘다.

ㄹ 환자의 의식과 호흡을 확인하고, 없으면 심폐소생술을 시행한다.

ㅁ 환자의 머리를 다리보다 낮추고, 오랫동안 구급대를 기다릴 상황이면 욕조에 머리만 남기고 잠기도록 한다.

(2) 한랭질환 사고 시 대처방법

① 저체온증 사고 시 대처방법

ㄱ 가능한 한 빨리 환자를 따뜻한 장소로 이동하여 체온을 유지시킨다.

ㄴ 젖은 옷은 벗기고 건조하고 따뜻한 담요 등을 덮어 준다.

ㄷ 체온 소실의 50% 이상이 머리를 통해 일어나므로 환자의 머리도 감싸 준다.

ㄹ 심장 상태가 불안정하여 부정맥을 초래할 수 있으므로 환자의 움직임을 최소화시킨다.

ㅁ 의식이 있으면 따뜻한 물을 먹이고, 의식과 호흡이 없으면 심폐소생술을 시행한다.

ㅂ 외형상 사망한 것처럼 보이는 환자가 응급처치로 소생하는 경우가 많으므로 최대한 빨리 병원으로 이송한다.

② 동상사고 대처방법

ㄱ 추운 환경으로부터 환자를 따뜻한 환경으로 이동한다.

ㄴ 손상된 부위가 외부의 물리적 자극을 받지 않도록 항상 부드럽게 손상 부위를 보호한다 (손상된 발로 서거나 걷지 않는다).

ㄷ 젖었거나 신체에 끼는 장갑, 신발, 옷, 장식류 등을 제거하고 건조하게 한다. 또한, 소독된 거즈로 소독하고 붕대는 느슨하게 감아 준다.

ㄹ 소독된 마른 거즈를 발가락과 손가락 사이에 끼워 습기를 제거하고, 서로 달라붙지 않도록 한다.

ㅁ 동상 부위를 약간 높게 하여 통증과 부종을 줄여 준다.

ㅂ 동상 부위를 즉시 38~42℃ 정도의 따뜻한 물에 20~40분간 담가 준다.

　　　　⊗ 따뜻하게 보온시키면서 병원을 방문하여 전문적인 치료를 하면 환자의 통증을 경감시킬
　　　　　수 있다.
　　③ 동상사고 대처 시 주의사항
　　　　㉠ 뜨거운 물에 넣지 않는다(조직손상 가능).
　　　　㉡ 수포(물집)는 터트리지 않는다(감염 가능).
　　　　㉢ 동상 부위는 얼음이나 눈으로 문지르거나 마사지하지 않는다.
　　　　㉣ 손상 부위나 몸에 급격한 온도 변화를 가하지 않는다.
　　　　㉤ 환자가 절대로 술을 마시지 않도록 한다(혈관 확장-저체온증 유발).
　　　　㉥ 환자가 절대로 담배를 피우지 않도록 한다(혈관 수축-혈액순환 방해).
　　　　⊗ 뜨거운 난로나 장작불 등 직접적인 열을 가하지 않도록 한다.
　　　　㉧ 일단 녹은 부위는 다시 얼지 않도록 하며 다시 얼게 될 가능성이 있으면 동상 부위를
　　　　　그대로 하여 병원으로 이송시킨다.

(3) 자외선 질환 사고 시 대처방법

　　① 거울을 자주 보면서 익상편이 커지고 있는지 스스로 잘 관찰해야 한다.
　　② 충혈, 자극감 등 염증이 있다면 안과를 방문해서 치료를 받는 것이 좋다.
　　③ 안구건조증이나 만성결막염이 있는 경우 건조해지지 않도록 인공누액을 자주 사용한다.
　　④ 직사광선을 피하기 위해 모자나 선글라스를 사용하면 도움이 된다.
　　⑤ 건조한 계절에는 실내의 습도를 높인다.
　　⑥ 환기에 유의해서 공기를 깨끗하게 해 준다.

---

03 ｜ 가축, 야생동물, 곤충 등 관련 안전

1. 가축, 야생동물, 곤충 등 유해 위험요인

(1) 광견병

　　① 광견병의 개요
　　　　㉠ 동물에게 물린 경우 대부분에서 심각한 출혈은 발생하지 않으나 2차 감염은 물론 인대,
　　　　　근육, 혈관 또는 신경 등에 심각한 손상이 발생할 수 있다. 대부분의 동물 교상은 개에
　　　　　의해 발생하며, 그 외 고양이, 야생동물에 의해 발생하기도 한다.

ⓒ 광견병은 일차적으로 동물의 질병이며 병명과 달리 광견병의 발생은 일반적으로 애완용 개보다는 가축인 소, 돼지와 야생동물인 너구리, 박쥐, 야생 개 등에 물렸을 경우 더 높은 빈도로 발생한다. 사람 광견병의 역학은 동물 광견병의 분포와 사람과의 접촉 정도에 따라 다르게 나타난다.

② 광견병 발생 현황

ⓐ 개에 대해 광견병의 예방접종이 보편화된 지역(미국, 캐나다, 유럽)에서는 5%만 개에게서 동물 광견병이 발생한다.

ⓑ 개 광견병의 예방접종이 잘 이루어지지 않는 지역(아시아의 대부분의 개발도상국과 아프리카, 라틴아메리카)에서는 광견병의 90%가 개에서 발생하고 있다.

ⓒ 현재 전 세계적으로 매년 약 40,000~100,000명이 광견병으로 사망한다.

③ 광견병 매개동물

ⓐ 광견병을 매개하는 주요한 야생동물은 개(전 세계 특히 아시아, 라틴아메리카, 아프리카에서 가장 중요한 매개동물), 여우(유럽, 북극, 남아메리카), 미국 너구리(미국 동부), 스컹크(미국 중서부, 캐나다 서부), 코요테(아시아, 아프리카 그리고 북아메리카), 몽구스(노란 몽구스는 아시아와 아프리카, 인디안 몽구스는 카리브 해안), 박쥐(흡혈박쥐는 북멕시코로부터 아르헨티나까지, 초식박쥐는 북아메리카와 유럽) 등이다.

ⓑ 광견병 바이러스를 보유하고 있는 동물은 몇 개의 섬(하와이, 영국)과 오스트레일리아, 남극을 제외한 대부분의 지역에서 발견된다.

④ 광견병 전파방법

ⓐ 광견병 바이러스의 전파는 감염된 숙주의 오염된 침에 의해 이루어진다고 알려져 있고, 가장 일반적인 광견병 바이러스의 전파는 광견병에 걸린 동물에게 물렸을 때이다.

ⓑ 옷, 침구 등은 매개물에 의해서는 전파되지 않는다고 알려져 있어, 광견병에 걸린 동물과 접촉 후 광견병으로 진행될 위험은 동물에 물렸는지 긁혔는지, 물린 횟수, 물린 깊이 그리고 상처 부위에 따라 결정한다.

⑤ 광견병 증상

〈인간에서 나타나는 광견병 단계〉

임상 단계	정 의	대략적인 기간	일반적인 증상, 징후
잠복기	노 출	20~29일	없다.
전구기	첫 번째 증상	2~10일	물린 부위의 통증 혹은 감각 이상, 전신 쇠약, 기면, 두통, 발열, 오심, 구토, 식욕 감퇴, 불안, 초조, 우울
급성 신경학적 양상	첫 번째 신경학적 징후	2~7일	불안, 초조, 우울, 과다호흡, 저산소증, 실어증, 근육운동 실조, 부전 마비, 공수증, 식도 경련, 혼돈, 섬망, 환각, 현저한 과민반응
혼 수	혼수상태 발병	0~14일	혼수, 저혈압, 과소호흡, 무호흡, 뇌하수체 기능 장애, 부정맥, 심장 정지
회 복	사망 또는 회복 시작	수개월	기흉, 혈관 내 혈전증, 2차 감염

- 서로 눈을 마주친 경우에는 뛰거나 소리 지르기보다는 침착하게 움직이지 않는 상태에서 멧돼지의 눈을 똑바로 쳐다본다(뛰거나 소리치면 오히려 멧돼지가 놀라 공격한다).
- 멧돼지를 보고 소리를 지르거나 달아나려고 등을 보이는 등 겁먹은 모습을 보여서는 안 된다. 야생동물은 직감적으로 겁먹은 것으로 알고 공격하는 경우가 많다.
- 멧돼지에게 해를 입히기 위한 행동을 절대로 해서는 안 된다.
- 멧돼지는 적에게 공격을 받거나 놀란 상태에서는 흥분하여 움직이는 물체나 사람에게 저돌적으로 달려와 피해를 입힐 수 있기 때문에 가까운 주위의 나무, 바위 등 은폐물에 몸을 신속하게 피한다.

(2) 뱀에 의한 교상

① 뱀에 의한 교상의 개요

 ㉠ 뱀 교상에 의한 피해자는 뱀의 활동이 활발한 더운 여름과 가을에 집중되어 발생한다.

 ㉡ 과거에는 독사 교상에 의한 사망률이 25% 정도로 추정되었지만, 최근 뱀의 해독제와 응급처치술의 발달로 현재 사망률은 0.5% 이하로 감소하였다.

② 뱀의 분류

 ㉠ 뱀은 크게 독이 있는 독사와 독이 없는 구렁이 등으로 나눌 수 있으며 독사와 구렁이는 뱀의 머리 생김새, 눈동자 모양 그리고 물린 부위의 이빨 자국으로 감별할 수 있다.

 ㉡ 독사의 머리는 위에서 보았을 때 삼각형인데 비해 구렁이는 비교적 둥근 모양을 하고 있으며, 독사의 이빨은 두 개이고 구렁이는 이빨이 많아서 물린 부위의 모양으로 판단하는 경우가 많다.

 ㉢ 우리나라에서 서식하는 독사는 살모사, 까치살모사, 불독사의 세 종류가 있다.

- 독사의 구분
  - 뱀의 독소에 따라 신경계를 마비시켜 호흡곤란 등으로 단시간 내에 사람을 사망시키는 신경 독소를 가진 독사 종류(코브라)와 혈액과 조직에 손상을 일으키는 혈액 독소를 가진 독사(대부분 우리나라에 서식하는 독사)로 구분할 수 있다.
  - 혈액 독소를 가진 독사에게 물린 경우 급사를 하는 경우는 흔하지 않으며, 초기에 적절한 응급처치와 치료를 받는 경우 생존율이 매우 높은 것으로 알려져 있다. 그러나 처치가 부적절했거나, 치료가 늦은 경우, 소아나 노인 환자의 경우에는 합병증으로 사망하기도 한다.

- 살모사
  - 살모사는 양측에 함몰이 있어서 소와 살모사(Pit Viper)라고도 불리우며, 소와는 눈과 비공 사이 아래쪽 중앙에 위치한다.
  - 소와는 열감지기관이며, 온혈동물 또는 포식동물을 추적하는 데 사용된다. 살모사의 송곳니는 짧고 고정되어 있고 산호 독사의 송곳니와 비교하여 입 천장에 접혀져 있다.

- 살모사 교상 후 중독의 심각도(Severity)는 다양한데 살모사 교상의 분류는 일반적으로 국소 그리고 전신 손상의 정도에 따라 경도, 중등도, 중증도로 나뉜다.

〈살모사 중독의 정도〉

경미한 중독	• 교상 부위에 국한된 부종, 홍반 또는 반상 출혈 • 전신증상과 징후는 없거나 경미하고, 응고검사는 모두 정상 • 검사실 이상 소견 없음
중증도 중독	• 교상 부위 사지 전체를 침범하고 천천히 퍼져 나갈 수 있는 부종, 홍반 또는 반상 출혈 • 생명을 위협하지 않는 전신증상과 오심, 구토, 구강 감각 또는 미각 이상, 경도의 저혈압(수축기 혈압 > 80mmHg), 경도의 빈맥, 빈호흡 • 응고검사상 이상 소견이 나타나지만 임상적으로 의미 있는 출혈은 없음 • 다른 검사실 소견상 심한 이상은 나타나지 않음
중증 중독	• 사지 전체에 빠르게 전파되는 부종 또는 반상 출혈 • 전신증상과 징후의 현저한 이상, 심한 의식의 변화, 오심, 구토, 저혈압(수축기 혈압 < 80mmHg), 심한 빈맥, 빈호흡 또는 다른 호흡 이상 • 심한 출혈이 동반된 응고검사 이상 소견이 있거나 또는 자연 출혈의 위험이 있는 경우, PT, aPTT가 측정 안 되거나 혈소판 < 20,000μL, 섬유소원 측정 불가, 다른 검사실 소견상 심한 이상은 중증 중독을 고려함

③ 뱀에 의한 교상의 증상 및 진단방법

㉠ 송곳니 자국의 유무와 뱀에 노출된 병력(야외에 산책한 병력 등)을 근거로 하여 진단한다.

㉡ 임상적으로 손상은 3단계의 양상이 있다.

- 국소 손상 : 부종, 동통, 반상 출혈
- 응고 장애 : 혈소판 감소증, 프로트롬빈 시간 연장, 저섬유소원 혈증
- 전신작용 : 구강 종창 또는 이상 감각, 입의 금속성 맛 또는 고무 맛을 느낌, 저혈압, 빈맥 등

㉢ 위의 임상 손상 중 어느 하나라도 나타나면, 중독 징후가 발생되었음을 시사한다. 교상 후 8~12시간 동안에도 3가지 양상이 모두 발현되지 않으면 독의 주입은 없다고 본다.

(3) 절지곤충(동물 등)에 의한 교상

① 절지동물에 의한 교상의 증상

㉠ 국소반응

- 국소반응은 침에 쏘인 부위가 현저하고 지속적인 부종으로 나타난다. 비록 전신 증상이나 징후가 없지만, 심한 국소반응이 하나 이상의 이웃하는 관절을 침범할 수 있다.
- 구강 또는 인후부의 국소반응은 기도 폐쇄를 유발할 수 있다. 안구 주위 또는 안검 부위에 침을 쏘이면 전 수정낭 백내장(Anterior Capsule Cataract), 홍채 위축, 수정체 농양, 안구 천공, 녹내장 또는 난치성 변화가 발생할 수 있다.

㉡ 독성반응

- 여러 차례 벌침에 쏘이면, 침독에 의해 전신 독성반응이 발생될 수 있다. 독성 반응의 증상은 아나필락시스 반응과 유사하나 주로 오심, 구토, 설사로 나타난다.

- 어지러움과 실신도 흔한 징후이다. 두통, 발열, 기면, 불수의근의 경련, 두드러기 없는 부종, 그리고 때때로 경련도 나타기도 한다. 비록 호흡 부전과 심정지가 발생할 수 있지만 두드러기와 기관지 경련은 나타나지 않는다.
- 이 외에 파종성 혈관 내 응고(DIC)와 신부전, 간부전이 보고된 바 있다. 증상은 대개 48시간 이내에 사라지나, 몇몇의 경우는 수일 간 지속되기도 하며 독성반응은 침독이 여러 장기에 직접 작용하여 발생되는 것으로 여겨진다.

ⓒ 아나필락시스 반응
- 아나필락시스 반응은 경미한 증상에서 치명적인 증상까지 다양하게 나타나며, 수분 이내에 사망할 수도 있다. 이러한 반응은 첫 15분 이내에 나타나며 6시간 이내에 거의 전부에서 나타난다.
- 벌침에 쏘인 횟수와 전신반응과는 상관관계가 없으며 벌침에 의한 자상 후 1시간 이내 사망은 대개 기도 폐쇄 또는 저혈압에 기인한다.

ⓔ 지연반응
- 침에 의한 자상 후 10일에서 14일 경과 후 지연반응이 나타난다. 이는 발열, 권태, 두통, 두드러기, 림프절 장애, 다발성 관절염 같은 혈청병양 징후 및 증상으로 발현된다.
- 종종 환자가 벌침에 쏘인 것을 잊고 나중에 갑자기 발현된 증상에 의아해할 수 있으며 이러한 반응은 면역복합체 매개성 반응과 유사하다.

ⓜ 드문 반응
- 드물게 벌목 독액에 의해 신경학적·심혈관적·비뇨기적 증상과 뇌질환, 신경염, 혈관염, 신증(Nephrosis)징후가 발생한다.
- 벌목 벌침에 의한 결과로 발생된 길랭-바레증후군(Guillain-Barre증후군)이 보고된 바 있다.

② 지네에 의한 교상
ⓐ 시골이나 습지, 섬 지방 등에서 흔히 발생된다.
ⓑ 노랑머리 왕지네류에 의한 교상이 가장 흔하다.
ⓒ 교상 부위의 통증, 부종, 홍반 등의 증상을 나타내고, 전신증상과 치명적인 경우는 드물다.

2. 가축, 야생동물, 곤충 등 안전대책

(1) 광견병 안전대책

① 광견병 노출 전 안전대책

  ㉠ 백신접종 : 일반적인 사람을 대상으로는 광견병에 걸린 동물에 노출되기 전에 예방접종은 권고되지는 않으나 직업상 광견병의 위험에 노출된 사람들에게 권장된다.

- 실험실에서 광견병을 연구하는 경우
- 광견병 백신 관련 물질 생산에 관여하는 경우
- 동굴 탐험가
- 수의사·수의과 학생 및 동물병원 직원들
- 조련사 등 야생동물을 다루는 사람
- 광견병 풍토성이 있는 지역을 30일 이상 방문하는 여행자
  - 첫 회를 맞고, 7일 후에 2차 접종, 첫 접종 21일 또는 28일 후에 3차 접종을 실시한다.
  - 추가 접종은 보통 광견병에 대한 노출 위험이 유지되는 경우에는 2년마다 실시하지만 살아 있는 광견병 바이러스를 연구하는 실험실에서는 매 6개월마다 항체가를 측정하여 필요한 경우 추가 접종을 실시한다.

  ㉡ 일반적인 예방

- 낯선 개에게 접근하지 않는다.
- 개와 맞닥뜨렸을 때 결코 도망가거나 비명을 지르지 않는다.
- 개가 다가오면 조용히 발을 모으고 주먹을 쥔 채 양팔은 가슴 위에 팔짱을 끼고 나무처럼 조용히 서 있는다.
- 개 때문에 쓰러졌을 때에는 다리를 모으고 얼굴을 땅에 대고 양쪽 아래 팔로 귀를 덮은 채 주먹을 목뒤로 하고 통나무처럼 가만히 엎드려 있는다.
- 먹고 있거나 잠자거나 새끼를 돌보고 있는 개들을 방해하지 않는다.
- 개가 먼저 냄새를 킁킁거리며 맡기 전까지는 개를 쓰다듬거나 어루만지지 않는다.

② 광견병 노출 후 안전대책

  ㉠ 노출 상처 소독

- 파상풍 예방, 상처 소독, 세균 감염을 막기 위한 조치, 광견병 예방을 위한 평가가 이루어진다.
- 비누와 흐르는 물로 상처를 씻어 주는 것이 광견병을 예방하기 위한 매우 중요한 과정으로, 동물실험이지만 단순한 상처 소독으로도 광견병이 생길 수 있는 확률을 현저하게 낮출 수 있다.

  ㉡ 광견병 처리절차

- 사건이 일어난 곳의 지리학적 위치, 동물의 종류, 그리고 노출이 발생한 형태, 동물의 예방접종 여부, 광견병 검사를 위해 동물을 안전하게 잡았는지의 여부를 확인한다.

- 사람을 문 건강한 개나 고양이 또는 흰족제비를 가두고 10일간 관찰해야 하며, 관찰기간 동안 광견병의 병세가 나타나는지 주의 깊게 살펴본다.
- 사람을 물었던 동물이 죽은 경우 : 냉동이 아닌 냉장의 상태로 병원으로 가져와야 하며 필요시 동물의 뇌에서 광견병 바이러스를 추출해야 하기 때문에 머리, 뇌 부분이 손상되지 않도록 한다.

© 광견병 예방접종(노출 후)
- 일반적으로 28일에 걸쳐 인간 광견병 면역글로불린(HRIG ; Human Rabies Immune Globulin) 1회와 광견병 백신 5번을 접종한다.
- 인간 광견병 면역글로불린과 첫 번째 광견병 백신 투여는 노출 후 가능한 한 빨리, 24시간 이내에 한다.

(2) 뱀에 의한 교상 안전대책

① 비 온 뒤에 몸을 말리기 위해 자주 출몰하고, 건드리거나 화나게 하지 않으면 자연스럽게 도망가므로 뱀의 특성을 잘 이해하고 주의한다.
② 뱀에 물릴 가능성이 높고, 야생조수보호법에 의해 처벌받을 수도 있으니 뱀을 잡지 않는다.
③ 칡덩굴 내부, 주변에 뱀이 많이 서식하고 있으니, 칡덩굴 제거 시에는 반드시 뱀 출몰에 주의한다.
④ 뱀 출몰 시 깜짝 놀라 넘어지거나, 발을 헛디뎌 뱀을 밟으면, 물릴 수 있으니 침착하게 행동한다.

(3) 절지곤충(동물 등)에 의한 교상 안전대책

① 가정이나 건물 밖, 정원에 있을 수 있는 벌목의 둥우리를 찾고 파괴한다. 날씨가 따뜻해질 때 시작해서 첫 서리가 내릴 때까지 주기적으로 시행한다. 그러나 곤충 알레르기가 있는 사람은 작업을 피하며 알레르기가 없는 사람 혹은 곤충 박멸 전문가가 시행한다.
② 맨발 또는 샌들을 신고 외출하지 않는다.
③ 야외에서는 연한 색의 옷을 입고 밝은 색 또는 화려한 무늬의 옷은 피한다.
④ 따뜻한 계절에는 향기나는 로션, 향수, 샴푸의 사용을 가급적 피한다.
⑤ 야외에서 일할 때는 긴 소매옷, 긴 바지, 장갑을 착용한다. 독침을 가진 곤충이 뒤얽혀 자극이 될 수 있는 느슨한 옷과 곤충을 유혹하는 밝은 장신구는 삼간다. 가죽제품은 벌목을 유혹하며 자극할 수 있으므로 피한다.
⑥ 곤충에 심한 알레르기가 있는 사람은 잔디 깎기, 꽃 따기, 가지치기를 해서는 안 된다. 또한 야외에서는 달콤한 음식, 음료수는 조심하고 쓰레기통 근처나 과일이 떨어져 있는 과일나무 등은 피한다.
⑦ 벌목과 마주치게 되면 때리거나 급하게 움직이지 않는다. 가능한 한 천천히 침착하게 그 장소를 피하고 피할 수 없다면 땅 위에 눕고 팔로 머리를 감싼다.

⑧ 벌의 활동시기가 왕성한 여름철에 제초, 진입로 작업 등 산림작업 시에는 벌에 의한 피해를 예방하기 위한 벌망 착용 및 방제조치를 철저히 한다.

⑨ 알레르기가 심한 경우 아나필락시스 쇼크에 의한 사망에 이를 수 있으므로 에피네프린 주사제를 사전에 처방받아 응급 시에 사용할 수 있다.

3. 사고 시 대처방법

(1) 광견병 응급대처방법

① 상처관리

㉠ 상처에서 출혈이 심하지 않다면 비누와 흐르는 물로 깨끗이 5~10분간 씻는다. 이때 상처를 문지르면 상처를 더욱 악화시킬 수 있으므로 피하며 약간의 피가 흐르도록 하여 상처 내 남아 있는 세균이 상처 밖으로 흘러나오게 한다.

㉡ 일반적으로 흐르는 물로도 세균을 상처에서 제거하는 데 크게 도움이 되나 만약 아이오드 액(베타딘) 같은 소독제가 있는 경우 100배로 희석하여 상처를 씻어 주면 광견병바이러스 제거에 도움을 준다.

㉢ 상처에 출혈이 있는 경우 소독된 거즈나 붕대, 깨끗한 수건이나 옷 등을 이용하여 출혈 부위를 직접 압박하여 출혈을 억제한다.

② 의료기관을 방문

㉠ 상처 세척 및 소독, 항파상풍 주사, 봉합술 등을 시행하는데, 파상풍 예방접종 경력과 시기에 대한 정보를 의료진에게 정확히 전달한다.

㉡ 개에 물린 상처에 민간요법에 따라 된장을 바르거나, 피가 난다고 지혈가루를 뿌리는 것은 상처 치료에 도움이 되지 않으며, 오히려 2차 감염의 위험을 높인다.

㉢ 유아 및 어린이들은 피부 조직이 부드럽고, 두께가 얇아 개에 심하게 물리면 목숨이 위험할 수도 있으므로 현장에서 빨리 개와 격리시키고, 단순히 환아의 상처만 보지 말고 호흡과 맥박 상태 등을 확인한다.

(2) 뱀에 의한 교상 시 응급대처방법

① 뱀과의 격리 : 더 이상의 물림을 방지하기 위해 환자를 뱀이 없는 안전한 곳으로 옮긴다. 뱀은 재공격하는 경우가 흔하며, 몸이 잘린 후에도 20분 정도는 움직이므로 뱀을 잡는 행위나 설사 뱀을 잡았더라도 극도의 주위를 요한다.

② 환자관리

㉠ 환자를 안정시키도록 하며 흥분해서 걷거나 뛰면, 독이 더 빨리 퍼지므로 주의한다.

㉡ 팔을 물렸을 때는 반지와 시계를 제거한다. 그냥 두면 팔이 부어오르면서 손가락이나 팔목을 조여 혈액순환을 방해할 수도 있다.

ⓒ 물린 부위는 비누와 물로 씻어낸다.

ⓔ 물린 부위는 움직일수록 독이 더 빨리 퍼지므로 움직이지 않게 고정시키고, 심장보다 아래에 위치시켜 독이 심장 쪽으로 퍼지는 것을 지연시킨다.

ⓜ 물린지 15분 이내인 경우에는 진공흡입기를 사용하여 독을 제거한다. 하지만 진공흡입기가 없거나, 의료기관이 1시간 이상 거리에 떨어져 있는 경우 입으로 상처를 빨아 독을 제거해 볼 수 있으나 입안에 상처가 있는 사람이 빨아서 독을 제거할 경우 오히려 입안의 상처를 통해 독이 흡수될 수 있음을 반드시 주지한다.

ⓗ 상지에서 40~70mmHg의 압력으로 물린 부위 전체에 압박 붕대를 하는 것과 하지에서 55~70mmHg의 압력으로 압박 붕대를 하는 것이 효과적이며 안전한 방법으로 뱀독이 퍼지는 것을 막아 준다.

ⓢ 최대한 빨리 항독소가 있으면서 적절한 치료를 받을 수 있는 의료기관을 1399로 문의하여 병원으로 이송한다.

ⓞ 모든 응급의료기관에서는 초기 독사 교상 처치 시 전문생명유지술(Advanced Life Support)을 시행해야 한다. 환자에게 저혈압이 발견되면 초기 치료로 등장성 수액을 빠르게 정주해야 한다. 다른 보존적 치료로는 독의 흡수를 감소시키기 위해 사지를 고정한다. 경증의 경우를 제외한 모든 환자에서 독사 중독치료에 익숙한 의사나 독물센터에 자문을 의뢰한다.

ⓩ 진행되는 증상이나 징후를 보이는 모든 뱀 교상 환자는 즉시 항독소를 투여받는다. 진행되는 소견으로는 국소 손상이 악화되는 경우(동통, 반상 출혈 또는 종창), 검사실 이상 소견(혈소판 감소, 응고시간 지연, 섬유소원 감소) 또는 전신증상(불안정한 생체 징후, 의식의 변화) 등이 있다.

ⓒ 급성 알레르기 반응이 발생하면 즉시 주입을 멈추고 항히스타민제를 투여하며 반응의 정도에 따라 에피네프린을 투여한다.

ⓚ 저혈압이 발생하면 등장성 수액의 투여 후 승압제를 투여한다. 응고 장애가 있을 때는 항독소가 최상의 치료지만 출혈 발생 시 혈액 성분 제제의 보충이 필요하다. 교상 후 다른 합병증으로는 구획(Compartment) 증후군이 있다. 교상으로 구획 안에 독액이 주입되면 구획 압력이 증가할 수 있으며 임상 양상으로는 구획 안에 국한된 심한 동통이며 마약성 진통제에 호전되지 않는다.

(3) 절지곤충(동물 등)에 의한 교상 시 응급대처방법

① 더 이상의 쏘임을 방지하기 위해 환자를 벌이 없는 안전한 곳으로 이동한다.

② 피부에 벌침이 박혀 있는지를 살펴보며 피부에 남아 있는 경우에는 침을 손톱이나 신용카드 같은 것을 이용하여 피부와 평행하게 옆으로 긁어 주면서 제거한다. 핀셋 또는 손가락을 이용하여 침의 끝부분을 집어서 제거하지 않도록 유의한다.

③ 침이 피부에 없거나 제거한 후에는 벌에 쏘인 자리를 비누와 흐르는 물로 씻어 2차 감염을 예방한다. 쏘인 부위에 얼음주머니를 15~20분간 대주어 붓기를 가라앉히고, 통증 감소 및 독소의 흡수속도를 느리게 할 수 있다. 쏘인 부위는 심장보다 낮게 위치하도록 하여 독소가 심장으로 유입되는 속도를 늦춘다.

④ 쏘인 부위에 가려움과 통증만 있는 국소적 증상만 있는 경우는 피부에 스테로이드 연고를 바르면 가려움증에 도움이 되고, 진통제는 통증을 줄이는 데 도움이 된다.

⑤ 기존에 벌 알레르기가 있는 사람 또는 벌에 쏘인 후에 몸이 붓고, 가렵고, 피부가 창백해지고, 식은땀이 나는 증세, 두통, 어지럼증, 구토, 호흡곤란, 경련 및 의식 저하 등의 전신성 과민성 반응이 나타나는 경우에는 즉시 필요한 응급조치(심폐소생술 등)를 시행하면서 신속히 의료기관으로 이송한다.

⑥ 전신성 과민반응이 나타나는 사람에 한해서 독이 몸으로 퍼지는 것을 늦추기 위해 쏘인 부위에서 약 10cm 정도 상방(심장에 가까운 쪽)에서 압박대로 폭이 넓은 헝겊이나 끈(2cm 이상 폭)으로 피가 통할 정도로 묶어 준다. 압박대를 너무 꽉 조이는 경우에는 오히려 피가 통하지 않아 2차적 손상이 발생할 수 있으므로 압박대를 사용하는 경우에는 동맥은 차단하지 않고, 정맥의 흐름만 차단할 수 있는 정도의 힘으로만 조인다. 이송 중 가끔씩 묶인 부위를 관찰하면서 피부의 색깔이 보라색으로 변할 경우에는 압박대를 잠시 제거하여 피를 순환시킨 후에 다시 압박대로 묶는다.

⑦ 아나필락시스 때 가장 중요한 약물은 에피네프린이며, 피하 주사 또는 근육 내 주사하며 주사 부위를 마사지하여 약물의 흡수를 촉진시킨다. 표준 항히스타민제와 H2-수용체 길항제의 정맥 내 투여도 할 수 있다. 기관지 경련은 기관지 확장제를 분무하여 치료한다. 저혈압 시 다량의 수액 투여가 필요하고 일부 환자는 중심 정맥압 측정을 할 수 있다. 다량의 수액 공급에도 저혈압이 지속되면 혈압을 상승시키는 치료도 필요하며 심한 전신반응이 나타난 환자는 입원하여 심장, 출혈, 신장, 신경계 합병증의 발생 여부를 관찰한다.

04 | 기타 농촌생활 안전

1. 지역사회 교통안전

(1) 운행 전 안전점검

① 농기계 또는 자동차를 운전하기 전에는 타이어의 공기압 및 상태를 점검한다. 각종 등화장치의 작동 상태와 벨트의 상태도 확인한다.

② 엔진오일, 냉각수, 브레이크액 등의 수준과 누유 여부도 확인한다. 특히, 안전 문제와 직결된 브레이크와 타이어 계통의 점검을 철저히 해야 한다.

(2) 운전석 조정

① 초보운전의 경우 핸들을 기준으로 운전석의 위치를 조정하는 경우가 많다. 그러나 양팔은 어느 정도 동작이 자유로운 반면, 다리는 고정된 상태에서 자유롭지 못하게 되는데 상체보다는 하체의 편리한 동작을 더욱 중요시해야 한다.

② 특히 클러치는 밟는 힘의 강약에 따라 작동에 미묘한 차이가 있고, 사용 횟수도 많기 때문에 핸들보다는 클러치 페달을 기준으로 운전석의 위치를 조정해야 한다.

③ 이때 페달과 운전석의 거리가 너무 가까우면 클러치 감각이 둔해지고, 가속페달을 밟는 발목의 각도가 좁아져 다리에 피로가 빨리 오게 되므로 운전자의 체형에 맞게 운전석의 위치 조정을 잘 해주어야 한다.

(3) 안전벨트 착용

① 안전벨트 착용

㉠ 안전띠를 매지 않은 상태에서 팔다리로만 버틸 수 있는 힘에는 한계가 있다. 두 팔로 버틸 수 있는 힘의 한계는 약 50kg, 두 다리로만 버틸 때에는 100kg 정도이다. 결국 팔다리로 충돌 시의 관성을 이겨낼 수 있는 힘은 100~150kg 정도에 불과하다.

㉡ 관성력은 자동차가 7km로 주행하다 충돌했을 때의 충격력에 해당하므로 사지의 힘만으로 충격을 견딜 수 있는 힘은 거의 없다고 할 수 있다.

㉢ 그러나 안전띠는 2,720kg의 힘을 견뎌낼 수 있는데 이는 시속 150km 정도의 충격력을 지탱할 수 있는 힘이 된다고 한다. 자신의 안전을 위해 안전띠의 착용은 선택이 아니라 필수라고 할 수 있다.

② 안전벨트 미착용 시

㉠ 주행 중인 자동차 또는 트랙터가 장애물과 충돌하면 안전띠를 매지 않은 운전자는 관성에 의해 핸들, 앞 차창, 계기판, 천장 등에 부딪치게 되고, 또한 자동차의 경우 조수석에 탑승한 동승자는 앞 차창을 깨고 차 밖으로 튕겨 나갈 위험성이 크다.

㉡ 또한 고속 주행 상태에서는 몸이 차 밖으로 튕겨나가 노면에 떨어지는 제2의 충격을 받게 되고, 주위에서 주행 중인 차에 의해 제3의 충격까지 받게 될 위험성도 있다.

㉢ 뒷좌석 승차자는 앞좌석 등받이와 충돌하거나 앞좌석으로 넘어가 승차자끼리 충돌하게 된다. 이는 안전띠를 매지 않았기 때문에 일어나는 것으로, 속도에 따른 관성력은 치명적인 위험을 초래할 만큼 크다는 것을 알아야 한다. 특히, 안전띠를 매지 않은 조수석 동승자의 위험성은 매우 크다.

㉣ 가벼운 충격일 때 운전자는 핸들로 어느 정도 몸을 지탱할 수 있지만, 조수석 동승자는 그렇지 못하기 때문에 반드시 안전띠를 매야 한다.

③ 안전벨트 착용방법

  ⊙ 안전띠를 착용한다고 해도 올바르게 사용하지 않으면 효과가 줄어든다. 우선 안전띠는 길거나 짧게 매지 말고, 가슴이나 하복부 사이에 주먹 하나가 들어갈 정도의 여유가 있게 하되 꼬이지 않게 매야 한다. 허리나 어깨에 걸친 위치도 적합해야 한다.

  ⓒ 허리는 복부가 아닌 골반 부위에, 어깨띠는 목에 닿지 않게 비스듬히 매 어깨 중앙에 걸치도록 한다. 또한 엉거주춤하게 앉거나 너무 뒤로 기대어 앉지 말아야 한다.

  ⓒ 평소에도 안전띠가 손상되지는 않았는지, 고정장치인 버클 등의 고장 유무도 점검하는 것이 좋다. 버클은 찰칵하는 소리가 나도록 잠그도록 해야 한다.

(4) 핸들 잡는 방법

① 운전을 할 때 핸들을 바르게 잡는 것은 올바른 운전자세의 기본적인 사항이다. 핸들은 어깨와 팔의 힘을 빼고 적당한 힘으로 잡아야 하며 두 손의 위치는 보통 10시 10분 방향을 기본으로 하는 것이 좋다. 그러나 절대적인 원칙이 있는 것은 아니므로 팔의 길이나 운전석의 위치 등의 개인적인 상황에 따라 다소 융통성 있는 변화가 필요하다.

② 핸들 조작이 쉽고 운전에 편하다면 9시 15분형이든 8시 20분형이든 큰 문제는 없다. 그러나 핸들을 너무 안이하게 잡는 것은 문제가 있다. 어느 정도 운전이 능숙하게 되면 두 손을 핸들 아랫부분에 가볍게 걸쳐 놓는다든지, 왼팔을 차창에 걸치고 한 손으로만 핸들을 잡는 경우가 있는데, 이러한 방법은 위급한 상황에 신속히 대처하기 어렵고 앞바퀴의 심한 요동이 핸들에 전해질 때는 자칫 핸들을 놓칠 위험성이 있다.

(5) 주행 중 자동차의 상태 변화에 관심

① 운행 중 차의 진행 상태에만 너무 신경을 쓰게 되면 자동차 결함을 발견하지 못해 어처구니없는 사고를 당하는 경우가 있다. 예를 들면, 타이어가 펑크난 것을 모르고 계속 주행해 타이어 전체를 못 쓰게 만든다던지, 계기판에서 연료가 없다는 것을 경고하는데도 모르고 계속 주행하는 경우 등이다.

② 주행 중에는 계기판에 있는 각종 경고등의 점등 상태에 신경을 써야 하며, 냄새·이상음·진동 등에도 관심을 기울여야 한다.

(6) 방어운전 요령

① 방어운전 요령

  ⊙ 방어운전은 '위험 사태의 신속한 예견'이라는 뛰어난 판단능력과 인지, 그리고 이에 적절히 대처할 수 있는 바른 운전조작이라는 두 가지 조건이 충족될 때 이루어진다. 보행자는 차의 접근을 알아차리지 못하거나, 또한 알더라도 자동차 운전자가 양보하겠지라고 생각하는 경향이 많다. 따라서 경우에 따라서는 경음기 등으로 접근을 알려 주어야 한다.

ⓛ 자전거 역시 보행자와 마찬가지로 신호를 무시하거나 아무런 방향 지시도 없이 좌우로
선회하기도 한다. 또한 자전거는 좌우로 갈팡질팡하기 때문에 자전거의 폭만이 자전거의
진로라고 생각해서는 안 된다. 자전거 옆은 적어도 1m 이상의 간격을 두고 주행해야
한다.

ⓒ 또한 도로를 주행하는 경운기 등의 농기계는 트레일러에 등화장치 및 반사판을 부착하여
상황에 따라 적절하게 조작하여 뒤따라오는 자동차 운전자에게 정보를 신속하게 제공하
여야 한다.

② 상황에 따른 운전

ⓐ 좁은 길에서 : 복잡한 좁은 길에서는 양보하는 자세가 필요하다. 자신에게 우선권이 있다
는 자기중심적인 생각과 '상대방의 차가 양보하겠지'라는 식으로 속단을 내리는 것은
금물이다. 특히 좁은 길에서는 속도를 낮추고 언제라도 브레이크를 밟을 준비가 되어
있는 자세로 전방의 상황에 정신을 집중해야 한다. 길이 교차되는 부분에서도 '설마 다른
차가 나오지 않겠지'라고 쉽게 생각해서는 안 된다. 교차로에 이르기 전에 속도를 낮추고
몸을 조금 앞으로 기울여 좌우 방향에서 나오는 차가 없는지 고개를 돌려 직접 살펴보아야
한다. 또한 보행자에게도 주의해야 한다. 길에서 노는 아이들이 갑자기 뛰어드는 것과
같은 급박한 상황에 대처할 마음의 준비가 되어 있어야 한다는 뜻이다.

ⓛ 큰길로 들어설 때 : 좁은 도로나 골목에서 큰길로 들어설 때는 일단 정지하여 진입할
시기를 기다려야 하며, 서두르지 말고 큰길을 주행하는 차의 속도를 잘 예측하여 서서히
들어서야 한다. 일시정지 상태에서 큰길로 합류할 때는 직진 차량에게 우선권이 있고,
생각보다 빨리 들어가지지 않기 때문이다. 만일 사고가 나면 회전한 차량에게 과실 책임
이 많으므로 주의해야 한다.

ⓒ 좁은 길에서 교행할 때 : 주택가 골목이나 비탈진 좁은 도로에서 자동차가 마주치게
되면 길을 양보해 주는 편이 이로울 때가 많다. 양보한 자동차는 그대로 서 있으면 되지만
좁은 길을 비켜나가는 자동차의 경우 담벼락은 물론 자동차와 접촉하지 않도록 신경을
써야 하기 때문에 운전에 어려움이 많게 된다. 진행하던 자동차의 운전 잘못으로 접촉사고
가 나면 그 책임은 당연히 진행하던 자동차에 있다는 것을 명심한다.

(7) 안전한 주정차 요령

① 주정차 요령

ⓐ 농기계의 경우 차량의 왕래가 빈번한 도로변에는 가급적 주정차를 하지 않아야 한다.

ⓛ 해질녘 또는 야간에 농기계를 도로 가장자리에 주정차할 때에는 차폭등 또는 비상등을
켜 놓아야 사고를 예방할 수 있다.

ⓒ 자동차 운전자는 농촌지역 도로를 주행할 때 마을길, 농로 등과 만나는 교차로, 주정차된
농기계 등을 주의 깊게 살피면서 감속하여 운행하여야 한다.

ⓔ 주차는 다른 사람이나 차에 피해를 주지 않고 자신의 차를 안전하게 세우는 일이다. 차를 세울 때는 직진과 후진, 핸들 돌리기, 사이드미러 보기 등 다양한 운전기술과 방법을 써야 하므로 주차를 잘하게 되면 운전에도 자신이 붙게 된다. 특히 차폭과 앞뒤 거리 감각을 익히는 데 많은 도움이 된다.

ⓜ 주차방법은 크게 전진 주차와 후진 주차로 나눌 수 있다. 전진 주차는 비교적 공간이 넓은 곳에서 차를 세우는 방법이다. 차의 앞쪽을 먼저 주차 공간에 넣으면 되므로 세우기가 간단하다. 그러나 차를 뺄 때는 후진해서 나와야 하므로 다시 출발할 때 더욱 조심해야 한다.

- 전진 주차
  - 도로와 주차장이 직각을 이루고 차들이 옆으로 나란히 선 주차장에서도 전진 주차가 쓰인다. 특히, 아파트나 빌딩 주차장 등은 배기가스로 화단의 나무가 죽는 것과 벽에 그을림이 생기는 것을 막기 위해 전진 주차를 권하고 있다.
  - 이런 주차장에 차를 세울 때는 원을 크게 그리면서 들어서야 한다. 왼쪽에 주차할 곳이 보이면 차를 오른쪽으로 붙여 원을 크게 그리며 진입하는 식이다. 한 번에 주차할 수 없을 때는 핸들을 반대로 돌려 후진했다가 다시 넣는다. 주차한 뒤에는 차 양옆의 간격이 적당한지 확인하고, 한쪽이 너무 가까우면 전진과 후진을 반복해 간격을 맞춘다.
  - 나올 때는 차 앞부분과 뒤를 번갈아 살펴야 한다. 룸미러나 사이드미러만 보면 뒤쪽의 상황을 제대로 확인하기 어려우므로 왼손으로 운전대를, 오른손으로 조수석 뒤쪽을 잡고 고개를 완전히 돌려 뒤창으로 차 뒷부분을 살펴야 안전하다.
  - 핸들은 조금씩 꺾고 풀어 차가 빠져나올 때까지 옆 차에 닿지 않도록 주의하고, 앞부분이 빠져나온 다음 완전히 핸들을 돌려 방향을 잡는다.

- 후진 주차
  - 빌딩 주차장이나 일직선으로 그어진 노상 주차장 등에서 이용하는 후진 주차는 초보 운전자들이 가장 부담스러워하는 주차방법이다. 차폭 감각이 확실하지 않은 데다 차 앞뒤 간격을 잘 가늠하지 못하기 때문이다. 그러나 자동차의 회전 반경은 앞보다 뒤가 작으므로, 후진으로 들어서면 좁은 공간에서도 쉽게 방향을 바꿀 수 있다.
  - 후진으로 주차할 때는 먼저 빈 공간 앞에 서 있는 차와 나란히 내 차를 세운 뒤 핸들을 바짝 돌려 서서히 후진한다. 뒤가 알맞게 들어갔을 때부터 천천히 핸들을 풀어 주는데, 이때 뒤만 신경 쓰다 보면 차 앞쪽이 앞차 뒷부분을 긁을 위험이 있으므로 앞차와의 간격도 반드시 확인해야 한다.
  - 벽에 너무 가깝거나 길쪽으로 차가 나왔으면 차를 빼서 처음부터 다시 시작한다. 좁은 앞뒤 간격에서 좌우로 이동하는 것은 더 어렵기 때문이다. 특히, 후진 기어는 구동력이 크기 때문에 가속페달을 부드럽게 조작해야 한다. 수동 기어는 반 클러치를, AT는 브레이크를 쓰는 것이 좋다. 또 일렬로 주차할 경우에는 차 앞뒤로 50cm 정도의 공간을 두어야 다른 차뿐만 아니라 자신도 빠져나가기 쉽다.

② 주차 시 유의사항

　㉠ 가파른 언덕에서는 핸드 브레이크를 당겨 놓아도 차가 밀리는 경우가 있다. 따라서 언덕 길에 차를 세울 때는 주차 브레이크와 함께 1단 기어(차 앞쪽이 길 아래쪽을 향할 때는 후진 기어)를 넣어 두는 것이 효과적이다.

　㉡ AT자동차는 P레인지에 두고 핸드 브레이크를 채운다. 오르막길에 주차할 때는 보도 턱의 반대 방향으로 핸들을 틀어 앞바퀴의 앞부분이 보도쪽을 향하게 한다. 돌멩이나 나무토막 등을 바퀴 밑에 받쳐 놓는 것도 좋다.

　㉢ 차가 많아 이중 주차를 할 경우에는 다른 차에 피해가 가지 않도록 차를 세운 뒤 핸드 브레이크를 채우지 말고 운전대를 똑바로 한 다음 기어를 중립에 놓고 내린다. AT자동차 는 N레인지에 놓는다.

　㉣ 특히 올라가는 길이 커브로 이루어진 옥상 주차장을 이용할 때는 1단이나 2단 기어를 사용하여 힘이 끊기지 않게 오르는 것이 필요하다. 도중에 섰다 출발하는 것과 같이 가속 페달을 조금 세게 밟아 출발한다.

　㉤ 주차를 하고 차에서 내릴 때는 모든 스위치를 끄고 문을 잘 잠갔는지 확인한다. 도난 염려가 있는 물건은 트렁크나 콘솔 박스에 넣어 보이지 않게 하는 것이 사고 예방법이다.

　㉥ 또한 도로상에서 주정차 직후에 문을 열 때는 반드시 후방을 살펴야 한다. 사이드 미러와 룸미러를 통하거나 직접 고개를 돌려 주위를 확인하고 문을 열어야 한다.

(8) 음주운전의 위험

비록 적은 양의 술을 마셨더라도 두뇌활동이 저하되어 정신 집중은 물론 사고력이나 본능적인 경계심이 둔해지고 돌발사태를 만났을 때는 운전자의 반응시간이 길어지게 된다. 예를 들면 시속 60km로 달리다 장애물을 발견하고 브레이크를 밟아 자동차가 정지하기까지의 제동거리가 정상일 때는 8.3~12.4m 정도이지만 음주를 했을 때는 14.9~16.9m로 길어진다.

① 음주는 시야를 좁게 한다.

　㉠ 술을 마시면 시력이 저하되고 정지시력과 동체시력이 나빠질 뿐 아니라 시야의 범위가 한정된다. 이런 상태에서는 전방 주시가 제대로 안 되기 때문에 정지해 있는 물체에 대한 충돌사고까지 일어나게 된다. 즉, 교통안전시설물이나 전신주, 가로등, 가로수 그리고 도로상에 주차해 있는 자동차에 대한 파악이 늦어지기 때문이다.

　㉡ 특히 음주운전은 야간 주행인 경우가 대부분인데, 도로를 횡단하는 보행자나 이륜차 등을 추돌하는 위험성이 커지게 된다. 또한 마주 오는 차의 전조등 불빛을 정면으로 받을 경우 눈이 부셔서 앞을 볼 수 없는 현혹현상이 생길 수도 있다. 일반적으로 현혹된 눈이 정상시력 으로 돌아오는 데는 약 3~10초 정도가 소요되지만, 음주 상태에서는 시력의 회복이 더욱 늦어져 반대편에서 오는 차와의 정면충돌 위험성이 커지게 된다.

② 신체의 모든 기능이 저하된다.

ㄱ 술은 운동능력을 저하시킨다. 음주 상태에서는 신체 각 부분끼리의 상호 조화가 잘 안되어 브레이크 및 가속페달, 클러치의 정상적인 조작이 힘들게 되고 반사능력 또한 장애를 일으키게 된다. 평상시에는 앞차의 브레이크등이 켜지는 것을 보고 브레이크를 작동시키는데 0.75초 정도가 걸리지만 음주 상태에서는 1.2초가 소요되므로 운동능력과 반사능력의 저하로 동작이 둔해짐을 알 수 있다.

ㄴ 따라서 안전거리를 확보했다고 해도 앞차와의 추돌 위험성이 커지게 되고, 신체의 평형감각을 둔하게 하고 주의력과 집중력을 감소시켜 주위의 차들과 접촉사고나 충돌사고가 일어나기 쉽다. 즉, 술을 마시면 운동능력, 반사능력, 판단능력 등 신체의 전체적 기능이 떨어져 사고를 일으킬 가능성이 매우 높아지게 된다.

③ 술은 침착성과 판단력을 뺏는다.

ㄱ 술은 조금만 마셔도 운전에 영향을 미치게 된다. 술을 마신 운전자는 억제력이 풀려 침착성을 잃고 공격적인 성격을 나타내기 쉽다. 또한 사고와 판단기능이 저하되어 난폭운전을 하게 되며, 급격한 차로 변경과 무리한 앞지르기, 신호위반 등의 법규위반을 하게 된다.

ㄴ 낮은 알코올 농도에서 나타나는 행동으로는 자기능력을 과대평가하고 자신감이 지나치게 되며, 조급한 행동이 많아지고 전방을 넓게 보지 못하게 된다. 음주운전으로 인한 사고의 특성은 첫째 야간에 많이 일어난다는 것이고, 둘째 차량 단독사고가 많다는 점이다. 즉, 도로 이탈, 전복, 떨어짐, 넘어짐, 고정 물체와의 충돌 등이 그 예다. 셋째 치사율이 높고 대형사고가 많다는 것이다. 따라서 술을 마셨으면 핸들을 잡는 것을 포기하는 것이 현명한 방법이다.

(9) 피로가 운전에 미치는 영향

장시간의 운전은 운전자를 피로하게 한다. 계속 집중을 해야 하고 손발을 움직여야 하기 때문에 체력과 정신력의 소모가 쌓이게 되기 때문이다. 피로하면 감각이 둔해지고 운전 환경의 변화에 대한 반응이 느려지며, 운전 조작에 실수가 생기기 쉽고 침착성을 잃게 된다. 또한, 심하게 피로하면 졸음이 오게 되는데 이는 대형사고의 원인이 된다. 피로하다고 느껴지면 휴식을 취해 안전하고 쾌적한 운전이 되도록 한다.

① 육체적·심리적 부담이 커진다.

ㄱ 운전은 계속되는 긴장의 연속, 육체적으로는 핸들과 가속페달, 클러치, 브레이크페달을 쉼없이 조작하여 정지와 출발을 반복하게 되고, 전방과 주위의 환경에 정신을 집중해야 하기 때문에 신경의 소모가 많아지게 된다. 더구나 교통체증이나 비, 눈이 오는 악천후, 야간주행 등의 쾌적하지 못한 주행 상태에서는 육체적·심리적 부담이 커지므로 피로가 더욱 빨리 오게 된다.

ⓛ 운전이란 한순간의 방심도 허용하지 않는 지속적인 집중이 계속되는 작업이므로 피로를 쉽게 느끼게 된다. 그러나 다른 사람의 도움이 없이 순간적인 판단을 스스로 해야 하는 고독한 작업이다. 계속되는 차의 진동, 소음, 매연 등도 피로를 가중시키게 된다. 피로하면 쉬었다 가야 한다.

② 전방 주시능력이 떨어진다.

ⓐ 운전자가 피로하면 시야가 좁아지고 동체시력이 낮아져 전방 주시능력이 떨어지게 된다. 또한 백미러를 통한 후방 파악과 주의·상황판단을 게을리하게 된다. 피로는 감각과 운동능력의 저하시키므로 시각이나 청각에서 얻어지는 주위의 정보에 대한 반응이 늦어져 신속하게 상황 변화에 대처할 수 없다.

ⓛ 또한 인지와 판단에 착오가 생기기 쉬워 사물에 대한 관찰이 부정확해지고, 각종 페달 조작의 조화와 유연한 핸들 조작이 어려워진다. 구체적인 현상으로는 신호 대기 후에 재출발이 늦어지고 신호를 착각하거나 무시하며 핸들에 매달리는 자세가 나타난다.

③ 심신의 안정을 잃게 된다.

ⓐ 운전자가 피로하게 되면 신경이 날카로워져 다른 차의 잘못에 대해 지나치게 예민한 반응을 보이게 되고, 또 기분이 나빠지며, 쉽게 화를 내고 감정을 노골적으로 표현하려는 경향이 많아지게 된다.

ⓛ 따라서 심신의 안정을 잃게 되어 난폭운전을 할 가능성이 커지게 되고 피로가 쌓이면 졸음이 오고 가수 상태에 빠져 대형사고를 유발하게 되므로, 졸음이 올 때는 차를 세우고 가벼운 맨손체조라도 해서 긴장을 풀어주어야 한다.

④ 졸음이 오면 쉬는 것이 좋다.

수면 부족 때문에 피로감과 함께 졸음이 몰려올 때는 차를 세우고 잠시 눈을 붙이는 것이 좋다. 운전 도중에 짧은 잠은 의외로 피로를 회복시키는 효과가 커 몸이 개운해지는 것을 느낄 수 있다. 감기에 걸리는 등 몸의 상태가 좋지 않다고 느껴지면 가급적 운전을 삼가고 휴식을 취하도록 한다. 무리하면 반드시 화를 부르기 때문이다.

(10) 겨울철 안전운전 요령

겨울철에는 노면의 변화가 많고 그로 인한 기어 변속과 속도감각의 횟수가 평소보다 많아지기 때문에 어느 계절보다도 반사신경을 더욱 곤두세워야 한다. 특히 운행 전에는 히터를 작동하여 실내 온도를 알맞게 조정하고, 신체적인 워밍업을 충분히 하여 반사신경에 대한 준비작업을 마친 후에 운행해야 한다. 코너를 만나면 대개 긴장하여 주의를 기울이게 되지만 곧게 뻗은 길에서는 긴장을 풀고 운전에 여유를 갖게 되는 것이 운전자의 심리이다. 그러나 곧게 뻗은 길이라고 해서 노면이 얼거나 파손되지 않는 것은 아니다. 이런 길을 단지 직선 도로라는 한 가지 사실만을 염두에 둔 채 고속으로 달려서는 안 된다.

① **순탄한 길도 방심 금물** : 순탄한 길에도 '사고 많이 나는 곳'이란 경고판이 붙어 있는 곳이 있다. 이는 길이 나쁘고 함정이 있어서라기보다는 운전자가 방심하기 쉬워 사고가 많이 발생하는 곳으로 보아야 한다. 앞차의 주행 모습을 보고 노면 상태를 파악하여 자기의 운전에 활용할 줄 아는 지혜가 필요하다. 앞차의 주행 상태가 불안정하면 즉시 차간거리를 넓혀 추돌사고나 미끄럼에 의한 접촉사고를 막아야 하며 미끄러운 길에서 선회할 때는 대부분 코너의 정점 부근에서 미끄러지기 때문에 특히 코너링을 할 때는 앞차가 완전히 돌아나갈 때까지 들어가지 않도록 한다. 앞차의 뒷부분이 몹시 흔들리거나 조금이라도 미끄러진다면 더욱 감속해야 하며 이때 기어를 변속하거나 가속페달을 세게 밟는 등의 운전 조작은 삼가야 하다.

② **지방의 차를 뒤따라야** : 눈길과 얼어붙은 빙판길에는 함정이 많고, 처음 달리는 길인 경우 방향감각을 순간적으로 잃어버릴 수가 있다. 특히 산의 그림자에 가려져 얼어붙은 비탈길을 주행할 때에는 많은 신경을 써야 한다. 이때는 그 지방 차의 뒤를 따르는 것이 가장 현명한 방법이다. 그 지방을 다니는 차는 지역의 길 상태를 잘 알고 있어 눈이 덮이거나 빙판인 길에서도 안전운전을 할 수 있기 때문이다. 이를 무시하고 '스노타이어를 끼웠으니까' 하고 지방차를 앞지르기하면서 기분 내며 달리다가는 자기도 모르게 미끄러지는 봉변을 당하기 쉽다.

③ **고속도로** : 고속도로에서 낮에 녹았던 노면은 밤새 다시 얼어붙어 새벽 등 통행량이 적은 시간대에는 위험한 빙판 구간이 많아지기 때문에 차량 소통이 잘된다고 해서 과속으로 달리다가는 전복되거나 가드레일과 충돌하는 사고가 발생하게 된다. 따라서 눈길이나 심야 또는 겨울철의 아침 주행에서는 추월선보다 주행 차로를 따라 운행하는 것이 안전하다. 대부분의 차들이 주행 차로를 이용하고 있어 노면의 결빙현상이 덜 하기 때문이다.

④ **다리** : 다리 위도 상당히 미끄럽다. 일반 노면은 지열로 인해 곧 풀리는 것이 보통이지만 다리 위는 지열이 없는 데다가 차가운 공기가 다리 아래로 흐르기 때문이다. 다른 곳에는 얼음이 없어도 다리 위는 항상 빙판이라고 생각하는 것이 안전하다. 다리에 들어서기 전에는 미리 속도를 줄여야 하고 일단 올라서면 차로를 바꾸지 말아야 하며, 다리 위에는 강한 바람이 불기 마련이므로 핸들을 꼭 잡아야 한다. 다리와 일반도로가 이어진 부분은 다소 턱이 져 있고 다리로 들어가거나 나올 때 받은 충격으로 차에 붙어 있던 눈이나 얼음조각이 떨어지고 그것이 쌓여서 미끄럽게 된다. 따라서 다리에 들어서거나 나올 때는 더욱 조심해서 운행해야 한다.

⑤ **터널** : 터널은 위험을 초래할 수 있는 많은 함정을 가지고 있다. 차에서 떨어진 눈으로 군데군데 얼어 있고 배기가스가 이들을 녹여 물이 흐르는 곳도 있어 조심하지 않고 달리면 미끄러져 터널 벽에 부딪히는 위험도 따르게 된다. 터널 출입구는 대부분 산을 깎아 만들었기 때문에 바람이 심하게 불고 눈발이 흩날려 순간적으로 시야를 방해받기 쉽다. 특히, 출구 부분에서의 명암 차이로 진행 방향의 관성을 잃게 되며 출구에서 가속하는 차는 자칫 속도를 조절하지 못해 급브레이크를 밟게 되는데 터널 끝 쪽의 노면이 빙판인 경우가 많은 점에 절대 주의를 기울여야 한다. 눈길이나 빙판이 된 노면에서 안전하게 정지하기 위해서는 엔진 브레이크의 사용과 함께 제동력을 조금씩 배분, 감속해 가면서 차의 미끄럼 현상을 막는 것이 눈길 정지기술의 원칙이다. 무리하게 급브레이크를 밟으면 충돌이나 추돌사고의 원인이 된다는 것을 명심해야 한다.

2. 식생활 안전

(1) 식생활 안전

① 세끼 식사를 규칙적으로 한다.

② 과식을 하지 않는다.

③ 여러 음식을 골고루 섭취한다.

④ 즐거운 마음으로 천천히 식사한다.

⑤ 아침식사는 거르지 않는다.

⑥ 가공식품은 특히 염분의 함량이 많고, 여러 첨가물이 문제가 되므로 많이 사용하는 것은 바람직하지 않다.

⑦ 외식 시에는 짜고 기름진 음식을 주의한다.

⑧ 동물성 지방은 혈액 속의 중성지방뿐만 아니라 콜레스테롤을 높여 동맥경화, 협심증, 심근경색증 등의 질병을 유발할 수 있으므로 되도록 자주 먹지 않는 것이 바람직하다.

⑨ 소금을 과다 섭취하면 고혈압, 뇌졸중 등의 원인이 될 수 있다.

⑩ 과음이나 잦은 음주는 간질환의 위험요인이 될 수 있으며, 다른 영양소의 흡수, 이용을 방해한다.

⑪ 커피는 하루 3잔 이상 마시지 않는 것이 좋다.

⑫ 흡연은 여러 질병을 일으키는 주요 위험인자이므로 담배를 피우지 않는 것이 건강에 좋다.

⑬ 손을 자주 씻고 음식을 익혀서 먹는다.

⑭ 도마는 식재료별로 구분하여 사용하고, 세척과 건조를 잘하도록 한다.

⑮ 화농성 감염이 있는 환자가 조리하지 않도록 한다.

3. 주생활 안전

(1) 운 동

① 운동의 효과

  ㉠ 심폐기능의 향상

  ㉡ 심장 관상동맥 질환의 위험요소 감소

  ㉢ 불안과 우울감 해소

  ㉣ 안정감, 일의 능률 증진

② 적절한 운동 강도와 횟수 : 1회 20~30분 정도 일주일에 3~4일 이상 규칙적으로 하는 것이 좋다.

③ 운동 순서

  ㉠ 준비운동 : 5~10분간 실시(환절기에는 적어도 10분)

  ㉡ 본운동 : 심폐강화 운동 20~30분 실시(자전거 타기, 런닝머신, 계단 밟기 등)

ⓒ 근력강화 운동 : 15~20분 실시(아령 또는 운동기구 등 이용, 윗몸일으키기 등)

ⓔ 정리운동 : 본운동 후 10분간 실시

④ **운동 전 주의사항**

ⓐ 몸의 상태 파악 : 심장이 두근거리거나 어지럽거나 구토 증상, 고열 상태, 숙취가 있을 때는 쉬는 것이 좋다.

ⓑ 관절염, 고혈압, 간염, 당뇨병 등의 질환 시 의사의 지시에 따라 운동 여부를 결정하고, 운동 시 관계되는 상비약을 준비한다.

ⓒ 식후 1시간 정도 경과 후에 운동한다.

ⓔ 초가을 등의 환절기에는 땀을 흘린 후에 걸칠 수 있는 가벼운 점퍼 등을 사전에 준비하여 감기, 천식을 예방한다.

⑤ **운동 시 주의사항**

ⓐ 호흡곤란, 가슴 통증

ⓑ 구역질, 현기증

ⓒ 심한 피로감

ⓔ 근육과 관절의 통증, 다리가 엇갈릴 때에는 운동을 중단한다.

⑥ **운동 후 주의사항**

ⓐ 심한 운동 후 갑자기 중지하면 현기증 등의 증상이 있을 수 있으므로, 3~4분 정도 가벼운 달리기나 걷기, 체조 등으로 정리운동을 한다.

ⓑ 미지근한 물로 샤워나 목욕을 하여 피부를 청결히 하고 혈액순환을 촉진하면 좋다(너무 뜨거운 물은 삼간다).

ⓒ 운동 직후에는 소화력이 떨어지므로, 식사는 최소 10~20분 정도 휴식을 취한 후 한다.

ⓔ 운동한 날에 수면이 부족하면 피로가 회복되지 못하므로, 충분한 수면을 취한다.

⑦ **농촌 주부와 운동**

ⓐ 농촌 주부의 대부분이 과중한 노동에 시달리나 자신의 건강을 돌보지 않는 경향이 있고, 바쁘지만 단조로운 생활을 보내기 쉽다.

ⓑ 이에 규칙적인 운동은 노동으로 인해 불균일하고 무리하게 사용된 근육을 균형적으로 회복시켜 주고, 활동적인 움직임을 통해 정신적인 피로를 풀어 준다.

(2) 생활관리

① **정기적인 휴일 갖기**

ⓐ 한 달에 하루만이라도 적당한 날을 택하여 '휴식의 날'로 정하여 하루를 마음 놓고 쉬면서 가족의 건강도 살펴보는 기회를 가진다.

ⓑ 농촌 주부들도 여가시간에 취미를 가짐으로써 생활을 풍요롭게 하고, 고된 농작업에서 벗어나 몸과 마음을 건강하게 가꿀 수 있는 좋은 기회가 될 것이다.

② 농번기 관리

    ㉠ 농번기에는 한계치를 넘는 노동이 장시간 계속되므로 피로가 축적되어 건강장해를 일으키거나 잠재했던 병이 발병하거나 악화되기도 한다. 그러므로 농번기의 건강관리에는 특별한 주의를 기울여야 한다.

    ㉡ 농촌 주부는 농업노동과 가사노동 및 육아 등의 노동이 집중하게 되므로 피로가 쌓이고 건강을 해치기 쉬우므로, 마을의 공동취사, 농번기 탁아소, 마을공동 목욕탕 운영 등의 농번기 대책을 마련해 본다.

③ 작업 분담 : 농업노동은 가족노동이 기본으로 되어 있기 때문에 가사를 포함한 역할분담을 적절히 하여 노동의 균형이 맞게 한다.

(3) 실내 구조 관리

① 탈의실 · 세면실

    ㉠ 세면시설 · 화장실 · 라커룸 등을 잘 관리하면 농촌 작업자들의 가장 필수적인 욕구를 충족시켜 줄 수 있다.

    ㉡ 세면실 등의 바닥이나 벽은 청소가 쉽고, 내구성이 강한 재료들을 사용하여 위생에 신경을 쓴다.

    ㉢ 사물함은 옷이나 개인 소지품을 안전하게 보관할 수 있는 방법으로 정리한다.

    ㉣ 사물함은 휴게소나 탈의실에서 멀지 않은 곳에 위치하고, 작업 위치에서는 가능한 멀리 위치시켜야 한다.

② 휴게실

    ㉠ 휴게실에서는 작업자가 피로를 풀고 건강을 유지할 수 있는 곳이다.

    ㉡ 농부들은 하루 중 많은 부분을 작업장에서 보내므로 집에서처럼 휴게소에서 마시고, 먹고, 휴식을 취할 수 있어야 한다.

    ㉢ 농부들이 많이 모이는 근처에는 항상 물통 등을 설치하고, 쉽게 접근할 수 있는 장소에 수도꼭지를 설치해야 한다.

    ㉣ 휴식장소는 작업위치에서 떨어져 있고, 소음, 먼지, 화학물질 같은 것이 없어야 한다.

    ㉤ 휴게소에는 최소한의 비품으로 테이블, 의자 등을 마련해야 한다.

4. 농촌 재난 대비 안전관리

(1) 농촌 재난의 종류 및 특징

① 태풍 : 태풍이 발생되면 호우, 강풍, 해일로 인하여 농경지 유실, 농작물 침수, 공공시설 및 농업시설의 침수 및 붕괴, 산사태(토석류 포함) 등의 피해가 발생한다.

    ㉠ 해수면 상승으로 해수가 육지로 넘쳐 들어오거나 호우로 농작물과 농경지 침수, 유실, 및 농업 관련 시설 침수 붕괴 등 피해가 발생한다.

ⓛ 강한 바람이 불어 농작물이 쓰러져 넘어지거나, 농업시설물 파괴 등 피해가 발생한다.

② 호 우

　ⓞ 집중호우는 농경지 침수·유실, 농업 관련 시설 침수 및 붕괴 등의 피해를 발생시킨다.

　ⓛ 노후 또는 홍수 배제능력이 부족한 저수지 물넘이·방류시설(여·방수로)이 파손·붕괴 시, 홍수가 일시에 방류됨에 따라 저수지 하류 하천 범람으로 농작물, 농경지 침수·유실 피해 등이 발생된다.

③ 대설 : 대설로 인하여 농업(비닐하우스 붕괴), 축산시설 파손 등 피해가 발생한다.

④ 이상기후

　ⓞ 계절성 : 이상기상의 발생에는 그 기상요소마다 계절성이 있으므로, 반복적인 기상재해에는 예방조치를 취해야 한다. 예를 들면 초봄에는 영동지방의 가뭄과 우박, 여름에는 집중호우로 인한 홍수와 산사태, 폭염으로 인한 가뭄, 가을은 태풍으로 인한 폭우와 해일, 산불, 냉해, 겨울은 폭설, 눈사태, 동해 등이 있다.

　ⓛ 지역성 : 자연재해의 원인으로 기상요소의 분포에 따른 지역성을 보인다.

(2) 농업 재난대책의 기본방향

① 재해의 위험기, 위험지대를 피한다. 재해에는 계절성과 지역성이 뚜렷하므로 위험기에 작물의 저항력이 약한 작물을 심지 않도록 한다.

② 피해의 분산을 꾀한다. 예를 들면, 벼는 이삭이 패는 시기에 냉온에 약한데, 논 면적 전체가 같은 시기에 출수기를 맞이하지 않도록 조절한다. 과수원에서는 개화기와 성숙기를 분산시키는 등 위험의 분산을 한다.

③ 작물에 저항력을 부여한다. 대상작물에 저항력을 부여하는 것은 재해대책의 중요사항이며, 품종 선택, 재배관리에 의한다.

④ 재해기상을 최소화한다. 이는 재해의 원인인 기상 변화에 대처하기 위한 강풍에 대비한 방풍림 조성, 냉해의 피해를 막기 위한 비닐하우스 식생, 홍수를 막기 위한 제방 쌓기, 댐 건설, 농수로 변경 등의 예방조치를 한다.

⑤ 재해를 입은 후에는 적정한 대책을 강구한다. 재해를 입은 후에 작물의 장해 정도를 정확히 진단하여 이에 알맞은 뒷수습을 함으로써 실질적인 피해를 경감시킬 수 있다.

출처 : 농업기상재해의 실태와 대책, 기후변화생태과 심교문

(3) 농촌지역 재난 관리 현황

최근 기후 변화의 영향으로 자연재난의 집중화, 재난규모의 대형화·복합화 등의 세계적 추세에 맞춰 범국가차원의 체계적 대응이 필요하다. 해마다 발생하는 자연재난은 대부분 농촌지역에서 인명피해와 재산피해가 발생하지만 이에 대한 대비와 지원체계는 미진하다.

(4) 농촌지역 재난 유해요인

호우 및 침수 후 토사 유실이나 지반의 약화로 인한 무너짐과 태풍이 지나간 후 무너지거나 결합력이 약해진 물건에 의한 2차 사고 피해, 각종 질병이나 전염병에 의한 건강장해 등을 꼽을 수 있다.

(5) 재난 안전점검 리스트

① 태풍, 집중호우, 폭설 등 기상청의 기상정보에 따른 작업 중지를 이행하는가?

② 재난에 대한 매뉴얼을 항상 숙지하고 있는가?

③ 재난 시 비상연락망(119 등)이 갖추어져 있는가?

④ 재난 시 위협요인이 발생할만한 장소를 미리 알고 있는가?

⑤ 재난 발생 후에 대한 조치사항이 정해져 있는가?

CHAPTER 01 적중예상문제

01 정전기 발생에 영향을 주는 요인이 아닌 것은?

① 분리속도

② 물체의 질량

③ 접촉면적 및 압력

④ 물체의 표면 상태

해설

정전기 발생에 영향을 주는 요인으로는 물체의 특성·표면상태·이력, 접촉면적 및 압력, 분리속도 등이 있다.

02 감전 재해자가 발생하였을 때 취하여야 할 최우선 조치는?(단, 감전자가 질식 상태라고 가정한다)

① 부상 부위를 치료한다.

② 심폐소생술을 실시한다.

③ 의사의 왕진을 요청한다.

④ 우선 병원으로 이동시킨다.

해설

감전 쇼크로 호흡 정지 시 약 1분 이내에 혈액 중의 산소 함유량이 감소하여 산소결핍현상이 나타나므로 최단 시간 내에 심폐소생술을 실시한다.

03 전기화재의 경로별 원인으로 거리가 먼 것은?

① 단 락
② 누 전
③ 저전압
④ 접촉부의 과열

해설

전기화재는 단락, 과전류, 누전, 절연열화 또는 탄화, 스파크, 접촉부의 과열, 지락, 열적경과, 정전기, 낙뢰에 의한 발화 등으로 일어난다.

04 감전사고로 인한 호흡 정지 시 구강 대 구강법에 의한 인공호흡의 매분 횟수와 시간으로 가장 바람직한 것은?

① 매분 5~10회, 30분 이하
② 매분 12~15회, 30분 이상
③ 매분 20~30회, 30분 이하
④ 매분 30회 이상, 20~30분 정도

해설

인공호흡법 분당 12~15회, 실시시간은 30분 이상 실시한다. 1분 이내 실시 시 95% 소생, 5분 경과 시 25% 내외로 소생한다.

05 가연성 기체의 분출 화재 시 주공급밸브를 닫아서 연료 공급을 차단하여 소화하는 방법은?

① 제거소화

② 냉각소화

③ 희석소화

④ 억제소화

해설

제거소화 : 가연성 기체의 분출 화재 시 주밸브를 닫아서 연료 공급을 차단하거나, 금속화재의 경우 불활성물질로 가연물을 덮어 미연소 부분과 분리한다. 또한 연료탱크를 냉각하여 가연성가스의 발생속도를 작게 하여 연소를 억제한다.

06 전기시설의 직접 접촉에 의한 감전방지방법으로 적절하지 않은 것은?

① 충전부는 내구성이 있는 절연물로 완전히 덮어 감쌀 것

② 충전부가 노출되지 않도록 폐쇄형 외함이 있는 구조로 할 것

③ 충전부에 충분한 절연효과가 있는 방호망 또는 절연 덮개를 설치할 것

④ 충전부는 관계자 외 출입이 용이한 전개된 장소에 설치하고 위험표시 등의 방법으로 방호를 강화할 것

해설

• 충전부는 감전사고방지를 위해 노출시키지 않는다.

• 폐쇄형 외함의 구조방호장치를 철저히 한다.

07 누전 화재가 발생하기 전에 나타나는 현상으로 거리가 가장 먼 것은?

① 인체 감전현상

② 전등 밝기의 변화현상

③ 빈번한 퓨즈용단현상

④ 전기 사용 기계장치의 오동작 감소

해설

누전 화재가 발생하기 전 현상으로 전기 사용 기계장치의 잦은 오동작이 특징적이다.

08 이동식 전기기기의 감전사고를 방지하기 위한 가장 적정한 시설은?

① 접지설비
② 폭발방지설비
③ 시건장치
④ 피뢰기설비

해설

접지설비 시 전기 감전으로부터 보호하고 보호계전기(차단기 등)가 확실하게 동작이 된다면 전기기기의 수명을 길게 사용할 수 있다.

09 정전기에 대한 설명으로 가장 옳은 것은?

① 전하의 공간적 이동이 크고, 자계의 효과가 전계의 효과에 비해 매우 큰 전기
② 전하의 공간적 이동이 크고, 자계의 효과와 전계의 효과를 서로 비교할 수 없는 전기
③ 전하의 공간적 이동이 적고, 전계의 효과와 자계의 효과가 서로 비슷한 전기
④ 전하의 공간적 이동이 적고, 자계의 효과가 전계에 비해 무시할 정도로 아주 작은 전기

10 한랭 노출 시 발생하는 신체적 장해에 대한 설명으로 틀린 것은?

① 동상은 조직의 동결을 말하며, 피부의 이론상 동결온도는 약 −1℃ 정도이다.
② 전신 체온 강하는 장시간의 한랭 노출과 체열 상실에 따라 발생하는 급성 중증장해이다.
③ 참호족은 동결온도 이하의 찬공기에 단기간 접촉으로 급격한 동결이 발생하는 장애이다.
④ 침수족은 부종, 저림, 작열감, 소양감 및 심한 동통을 수반하며, 수포, 궤양이 형성되기도 한다.

해설

참호족은 물이 어느 온도(동결온도) 또는 그 부근의 찬공기에 오래 접하거나 물에 잠겨 발생한다.

11 한랭환경에서의 생리적 기전이 아닌 것은?

① 피부 혈관의 팽창
② 체표 면적의 감소
③ 체내 대사율 증가
④ 근육 긴장의 증가와 떨림

해설

한랭 두드러기란 추운 환경에 노출되면 피부가 팽창하거나 붉게 발적되어 나타나는 물리적 두드러기라고 한다. 이는 생리적 기전이 아닌 질환의 기전으로 볼 수 있다.

12 저온환경에서 나타나는 일차적인 생리적 반응이 아닌 것은?

① 호흡의 증가
② 피부 혈관의 수축
③ 근육 긴장의 증가와 떨림
④ 화학적 대사작용의 증가

해설

저온 및 한랭환경에 노출 시 호흡수의 증가보다는 호흡곤란이 오게 된다.

13 피부의 색소 침착 등 생물학적 작용이 활발하게 일어나서 Dorno선이라고 부르는 비전리 방사선은?

① 적외선
② 가시광선
③ 자외선
④ 마이크로파

해설

자외선(Dorno선) : 2,900~3,200Å, 피부에 멜라닌 색소 침착, 진피층에 비타민 D 형성, 혈구의 증가, 신진대사의 항진을 일으킨다.

14 열경련(Heat Cramps)을 일으키는 가장 큰 원인은?

① 체온 상승

② 중추신경마비

③ 순환기계 부조화

④ 체내수분 및 염분 손실

해설

온열환경에 장기간 노출 시 체내의 수분 염분이 소실되었을 때 열경련을 일으킨다.

15 전기성 안염(전광선 안염)과 가장 관련이 깊은 비전리 방사선은?

① 자외선

② 가시광선

③ 적외선

④ 마이크로파

해설

복사선 중 전기성 안염을 일으키는 광선은 자외선이다. 인공적 발생원으로는 아크용접, 수은등, 형광램프, VDT, 금속 절단, 유리 제조가 있다.

농작업자 개인보호구

01 | 농작업자 개인보호구 선정 및 사용, 유지관리

1. 개인보호구 개요

(1) 개인보호구의 정의 및 필요성

① 정의 : 재해나 건강장해를 방지하기 위한 목적으로 작업자가 착용하여 작업을 하는 기구나 장치, 즉 작업자 개인이 사용하는 보호구(Personal Protective Equipment)는 근로자가 신체에 직접 착용하여 각종 물리적·화학적·기계적 위험요소로부터 자신의 몸을 보호하기 위한 보호장치라고 한다.

② 필요성 : 산업안전보건법에 따르면 사업주는 근로자의 건강장해를 예방하기 위하여 필요한 조치를 하도록 명시되어 있지만, 근로자이면서 동시에 경영의 주체인 대부분의 농업인들은 스스로 각 작업장의 유해요인을 파악하여 작업환경을 개선하는 등 필요한 조치를 취한다. 또한 개인용 보호구는 업무와 관련된 부상이나 질병에 걸리게 되는 숫자나 증상을 경감시킬 수 있으며, 이를 통해 작업생산성을 향상시키는 효과가 있다.

(2) 개인보호구가 필요한 농작업

① 눈보호구가 필요한 농작업
　　㉠ 공기 중 비산물질이 많은 농약 살포작업
　　㉡ 유해광선으로부터 노출되는 용접작업
　　㉢ 추수 및 곡물사료 운반작업 등
　　㉣ 먼지가 많이 발생하는 작업

② 호흡용 보호구가 필요한 농작업
　　㉠ 먼지나 분진이 많이 발생하는 사일로 또는 곡물 저장소 내에서의 작업
　　㉡ 농약 저장소 및 농약 살포작업 등 유해가스가 발생하는 작업
　　㉢ 산소농도가 18% 미만인 작업환경

③ 안전화 및 보호장화가 필요한 농작업
　　㉠ 무거운 물건이나 공구를 옮기는 작업
　　㉡ 발이나 다리에 튈 수 있는 용융물질이 있는 작업환경
　　㉢ 젖은 표면 등으로 인해 미끄럼 사고가 발생될 수 있는 작업환경

④ 모자 등 : 과도한 햇빛 노출에 의해 발생할 수 있는 작업환경

⑤ 안전복, 안전장갑 등
  ㉠ 소독약이나 자극성 농약을 살포할 경우
  ㉡ 농약 살포작업
  ㉢ 작물 수확 시 가시를 제거하는 작업
⑥ 안전모
  ㉠ 시설물 관련 작업
  ㉡ 벌 목
  ㉢ 기계 정비
  ㉣ 기타 머리에 부상을 초래할 수 있는 작업
⑦ 청력보호구
  ㉠ 곡물건조기
  ㉡ 구형 트랙터
  ㉢ 체인 톱 등 소음이 많이 발생하는 작업

(3) 개인보호구 활용 시 주의사항

① 개인보호구를 착용하여도 보호구에 결함이 있으면 언제나 위험요인에 노출될 수 있으므로 사용하기 전에 반드시 결함 및 파손 여부를 확인한다.
② 보호구를 직접 사용하는 사람은 보호구의 성능과 손질방법, 착용방법 등에 대하여 충분한 지식을 가지고 있어야 한다.
③ 위험요인의 노출 수준이 보호구의 성능범위를 넘을 경우에는 활용하지 않는다.
④ 보호구는 유해·위험의 영향이나 재해의 정도를 감소시키기 위한 보조장비로 근본적인 해결책이 아니므로 보호구 사용과 더불어 위험요인을 제거, 절감하는 노력을 함께한다.
⑤ 좋은 보호구라고 해도 유해원인을 완벽하게 제거하지 못함을 명심하여 유해물질 농도가 높을 때나 필요에 따라 사용한다.
⑥ 보호구 착용으로 모든 신체적 장해를 막을 수 있다고 생각하지 않는다.

(4) 개인보호구 선택기준(5W1H)

① 누가(Who) 사용할 것인가?
  착용할 사람의 작업숙련도(숙련자 혹은 초보자), 긴급작업자 또는 임시작업자 중 누가 사용할 것인가를 결정한다.
② 무엇(What)을 대상으로 사용할 것인가?
  가스, 분진, 전기, 화공약품, 추락방지용 등 사용대상을 확실히 한다.
③ 어디(Where)에 사용할 것인가?
  밀폐장소, 주상(柱上), 갱내, 지상, 지하, 고소 등 사용장소를 명확히 한다.

④ 언제(When) 사용할 것인가?

근무시간, 야간, 1년 몇 회, 월 몇 회, 주 몇 회 등 사용시기를 결정한다.

⑤ 왜(Why) 사용하는가?

구급용무, 평상작업, 돌발업무 등 사용용도를 결정한다.

⑥ 어떻게(How) 사용할 것인가?

긴급 돌발상황 시 동적인 돌발업무 용구로 사용할 것인지, 또는 아크용접과 같이 정적인 작업에 사용할 것인지를 선택한다.

⑦ 수량과 예산은 얼마나 필요한가?

필요한 수량과 비용을 파악하여 예산을 확보하고, 사용할 작업인원수의 체크 및 특정·특수기계의 조작자 사용 여부 등을 정확하게 구분한다.

(5) 개인보호구 구비조건

① **간편한 착용** : 보호구를 착용하고 벗을 때 수월해야 하고, 착용했을 때 속박감이 적고 고통이 없어야 한다.

② **적합한 사용목적** : 보호구는 유해·위험으로부터 근로자를 보호하는 보조장구이므로 해당 작업에 알맞은 보호구를 선정한다.

③ **검정 합격제품** : 해당 작업에서 예측 가능한 모든 위험요소를 충분히 보호할 수 있는 수준의 성능을 지닌 보호구 검정에 합격한 제품인지를 확인한다. 미검정품, 합격 취소품, 성능 의심제품 등은 사용하지 않는다.

④ **양호한 품질** : 보호구는 신체에 착용해야 하므로 피부에 접촉할 경우 피부염 등을 일으켜서는 안 되며, 특히 금속재료는 녹을 방지하는 내식성이 높은 조건을 갖춰야 하며, 재료는 가볍고 충분한 강도를 지녀야 한다. 또한 구조와 끝마무리가 양호해야 한다. 보호구는 충분한 강도와 내구성을 갖춰야 하며 표면 등의 끝 마무리가 잘되지 않아 이로 인한 상처 등을 유발하지 않도록 해야 한다.

⑤ **외양과 외관의 디자인** : 우수한 성능을 갖춘 보호구도 실제 착용하는 근로자가 기피하면 소기의 목적을 달성하기 어려우므로 보호구 착용률을 높이기 위해서는 외양과 외관의 디자인 이 우수해야 한다.

⑥ 유해요인별 보호구 선택

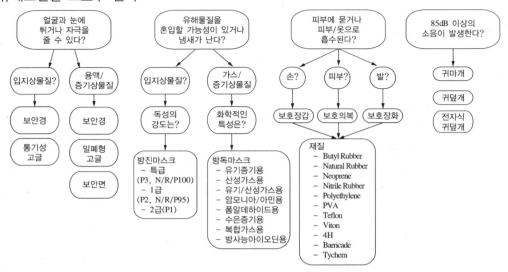

2. 안전모의 종류·사용·관리

(1) 안전모의 종류

안전모의 주요기능은 물체의 떨어짐이나 날아옴 등으로부터 근로자의 머리를 보호하는 데에 있으며 외부로부터의 충격을 완화하기도 하고, 전기작업 시에는 감전 재해도 예방해 준다. 안전모는 다음과 같이 네 가지 종류 A형과 AB형, AE형과 ABE형으로 나뉘어져 있다.

종류(기호)	사용 구분
A	물체가 떨어지거나 날아오는 물체에 맞을 위험을 방지 또는 경감시키기 위한 것
AB	물체가 떨어지거나 날아오는 물체에 맞거나 추락에 의한 위험을 방지 또는 경감시키기 위한 것
AE	물체가 떨어지거나 날아오는 물체에 맞을 위험을 방지 또는 경감하고, 머리 부위 감전에 의한 위험을 방지하기 위한 것
ABE	물체가 떨어지거나 날아오는 물체에 맞거나 추락에 의한 위험을 방지 또는 경감하고, 머리 부위 감전에 의한 위험을 방지하기 위한 것

※ 낙하(떨어짐)·비래(날아옴)에 의한 재해 : 물체가 위에서 떨어지거나 다른 곳으로부터 날아와 작업자에게 맞음으로써 발생하는 재해

(2) 안전모의 사용방법

① 턱끈을 안전하게 착용한다. 안전모가 머리에서 쉽게 이탈하며, 고소작업 중 추락 시 안전모가 이탈되어 사망까지 이르는 사고가 많이 일어나기 때문에 턱끈을 견고히 착용해야 한다.

② 자신의 머리 크기에 맞도록 장착제의 머리 고정대를 조절한다.

③ 머리 윗부분과 안전모의 간격은 1cm 정도의 간격을 둔다. 이는 물체가 떨어질 시 안전모와 머리 사이에 간격이 없다면 떨어지는 충격이 머리에 고스란히 전해지기 때문이다.

④ 안전모의 모체, 장착제(내피), 충격 흡수제 및 턱끈의 이상 유무 등을 확인한다.

(3) 안전모의 관리방법

① 충격을 받거나 손상된 안전모는 기능이 떨어지기 때문에 폐기한다.

② 모체에 흠집 혹은 균열이 생기면, 충격 흡수기능에 이상이 생기기 때문에 구멍을 내지 않는다.

③ 안전모의 내피는 스티로폼 소재로 되어 있으므로 한 번 손상되면 회복이 어려우므로 깔고 앉지 않는다.

④ 합성수지의 안전모는 스팀이나 뜨거운 물을 사용하여 세탁하지 않는다.

⑤ 플라스틱, 합성수지 재질의 안전모는 자외선에 의해 강도가 저하되므로 균열이 생기거나 탄성이 나빠진 경우에는 교체한다.

⑥ 턱끈 등 착장체는 변형되거나 인증되지 않은 부품으로 교체하지 않는다.

3. 눈·안면보호구의 종류·사용·관리

눈·안면보호구는 날아서 흩어지는 조각, 이물질, 큰 목편 및 입자 등과 같은 충격 위험으로부터 얼굴 전체나 해당 부위를 보호하며, 필요시에 눈부심을 방지한다. 일반적으로 충격, 열, 화학물질, 광학적 방사능 등으로부터 보호할 수 있는 도구이다.

(1) 눈·안면보호구의 종류별 사용방법

① 보안경

㉠ 충격 예방 : 보안경은 날리는 조각, 이물질, 큰 목편 및 입자와 같은 충격 위험으로부터 착용자의 눈을 보호해 주므로, 작업자는 날리는 물질로부터 위험이 있을 때에는 측방 또한 보호할 수 있는 보안경을 사용한다.

㉡ 열 예방 : 측면을 보호할 수 있는 보안경은 열 위험으로부터 눈을 보호하는 데 1차적인 보호구로 사용되며, 고온 노출에 대한 얼굴과 눈을 적절하게 보호하기 위해서 보안면과 병행하여 보안경을 사용한다.

② 고글형 보안경

㉠ 충격 예방 : 비산하는 조각, 이물질, 큰 목편 및 입자 등과 같이 충격 위험으로부터 착용자의 눈을 보호한다. 고글은 눈 주위를 안전하게 밀폐하고 눈 주변에 밀착시켜 얼굴에 맞아야 하고, 고글 주위 또는 아래에서 들어오는 이물질을 차단한다.

㉡ 열 예방 : 눈을 보호하기 위해 1차적으로 사용되며 눈 주위에 안전하게 밀착되는 형태의 고글은 아래 또는 주위로부터 들어오는 액체 또는 이물질을 차단한다.

㉢ 화학물질 예방 : 다양한 화학물질의 위험으로부터 눈, 얼굴을 보호해 주며 눈 주위를 안전하게 밀폐하는 형태의 고글은 아래 또는 주위로부터 들어오는 액체나 이물질을 차단한다.

㉣ 분진 예방 : 눈 주위를 안전하게 밀폐하는 형태의 고글은 보안경 주위로부터 유입되는 유해분진을 차단하고 환기를 충분하게 하되, 먼지 유입을 잘 차단해 준다.

③ 보안면

ⓞ 충격 예방 : 안면보호구는 비산하는 조각, 이물질, 큰 목편 및 입자 등과 같은 충격 위험으로부터 얼굴 전체나 해당 부위를 보호하며 추가적인 보호를 위해 보안경 또는 고글 등과 같이 병행하여 사용한다.

ⓛ 열 예방 : 보안면은 열로부터 안면 전체를 보호해 준다.

ⓒ 화학물질 예방 : 보안면은 다양한 화학물질의 위험으로부터 안면 전체를 보호해 주며, 완전한 보호를 위해서는 고글형 보안경을 추가로 사용해야 하며, 2차 보호구로서 사용할 수 있다.

④ 용접용 헬멧

ⓞ 광학적 방사능 예방 : 용접헬멧은 광학적 방사능, 열 및 충격으로부터 눈과 얼굴을 보호하는 2차적인 보호구이다.

ⓛ 충분한 보호를 위해 보안경이나 고글과 같이 1차 보호구에 추가적으로 사용한다.

(2) 눈·안면보호구 사용 및 관리

① 가볍고 시야가 넓어서 편안해야 한다.

② 보안경은 그 모양에 따라 특정한 위험에 대해서 적절한 보호기능을 할 수 있어야 한다.

③ 보안경은 안경테의 각도와 길이를 조절할 수 있는 것이 좋고, 착용자가 시력이 나쁜 경우 시력에 맞는 도수렌즈를 지급한다.

④ 안면보호구만 착용하여 충격으로부터 보호하지 못하는 경우에는 추가적인 보호를 위해 보안경 또는 고글 등과 같이 병행하여 사용한다.

⑤ 외부 환경인자에 잘 견딜 수 있는 내구성이 있어야 한다.

⑥ 견고하게 고정되어 착용자가 움직이더라도 쉽게 벗겨지거나 움직이지 않아야 한다.

⑦ 보안면은 보안경(고글형)과 같이 1차 보호구와 병행하여 사용될 수 있어야 한다.

⑧ 제품 사용 중 렌즈에 홈, 더러움, 깨짐이 있는지 점검하여 손상되었다면 즉시 폐기 처분하고 새것으로 교체한다.

⑨ 제품이 오염된 경우에는 가정용 세척제를 이용하여 세척한 후 다시 사용한다.

⑩ 안경 유리는 굴절이 없는 것을 사용하고 사용 후에는 반드시 보관함에 보관한다.

4. 청력보호구의 종류·사용·관리

(1) 청력보호구

산업현장의 소음은 여러 가지 작업공정에서 필연적으로 발생하여 소음성 난청의 원인뿐만 아니라 각종 질병, 재해의 발생, 작업능률의 저하 등 직접적인 각종 피해를 야기한다. 소음으로 인한 난청은 가장 흔한 직업병으로 소음으로부터 근로자를 보호하기 위해 청력보호구를 올바르게 착용하여 난청을 예방한다.

(2) 청력보호구의 종류

① **귀마개(Ear Plug)** : 귀마개의 형태는 일반적으로 폼(Foam) 타입이며, 염화폴리비닐(PVC)나 폴리우레탄으로 제작되어 있다.

② **귀덮개(Ear Muffs)** : 귀덮개는 스펀지 형태의 음 흡수재질을 사용하는데, 일반적으로 폴리우레탄을 사용한다. 그리고 외부의 플라스틱 부품은 ABS, PP, PVC를 주로 사용한다.

종 류	등 급	기 호	성 능	비 고
귀마개	1종	EP-1	저음부터 고음까지 차음	귀마개의 경우 재사용 여부를 제조 특성으로 표기
	2종	EP-2	주로 고음을 차음, 저음(회화영역)은 차음하지 않는 것	
귀덮개	–	EM	–	–

③ **귀마개와 귀덮개의 장단점**

구분	장점	단점
귀마개 (Ear Plug)	• 부피가 작아서 휴대하기 편리하다. • 고온작업장에서도 사용할 수 있다. • 폼이 부드러워서 귀를 아프게 하지 않는다. • 다른 보호구와 함께 사용할 수 있다.	• 외이도(외청도)에 이상이 없는 경우에 사용 가능하다. • 착용하는 데 시간이 걸리고 요령이 필요하다. • 더러운 손으로 만지면 안 된다. • 귀가 건강한 사람만 착용할 수 있다.
귀덮개 (Ear Muffs)	• 귀마개보다 일관된 차음효과가 있다. • 착용이 쉽고 간편하다. • 귀안에 염증이 있어도 사용 가능하다. • 동일한 크기의 장비를 대부분의 근로자가 사용할 수 있다. • 멀리서도 착용 유무를 확인할 수 있다.	• 고온에서 사용하기 힘들다. • 보안경 사용 시 차음효과가 감소한다. • 운반 및 보관이 쉽지 않다. • 하루 8시간 작업에는 사용하기 어렵다. • 귀마개보다 가격이 비싸다.

(3) 청력보호구의 사용

① **청력보호구의 지급**

㉠ 소음이 발생되는 사업장에서는 작업장에 청력보호구 착용에 관한 안전보건표지를 설치하거나 부착한다.

㉡ 청력보호구는 근로자가 자신의 귀에 가장 밀착이 잘되는 것을 선택할 수 있도록 다양하게 지급한다.

㉢ 청력보호구는 근로자 개인 전용의 것을 지급한다.

㉣ 지급한 청력보호구에 대하여는 상시 점검하여 이상이 있는 경우 이를 보수하거나 다른 것으로 교환한다.

② **청력보호구의 착용 시 주의사항**

㉠ 귀마개는 개인의 외이도에 맞는 것을 사용해야 하며 깨끗한 손으로 외이도의 형태에 맞게 형태를 갖추어 착용한다.

㉡ 귀마개는 가급적이면 일회용을 사용하여 자주 교체하고 항상 청결을 유지한다.

㉢ 귀덮개는 귀 전체가 완전히 덮일 수 있도록 높낮이 조절을 적당히 한 후 착용한다.

② 115dB(A) 이상의 고소음 작업장에서는 귀마개와 귀덮개를 동시 착용하여 차음효과를 높인다.

⑩ 작업 도중 주위의 경고음이나 신호음을 들어야 하는 곳에서는 사고의 위험성이 있으므로 귀덮개 착용에 주의한다.

⑪ 귀덮개 수시점검은 작업자 개인이 수시로 할 수 있도록 한다.

⑫ 항상 서늘하고 건조하고 독립되고 직사광선이 비치지 않는 장소에 보관한다.

③ 청력보호구의 착용방법

㉠ 오른쪽 귀에 넣을 때는 오른손으로 귀마개를 말아서 가는 원기둥 모양으로 만든다.

㉡ 왼손을 머리 위로 올려 오른쪽 귀를 후상방으로 당긴다(귓구멍을 똑바르게 하고 귀마개를 쉽게 넣기 위함).

㉢ ㉡과 같이 한 상태에서 오른손으로 말아 놓은 귀마개를 오른쪽 위에 집어넣는다.

㉣ 귀마개의 끝이 귓구멍 입구까지 올 때까지 밀어 넣는다.

㉤ 귀마개가 귓구멍에 딱 맞을 때까지 약 30초 정도 귀마개의 끝을 눌러 준다.

㉥ 왼쪽 귀에 넣을 때는 왼손과 오른손을 반대로 하여 위 내용을 순서대로 한다.

(4) 청력보호구의 관리

① 오염되지 않도록 보관 및 사용, 특히 귀마개 착용 시 더러운 손으로 만지거나 이물질이 귀에 들어가 않도록 주의한다.

② 귀마개는 소모성 재료로, 필요하면 누구나 언제든지 교체하여 사용할 수 있도록 작업장 내에 비치한다.

③ 사용 후에는 반드시 보관 캡에 보관하고 청결한 상태를 유지시킨다.

④ 세척은 미지근한 물에 중성세제를 사용하여 깨끗이 씻어 준다(일회용 귀마개는 세척금지).

⑤ 귀마개가 찌그러지거나 원형으로 복귀되지 않고, 너무 딱딱해진 경우에는 새것으로 교체한다.

5. 호흡보호구의 종류·사용·관리

(1) 호흡용 보호구

① 호흡용 보호구는 보호방식과 종류 및 형태에 따라 크게 공기정화식과 공기공급식으로 분류될 수 있다.

㉠ 공기정화식은 오염공기가 여과재 또는 정화통을 통과한 뒤 호흡기로 흡입되기 전에 오염물질을 제거하는 방식이다.

㉡ 공기공급식은 공기공급관, 공기호스 또는 자급식 공기원(산소탱크 등)을 가진 호흡용 보호구로부터 유해공기를 분리하여 신선한 공기만을 공급하는 방식이다.

② 호흡용 보호구는 작업장의 공기와 밀접한 관계가 있으므로 사용 시 주의가 필요하다.

㉠ 공기정화식은 가격이 저렴하고 사용이 간편하여 널리 사용되지만 산소농도 18% 미만인 장소나 유해비(노출시간 대비 공기 중 오염물질의 농도/노출기준)가 높은 경우에는 사용할 수 없다. 또한 단기간(30분) 노출되었을 경우 사망 또는 회복 불가능 상태를 초래할 수 있는 농도 이상에서는 사용할 수 없다.

㉡ 공기공급식은 외부로부터 신선한 공기를 공급받을 수 있게 하므로 가격이 비싸지만 산소농도 18% 미만인 장소나 유해비가 높은 경우에 사용하기를 권장한다.

공기 정화식			공기 공급식	
반면형 면체	안면부 여과식		송기마스크 : 반면형/ 전면형 면체, 후드 혹은 헬멧	
	준 보수형			
	필터/정화통 교환식			
전면형 면체			공기통식호흡장비 (SCBA)	
전동식 호흡보호구				

출처 : 농업인을 위한 개인 보호구 및 보조장비. 농촌진흥청 국립농업과학원

(2) 방진(분진) 마스크

방진마스크는 양돈, 양계, 버섯 작목 및 경운 정지, 수확 후 선별·관리, 파종, 비료 살포, 배합, 용접 등과 같이 분진이 발생하는 작업에서 사용한다.

① 방진마스크의 종류 : 격리식, 직결식, 안면부여과식(직결식 소형)으로 분류된다.

　　㉠ 격리식은 유해가스를 흡수하는 정화통이 독립되어 있어 연결관을 통해 정화된 공기를 흡입할 수 있기 때문에 비교적 고농도의 작업장에 많이 이용된다.

　　㉡ 직결식은 정화통이 마스크 면체에 직접 붙어 있는 형태로 격리식에 비해서는 비교적 저농도의 작업장에서 사용한다.

　　㉢ 안면부여과식(직결식 소형)

격리식	직결식	안면부여과식(직결식 소형)
가스 또는 증기농도가 2%(암모니아 3%) 이하 대기 중에서 사용	가스 또는 증기농도가 1%(암모니아 1.5%) 이하 대기 중에서 사용	가스 또는 증기농도가 0.1% 이하 대기 중에서 사용

출처 : 농업인을 위한 개인 보호구 및 보조장비. 농촌진흥청 국립농업과학원

더 알아보기　방진마스크의 안면부 사용범위에 따른 분류

전면형, 반면형, 면체여과식으로 분류한다.

- 전면형은 작업자의 눈이나 피부 흡수 가능성이 있는 유해물질이 발생될 때 사용한다.
- 반면형은 폭로되는 유해물질이 작업자의 눈이나 안면 노출 부위에 자극성이 없거나 피부 가능성이 없을 때 사용한다.
- 면체여과식은 분진, 미스트 및 퓸이 호흡기를 통해 체내에 유입되는 것을 방지하기 위해 착용한다.

전면형	반면형	면체여과식

※ 용어의 정의
- 전면형 방진마스크 : 분진 등으로부터 안면부 전체(입, 코, 눈)를 덮을 수 있는 구조의 방진마스크
- 반면형 방진마스크 : 분진 등으로부터 안면부의 입과 코를 덮을 수 있는 구조의 방진마스크

출처 : 농업인을 위한 개인 보호구 및 보조장비. 농촌진흥청 국립농업과학원

② 방진마스크의 선정기준

    ㉠ 분진포집효율이 높고 흡기·배기저항은 낮은 것이어야 한다.

    ㉡ 가볍고 시야가 넓으며 안면 밀착성이 좋아 기밀이 잘 유지되는 것이어야 한다.

    ㉢ 마스크 내부 호흡에 의한 습기가 발생하지 않는 것을 선정한다.

    ㉣ 안면 접촉 부위가 땀을 흡수할 수 있는 재질을 사용한 것 등을 고려하여 작업내용에 적합한 방진마스크를 선정한다.

③ 방진마스크의 사용

    ㉠ 사용 전에 배기밸브, 흡입밸브의 기능과 공기누설 여부 등을 점검한다.

    ㉡ 안면부에 완전히 밀착하여 사용한다.

    ㉢ 여과재는 건조한 상태에서 사용한다.

    ㉣ 접촉 부위에 수건을 대고 사용하는 것을 금지한다.

    ㉤ 안면부여과식 끈은 잘라서 사용하는 것을 금지한다.

    ㉥ 필터는 수시로 분진을 가볍게 털어 제거해 주고 필터가 습하거나 흡입·배기저항이 클 때 교체한다.

    ㉦ 여과재 이면이 더러워지면 필터를 교체한다.

    ㉧ 방진 발생 시 세수 후 붕산수를 겉에 발라 준다.

    ㉨ 안면부는 중성세제로 씻고 그늘에서 말린다.

    ㉩ 직사광선을 피하여 보호구 보관함에 보관한다.

> **더 알아보기**   **방진마스크 사용을 금하는 경우**
>
> - 수건 등을 대고 그 위에 방진마스크를 착용하는 경우
> - 면체의 접안부에 접안용 헝겊을 사용하는 경우
> - 방진마스크의 작용으로 피부에 습진 등의 우려가 있는 경우

④ 방진마스크의 교환 및 폐기

    ㉠ 여과재의 뒷면이 변색되거나 호흡 시 이상한 냄새를 느끼는 경우

    ㉡ 여과재의 수축, 파손, 변형이 발생한 경우

    ㉢ 흡기저항이 현저히 상승 또는 분진포집효율의 저하가 인정된 경우

    ㉣ 머리끈의 탄력성이 떨어지는 등 신축성의 상태가 불량하다고 인정된 경우

    ㉤ 면체, 흡기배기, 배기밸브 등의 균열 또는 변형된 경우

    ㉥ 기타 방진마스크를 사용하기 곤란한 경우

(3) 방독마스크

방독마스크는 분뇨처리사, 퇴비사, 농약 살포 등과 같이 공기 중에 있는 유해한 화학물질(가스) 또는 증기 등이 발생하는 작업장에서 주로 사용된다.

① 방독마스크 유형별 종류

종 류	사용범위
격리식 전면형 	정화통, 연결관, 흡기밸브, 안면부, 배기밸브 및 머리끈으로 구성되고, 정화통에 의해 가스 또는 증기를 여과한 청정공기를 연결관을 통하여 흡입하고, 배기는 배기밸브를 통하여 외기 중으로 배출하는 것으로서 가스 또는 증기의 농도가 2%(암모니아 3%) 이하의 대기 중에서 사용하는 것
직결식 전면형 	정화통, 흡기밸브, 안면부, 배기밸브 및 머리끈으로 구성되고, 정화통에 의해 가스 또는 증기를 여과한 청정공기를 흡기밸브 통하여 흡입하고, 배기는 배기밸브를 통하여 외기 중으로 배출하는 것으로서 가스 또는 증기의 농도가 1%(암모니아에 있어서는 1.5%) 이하의 대기 중에서 사용하는 것
직결식 소형반면형 	정화통, 흡기밸브, 안면부, 배기밸브 및 머리끈으로 구성되고, 정화통에 의해 가스 또는 증기를 여과한 천정공기를 흡기밸브를 통하여 흡입하고, 배기는 배기밸브를 통하여 외기 중으로 배출하는 것으로서 가스 또는 증기는 농도가 0.1% 이하의 대기 중에서 사용하는 것으로 긴급용이 아닌 것

출처 : 농업인을 위한 개인 보호구 및 보조장비. 농촌진흥청 국립농업과학원

② 정화통 종류별 색상 및 용도

종 류	표시 색
유기화합물용 정화통	갈 색
할로겐용 정화통	회 색
황화수소용 정화통	
사이안화수소용 정화통	
아황산용 정화통	노란색
암모니아용 정화통	녹 색
복합용 및 겸용의 정화통	• 복합용의 경우 : 해당 가스 모두 표시(2층 분리) • 겸용의 경우 : 백색과 해당 가스 모두 표시(2층 분리)

③ 방독마스크의 사용방법

할로겐가스 또는 증기   염산, 붕산, 황산 미스트   유기용제, 유기화합물 등의 가스, 증기

일산화탄소 가스   화재 연기

연 기   암모니아 가스

아황산가스, 황산 미스트   청산 가스   황화수소 가스

출처 : 농업인을 위한 개인 보호구 및 보조장비. 농촌진흥청 국립농업과학원

㉠ 안면부에 완전히 밀착하여 공기 누설 여부를 점검한다.

㉡ 사용 전 배기밸브, 흡기밸브의 기능 상태, 유효기간, 가스의 종류와 농도, 정화통의 적합성을 확인한다.

㉢ 접촉 부위에 수건을 대고 사용하지 않는다.

㉣ 정화통의 파괴시간을 준수한다(정화통 내의 정화제가 제독능력을 상실하여 유해가스를 그대로 통과시키기까지의 시간을 말하며 파괴시간은 제조사마다 정화통에 표시되어 있으므로 사용 시마다 사용기간 기록카드에 기록하여, 남은 유효시간이 작업시간에 맞게 충분히 남아 있는 시점을 확인한다).

㉤ 대상물질의 성질에 따른 적합한 형식을 사용한다.

㉥ 정화통의 유효기간을 준수하고, 유효시간이 불분명할 때에는 새로운 정화통으로 교체한다.

㉦ 안면부는 중성세제로 씻어 그늘에서 건조해 주고, 보관할 때에는 직사광선을 피하여 보호구 보관함에 보관한다.

④ 방독마스크 사용 시 주의사항

㉠ 유해가스에 알맞은 공기정화통을 사용한다.

㉡ 충분한 산소(18% 이상)가 있는 장소에서 사용한다(산소농도 18% 미만인 산소결핍장소에서 사용 금지).

㉢ 유해가스(2% 미만) 발생장소에서 사용한다.

⑤ 방독마스크의 교환 및 폐기관리

㉠ 제품의 파괴시간을 확인한다.

㉡ 유해물질 고유의 냄새로 확인한다.

㉢ 냄새가 없는 가스는 제품별 파괴곡선을 활용하여 파괴시간을 예측한다.

② 습기가 정화통 수명을 결정하므로 사용 후 비닐 등에 봉하여 보관한다.

⑩ 방독마스크 본체, 흡기밸브, 배기밸브 등이 균열 또는 변형된 경우 교환 또는 폐기한다.

⑥ **방독마스크의 점검사항**

㉠ 종류 및 수량의 적절 유무

㉡ 관리자 유무

㉢ 비치장소 명시 유무

㉣ 유효기간이 지난 정화통 유무

㉤ 예비수량 적정 유무

㉥ 사용시간 기록 유무

(4) 송기(산소)마스크

송기마스크는 신선한 공기 또는 공기원(공기압축기, 압축공기관, 고압공기용기 등)을 사용하여 호스로 통해 공기를 송기함으로써 분뇨처리사, 퇴비사, 농산물 저장고(예 생강굴), 하수구 등의 장소에서 산소결핍으로 인해 질식사 및 가스중독사고를 방지하기 위해 사용한다.

① **송기(산소)마스크 사용작업**

㉠ 산소결핍(18% 미만)이 우려되는 작업

㉡ 고농도의 분진, 유해물질, 가스 등이 발생하는 작업

㉢ 작업강도가 높거나 장시간 작업

㉣ 유해물질의 종류와 농도가 불명확한 작업

더 알아보기	송기마스크의 사용
• 유해물질의 종류, 농도가 불분명한 장소 • 작업강도가 매우 큰 작업 • 산소결핍이 우려되는 장소	

② **송기(산소)마스크 선정기준**

㉠ 인근에 오염된 공기가 있는 경우에는 폐력흡인형이나 수동형은 적합하지 않다.

㉡ 위험도가 높은 장소에서는 폐력흡인형이나 수동형은 적합하지 않다.

㉢ 화재 폭발이 발생될 우려가 있는 위험지역 내 사용할 경우에는 전기기기는 방폭형을 사용한다.

③ **송기(산소)마스크의 사용방법**

㉠ 격리된 장소, 행동반경이 크거나 공기의 공급장소가 멀리 떨어진 경우에는 공기 호흡기를 사용한다. 이때 기능을 확실히 체크해야 한다.

㉡ 작업 시에는 신선한 공기가 필요하다. 압축공기관 내 기름제거용으로 활성탄을 사용하고 그 밖의 분진, 유독가스를 제거하기 위한 여과장치를 설치하며, 송풍기는 산소농도 이상이고 유해가스나 악취 등이 없는 장소에 설치한다.

㉢ 수동 송풍기형은 장시간 작업 시 2명 이상 교대하면서 작업한다.

② 공급되는 공기의 압력을 1.75kg/cm³ 이하로 조절하며, 여러 사람이 동시에 사용할 경우에는 압력 조절에 유의한다.

⑩ 전동송풍기형은 호스 마스크는 정기적으로 여과재 점검하여 청소 또는 교환한다.

⑪ 동력을 이용하여 공기를 공급하는 경우에는 전원이 차단될 것을 대비하여 비상전원에 연결하고 제3자가 손대지 못하도록 한다.

⑫ 공기호흡기 또는 개방식은 실린더 내 공기 잔량을 수시로 점검한다.

④ **사용 시 응급상황**

㉠ 송출량이 감소한 경우

㉡ 가스 또는 기름 냄새가 있을 경우

㉢ 기타 이상 감지 시

㉣ 위와 같은 응급상황 발생 시 즉시 대피한다.

⑤ **송기(산소)마스크의 보수 및 유지관리**

㉠ 안면부, 연결관 등의 부품이 열화된 경우에는 즉시 새것으로 교환한다.

㉡ 호스에 변형, 파열, 비틀림 등이 있는 경우에는 즉시 새것으로 교환한다.

㉢ 산소통 또는 공기통 사용 시 잔량을 확인하여 사용시간을 기록·관리한다.

㉣ 사용 전에 관리감독자가 점검하고, 1개월에 1회 이상 정기점검 및 정비를 통하여 항상 사용이 가능하도록 유지·관리한다.

(5) 공기호흡기

공기호흡기는 압축공기를 충전시킨 소형 고압공기용기를 사용하여 고농도 분진, 유독가스, 증기 발생작업 등의 작업에서 공기를 공급함으로써 산소결핍으로 인한 위험방지용으로 사용한다. 고농도(2% 이상) 유해물질 취급장소, 산소결핍(18% 미만) 장소 등에 사용된다.

더 알아보기	적정공기

산소농도의 범위가 18% 이상 23.5% 미만, 이산화탄소농도가 1.5% 미만, 일산화탄소의 농도가 30ppm 미만, 황화수소의 농도가 10ppm 미만인 수준의 공기

6. 안전장갑·안전화의 종류·사용·관리

(1) 안전장갑

손에 관한 잠재적인 위험은 유해물질의 피부 흡수, 화학적 화상, 열화상, 찰과상, 자상 등이 있으며 손과 관련된 보호구로는 장갑, 손가락 보호장비, 손보호구인 안전장갑 등이 있다. 안전장 갑은 작업조건에 따라 위험요인으로부터 손의 손상을 보호하여 작업효율의 저하와 스트레스 유발을 최소화하는 역할을 한다.

① 안전장갑의 필요성

    ㉠ 일반 작업장의 위험 평가에서 근로자들이 손과 팔에 부상 위험이 있는 것으로 밝혀지고, 작업실무 통제를 해도 위험 제거가 안 되는 경우 사업주는 근로자들에게 적절한 보호장치를 제공해야 한다.

    ㉡ 화상, 타박상, 찰과상, 절단, 뚫림, 골절, 절단, 화학약품에 노출되는 작업장에서 방호해야 한다.

    ㉢ 농약의 혼합과정 시, 농약 살포 시, 농약살포기계의 수리와 관리 시, 농약의 사고와 유출 시에는 반드시 보호장갑을 착용한다.

    ㉣ 농약 취급 후에는 장갑에 구멍이 나거나 찢어지지 않았는지 항상 확인하고 맞는 크기의 장갑을 사용한다.

    ㉤ 장갑을 사용 후에는 안쪽과 바깥쪽을 모두 물과 비누로 씻고 걸어서 건조시킨다.

    ㉥ 씻을 때에는 손가락 사이도 잘 씻어야 되며 장갑이 변색하거나 딱딱해지면 폐기하고 새것을 사용한다.

② 안전장갑의 종류 및 특성 : 금속그물망, 가죽 또는 천으로 된 이중장갑, 직물 또는 코팅된 직물장갑, 화학약품 및 액체에 견디는 장갑, 절연고무장갑 등이 있다.

합성물질	• 다른 합성섬유로 장갑을 만들어 고온과 냉기로부터 보호를 제공하고 있다. • 극심한 온도에 대한 보호 이외에 다른 합성물질로 만들어진 장갑은 쉽게 절단되거나 벗겨지지 않고 희석된 산에 대해서도 견딜 수가 있다. • 이러한 자재들은 알칼리와 요제에는 견디지 못한다.
가죽장갑	• 가죽장갑은 스파크, 고온, 강풍, 칩스(Chips) 및 거친 물체로부터 보호한다. • 특히 용접공에게는 견고한 고품질의 가죽장갑이 필요하다.
알루미늄 장갑	• 알루미늄 장갑은 주로 용접, 용강로, 주조작업 등에 사용되는데, 고온으로부터 반사 및 절연 보호를 제공하기 때문이다. • 알루미늄 장갑은 고온과 냉기로부터 보호해 주는 합성물질로 된 삽입물이 필요하다.
합성 폴라아미드 장갑 	• 고온과 냉기로부터 보호해 주는 합성물질이다. • 장갑이 쉽게 절단되거나 벗겨지지 않고 쉽게 낄 수 있는 특성을 지닌다.

출처 : 농업인을 위한 개인 보호구 및 보조장비. 농촌진흥청 국립농업과학원

ⓐ 일반작업용 면장갑 : 절상, 마찰, 화상 등을 방지

ⓑ 고무장갑 : 주로 약품을 취급할 때 사용

ⓒ 방열장갑 : 쇳물 교체작업 등에서 고온, 고열 방지

ⓓ 전기용 고무장갑 : 감전으로부터 작업자 보호

ⓔ 금속맷귀 장갑 : 날카로운 공구를 다룰 때 사용

ⓕ 산업위생 보호장갑 : 화학물질이나 유기용제 취급 시

③ 안전장갑 선정 및 관리방법

ⓐ 직물장갑 : 분진, 섬유 조작 및 찰과상으로부터 손을 보호해 준다. 또한 거칠거나, 날카롭거나, 무거운 물건을 다룰 때 사용이 가능하다. 직물장갑에 플라스틱 코팅을 하면 직물장갑이 강화되며, 다양한 작업에 효과적으로 사용할 수 있다.

ⓑ 코팅 직물장갑 : 코팅 직물장갑 제조업자들은 보통 이 장갑을 한쪽에 보푸라기가 있도록 면 플라넬로 제조하였다. 보푸라기가 없는 쪽을 플라스틱으로 코팅하면 직물장갑은 미끄럼방지의 범용 손보호장갑이다. 이 장갑은 벽돌작업, 와이어로프 작업부터 실험실에서의 화학약품용기까지 다양한 작업에 사용한다.

ⓒ 화학약품 및 액체에 견디는 장갑 : 고무(라텍스, 나이트릴 또는 부틸), 플라스틱, 네오프렌과 같은 합성고무류의 장갑은 작업자가 오일, 그리스, 용제 및 기타 화학약품과의 접촉으로 인해 발생하는 화상, 자극 및 피부염으로부터 보호하고, 고무장갑 사용 시 혈액이나 기타 잠재성 감염물질에 대한 노출 위험도가 줄어들게 된다.

• 부틸 고무장갑 : 부틸 고무장갑은 질산, 황산, 불화수소산, 적색 연무 질산, 로켓 연료 및 과산화물부터 손을 보호하고, 가스, 화학약품 및 수증기에 대해 고도의 불침투성이면서 산화작용과 오본 부식에도 견딜 수 있다.

• 라텍스 또는 고무장장갑 : 보호 품질뿐만 아니라 편안한 착용감과 유연성으로 대중적인 다목적 장갑으로 사포질, 연마 및 광택작업에 의해서 발생하는 내마찰력 이외에 대부분의 산용액, 알칼리 용약, 소금 및 케톤으로부터 작업자의 손을 보호한다.

• 네오프렌 장갑 : 유연성, 손가락의 민첩성, 고밀도 및 내마멸성을 가지고 있어 수압 액체, 가솔린, 알코올, 유기산 및 알칼리로부터 보호한다.

• 질소 고무장갑 : 3염화에틸렌, 과염화에틸렌과 같은 염화용제로부터 보호하고, 민첩성과 민감성을 요구하는 작업을 위한 것이지만, 다른 장갑이라면 손상되었을 유해물질에 장기적으로 노출된 후에도 내구성이 강하다.

(2) 안전화

안전화 및 보호장화는 농작업 중에 발과 다리 부위에 부상이 발생할 수 있는 잠재적인 위험으로부터 신체의 발과 다리를 보호하고, 바닥의 작업환경에 의해 미끄러져 넘어지는 등의 물리적 환경으로부터 안전사고를 예방하기 위한 보호장비이다.

① 안전화 적용 작업환경
  ㉠ 근로자의 발에 물체가 부딪치거나 떨어질 수 있는 있는 공구(낙하물) 등의 무거운 물건을 다룰 경우
  ㉡ 일반 신발의 바닥이나 발등을 찌를 수 있는 못이나 스파이크 같은 날카로운 물체가 존재할 경우
  ㉢ 발이나 다리에 튈 수 있는 용융물질이 있는 환경
  ㉣ 바닥이 뜨거워 화상의 위험이 있거나 젖은 표면 등으로 미끄럼 주의가 요구되는 물리적 환경
② 안전화 종류

종류	기능	등급
가죽제 안전화	물체의 낙하 충격에 의한 위험방지 및 날카로운 것에 대한 찔림 방지	중작업용, 보통 작업용, 경작업용
고무제 안전화 (보호장화)	기본기능 및 방수, 내화학성 기능의 안전화 또는 보호장화	
정전화	기본기능 및 정전기의 인체대전방지	
절연화 및 절연장화	기본기능 및 감전방지	

  ㉠ 중작업용 : 공구, 기계 및 시설장비 사용, 목재 등의 원료 취급, 건축을 위한 강재 취급 및 강재 운반, 수확물 등의 중량물 운반작업, 가공 대상물의 중량이 큰 물체를 취급하는 작업장에서 사용
  ㉡ 보통 작업용 : 일반적으로 기계 및 가공품을 손으로 취급하는 작업 및 차량 사업장, 기계 등을 운전 조작하는 일반 작업장에서 사용
  ㉢ 경작업용 : 수확물 선별작업, 포장 및 제품 조립, 화학품 선별, 반응장치 운전, 식품 가공업 등 비교적 경량의 물체를 취급하는 작업장에서 사용
③ 안전화의 사용 및 관리방법
  ㉠ 작업내용이나 목적에 적합할 것
  ㉡ 가벼운 것
  ㉢ 땀 발산효과가 있는 것
  ㉣ 디자인이나 색상이 좋은 것
  ㉤ 바닥이 미끄러운 곳에는 창의 마찰력이 큰 것
  ㉥ 발에 맞는 것을 착용할 것
  ㉦ 목이 긴 안전화는 신고 벗는데 편하도록 된 구조(예 지퍼 등)로 된 것
  ㉧ 우레탄 소재(Pu) 안전화는 고무에 비해 열과 기름에 약하므로 기름을 취급하거나 고열 등 화기취급작업장에서는 사용을 피할 것
  ㉨ 윗부분이 질질 끌리거나 균열 또는 찢어진 경우, 발바닥과 윗부분이 분리된 경우, 바닥이나 뒤꿈치의 구멍이나 균열이 있는 경우, 전기 위험용 안전화의 경우에 발끝 보호장의 바닥이나 뒤꿈치에 끼인 금속 등의 이물질을 완전히 제거하거나 새것으로 교체

7. 안전복 및 기타 보호구의 종류·사용·관리

안전복은 농작업 환경에서 기계적 외력, 열, 자외선, 방사선, 전기, 가스, 약품, 곤충 등 물리적·화학적·생물적 유해·위험으로부터 인체를 보호하는 역할을 해 준다.

(1) 안전복 착용작업

① 농약 살포 전·중·후 작업 : 농약노출
② 노지 및 시설 하우스에서의 일반적인 농작업 : 온열 및 저온에 의한 스트레스(여름, 겨울)
③ 농기계 관련 작업, 선별작업 등 : 공구, 기계 및 시설, 자재와의 충돌, 절단 등의 위험 요인
④ 닭, 돼지 등의 축산과 관련된 작업(접종 등) : 인수 공통 감염병 등

(2) 안전복 소재

부직포 섬유	부직포 섬유로 만든 보호복은 1회용으로서 분진이나 튀는 액체로부터 보호를 위한 것
가공처리된 모 혹은 면	가공 처리된 모 혹은 면으로 만든 방호복은 온도가 변하는 작업장에 잘 맞으며, 내화성이 있고 편안하다. 분진 마찰 및 거칠거나 자극적인 표면으로부터 보호해 준다.
두꺼운 즈크 면	면밀하게 직조된 면직물(즈크 ; 캔버스)은 근로자들이 무겁거나, 날카롭거나, 거친 자재를 다룰 때 절단이나 타박상으로부터 보호해 준다.
고무, 고무처리된 직물, 네오프렌 및 플라스틱	이 재료로 만든 방호복은 특정 산이나 기타 화학물질로부터 보호해 준다.

(3) 안전복의 종류 및 용도

안전복은 용도에 따라 피부 통한 유해화학물질, 분진 등의 인체 내 침입방지용이 있으며, 유기화합물용(액체방호형, 분무방호형), 내산용, 내알칼리용, 분진용, 액체용, 기체용 등 다양한 종류가 있다. 유해물질의 종류, 특성 및 농도와 물리적 상태(기체, 액체, 분진 등)를 고려하여 선정한다.

① 농약방제복 : 농약의 살포량에 따라 사용
　㉠ 일반용 방제복 : 밭 작물이나 시설재배작물 등과 같이 농약 살포량이 적은 작물인 경우에 사용(땀 배출능력 우수)
　㉡ 과수용 방제복 : 과수나 시설 원예 등과 같이 농약 살포량이 많은 작물인 경우에 사용(농약침투성 우수, 통기성 필름 사용으로 쾌적함)
② 축산작업복 : 양돈이나 양계 등 축산작업장 내부에서 발생할 수 있는 유해요인으로 먼지, 암모니아가스, 높은 습도와 농축된 유해물질로부터 신체를 보호하기 위한 작업복으로 안전하고 쾌적한 작업을 할 수 있다.
③ 온열작업복
　㉠ 농작업 특성상 농업인은 작물의 생육조건에 따라 고온 다습한 온실 내 환경이나 추운날 작업으로 장시간 노출되는 경우가 많으므로 심할 경우 열사병, 열경련, 열허탈과 동상 등의 극심한 온도환경과 관련된 증상이 발생하게 된다.

  ⓛ 이 증상들은 작업능률에 영향을 미칠 뿐만 아니라 자신도 모르게 급작스럽게 발생할 수 있으므로 고열과 관련된 증상을 최소화해야 한다.

④ 안전복 사용 시 유의사항

  ㉠ 보호복이 필요한 이유, 신체를 위협하는 작업장의 위험성 정도를 인지한다.

  ⓛ 신체를 어떻게 보호하고 있는지 알고 있어야 한다.

  ⓒ 신체를 보호하지만 특성상 한계가 있음을 알고 있어야 한다.

  ⓔ 보호복을 입어야 하는 경우와 적절히 입는 방법을 알고 있어야 한다.

  ⓜ 유해요소에 맞게 적합한 보호복을 선택하여 입어야 한다.

  ⓗ 편안하고 효과적인 착용을 위해 부속품을 조정하는 방법을 숙지한다.

  ⓢ 찢어짐, 마멸, 질질 끌릴 경우 파손 정도를 확인한다.

  ⓞ 조이는 부품의 탄성이 상실될 경우를 확인한다.

  ⓩ 방호복의 세탁과 소독방법에 따라 그 징후를 발견할 수 있다.

01 보호구 안전인증고시에 따른 안전모의 일반구조 중 턱끈의 최소 폭 기준은?

① 5mm 이상

② 7mm 이상

③ 10mm 이상

④ 12mm 이상

해설

- 안전모의 착용 높이는 85mm 이상이고 외부 수직거리는 80mm 미만일 것
- 안전모의 내부 수직거리는 25mm 이상 50mm 미만일 것
- 안전모의 수평 간격은 5mm 이상일 것
- 머리 받침끈이 섬유인 경우에는 각각의 폭이 15mm 이상이어야 하며, 교차지점 중심으로부터 방사되는 끈폭의 총합은 72mm 이상일 것
- 턱끈의 폭은 10mm 이상일 것

02 방독마스크 정화통의 종류와 사용조건이 옳게 연결된 것은?

① 보통가스용 - 산화금속

② 유기가스용 - 활성탄

③ 일산화탄소용 - 알칼리제제

④ 암모니아용 - 산화금속

해설

방독마스크 정화통의 종류	용 도	방독마스크 정화통의 종류	용 도
할로겐가스용(A)	할로겐가스 또는 증기	연기용(G)	연 기
산성가스용(B)	염산, 붕산, 황산미스트	암모니아용(H)	암모니아가스
유기가스용(C)	유기용제, 유기화합물 등의 가스, 증기	아황산가스, 황산용(I)	아황산가스, 황산미스트
일산화탄소용(E)	일산화탄소가스	청산용(J)	청산가스
소방용(F)	화재 연기	황화수소용(K)	황화수소가스

03 제한된 실내 공간에서 소음문제의 음원에 관한 대책이 아닌 것은?

① 저소음 기계로 대체한다.　　　② 소음 발생원을 밀폐한다.

③ 방음보호구를 착용한다.　　　④ 소음 발생원을 제거한다.

해설

소음 차단은 음원 자체에서 발생하는 소음을 줄이는 소음원 대책, 소음원에서 방출된 소음이 전달되는 경로를 차단하는 경로 차단 대책, 소음이 미치는 영향을 받는 수음점에서 대책을 세우는 수음점 대책이 있다.

04 산업안전보건법상 방독마스크 사용이 가능한 공기 중 최소 산소농도 기준은 몇 % 이상인가?

① 14%　　　　　　　　　② 16%

③ 18%　　　　　　　　　④ 20%

해설

방독마스크는 충분한 산소(18% 이상)가 있는 장소에서 사용한다(산소농도 18% 미만인 산소결핍장소에서의 사용을 금지).

05 다음의 방진마스크 형태로 옳은 것은?

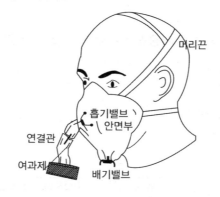

① 직결식 전면형　　　　　　② 직결식 반면형

③ 격리식 전면형　　　　　　④ 격리식 반면형

해설

격리식 반면형 마스크 : 폭로되는 유해물질이 작업자의 눈이나, 안면 노출 부위에 자극성이 없거나, 피부 가능성이 없을 때 사용한다.

06 석면취급장소에서 사용하는 방진마스크의 등급으로 옳은 것은?

① 특 급   ② 1급

③ 2급   ④ 3급

해설

방진마스크(특급) 사용장소 : 베릴륨 등과 같이 독성이 강한 물질을 함유한 분진 등이 발생하는 장소, 석면취급장소

07 다음 중 차음보호구인 귀마개(Ear Plug)에 대한 설명과 가장 거리가 먼 것은?

① 차음효과는 일반적으로 귀덮개보다 우수하다.

② 외청도에 이상이 없는 경우에 사용이 가능하다.

③ 더러운 손으로 만짐으로써 외청도를 오염시킬 수 있다.

④ 귀덮개와 비교하면 제대로 착용하는 데 시간은 걸리나 부피가 작아서 휴대하기 편리하다.

해설

귀덮개는 귀마개보다 높은 수준의 차음효과를 얻을 수 있고 귀마개와 귀덮개를 동시에 착용하면 차음효과가 훨씬 커진다.

08 방진마스크에 대한 설명으로 가장 거리가 먼 것은?

① 방진마스크는 인체에 유해한 분진, 연무, 흄, 미스트, 스프레이 입자를 작업자가 흡입하지 않도록 하는 보호구이다.
② 방진마스크의 종류에는 격리식과 직결식, 안면부여과식이 있다.
③ 방진마스크의 안면부를 손질 시에는 중성세제로 씻고 햇볕에 말린다.
④ 비휘발성 입자에 대한 보호만 가능하며, 가스 및 증기로부터의 보호는 안 된다.

해설

방진마스크는 작업장에 발생하는 광물성 분진 등 유해한 분진을 흡입해 인체에 건강장해가 우려되는 경우에 사용하는 호흡용 보호구이다. 안면부는 중성세제로 씻고 그늘에서 말린다.

09 다음 중 방진마스크의 요구사항과 가장 거리가 먼 것은?

① 포집효율이 높은 것이 좋다.
② 안면 밀착성이 큰 것이 좋다.
③ 흡기 · 배기저항이 낮은 것이 좋다.
④ 흡기저항 상승률이 높은 것이 좋다.

해설

방진마스크는 분진포집효율이 높고 흡기 · 배기저항은 낮은 것이어야 한다. 안면 접촉 부위가 땀을 흡수할 수 있는 재질을 사용한 것 등을 고려하여 작업내용에 적합한 방진마스크를 선정한다.

10 산소결핍이라 함은 공기 중 산소농도가 몇 퍼센트(%) 미만일 때를 의미하는가?

① 20%
② 18%
③ 15%
④ 10%

해설

산소농도가 18% 미만인 작업환경에서는 호흡용 보호구가 필요하다.

11 소음 발생의 대책으로 가장 먼저 고려해야 할 사항은?

① 소음원 밀폐

② 차음보호구 착용

③ 소음전파 차단

④ 소음 노출시간 단축

해설

소음 차단은 음원 자체에서 발생하는 소음을 줄이는 소음원 대책, 소음원에서 방출된 소음이 전달되는 경로를 차단하는 경로 차단 대책, 소음이 미치는 영향을 받는 수음점에서 대책을 세우는 수음점 대책이 있다. 이 중 소음원 자체를 차단하는 소음원 밀폐가 가장 먼저 고려되어야 한다.

12 다음 중 안전모를 사용할 때 유의사항으로 옳지 않은 것은?

① 턱끈을 안전하게 착용한다.

② 머리 윗부분과 안전모의 간격은 1cm 정도의 간격을 둔다.

③ 자신의 머리 크기에 맞도록 장착제의 머리 고정대를 조절한다.

④ 충격을 받은 안전모는 그대로 쓰지 말고 고쳐서 쓴다.

해설

충격을 받거나 손상된 안전모는 기능이 떨어지기 때문에 폐기한다.

13 방진마스크에 관한 설명으로 틀린 것은?

① 비휘발성 입자에 대한 보호가 가능하다.

② 형태별로 전면 마스크와 반면 마스크가 있다.

③ 필터의 재질은 면, 모, 합성섬유, 유리섬유, 금속섬유 등이다.

④ 방진마스크는 마스크 내부 호흡에 의한 습기가 생기므로 밀착성이 낮아야 한다.

해설

방진마스크는 가볍고 시야가 넓으며 안면 밀착성이 좋아 기밀이 잘 유지되는 것이어야 한다.

14 다음 중 장기간 사용하지 않았던 오래된 우물 속으로 작업을 위하여 들어갈 때 가장 적절한 마스크는?

① 호스마스크

② 특급의 방진마스크

③ 유기가스용 방독마스크

④ 일산화탄소용 방독마스크

해설

호스마스크(송기식)는 신선한 공기 또는 공기원(공기압축기, 압축공기관, 고압공기용기 등)을 사용하여 공기를 호스로 통해 송기한다.

13 ④ 14 ① 정답

CHAPTER 03 응급처치

01 | 농촌 응급의료의 개요

(1) 농촌 응급의료

응급의료행위의 하나로서 응급환자에게 행하여지는 기도의 확보, 심장박동의 회복, 기타 생명의 위험이나 증상의 현저한 악화를 방지하기 위하여 긴급히 필요로 하는 처치를 의미하며, 위급한 상황에서 전문적인 치료를 받을 수 있도록 119나 의료기관에 연락하는 것부터 부상이나 질병을 의료기관의 치료 없이도 회복될 수 있도록 도와주는 행위도 포함한다.

(2) 농촌 응급의료의 특성

① 농업 분야는 사고가 자주 생길 뿐만 아니라 각종 물리적·화학적·생화학적 위험요인에 대한 노출이 많다.
② 농촌지역은 응급의료시설이 부족하며, 응급환자의 이송시간이 길어 응급의료시설에 대한 접근도가 낮다.
③ 농업의 기계화로 인한 재해 및 손상이 증가되어 있다.
④ 농약 사용으로 인한 농약중독이 증가되었다.
⑤ 농촌지역의 노인 인구의 증가로 급성·만성질환이 증가되었다.

02 | 응급상황별 대응방법

1. 심폐소생술

(1) 심폐소생술의 개념 및 목적

① 심장이 멈춘 사람에게 인공호흡과 인공순환을 유지하여 장기(뇌, 심장)에 산소를 공급하는 치료 기술이다.
② 심정지 환자가 사망에 이르는 것을 방지하고 소생시키는 응급처치이다.

(2) 심정지 환자의 생존시간

① 심정지 발생 후 4분 이내에 심폐소생술이 시행되면 완전 회복의 기회가 높다.

② 심정지 발생 후 4~5분이 경과하면 비가역적인 뇌 손상이 발생하기 시작하며 10분 이상 방치되면 사망하게 된다.

(3) 심폐소생술 실시

① **반응의 확인** : 현장의 안전을 확인한 뒤에 환자에게 다가가 어깨를 가볍게 두드리며, 큰 목소리로 "여보세요, 괜찮으세요?"라고 물어본다. 의식이 있다면 환자는 대답을 하거나 움직이거나 또는 신음 소리를 내는 것과 같은 반응을 나타낸다. 반응이 없다면 심정지의 가능성이 높다고 판단해야 한다.

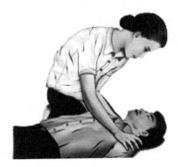

② 119 신고

㉠ 환자의 반응이 없다면 즉시 큰 소리로 주변 사람에게 119 신고를 요청한다.

㉡ 주변에 아무도 없는 경우에는 직접 119에 신고한다.

㉢ 만약 주위에 심장충격기(자동제세동기)가 비치되어 있다면 즉시 가져와 사용해야 한다.

③ 호흡 확인
　　㉠ 쓰러진 환자의 얼굴과 가슴을 10초 이내로 관찰하여 호흡이 있는지를 확인한다. 환자의 호흡이 없거나 비정상적이라면 심정지가 발생한 것으로 판단한다.
　　㉡ 일반인은 비정상적인 호흡 상태를 정확히 평가하기 어렵기 때문에 응급의료 전화상담원의 도움을 받는 것이 바람직하다.

④ 가슴압박 30회 시행
　　㉠ 환자를 바닥이 단단하고 평평한 곳에 등을 대고 눕힌 뒤에 가슴뼈(흉골)의 아래쪽 절반 부위에 깍지를 낀 두 손의 손바닥 뒤꿈치를 댄다.
　　㉡ 손가락이 가슴에 닿지 않도록 주의하면서, 양팔을 쭉 편 상태로 체중을 실어서 환자의 몸과 수직이 되도록 가슴을 압박하고, 압박된 가슴은 완전히 이완되도록 한다.
　　㉢ 가슴 압박은 성인에서 분당 100~120회의 속도와 약 5cm 깊이(소아 4~5cm)로 강하고 빠르게 시행한다.
　　㉣ '하나', '둘', '셋', …, '서른' 하고 세어가면서 규칙적으로 시행하며, 압박된 가슴은 완전히 이완되도록 한다.

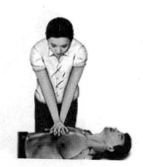

⑤ 인공호흡 2회 시행

　㉠ 환자의 머리를 젖히고, 턱을 들어 올려 환자의 기도를 개방시킨다.

　㉡ 머리를 젖혔던 손의 엄지와 검지로 환자의 코를 잡아서 막고, 입을 크게 벌려 환자의 입을 완전히 막은 후 가슴이 올라올 정도로 1초에 걸쳐서 숨을 불어넣는다.

　㉢ 숨을 불어넣을 때에는 환자의 가슴이 부풀어 오르는지 눈으로 확인한다. 숨을 불어넣은 후에는 입을 떼고 코도 놓아주어서 공기가 배출되도록 한다.

　㉣ 인공호흡 방법을 모르거나, 꺼려지는 경우에는 인공호흡을 제외하고 지속적으로 가슴압박만을 시행한다(가슴압박 소생술).

⑥ 가슴압박과 인공호흡의 반복

　㉠ 이후에는 30회의 가슴압박과 2회의 인공호흡을 119 구급대원이 현장에 도착할 때까지 반복해서 시행한다.

　㉡ 다른 구조자가 있는 경우에는 한 구조자는 가슴압박을 시행하고 다른 구조자는 인공호흡을 맡아서 시행하며, 심폐소생술 5주기(30 : 2 가슴압박과 인공호흡 5회)를 시행한 뒤에 서로 역할을 교대한다.

⑦ 회복 자세

　㉠ 가슴압박 소생술을 시행하던 중에 환자가 소리를 내거나 움직이면, 호흡도 회복되었는지 확인한다. 호흡이 회복되었다면, 환자를 옆으로 돌려 눕혀 기도(숨길)가 막히는 것을 예방한다.

　㉡ 그 후 환자의 반응과 호흡을 관찰해야 한다. 환자의 반응과 정상적인 호흡이 없어진다면 심정지가 재발한 것이므로 신속히 가슴압박과 인공호흡을 다시 시작한다.

(4) 자동제세동기(AED ; Automated External Defibrillator)

　① 자동제세동기의 개념과 원칙

　　㉠ 개념 : 자동으로 환자의 심전도를 판독하여 제세동의 시행 여부를 결정하는 장비를 말한다.

　　㉡ 원칙 : 의식 확인 → 가슴압박 시행 → 인공호흡 시행 → 제세동 시행

　② 사용법

　　㉠ 전원을 켠다.

　　㉡ 오른쪽 쇄골 바로 아래와 왼쪽 젖꼭지 옆 겨드랑이에 각각 패드를 부착한다.

　　㉢ 심장리듬을 분석한다. 이때 '분석 중'이란 음성메시지가 나오면 환자에게서 손을 뗀다.

　　㉣ 제세동을 시행한다. 버튼을 누르기 전에 환자에게서 모두 떨어져야 한다.

　　㉤ 제세동 이후 즉시 심폐소생술을 다시 시행하는데 제세동을 실시한 뒤에는 가슴압박과 인공호흡의 비율을 30 : 2로 한다.

　③ 사용 시 주의점

　　㉠ 의식이나 맥박이 없는 환자에게만 분석을 시작해야 한다.

　　㉡ 분석버튼을 누르기 전까지 계속 심폐소생술을 시행한다.

　　㉢ 패드 사이 거리는 최소 3~5cm 이상 떨어뜨려야 한다.

　　㉣ 제세동을 사용할 때에는 환자와 접촉을 금지해야 하며, 패드 사이에 이물질이 있는 경우 전류에 의해 피부에 화상을 입을 수 있다.

2. 기도폐쇄 시 응급처치

(1) 기도폐쇄의 증상과 증후

① 이물질에 의한 기도폐쇄
  ㉠ 이물질이 기도로 들어가 숨이 막히는 경우를 말한다.
  ㉡ 흔하지는 않지만, 예방 가능한 사망의 원인 대부분 목격되는 경우가 많다.

② 이물질에 의한 기도폐쇄의 증상과 증후
  ㉠ 흡기 시 고음의 소음을 낼 경우 발생한다.
  ㉡ 호흡곤란이 온다.
  ㉢ 청색증(얼굴색이 파랗게 변함)이 나타난다.
  ㉣ 말하기, 호흡하기, 기침하기를 못하는 경우가 있다.

(2) 기도폐쇄의 원인 및 발생 대처방법

① 이물질에 의한 기도폐쇄의 원인
  ㉠ 보통 식사 중 흔히 발생하며 찹쌀떡, 고구마, 포도, 홍시, 마른 오징어 껍질, 분유가루 등이 원인이 된다.
  ㉡ 아이들의 경우 껌이나 사탕, 장난감 등도 원인이 된다.

② 기도폐쇄 발생 시 대처방법
  ㉠ 기도 불완전 폐쇄는 기침하기, 말하기, 호흡하기가 가능한 경우로 기침을 하도록 지켜본다.
  ㉡ 기도 완전 폐쇄의 경우는 즉시 복부 밀어내기를 시행한다.

(3) 기도폐쇄의 처치방법

① 의식이 있는 환자의 경우(복부 밀어내기를 해야 함)
  ㉠ 구조자는 환자의 등 뒤에 서야 한다.
  ㉡ 한 손으로 주먹을 쥐고 엄지손가락 방향을 부상자의 상복부(배꼽 바로 위와 흉골의 바로 아래)에 둔다.
  ㉢ 다른 한 손으로 주먹 쥔 손을 감싼다.
  ㉣ 양손으로 환자의 복부를 누르면서 후상 방향으로 강하게 잡아당긴다.

② 의식이 없는 환자의 경우
  ㉠ 구조자는 먼저 119에 신고한다.
  ㉡ 구조자는 기도를 개방하고, 입안을 관찰해 기도를 막고 있는 고형물질이 관찰될 경우에는 턱과 혀를 동시에 한 손으로 쥐고 들어올리면서 손가락으로 훑어내어 제거한다.
  ㉢ 관찰되지 않으면 바로 인공호흡을 시도하는데 만약 흉부의 상승이 관찰되지 않으면 다시 기도를 개방하고 인공호흡을 재시도해야 한다.
  ㉣ 두 번의 시도 후에는 흉부 압박을 바로 시작해야 한다.

3. 저혈당 시 응급처치

(1) 저혈당의 정의

혈당이 정상인보다 낮은 상태를 말하는 것으로 일반적으로 혈당이 50mg/dL 이하인 경우

정 상	공복일 때 110 미만	밥 먹고 2시간 140 미만
당 뇨	공복일 때 126 이상	밥 먹고 2시간 200 이상

(2) 저혈당의 원인

① 많은 용량의 경구용 혈당강하제나 인슐린을 사용한 경우
② 정규 식사를 하지 않은 경우
③ 지나친 운동을 한 경우
④ 심한 음주를 한 경우
⑤ 심한 설사나 구토를 한 경우

(3) 저혈당 증상

① 공복감, 메스꺼움
② 두통, 현기증, 떨림
③ 피로감, 현기증
④ 오한 또는 식은 땀, 불안감, 안절부절못함
⑤ 심장박동수 증가
⑥ 입술 또는 혀 주위 무감각
⑦ 아무런 이유 없이 기분 또는 행동 변화

(4) 저혈당의 예방

① 약 복용시간, 식사시간을 잘 지키고 혈당검사에 따라 약의 용량을 조절한다.
② 긴급할 때를 위하여 항상 사탕, 비스킷을 휴대한다.
③ 자가혈당을 측정하고 당뇨관리방법을 계획한다.

(5) 저혈당 응급처치

① 의식이 있는 환자 : 식사 혹은 당정제, 사탕, 주스, 비다이어트 음료 등의 단 음식을 섭취시킨다.
② 의식이 없는 환자 : 즉시 응급의료지원센터에 전화를 해야 하며 병원에서 즉각적인 당정맥주사를 투여한다.

(6) 저혈당의 치료

① 당분을 함유하고 있는 음료수나 음식물을 섭취한다.

② 혈당이 올라가는 데 10~15분 걸리므로 20분이 되어도 저혈당 증상이 계속되면 반복하여 섭취한다.

③ 30분이 지나도 좋아지지 않으면 병원에 방문한다.

(7) 혈당조절의 목표(단위 : mg/dL)

혈당조절의 목표는 개인마다(특히 임산부, 고령자, 아동의 경우) 다소 차이가 있을 수 있으므로 의료진과 상의하여 목표를 세운다.

항 목	정 상	목 표	주의요망
공복 혈당	<100	80~120	<80, >140
식후 2시간 혈당	<140	<160	>180
잠자기 전 혈당	<120	100~140	<100, >160
당화혈 색소(%)	<6	<6.5	>8

(8) 자가혈당 측정의 필요성

① 혈당 변화를 확인하여 목표 혈당을 유지시킨다.

② 음식, 운동, 스트레스에 따른 혈당 변화를 알고 관리한다.

③ 저혈당 및 고혈당의 예방과 치료를 한다.

④ 인슐린, 경구약의 효과를 알기 위해 시행한다.

(9) 자가혈당 측정의 시간

① 식사 전, 식사 후 2시간, 잠자기 전

② 추가로 검사가 필요한 경우는 저혈당 증상을 느낄 때, 아플 때, 장거리(2시간 이상) 운전하기 전, 운동 전후, 스트레스가 심할 때(낮에 활동량이 많았거나 인슐린 용량이 증가된 경우에 새벽에 추가로 검사를 시행한다.

출처 : 한국만성질환관리협회 http://www.acdm.or.kr

4. 경련 시 응급처치

① 경련이 시작되면 다른 사람이 멈출 수 없으므로, 경련이 자연적으로 멈출 때까지 가만히 있도록 한다. 인공호흡은 시행하지 않는다.

② 환자를 바닥에 편하게 눕히고, 옷의 단추나 혁대 등을 풀어서 느슨하게 해 준다.

③ 주위에 있는 딱딱하거나, 날카롭거나, 뜨거운 물체를 치우고 머리 아래에 방석이나 부드러운 담요 등을 놓아 경련 중에 머리를 다치지 않도록 한다.

④ 환자를 옆으로 눕게 하여 입에 고인 침이나 타액이 옆으로 흘러나오게 한다.

⑤ 경련 중에 절대로 환자의 입안에 무엇을 넣지 않는다.

⑥ 경련이 끝난 후에 환자는 반드시 쉬거나 숙면을 취해야 한다.

⑦ 휴식을 취한 후에도 계속 비틀거리고, 혼동하고 불안해하면 조용한 곳에서 안정시킨다.

⑧ 어린이가 경련을 하면, 빨리 부모나 보호자에게 연락을 한다.

⑨ 10분 이상 경련이 지속되면 빨리 병원으로 옮겨 응급치료를 받아야 한다.

5. 외상 시 응급처치

종 류	내 용
타박상(멍)	외부 충격으로 발생하며, 출혈이 내부에 있어서 피부 표면에 멍이 든 상태
찰과상	보통 미끄러지거나 넘어지는 것이 원인으로 피부나 점막이 심하게 마찰되거나 몹시 긁혀서 생긴 상처
열 상	칼이나 날카로운 물건의 끝으로 입는 상처
결출상	철조망, 기계, 동물 등과 접촉하여 피부가 찢겨져 떨어진 상태로 상처 부위에 붙어 있거나 완전히 떨어져 나간 상처
자 상	못, 바늘, 철사 등에 찔리거나, 조직을 뚫고 지나간 상처
절단상	신체 사지의 일부분이 잘려 나간 경우

(1) 찰과상의 일반적 처치

① 상처 부위를 만지기 전에 손을 깨끗이 씻는다.

② 상처 부위에 흙이나 더러운 것이 묻어 있을 때 깨끗한 물로 상처를 씻는다.

③ 상처에 된장, 담뱃가루, 지혈제 등을 뿌리는 민간요법으로 지혈을 시도하는 경우가 있는데 이는 상처를 더욱 오염시켜 염증을 유발하여 이후의 치료를 어렵게 한다.

④ 파상풍 호발 상처인 경우(오염 및 조직이 많이 상한 상처)에는 병원을 방문하여 파상풍 예방주사를 접종한다.

(2) 지혈의 일반적 처치

① 상처에 소독 거즈나 깨끗한 수건을 덮고 손으로 압박하여 지혈시킨다.

② 누르고 있던 상처를 들어 올리고 압박 붕대로 감는다.

③ 출혈이 심해서 붕대 밖으로 혈액이 스며 나오면 압박 붕대 위에 다시 소독 거즈를 덧대어 압박한다.

④ 상처 부위를 부목으로 고정시킨다.

(3) 열상에 의한 지혈의 일반적 처치

① 거즈나 손수건으로 한참 누르고 있는 동안 피가 멎고 상처가 원상태로 아물 것 같으면 가정에서 치료가 가능하다.

② 상처가 심할 때, 출혈이 그치지 않을 때, 상처를 낸 물체가 더러울 때, 이물질이 깊이 박혀 있을 때는 무리하지 말고, 꼭 의사에게 진료를 받는다.

③ 상처 부위에 열이 있거나, 붉어지거나, 붓거나, 조금만 무엇에 닿아도 심하게 아픈 염증 증세가 나타나면 감염과 파상풍 예방주사를 위해 꼭 의사에게 보이고 처치를 받는다.

(4) 자상의 일반적 처치

① 신체 일부를 칼이나 유리 등에 찔렸을 때 찌른 물체가 신체에 남아 있다면 절대로 현장에서 뽑아서는 안 된다. 이는 뽑으려다 출혈과 조직 손상이 심해질 수 있으며, 일부분이 몸 안에 남을 수 있기 때문이다.

② 열상의 치료와 비슷하며 세균 감염으로 인한 패혈증이나 파상풍의 위험이 있으므로 조속히 의사치료를 받도록 한다.

③ 상처 부위를 드러내고 상처 주위의 옷을 벗기거나 잘라내지만, 물체를 덮고 있는 옷은 벗기다가 물체가 움직일 수 있기 때문에 그대로 둔다.

④ 직접 압박을 해서 지혈을 하며, 물체를 사이에 두고 거즈를 대고 물체 위를 직접 누르지 않는다. 물체가 날카로울 경우 물체나 상처 주위를 압박하지 않도록 한다.

⑤ 환자를 안정하게 눕히고, 상처에 튀어나와 있는 이물이 있다면 물질 양쪽에 수건 등으로 이물이 움직이지 않도록 하고 붕대를 감은 후 즉시 119 구조대에 도움을 요청해 병원으로 이송한다.

(5) 절단상의 일반적 처치

① 절단된 부위는 깨끗한 물로 씻어서 이물질을 제거하고 문지르지 않는다.

② 절단된 부위는 거즈 등의 청결한 천을 두툼하게 대고 직접 압박으로 지혈을 하고 사지를 높게 올린다.

③ 4~6시간 이내에 접합수술이 가능하도록 절단 부위를 잘 보관하고 병원으로 신속하게 함께 이송한다.

④ 피부와 연결되어 있는 부분, 즉 힘줄이나 몸에 간신히 붙어 있는 부분은 절단하지 않아야 한다.

⑤ 절단 손상의 일반적 처치 시 절단된 부위를 보관한다.

⑥ 절단된 부분은 깨끗한 물로 씻어서 소독된 마른 거즈나 깨끗한 천에 싸서 젖지 않도록 비닐 주머니에 넣어 봉한 후 얼음 위에 놓는다.

⑦ 동상이 생긴 피부는 접합을 할 수 없으므로 얼음 속에 묻지 않으며, 얼음에 직접 닿지 않게 한다.

6. 농약중독 응급처치

(1) 농약중독 양상

종 류	특 징
의도적 중독	자살을 목적으로 농약을 복용한 경우
우연한 중독	우연히 농약을 음료수나 밀가루로 착각하여 복용하는 경우
직업적 중독	농약 살포 시 노출되거나 살포원칙을 지키지 않은 경우
만성중독	농부들의 반복적인 노출에 의한 중독

(2) 농약 종류별 중독증상

종 류		중독증상
살충제	유기인계	두통, 구토, 설사, 어지러움, 분비물 증가(땀, 타액, 기관지 분비물, 눈물), 눈동자 작아짐, 근육 약화, 서맥, 부정맥, 저혈압 의식 소실, 경련, 호흡곤란
	카바메이트계	
	피레스로이드계	두통, 구토, 설사, 어지러움, 이상 감각, 근육 연축, 폐렴, 의식 혼미, 경련
	유기염소계	두통, 구토, 어지러움, 경련, 발열, 간기능과 신기능 장애, 호흡 억제, 저혈압
제초제	파라콰트	통증, 점막 궤양, 출혈, 저혈압, 호흡곤란, 폐부종, 폐 섬유화, 신기능 장애, 의식 변화
	글라이포세이트 & 글루포시네이트	오심, 구토, 설사, 발열. 저혈압, 호흡곤란, 경련, 의식 변화
	클로로페녹시	오심, 구토, 설사, 발열. 위장관 출혈, 저혈압, 신기능 장애, 호흡곤란, 경련, 의식 변화

(3) 농약중독 예방법

① **농약의 올바른 사용** : 농약이 사람에게 해를 나타내려면 일정량 이상의 농약이 체내로 들어와야 한다. 따라서 농약을 살포할 때에 농약이 체내로 들어오지 않도록 하거나 들어오더라도 독작용이 나타나지 않을 정도의 이하로 농약을 살포한다면 농약중독의 위험은 적게 될 것이다.
   ㉠ 빈 병은 한곳에 모아 두고 남은 농약은 반드시 안전함에 보관하고 포장지의 교체를 금지한다.
   ㉡ 농약 살포 후 장비를 꼭 세척한다.
   ㉢ 막힌 노즐을 입으로 불어 제거하는 것을 금지한다.
   ㉣ 농약 방제장비의 방치를 금지한다.
② **안전수칙 인지** : 농약은 등록 시에 각종 독성시험 성적을 근거로 해당 농약에 대한 최소한의 안전사용수칙이 설정되어 농약 포장지에 명시되어 있다. 농약 살포작업 시 중독사고를 방지하기 위해서는 사용 농약에 맞는 적절한 보호장비를 착용하는 것이 제일 중요하며, 이에 대해서도 농약포장지의 '사용상의 주의사항'에 표기되어 있다.
③ **마스크 착용** : 농약 살포 시 체내에 농약이 들어가는 주요 경로는 입, 피부, 호흡기 등 세 경로이다. 흡입을 통하여 농약이 직접 체내에 들어가기 때문에 독작용이 강하고 호흡에 의해 들어간 농약은 피부를 통해 들어간 농약량의 30배에 상당한다는 실험결과도 있다. 무더운 여름날 살포작업을 하는 것은 상당한 중노동으로 호흡량도 평소보다 훨씬 많아져 농약의

흡입 가능성도 높아지게 된다. 따라서 살포작업자는 농약이 입이나 코로 흡입되지 않도록 적절한 마스크를 착용해야 한다.

④ **방제복 착용** : 농약은 피부를 통해서 흡수되는 경우도 많으므로 농약과 인체의 접촉을 막기 위해서 방수성의 방제복을 착용해야 한다. 방제복의 선택 시에는 농약의 침투를 막는 기능은 물론 내구성도 좋고 시원한 소재의 것인지를 고려할 필요가 있다.

(4) 농약중독 시 응급처치요령

① 농약중독 시 응급처치는 중독환자의 일반적인 처치와 유사하다.

② 농약에 오염된 옷을 빨리 제거하고, 노출된 부위는 흐르는 물과 비누로 깨끗이 씻어 내며 농약에 오염된 부분을 손으로 만지지 않는다.

③ 농약 복용 시 119구급대에 도움을 요청하고, 복용한 농약을 병원에 가져가야 한다.

④ 농약을 복용한지 30분 이내면 구토를 유발하고, 빨리 병원으로 이송하여 추가적인 위세척과 가능하다면 해독제를 투여받는 것이 중요하다.

⑤ 의식이 저하된 경우 환자를 회복자세로 눕히며, 의식과 호흡이 없으면 즉시 심폐소생술을 시행한다.

CHAPTER 03 적중예상문제

01 심폐소생술(CPR)에 있어서 인공호흡을 실시하는데 공기의 저항이 느껴질 때 가장 먼저 시행해야 할 조치는 무엇인가?

① 의식을 확인한다.

② 환자를 옆으로 돌려 다시 CPR을 시도한다.

③ 두부후굴(머리를 뒤로 젖히고) 하악거상(턱을 들어 올림)법을 다시 시도한다.

④ 손가락으로 이물질을 제거한다.

해설

심폐소생술 처치 시 공기의 저항이 느껴진다는 것은 기도가 제대로 확보되지 않았음을 의미한다. 그러므로 두부후굴 후 하악거상법을 시도한다.

02 다음 중 출혈의 증상이 아닌 것은?

① 호흡과 맥박이 불규칙하며 체온이 떨어지고 호흡곤란 증세가 나타남

② 동공이 확대되고 반사작용의 완만과 다른 증상으로 구토 발생

③ 탈수현상이 나타나며, 갈증 호소

④ 혈압이 점점 저하되며, 피부가 붉어지고 따뜻해짐

해설

출혈 시 혈압이 저하되고, 피부가 창백해지며 차가워진다.

03 화상의 부위가 분홍색으로 되고 수포(물집)가 발생하는 화상의 정도는?

① 1도 화상

② 2도 화상

③ 3도 화상

④ 4도 화상

해설

• 1도 화상 : 화상 입은 부위가 붉어지는 홍반이 특징이다.

• 2도 화상 : 표피 전부와 진피의 일부가 손상된 상태로 붓거나 수포가 발생된다.

• 3도 화상 : 표피, 진피 전체와 피하지방층까지 손상된 상태로 피부조직이 괴사해 부종이 심한 편이지만 신경말단이 파괴되어 통증이 없을 수도 있다.

정답 1 ③ 2 ④ 3 ②

04 다음 중 화상에 관한 응급처치법으로 가장 적절한 설명이 아닌 것은?

① 화상 부위를 생리식염수로 세척하여 세균 감염이 없도록 한다.
② 화상 부위를 소독된 거즈를 이용하여 두툼하게 덮고 체온을 유지한다.
③ 화상 부위에 부목을 대어 단단하게 고정함으로써 출혈이나 오염이 없도록 한다.
④ 화상 부위에 바세린, 간장, 기름 등의 이물질 투여는 금기사항이다.

해설

화상 부위의 감염 예방을 위하여 소독된 거즈를 이용하여 화상 부위를 보호한다.

05 고혈압 환자의 혈압 강하를 위한 식단으로 맞는 것은?

① 고칼륨 식이
② 고단백 식이
③ 저나트륨 식이
④ 고탄수화물 식이

해설

고나트륨 식이는 고혈압 환자의 혈압을 상승시키는 식이이므로 저나트륨 식이를 하여 혈압을 조절해 준다.

06 무의식 환자에게 구강으로 음식물 섭취를 금지하는 이유는?

① 수술을 해야 하기 때문에
② 기도흡인을 예방하기 위하여
③ 오심을 일으킬 수 있기 때문에
④ 혈압을 상승시킬 수 있기 때문에

해설

무의식 환자는 연하곤란이 일어나기 때문에 음식물 섭취 시 기도흡인을 일으킬 수 있다.

07 저혈량으로 인한 쇼크가 일어난 환자에게 가장 먼저 해야 할 응급조치는?

① 더운물주머니를 대어 준다.

② 담요를 덮어 준다.

③ 머리를 높여 준다.

④ 다리를 올려 준다.

해설

뇌로 가는 혈류와 산소량을 증가시켜 주기 위하여 다리를 올려 준다.

08 심폐소생술의 순서가 차례대로 나열된 것은?

① 의식 확인 → 흉부 압박 → 인공호흡 → 제세동기

② 흉부 압박 → 인공호흡 → 의식 확인 → 제세동기

③ 제세동기 → 흉부 압박 → 인공호흡 → 의식 확인

④ 의식 확인 → 제세동기 → 인공호흡 → 흉부 압박

09 심한 출혈 환자의 우선적 간호로 옳은 것은?

① 수분을 충분히 공급해 준다.

② 상처를 중심으로 지혈대를 심장 멀리 맨다.

③ 드레싱을 해 준다.

④ 출혈 부위를 높여 준다.

해설

출혈 부위를 압박하고 출혈 부위를 높게 하여 혈액 손실을 줄인다.

10 당뇨병 환자의 혈당이 떨어졌을 때 줄 수 있는 음식은?

① 고깃국　　　　　　　　② 물
③ 커 피　　　　　　　　　④ 오렌지 주스

11 발톱을 자르지 않고 줄로 다듬어야 하는 환자는?

① 당뇨병　　　　　　　　② 고혈압
③ 뇌졸중　　　　　　　　④ 관절염

12 산소결핍에 의한 재해 예방대책에 대한 설명으로 옳지 않는 것은?

① 작업 시작 전 산소농도를 측정한다.
② 공기호흡기 등의 필요한 보호구를 작업 전에 점검한다.
③ 승인받은 밀폐공간이 아니면 절대 들어가서는 안 된다.
④ 산소결핍의 위험이 있는 장소에서는 산소농도가 10% 이상 유지되도록 한다.

해설
밀폐공간 질식재해예방 안전작업을 위하여 적정 산소농도는 18% 이상 유지되도록 한다.

부 록

과년도 + 최근
기출복원문제

제1과목 | 농작업과 안전보건교육

01 다음 중 농작업 안전보건 교육프로그램을 효과적으로 개발하기 위한 접근 방법인 교수체제개발 (ISD ; Instructional Systems Development)의 특징으로 잘못된 것은?

① 논리적 순서를 갖는 체계성을 띤다.

② 교수체제개발의 각 단계들은 신뢰할 만하다.

③ 분석, 설계, 개발, 실행, 평가의 과정이 선형적이다.

④ 체제적(Systemic) 과정으로 학습에 영향을 미칠 수 있는 모든 상황적·맥락적 변인을 고려한다.

해설

교수체제개발

• 논리적 순서를 갖는 체계성(Systematic)을 띤다.

• 체제적(Systemic) 과정으로 학습에 영향을 미칠 수 있는 모든 상황적·맥락적 변인을 고려한다.

• ISD의 각 단계들은 신뢰롭다.

• 분석, 설계, 개발, 실행, 평가의 과정이 반복되는 순환적(Iterative) 과정이다.

• 자료에 기초한 경험적(Empirical) 의사결정에 기반한다(김진모 외, 2007).

02 농작업 사고·질환 발생 시 비가역적인 인적, 물적 손실이 일어나는 특성을 고려해 볼 때 다음 중 가장 선행되어야 할 것은?

① 현장조사(감시)   ② 재해예방

③ 산재보장(보상)   ④ 건강관리

해설

농작업 안전보건 관리의 특성

예방과 재활/건강관리는 농업인에 대한 실질적인 대국민 서비스라는 점에서 국가기관과 지자체가 연계하여 수행해야 하는 기능이며, 감시와 보상은 연구와 정책에 기반을 둔 기능으로서 농림축산식품부, 농촌진흥청 등의 국가단위 기관에서 수행을 해야 하는 역할이다.

특히 재해예방의 경우 한번 농업인 업무상 재해가 발생할 때마다 비가역적인 인적, 경제적 손실을 일으키는 특성을 고려해 볼 때, 위 4가지 요소 중 가장 선행되어 수행되어야 한다.

03 「농업기계화 촉진법」에 따른 농기계 안전관리 및 안전교육에 관한 설명이 틀린 것은?

① 농기계 안전교육 대상자 범위, 교육기간 및 교육과정 등은 농림축산식품부령으로 정한다.

② 관계 행정기관의 장은 농업기계의 안전사고 예방을 위하여 안전교육계획을 매년 수립하고 시행하여야 한다.

③ 농림축산식품부장관은 안전관리대상 농업기계의 소유자나 사용자에 대하여 안전장치 부착 여부와 안전장치 구조의 임의개조 여부를 조사할 수 있다.

④ 콤바인 등 농업기계의 사용자는 생산성 및 편의를 위해 농업기계의 안전장치 구조 일부를 개조하거나 변경할 수 있다.

> **해설**
>
> 안전관리(농업기계화 촉진법 제12조)
> 농업용 트랙터, 콤바인 등 농림축산식품부령으로 정하는 농업기계(이하 "안전관리대상 농업기계"라 한다)의 소유자나 사용자는 안전관리대상 농업기계의 안전장치의 구조를 임의로 개조(改造)하거나 변경해서는 아니 된다.

04 농약관리법상의 농약으로 분류되지 않는 것은?

① 전착제

② 살충제

③ 제초제

④ 도포제

> **해설**
>
> 정의(농약관리법 제2조)
> 농약이란 다음에 해당하는 것을 말한다.
> • 농작물을 해치는 균(菌), 곤충, 응애, 선충(線蟲), 바이러스, 잡초, 그 밖에 농림축산식품부령으로 정하는 동식물을 방제(防除)하는 데에 사용하는 살균제·살충제·제초제
> • 농작물의 생리기능을 증진하거나 억제하는 데에 사용하는 약제
> • 그 밖에 농림축산식품부령으로 정하는 약제

05 「농어업인의 안전보험 및 안전재해예방에 관한 법률」에서 규정한 농어업작업안전재해 예방 기본계획에 포함되지 않는 것은?

① 농어업작업안전재해 보상에 관한 사항

② 농어업작업안전재해 예방 정책의 기본방향

③ 농어업작업안전재해 예방을 위한 교육·홍보에 관한 사항

④ 농어업작업안전재해 예방 정책에 필요한 연구·조사에 관한 사항

해설

농어업작업안전재해의 예방을 위한 기본계획의 수립 등(농어업인의 안전보험 및 안전재해예방에 관한 법률 제16조)
기본계획에는 다음의 사항이 포함되어야 한다.
- 농어업작업안전재해 예방 정책의 기본방향
- 농어업작업안전재해 예방 정책에 필요한 연구·조사 및 보급·지도에 관한 사항
- 농어업작업안전재해 예방을 위한 교육·홍보에 관한 사항
- 그 밖에 농어업작업안전재해 예방에 관하여 필요한 사항

06 농작업 안전보건 교육을 계획할 때 우선순위를 결정하는 기준으로 가장 거리가 먼 것은?

① 많은 사람에게 영향을 미치는 문제를 선정한다.

② 여러 번 반복하여야 할 내용을 선정한다.

③ 심각한 영향을 미치는 문제를 선정한다.

④ 교육내용에 대한 교육대상자의 관심이 높은 것을 선정한다.

해설

안전보건 교육의 우선순위 결정
- 많은 사람에게 영향을 미치는 문제를 우선 선정한다.
- 심각한 영향을 미치는 문제를 우선 선정한다.
- 문제를 해결하기 위한 효과적인 교육방법의 실현 가능성을 고려한다.
- 효율성을 높이기 위해 경제적 측면 및 인력에 대해 고려한다.
- 교육내용에 대한 교육대상자의 관심과 자발성을 고려한다.

07 농작업 안전보건 교육프로그램 개발을 위한 ADDIE 모형은 5가지 절차로 구성되어 있다. (   ) 안에 알맞은 용어는?

> 분석 → 설계 → 개발 → (   ) → 평가

① 관 찰
② 연 구
③ 실 기
④ 실 행

해설
ADDIE 모형은 다양한 교수체제 설계 모형의 기초이며 가장 널리 활용되는 모형으로 기본적이고 주요한 과정인 분석(Analysis), 설계(Design), 개발(Development), 실행(Implementation), 평가(Evaluation)의 두문자를 따서 이름을 명명하였다.

08 「농어업인 삶의 질 향상 및 농어촌지역 개발촉진에 관한 특별법」에서 '농어업의 삶의 질 향상 및 농어촌 지역개발위원회'는 어느 소속으로 두도록 되어 있는가?

① 국무총리
② 해양수산부
③ 농림축산식품부
④ 지방자치단체

해설
농어업인 삶의 질 향상 및 농어촌 지역개발위원회(농어업인 삶의 질 향상 및 농어촌지역 개발촉진에 관한 특별법 제10조)
농어업인 등의 복지증진, 농어촌의 교육여건 개선 및 지역개발에 관한 정책을 총괄·조정하기 위하여 국무총리 소속으로 농어업인 삶의 질 향상 및 농어촌 지역개발위원회를 둔다.

09 다음 중 OJT(On the Job Training)에 관한 설명으로 가장 거리가 먼 것은?

① 개개인에게 적절한 지도훈련이 가능하다.
② 훈련에 필요한 업무의 계속성이 끊어지지 않는다.
③ 현장작업과 관계없이 계획적으로 훈련할 수 있다는 장점을 가지고 있다.
④ 작업장 실정에 맞는 실제적 훈련이 가능하다.

해설

OJT는 현장감독자 등 직속 상사가 작업현장에서 작업을 통해 개별지도·교육하는 것이며, 이용하는 범위가 넓다. 작업요령, 급소를 잘 이해해서 올바른 방법을 체득하여 무리, 낭비, 불균형이 없이 작업능률을 향상하는 등의 효과를 기대할 수 있다. 이 방법은 구체적인 교육방법이지만 때로는 지도자에 의해 계획성이 없는 교육이 될 가능성을 포함하고 있기 때문에, 지도자에 대한 교육·지도 등에 유의할 필요가 있다(산업안전대사전, 2004. 5. 10., 최상복).

10 다음 중 농작업 안전보건 교육프로그램 교재를 개발할 때 고려되어야 할 사항으로 가장 거리가 먼 것은?

① 학습자의 태도
② 시간 활용 가능성
③ 필요한 자원의 확보
④ 전문가 활용 가능성

해설

농작업 안전보건 교육프로그램 교재 개발 시 고려사항
• 시간 활용 가능성
• 전문가 활용 가능성
• 필요한 재원의 확보
• 교재 개발 관련 결정
• 교재 사용 대상자
• 교재 개발자

11 농작업 안전보건 관리를 위하여 다음의 농업인 안전감독관(TAD) 제도를 운영하는 국가는?

> 농업인 안전감독관(Technischer Arbeitsdienst)
> • 인력규모 : 농업인사회보험조합 인력의 10%(전국 500여명)
> • 임무 : 농가현장 방문상담 및 지원으로 예방활동 수행(현장시찰, 상담과 교육, 재해조사, 감독 등)
> • 활동 : 매년 전체 농가의 약 7% 방문, 활동현장 방문조사 실시(연간 10만여건)
> • 인력양성 : 농업인사회보험조합에서 2년간 교육 및 자격증 부여

① 영 국
② 독 일
③ 미 국
④ 핀란드

해설

독일의 농업인사회보험공단은 예방조치 수행의 감독, 상담의무를 수행하기 위하여 공단인력의 10%(전국 500명 정도)를 농업인 안전감독관(TAD)으로 운용하고 있다.

12 다음 중 농작업 안전보건 교육계획서에 포함되어야 할 사항으로 가장 거리가 먼 것은?

① 교육방법
② 교육프로그램 목적
③ 비용-효과 분석방법
④ 교육프로그램 장소

해설

농작업 안전보건 교육계획서에는 교육프로그램명, 목적, 일시, 장소, 시간, 학습내용, 강사, 교육방법 등이 포함되어야 한다.

13 다음 중 농작업 안전보건 교육프로그램을 개선하기 위해 실시되는 평가로 프로그램을 어떻게 더 잘 만들지에 대한 정보를 제공하는 것은?

① 규준평가

② 총괄평가

③ 진단평가

④ 형성평가

해설

형성평가는 프로그램을 개선하기 위해 실시되는 평가로, 프로그램을 어떻게 더 잘 만들지에 대한 정보를 제공하며 총괄평가는 학습자가 프로그램에 참여하는 결과로 변화되는 정도를 판단하기 위해 수행되는 평가로, 학습자가 학습목표에 진술된 지식, 기술, 태도, 행동 등의 결과물을 획득하였는지를 확인한다.

14 「농어업인의 삶의 질 향상 및 농어촌지역 개발촉진에 관한 특별법」상 농작업자 건강위해요소의 측정 대상을 모두 나열한 것은?

> ㄱ. 소음, 진동, 온열 환경 등 물리적 요인
> ㄴ. 농약, 독성가스 등 화학적 요인
> ㄷ. 유해미생물과 그 생성물질 등 생물적 요인
> ㄹ. 단순반복작업 또는 인체에 과도한 부담을 주는 작업특성

① ㄱ

② ㄷ, ㄹ

③ ㄱ, ㄴ, ㄹ

④ ㄱ, ㄴ, ㄷ, ㄹ

해설

농어업 작업자 건강위해 요소의 측정대상(농어업인의 삶의 질 향상 및 농어촌지역 개발촉진에 관한 특별법 시행령 제9조의2)

• 소음, 진동, 온열 환경 등 물리적 요인
• 농약, 독성가스 등 화학적 요인
• 유해미생물과 그 생성물질 등 생물적 요인
• 단순반복작업 또는 인체에 과도한 부담을 주는 작업특성
• 그 밖에 농림축산식품부장관 또는 해양수산부장관이 정하는 사항

15 농업인의 건강관리 대책 수립 시 고려할 것으로 가장 거리가 먼 것은?

① 고령 연령
② 가족 경영형태
③ 농업인들의 작업특성 이해
④ 작업 관련성 질환에 대한 진단

해설

농업인 건강관리 문제의 원인
• 작업 관련성 질환에 대한 진단의 어려움
• 농업인들의 작업특성 이해에 대한 어려움
• 농업인들의 건강과 노동 강도와의 관련성
• 고령 연령

16 다음 중 인간행동의 변화에 시간이 많이 소요되고 가장 어려운 변화는?

① 개인행동의 변화
② 태도의 변화
③ 지식의 변화
④ 조직문화의 변화

해설

조직문화의 변화는 인간행동의 변화에 따른 영향을 받는다. 인간의 행동은 주변의 자극에 의해서 일어나며, 또한 언제나 환경과의 상호작용의 관계에서 전개되고 있다. 인간과 인간행동의 원리에 대해 이해함으로써 인간관계를 보다 효율적이며 질적으로 발전시킬 수 있으며 자신과 함께 사는 사람들의 의식과 태도, 열망과 욕구 그리고 특정상황에서 보이는 인간의 반응방식 등을 정확하게 안다면 조직구성원들의 만족도와 자발적 참여를 증대시키고 조직의 목표달성과 효율성을 극대화시킬 수 있다.

17 농업기계의 안전장치 구조 및 성능기준의 설명 중 (   ) 안에 공통으로 들어갈 용어는?

> • (   )장치는 통상 사용조건하에서 균열이 생기거나 찢어지거나 영구 변형을 일으키지 않아야 하고 날카로운 모서리가 없을 것
> • 개폐 가능한 (   )장치는 힌지, 링크 등으로 부착상태가 확실히 유지될 것
> • 작업자에게 위험을 미칠 수 있는 노출된 가동부 및 고온부(130℃ 이상)는 커버, 케이스 등으로 (   )되어 있을 것

① 방 호
② 시 동
③ 취 출
④ 제 동

해설

농업기계나 농기구를 사용하는 작업을 할 경우에는 반드시 사전에 안전장치나 방호커버 등의 안전장비를 포함하여 점검하고, 조작 및 장착 방법 등에 대해서도 사전에 확인해 둔다.

18 농작업 환경과 연계된 건강 유해요인으로서 가장 거리가 먼 것은?

① 시설하우스 작업 – 더위
② 콤바인 벼 수확작업 – 곡물분진
③ 노지고추 방제작업 – 농약
④ 양계작업 – 이산화탄소

해설

양계 농작업은 가축을 밀집시켜 사육하는 방식으로 작업 중 유기성 분진, 유해가스, 악취, 닭과의 접촉 등에 노출될 수 있으며, 이로 인한 호흡계 질환, 피부염 등의 질환이 생길 수 있다.

19 「농어업인의 안전보험 및 안전재해예방에 관한 법률」상 '농어업인의 안전보험'과 관련한 내용이 틀린 것은?

① 장해란 부상 또는 질병이 치유되었으나 육체적 또는 정신적 훼손으로 인하여 노동능력이 상실되거나 감소된 상태를 말한다.

② 휴업급여금은 농어업작업으로 인하여 부상을 당하거나 질병에 걸려 농어업작업에 종사하지 못하는 경우에 그 휴업기간에 따라 산출한 금액을 피보험자에게 일시금으로 지급한다.

③ 「산업재해보상보험법」에 따라 산업재해보상보험의 적용을 받는 농어업인 또는 농어업근로자도 피보험자가 될 수 있다.

④ 보험금을 지급 받을 수 있는 권리는 양도하거나 담보로 제공할 수 없으며, 압류대상으로 할 수 없다.

해설

※ 출제 당시 정답은 ③번이었으나 법령 개정(21.6.15)으로 인해 정답 없음
피보험자(농어업인의 안전보험 및 안전재해예방에 관한 법률 제6조)
1. 보험은 농어업인 또는 농어업근로자를 피보험자로 한다. 다만, 다음의 어느 하나에 해당하는 사람은 피보험자가 될 수 없다.
   가. 「산업재해보상보험법」에 따른 산업재해보상보험의 적용을 받는 사람
   나. 「어선원 및 어선 재해보상보험법」에 따른 어선원보험의 적용을 받는 사람
   다. 최근 2년 이내에 보험 관련 보험사기행위로 형사처벌을 받은 사람
   라. 그 밖에 대통령령으로 정하는 사람
2. 1.의 가. 및 나.에도 불구하고 「산업재해보상보험법」 및 「어선원 및 어선 재해보상보험법」에 따라 적용받는 사업장 이외의 장소에서 농어업작업을 하려는 농어업인 또는 농어업근로자는 피보험자가 될 수 있다.

20 「농업기계화 촉진법」에 따라 안전관리대상 농업기계의 주요 안전장치로 분류되지 않는 것은?

① 제동장치　　　　　　　　　② 등화장치
③ 가동부의 방호　　　　　　 ④ 저온부의 방호

해설

안전관리대상 농업기계의 주요 안전장치(농업기계화 촉진법 시행규칙 별표 12)
- 가동부의 방호
- 안전장치
- 운전석 및 그 밖의 작업장소
- 작업기 취부장치 및 연결장치
- 등화장치
- 돌기부 및 예리한 단면 등의 방호
- 축전지의 방호
- 작업등
- 안전표시
- 동력취출장치 및 동력입력축의 방호
- 제동장치
- 운전·조작장치
- 계기장치
- 고온부의 방호
- 비산물의 방호
- 안정성 관련 장치
- 전도(넘어짐) 시 운전자 보호장치
- 취급성 관련 장치
- 그 밖에 농림축산식품부장관이 안전을 위하여 특별히 필요하다고 인정하는 것

21 농업기계 교통사고 예방을 위해 저속차량표시등이 반드시 고정 부착되어야 하는 기종이 아닌 것은?(단, 농업기계화 촉진법상 기준을 적용한다)

① 콤바인

② 농업용 트랙터

③ 동력경운기용 트레일러

④ 보행형 농업용 동력운반차

해설

농업용 트랙터, 콤바인, 농업용 동력운반차(승용형에 한함) 및 동력경운기용 트레일러에는 저속차량표시등이 고정 설치되어야 한다.

22 넘어짐 사고와 떨어짐 사고의 예방 방안으로 틀린 것은?

① 마찰력이 낮은 작업화를 착용한다.

② 어두운 공간에는 충분한 조명을 설치한다.

③ 사다리 작업 안전지침 및 기준을 준수한다.

④ 작업화 바닥, 사다리 발판의 흙을 털어 미끄러움을 예방한다.

해설

안전하지 않은 신발(노후화되거나 바닥의 마찰력이 낮은 신발)을 착용하는 경우에 넘어짐 사고와 떨어짐 사고가 일어난다.

23 지난 1년간 발생한 농작업 안전사고의 사고 유형별 빈도 자료를 이용하여 주된 사고 유형을 선별하기 위한 방법으로 막대의 높이로 나타내는 것은?

① 관리도(Control Chart)

② 클로즈(Close) 분석

③ 파레토도(Pareto Diagram)

④ 특성요인도(Characteristics Diagram)

> **해설**
> 파레토도(Pareto Diagram) : 사고의 유형, 기인물 등 분류항목을 큰 순서대로 도표화한다(문제나 목표의 이해에 편리).

24 재해예방의 4원칙에 해당되지 않는 것은?

① 손실필연의 원칙

② 원인계기의 원칙

③ 예방가능의 원칙

④ 대책선정의 원칙

> **해설**
> 재해예방의 4원칙
> • 손실우연의 원칙
> • 원인연계의 원칙
> • 예방가능의 원칙
> • 대책선정의 원칙

23 ③ 24 ① 정답

25 재해의 직접원인 중 불안전 상태(물적 원인)에 해당되지 않는 것은?

① 위험한 장소에 접근

② 작업환경의 결함

③ 불량한 복장·보호구

④ 안전방호 장치의 결함

해설

불안전한 상태(물적 원인)

재해(인명의 손상)가 없는 사고를 일으키는 경우 또는 이 요인으로 인해 만들어진 물리적 상태 혹은 환경

• 작업방법의 결함
• 안전·방호장치의 결함
• 물(物) 자체의 결함
• 작업환경의 결함
• 물자의 배치 및 작업장소 불량
• 보호구·복장 등의 결함(지급하지 않음)
• 외부적·자연적 불안전 상태
• 기타 또는 분류 불능

26 농작업 중 다른 작업자가 감전되었을 경우 가장 먼저 조치해야 할 사항은?

① 물을 붓는다.

② 전원을 차단한다.

③ 소화기를 살포한다.

④ 신속히 사고자를 잡아당긴다.

해설

감전재해가 발생하면 우선 전원을 차단하고 피해자를 위험지역에서 신속히 대피시켜 2차 재해가 발생하지 않도록 조치한다.

정답 25 ① 26 ②

27 스키드로더의 안전사용 방법으로 틀린 것은?

① 운전자는 작업장의 방해물을 확인한 후 작업한다.

② 동절기 사용 시 페달 및 유압연결 장치 주변 등을 자주 청소한다.

③ 운전자가 기계 밖으로 나와야 할 때는 로더의 버킷은 반드시 위쪽으로 올려 두도록 한다.

④ 엔진이 정지했을 때 위로 올려져 있는 버킷 아래로 걸어가거나, 그 아래에서 기계에 기대지 않는다.

해설

운전자가 기계 밖으로 나와야 할 때는 Loader Bucket은 반드시 아래쪽에 내려 놓도록 하며 엔진은 정지시켜야 한다.

28 하인리히(H. W. Heinrich)의 재해발생비율 이론에 따르면, 중상재해가 3건이 발생하였다면 경상재해의 발생 건수는?

① 18건   ② 30건

③ 87건   ④ 900건

해설

하인리히의 재해 구성 비율(1 : 29 : 300의 법칙)

330회의 사고 가운데 중상 또는 사망 1회, 경상 29회, 무상해 사고 300회

1 : 중상(8일 이상 휴업)

29 : 경상해(휴업 7일 이하)

300 : 무상해 (휴업 1일 미만)

29 경운기를 운전할 때 조향 클러치를 이용해도 안전한 작업이 가능한 경우는?

① 밭에서 로터리로 작업할 때

② 급경사의 내리막 농로를 주행할 때

③ 급경사의 오르막 농로를 주행할 때

④ 빠른 속도로 주행하고 있을 때

해설

급경사지나 언덕길에서는 경운기, 관리기의 폭주를 초래할 우려가 있으므로 변속조작을 하지 않는다. 경사진 곳에서 조향 클러치의 작동은 평지와 반대방향으로 선회하므로 조향 클러치를 사용하지 말고 반드시 핸들로 선회한다.

30 다음 설명은 필수적 검정대상 농업기계에 대한 어떤 종류의 검정인가?(단, 농업기계화 촉진법에 근거한다)

> 농업기계의 형식에 대한 구조, 성능, 안전성 및 조작의 난이도에 대해 검정

① 안전검정   ② 종합검정

③ 기계검정   ④ 변경검정

해설

② 종합검정 : 농업기계의 형식에 대한 구조, 성능, 안전성 및 조작의 난이도에 대한 검정

① 안전검정 : 농업기계의 형식에 대한 구조 및 안전성에 대한 검정

④ 변경검정 : 종합검정 또는 안전검정에서 적합판정을 받은 농업기계의 일부분을 변경한 경우 그 변경 부분에 대한 적합성 여부를 확인하는 검정

31 다음 중 하비(Harvey)의 안전대책 중 3E에 속하지 않는 것은?

① Enforcement

② Engineering

③ Education

④ Environment

해설

3E : 기술(Engineering), 교육(Education), 규제(Enforcement)

32 콤바인 정치 탈곡 시 주의사항으로 틀린 것은?

① 탈곡부에 손을 넣지 않는다.

② 탈곡과 관계 없는 부분(예취부 등)을 정지한 후 탈곡한다.

③ 정치 탈곡을 할 때는 작물을 무리하게 투입하지 않는다.

④ 탈곡 시 분진 노출을 줄이기 위해 수건을 목이나 허리에 두르고 작업한다.

해설

적절한 복장, 보호구의 착용 시 말려 들어갈 우려가 있는 수건을 허리에 감거나 목이나 머리에 두르지 않도록 한다.

33 일반적인 동력예취기 사용에 관한 안전지침으로 틀린 것은?

① 작업 중에는 작업자 간에 5m 거리를 유지한다.

② 예취기 주유 시에는 엔진 시동을 정지한 후 급유한다.

③ 엔진 시동은 지면에서 예취기 날을 띄운 상태로 시동한다.

④ 온도가 낮은 아침의 경우 손을 충분히 따뜻하게 한 후 작업한다.

해설

운전 중 항상 기계의 작업범위 15m 내에 사람이 접근하지 못하도록 하는 등 안전을 확인하고, 예취작업은 오른쪽에서 왼쪽 방향으로 한다.

34 농업기계 중 방제복, 방제마스크, 고무장갑 등의 보호장구를 착용하고 반드시 바람을 등지고 작업해야 하는 것은?

① 연무기

② 난방기

③ 비닐 피복기

④ 사료작물 수확기

해설

연무기

방제 작업 시에는 바람을 등지고 살포하고 방제복, 방제마스크, 고무장갑 등의 보호장구를 착용한다. 사람이나 가축을 향해 약제를 살포하지 않는다. 연소실 커버 및 방열통 커버는 상당히 뜨거우므로 작업 중 또는 작업 직후에 옷, 손, 작물 등이 닿지 않도록 조심한다. 연소실이 가열된 상태이거나 기계가 가동 중일 때는 연료나 약제를 주입하지 않는다.

35 인간의 안전심리 5요소에 해당하지 않는 것은?

① 지능(Intelligence)

② 감정(Emotion)

③ 습관(Custom)

④ 동기(Motive)

해설

안전행동에 영향을 주는 개인의 심리적 특성은 습성(Habit), 동기(Motive), 기질(Temper), 감정(Feeling), 습관(Custom)을 안전심리의 5대 요소라 하며, 이를 잘 분석하고 통제하는 것이 사고예방의 핵심이 된다.

정답 34 ① 35 ①

36 농약의 독성 정도를 구분할 때 해당되지 않는 것은?

① 맹독성

② 고독성

③ 급독성

④ 저독성

해설

급성독성 정도에 따른 농약 등의 구분
- Ⅰ급(맹독성)
- Ⅱ급(고독성)
- Ⅲ급(보통독성)
- Ⅳ급(저독성)

37 중량물 인력운반 작업의 안전지침으로 옳은 것은?

① 액체와 같이 유동적인 내용물의 중량물을 들 때는 내용물이 신체에 튀지 않도록 되도록 몸으로부터 멀리 유지한 채 작업하는 것이 좋다.

② 중량물을 여러 번 들어 나르는 것보다는 여러 개를 한 번에 운반하여 작업빈도를 줄이는 것이 좋다.

③ 수레를 이용하여 중량물을 운반 시 수레를 잡아당기는 것보다는 밀어서 운반하는 것이 좋다.

④ 바닥에 있는 중량물을 들 때 되도록 무릎을 편 채 드는 것이 좋다.

해설

물체와 작업자와의 거리(발까지의 거리)를 최소화해 주고 물체를 이동시킬 때는 앞에서 끌어당기지 말고 뒤에서 물체를 민다. 무거운 것을 몇 개의 가벼운 것으로 나누어 운반한다.

38 질식사고 가능성이 있는 밀폐된 작업공간에서 작업할 때 작업자가 착용해야 할 적합한 보호구는?

① 방독 마스크
② 보안면
③ 송기 마스크
④ 방진 마스크

해설

송기(산소)마스크 사용 작업
- 산소 결핍(18% 미만)이 우려되는 작업
- 고농도의 분진, 유해물질, 가스 등이 발생하는 작업
- 작업강도가 높거나 장시간 작업
- 유해물질 종류와 농도가 불명확한 작업

39 이동식 사다리의 안전기준으로 틀린 것은?

① 사다리의 폭은 30cm 이상인 것으로 사용한다.
② 사다리의 길이는 안정성이 확보되면 제한이 없다.
③ 사다리의 발판에는 물결모양 등 미끄럼방지 처리가 된 것을 사용한다.
④ 사다리의 상부 3개 발판 미만에서만 작업하며, 최상부 발판에서는 작업하지 않는다.

해설

이동식 사다리의 공통 안전기준
- 이동식 사다리의 길이가 6m 초과하는 것을 사용하지 않도록 한다.
- 이동식 사다리 발판의 수직간격은 25~35cm 사이, 사다리 폭은 30cm 이상으로 제작된 사다리를 사용한다.
- 사다리 기둥의 하부에 마찰력이 큰 재질의 미끄러짐 방지장치가 설치된 사다리를 사용한다.
- 사다리는 발판에 근로자의 미끄러짐, 넘어짐 등에 의한 추락위험을 방지하기 위하여 물결모양 등의 표면처리가 된 것을 사용한다.
- 사다리의 상부 3개 발판으로부터 최상부 발판에서는 작업을 금지한다.

40 농업인의 업무상 재해율에 해당되지 않는 것은?

① 산업재해보상보험 기반 재해율

② 농업인 안전보험 기반 재해율

③ 농업인 업무상 재해 국가통계 기반 재해율

④ 국민건강의료보험 기반 재해율

해설

표본조사통계조사인 지역사회건강조사, 국민건강영양조사는 업무상 재해 여부와 무관하게 일반적인 건강현황에 대해 조사하고 있어 업무상 재해현황을 알 수 없다.

제3과목 | 농작업 보건관리

41 농촌지역의 슬레이트 지붕에 함유된 물질로 폐암이나 중피종의 발생 원인은?

① 이산화규소   ② 석 면

③ 유리섬유   ④ 석 회

해설

석면의 건강영향

㉠ 악성 중피종
- 주요 영향 부위는 폐의 외부(흉막이나 복막)에 생기는 암
- 잠복기는 초기 노출 후 15~20년이다.
- 진단이 어려우며 보통 진단 후 1년 이내에 사망한다.
- 석면에 짧은 기간(1주일) 혹은 매우 적은 양에 노출되어도 발생 가능하며 확립된 치료법이 없다.

㉡ 석면폐
- 진폐증처럼 석면에 의한 폐섬유화 질병
- 잠복기는 10~30년
- 증상 : 호흡곤란, 기침, 체중감소, 흉통 등
- 만성적이나 암은 아니며, 점진적 악화 가능
- 폐포에 상처를 주고 상처를 입은 세포는 산소와 이산화탄소의 교환기능을 수행하지 못하게 된다.

㉢ 폐 암
- 주요 영향 부위는 폐의 내부이다.
- 잠복기는 초기 노출 후 15~20년이다.
- 주요 원인은 흡연으로 알려져 있음
- 흡연 이외의 원인 : 석면, 크롬, 유리규산 등에 직업·환경적 노출, 방사선 치료력 등

42 다음 중 농작업 과정에서 문제될 수 있는 직업성 요통의 위험 요인은?

① 국소진동   ② 소 음

③ 전신진동   ④ 기 압

> **해설**
>
> 전신진동은 주로 트랙터, 콤바인, SS기 등 비교적 규모가 큰 농기계를 운전할 때 노출되게 되며, 직업성 요통의 중요한 위험요인이다.

43 소음수준별 노출기준(1일 노출시간)으로서 절대 초과해서는 안 되는 소음 강도 기준은?(단, 고용 노동부의 화학물질 및 물리적 인자의 노출기준을 적용한다)

① 90dB   ② 100dB

③ 105dB   ④ 115dB

> **해설**
>
> 허용 가능한 최대 연속소음은 115dB로 이를 초과하는 연속소음에 노출될 수 없다.

44 우리나라에서 흔한 작은소피참진드기를 통해 바이러스에 감염되어 발생되는 질환으로, 체액이나 혈액을 통해 사람과 사람 간에도 전파 가능한 감염성 질환은?

① 쯔쯔가무시증   ② 신증후군출혈열

③ 렙토스피라증   ④ 중증열성혈소판감소증후군

> **해설**
>
> 중증열성혈소판감소증후군
> 병원소는 아직 근거가 부족하지만, 중국에서 양, 소, 돼지, 개, 닭 등에 대한 혈청 검사에서 SFTSV가 분리되어 병원소일 가능성이 제기되었다. 전파경로는 참진드기가 사람을 물어 전파되며, 체액이나 혈액을 통한 사람과 사람 간 전파가 가능하다. 작은소피참진드기(Haemaphysalis Longicornis)가 주요 매개체이며, 한국, 중국, 일본, 호주 및 뉴질랜드에서 널리 분포하고 있다. 우리나라에서는 전국적으로 분포하며 가장 흔한 종으로 주로 수풀이나 나무가 우거진 환경에서 서식한다.

45 중량물을 반복적으로 드는 작업의 요통 위험성을 평가하고자 한다. 다음 중 가장 적절한 평가 도구는?

① JSI(Job Strain Index)
② NLE(NIOSH Lifting Equation)
③ REBA(Rapid Entire Body Assessment)
④ OWAS(Ovako Working-posture Analysis System)

해설

② NLE(NIOSH Lifting Equation)
　허리 부위 – 중량물을 반복적으로 드는 작업
① JSI(Job Strain Index)
　손목, 손가락 부위 – 수확물 선별 포장, 혹은 반복적인 전지가위 사용 등 손목, 손가락 등을 반복적으로 사용하거나 힘을 필요로 하는 작업
③ REBA(Rapid Entire Body Assessment)
　손, 아래 팔, 목, 어깨, 허리, 다리 부위 등 – 전신 허리, 어깨, 다리, 팔, 손목 등의 부적절한 자세와 반복성, 중량물 작업 등이 복합적으로 문제되는 작업
④ OWAS(Ovako Working-posture Analysis System)
　허리, 어깨, 다리 부위 – 쪼그리거나 허리를 많이 숙이거나, 팔을 머리 위로 들어 올리는 작업

46 안전한 중량물 들어올리기 방법에 대한 설명으로 틀린 것은?

① 들어 올려야 할 중량물의 수직과 수평거리를 최소화해야 한다.
② 가능한 한 들어 올리는 속도를 느리게 해야 한다.
③ 중량물을 들어 올릴 때 허리 비틀림이 유발되지 않도록 주의해야 한다.
④ 다리에 의해 제공되는 지지면이 어깨 넓이보다 좁은 상태에서 들어올려야 한다.

해설

바닥에 있는 물체를 들어올릴 때는 허리를 곧게 편 상태에서 무릎을 굽혀 들어올린다. 물건을 몸에 가능한 한 밀착시켜 다리의 힘을 이용하여 들어올린다.

47 농작업에서 문제되는 분진을 포집하여 측정한 결과값이 다음과 같을 때 분진농도는?

> • 필터 무게 : 포집 전 4.5mg, 포집 후 4.8mg
> • 포집된 공기의 총량 : 400L

① $7.5mg/m^3$

② $17.5mg/m^3$

③ $1.75mg/m^3$

④ $0.75mg/m^3$

해설

공기 중 분진 농도(mg/m^3) = (필터에 걸러진 분진의 무게) / (펌프를 작동시킨 시간 동안의 빨아들인 총공기량)
1L는 $0.001m^3$이므로
$0.3 \div 0.4 = 0.75mg/m^3$

48 유해요인의 위험도를 평가할 때 고려되어야 할 변수로 가장 거리가 먼 것은?

① 노출시간

② 유해성

③ 노출농도

④ 성 별

해설

위험도(Risk) = 유해성(Hazard)×노출량(Dose)
유해성과 노출량을 측정하고 분석함으로써 위험 수준(건강장해가 심한 정도)을 평가할 수 있다.

49 농작업 과정 중 발생할 수 있는 손/손목 부위의 위험요인으로 관련성이 높은 것은?(단, 미국 NIOSH의 근골격계질환과 물리적 위험요인과의 관계를 근거로 한다)

① 무리한 힘

② 반복적인 동작

③ 부적절한 작업자세

④ 반복성, 힘, 작업자세의 복합작용

해설

손목 부위의 부적절한 작업자세 사례
• 손목을 손바닥 방향으로 숙이는(20° 이상) 동작을 반복하거나 지속하는 작업
• 손목을 손등 방향으로 젖히는 (30° 이상) 동작을 반복하거나 지속하는 작업
• 손목이 옆으로 틀어지는 동작을 반복하거나 지속하는 작업
• 조그마한 물건을 집는 과정에서 손가락 집기 동작이 반복되거나 지속되는 작업
• 공구를 감싸는 등 쥐는 힘이 지속되는 작업

50 농업인의 농약노출과 관리에 대한 설명으로 틀린 것은?

① 우리나라는 농업인 대상의 농약 노출기준이 없다.

② 농약을 살포할 때는 바람을 등지고 살포해야 한다.

③ 사용하고 남은 농약은 깨끗하고 투명한 다른 병에 옮겨 담아 보관한다.

④ 농약을 살포할 때는 별도의 농약 작업용 호흡 보호구를 착용해야 한다.

해설

사용하고 남은 농약은 반드시 전용 보관함에 보관하며 절대로 다른 병에 옮겨 담지 않아야 한다. 빈 병은 함부로 버리지 않고 농약 빈 병 수거함에 버려야 한다.

51 [보기]의 농업인 재해사례 중 ( ) 안에 들어갈 알맞은 용어는?

> [보 기]
> A씨는 생강 저장굴(지표면부터 수직 7~8m 아래)에 들어가 생강을 옮기던 중 어지럼증과 구토증상을 느껴 급히 밖으로 나왔다. 이후 A씨는 교육을 통해 ( )가 부족하여 생기는 현상임을 알게 되었다.

① 이산화탄소   ② 산 소
③ 암모니아   ④ 황화수소

해설

밀폐된 공간에서 생강의 호흡작용 및 산소를 소모하는 호기성 미생물의 증식이 지속적으로 발생함에 따라, 저장굴 내 산소 부족현상이 발생하게 되며, 환기가 부족한 상태에서 작업자가 생강굴에 들어갈 경우 저산소증 질식사고가 발생하게 된다.

52 농약의 피부노출 정도를 평가하는 방법 중 비용이 저렴하고 작업자의 업무가 방해되지 않는다는 장점으로 많이 사용되는 것은?

① 패치법   ② 형광물질조사법
③ 전신노출조사법   ④ 워시(Wash)법

해설

농약을 흡수할 수 있는 소재의 패치를 농약을 사용할 작업자 몸의 각 부위에 부착한 후 패치에 묻은 농약의 양을 분석하여 해당 부위에 묻었을 것으로 예상되는 농약의 양을 예측하는 방법이다. 패치법은 노출조사에서 가장 많이 활용되며 장점은 비용이 저렴하고 작업자를 방해하지 않고 부위별 노출량 차이를 확인할 수 있다.

53 미국 산업위생전문가협의회(ACGIH)의 작업장 노출기준(TLV ; Threshold Limit Value) 중 일하는 시간 동안 어느 순간에도 초과해서는 아니 되는 것은?

① 천정값(Ceiling) 노출기준

② 시간가중평균(TWA) 노출기준

③ 단시간(STEL) 노출기준

④ 상한치(Excursion Limits)

해설

노출기준 종류	노출 시간
시간가중평균 노출기준(TWA-TLV)	1일 8시간 주 40시간 일하는 동안 초과해서는 안 되는 평균농도
단시간 노출기준(STEL-TLV)	15분 동안, 1일 4회 이상 초과해서는 안 되는 농도
천정값 노출기준(Ceiling-TLV)	일하는 시간 동안 어느 순간에도 초과해서는 안 되는 농도
상한치(Excursion Limits-TLV)	짧은 시간에 어느 정도의 높은 농도에 노출이 가능한지에 대한 기준 • 시간가중평균 노출기준의 3배 이상의 농도에서 30분 이상 동안 노출되어서는 안 된다. • 시간가중평균 노출기준의 5배 이상은 어느 경우라도 노출되어서는 안 된다.

54 가축과의 접촉에 의해 생길 수 있는 인수공통감염병이 아닌 것은?

① 탄저병

② 조류독감

③ 브루셀라증

④ 쯔쯔가무시증

해설

국내 감염병 예방 및 관리에 관한 법률에 인수공통감염병은 출혈성대장균감염증, 일본뇌염, 브루셀라증, 탄저, 공수병, 조류인플루엔자 인체감염증, 중증급성호흡기증후군, 변종크로이츠펠트-야콥병, 큐열, 결핵 등 10종이 있다.

55 다음 중 농업인에게 문제가 될 수 있는 일반적인 스트레스의 요인으로 가장 거리가 먼 것은?

① 자연재해

② 농기계 소음

③ 농기계에 의한 안전사고 위험

④ 수작업의 기계화에 따른 작업시간 단축

해설

우리나라 농업인들이 경험하는 일반적인 스트레스 요인

• 자본과 노동(경영)의 일원화

• 사적 영역(업무 외 일상 영역)과 공적 영역(업무 영역) 간의 혼재

• 가계 수입의 불안정성

• 육체적 노동과 정신적 노동의 수행

• 기후나 재해 등에 대한 민감성

• 신체적 건강이 곧 생산성과 직결

• 직업에 사회적 평가 및 고립, 소외

• 농가 부채 및 경제적 악순환

• 위험한 물리환경에의 노출

• 조직이 없는 개미 군단

56 여름철 노지 작업 시 온열스트레스(WBGT)를 평가하고자 할 때 측정에 필요한 항목을 모두 나열한 것은?

> A : 흑구온도, B : 건구온도, C : 습구온도

① A, B

② A, C

③ B, C

④ A, B, C

해설

옥외에서(태양광선이 내리쬐는 장소) 측정 시

습구흑구온도($^\circ$C) = 0.7 × 습구온도 + 0.2 × 흑구온도 + 0.1 × 건구온도

57 건초작업 과정에서 방선균 노출과 체내 면역계가 복합적으로 관련된 질환은?

① 천 식
② 탄저병
③ 브루셀라증
④ 농부과민성폐렴

해설

과민성폐렴은 흡입된 항원 입자로 인하여 인체 면역반응에 의해 야기된 간질성 폐질환이다. 최근에 이 질환의 발생이 건초작업 과정에서 방선균 노출과 체내 면역계가 관련된 질환임을 밝혔다.

58 근골격계질환의 특징에 관한 설명으로 틀린 것은?

① 특정된 하나의 신체 부위에 발생할 수 있고, 동시에 여러 부위에 발생할 수 있다.
② X-ray 등의 방사선학적 소견과 임상증상이 일치하지 않는 경우도 있다.
③ 질환의 임상증상 및 검사소견은 사고성과 비사고성으로 명확하게 구분될 수 있다.
④ 직업적인 원인 외에 개인요인 등의 비직업적인 원인에 의해서도 발생할 수 있다.

해설

근골격계질환의 특징
• 특정된 하나의 신체 부위에 발생할 수도 있고 동시에 여러 부위에서 다발적으로 발생할 수 있다.
• 하나의 조직뿐만 아니라 다른 주변 조직의 변화를 동시에 가져온다.
• 질환의 임상양상 및 검사소견 등이 사고성과 비사고성으로 명확하게 구분되지 않는다.
• 방사선학적인 검사소견 등의 소위 객관적인 검사결과와 임상증상이 일치하지 않는 경우가 많다.
• 직업적인 원인 외에도 개인 요인과 일상생활 등의 비직업적인 원인(연령 증가, 일상생활, 취미 활동 등)에 의해서도 발생할 수 있다.
• 증상의 정도가 가볍고 주기적인 것부터 심각하고 만성적인 것까지 다양하게 나타난다는 점 등이 있다.

59 다음 진동노출 평가기준 및 방법에 대한 설명으로 틀린 것은?

① 인체 진동 노출을 평가하기 위해서는 3방향(X, Y, Z)을 측정한다.

② 손에 전달되는 진동을 측정하는 경우는 진동이 손으로 전달되는 위치로부터 가까운 곳에서 측정한다.

③ 농작업에서 발생 가능한 요통과 관련되는 것은 국소진동이다.

④ 진동 발생 수준은 작업 대상의 노면상태, 작업 내용에 따라 다르다.

[해설]

전신진동(Whole Body Vibration)은 주로 운송 수단과 중장비 등에서 발견되는 형태로서 승용 장비의 바닥, 좌석의 좌판, 등받이와 같이 몸을 받치고 있는 지지구조물을 통하여 몸 전체에 진동이 전해지는 것을 말하며, 주로 요통과 소화기관, 생식기관의 장애, 신경계통의 변화 등을 유발하게 된다.

60 농약 살포 시 작업자가 준수하여야 할 노출관리방안으로 부적합한 것은?

① 농약을 살포할 때는 보안경을 착용하여 눈을 보호하여야 한다.

② 농약은 아침, 저녁과 같이 비교적 서늘한 시간에 살포하도록 한다.

③ 농약 살포 시 땀을 닦는 수건은 별도의 비닐주머니에 보관하여 사용하도록 한다.

④ 살포 농약이 호흡기를 통하여 가장 많이 체내로 흡수되기 때문에 호흡용 보호구 착용을 철저하게 한다.

[해설]

농약 급성중독은 특히 살충제 사용 시 많이 나타나는데 많이 쓰이는 유기인계, 카바메이트계, 황산니코틴이 함유된 농약을 사용하는 경우 주의를 필요로 하며, 유기인계, 황산계, 유기염소계 농약이 피부를 통한 급성중독을 많이 일으키는 것으로 알려져 있다.

61 홍수발생 시 대처요령 중 침수되었던 집에 들어갈 경우 대처 요령으로 옳지 않은 것은?

① 어두운 실내로 진입할 경우에는 촛불 등을 사용한다.

② 바로 들어가지 말고 붕괴 가능성을 반드시 확인한다.

③ 수돗물이나 저장식수는 오염 여부를 확인한 후 사용한다.

④ 비에 젖었던 음식이나 재료는 먹거나 사용하지 않는다.

해설

침수된 주택은 가스누출, 감전 등의 위험이 있으므로 바로 들어가지 않고 환기를 시킨 후, 가스 · 전기차단기가 Off에 있는지 확인한 뒤 전문가의 안전점검을 받은 후 사용해야 한다.

홍수 예 · 경보 시 행동요령

• 홍수피해가 예상되는 지역의 주민은 라디오나 TV, 인터넷을 통해 기상변화를 알아둔다.

• 홍수 우려 때 피난 가능한 장소와 길을 사전에 숙지한다.

• 갑작스러운 홍수가 발생하였으면 높은 곳으로 빨리 대피한다.

• 비탈면이나 산사태가 일어날 수 있는 지역에 가까이 가지 않는다.

• 바위나 자갈 등이 흘러내리기 쉬운 비탈면 지역의 도로 통행을 삼가고, 만약 도로를 지날 때 주위를 잘 살핀 후 이동한다.

• 홍수 예상 시 전기차단기를 내리고 가스 밸브를 잠근다.

• 지정된 대피소에 도착하면 반드시 도착사실을 알리고, 통제에 따라 행동한다.

• 침수주택은 가스 · 전기차단기가 Off에 있는지 확인하고, 기술자의 안전조사가 끝난 후 사용한다.

• 수돗물이나 저장식수도 오염 여부를 반드시 조사 후에 사용한다.

62 다음의 설명에 해당하는 것은?

> 가축의 분변이나 곤충 등에 분포하거나 분변에 오염된 식품에 의해서도 발생할 수 있고, 주로 감염된 가축(육류, 가금류, 달걀 및 이들의 부산물)을 식자재로 사용한 덜 익힌 음식을 섭취했을 때 감염될 수 있다. 이 병원균은 사람에서 장염, 위장염 및 패혈증을 유발할 수 있다.

① 살모넬라

② 노로바이러스

③ 장염 비브리오

④ 황색포도상구균

해설

식중독을 유발하는 살모넬라균은 동물에서 감염되는 경우가 대부분이며, 주로 닭과 같은 가금류가 가장 흔한 감염원인이다. 알의 껍질에 묻어 있는 경우가 많지만 가금류의 난소나 난관이 감염되어 있는 경우 알 자체가 감염된다. 살모넬라균은 열에 취약하여 저온 살균(60℃에서 20분, 70℃에서 3분 이상 가열)으로 사멸되기 때문에 달걀을 익히면 감염을 피할 수 있지만, 음식 조리 과정에서 다른 식품에 대한 이차 오염이 문제가 생긴다.

63 방독 마스크의 사용과 관리 방법으로 옳지 않은 것은?

① 대상 유해물질의 제독에 적합한 정화통을 구분하여 선택한다.

② 면체, 배기밸브 등의 사용과 관리방법은 방진 마스크와 동일하다.

③ 유해가스 농도가 높은 장소에서 장시간 사용할 수 있다.

④ 착용 시 공기가 새는 것이 느껴지지 않도록 밀착검사를 실시한다.

해설

방독마스크 사용 시 주의사항

• 유해가스에 알맞은 공기 정화통을 사용한다.

• 충분한 산소(18% 이상)가 있는 장소에서 사용한다(산소농도 18% 미만인 산소결핍 장소에서의 사용을 금지).

• 유해가스(2% 미만) 발생장소에서 사용한다.

64 기상청에서 아침 최저기온이 2일 이상 일정온도 이하가 지속될 것으로 예상될 때 한파주의보를 발효한다. 이 기준 온도는?

① -8℃

② -10℃

③ -12℃

④ -15℃

해설

한파주의보

10~4월에 다음 중 하나에 해당되는 경우

• 아침 최저기온이 전날보다 10℃ 이상 하강하여 3℃ 이하이고 평년값보다 3℃가 낮을 것으로 예상될 때

• 아침 최저기온이 -12℃ 이하가 2일 이상 지속될 것으로 예상될 때

• 급격한 저온현상으로 중대한 피해가 예상될 때

65 농업기계용 유류창고에서 화재사고를 대비하기 위해 적합한 소화기를 비치하려고 할 경우 화재 급수와 적응력이 있음을 표시하는 색은?

① A급 화재 – 백색　　　　　② B급 화재 – 황색

③ C급 화재 – 청색　　　　　④ B급 화재 – 무색

해설

구 분	종 류	표 시	소화방법	적용 소화기	비 고
일반화재	A급	백 색	냉 각	산·알칼리, 포(泡), 물(주수) 소화기	목재, 섬유, 종이류 화재
유류화재	B급	황 색	질 식	CO_2, 증발성 액체, 분말, 포 소화기	가연성 액체 및 가스 화재
전기화재	C급	청 색	질식, 냉각	CO_2, 증발성 액체	전기통전 중 전기기구 화재
금속화재	D급	–	분리소화	마른 모래, 팽창 질식	가연성 금속(Mg, Na, K)

66 정전작업 시 유도 또는 오조작으로 인한 감전을 방지하기 위해 작업 장소 양단에 설치하는 안전장구는?

① 검전기　　　　　　　　　② 통전기

③ 접지용구　　　　　　　　④ 활선접근 경보기

해설

접지란 전기기구에서 누전되는 전류를 땅속으로 흘려보내는 것을 말하며, 접지는 땅에 75cm 이상 묻은 후 가전제품의 전기선과 연결하는 것이 좋다.

67 다음 중 자외선 과다노출에 의한 인체유해 영향과 가장 거리가 먼 것은?

① 구루병
② 백내장
③ 익상편
④ 피부 흑색종

우리의 몸은 피부에 와닿는 태양광선의 활동에 의해 비타민 D를 만들어낼 수 있다. 비타민 D는 뼈의 형성을 도와 구루병, 뼈연화증, 임산부·수유부의 뼈·치아 탈회현상을 방지한다. 이외에도 칼슘의 항상성 유지, 유방암과 결장암의 항암작용 및 여러 가지 생리작용을 한다.

68 감전은 생물체에 전기가 흐르고 감각기관에 영향을 주어 고통이나 사망까지 이르게 한다. 감전으로 인한 생리적 현상으로 볼 수 없는 것은?

① 근육수축
② 저혈압
③ 호흡곤란
④ 심실세동

전류 범위	생리작용	전류[mA]
Ⅰ	전류를 감지하는 상태에서 자발적으로 이탈이 가능한 상태	약 25 이하
Ⅱ	아직 참을 수 있는 전류로서 혈압상승, 심장맥동의 불규칙, 회복성 심장정지, 50mA 이상에서 실신	25~80
Ⅲ	실신, 심실세동	80~3,000
Ⅳ	혈압상승, 불회복성 심장정지, 부정맥 폐기종	약 3,000 이상

69 국소진동에 노출되는 경우 손가락(수지)의 감각마비 증상이 나타나는 것은?

① 전신체온강하
② 참호족(참수족)
③ 류마티즘 관절염
④ 레이노드(Raynaud) 현상

진동 공구를 사용하는 작업에서 많이 발생한다. 손가락 끝이 창백해지고 손, 팔, 어깨 등이 저리고 감각이 무뎌지며, 근육 경련이 일어나거나 악력이 저하되는 현상이 생긴다.

70 가축 사육 시 작업자 건강에 영향을 미칠 수 있는 주요 유해요인에 해당되지 않는 것은?

① 바이러스
② 유기먼지
③ 중량물 작업
④ 이산화탄소

해설

축산업은 다양한 위험요인이 존재하고, 일반 노지나 과수 작목에 비해서 재해율이 높은 것으로 확인되고 있다. 오폐수 처리시설에서의 질식사고뿐만 아니라 사육 특성상 동물의 돌발적인 상황에 의한 동물과의 접촉으로 인한 타박상, 골절, 미생물, 곰팡이로 인한 호흡기 질환, 피부병 등의 다양한 위험요인이 존재하고 있다.

71 축사에 화재가 발생한 경우 원인규명을 위해 조사해야 할 내용과 가장 거리가 먼 것은?

① 화재규모
② 발화원
③ 발화형태
④ 착화물

해설

발화형태에 의한 화재 원인, 발화원에 의한 화재, 착화물에 의한 화재의 원인을 조사한다.

72 농약을 마신 사람에게 실시해야 될 응급처치 방법으로 가장 부적합한 것은?

① 호흡이 멈췄을 때에는 인공호흡을 실시한다.

② 물이나 식염수를 2~3잔 마시게 한 후 손가락을 넣어서 토하게 한다.

③ 환자를 신선한 공기가 있는 곳으로 옮기고 옷을 풀어 놓은 다음 심호흡을 시킨다.

④ 호흡이 약하고 침이 많이 고였을 때에는 환자를 반듯하게 눕힌 후 움직이지 못하도록 한다.

해설

농약이 입에 들어가거나 들이마셨을 때
• 즉시 물로 양치를 하여 입안을 헹궈낸다.
• 우선 들이마신 농약을 토해내도록 한다.
• 옷을 헐겁게 하고 심호흡을 시킨다.
• 즉시 병원으로 이송하여 치료를 받도록 한다.

73 다음 중 벌이나 뱀에 대한 상황별 안전조치 및 응급처치 요령으로 적합하지 않은 것은?

① 벌 : 향수나 화장품을 사용하거나, 화려한 복장을 착용하지 않는다.

② 벌 : 항히스타민제가 포함된 스테로이드 연고를 바르면 효과적이다.

③ 뱀 : 물린 다리 부위의 상처 아래쪽을 단단히 묶어 고정해 준다.

④ 뱀 : 최대한 빨리 병원으로 가서 종합 해독제 주사를 맞는다.

해설

뱀에 의한 교상
마음을 최대한 편안하게 해서 혈액이 빨리 순환되지 않도록 안정시킨 뒤 움직이지 않게 한다. 물린 부위가 통증과 함께 부풀어 오르면, 물린 곳에서 5~10cm 위쪽을 끈이나 고무줄, 손수건 등으로 가볍게 묶어 독이 퍼지지 않게 한다. 최대한 빨리 병원으로 이송하여 해독제를 투여한다.

74 농촌지역 교통안전을 위한 행동으로 올바르지 않은 것은?

① 야간 보행 시 안전반사 소재가 부착된 옷을 착용한다.

② 경운기 등의 농기계 운전 중에는 술을 마시지 않는다.

③ 야간도로 주행 시 경운기 후미에는 야간 반사판이나 조명을 부착한다.

④ 경운기 트레일러에 작업자가 반드시 탑승한 후 앉음을 확인 후 이동한다.

해설

• 농업기계 운전자는 수로나 도랑 근처에 너무 가까이 가지 않고 안전하게 회전할 수 있는 충분한 공간을 확보한다.

• 위험 요소를 숨기고 있는 농로의 가장자리는 제초작업을 잘해서 농로경계, 수로 등을 명확히 알 수 있도록 한다.

• 운전자의 시야 확보를 위해서는 나뭇가지를 잘라내고 나무 그루터기나 그 밖의 장애물들은 제거한다.

• 침식된 지역은 뚜렷이 표시를 해 두거나 채워서 평평하게 해 둬야 한다.

• 운전석 또는 트레일러에 사람을 태우지 않는다.

75 무겁거나 날카로운 거친 자재를 다루는 작업을 하는 농업인이 사용하기에 적합한 안전화는?

① 고무제 안전화

② 정전화

③ 가죽제 안전화

④ 절연화

해설

③ 가죽제 안전화 : 물체의 낙하충격에 의한 위험방지 및 날카로운 것에 대한 찔림방지

① 고무제 안전화(보호장화) : 기본 기능 및 방수, 내화학성 기능의 안전화 또는 보호장화

② 정전화 : 기본기능 및 정전기의 인체 대전방지

④ 절연화 및 절연장화 : 기본기능 및 감전방지

76 자외선 중 일명 화학적인 자외선이라 불리며, 안전과 보건측면에 관련이 있는 자외선의 파장 범위로 가장 적합한 것은?

① 100~215nm

② 200~315nm

③ 300~415nm

④ 400~515nm

해설

자외선은 3영역으로 나눌 수 있다. 파장 320~400nm를 UV-A(장파장 자외선), 파장 280~320nm를 UV-B(중파장 자외선), 파장 200~280nm를 UV-C(단파장 자외선)로 나누고 있다. 250~320nm의 자외선은 살균작용이 크며, 특히 254nm의 파장에서 최대가 된다.

77 농약의 혼합 시 착용하기에 가장 적합한 보호장갑은?

① 알루미늄 장갑

② 합성폴리아마이드 장갑

③ 면 장갑

④ 네오프렌 장갑

해설

농작업에서 보호장갑이 필요할 시기는 농약의 혼합과정 시, 농약 살포 과정 시, 농약 살포 기계의 수리와 관리 시, 농약의 유출 시이며 혼합 시 착용하기에 적합한 보호장갑은 네오프렌 장갑이다. 네오프렌 장갑은 유연성, 손가락의 민첩성, 고밀도 및 내마멸성을 가지고 있어 수압 액체, 가솔린, 알코올, 유기산 및 알칼리로부터 작업자의 손을 보호한다.

78 안전모의 종류 구분 중 '떨어지거나 날아오는 물체에 맞을 위험을 방지 또는 경감하고, 머리 부위 감전 위험을 방지'하기 위한 목적에 가장 적합한 것은?

① A종

② AB종

③ AE종

④ ABE종

해설

안전모 등급

• A등급(낙하) : 일반 작업용이며 떨어지거나 날아오는 물체에 맞을 위험을 방지 또는 경감, 이러한 모자는 충격의 위험이 있는 벌채 작업 등에 이용

• B등급(추락) : 추락 시 위험을 방지 또는 경감(2m 이상의 고상작업 등에서의 추락 등)

• E등급(절연) : 감전 위험 방지(내전압성 : 7,000V 이하의 전압에 견딤)

• AB등급 : 낙하, 추락

• AE등급 : 낙하, 절연

• ABE등급 : 낙하, 추락, 절연

79 농촌 소각장에서 폐비닐이나 전선, PVC를 태울 때 발생하는 물질로 인체에 독성이 강한 것은?

① 다이옥신 ② 불 산
③ 에탄올 ④ 황산화물

해설

다이옥신은 쓰레기를 태울 때 제일 많이 생기며 특히 PVC제제가 많이 포함된 쓰레기를 소각할 때 많이 나온다. 대부분 다이옥신은 음식에 포함되어 흡수되며 3% 이하만 호흡기를 통해 흡수된다.

80 경련환자의 응급처치 방법으로 옳은 것은?

① 환자가 과도한 경련에 의해 저혈당이 우려되므로 먹을 것이나 마실 것을 제공한다.
② 경련하는 동안 환자의 손상이 우려되므로 움직임을 줄일 수 있도록 힘주어 잡아 준다.
③ 경련에 의해 환자의 치아 손상이 우려되므로 입안에 천이나 부드러운 물건을 넣어 준다.
④ 주변의 물건을 치워 부딪침에 의한 손상을 방지한다.

해설

• 경련이 시작되면 다른 사람이 멈출 수 없다. 경련이 자연적으로 멈출 때까지 가만히 있도록 한다. 인공호흡은 시행하지 않는다.
• 환자를 바닥에 편하게 눕히고, 옷의 단추나 혁대 등을 풀어서 느슨하게 해 준다.
• 주위에 있는 딱딱하거나 날카롭거나 뜨거운 물체를 치우고, 머리 아래에 방석이나 부드러운 담요 등을 놓아 경련 중에 머리를 다치지 않도록 한다.
• 환자를 옆으로 눕게 하여 입에 고인 침이나 타액이 옆으로 흘러나오게 한다.
• 경련 중에 절대로 환자의 입 안에 무엇을 넣지 않는다.
• 경련이 끝난 후에 환자는 반드시 쉬거나 숙면을 취해야 한다.

01 재해통계 관련 공식으로 틀린 것은?

① 환산도수율 $= \dfrac{도수율}{10}$

② 강도율 $= \left(\dfrac{근로손실일수}{연근로시간수}\right) \times 1,000$

③ 도수율 $= \left(\dfrac{재해발생건수}{연근로시간수}\right) \times 1,000$

④ 연천인율 $= \left(\dfrac{연간재해자수}{연평균근로자수}\right) \times 1,000$

> **해설**
>
> 도수율(빈도율) $= \dfrac{재해발생건수}{근로시간수} \times 1,000,000$

02 안전보건 교육 평가 설계모형 중 ADDIE 모형의 구성요소에 해당하지 않는 것은?

① Analysis

② Design

③ Describe

④ Evaluation

> **해설**
>
> ADDIE 모형
>
> 분석(Analysis), 설계(Design), 개발(Development), 실행(Implementation), 평가(Evaluation)

03 농어업인안전보험법령상 농업작업안전재해로 인정되는 경우에 해당하지 않는 것은?

① 농업작업장과 출하처 간의 농산물 운반작업 중 발생한 사고

② 농업작업과 관련된 시설물 등의 결함이나 관리 소홀로 발생한 사고

③ 주거와 농업작업장 간의 농업용 자재 운반작업 중 발생한 사고

④ 피보험자가 소유하거나 관리하는 농기계의 수리를 위한 이동 중에 발생한 사고

해설

농업작업안전재해의 구체적 인정기준(농어업인의 안전보험 및 안전재해예방에 관한 법률 시행령 별표 1)

피보험자가 소유하거나 관리하는 농기계를 수리하는 작업 중 발생한 사고(수리를 위한 이동 중에 발생한 사고는 제외한다)는 농업작업안전재해로 인정한다.

04 실내 양계작업 안전보건관리와 관련한 내용으로 가장 거리가 먼 것은?

① 환기 및 온도조절, 사료 급여, 작업장 내외 소독 및 청소작업 등에서 유해·위험환경에 노출된다.

② 작업환경이 자동화되어 소수의 작업자가 관리하고 있으므로 개인의 안전의식이 중요하다.

③ 소독 시 유해물질 노출, 동물사육에 따른 유기분진 및 미세먼지 흡입 등에 의한 건강상 질환 및 안전사고 위험이 있다.

④ 자외선으로 인한 각막염, 결막염, 백내장, 홍반반응, 색소 침착 등 눈·피부 건강에 영향을 준다.

해설

④은 노지작업(노지원예, 채소 등) 안전보건관리와 관련된 내용이다.

05 다음 내용과 관련이 있는 안전교육은?

> • 작업방법 및 순서를 준수하려는 의지
> • 관련 전문가를 활용하려는 협력적 자세
> • 유해위험 요인에 대한 주의 깊은 관찰

① 안전기술교육
② 안전지식교육
③ 안전태도교육
④ 문제해결교육

해설

안전태도교육은 안전기능을 실제적으로 수행을 하도록 하는 교육이다.

06 농어업인안전보험법령상 보험금의 종류에 해당되지 않는 것은?

① 간병급여금
② 장해위로금
③ 직업재활급여금
④ 행방불명급여금

해설

보험금의 종류(농어업인안전보험법 제9조 제1항)
보험에서 피보험자의 농어업작업안전재해에 대하여 지급하는 보험금의 종류는 다음과 같다.
• 상해·질병 치료급여금
• 휴업급여금
• 장해급여금
• 간병급여금
• 유족급여금
• 장례비
• 직업재활급여금
• 행방불명급여금
• 그 밖에 대통령령으로 정하는 급여금

07 농약관리법령상 농약으로 분류되지 않는 것은?

① 달팽이를 방제하는 데 사용하는 살충제
② 축사의 악취를 제거하는 데 사용하는 방향제
③ 잡목을 방제하는 데 사용하는 제초제
④ 농작물에 피해를 주는 탄저병을 방제하는 데 사용하는 살균제

해설

농약의 정의(농약관리법 제2조 제1호)
• 농작물을 해치는 균, 곤충, 응애, 선충, 바이러스, 잡초, 그 밖에 농림축산식품부령으로 정하는 동식물을 방제하는 데에 사용하는 살균제·살충제·제초제
• 농작물의 생리기능을 증진하거나 억제하는 데에 사용하는 약제
• 그 밖에 농림축산식품부령으로 정하는 약제

08 농약관리법령상 판매·구매 정보의 기록 및 보존 의무에 따라 제조 및 판매업자 등이 농약 판매 시 전자적으로 기록 및 보존해야 할 사항이 아닌 것은?

① 구매자의 이름
② 구매자의 주민등록번호(또는 외국인등록번호)
③ 구매자의 주소
④ 농약 등의 품목명

해설

판매·구매 정보의 기록 및 보존 등(농약관리법 제23조의2 제1항)
제조업자·수입업자·판매업자가 농약 등을 판매한 경우 또는 수출입식물방제업자 등이 농약 등을 사용한 경우에는 다음의 사항을 전자적으로 기록 및 보존하여야 한다. 다만, 자신의 영농활동 등의 목적으로 사용하는 자에게 판매하는 용기·포장의 크기가 50mL(g) 이하인 소포장 농약 등은 제외한다.
• 농약 등 구매자(수출입식물방제업자 등의 경우 사용자)의 이름·주소·연락처
• 농약 등의 품목명·수량 등 판매정보(수출입식물방제업자 등의 경우 사용정보)
• 그 밖에 농림축산식품부령으로 정하는 사항

09 농업기계화 촉진법령상 농업기계에 관한 내용으로 틀린 것은?

① 이앙기 : 주행장치, 모탑재장치 및 모심기장치 등을 갖추고 벼의 모를 논에 옮겨 심는 자주식 기계

② 정식기 : 식부장치, 모공급장치, 복토 등을 갖추고 벼 외의 배추, 고추 등의 어린모를 농경지에 옮겨 심는 자주식 기계

③ 농산물건조기 : 곡물 및 유채의 건조를 목적으로 사용되는 기계

④ 가정용 도정기 : 농가 단위에서 벼를 투입하여 현미 또는 백미를 가공하는 소요동력 1kW 이상 10kW 이하인 가정용 정미기

해설

농업기계의 범위(농업기계화 촉진법 시행규칙 별표 1)

농산물건조기 : 농산물(곡물 및 유채는 제외한다) 건조를 목적으로 사용되는 기계(냉장겸용식을 포함한다)

10 농작업 안전보건 교육프로그램의 학습내용 구성에 관한 설명으로 틀린 것은?

① 한 번 제시한 내용을 반복하여 제시한다.

② 핵심주제와 초점은 학습목표에 연계되어야 한다.

③ 학습내용의 구조화는 비슷한 내용을 묶는 작업이다.

④ 학습되는 순서를 고려하여 학습 내용을 구성하는 일을 계열화라고 한다.

해설

학습 내용을 구성하는 데 있어 주의해야 할 점은 첫째, 중요한 개념과 핵심 포인트를 빠뜨리지 않도록 하며, 둘째, 특별히 주의를 기울일 필요가 없는 부분은 강조하지 않으며, 셋째, 한 번 제시한 내용을 반복하지 않는 것이다.

11 하버드 학파의 5단계 교수법 중 4단계로 옳은 것은?

① 교시(Presentation)
② 총괄(Generalization)
③ 응용(Application)
④ 연합(Association)

> **해설**
>
> 하버드 학파의 5단계 교수법
> • 1단계 준비(Preparation)
> • 2단계 교시(Presentation)
> • 3단계 연합(Association)
> • 4단계 총괄(Generalization)
> • 5단계 응용(Application)

12 농어업인삶의질법령상의 농작업 안전보건에 관한 다음 설명 중 옳은 것은?

① 정부는 농업인 등의 복지증진, 농촌의 교육 여건 개선 및 지역개발을 촉진하기 위하여 5년마다 기본계획을 세워야 한다.

② 이 법은 농업인의 삶의 질 개선과 농촌지역의 개발촉진을 목적으로 하는 것이기 때문에 농업인의 복지, 농촌지역 개발, 농업인 자녀교육을 중점대상으로 하며 농작업 안전보건 기술개발이나 재해예방 교육은 이 법의 규율대상이 아니다.

③ 국가와 지방자치단체는 농업인 질환의 예방과 치료를 위한 지원시책을 수행하기 위하여 5년마다 농업인의 질환현황을 조사하여야 한다.

④ 농촌진흥청장은 농업인의 질환현황을 파악하기 위한 조사를 수행할 때 해당 농업인의 성별, 나이 등의 일반적 특성은 개인정보에 해당하므로 조사대상에 포함해서는 안 된다.

> **해설**
>
> ① 정부는 농어업인 등의 복지증진, 농어촌의 교육·문화예술 여건 개선 및 지역개발을 촉진하기 위하여 5년마다 농어업인 삶의 질 향상 및 농어촌 지역개발 기본계획을 세워야 한다(농어업인삶의질법 제5조).
> ② 농어업인 등의 복지증진, 농어촌의 교육여건 개선 및 농어촌의 종합적·체계적인 개발촉진에 필요한 사항을 규정함으로써 농어업인 등의 삶의 질을 향상시키고 지역 간 균형발전을 도모함을 목적으로 한다(농어업인삶의질법 제1조).
> ③ 농촌진흥청장은 농업인의 질환현황을 파악하기 위한 조사를 매년 실시하여야 한다(농어업인삶의질법 시행령 제9조의3 제1항).
> ④ 질환현황조사에는 다음의 사항이 포함되어야 한다(농어업인삶의질법 시행령 제9조의3 제2항).
> • 성별·나이 등 조사 대상자의 일반적 특성에 관한 사항
> • 조사 대상자의 건강 및 안전 특성에 관한 사항
> • 농업 작업으로 인한 질환의 발생 경로 및 현황에 관한 사항
> • 그 밖에 농업 작업 환경 및 작업 특성에 관한 사항

13 농작업 환경의 특징으로 가장 거리가 먼 것은?

① 인구의 고령화

② 표준화된 반복 작업

③ 특정기간 동안에 집중되는 작업

④ 여성과 고령자 비중이 높은 가족노동

해설

농작업 환경의 특징

- 노동집약적인 작업
- 인구의 고령화, 제한된 인력에 따른 작업량의 증가
- 특정기간 동안(농번기)에 집중되는 작업
- 시설작업 비중의 증가로 인한 농사기간의 증가
- 여성과 미성년이 함께하는 가족노동
- 다양한 유해환경요인의 노출, 표준화되어 있지 않은 비특이적 작업
- 의료혜택 및 병원접근성의 제한 등

14 교육생이 혼자서 자기능력과 시간, 학습속도에 맞추어 학습할 수 있도록 학습자료를 이용하는 학습형태를 '프로그램 학습법'이라고 한다. 프로그램 학습법의 특징으로 거리가 먼 것은?

① 집단사고의 기회가 많다.

② 매 학습마다 피드백을 할 수 있다.

③ 지능, 학습속도 등 개인차를 고려할 수 있다.

④ 수강자들이 학습 가능한 시간대의 폭이 넓다.

해설

프로그램 학습법

- 장 점
  - 학생의 능력에 따른 학습이 가능하다.
  - 개인차를 고려한 개별 학습이 가능하다.
  - 즉각적인 피드백과 강화가 가능하다.
- 단 점
  - 한 번 개발된 프로그램 자료는 수정이 어렵다.
  - 개발비가 많이 든다.
  - 학습자의 사회성이 결여될 우려가 있다.

15 농업기계화 촉진법령상 안전교육에 관한 사항으로 틀린 것은?

① 교육대상자 : 농업용 기계를 사용하거나 사용하려는 농업인 등
② 교육시간 : 농업기계의 종류에 따라 1일 3시간 이내의 범위에서 교육
③ 교육기간 : 농업기계의 종류에 따라 3일 이내의 범위에서 교육
④ 교육과정 : 구조 및 조작취급성 등에 관한 교육

해설

안전교육 대상자의 범위 등(농업기계화 촉진법 시행규칙 제19조 제1항)
농업기계 안전교육 대상자의 범위, 교육기간 및 교육과정은 다음과 같다.
• 안전교육 대상자 : 농업용 트랙터 등 농업용 기계를 사용하거나 사용하려는 농업인 등
• 교육기간 및 교육과정 : 농업기계의 종류에 따라 3일 이내의 범위에서 구조 및 조작취급성 등에 관한 교육

16 농어업인안전보험법령상 농어업작업안전재해의 예방 교육 내용에 해당하지 않는 것은?

① 농어업인의 건강에 영향을 미치는 위험요인의 차단에 관한 교육
② 작업자의 안전 확보를 위한 개인보호장비에 관한 교육
③ 농산물 수확 또는 어획물 작업 등 노동 부담 개선을 위한 근골격계 질환 예방에 관한 교육
④ 농어업작업 환경의 특수성을 고려한 건강검진에 관한 교육

해설

농어업작업안전재해의 예방 교육(농어업인의 안전보험 및 안전재해예방에 관한 법률 시행규칙 제6조)
농어업작업안전재해 예방을 위한 교육의 내용은 다음과 같다.
• 농어업인의 건강에 영향을 미치는 위험요인의 차단에 관한 교육
• 비위생적이고 열악한 농어업작업 환경의 개선에 관한 교육
• 작업자의 안전 확보를 위한 개인보호장비에 관한 교육
• 농산물 수확 또는 어획물 작업 등 노동 부담 개선을 위한 편의장비에 관한 교육
• 농어업작업 환경의 특수성을 고려한 건강검진에 관한 교육
• 농어업인 안전보건 인식 제고를 위한 교육
• 그 밖에 농림축산식품부장관 또는 해양수산부장관이 필요하다고 인정하는 교육

15 ② 16 ③ 정답

17 농작업 교육의 대상자는 대부분 성인이다. 성인을 대상으로 한 효과적인 교수-학습전략으로 거리가 먼 것은?

① 문제 중심보다 주제 중심으로 접근한다.
② 즉각 적용이 가능한 지식과 기술에 초점을 둔다.
③ 학습절차의 결정에 학습자를 참여시킨다.
④ 학습자의 과거 경험을 활용한다.

해설

구성주의는 최근 의학이나 간호학의 학습방법으로 도입된 문제 중심 학습(PBL ; Problem Based Learning)의 철학적 배경이 되며, '의미 만들기 이론' 또는 '알아가기 이론'이라고도 한다.

18 한 사업장에서 2건의 중상 재해가 발생하였다. 버드의 재해구성비율을 따를 때 몇 건의 경상 재해가 예상되는가?

① 20
② 29
③ 58
④ 60

해설

2 : 20 : 60 : 1,200
버드 재해 발생 법칙
1 : 10 : 30 : 600
• 1 : 중상
• 10 : 경상(물 · 인적 사고)
• 30 : 무상해 사고(물적 손실)
• 600 : 무상해 · 무사고

19 농작업 안전보건 교육의 특성이 아닌 것은?

① 교육목표가 실천성이 강조되는 농업인의 행동변화에 역점을 둔다.

② 남녀노소, 기술수준의 차이 등 교육대상자의 사회, 경제적 특성이 다양하다.

③ 농업인 교육은 구체적인 경험획득을 위한 실증적 교육이 중요하다.

④ 대부분의 농업인 교육은 장기간 집합교육이다.

해설

농작업 안전보건 교육의 특성

• 교육의 목표가 실천성이 강조되는 농업인의 행동변화에 있다.
• 교육내용은 특수한 장기교육을 제외하고는 당면한 과제의 해결과 신기술이나 정보 등을 학습하는 실용성 있는 내용이 강조된다.
• 남녀노소나 기술수준과 요구의 차이 등 교육대상자들이 다양한 사회, 경제적 특성을 갖고 있다.
• 교육대상의 다양성, 교육내용의 전문성과 실용성, 농업의 취약성 등으로 인하여 농업인 교육 담당자는 높은 수준의 교수능력을 겸비해야 한다.
• 농촌성인 교육으로서 실효성을 갖추기 위해서는 농업인의 참여증진과 구체적 경험획득을 위한 실증적 교육이 중요하다.
• 농업인이 장기적인 기간에 타 지역에서 진행되는 교육에 참여하는 것이 현실적으로 어려우므로 단기 핵심기술교육 및 수시 영농단계별 현장교육 시스템의 구축이 필요하다.

20 농어업인삶의질법령상 농어업 작업자의 건강위해요소 측정대상항목에 해당하지 않는 것은?

① 소음, 진동, 온열 환경 등 물리적 요인

② 농약, 독성가스 등 화학적 요인

③ 인체에 과도한 부담을 주는 작업 특성

④ 유용 미생물의 확산 요인

해설

농어업 작업자 건강위해요소의 측정 등(농어업인삶의질법 시행령 제9조의2 제1항)
농어업 작업자 건강위해요소의 측정은 다음의 사항을 대상으로 한다.

• 소음, 진동, 온열 환경 등 물리적 요인
• 농약, 독성가스 등 화학적 요인
• 유해 미생물과 그 생성물질 등 생물적 요인
• 단순반복작업 또는 인체에 과도한 부담을 주는 작업 특성
• 그 밖에 농림축산식품부장관 또는 해양수산부장관이 정하는 사항

21 농약의 보관 및 관리방법으로 틀린 것은?

① 잠금장치가 있는 농약 전용 보관함에 보관한다.

② 남은 농약은 밀폐된 다른 용기에 옮겨 담아 보관한다.

③ 농약 빈 병은 함부로 버리지 않고 분리 처리해야 한다.

④ 고독성 농약은 확인이 가능하도록 구분하여 보관한다.

해설

농약 보관 및 관리

• 농약은 가축과 사람이 섭취하는 사료, 식품, 음료수 등과 완전히 분리하여 별도의 보관창고 혹은 보관함에 보관한다.

• 어린이와 노약자가 내용물을 혼돈하여 섭취할 위험성이 있으므로 사용하고 남은 농약은 다른 용기에 담아두지 않고 본래의 용기에 넣어 라벨이 잘 보일 수 있도록 한다.

 – 농약 포장지는 과자류와 비슷하여 어린이가 접근하기 쉬우므로 주의한다.

 – 어린이는 내부기관이 완전히 발달되지 않은 상태이므로 면역체계가 떨어져 더 높은 독성을 일으킬 수 있다.

• 농약 보관함은 반드시 시건(잠금)장치를 해 둔다.

• 농약 취급자 이외의 사람이 손을 댈 수 없도록 한다.

22 양돈장에서 분뇨 처리작업 시 질식사고의 주원인은 황화수소로 보고된다. 산업안전보건법령상 적정공기의 황화수소 농도 기준은?

① 18% 이상 23.5% 미만

② 1.5% 미만

③ 30ppm 미만

④ 10ppm 미만

해설

유해가스 노출허용기준(고용노동부)

	시간가중 노출량	15분 단시간 노출량
황화수소(H_2S)	10ppm, 14mg/m^3	15ppm, 21mg/m^3

23 전선 또는 차단기의 용도로 틀린 것은?

① 600V 이하의 옥내 배선에 절연전선(IV)을 사용한다.

② 옥내에서 AC 300V 이상의 소형 전기기구에 코드선(VF)을 사용한다.

③ 전기기구나 코드가 합선되거나 과다사용으로 용량을 초과하면 자동으로 전기를 차단하기 위해 배선용 차단기를 설치한다.

④ 과전류 시 퓨즈(Fuse)가 녹아 전기를 차단하도록 커버나이프 스위치를 설치한다.

해설
전선의 표기에서 허용전압이 표기되어 있으며, 용도별로는 절연전선(IV)은 600V 이하의 옥내 배선에, 케이블(CV)은 전력용으로, 코드(VF)는 주로 옥내에서 AC 300V 이하의 소형 전기기구에 사용된다.

24 추락전도 사고의 위험성이 높은 지역에서 농기계 작업을 할 때의 주의사항으로 틀린 것은?

① 농로의 가장자리에 너무 붙어 주행하지 않는다.

② 경사지나 언덕길에 진입하기 전에 속도를 낮추고 진입 후에는 변속을 하지 않는다.

③ 등고선을 따라 주행 시 무거운 쪽이 아래쪽으로 향하도록 한다.

④ 논둑을 넘을 때에는 차체가 논둑에 직각이 되도록 한다.

해설
전도의 우려가 있는 급경사지에서는 주행하지 않으며 또한, 경사지에서는 등고선 방향으로는 가급적 주행하지 않는다.

25 농업기계를 사용하는 작업에서 일반적 안전수칙으로 적절하지 않은 것은?

① 기후조건을 고려하여 작업 계획을 수립한다.

② 땀을 닦기 위해 목에 두른 수건의 끝은 작업 중 불편하지 않게 외부로 노출시키도록 한다.

③ 작업장 주변에 일하는 사람이 있는지 미리 확인한다.

④ 비산물이 발생하는 작업의 경우에는 보안경, 마스크 등의 보호구를 착용하도록 한다.

해설

- 옷단, 소맷자락이 조여진 작업복을 착용하고 필요에 따라 헬멧, 장갑, 안전화, 보호안경, 귀마개, 기타 보호구를 착용한다.
- 수건을 허리에 감거나 목이나 머리에 두르지 않도록 한다.
- 트랙터에 말려 들어갈 우려가 있는 작업을 할 때에는 장갑을 착용하지 않는다.

26 농작업 사고예방 안전수칙으로 틀린 것은?

① 농작업에 적합한 복장은 언제나 단정하게 할 것

② 작업 전에는 기계나 수공구의 상태를 점검할 것

③ 수공구는 사용목적에 맞는 것을 선택 후 사용할 것

④ 안전장치는 작업의 기간을 고려하여 필요시 개조하거나 일부 제거하여 사용할 것

해설

농업기계 안전수칙

목적 외 사용과 개조의 금지

- 본래의 목적 이외에는 사용하지 않는다.
- 개조하지 않는다. 특히, 안전장치를 떼어내지 않는다.

27 산업안전보건법령상의 안전·보건표지 중 바탕은 파란색, 관련 그림은 흰색으로 표시되며, 해당 보호구를 착용해야만 출입을 할 수 있는 장소에 사용되는 표지는?

① 금지표지
② 경고표지
③ 지시표지
④ 안내표지

해설

지시표지
• 색도기준 : 파란색 2.5PB 4/10
• 사용처 : 특정행위의 지시 및 사실의 고지
• 종류 : 보안경 착용 등 9종
• 색상 : 바탕-파란색, 그림-흰색

28 농약 취급 시의 주의사항으로 틀린 것은?

① 농약 살포기구 점검 시 방수성 장갑을 착용한다.
② 농약 살포 시 보호구를 착용하고 작업한다.
③ 농약 살포 작업 전 사용설명서를 자세히 읽고, 기구는 미리 점검한다.
④ 농약이 인체에 접촉되기 전에 증발하도록 뜨거운 한낮에 살포한다.

해설

농약의 일반적 예방대책
• 농약을 살포할 때에 농약이 체내로 들어오지 않도록 하거나 들어오더라도 독작용이 나타나지 않을 정도로 농약을 살포한다.
• 농약 살포작업 시 중독 사고를 방지하기 위해서 농약에 맞는 적절한 보호구를 착용한다.
• 농약 포장지의 '사용상의 주의사항'을 주의 깊게 읽은 후 농약을 다루고 보관 및 살포한다.
• 더운 여름 살포 시 호흡량이 늘어나 농약의 흡입가능성이 높아지게 되므로 적절한 마스크를 착용한다.
• 농약과 인체의 접촉을 막기 위해서 방수성 방제복을 착용한다.

29 이앙기의 안전이용 수칙으로 틀린 것은?

① 승용이앙기 하차 시 발을 헛디디지 않도록 운전석을 바라보며 내려온다.

② 아주 가까운 거리가 아니면 트레일러나 트럭 등을 이용하여 운반하는 것이 안전하다.

③ 경사진 논 출입로를 내려올 때는 후진, 올라갈 때는 전진으로 운행하는 것이 안전하다.

④ 식부날에 돌, 짚 등 이물질이 낀 경우에는 엔진을 멈춘 후 작동부가 정지한 다음에 이물질을 제거한다.

해설

포장의 출입구를 올라갈 경우에는 전륜이 들리거나 미끄러지기 쉽기 때문에 후진으로 하고, 내려올 경우는 전진으로 천천히 내려온다.

30 산업안전보건법령상 물체의 낙하 또는 비래에 의한 위험을 방지 또는 경감하고, 머리 부위 감전에 의한 위험을 방지하기 위한 안전모의 종류에 대한 기호로 옳은 것은?

① A

② AB

③ AE

④ ABE

해설

안전모 종류(기호) 사용 구분
- A : 물체가 떨어지거나 날아오는 물체에 맞을 위험을 방지 또는 경감시키기 위한 것
- AB : 물체가 떨어지거나 날아오는 물체에 맞거나 추락에 의한 위험을 방지 또는 경감시키기 위한 것
- AE : 물체가 떨어지거나 날아오는 물체에 맞을 위험을 방지 또는 경감하고, 머리 부위 감전에 의한 위험을 방지하기 위한 것
- ABE : 물체가 떨어지거나 날아오는 물체에 맞거나 추락에 의한 위험을 방지 또는 경감하고, 머리 부위 감전에 의한 위험을 방지하기 위한 것

31 사다리식 통로를 설치할 때 사다리의 상단은 걸쳐놓은 지점으로부터 얼마 이상 올라가도록 해야 하는가?(단, 산업안전보건법령에 따른다)

① 30cm
② 45cm
③ 60cm
④ 75cm

해설

사다리식 통로 등의 구조(산업안전보건기준에 관한 규칙 제24조 제1항)

사업주는 사다리식 통로 등을 설치하는 경우 다음의 사항을 준수하여야 한다.
• 견고한 구조로 할 것
• 심한 손상·부식 등이 없는 재료를 사용할 것
• 발판의 간격은 일정하게 할 것
• 발판과 벽과의 사이는 15cm 이상의 간격을 유지할 것
• 폭은 30cm 이상으로 할 것
• 사다리가 넘어지거나 미끄러지는 것을 방지하기 위한 조치를 할 것
• 사다리의 상단은 걸쳐놓은 지점으로부터 60cm 이상 올라가도록 할 것
• 사다리식 통로의 길이가 10m 이상인 경우에는 5m 이내마다 계단참을 설치할 것
• 사다리식 통로의 기울기는 75° 이하로 할 것. 다만, 고정식 사다리식 통로의 기울기는 90° 이하로 하고, 그 높이가 7m 이상인 경우에는 바닥으로부터 높이가 2.5m되는 지점부터 등받이울을 설치할 것
• 접이식 사다리 기둥은 사용 시 접혀지거나 펼쳐지지 않도록 철물 등을 사용하여 견고하게 조치할 것

32 농업인이 10,000명인 A지역에서 1년 동안 3건의 손상사고가 발생하였다. A지역의 연천인율은?

① 0.03
② 0.3
③ 3
④ 30

해설

$(3 \div 10,000) \times 1,000 = 0.3$

연천인율(도수율×2.4) : 근로자 1,000명당 1년간에 발생하는 재해발생자 수의 비율

연천인율 = (연간재해자 수/연평균근로자 수)×1,000

33 예취기의 안전을 위한 지침으로 적절하지 않은 것은?

① 제초용으로만 사용한다.

② 운전 중 항상 기계의 작업범위 15m 내에 사람이 접근하지 못하도록 하는 등 안전을 확인한다.

③ 반드시 두 손으로 작업하고 작업 중 칼날을 지면에서 30cm 이상 들어 올리지 않는다.

④ 시동 전 반드시 스로틀 레버를 조정하여 고속 위치에 맞추고 예취기가 움직이지 않도록 확실히 잡고 예취날이 지면에 닿지 않은 상태에서 시동을 건다.

해설

④ 시동 전 반드시 스로틀 레버를 조정하여 저속 위치에 맞추고 예취기가 움직이지 않도록 확실히 잡고 예취날이 지면에 닿지 않도록 한 다음 시동을 건다.

34 농업기계화 촉진법령상의 농업기계의 안전과 관련된 내용으로 옳은 것은?

① 농업기계 종합검정 및 안전검정에서는 농업기계의 고온부 방호에 대한 안전을 검사하고 있다.

② 종합검정 및 안전검정을 만족한 농업기계라 하더라도 소유자가 사용 편의상 안전장치의 구조를 개조하는 것이 가능하다.

③ 정부지원 대상으로 등록된 모든 농업기계는 농업기계화 촉진법 시행규칙에 명시된 종합검정 및 안전검정의 안전기준을 만족해야 한다.

④ 농업기계 계기장치는 종합검정 및 안전검정의 검사항목에 포함되지 않는다.

해설

② 농업용 트랙터, 콤바인 등 농림축산식품부령으로 정하는 안전관리대상 농업기계의 소유자나 사용자는 안전관리대상 농업기계의 안전장치의 구조를 임의로 개조(改造)하거나 변경해서는 아니 된다(농업기계화 촉진법 제12조 제3항).

③ 농업기계의 제조업자와 수입업자는 제조하거나 수입하는 농업용 트랙터, 콤바인 등 농림축산식품부령으로 정하는 농업기계에 대하여 농림축산식품부장관의 검정을 받아야 한다. 다만, 연구·개발 또는 수출을 목적으로 제조하거나 수입하는 경우에는 그러하지 아니하다(농업기계화 촉진법 제9조 제1항).

④ 농업기계 계기장치는 종합검정 및 안전검정의 검사항목에 포함된다(농업기계 검정기준 별표 2).

35 등짐형 동력 예초기로 제초 작업을 하는 경우에 착용해야 하는 개인보호구로 적절하지 않은 것은?

① 방진장갑

② 보안경

③ 안전화

④ 방독마스크

해설

농업기계 사고예방을 위한 운전자 준비사항
- 안전모 : 농업기계가 넘어짐 또는 작업 중 농업기계로부터 머리를 보호해 준다.
- 몸에 맞는 옷 : 늘어진 옷으로 인해 농기계에 말려들어가는 것을 예방한다.
- 안전화 : 농기구가 떨어지거나 발등이 기계에 끼는 것을 예방한다.

36 농작업 재해의 사고 원인 조사 방법 중 특성과 요인관계를 도표로 하여 어골상으로 세분화하는 분석법은?

① 크로스 분석

② 파레토 분석법

③ 산업재해 조사표

④ 특성요인도

해설

특성과 요인관계를 도표로 하여 어골상으로 세분화한 것을 특성요인도라고 한다.
① 클로즈(크로스) 분석 : 2개 이상 문제 관계를 분석하는 데에 사용하는 것으로, 데이터를 집계하고 표로 표시하여 요인별 결과 내역을 교차한 클로즈 그림으로 작성하여 분석
② 파레토 분석법 : 사고의 유형, 기인물 등 분류항목을 큰 순서대로 도표화

37 농약의 안전사용기준 설정 목적으로 틀린 것은?

① 농약을 절약하기 위하여
② 농약 살포액의 안전조제를 위하여
③ 농약 살포 시 작업자의 중독 예방을 위하여
④ 농산물의 잔류농약 안전성 향상을 위하여

해설

농약의 안전사용기준 설정 목적
농약의 안전조제, 중독 예방, 잔류농약 안전성 향상

38 안전보건에 대한 체크리스트를 작성할 때 유의사항으로 틀린 것은?

① 내용은 구체적이고 재해예방에 효과가 있어야 한다.
② 위험도가 낮은 것부터 순차적으로 작성한다.
③ 일정한 양식을 정해 점검대상마다 별도로 작성한다.
④ 정기적으로 검토하여 계속 보완하면서 활용한다.

해설

체크리스트를 작성할 때에는 체크리스트에 포함되어야 할 항목들을 기초로 사업장에 적합하고 쉽게 이해할 수 있도록 내용을 작성하도록 한다. 구체적이고, 위험도가 높은 것부터 순차적으로 작성하여 재해예방에 효과가 있도록 하여야 한다.

39 트랙터 안전수칙에 대한 설명으로 틀린 것은?

① 트랙터 작업 시에는 반드시 1인만 승차한다.

② 엔진가동 중 연료공급을 하지 말아야 한다.

③ 고속주행 시에는 좌우 브레이크를 분리하여 사용한다.

④ 밀폐된 공간에서 장시간 가동해서는 안된다.

해설

좌우 독립브레이크를 부착한 트랙터에서는 주행하거나 언덕이나 논둑을 넘을 때에는 좌우 브레이크 페달을 연결하여 일체로 작동하도록 한다.

40 하비(J. H. Harvey)의 안전론에 따른 3E에 포함되지 않는 것은?

① 교육(Education)

② 독려(Enforcement)

③ 경험(Experience)

④ 기술(Engineering)

해설

하비(J. H. Harvey)의 3E 재해예방이론
• 기술(Engineering) 대책
• 교육(Education) 대책
• 규제(Enforcement) 대책

41 흡입된 항원입자에 대한 인체 면역반응에 의해 야기되며, 18세기 이탈리아의 라마찌니가 곡물 취급 중 발생한 분진에 노출된 근로자에게서 발견하여 최초 보고한 폐질환의 명칭으로 옳은 것은?

① 천 식
② 천식양 증후군
③ 농부 만성폐쇄성 폐질환
④ 농부 과민성 폐렴

해설

과민성 폐렴은 흡입된 항원 입자로 인하여 인체 면역반응에 의해 야기된 간질성 폐질환으로 정의내릴 수 있다. 과민성 폐렴에 대한 기술은 18세기 이탈리아 라마찌니가 곡물 취급 중에 발생된 분진에 노출된 취급자들에서 기침과 숨가쁨을 주요 증상으로 하는 폐질환을 최초 보고한 이후(이를 농부폐라 명명하였고), 최근에는 이 질환의 발생이 건초작업 과정에서 방선균 노출과 체내 면역계가 관련된 질환임을 보고하였다. 하지만 농부폐라는 명칭은 정확한 용어가 아니고, 미국흉부학회에서는 농부폐를 농부 과민성 폐렴으로 정의하였다.

42 급성 중독 시, 신경 말단의 아세틸콜린 신경화학전달 물질 분해를 억제하여 발한, 요실금, 설사, 복통, 침 분비 과다 및 호흡부전을 일으키는 살충제 농약의 성분은?

① 유기인계
② 유기염소계
③ 피레스로이드계
④ 페녹시계

해설

혈청콜린에스테라제의 저하 : 유기인계 농약, 카바메이트계 농약에 중독되면 아세틸콜린 에스테라제(Acetylcolinesterase)라고 하는 효소의 분비가 억제되며 대부분의 급성 증상들은 이러한 과정에서 나타나는 현상이다.

43 농작업에서 주로 사용할 수 있는 근골계 부담작업 평가 체크리스트를 선택할 때 반드시 고려되어 야 할 사항이 아닌 것은?

① 신체 부위
② 작업 특성
③ 작목의 종류
④ 평가자의 훈련 정도

해설

① 평가 도구는 평가하고자 하는 신체 부위를 고려하여 선택할 것 : 평가하고자 하는 작업에서 주로 문제되는 신체 부위가 어디인지를 고려해야 한다. 평가 방법에 따라 적절한 평가 부위가 정해져 있다.

② 평가 도구는 작업 특성을 고려하여 선택할 것 : 어떤 평가 도구는 중량물만 평가한다든지, 어떤 것은 작업 자세만 평가한다든지 각각의 특성이 있다. 또한 매번 동일한 동작이 반복 수행되거나 비특이적인 자세가 상황에 따라 바뀌는 작업 등 다양한 특성을 고려하여 평가 도구를 선택해야 한다.

④ 평가 도구는 평가자의 훈련 정도를 고려하여 선택할 것 : 대부분의 평가를 위해서는 근골격계 질환과 관련된 전문 교육이 필요하다. 교육 수준에 따라 다소 쉬운 평가와 좀 더 복잡한 평가 도구를 사용할 수 있다.

44 유황을 함유한 유기물이 부패하면서 발생되며 달걀 썩는 냄새가 특징인 유해물질로, 흔히 밀폐된 저장고 등에 들어갔을 때 노출될 수 있으며 고농도에 노출 시 사망사고로 이어질 수 있는 물질은?

① 이산화탄소
② 황화수소
③ 암모니아
④ 메탄가스

해설

황화수소의 특징

황화수소(H_2S)는 황과 수소로 이루어진 화합물로서, 상온에서는 무색의 기체로 존재하며, 특유의 달걀 썩는 냄새가 나는 유독성 가스이다. 공기와 잘 혼합되며 물에 용해되기 쉽다. 자연에서는 화산가스나 광천수에도 포함되어 있고, 황을 포함한 단백질의 부패로도 발생한다. 오수・하수・쓰레기 매립장 등에서의 유기물이 혐기성 분해(산소가 없는 조건에서의 유기물・무기물의 분해)에 의해 발생한다.

황화수소는 온도가 높을수록(15~45℃), 용존산소가 낮을수록, 정체된 공간일수록 발생량이 증가하며 침전지, 저류조 등의 바닥층(스컴, 퇴적물 등)을 파괴(교반)할 경우 황화수소 발생량이 급속히 증가한다.

45 농업인의 호흡기 질환과 관계가 없는 유해인자는?

① 무기분진　　　　　　　　　② 바이오에어로졸

③ 석 면　　　　　　　　　　　④ 적외선

해설

적외선은 농업인의 피부 질환 관련 요인이다.

농업인의 피부 질환 관련 요인

- 접촉성 피부염 : 야외식물(옻나무, 은행나무, 국화꽃, 앵초류, 무화과 등), 동물의 털, 분비물, 배설물, 장갑, 장화, 운동화 등의 고무성분, 농기구 등에 포함된 니켈, 크롬 및 농약성분 등이 원인으로 작용한다.
- 알레르기성 피부염 : 일부 제초제와 살충제 혹은 항생제를 취급한 후, 감작 과정을 거쳐 발현될 수 있다.
- 일광화상, 피부노화, 피부암 : 옥외작업으로 인한 자외선 노출
- 기타 : 고온다습한 환경에서 작업하는 농업인에서는 특히 사타구니, 손, 발 등에 곰팡이균이 감염되기 쉬워 백선(무좀) 유병률이 높다고 보고된 바 있다.

46 충돌기(Impactor)를 이용한 미생물 및 곰팡이 포집에 대한 설명으로 옳은 것은?

① 개인시료 측정이 가능하다.

② 높은 포집유량으로 측정시간이 단축된다.

③ 다양한 종류의 미생물을 단일배지로 채취할 수 있다.

④ 장기간 포집한 경우에도 과소 포집되어 미생물 및 곰팡이의 계수가 쉽다.

해설

충돌기를 이용한 방법

이 방법은 배지(Agar)를 충돌기(Impactor)에 곧바로 장착하고 28.3L/분의 유량으로 공기 중의 박테리아와 곰팡이를 배지에 충돌시켜 채취하는 방법이다. 배지를 바로 배양기에 넣어 분석을 할 수 있고, 높은 포집유량으로 측정시간을 단축할 수 있다는 측면에서 매우 편리한 방법이다. 그러나 펌프의 크기가 큰 관계로 개인시료의 측정이 안 되고, 장기간 포집할 경우 과다 포집으로 인해 미생물 및 곰팡이의 계수가 어렵다는 단점이 있다.

47 다음 (   ) 안에 들어갈 용어로 적합한 것은?

> 농약 노출의 90% 이상은 (   )을(를) 통해 흡수되기 때문에 농약의 (   ) 노출에 대한 평가가 반드시 이루어져야 한다.

① 호흡기   ② 눈
③ 구 강   ④ 피 부

해설

피부 흡수 : 가장 흔히 볼 수 있는 독성물질의 침투경로이다. 농약은 잡초의 표피나 해충의 체벽을 쉽게 침투하여 잡초와 해충을 죽게 만든다. 고온 작업조건에서는 피부의 땀구멍들이 개방되기 때문에 위험도가 높아지며, 고온상태에서는 베인 곳, 피부병이나 오픈된 상처 등에 의한 농약의 흡수가 빨라진다.

48 도축장 종사자, 수의사, 축산농업인 등 감염된 동물과 이들의 조직을 취급하는 특정 직업인에게 주로 발생하며, 감염된 가축의 분비물 등과 접촉 및 흡입 시에 감염될 수 있는 인수공통 감염 질환은?

① 브루셀라증
② 쯔쯔가무시증
③ 신증후군출혈열
④ 중증열성혈소판감소증후군

해설

브루셀라증 감염경로
• 감염된 가축의 소변, 양수, 태반 등에 접촉되었을 때 피부상처를 통해 감염
• 소 분만 작업 시 오염된 공기를 흡입하거나 또는 사람의 결막을 통하여 감염
• 살균처리되지 않은 오염된 우유나 유제품 섭취 시 감염

49 다음 중 산소부족으로 인한 질식의 위험이 있는 작업장소는?

① 건초가 있는 축사

② 농약 살포 전, 희석작업 중인 창고

③ 장기간 밀폐되었던 생강저장굴

④ 비닐하우스

해설

생강의 호흡작용 및 산소를 소모하는 호기성 미생물의 증식이 지속적으로 발생함에 따라, 생강저장굴 내 산소 부족현상이 발생하게 되며, 환기가 부족한 상태에서 작업자가 들어갈 경우 저산소증 질식사고가 발생하게 된다.

50 농작업용 보호장구의 착용 및 관리요령으로 틀린 것은?

① 농약살포 시에는 피부 노출을 최소화하기 위하여 면장갑을 착용한다.

② 호흡용 보호구 필터는 보관 시 밀봉 보관한다.

③ 귀마개와 귀덮개를 동시에 착용하면 소음 차단효과가 증가한다.

④ 농약을 희석하는 작업 시 보호구를 착용해야 한다.

해설

농약살포 시에는 피부 노출을 최소화하기 위하여 방수용 보호장갑을 착용한다.

51 농작업 중에서 중량물을 반복적으로 들어올리는 작업을 대상으로 활용할 수 있는 평가 도구는?

① JSI
② NLE
③ SI
④ OWAS

해설

OWAS	허리, 어깨, 다리 부위	쪼그리거나 허리를 많이 숙이거나, 팔을 머리 위로 들어 올리는 작업
REBA	손, 아래팔, 목, 어깨, 허리, 다리 부위 등 전신	허리, 어깨, 다리, 팔, 손목 등의 부적절한 자세와 반복성, 중량물 작업 등이 복합적으로 문제되는 작업
JSI	손목, 손가락 부위	수확물 선별 포장 혹은 반복적인 전지가위 사용 등 손목, 손가락 등을 반복적으로 사용하거나 힘을 필요로 하는 작업
NLE	허리 부위	중량물을 반복적으로 드는 작업

52 여름철 농작업 시의 온열질환 예방대책으로 틀린 것은?

① 카페인이 함유된 음료를 규칙적으로 섭취한다.
② 챙이 넓은 모자, 여유 있는 긴팔 옷과 긴바지를 착용한다.
③ 공기가 순환되지 않는 밀폐지역에서의 농작업은 피한다.
④ 불필요한 빠른 동작은 피한다.

해설

여름철 농작업 시의 온열질환 예방대책
갈증을 느끼지 않아도 규칙적으로 물을 자주 마시고, 땀을 많이 흘린 경우 염분을 함께 섭취해야 한다. 특히 폭염 기간에는 술이나 카페인이 들어있는 음료(커피)는 자제하고 낮 12시에서 오후 5시 사이에는 농작업 및 야외활동을 피해야 한다.

53 다음 설명에 적합한 근골격계 질환은?

> • 심할 경우, 하지의 부분적 마비를 유발하며, 수술적 처치가 필요
> • 디스크가 그 압력을 이기지 못하여 겉부분이 해지면서 솜이 빠져나오는 것처럼 변형되어 신경을 자극하는 현상

① 요추부 염좌   ② 요추부 건염
③ 요추부 추간판 탈출증   ④ 요추부 근막통 증후군

해설

요추부 추간판 탈출증 : 디스크의 역할은 충격을 흡수하는 작용을 하는 것이다. 하지만 무거운 물건을 들어 올리거나 허리를 갑자기 비틀어 압력이 지나치게 높아질 경우는 디스크가 그 압력을 이기지 못하여 겉부분이 해지면서 솜이 빠져나오는 것처럼 변형되어 신경을 자극하는 현상이다. 바깥쪽으로 나온 디스크가 신경조직을 압박하여 심한 통증을 유발하거나 근력을 저하시킬 수 있으며, 심할 때는 하지가 부분적으로 마비될 수도 있다.

54 농업인의 소음성 난청을 예방하기 위하여 산업안전보건법령상의 허용기준을 준용한 경우, 95dB의 소음이 발생하는 사업장에서 1일 기준 몇 시간까지 근무가 가능한가?(단, 충격 소음은 제외한다)

① 1시간   ② 2시간
③ 4시간   ④ 8시간

해설

정의(산업안전보건기준에 관한 규칙 제512조)
• '소음작업'이란 1일 8시간 작업을 기준으로 85dB 이상의 소음이 발생하는 작업
• '강렬한 소음작업'이란 다음의 어느 하나에 해당하는 작업
 − 90dB 이상의 소음이 1일 8시간 이상 발생하는 작업
 − 95dB 이상의 소음이 1일 4시간 이상 발생하는 작업
 − 100dB 이상의 소음이 1일 2시간 이상 발생하는 작업
 − 105dB 이상의 소음이 1일 1시간 이상 발생하는 작업
 − 110dB 이상의 소음이 1일 30분 이상 발생하는 작업
 − 115dB 이상의 소음이 1일 15분 이상 발생하는 작업

55 농업인의 건강에 영향을 미칠 수 있는 요인 구분은 화학적, 물리적, 생물학적, 인간공학적, 정신적 안전사고 위험 요인으로 구분된다. 다음 중 요인에 따른 예시가 맞게 연결된 것은?

① 화학적 요인 – 소음
② 물리적 요인 – 중량물
③ 생물학적 요인 – 무기분진
④ 인간공학적 요인 – 작업자세

해설

소음(물리적 요인), 중량물(인간공학적 요인), 무기분진(화학적 요인)
인간공학적 위험 요인 평가의 대상
• 부적절한 작업자세
• 많은 힘을 요구하는 격한 일(무거운 것 들기, 밀기, 당기기)
• 반복되는 동작
• 날카로운 면과의 신체접촉
• 과도한 진동
• 기타 요인들
 – 저온창고에서 장시간 동안 일하는 경우
 – 불충분한 휴식
 – 익숙하지 않은 작업
 – 스트레스를 많이 받는 작업

56 농약관리법령상 농약 용도의 혼동을 방지하기 위하여 포장지와 병뚜껑 색을 달리한다. 생장조정제의 포장지 표시색으로 옳은 것은?

① 분홍색　　　　　　　　　② 녹 색
③ 적 색　　　　　　　　　　④ 청 색

해설

생장촉진(조절)제 : 식물의 생육촉진 또는 억제, 개화촉진, 낙과방지 또는 촉진 등 식물의 생육을 조절하기 위하여 사용하는 약제로 파란색(청색)

57 농작업 현장에서의 화학적 유해요인 노출수준평가 시 고려하여야 할 사항이 아닌 것은?

① 소득수준
② 작업속도
③ 작업 동선과 방향
④ 농자재 유형 및 사용방법

해설

노출수준 측정 결과의 대표성
공기 중 온습도, 토양습도, 작업속도, 풍속, 환기량, 작업자 수, 작업자의 이동 동선·방향, 농자재의 유형 및 사용방식

58 농기계 사용 시의 유해요인인 진동에 대한 설명으로 옳은 것은?

① 트랙터 및 콤바인의 운전자는 전신진동보다 국소진동에 주로 노출된다.
② 손에 대한 국소진동은 Raynaud 증후군을 발생시킬 수 있다.
③ 전신진동은 말초혈관의 확장, 혈압 저하를 유발할 수 있다.
④ 방진마스크를 통하여 진동에 의한 장해위험을 감소시킬 수 있다.

해설

레이노병 현상(Raynaud's Phenomenon)
진동공구를 사용하는 근로자의 손가락에 흔히 발생되는 증상으로, 손가락에 있는 말초혈관운동의 장애로 인하여 혈액순환이 저해되어 손가락이 창백해지고 동통을 느끼게 된다.

59 근골격계 질환과 그 원인이 잘못 연결된 것은?

① 수지백지증 – 진동공구 사용에 의한 혈액순환 장애

② 수근관증후군 – 손목터널의 과도한 사용으로 발생한 신경 압박

③ 건염 – 유발 통점에 의한 진피층의 손상

④ 건초염 – 활액막의 염증으로 인한 자극

해설

건염 : 반복적인 움직임, 구부리는 자세, 날카로운 면에 압박되거나 진동에 의하여 건의 섬유질이 손상되어 건에 염증이 생기게 되는 질환이다.

60 연간 분진 노출시간 조사 시 필요한 요소가 아닌 것은?

① 연간 작업 횟수　　　　　　② 1회당 작업시간

③ 작업 시 사용 도구　　　　　④ 작업 대상물의 하중

해설

연간 분진 노출시간 조사 양식
- 작목명
- 작업명
- 연간 작업 횟수
- 1회 작업시간
- 작업 시 사용 도구/농기계
- 분진마스크 사용 여부

61 통전 전류값의 분류 중 '불수전류'의 정의에 해당하는 것은?

① 어느 정도 고통을 느끼나, 충전부에서의 이탈이 자력으로 가능하다.

② 고통을 느끼지 않으면서 짜릿하게 전기가 흐르는 것을 감지하게 된다.

③ 전류의 일부가 심장 부분을 흐르게 되어 심장이 불규칙적인 세동을 일으키며 마비된다.

④ 신체 일부가 근육 수축현상을 일으키고 신경이 마비되어 생각대로 자유롭게 움직일 수 없게 된다.

해설

통전전류가 최소 감지전류보다 더 증가하면 인체는 전격을 받지만 처음에는 고통을 수반하지는 않는다. 그러나 전류가 더욱 증가하면 쇼크와 함께 고통이 따르며, 어느 한계 이상의 값이 되면 근육마비로 인하여 자력으로 충전부에서의 이탈이 불가능해진다. 여기에서 인체가 자력으로 이탈할 수 있는 전류를 가수전류(可隨, Let Go Current)라고 하며, 자력으로 이탈할 수 없는 전류를 불수전류(不隨, Freezing Current)라고 한다.

62 산업안전보건법령상 적정공기의 정의로 틀린 것은?

① 탄산가스의 농도가 1.5% 미만

② 황화수소의 농도가 10ppm 미만

③ 일산화탄소의 농도가 100ppm 미만

④ 산소농도의 범위가 18% 이상 23.5% 미만

해설

적정공기 : 산소농도(18~23.5%), 황화수소(10ppm 미만), 일산화탄소(30ppm 미만), 탄산가스(1.5% 미만)

정답 61 ④ 62 ③

63 심정지가 발생한 환자를 발견하였을 때 응급처치의 시행방법을 순서대로 바르게 나열한 것은?

① 의식 확인 → 도움 요청 → 기도개방 → 인공호흡 → 가슴압박

② 의식 확인 → 도움 요청 → 가슴압박 → 기도개방 → 인공호흡

③ 도움 요청 → 의식 확인 → 인공호흡 → 가슴압박 → 기도개방

④ 도움 요청 → 의식 확인 → 기도개방 → 가슴압박 → 인공호흡

해설

의식 확인 → 도움 요청 → 가슴압박 → 기도개방 → 인공호흡

64 고온다습한 환경에서 작업 시 체온조절중추의 기능장애로 심부 온도를 상승시켜 중추신경장애를 일으키는 질환은?

① 열쇠약증　　　　　　　　　② 열사병

③ 열허탈증　　　　　　　　　④ 열경련

해설

열사병(Heat Stroke)

열사병은 고온 스트레스를 받았을 때 열을 발산시키는 체온조절 기전에 문제가 생겨(Thermal Regulatory Failure) 심부 체온이 40℃ 이상 증가하는 것을 특징으로 한다. 의식장애, 고열, 비정상적 활력징후, 고온 건조한 피부 등이 나타난다. 치명률은 치료 여부에 따라 다르게 나타나지만 대부분 매우 높게 나타나고 있다.

65 산업안전보건법령상 정전기의 발생 억제 및 제거조치 대상 설비가 아닌 것은?

① 위험물 건조설비 또는 그 부속설비

② 인화성 고체를 저장하거나 취급하는 설비

③ 분쇄기·분체처리기 등 분체화학물질 취급설비

④ 위험물을 탱크로리·탱크차 및 드럼 등에 주입하는 설비

> **해설**
>
> 정전기로 인한 화재 폭발 등 방지(산업안전보건기준에 관한 규칙 제325조 제1항)
> 사업주는 다음의 설비를 사용할 때에 정전기에 의한 화재 또는 폭발 등의 위험이 발생할 우려가 있는 경우에는 해당
> 설비에 대하여 확실한 방법으로 접지를 하거나, 도전성 재료를 사용하거나 가습 및 점화원이 될 우려가 없는 제전장치
> 를 사용하는 등 정전기의 발생을 억제하거나 제거하기 위하여 필요한 조치를 하여야 한다.
> • 위험물을 탱크로리·탱크차 및 드럼 등에 주입하는 설비
> • 탱크로리·탱크차 및 드럼 등 위험물저장설비
> • 인화성 액체를 함유하는 도료 및 접착제 등을 제조·저장·취급 또는 도포하는 설비
> • 위험물 건조설비 또는 그 부속설비
> • 인화성 고체를 저장하거나 취급하는 설비
> • 드라이클리닝설비, 염색가공설비 또는 모피류 등을 씻는 설비 등 인화성 유기용제를 사용하는 설비
> • 유압, 압축공기 또는 고전위정전기 등을 이용하여 인화성 액체나 인화성 고체를 분무하거나 이송하는 설비
> • 고압가스를 이송하거나 저장·취급하는 설비
> • 화약류 제조설비
> • 발파공에 장전된 화약류를 점화시키는 경우에 사용하는 발파기(발파공을 막는 재료로 물을 사용하거나 갱도발파를
>   하는 경우는 제외)

66 안면보호구를 선택할 때 고려할 사항이 아닌 것은?

① 가볍고 시야가 넓은 것이 좋다.

② 안경유리는 굴절이 없는 것을 사용한다.

③ 외부환경 위험요인에 잘 견딜 수 있는 내구성이 있어야 한다.

④ 보안경은 안경테의 각도를 조절할 수 있기보다 고정되는 것이 좋다.

> **해설**
>
> 보호구가 갖추어야 할 요건과 관리 사항
> • 가볍고 시야가 넓어서 편안해야 한다.
> • 보안경은 그 모양에 따라 특정한 위험에 대해서 적절한 보호기능을 할 수 있어야 한다.
> • 보안경은 안경테의 각도와 길이를 조절할 수 있는 것이 좋고, 착용자가 시력이 나쁜 경우 시력에 맞는 도수렌즈를
>   지급한다.
> • 안면보호구만 착용하여 충격으로부터 보호하지 못하는 경우에는 추가적인 보호를 위해 보안경 또는 고글 등과 같이
>   병행하여 사용한다.
> • 외부 환경인자에 잘 견딜 수 있는 내구성이 있어야 한다.
> • 견고하게 고정되어 착용자가 움직이더라도 쉽게 벗겨지거나 움직이지 않아야 한다.
> • 보안면은 보안경(고글형)과 같이 1차 보호구와 병행하여 사용될 수 있어야 한다.
> • 제품 사용 중 렌즈에 홈, 더러움, 깨짐이 있는지 점검하여 손상되었다면 즉시 폐기 처분하고 새것으로 교체한다.
> • 제품이 오염된 경우에는 가정용 세척제를 이용하여 세척한 후 다시 사용한다.
> • 안경 유리는 굴절이 없는 것을 사용하고 사용 후에는 반드시 보관함에 보관한다.

67 가을철 열성질환 예방법으로 틀린 것은?

① 야외활동이나 작업을 할 때는 기피제를 뿌리고 긴 소매옷과 양말, 장화, 장갑을 착용한다.

② 소매와 바지 끝을 단단히 여미고 작업이 끝나면 옷이 묻은 먼지를 깨끗이 털고 반드시 목욕을 해야 한다.

③ 작업 및 야외활동 후 작업복, 속옷, 양말 등을 세탁해야 한다.

④ 세탁한 침구와 의복은 풀밭 위에 펼쳐 널어서 태양광으로 소독 후 사용한다.

해설

가을철 열성질환 예방법
야외 작업 시 들이나 풀밭에 눕거나 옷을 벗어놓지 말아야 하며, 야외 활동 후 귀가 시 옷을 세탁하고 목욕한다.

68 자외선이 인체에 미치는 영향으로 틀린 것은?

① 살균작용을 통하여 피부 노화를 막는다.

② 피부에 멜라닌 색소와 홍반이 증가한다.

③ 자외선 B는 간접적 피부 그을림, 화상 및 피부암을 유발한다.

④ 자외선의 급성 영향으로는 햇빛 화상, 홍반, 색소침착 등이 있다.

해설

• 자외선이 미치는 좋은 영향 : 살균작용, 비타민 D 생성
• 자외선이 미치는 나쁜 영향 : 눈에 대한 영향, 피부에 대한 영향, 면역 저하

69 개인보호구에 대한 설명으로 틀린 것은?

① 농약을 살포할 때는 호흡보호구를 반드시 착용해야 한다.

② 개인보호구를 선정할 때는 착용할 사람이 누구인지도 고려한다.

③ 보호복 등의 피복형 보호구는 개인보호구의 종류에 포함되지 않는다.

④ 보호구는 유해·위험의 영향이나 재해의 정도를 감소시키기 위한 보조장비로 근본적인 해결책이 아니다.

해설

안전복은 농작업 환경에서 기계적 외력, 열, 자외선, 방사선, 전기, 가스, 약품, 곤충 등 물리적·화학적·생물적 유해·위험으로부터 인체를 보호하는 역할을 해 준다.

70 농업인 건강과 안전에 위협을 줄 수 있는 작업과 위험요소, 그리고 농업인의 안전을 확보할 수 있는 개인보호구를 연결한 것으로 틀린 것은?

① 트랙터 운전 – 소음 – 귀마개, 귀덮개 등 귀 보호용 보호구

② 제초작업 – 예초기 날, 돌 등 이물질 비산 – 방진마스크

③ 가을철 들판에서 작업 – 햇볕·진드기 – 긴팔·긴바지, 토시, 모자, 장갑

④ 농약살포 – 농약 – 농약방제복 상·하의, 고글, 호흡용 보호구, 고무장갑

해설

방진마스크는 양돈, 양계, 버섯 작목 및 경운 정지, 수확 후 선별·관리, 파종, 비료 살포, 배합, 용접 등과 같이 분진이 발생하는 작업에서 사용한다.

71 농업인들의 건강을 유지하기 위한 식생활 관리로 바람직하지 않은 것은?

① 세끼 식사는 규칙적으로 섭취한다.

② 포화지방산을 충분히 섭취해야 한다.

③ 다양한 음식을 골고루 즐겁게 섭취한다.

④ 마가린, 버터, 팜유 등은 섭취를 제한한다.

해설

건강을 위한 식이요법 중 가장 기본적인 것은 아침식사를 거르지 않고 규칙적인 식사를 하는 것이다. 올바른 식생활을 위해서는 여러 음식을 골고루 섭취한다. 특히 가공식품의 경우 염분의 함량이 많고 여러 첨가물이 문제가 되므로 많이 섭취하는 것은 바람직하지 않다. 외식 시에는 짜고 기름진 음식을 주의하며 커피 등 카페인 음료는 적당량을 마신다. 동물성 지방은 혈액 속의 중성지방뿐 아니라 콜레스테롤을 높여 동맥경화, 협심증, 심근경색증 등의 질병을 유발할 수 있으므로 되도록 자주 먹지 않는 것이 바람직하다. 소금을 과다섭취하면 고혈압, 뇌졸중 등의 원인이 될 수 있다. 과음이나 잦은 음주, 흡연은 간질환의 위험 요인이 되고 다른 영양소의 흡수, 이용을 방해하며 여러 질병을 일으키는 주요 위험인자이다.

72 뱀에 물렸을 때 안전조치 및 응급처치 방법으로 가장 부적합한 것은?

① 응급조치로서 1회용 주사기를 이용하여 독을 뺀다.

② 뱀에 물렸을 때 최대한 빨리 병원으로 가서 해독제 주사를 맞는다.

③ 뱀의 독이 가장 위험한 시기는 9월경이므로 특히 이 시기에 주의해야 한다.

④ 병원이 먼 경우 독이 퍼지는 것을 막기 위해 주변인이 빨리 입으로 독을 빨아낸다.

해설

물린지 15분 이내인 경우에는 진공흡입기를 사용하여 독을 제거한다. 진공흡입기가 없거나, 의료기관이 1시간 이상 거리에 떨어져 있는 경우 입으로 상처를 빨아 독을 제거해 볼 수 있으나 입안에 상처가 있는 사람이 빨아서 독을 제거할 경우 오히려 입안의 상처를 통해 독이 흡수될 수 있음을 반드시 주지한다.

73 농작업장 주변 생활환경에 대한 안전관리방법으로 옳지 않은 것은?

① 작업도구는 찾기 쉽게 바닥에 늘어놓고 사용한다.

② 농작업장 근처에 탈의실과 세면실을 설치하고 위생적으로 관리한다.

③ 농작업장 근처에 휴식을 취하며 식사를 할 수 있는 공간과 화장실을 설치한다.

④ 위험장소의 문은 어린이나 방문자가 들어가지 못하도록 잠그고, 입구에 적절한 경고표지를 부착한다.

해설

이동공간이나 바닥에 호스, 줄, 선 등을 정리정돈하며 이러한 장비들이 잘 보일 수 있도록 가시성을 높이기 위한 도색·표지 등의 부착이 필요하다.

74 누전차단기의 설치에 관한 설명으로 적절하지 않은 것은?

① 누전차단기가 진동 또는 충격을 받지 않도록 한다.

② 표고 1,000m 이하의 장소에 설치한다.

③ 비나 이슬에 젖지 않는 장소에 설치한다.

④ 주위 온도가 −20~−10℃인 장소에 설치한다.

해설

누전차단기의 설치 환경조건

· 주위 온도에 유의(누전차단기는 주위온도 −10~+40℃ 범위 내에서 성능을 발휘할 수 있도록 구조 및 기능이 설계되어 있음)

· 표고 1,000m 이하의 장소

· 비나 이슬에 젖지 않는 장소

· 먼지가 적은 장소 선택

· 이상한 진동 또는 충격을 받지 않는 장소

· 습도가 적은 장소

· 전원전압의 변동에 유의

· 배선상태를 건조하게 유지

· 불꽃 또는 아크에 의한 폭발의 위험이 없는 장소에 설치

75 다음의 감염성 질환 중 인수공통전염병이 아닌 것은?

① Q열
② 렙토스피라증
③ 디프테리아
④ 신증후군출혈열

> **해설**
>
> 국내 감염병 예방 및 관리에 관한 법률에 따른 인수공통감염병은 10종(장출혈성대장균감염증, 일본뇌염, 브루셀라증, 탄저, 공수병, 동물인플루엔자 인체감염증, 중증급성호흡기증후군(SARS), 변종 크로이츠펠트−야콥병, 큐열, 결핵)으로 분류되며, 렙토스피라증과 신증후군출혈열도 대표적인 인수공통감염병이다.

76 우리나라에서 가을철에 유행하는 3대 열성질환이 아닌 것은?

① 발진티푸스
② 렙토스피라증
③ 신증후군출혈열
④ 쯔쯔가무시증

> **해설**
>
> 농촌, 농업인에서 흔히 볼 수 있는 감염병으로는 쯔쯔가무시증, 렙토스피라증, 신증후군출혈열, 중증열성혈소판감소증, 브루셀라증 등이 있다. 이 중 가을철 3대 열성질환은 쯔쯔가무시증, 렙토스피라증, 신증후군출혈열이다.

77 산업안전보건법령상 차광보안경의 분류에 해당하지 않는 것은?

① 용접용
② 자외선용
③ 복합용
④ 가시광선용

> **해설**
>
> 차광보안경 종류(안전인증 · 자율안전확인신고의 절차에 관한 고시 별표 5)
> • 자외선용
> • 적외선용
> • 용접용
> • 복합용

78 심폐소생술을 실시할 때 가장 올바른 가슴압박 위치는?

① 환자의 왼쪽 가슴 ② 환자의 가슴 정중앙

③ 환자의 오른쪽 가슴 ④ 정확한 위치 압박이 필요 없음

해설

심폐소생술 가슴압박 위치 : 환자의 양측 유두를 잇는 가상의 선에서 중간 부위의 흉골

79 기도 폐쇄 발생의 위험 원인이 아닌 것은?

① 음식물을 과다 섭취한 경우

② 음식물을 먹으면서 술을 섭취할 때

③ 큰 음식물을 잘 씹지 않고 삼키려 할 때

④ 입 안에 음식물이 있는 상태에서 걷거나 뛰었을 때

80 방독마스크에 관한 설명으로 틀린 것은?

① 일시적 작업 또는 긴급용으로 사용하여야 한다.

② 산소결핍 우려가 있는 작업장에서는 사용하면 안 된다.

③ 방독마스크의 정화통은 유해물질로 구분하여 사용하도록 한다.

④ 방독마스크 필터는 압축된 면, 모, 합성섬유 등의 재질을 사용하고, 여과효율이 우수하여야 한다.

해설

④ 방진마스크 필터는 압축된 면, 모, 합성섬유 등의 재질을 사용하고, 여과효율이 우수하여야 한다.
방독마스크 사용 시 주의사항
• 유해가스에 알맞은 공기 정화통을 사용한다.
• 충분한 산소(18% 이상)가 있는 장소에서 사용한다(산소농도 18% 미만인 산소결핍 장소에서의 사용을 금한다).
• 유해가스(2% 미만) 발생 장소에서 사용한다.

제1과목 | 농작업과 안전보건교육

01 농작업 안전보건교육을 운영할 때 유의할 점으로 틀린 것은?

① 교육대상자가 자발적으로 참여토록 한다.

② 휴식시간은 최소한으로 짧게 배정한다.

③ 양과 질을 모두 측정할 수 있는 평가지표의 준비가 필요하다.

④ 인간의 신체적, 정신적, 사회적 측면의 조화를 고려하여 실시해야 한다.

해설

농작업 안전보건교육 운영 유의 사항
- 농작업 안전보건 교육은 단편적인 지식이나 기능을 전달하는 것이 아니라 일상생활에서 응용될 수 있도록 하는 것이며, 인간의 신체적, 정신적, 사회적 측면의 조화를 고려하여 실시해야 한다.
- 교육 과정 중에 전달되는 정보를 학습자들의 실제 생활과 접목시켜야 한다.
- 농작업 안전보건 교육은 실제 경험과 비슷한 학습 환경에서 이루어질 때 그 효과가 크다.
- 연령, 교육수준, 경제수준에 맞게 실시해야 한다.
- 대상자가 자발적으로 참여토록 한다.
- 그 지역사회 주민의 안전보건에 대한 태도, 신념, 미신, 습관, 금기사항, 전통 등 일상생활의 전반적인 사항을 알고 있어야 한다.
- 명확한 목표 설정이 있어야 한다.
- 위험에 대해 전달할 때, 교육생들이 두려움에 휩싸이지 않도록 해야 한다.
- 양과 질을 측정할 수 있는 평가지표의 준비가 필요하다.
- 교육장소는 산만하지 않고, 청결하며, 흥미를 끌 수 있는 상태를 유지해야 한다.
- 교육자재가 깔끔히 마련되고 강사들의 복장상태도 말끔히 하여 교육생들이 집중할 수 있도록 도와주어야 한다.
- 휴식시간은 여유 있게 배정한다.

02 농어업인 삶의 질 향상 및 농어촌 지역 개발촉진에 관한 특별법에 관한 설명이 틀린 것은?

① 국가와 지방자치단체는 농어업 작업으로 인하여 농어업인에게 주로 발생하는 질환의 예방·치료 및 보상을 위한 지원시책을 마련하여야 한다.

② 정부는 농어업인 등에 대한 복지실태 조사를 5년마다 실시하여야 한다.

③ 이 법은 농어촌 지역 간의 생활격차를 해소하고 교류를 활성화하는 것을 기본이념으로 한다.

④ 이 법은 농어촌학교 학생의 학습권 보장에 관한 내용을 포함하고 있다.

> **해설**
>
> 목적(농어업인 삶의 질 향상 및 농어촌지역 개발 촉진에 관한 특별법 제1조)
> 이 법은 농업·농촌 및 식품산업 기본법, 산림기본법, 해양수산발전 기본법 및 수산업·어촌 발전 기본법에 따라 농어업인 등의 복지증진, 농어촌의 교육여건 개선 및 농어촌의 종합적·체계적인 개발촉진에 필요한 사항을 규정함으로써 농어업인 등의 삶의 질을 향상시키고 지역 간 균형발전을 도모함을 목적으로 한다.

03 농작업 안전교육의 방향으로 틀린 것은?

① 안전의식을 일깨워 줌

② 작업을 하기 위한 주위 환경을 쾌적하게 유지

③ 작업과정이나 과정 중의 행동을 불안하게 유지

④ 작업을 하기 위해 다루는 도구나 설비들을 안전하게 유지

> **해설**
>
> 농작업 안전교육의 방향
> • 인간 정신의 안전화 : 안전 의식을 일깨워 준다.
> • 인간 행동의 안전화 : 작업의 과정이나 과정 중의 행동들이 능숙하고 안전해야 한다.
> • 설비의 안전화 : 작업을 하기 위해 다루는 도구나 설비들을 안전하게 유지해야 한다.
> • 환경의 안전화 : 작업을 하는 주위 환경을 쾌적하게 유지할 수 있어야 한다.

04 농약의 표시사항은 포장지 전체를 고려하여 사용자가 쉽게 알아볼 수 있도록 크게 하여야 한다. 포장지 앞면에 우선적으로 배치하여야 할 개별 표시사항에 해당되지 않는 것은?(단, 농약, 원제 및 농약활용기자재의 표시기준을 적용한다)

① '농약' 문자 표기
② 원제의 등록번호
③ 용도 구분
④ 기본 주의사항

해설

농약 포장지 표시사항

구 분	표기 문자	표기 위치	활자 크기(포인트)
'농약' 문자 표기	한 글	최상단 중앙	제2호에 따름
품목등록번호	한글 및 숫자	'농약' 문자 우측 표기	'농약' 문자 크기의 1/2 이상
용도 구분	한 글	'농약' 문자 좌측 표기	'농약' 문자 크기의 1/2 이상
상표명	한 글	임의배치	임 의
품목명	한 글	상표명 하단	6 이상
기본 주의사항 및 해독 · 응급처치 방법 (제7조 제1항 제1호 및 제10조 제1호를 말함)	한 글	독성 · 행위금지 등 그림문자 상단	제7조 제1항에 따름
포장 단위	숫자, OGS단위	임의배치	5 이상
상 호	한글, 숫자 및 영문	임의배치	5 이상
인축독성 · 어독성 구분	한글 및 로마자	품목등록번호 하단	'농약' 문자 크기의 1/2 이상
작용기작 그룹표시	한글, 숫자 및 영문	용도 구분 하단	'농약' 문자 크기의 1/2 이상
독성 · 행위금지 등 그림문자	그림문자	최하단	제8조 제2항에 따름
독성 · 행위금지 등 그림문자 설명	한 글	독성 · 행위금지 등 그림문자 우측 또는 하단	제8조 제2항에 따름

4 ② 정답

05 농약관리법 시행령에 따른 '농약 등의 안전 사용기준'이 틀린 것은?

① 적용대상 농작물과 병해충별로 정해진 사용방법·사용량을 초과하여 사용할 것
② 사용대상자가 정해진 농약 등은 사용대상자 외의 사람이 사용하지 말 것
③ 사용지역이 제한되는 농약 등은 사용제한지역에서 사용하지 말 것
④ 적용대상 농작물에 대하여 사용시기 및 사용가능횟수가 정해진 농약 등은 그 사용시기 및 사용가능횟수를 지켜 사용할 것

해설

농약 등의 안전사용기준(농약관리법 시행령 제19조)
• 적용대상 농작물에만 사용할 것
• 적용대상 병해충에만 사용할 것
• 적용대상 농작물과 병해충별로 정해진 사용방법·사용량을 지켜 사용할 것
• 적용대상 농작물에 대하여 사용시기 및 사용가능횟수가 정해진 농약 등은 그 사용시기 및 사용가능횟수를 지켜 사용할 것
• 사용대상자가 정해진 농약 등은 사용대상자 외의 사람이 사용하지 말 것
• 사용지역이 제한되는 농약 등은 사용제한지역에서 사용하지 말 것

06 산업재해보상보험법 시행령상 산업재해보상보험의 의무가입 사업장 적용 제외대상인 것은?

① 상시근로자 1인 미만의 카페
② 법인이 아닌 자의 사업으로서 상시근로자 10인 미만의 임업(벌목업) 사업
③ 법인이 아닌 자의 사업으로서 상시근로자 5인 이상의 농업 사업
④ 법인이 아닌 자의 사업으로서 상시근로자 5인 미만의 어업 사업

해설

※ 문제오류로 전항정답 처리된 문제입니다. 출제의도에 부합하도록 '적용 제외대상인 것은?'으로 수정하였습니다.
법의 적용 제외 사업(산업재해보상보험법 시행령 제2조)
「산업재해보상보험법」(이하 "법"이라 한다) 제6조 단서에서 "대통령령으로 정하는 사업"이란 다음의 어느 하나에 해당하는 사업 또는 사업장(이하 "사업"이라 한다)을 말한다.
• 「공무원 재해보상법」 또는 「군인 재해보상법」에 따라 재해보상이 되는 사업. 다만, 「공무원 재해보상법」 제60조에 따라 순직유족급여 또는 위험직무순직유족급여에 관한 규정을 적용받는 경우는 제외한다.
• 「선원법」, 「어선원 및 어선 재해보상보험법」 또는 「사립학교교직원 연금법」에 따라 재해보상이 되는 사업
• 가구 내 고용활동
• 농업, 임업(벌목업은 제외한다), 어업 및 수렵업 중 법인이 아닌 자의 사업으로서 상시근로자 수가 5명 미만인 사업

07 농업기계화 촉진법 시행규칙상 검정대상 농업기계 중 안전검정 대상에 해당되는 것은?

① 곡물건조기

② 농업용 트랙터 보호구조물(ROPS)

③ 비료살포기(승용자주형)

④ 농업용 베일러(승용자주형)

해설
안전검정 대상 농업기계(농업기계화 촉진법 시행규칙 별표 4)
- 농업용 동력운반차(보행형), 곡물건조기
- 농업용 고소작업차(과수용 작업대를 포함한다)
- 주행형 동력분무기(보행자주형 및 부착형)
- 농업용 파쇄기, 농업용 톱밥제조기
- 비료살포기(승용자주형은 제외한다)
- 농산물세척기, 예취기
- 동력제초기[모어(Mower, 잔디깎는 기계)를 포함한다]
- 농업용 리프트, 트레일러(농업용 트랙터 및 경운기용)
- 농업용 베일러(승용자주형은 제외한다)
- 농업용 절단기, 베일피복기, 관리기(보행형)
- 스피드스프레이어(자주형은 제외한다)
- 사료배합기, 사료공급기(사료급이기)
- 농산물제피기(農産物除皮機)(공기식은 제외한다)
- 탈곡기(주행형)
- 보행자주형 및 장착형 붐스프레이어(긴막대형 살포기)
- 그 밖에 농림축산식품부장관이 필요하다고 인정하는 농업기계

08 농작업 안전보건 교육을 ADDIE모형으로 진행하려 한다. 4번째 단계에서 수행할 내용은?

① 교육생의 요구를 분석한다.

② 학습목표를 서술하고 교육 내용을 설계한다.

③ 교육프로그램을 개발한다.

④ 개발된 교육프로그램을 실행한다.

해설
ADDIE 모형
1. 분석(Analysis)
2. 설계(Design)
3. 개발(Development)
4. 실행(Implementation)
5. 평가(Evaluation)

09 농작업 안전보건관리 시스템 중 '감시(Surveillance)'에 해당하는 것은?

① 농작업 재해의 판정 및 보상처리

② 지역별 농작업 재해발생 현황 모니터링

③ 농작업의 건강유해요인의 노출저감 방안 개발

④ 농작업 사고자에 대한 직업적 재활프로그램 운영

해설

농작업 안전보건관리 시스템

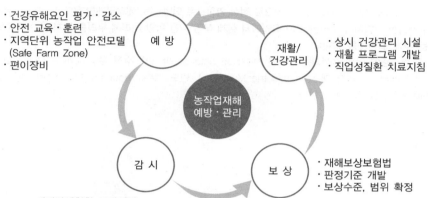

· 건강유해요인 평가 · 감소
· 안전 교육 · 훈련
· 지역단위 농작업 안전모델
  (Safe Farm Zone)
· 편이장비

예 방

재활/
건강관리

· 상시 건강관리 시설
· 재활 프로그램 개발
· 직업성질환 치료지침

농작업재해
예방 · 관리

감 시

보 상

· 재해보상보험법
· 판정기준 개발
· 보상수준, 범위 확정

· 재해발생현황 모니터링
· 재해통계 생산, 분석, 정책 반영

10 실제와 유사한 상황에서 구성된 시나리오를 수행하며 문제 상황에 대한 대처방법을 학습하는 교육방법은?

① 실연(시범)

② 사례연구

③ 집단토의

④ 모의 실험극

해설

모의 실험극

학습자에게 실제와 유사한 상황을 제공하여 위험부담 없이 학습할 수 있는 환경을 제공한다. 학습자는 안전한 학습 상황에서 상황을 연출해봄으로써 현장에서 발생할 수 있는 문제 상황에 대처할 수 있게 된다.

11 개정된 NIOSH 들기 작업지침을 이용하여 인력 운반 작업의 권장 무게 한계를 구할 때 고려할 요소가 아닌 것은?

① 수평 계수

② 작업자 연령 계수

③ 비대칭 계수

④ 빈도 계수

해설

1991년에 개정되어 NLE(NIOSH Lifting Equation)으로 정식 명칭으로 되었으며, 권장무게한계(RWL ; Recommended Weight Limit)란 건강한 작업자가 특정한 들기 작업에서 실제 작업 시간 동안 허리에 무리를 주지 않고 요통의 위험 없이 들 수 있는 무게의 한계를 말한다.

RWL은 여러 작업 변수들에 의해 결정되는데 수평 계수(Horizontal Multiplier), 수직 계수(Vertical Multiplier), 거리 계수(Distance Multiplier), 비대칭 계수(Asymmetric Multiplier), 빈도 계수(Frequency Multiplier), 커플링 계수 (Coupling Multiplier) 등을 고려해야 한다.

12 다음 설명의 (   ) 안에 알맞은 수치는?(단, 농어업인의 안전보험 및 안전재해예방에 관한 법률을 적용한다)

> 농림축산식품부장관과 해양수산부장관은 농어업작업 등으로 인하여 발생한 농어업인 및 농어업근로자의 안전재해에 대한 실태조사를 (   )년마다 실시하고 조사결과를 공개하여야 한다.

① 1

② 2

③ 3

④ 4

해설

통계의 수집 · 관리 및 실태조사 등(농어업인의 안전보험 및 안전재해예방에 관한 법률 제15조)

농림축산식품부장관과 해양수산부장관은 농어업작업 등으로 인하여 발생한 농어업인 및 농어업근로자의 안전재해에 대한 실태조사를 2년마다 실시하고 조사결과를 공개하여야 한다.

13 농작업 안전재해에 하인리히(W. H. Heinrich)의 재해 구성 비율을 적용한다면, 87건의 경상이 발생한 경우에는 몇 건의 무상해 사고를 예측할 수 있는가?

① 87건

② 174건

③ 600건

④ 900건

해설

하인리히의 재해 구성 비율(1 : 29 : 300의 법칙)

330회의 사고 중에 중상 또는 사망 1회, 경상 29회, 무상해 사고 300회의 비율로 사고가 발생한다는 이론

14 농업기계 안전기준에 따라 가동부의 방호장치로부터의 측방 안전거리가 그림과 같을 때 방호장치의 높이는 몇 mm 이상이어야 하는가?

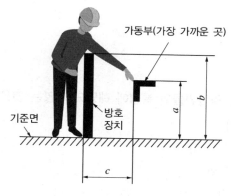

① 500mm

② 800mm

③ 1,000mm

④ 1,200mm

해설

가동부의 방호(농업기계 검정기준 별표 2)

가동부와 작업자의 사이에 방호장치(가드)를 부착할 경우 안전거리(위험부에 접촉하지 않는 거리)는 다음과 같을 것. 다만, 작업에 불가피하다고 인정되는 경우에 예외로 한다.

• 가동부가 작업자의 상방향(작업자가 서서 손을 뻗었을 때)에 있는 경우 안전거리는 지면 또는 방책면으로부터 2,500mm 이상일 것

• 방호장치의 높이는 1,000mm 이상일 것

15 농어업 작업 안전재해예방에 관한 설명으로 틀린 것은?(단, 농어업인의 안전보험 및 안전재해예방에 관한 법률을 적용한다)

① 농어업인안전보험이란 농어업인에게 발생한 농어업작업안전재해를 보상하기 위한 보험이다.

② 농업인과 가족구성원이 농작업을 수행하는 경우 농어업인의 안전보험 및 안전재해 예방에 관한 법률에 따라 농업인은 자신과 그의 가족구성원을 위하여 동법상의 안전재해에 대한 예방 의무를 이행하여야 한다.

③ 농림축산식품부장관과 해양수산부장관은 농어업작업안전재해를 예방하기 위하여 농어업작업안전재해 예방 기본계획을 5년마다 각각 수립·시행하여야 한다.

④ 농어업작업안전재해는 농어업작업으로 인하여 발생한 농어업인 및 농어업근로자의 부상·질병·장해 또는 사망을 말한다.

> **해설**
>
> 목적(농어업인의 안전보험 및 안전재해예방에 관한 법률 제1조)
> 이 법은 농어업작업으로 인하여 발생하는 농어업인과 농어업근로자의 부상·질병·장해 또는 사망을 보상하기 위한 농어업인의 안전보험과 안전재해예방에 관하여 필요한 사항을 규정함으로써 농어업 종사자를 보호하고, 농어업 경영의 안정과 생산성 향상에 이바지함을 목적으로 한다.

16 일반적으로 농작업과 농업인들의 특징에 해당되지 않는 것은?

① 농작업의 비표준화
② 노동 집약적인 작업 특성
③ 농업 인구의 저연령화
④ 특정 기간에 집중되는 작업

> **해설**
>
> 농작업과 농업인들의 특징
> • 농작업의 비표준화
> • 노동 집약적인 작업 특성
> • 특정 기간 동안에 집중된 작업
> • 인구의 고령화 및 여성 농업인의 증가
> • 노동 인력 공급의 제한에 따른 작업량의 증가
> • 다양한 건강·안전 위험요인의 발생
> • 제한된 의료혜택

17 문제해결력, 창의력, 비판력, 조직력, 정보수집력, 분석력 등을 평가할 수 있는 농작업 안전보건 교육의 평가 방법은?

① 질문지법

② 실기시험

③ 자기 평가 보고서

④ 서술형 및 논술형 검사

해설

서술형 및 논술형 검사

문제 해결력, 창의력, 비판력, 조직력, 정보 수집력, 분석력 등을 평가할 수 있다. 서술형 및 논술형 검사를 실시할 때는 단편적인 지식을 묻기 보다는 문제 해결력을 평가할 수 있는 문제를 제시해야 하며 모범답안과 평가기준표를 미리 작성해두어야 한다.

18 농어업인의 안전보험 및 안전재해예방에 관한 법률에 따른 '농업인'에 해당하는 자는?

① 500m²의 농지를 경작하는 사람

② 1년 중 60일을 농업에 종사하는 사람

③ 농업경영을 통한 농산물의 연간 판매액이 100만원인 사람

④ 관련법에 의해 설립된 영농조합법인의 농산물 가공활동에 2년 계속하여 고용된 사람

해설

농업인의 기준(농업·농촌 및 식품산업 기본법 시행령 제3조)

• 1,000m² 이상의 농지(「농어촌정비법」 제98조에 따라 비농업인이 분양받거나 임대받아 농어촌 주택 등에 부속된 농지는 제외한다)를 경영하거나 경작하는 사람

• 농업경영을 통한 농산물의 연간 판매액이 120만원 이상인 사람

• 1년 중 90일 이상 농업에 종사하는 사람

• 「농어업경영체 육성 및 지원에 관한 법률」 제16조 제1항에 따라 설립된 영농조합법인의 농산물 출하·유통·가공·수출활동에 1년 이상 계속하여 고용된 사람

• 「농어업경영체 육성 및 지원에 관한 법률」 제19조 제1항에 따라 설립된 농업회사법인의 농산물 유통·가공·판매활동에 1년 이상 계속하여 고용된 사람

19 농작업환경에서 직접적인 건강 유해요인으로 가장 거리가 먼 것은?

① 바이오에어로졸

② 더위와 추위

③ 불편한 작업자세

④ 가시광선

해설

농작업환경에서 위험요인

농업인의 건강에 유해한 영향을 미칠 수 있는 요인을 말하며, 화학적 요인(농약, 무기분진, 일산화탄소, 황화수소 등), 물리적 요인(소음, 진동, 온열 등), 생물학적 요인(유기분진, 미생물, 곰팡이 등), 인간공학적 요인(작업자세, 중량물 부담 등), 정신적 요인(스트레스 등), 안전사고 위험 요인 등으로 구분된다.

20 다음 중 농작업 안전보건 교육을 실시할 때 가장 먼저 해야 할 일은?

① 교육요구 분석

② 학습자 분석

③ 교육장소 선정

④ 교육내용 구성

해설

농작업 안전보건 교육을 실시함에 있어 가장 첫 번째로 해야 할 일은 요구분석이다. 교육적 요구는 현 상태와 바람직한 상태의 차이가 지식, 기술, 태도의 결함에 기인할 때 발생하게 된다.

21 이앙기의 안전사용 방법으로 틀린 것은?

① 승용 이앙기를 타거나 내릴 때 이앙기를 등지지 않는다.

② 트럭 등에 적재 시 사다리의 길이는 차량 적재함 높이의 4배 이상이 되도록 한다.

③ 트럭 등에 적재 시 전진으로 올라가고 후진으로 내려온다.

④ 이앙기에 모 매트를 보급할 때는 반드시 정지한 후 보충한다.

해설

③ 포장 출입로, 경사진 농로, 차량 적재 시 등 경사진 곳에서는 후진으로 올라가고 전진으로 내려온다. 이때 보조 모 탑재대 등에 적재물을 적재하지 않는다.

22 콤바인의 안전이용 지침으로 옳지 않은 것은?

① 운전석 이외의 부분에 사람을 태우지 않는다.

② 엔진의 시동 시에는 반드시 운전석에 앉아서 각종 조작레버의 상태를 확인한 후 시동을 건다.

③ 정치 탈곡 시에는 탈곡과 관계없는 예취부 등은 정지한다.

④ 노상이나 경사지의 주행 시에 자동 수평 제어 장치 기능을 사용한다.

해설

콤바인 안전이용 지침
도로를 주행할 때에는 자동 수평제어장치가 부착된 경우에는 노상이나 경사지의 주행 시에 기체가 갑자기 기울어져 넘어질 우려가 있으므로 그 기능을 끊어둔다.

23 동력경운기 안전사용 및 점검방법으로 옳지 않은 것은?

① 언덕길 또는 경사지에서는 조향클러치를 조작하지 말고 핸들을 조작하여 선회한다.

② 조속레버를 시동위치에 둔 상태에서 시동핸들을 돌려 분사음을 듣는다.

③ 주행 중에 변속하고자 할 때에는 조속레버를 고속 위치에서 한다.

④ 경사지를 내려갈 때에는 조속레버를 저속 위치에 놓는다.

해설

동력경운기 안전사용 및 점검방법
선회를 할 때에는 주위나 발밑을 확인하면서 하고, 논 또는 밭두렁 아주 가까이는 작업하지 않는다. 경사지를 내려가면서 선회할 때에는 조속레버를 저속으로 하고 선회하고자 하는 반대쪽의 조향클러치를 잡고 약간의 힘을 주어 선회한다. 작업 중 선회할 때에는 조속레버를 저속으로 하고 선회할 방향의 조향클러치 레버를 잡고 선회하며 선회가 되면 즉시 레버를 놓는다.

24 동일 분자 내에 물에 친수기와 소수기를 갖는 화합물로 제재의 물리화학적 성질을 좌우하는 역할을 하는 것은 무엇인가?

① 계면활성제

② 용 제

③ 고체희석제

④ 고착제

해설

계면활성제
동일 분자 내에 친수기과 소수기를 가지는 화합물, 즉 물 및 유기용매에 어느 정도 가용성으로 계면의 성질을 바꾸는 효과가 큰 물질을 총칭하는 말이다.

25 하인리히가 정의한 재해 구성 비율에 대한 이론으로, 중상·사망, 경상 그리고 무상해 사고의 비율은 무엇인가?

① 1 : 10 : 30

② 1 : 10 : 600

③ 1 : 29 : 300

④ 1 : 30 : 600

해설

하인리히의 재해 구성 비율(1 : 29 : 300의 법칙)

330회의 사고 중에 중상 또는 사망 1회, 경상 29회, 무상해 사고 300회의 비율로 사고가 발생한다는 이론

26 다음 설명에 적합한 농약의 분류 명칭은?

국제표준화기구가 국제규격으로서 정하며 농약유효성분이나 구조 등을 간결하게 표현한 명칭

① 화학명

② 일반명

③ 품목명

④ 상품명

해설

농약 분류 명칭

• 화학명 : 포함된 유효성분의 화학명을 일정한 명명규칙에 의함
• 일반명 : 국제표준화기구(ISO)가 국제규격으로서 정하며 농약유효성분이나 구조 등을 간결하게 표현한 명칭
• 품목명 : 농약의 형태를 첨가하여 표기
• 상품명 : 제조사가 판매를 위하여 명명함

27 농기계 및 농작업의 안전점검을 위한 점검표(체크리스트) 작성 시 유의사항으로 거리가 먼 것은?

① 위험도가 낮은 것부터 순차적으로 작성할 것
② 내용은 구체적이고 재해예방에 효과가 있을 것
③ 사업장에 적합하고 쉽게 이해되도록 독자적인 내용으로 작성할 것
④ 정기적으로 검토하여 계속 보완하면서 활용할 것

해설

체크리스트를 작성할 때의 유의사항
• 사업장에 적합하고 쉽게 이해되도록 독자적인 내용으로 작성할 것
• 내용은 구체적이고 재해예방에 효과가 있을 것
• 위험도가 높은 것부터 순차적으로 작성할 것
• 일정한 양식을 정해 점검대상마다 별도로 작성할 것
• 점검기준(판정기준)을 미리 정해 점검결과를 평가할 것
• 정기적으로 검토하여 계속 보완하면서 활용할 것

28 농작업 환경에서의 질식사고 예방을 위한 공기농도와 유해가스 노출기준으로 틀린 것은?

① 산소 : 18.5~23%
② 이산화탄소 : 3% 미만
③ 황화수소 : 10ppm 미만
④ 일산화탄소 : 30ppm 미만

해설

위험요인별 권장 실내 작업장 가스 농도
• 산소 : 정상 농도 범위인 18% 이상, 23.5% 미만을 유지한다(18% 미만일 경우 맥박 증가와 두통이 일어나고, 12% 미만에서 어지러움, 구토증세가 발생하며, 8% 미만일 경우 8분 내 사망).
• 황화수소 : 10ppm 이하를 유지 한다(달걀 썩는 냄새를 가지고 있으나, 100ppm을 초과할 때부터 후각이 마비되며, 700ppm 농도수준에서 의식장애가 일어나 사망).
• 이산화탄소 : 정상농도인 1.5% 미만으로 유지한다.
• 일산화탄소 : 30ppm 미만으로 유지한다.

29 국내 사용등록 또는 잔류허용기준에 설정된 농약 이외의 농약 사용을 금지하는 제도는 무엇인가?

① Codex
② MRL
③ GAP
④ PLS

해설

농약 허용물질 목록 관리제도(PLS ; Positive List System)
「국내 사용등록 또는 잔류허용기준(MRL)에 설정된 농약 이외의 농약 사용을 금지하는 제도」를 의미하며 2016년 12월 31일부터 견과종실류와 열대과일에 대해 1차 적용 및 시행을 하였고 2019년 1월 1일부터 모든 농산물에 확대 적용(식품의약품안전처 고시 2015-78호)

30 농작업 재해발생 시 조치순서로 옳은 것은?

① 산업재해발생 → 원인강구 → 대책수립 → 대책실시 → 긴급처리
② 산업재해발생 → 긴급처리 → 재해조사 → 원인강구 → 대책수립
③ 산업재해발생 → 재해조사 → 긴급처리 → 원인강구 → 대책수립
④ 산업재해발생 → 긴급처리 → 원인강구 → 대책수립 → 재해조사

해설

재해발생 조치순서

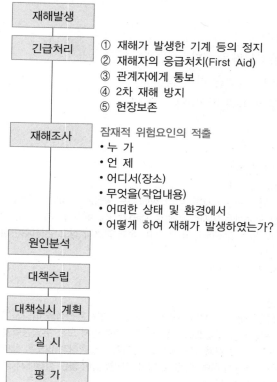

재해발생

긴급처리
① 재해가 발생한 기계 등의 정지
② 재해자의 응급처치(First Aid)
③ 관계자에게 통보
④ 2차 재해 방지
⑤ 현장보존

재해조사
잠재적 위험요인의 적출
• 누 가
• 언 제
• 어디서(장소)
• 무엇을(작업내용)
• 어떠한 상태 및 환경에서
• 어떻게 하여 재해가 발생하였는가?

원인분석

대책수립

대책실시 계획

실 시

평 가

31 다음 중 농기계에 주로 많이 사용되는 연료의 안전사용 방법에 해당하지 않는 것은?

① 용기는 적정한 것을 사용하고 전용장소에 보관한다.

② 보관 장소에는 소화기를 준비하고 화기를 엄금한다.

③ 장기간 보관한 연료를 농업기계에 먼저 보급하여 사용한다.

④ 급유를 할 때에는 반드시 농업기계의 엔진을 정지시켜 식힌 상태에서 한다.

해설

연료의 안전사용 방법

연료, 즉 휘발유, 경유, 등유는 위험물로서, 용기는 적정한 것을 사용하고 전용 장소에 보관한다. 보관 장소에는 소화기를 준비하고 화기를 엄금하며 관계자 이외에 출입하지 않도록 자물쇠를 걸어 놓는다. 또한, 흘러넘친 연료가 하천이나 주위의 환경을 오염시키지 않도록 저장장소 주위에 둑을 설치하며, 상온에서도 기화하는 휘발유를 보관할 경우는 기화가스가 체류하지 않도록 항상 환기한다. 급유를 할 때에는 반드시 농업기계의 엔진을 정지시켜 식힌 상태에서 한다. 연료가 배관의 접속부에서 새거나 주입구에서 넘치는 것에 주의하고 넘치거나 흐른 연료는 바로 닦아 내도록 한다. 연료 옆에는 불이나 불꽃을 일으키는 농업기계나 공구 등을 사용하지 않으며 정전기가 발생하기 쉬운 복장을 하지 않는다. 또한 수시로 청소하여 주위의 불필요한 가연물을 제거한다.

32 로더의 안전사용 방법으로 틀린 것은?

① 작업 중에는 무게 중심을 낮추도록 한다.

② 로더 분리 시 유압호스를 분리한 후 유압동력을 끈다.

③ 상승된 로더 버킷 아래에서는 통행하거나 작업을 하지 않는다.

④ 버킷에 사람을 탑승시켜 이동하거나 들어 올려 작업하지 않는다.

해설

로더 안전사용 방법

• 상승된 버킷 아래에서는 통행하거나 작업을 하지 않는다.
• 버킷에 사람을 탑승시켜 이동하거나 들어 올리지 않는다.
• 전복사고를 방지하기 위해 경사진 곳이나 움푹 파인 구멍·개천, 기타 장애물은 항상 조심하도록 한다.
• 작업할 때는 울퉁불퉁한 지대는 피하고, 경사진 곳에서는 일자로 곧바로 내려가거나 올라가도록 한다.
• 물건의 적재는 로더의 전복 위험성을 최소화할 수 있는 장소에서 해야 하고, 적재 장소나 창고 건물에는 회전 시 필요한 일정 공간이 반드시 확보되어 있어야 한다.
• 작업 중에는 무게중심을 낮추고 시야를 넓게 확보하여야 한다.
• 로더의 한계능력을 초과하지 않도록 한다.
• 회전할 때는 속도를 낮추고 급회전을 삼가야 한다.
• 작업할 때나 주행할 때는 항상 전력선을 조심하고, 작업도중 전력선에 접촉하였을 때는 운전석을 떠나지 않는다.
• 로더는 항상 견고하고 평평한 곳에서 안전하게 분리하되 유압호스를 분리하기 전에 먼저 모든 유압동력을 끈다.
• 기계를 사용하면 감속장치와 유압회로 부분이 뜨거우므로 사용 직후 절대로 만지거나 접촉하지 않도록 해야 한다.
• 트랙터 부착형 로더를 점검·정비할 때에는 하강한 상태에서 하며, 어쩔 수 없이 로더를 들어 올린 상태에서 점검·정비할 때에는 로더가 하강하지 않도록 받침대 등으로 받쳐준다.

33 재해원인을 분석하여 제시하는 방법은 다양하다. 다음 그림과 같이 재해원인을 분석하여 제시하는 방법으로 알맞은 것은?

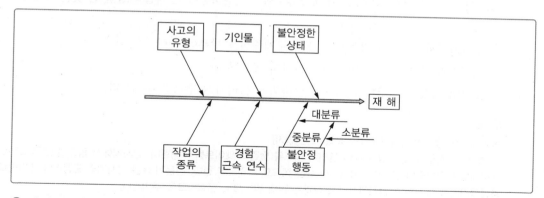

① 파레토도분석

② 특성요인분석

③ 클로즈분석

④ 관리도분석

해설

특성요인도

특성과 요인관계를 도표로 하여 어골상(魚骨狀)으로 세분한다.

34 다음 중 농작업 안전관리와 관련한 문제점이 아닌 것은?

① 농촌인구의 급격한 노령화로 인한 사고위험 증가

② 자영농업인은 산업재해보상보험의 의무가입 대상이 아님

③ 우리나라 전체 산업분야 평균재해율에 비해 농업분야의 재해율이 높음

④ 농업기술 진보에 의한 새로운 위험요인이 발생하지 않음

해설

생산성 향상 중심의 농업기술 발전은 농업현장에서 일하는 농업인들에게 허리통증, 농약중독 등의 건강장애와 농기계 및 농약 등과 관련된 안전사고의 발생을 증가시키는 원인으로 작용하기도 했다.

35 경사지에서 농업기계 작업 시 주의사항으로 틀린 것은?

① 경사지에서 등고선 방향으로 주행할 경우에는 분담하중이 큰 쪽을 가능한 한 낮은 쪽으로 향하도록 한다.

② 경사지에서 이동 시 작업기를 내려 무게중심을 낮추어 준다.

③ 내리막길 주행 중 변속장치를 조작하지 않도록 한다.

④ 오르막 방향으로 주행할 때에는 앞바퀴가 들리기 쉬우므로 주의한다.

> **해설**
> 농기계 안전점검(위험지역에서의 작업 또는 정비)
> 경사지에서 작업할 때는 앞 차륜이 들리지 않도록 밸런스 웨이트를 부착한다. 경사지에서 등고선 방향으로 주행할 경우에는 분담하중이 큰 쪽을 가능한 한 높은 쪽으로 향하도록 한다. 경운기 등은 경사지의 포장이나 내리막길에서 조향클러치를 조작하면 평지에서의 조작과는 반대 방향으로 선회하므로 주의한다.

36 농기계 추락전도 사고 예방을 위한 안전 수칙으로 적절하지 않은 것은?

① 농로 운행 및 작업 수행 시 회행 장소를 미리 염두에 두고 작업하도록 한다.

② 노면의 깊은 바퀴자국, 물웅덩이 등은 미리 평평하게 해두도록 한다.

③ 논둑을 넘을 때는 차체가 논둑에 대해 직각이 되도록 한다.

④ 경사지에서 등고선 방향으로 주행할 때는 분담하중이 적은 쪽을 경사지의 높은 쪽으로 향하도록 한다.

> **해설**
> 농기계 안전점검(추락전도 사고의 위험성이 높은 지역)
> 경사지에서 등고선 방향으로 주행할 경우에는 분담하중이 큰 쪽을 가능한 한 높은 쪽으로 향하도록 한다. 경운기 등은 경사지의 포장이나 내리막길에서 조향클러치를 조작하면 평지에서의 조작과는 반대 방향으로 선회하므로 주의한다.

37 기계의 안전성을 높이기 위한 안전장치 중 성격이 다른 것은?

① 회전부 덮개가 열리면 작동이 멈추는 장치

② 플러그 모양이 일반 제품과 다른 고전압용 기계 설비

③ 작동이 중지되어도 일정 시간 동안 고열부 차단 덮개가 열리지 않는 기계

④ 정전이 되어도 일정시간 긴급발전을 해서 제어기가 작동하도록 하는 장치

해설

④ Fail Safe(페일세이프) : 인간 또는 기계의 과오나 동작상의 실패가 있어도 안전사고가 발생하지 않도록 2중 또는 3중의 통제장치를 하는 것

①~③ Fool Proof(풀프루프) : 인간의 착오나 실수 등으로 휴먼에러가 발생되더라도 기계설비는 안전하게 설계하는 것

38 농업기계 사고의 빈도를 줄이기 위한 농기계 등화장치 안전기준 중 승용자주형 농업기계(농업용 동력운반차, 퇴비살포기 등)로 최고주행속도가 얼마 이상인 기계는 전조등, 후미등, 제동등, 방향지시등을 부착하여야 하는가?

① 10km/h

② 15km/h

③ 20km/h

④ 25km/h

해설

공통안전기준 중 등화장치(농업기계 검정기준 별표 2)

최고 주행속도가 15km/h 이상 승용자주형 농기계는 전조등, 후미등, 제동등, 방향지시등이 부착되어야 하고 기준에 적합해야 한다.

39 트랙터 작업 전 주의사항으로 옳지 않은 것은?

① 작업하기 전에 기계의 각 부위에 표시된 안전수칙, 주의사항 등을 확인한다.

② 손잡이나 발판 등에 기름이나 진흙 등이 묻어 있으면 닦아낸다.

③ 운전석 주위에 부품이나 공구를 놓아 고장 시 쉽게 조치할 수 있도록 한다.

④ 부속작업기가 확실하게 장착되었는지 확인한다.

해설

트랙터 작업 전 주의사항
• 페달을 밟을 때 방해가 되어 사고의 위험이 있으므로 운전석 바닥에 공구, 부속, 음료수 병 등을 두지 말아야 한다.
• 운전석에는 운전자 1명만 탑승해야 하며, 운전석 옆이나 트레일러 등에 사람을 태우지 않는다. 대형트랙터 등에는 예비좌석이 있는데 이 좌석은 교육 등을 위해 사용되는 좌석이므로 필요한 경우에만 이용한다.

40 질식사고 예방을 위한 환기방법으로 틀린 것은?

① 밀폐 공간 작업을 시작하기 전과 작업 중에도 계속 환기한다.

② 적절한 환기를 위해 급기부와 배기부를 인접하여 설치한다.

③ 급기 시 토출구를 작업자 머리 위에 설치한다.

④ 배기 시 유입구를 작업공간 깊숙이 위치한다.

해설

적절한 환기방법
• 일반적으로 밀폐공간 체적의 약 5배 이상의 신선한 공기로 급기
• 급기구와 배기구를 적절하게 배치하여 효과적으로 환기하며, 급기부는 깨끗한 공기가 들어올 수 있도록 배기부와 떨어져서 설치
• 급기(공기를 불어넣음)시 토출구를 작업자 머리 위에 위치
• 배기(공기를 빼어냄)시 유입구를 작업 공간 깊숙이 위치

41 다음 안전보건 표지의 의미로 옳은 것은?(단, 산업안전보건법 시행규칙을 적용한다)

① 출입금지
② 인화성물질 경고
③ 방사성물질 경고
④ 급성독성물질 경고

해설

독극물의 저장, 취급장소 및 저장용기에 부착하는 표지로서 대상물질은 질식성, 자극성, 신경장해성, 혈액장해성, 골장해성 물질이 있는데 이 중에서도 전신중독성 물질은 그 취급에 신중을 기해야 하며 벤젠, 4염화탄소, 크롬산, 망간, 알칼리, 5류화인, 살충제(pen), 아닐린, 비소화합물, 염소산 염류 등도 이에 해당한다.

42 소음의 노출기준 적용 시 115dB(A) 소음이 발생하는 작업장에서 1일 허용 가능한 연속 작업시간은?(단, 충격소음은 제외하며, 화학물질 및 물리적 인자의 노출기준을 적용한다)

① 2시간
② 1시간
③ 30분
④ 15분

해설

소음 노출수준에 따른 작업 가능시간

음압 수준(dB)	90	95	100	105	110	115
시 간	8	4	2	1	30분	15분

43 농작업에서 발생 가능한 직업성 피부질환의 요인을 간접과 직접적 요인으로 구분할 때 간접적인 요인으로 틀린 것은?

① 자극물질
② 온도와 습도
③ 개인 위생
④ 멜라닌 색소량

[해설]

농업인들에서 피부질환을 일으킬 수 있는 인자들로는 식물, 곤충, 농약, 햇빛, 열, 감염성 인자 등이 있다. 농작업 과정에서는 주로 손을 사용하는 일이 흔하므로, 자극제나 항원을 함유하고 있는 물질에 노출될 위험성이 증가하게 된다. 이러한 특성으로 인하여 농업인에서 가장 많은 피부질환은 접촉성 피부염으로 보고되고 있다.

44 농작업의 위험요인 노출수준 측정에 직독식 기기를 이용할 때에 대한 설명으로 틀린 것은?

① 준비와 분석시간이 짧아 측정자가 시간을 절약할 수 있다.
② 작업자 노출평가보다 지역적인 노출평가에 더 적합하다.
③ 위험요인의 농도가 시간에 따라 변하는 경우 빠른 대처가 어려울 수 있다.
④ 기기 자체의 정확도, 신뢰도에 따라 같은 환경에서도 다른 값으로 측정될 수 있다.

[해설]

직독식 기기를 활용하여 측정하는 경우

작업자나 환경에서 시간에 따라 위험요인의 농도가 변하는 상황을 확인하여 바로 대응할 수 있으며, 준비와 분석시간이 짧음으로서 측정자의 시간을 크게 절약할 수 있다는 장점이 있다. 그러나 측정값이 기기의 종류나 측정방식의 정확도와 신뢰도에 따라 같은 환경에서도 다르게 변할 수가 있으며, 직독식 장비 자체의 무게나 크기 때문에 개인 노출량 측정을 위해 작업자의 몸에 부착하기 어렵다는 단점이 있다. 이로 인해 직독식 장비는 작업자 노출평가(개인시료)보다는 환경노출평가(지역시료)에 많이 사용된다.

45 농작업 과정에서 노출 가능한 입자상 물질에 대한 설명으로 틀린 것은?

① 유기분진에 의한 대표적 호흡기계 질환은 석면폐증이다.

② 분진, 미스트, 바이오에어로졸 등이 입자상 물질에 해당된다.

③ 폐의 정화능력을 초과하는 분진이 흡입되는 경우 폐의 손상을 초래한다.

④ 분진의 평균 입경이 작을수록 폐포에 침착될 가능성이 높아진다.

해설

유기분진에 의한 호흡기계 질환

유기분진은 비염, 결막염, 천식, 기관지염, 농부폐, 유기먼지 독성증후군 등과 같은 여러 가지 호흡기계 질환을 일으킬 수 있다. 유기분진에 알레르기를 일으키는 물질이 포함되어 있기 때문에 호흡기계 질환은 알레르기성일 경우가 많다.

46 쯔쯔가무시증 등 진드기매개 감염병의 예방대책으로 틀린 것은?

① 진드기 기피제를 사용

② 우유와 유제품을 살균하여 섭취

③ 적합한 작업 복장으로 피부노출 최소화

④ 작업 중 풀숲에 앉아서 용변을 보지 말 것

해설

진드기매개 감염병 예방

진드기 매개 감염병인 쯔쯔가무시증과 중증열성혈소판감소증의 경우 이들을 예방하기 위한 백신은 아직 개발되어 있지 않으므로 털진드기 또는 참진드기에 물리지 않도록 주의하는 것이 최선이다. 위험지역에는 살충제를 이용하여 털진드기를 구제하고, 작업 또는 야외활동 시에는 진드기 기피제를 사용하여 물리지 않도록 주의한다. 야외활동 시 주의사항으로는 풀밭 위에 옷을 벗어놓거나 눕거나 식사하지 말 것, 작업 중 풀숲에 앉아서 용변을 보지 말 것, 작업 시 기피제 처리한 작업복과 토시를 착용하고 소매와 바지 끝을 단단히 여미고 장화를 신을 것, 목에 수건 두르기, 작업 및 야외활동 후 샤워나 목욕을 하고 작업복, 속옷, 양말 등을 세탁할 것 등이다.

47 실외에서의 노지작업을 위하여 온열스트레스를 평가할 때 인용되는 WBGT 지수의 산출에 활용되지 않는 것은?

① 습구온도

② 적구온도

③ 흑구온도

④ 건구온도

해설

건구온도, 습구온도, 흑구온도를 측정하여 구할 수 있다.

습구흑구온도 지수(WBGT)

습구흑구온도 지수는 기류 측정이 필요 없고, 평가 방법이 간단하다. 심박수, 체온 등의 변화에 잘 대응하는 점 등의 이유로 널리 사용되는 지표이며 우리나라 고용노동부의 작업장 고온 노출기준도 WBGT로 나타내고 있다.

• 옥외에서(태양광선이 내리쬐는 장소) 측정 시

  습구흑구온도(℃) = 0.7 × 습구온도 + 0.2 × 흑구온도 + 0.1 × 건구온도

• 옥내 또는 옥외(태양광선이 내리쬐지 않는 장소)에서 측정 시

  습구흑구온도(℃) = 0.7 × 습구온도 + 0.3 × 흑구온도

48 농약의 안전 사용 기준의 세부 기준으로 틀린 것은?(단, 농약 등의 안전사용기준을 적용한다)

① 적용대상 농작물에만 사용할 것

② 적용대상 농작물과 병해충별로 정해진 사용방법, 사용량을 지켜 사용할 것

③ 농약 별로 정해진 농약활용기자재를 통해서만 사용할 것

④ 사용지역이 제한되는 농약은 사용제한지역에서 사용하지 말 것

해설

농약 등의 안전사용기준(농약관리법 시행령 제19조 제1항)

• 법 제23조 제1항에 따른 농약 등의 안전사용기준은 다음과 같다.

  – 적용대상 농작물에만 사용할 것

  – 적용대상 병해충에만 사용할 것

  – 적용대상 농작물과 병해충별로 정해진 사용방법·사용량을 지켜 사용할 것

  – 적용대상 농작물에 대하여 사용시기 및 사용가능횟수가 정해진 농약 등은 그 사용시기 및 사용가능횟수를 지켜 사용할 것

  – 사용대상자가 정해진 농약 등은 사용대상자 외의 사람이 사용하지 말 것

  – 사용지역이 제한되는 농약 등은 사용제한지역에서 사용하지 말 것

49 다음의 설명에 해당하는 것은?

> [다 음]
> 병원체가 숙주에 침입 후 표적장기까지 이동한 뒤, 증식하여 일정수준의 병리적 변화를 거쳐 증상 또는 증후가 발생하는 데 걸리는 기간

① 잠복기
② 생존기
③ 유사기
④ 침체기

해설

잠복기

병원체가 숙주에 침입 후 표적장기까지 이동한 뒤, 증식하여 일정 수준의 병리적 변화를 거쳐 증상 또는 증후가 발생하는데 걸리는 기간이다. 감염성 질환의 대부분은 짧은 잠복기(인체에 균이 침범한 후 증상이 발생할 때까지 기간)를 가지고 있으나, 결핵, 후천성면역결핍증 등과 같이 10년이 넘는 잠복기를 가진 것도 있다.

50 스트레스에 대한 설명으로 틀린 것은?

① 신체에 가해지는 정신적, 환경적 요인은 모두 스트레스의 원인이 될 수 있다.
② 스트레스는 종류에 관계없이 모두 신체 생리작용에 해로운 작용만을 유발한다.
③ 스트레스 증상은 두통, 불안감, 소화기계 이상 등 정신적·육체적으로 다양하게 발생할 수 있다.
④ 스트레스는 심장질환 촉발, 인지능력 저하 및 면역기능 저하를 유발할 수 있다.

해설

스트레스가 부정적인 영향을 주는가 아니면 그렇지 않은가를 결정하게 되는 두 가지의 개념이 있다.
• 예측 가능성(Predictability)
　예 예측된 동통
• 통제가능성(Controllability)
　예 대응능력
따라서 경험하게 될 스트레스 요인이 예측된 것으로서 개인이 나름대로 통제조절 능력을 갖고 있는 경우 그것은 스트레스를 동반하지는 않는다.

51 선별 포장 작업, 과일 봉지 씌우기 등과 같이 손가락 및 손목 등을 많이 사용하는 작업에 가장 적합한 인간공학적 평가 도구는?

① JSI

② NLE

③ RULA

④ OWAS

해설

농작업 근골격계 평가도구

OWAS (Ovako Working-posture Analysis System)	REBA (Rapod Entire Body Assessment)	JSI (Job Strain Index)	NLE (NIOSH Lifting Equation)
허리, 어깨, 다리 부위	손, 아래팔, 목, 어깨, 허리, 다리 부위 등 전신	손목, 손가락 부위	허리 부위
쪼그리거나 허리를 많이 숙이거나, 팔을 머리 위로 들어 올리는 작업	허리, 어깨, 다리, 팔, 손목 등의 부적절한 자세와 반복성, 중량물 작업 등이 복합적으로 문제되는 작업	수확물 선별 포장 혹은 반복적인 전지가위 사용 등 손목, 손가락 등을 반복적으로 사용하거나 힘을 필요로 하는 작업	중량물을 반복적으로 드는 작업

52 농작업 유해요인에 대한 설명으로 틀린 것은?

① 소음, 진동 등은 물리적 유해요인에 해당된다.

② 인간공학적 유해요인은 근골격계질환을 유발할 수 있다.

③ 스트레스 등의 정신적 요인은 농작업 유해요인으로 볼 수 없다.

④ 농업인의 작업 특성상 물리적 및 화학적 유해요인에 복합적으로 노출될 수 있다.

해설

농작업 환경에서 위험요인

농업인의 건강에 유해한 영향을 미칠 수 있는 요인을 말하며, 화학적 요인(농약, 무기분진, 일산화탄소, 황화수소 등), 물리적 요인(소음, 진동, 온열 등), 생물학적 요인(유기분진, 미생물, 곰팡이 등), 인간공학적 요인(작업자세, 중량물 부담 등), 정신적 요인(스트레스 등), 안전사고 위험요인 등으로 구분된다.

53 감염성 질환의 생성과정이 옳은 것은?

[다 음]
ㄱ 전 파   ㄴ 병원체
ㄷ 병원체 탈출   ㄹ 숙주의 저항
ㅁ 침 입   ㅂ 병원소

① ㄴ → ㄷ → ㄱ → ㅂ → ㅁ → ㄹ
② ㅂ → ㄴ → ㄷ → ㅁ → ㄱ → ㄹ
③ ㄴ → ㅂ → ㄷ → ㄱ → ㅁ → ㄹ
④ ㄴ → ㅁ → ㄷ → ㅂ → ㄱ → ㄹ

해설
감염성 질환의 생성 과정

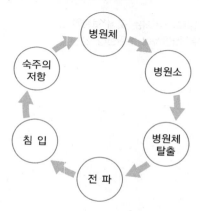

54 보통독성 농약의 취급제한 기준 중 보관에 관한 사항으로 틀린 것은?(단, 농약 등 및 원제의 취급제한기준을 적용한다)

① 잠금장치가 있는 별도의 보관함에 보관하여야 한다.

② 사람의 거주장소, 의약품, 식료품 또는 사료의 보관 장소와 구획하여 보관하여야 한다.

③ 환풍 및 차광시설이 완비된 창고에 "농약창고"임을 표시하고 Ⅱ급(고독성) 농약 등과 별도로 보관하여야 한다.

④ 「소방시설 설치 및 관리에 관한 법률」, 「화재의 예방 및 안전관리에 관한 법률」 및 소화기구 및 자동소화장치의 화재안전기준에 따라 그 시설에 상응하는 소화기구를 비치하여야 한다.

해설

농약 보관 사항
- 농약은 전용 보관함에 잠금장치를 설치하여 관리한다(고독성 농약에 해당).
- 농약은 의약품, 식료품 또는 사료의 보관장소와 구분하여 보관해야 한다.
- 고독성 농약은 확인 가능하도록 보관한다.
- 농약은 온도에 의해 쉽게 변성되기 때문에 직사광선을 피하고 통풍이 잘 되는 곳에 보관한다.
- 사용하고 남은 약제는 뚜껑을 꼭 닫으며 사용량과 병의 개수 등을 확인하여 보관한다.
- 어린이의 손이 닿지 않도록 해야 한다.

55 2시간 동안의 작업을 워크 샘플링 방법으로 200회 샘플링 한 결과 40번 손목이 꺾인 것을 확인하였다. 이 작업의 시간당 손목 꺾임 시간은?

① 8분 ② 10분

③ 12분 ④ 14분

해설

워크 샘플링(Work Sampling)
간헐적으로(Intermittent) 랜덤한(Random) 시점에서 연구대상을 순간적(Instantaneous)으로 관측(Observation)하여 대상이 처한 상황을 파악하고, 이를 토대로 관측기간 동안에 나타난 항목(Occurrence 또는 Work)별로 차지하는 비율을 추정하는 방법

$$\frac{40}{200} \times 60 = 12\text{min}$$

56 호흡기질환 예방을 위한 보호구 관리방법으로 틀린 것은?

① 호흡용 보호구를 착용한 후에는 공기가 새는 곳이 있는지를 확인한다.

② 호흡용 보호구의 필터는 유해인자의 종류에 따라 선택적으로 사용하는 것이 좋다.

③ 마스크와의 접촉부위에 타월을 대고 사용해서는 안 된다.

④ 호흡용 보호구의 필터는 감염의 우려가 있으므로 염기성세제로 세척하여 직사광선에 소독한다.

해설

방독마스크 세척방법

안면부는 중성세제로 씻고 그늘에서 건조해주고, 보관 시에는 직사광선을 피하여 보호구 보관함에 보관한다.

57 한탄 바이러스에 의해 발생하는 바이러스성 질환으로 고열, 혈압 저하 및 요독증에 의한 출혈성 경향을 보이기도 하는 감염성 질환은?

① 말라리아

② 브루셀라증

③ 신증후군출혈열

④ 쯔쯔가무시증

해설

신증후군출혈열

가을철 발열성 질환의 하나로 1976년에 한국인 이호왕 박사가 병원체를 분리하고 그 이름을 한탄 바이러스로 명명한 감염병이다. 병원소는 설치류(등줄쥐, 집쥐)이며, 각 설치류의 종에 따라 바이러스가 분포한다.

정답 56 ④ 57 ③

58 트랙터 운전 시, 운전자에게 노출되는 진동을 줄이기 위한 방법으로 틀린 것은?

① 쿠션을 이용해 운전석 진동을 줄여준다.

② 방진장갑을 착용하여 운전대 진동을 줄여준다.

③ 트랙터 운전시간을 길게 하여 신체로 전달되는 진동량을 줄여준다.

④ 트랙터를 주기적으로 정비하여 트랙터 자체의 진동을 줄여준다.

해설

진동 노출 관리방안
- 국소진동 : 방진장치 설치 등 공학적 제어, 진동을 줄이고 추위 노출을 피하기 위한 보호구와 보호복 지급, 노출시간을 최소화하기 위한 작업방법 변경, 수지 진동증후군 조기 증상자 선별을 위한 의학적 관리
- 전신진동(Whole Body Vibration) : 주로 운송수단과 트랙터, 중장비 등에서 발견되는 형태로서 바닥, 좌석의 좌판, 등받이와 같이 몸을 받치고 있는 지지구조물을 통하여 몸 전체에 진동이 전해지는 것을 말한다. 농작업에서 가장 대표적인 전신진동 작업은 각종 승용농기계(트랙터, 경운기, SS기 등)를 운전하는 작업이며, 이들 작업은 상당수가 비포장도로에서의 운전이다. 농기계 자체의 진동을 직접 줄여주는 것은 불가능하므로, 농업인은 최대한 농기계 정비를 주기적으로 수행하고, 딱딱한 의자에 앉지 않고 쿠션이 좋은 방석을 사용하도록 한다.

59 농작업 환경 중 밀폐된 버섯농장이나 돈사와 같은 축사에서 주로 문제되는 생물학적 유해인자는?

① 소 음

② 석 면

③ 농 약

④ 유기분진

해설

유기분진에 의한 호흡기계 질환

유기분진은 비염, 결막염, 천식, 기관지염, 농부폐, 유기먼지 독성증후군 등과 같은 여러 가지 호흡기계 질환을 일으킬 수 있다. 유기분진에 알레르기를 일으키는 물질이 포함되어 있기 때문에 호흡기계 질환은 알레르기성일 경우가 많다. 알레르기성 물질들은 우리 몸의 면역계를 과잉반응하도록 하여 여러 가지 증상과 질환을 일으키게 된다. 이런 증상은 분진에 노출된 후 특히 저녁 또는 밤에 많이 나타나고, 장기간 노출되면 증상이 더 심해진다. 과민반응은 위에 나열한 발생원 물질에 노출되고 보통 2년 내에 일어난다. 일단 과민반응이 일어나고 나면 아주 작은 양에 노출되어도 같은 증상이 일어난다. 호흡기계 질환은 치료를 위해서는 직업을 바꿀 수밖에 없을 정도로 치료가 되지 않는다. 밀폐된 비닐하우스 내에서 이루어지는 모든 작업, 버섯 수확 및 선별 작업, 건초 작업, 사료 급여 작업, 청소 작업, 분동 작업 등 축사관련 작업 등에서 유기분진에 노출될 수 있다.

60 농약의 정의로 옳지 않은 것은?(단, 농약관리법을 적용한다)

① 농작물을 해치는 균(菌)을 방제하는 데에 사용되는 살균제·살충제·제초제

② 농작물의 생리기능을 증진하거나 억제하는 데에 사용하는 약제

③ 농작물 표면의 오염물질을 제거하는 데에 사용되는 세척제·계면활성제

④ 그 밖에 농림축산식품부령으로 정하는 약제

해설

정의(농약관리법 제2조)
농약이란 다음에 해당하는 것을 말한다.
• 농작물[수목(樹木), 농산물과 임산물을 포함한다. 이하 같다]을 해치는 균(菌), 곤충, 응애, 선충(線蟲), 바이러스, 잡초, 그 밖에 농림축산식품부령으로 정하는 동식물(이하 "병해충"이라 한다)을 방제(防除)하는 데에 사용하는 살균제·살충제·제초제
• 농작물의 생리기능(生理機能)을 증진하거나 억제하는 데에 사용하는 약제
• 그 밖에 농림축산식품부령으로 정하는 약제

제4과목 | 농작업 안전생활

61 벌에 쏘이고 나서 1분 후 호흡곤란, 의식장해, 피부에 두드러기가 나타났고 혈압이 떨어졌다. 이 경우 의심 가능한 쇼크의 유형은?

① 정신성 쇼크

② 심인성 쇼크

③ 호흡성 쇼크

④ 과민성 쇼크

해설

아나필락시스 쇼크(과민성 쇼크)
특정한 항원에 접촉한 뒤 수 분에서 수 시간 내에 발생하는 쇼크이며 알레르기 반응에 의한 순환장애로, 원인은 복숭아, 고등어 등의 음식물과 마취약, 페니실린 등 약품, 벌 등의 곤충, 먼지, 꽃가루 등이 있다. 마취에 의한 쇼크는 심한 경우는 사망에 이른다.

62 작업자 간 개인의 육체적 작업능력(PWC ; Physical Work Capacity)을 결정하는 요인으로 볼 수 없는 것은?

① 대사 정도

② 호흡기계 활동 정도

③ 순환기계 활동 정도

④ 신경계 활동 정도

해설

육체적 작업능력(PWC ; Physical Work Capacity)
- PWC : 피로를 느끼지 않고 하루에 4분간 계속할 수 있는 작업강도
  - 젊은 남성 평균 : 16kcal/min
  - 여자 평균 : 12kcal/min
- PWC의 결정인자 : 개인 심폐기능(대사 정도, 호흡기계·순환기계 활동 정도)
- PWC에 영향을 끼치는 요소(신경계 활동 정도)
  - 작업 측정 요소 : 시간, 강도 등
  - 육체적 요소 : 연령, 성별 등
  - 정신적 요소 : 동기, 태도 등
  - 환경적 요소 : 고도, 고온 및 한랭 등

63 방독마스크의 정화통의 종류와 외부 측면의 표시 색 연결이 틀린 것은?

① 할로겐용 – 회색

② 유기화합물용 – 갈색

③ 황화수소용 – 황색

④ 암모니아용 – 녹색

해설

③ 황화수소용 정화통 – 회색

64 투척용 소화기 사용 순서로 옳은 것은?

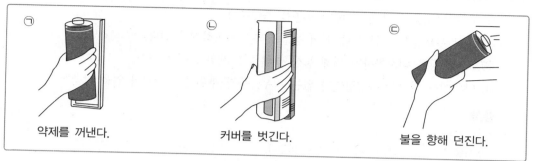

① ㉠ → ㉡ → ㉢
② ㉡ → ㉠ → ㉢
③ ㉢ → ㉠ → ㉡
④ ㉢ → ㉡ → ㉠

해설

커버를 벗긴다.

약제를 꺼낸다.

불을 향해 던진다.

65 공기 중 유기화합물 가스 농도가 0.1%인 분뇨처리장에서 농작업자가 착용할 방독마스크 정화통의 유효시간은?(단, 정화통의 파과시간은 0.2%에 대하여 100분이다)

① 100분
② 150분
③ 200분
④ 300분

해설

파과시간 = (표준유효시간 × 시험가스농도) ÷ (사용하는 작업장 공기 중 유해가스 농도)
= (100 × 0.2) ÷ 0.1 = 200분

66 동상환자에 대한 응급조치로 옳은 것은?

① 동상 부위를 약간 높게 해서 부종을 줄여준다.
② 동상 부위를 모닥불 등에 쬐어 동결조직을 신속하게 녹인다.
③ 조식손상을 최소화하기 위해 동상 부위를 뜨거운 물에 담근다.
④ 야외에서 적당한 온열장비가 없는 경우, 동결 부위를 마찰시켜 열을 발생한다.

해설

동상 응급조치
• 환자를 추운 환경에서 따뜻한 환경으로 옮긴다.
• 젖은 의복을 벗기고, 따뜻한 담요로 몸 전체를 감싸준다.
• 동상 부위를 즉시 38~42℃ 정도의 따뜻한 물에 20~40분간 담근다. 여기서 38~42℃는 동상을 입은 부위를 담글 때 불편하지 않은 정도를 뜻한다.
• 귀나 얼굴 동상은 따뜻한 물수건을 대고 자주 갈아준다.
• 손가락이나 발가락이 동상에 걸렸다면, 소독된 마른 가제(거즈)를 발가락과 손가락 사이에 끼워 습기를 제거하고 서로 달라붙지 않게 한다.
• 동상 부위를 약간 높게 해서 통증과 부종을 줄여 준다.

67 저혈당에 대한 설명으로 틀린 것은?

① 혈액 내 포도당의 수치가 비정상적으로 높은 상태를 의미한다.
② 저혈당은 특히 뇌의 정상 활동에 필요한 에너지가 공급되지 않으므로 위험하다.
③ 저혈당 증상이 나타나면 빠른 당분 섭취를 해야 한다.
④ 환자가 의식이 없는 경우는 당분을 먹이지 않고 신속히 병원으로 이송한다.

해설

저혈당의 정의
• 저혈당은 사람에 따라 저혈당 증상이 나타나는 혈당은 일정하지 않으나 대체로 혈액 내 포도당의 수치가 비정상적으로 낮은 상태(70mg/dL 이하)를 의미한다.
• 저혈당은 당뇨병 환자에서 혈당을 낮추기 위해 사용하는 인슐린 주사 혹은 경구 혈당 강하제, 특히 설폰요소제를 복용하는 환자에서 흔히 일어난다.
• 저혈당은 특히 뇌의 정상 활동에 필요한 에너지가 공급되지 않으므로 위험하고 뇌기능에 충분한 만큼의 포도당이 존재하지 않을 경우 의식상실이나 경련을 일으킬 수 있다.

68 다음 중 농촌지역에서의 산사태 징후가 아닌 것은?

① 경사면에서 갑자기 많은 양의 물이 샘솟을 때

② 평상시보다 샘물이나 지하수가 갑자기 많이 나올 때

③ 갑자기 산허리의 일부가 금이 가거나 내려앉을 때

④ 바람이 불지 않는데도 나무가 흔들리거나 넘어지는 때

산사태 징후
- 경사면에서 갑자기 많은 물이 샘솟을 때(땅속에 과포화 된 지하수가 있다는 것을 의미)
- 평소 잘 나오던 샘물이나 지하수가 갑자기 멈출 때(산 위의 지하수가 통과하는 토양층에 이상이 발생)
- 갑자기 산허리 일부에 금이 가거나 경사면이 내려앉을 때
- 바람이 불지 않는데 나무가 흔들리거나 넘어질 때
- 산울림이나 땅울림이 들릴 때

69 전기와 관련된 설명으로 옳지 않은 것은?

① 교류 전원은 (+), (−)가 없다.

② 정전기는 대전된 상태의 에너지로 전기가 아니다.

③ 전선을 따라 흐르는 전기는 직류와 교류로 구분된다.

④ 직류흐름을 계측기로 측정할 때 (+), (−)방향을 확인해야 한다.

전기의 분류
㉠ 동전기 : 전선로를 따라 흐르는 전기 에너지
- 직류(DC)
  전류의 흐름이 한 방향으로만 흐르기 때문에 계측기 사용 시에 (+), (−)방향을 유의하여야 한다.
- 교류(AC)
  − 전원의 극성이 주기적으로 변하고, 이에 따라 전류의 진행 방향도 같이 변화한다.
  − 우리가 사용하는 교류전원은 1초에 60번 방향이 바뀌기 때문에 극성이 있다고 말할 수 없다. 즉, 교류전원은 (+), (−)가 없다.
㉡ 정전기 : 절연된 금속체나 절연체에 존재하는 대전된 상태의 전기 에너지

70 결혼식에 참석한 사람들이 집단식중독을 일으켰다. 역학조사 결과 원인식품은 김밥이었다. 의심되는 식중독으로 옳은 것은?

① 살모넬라 식중독

② 비브리오 식중독

③ 대장균성 식중독

④ 포도상구균 식중독

해설

포도상구균 식중독

식품 중에 생성된 장독소(Enterotoxin)에 의한 독소형 식중독이며, 잠복기는 1~6시간이고, 구역, 구토, 복통, 발한, 허탈, 쇠약감 등을 동반한다. 병원체는 포도상구균이 원인균으로 포도송이 모양을 형성한 비아포성 그람양성균이다. 장독소를 생산하고, 이 독소가 식중독의 원인이 된다. 독소는 열에 저항성이 강하므로 100℃에서 30분 정도의 가열에도 독성을 잃지 않는다. 황색포도상구균은 사람의 화농소, 비강 내, 분변 중에 많이 존재하며, 가축·동물도 보균하고 있어 사람 또는 동물에서 식품 오염의 기회가 매우 높다. 감염원은 사람의 감염된 손, 농양, 여드름, 유두염을 앓는 젖소의 우유, 유가공품 등이다. 주요 원인 식품은 김밥, 초밥, 도시락, 즉석섭취 식품, 우유, 유제품, 가공육(햄·소시지 등), 어육제품, 생과자, 만두 식품 등이다.

71 농작업자 건강에 영향을 줄 수 있는 자외선을 차단하는 방법으로 옳지 않은 것은?

① 선글라스의 코팅렌즈는 가시광선의 투과율이 30% 정도, 자외선 차단율이 70% 이상이어야 한다.

② 불투명한 직물의 옷이 자외선을 더 잘 반사하는 경향이 있다.

③ 차단지수(SPF) 15의 차단제를 바를 경우 노출되었을 때보다 햇빛의 영향을 15배 지연시켜 주는 것을 의미한다.

④ 방수광선 차단제는 20분 동안 물속에 두 번 들어갔다 나와도 그대로 차단효과가 유지된다.

해설

자외선 차단방법(옷)

촘촘하게 짠 직물이나 적당히 느슨한 옷이 가장 좋지만 그 어떤 옷이라도 전혀 입지 않는 것보다 좋다. 보기에 불투명한 직물이 자외선을 더 잘 흡수하는 경향이 있다. 촘촘히 짠 것이 자외선 방어력이 좋다. 면의 경우 젖게 되면 자외선차단지수가 감소하게 된다. 여름에 긴소매, 긴바지를 입는 것은 불쾌하겠지만 적절한 의복은 햇빛을 차단해주고 열 스트레스를 최소화시킨다. 가벼운 의복, 100% 면 소재가 쾌적함과 보호, 두 가지 모두 제공한다.

72 독사에게 물렸을 때 대처방법으로 옳은 것은?

① 입으로 독을 빼낸다.

② 부목으로 사지를 고정한다.

③ 물린 부위를 심장보다 높게 올린다.

④ 물린 곳 위쪽을 최대한 강하게 묶어준다.

뱀 물림 사고 대처방안

• 뱀에 물린 사람은 마음을 최대한 편안하게 해서 혈액이 빨리 순환되지 않도록 안정시킨 뒤 움직이지 않게 한다. 물린 부위가 통증과 함께 부풀어 오르면, 물린 곳에서 5~10cm 위쪽을 끈이나 고무줄, 손수건 등으로 가볍게 묶어 독이 퍼지지 않게 한다.

• 최대한 빨리 병원으로 이송하여 해독제 주사를 맞는다.

※ 주의 : 환부에 동료가 입을 대고 독을 빼내는 행위는 위험하다. 독을 빠는 동료의 입 안에 미세한 상처만 있어도 오히려 독이 입 안 상처로 퍼질 수 있다. 응급처치로 1회용 주사기를 이용하여 독을 뺀다. 주사기 손잡이를 뒤로 당겨 진공상태를 유지한다.

73 농작업 안전모에 대한 설명으로 틀린 것은?

① 전기 작업에는 AE 안전모를 착용해도 된다.

② 모체, 착장체 및 턱끈을 가진 구조여야 한다.

③ 손상된 안전모가 방호능력이 있다면 사용이 가능하다.

④ 중량물의 충돌 시 충격을 흡수하여 완화시키는 역할을 한다.

안전모 관리방안과 안전모 등급

• 순한 비누와 물로 내부의 현수 장치를 잘 닦아준다.

• 똑바로 현수되도록 현수 장치를 잘 조정한다.

• 모자 외각과 현수 장치 사이에 물건을 보관하면 안 된다.

• 사용이 허가된 안감이 아닌 경우에는 절대 모자 안에 넣어 사용하지 않는다.

• 외각이 부스러지거나 색이 바래거나 딱딱한 경우에는 새것으로 교체한다.

• 외각을 수리하거나 페인트를 칠하면 전기 전도 능력이나 강도에 영향을 주거나 흠을 가릴 위험이 있으므로 주의한다.

• 손상된 안전모는 방호능력이 있다고 생각되는 경우라도 폐기한다.

• 극도로 높거나 낮은 온도에 노출되거나 화학약품이나 일광에 지속적으로 노출되는 모자의 경우에는 2년에 한 번씩 교체한다.

안전모 등급

A등급(낙하)	• 일반 작업용이며 떨어지거나 날아오는 물체에 맞을 위험을 방지 또는 경감 • 이러한 모자는 충격의 위험이 있는 벌채 작업 등에 사용
B등급(추락)	추락 시 위험을 방지 또는 경감(2m 이상의 고상작업 등에서 추락 등)
E등급(절연)	감전 위험 방지(내전압성 : 7,000V 이하의 전압에 견딤)

74 개인보호구 활용 시 주의사항으로 틀린 것은?

① 보호구는 아무리 좋은 것이라 할지라도 유해원인을 완전히 방호하지 못한다.

② 보호구는 유해위험의 영향이나 재해의 정도를 감소시키기 위한 근본적 해결책이다.

③ 위험요인의 노출 수준이 보호구의 성능범위를 넘는 경우에는 활용하지 말아야 한다.

④ 보호구를 직접 사용하는 사람은 보호구의 성능 및 관리방법 등에 대한 충분한 지식을 가지고 있어야 한다.

해설

개인보호구 활용 시 주의사항
- 개인보호구를 착용하여도 보호구에 결함이 있으면 언제나 위험요인에 노출될 수 있으므로 사용하기 전에 반드시 결함 및 파손 여부를 확인한다.
- 보호구를 직접 사용하는 사람은 보호구의 성능과 손질방법, 착용방법 등에 대하여 충분한 지식을 가지고 있어야 한다.
- 위험요인의 노출 수준이 보호구의 성능범위를 넘을 경우에는 활용하지 말아야 한다.
- 보호구는 유해위험의 영향이나 재해의 정도를 감소시키기 위한 보조장비로 근본적인 해결책이 아니기에 보호구 사용과 더불어 위험요인을 제거, 저감하는 노력을 함께 기울여야 한다.
- 보호구는 아무리 좋은 것이라 할지라도 유해원인을 완전히 방호하지 못하는 것임을 명심하고 유해요인의 특성에 따라 사용해야 하며, 보호구만 착용하면 모든 신체적 장애를 막을 수 있다고 생각해서는 안 된다.

75 매개체가 동물인 질병에 해당되지 않는 것은?

① 아나필락시스 쇼크

② 쯔쯔가무시증

③ 렙토스피라증

④ 중증열성혈소판감소증후군(SFTS)

해설

③ 렙토스피라증 : 설치류, 소, 돼지, 개 등 일부 가축의 배설물
① 아나필락시스 쇼크 : 알레르기원(주로 항생제, 음식, 벌, 진드기 등)에 의한 반응
② 쯔쯔가무시증 : 털진드기
④ 중증열성혈소판감소증후군(SFTS) : 작은소피참진드기, 개피참진드기 등

76 심폐소생술을 실시할 때 적절하지 않은 행동은?

① 현장에 2명 이상이라면 한명은 응급의료체계로 신고하고, 자동제세동기를 가져오도록 한다.

② 가슴뼈 아래 1/2 위치를 두 손을 포개어 깍지를 끼고 팔꿈치는 쭉 편 상태에 체중을 실어서 환자의 몸과 수직이 되도록 하여 강하고 빠르게 압박한다.

③ 1초 동안 가슴팽창이 눈에 보일 정도로 부풀어 오르도록 인공호흡을 실시하고 질병전염예방을 위해 보호 기구를 준비한 후 실시해야 한다.

④ 자동제세동기 사용 순서는 전원 켜기 → 두 개의 패드 부착 → 심장리듬 분석 → 심장충격(제세동) 시행 → 즉시 심폐소생술 다시 시행의 순서이다.

해설

인공호흡 방법
• 1초에 걸쳐 인공호흡을 한다.
• 가슴 상승이 눈으로 확인될 정도의 1회 호흡량으로 호흡한다.
• 가슴압박 동안에 인공호흡이 동시에 이루어지지 않도록 주의한다.
• 인공호흡을 과도하게 하여 과환기를 유발하지 않도록 주의한다.
※ 해당 문제는 보기 ④의 오류로 해당 보기도 정답 처리되었습니다. 출제의도에 맞도록 '신장충격'을 '심장충격'으로 수정하였습니다.

77 외상에 관한 설명 중 옳지 않은 것은?

① 지혈대는 절단 등 생명이 위급할 때만 사용한다.

② 국소출혈 시에는 출혈 부위를 직접 압박하여 지혈한다.

③ 자상은 못, 바늘, 철사 등에 찔리거나, 조직을 뚫고 지나간 상처를 말한다.

④ 상처에 출혈이 심한 경우 출혈 부위를 심장보다 낮게 고정하고, 안정되게 눕힌다.

해설

외상 응급처치의 기본방향
• 외부 이물질의 접촉 차단 : 드레싱, 붕대 감기
• 압박을 통한 지혈 : 직접 지혈, 간접 지혈, 지혈대
   ※ 출혈 부위는 심장보다 높게 해준다.
• 추가 손상 방지 : 흐르는 물에 세척, 부목 고정, 붕대 감기

78 전기기계의 조작 시 안전조치로 옳지 않은 것은?

① 인체 감전보호용 누전차단기는 정격감도전류가 30mA 이상, 동작시간 0.03초 이하의 전류 동작형을 사용한다.

② 전기기계를 조작함에 있어서 감전 또는 오조작에 의한 위험을 방지하기 위하여 해당 전기기계·기구의 조작부분은 150lx 이상의 조도가 유지되도록 하여야 한다.

③ 전기기계의 조작부분에 대하여 점검 또는 보수를 할 때 작업자가 안전하게 작업할 수 있도록 전기기계로부터 폭 70cm 이상의 작업공간을 확보하여야 한다.

④ 전기적 불꽃 또는 아크에 의한 화상의 우려가 높은 600V 이상 전압의 충전전로작업에 작업자를 종사시키는 경우에는 방염처리 된 작업복 또는 난연(難燃)성능을 가진 작업복을 착용시켜야 한다.

> **해설**
>
> 「전기용품 및 생활용품 안전관리법」의 적용을 받는 인체 감전보호용 누전차단기는 정격감도전류 30mA 이하, 동작시간 0.03초 이하의 전류 동작형의 것으로 한다(한국전기설비규정 142.7).

79 전기로 인한 축사화재를 예방하기 위해 비치해야 하는 소화기의 종류는?

① A급 소화기　　　　　　　　　② B급 소화기

③ C급 소화기　　　　　　　　　④ D급 소화기

> **해설**
>
> 화재의 분류에 따른 소화기
>
> | 구 분 | 종 류 | 표 시 | 소화방법 | 적용 소화기 | 비 고 |
> | --- | --- | --- | --- | --- | --- |
> | 일반화재 | A급 | 백 색 | 냉 각 | 산·알칼리, 포(泡), 물(주수) 소화기 | 목재, 섬유, 종이류 화재 |
> | 유류화재 | B급 | 황 색 | 질 식 | CO_2, 증발성 액체, 분말, 포 소화기 | 가연성 액체 및 가스 화재 |
> | 전기화재 | C급 | 청 색 | 질식, 냉각 | CO_2, 증발성 액체 | 전기통전 중 전기기구 화재 |
> | 금속화재 | D급 | － | 분리소화 | 마른 모래, 팽창 질석 | 가연성 금속(Mg, Na, K) |

80 식물과 독소성분의 연결이 옳지 않은 것은?

① 감자 – 솔라닌　　　　　　　② 버섯 – 무스카린

③ 독미나리 – 시큐톡신　　　　④ 청매 – 아플라톡신

> **해설**
>
> • 청매 – 아미그달린
> • 곡물류 – 아플라톡신

01 농업기계화 촉진법령상 안전교육에 관한 사항으로 옳은 것은?

① 안전교육은 농업기계의 구조 및 조작 취급성에 대해 교육을 받는다.

② 안전교육 기간은 농기계의 종류에 따라 5일 이내의 범위에서 교육을 받는다.

③ 농업용 트랙터 등 농업용 기계를 사용하려는 농업인은 안전교육 대상자가 아니다.

④ 농림축산식품부장관은 농업기계의 안전사고 예방을 위하여 안전교육계획을 2년마다 수립하고 시행하여야 한다.

해설

안전교육(법 제12조의2)

① 농림축산식품부장관은 농업기계의 안전사고 예방을 위하여 안전교육계획을 매년 수립하고 시행하여야 한다.

② 제1항에 따른 안전교육 대상자의 범위, 교육기간 및 교육과정, 그 밖에 필요한 사항은 농림축산식품부령으로 정한다.

안전교육 대상자의 범위 등(시행규칙 제19조)

① 법 제12조의2제2항에 따른 농업기계 안전교육 대상자의 범위, 교육기간 및 교육과정은 다음 각 호와 같다.

　　1. 안전교육 대상자 : 농업용 트랙터 등 농업용 기계를 사용하거나 사용하려는 농업인 등

　　2. 교육기간 및 교육과정 : 농업기계의 종류에 따라 3일 이내의 범위에서 구조 및 조작 취급성 등에 관한 교육

② 제1항에서 정하지 아니한 그 밖의 안전교육에 관하여 필요한 사항은 농촌진흥청장이 정한다.

02 외국의 농작업 안전보건제도에 관한 사항 중 틀린 것은?

① 아일랜드는 민간보험회사에서 임의가입형태로 농업인 산업재해보험을 운영하고 있으나 한국과 달리 가입률이 매우 높다.

② 오스트리아는 자영농업인을 포함한 모든 농업인을 대상으로 재해보험 가입과 예방활동을 의무화하고 있다.

③ 독일의 경우 농가 단위로 재해보험 가입이 의무화되어 있으나, 농가 경영주에게 해당 농장의 재해 예방 조치 의무는 없다.

④ 핀란드는 국립농업안전보건센터가 농업안전보건전문가의 교육과 양성, 지역현장에서의 안전과 보건의 제반 영역을 포함한 농업보건 서비스를 제공한다.

해설
- 독일 농작업 안전보건제도
  - 적용대상 : 농업근로자, 자영농업인 및 그 가족을 하나의 제도로 포괄(당연 가입)
- 보험료 부과기준 및 재정지원
  - 근로자는 임금을 기준으로 하여 사용자가 보험료 납부
  - 자영자 및 그 가족은 사업장 가치를 토대로 보험료 납부
  - 1963년 이후 정부 보조

03 농어업인 삶의 질 향상 및 농어촌지역 개발촉진에 관한 특례법령상 농어업의 작업환경 및 작업특성에 대한 지원사업이 아닌 것은?(단, 예산의 범위에서 진행하는 지원사업이다)

① 농어촌 자연환경 개선을 위한 기술 보급

② 농어업 작업 안전보건기술의 개발 및 보급

③ 농어업 작업환경을 개선할 수 있는 장비의 개발 및 보급

④ 농어업인에게 주로 발생하는 질환 및 재해예방교육의 실시

해설
농어업 작업자 건강위해요소의 측정 등(시행령 제9조의2)
① 법 제14조 제2항에 따른 농어업 작업자 건강위해요소의 측정은 다음 각 호의 사항을 대상으로 한다.
　1. 소음, 진동, 온열 환경 등 물리적 요인
　2. 농약, 독성가스 등 화학적 요인
　3. 유해미생물과 그 생성물질 등 생물적 요인
　4. 단순 반복 작업 또는 인체에 과도한 부담을 주는 작업특성
　5. 그 밖에 농림축산식품부장관 또는 해양수산부장관이 정하는 사항
② 국가와 지방자치단체는 법 제14조 제2항에 따라 예산의 범위에서 다음 각 호의 지원사업을 할 수 있다.
　1. 농어업 작업환경을 개선할 수 있는 장비의 개발 및 보급
　2. 농어업 작업 안전보건기술의 개발 및 보급
　3. 농어업인에게 주로 발생하는 질환 및 재해예방교육의 실시

04 농업인 업무상 재해가 발생할 때마다 비가역적인 인적, 경제적 손실을 일으키는 특성을 고려할 때 가장 선행되어야 하는 요소는?

① 감 시
② 예 방
③ 보 상
④ 재 활

농작업 안전보건 관리의 특성
예방과 재활, 건강관리는 농업인에 대한 실질적인 대국민 서비스라는 점에서 국가기관과 지방자치단체가 연계하여 수행해야 하는 기능이며, 감시와 보상은 연구와 정책에 기반을 둔 기능으로서 농림축산식품부, 농촌진흥청 등의 국가단위 기관에서 수행해야 하는 역할이다. 특히 농업인 업무상 재해가 발생할 때마다 비가역적인 인적, 경제적 손실을 일으키는 특성을 고려하면, 위 4가지 요소 중 재해예방이 가장 선행되어야 한다.

05 농어업인의 안전보험 및 안전재해예방에 관한 법률상 (   )에 알맞은 용어는?

(   )란 농어업작업으로 인하여 발생한 농어업인 및 농어업근로자의 부상ㆍ질병ㆍ장해 또는 사망을 뜻한다.

① 농부증
② 농업인 질환
③ 농작업 사고
④ 농어업작업안전재해

농어업작업안전재해란 농어업작업으로 인하여 발생한 농어업인 및 농어업근로자의 부상ㆍ질병ㆍ장해 또는 사망을 말한다.

06 농어업인 삶의 질 향상 및 농어촌지역 개발촉진에 관한 특례법령상 명시된 농어업 작업자 건강위해요소의 측정대상이 아닌 것은?(단, 그 밖에 농림축산식품부장관 또는 해양수산부장관이 정하는 사항은 제외한다)

① 농약, 독성가스 등 화학적 요인
② 소음, 진동, 온열 환경 등 물리적 요인
③ 열, 에너지, 방사선 등 기타 에너지 요인
④ 유해미생물과 그 생성물질 등 생물적 요인

농어업 작업자 건강위해요소의 측정은 소음, 진동, 온열 환경 등 물리적 요인, 농약, 독성가스 등 화학적 요인, 유해미생물과 그 생성물질 등 생물적 요인, 단순 반복 작업 또는 인체에 과도한 부담을 주는 작업특성, 그 밖에 농림축산식품부장관 또는 해양수산부장관이 정하는 사항을 대상으로 한다(시행령 제9조의2 제1항).

07 농약관리법령상 (   )에 알맞은 용어는?

> (   )란 진균, 세균, 바이러스 또는 원생동물 등 살아 있는 미생물을 유효성분(有效成分)으로 하여 제조한 농약이나 자연계에서 생성된 유기화합물 또는 무기화합물을 유효성분으로 하여 제조한 농약으로 농촌진흥청장이 정하여 고시하는 기준에 적합한 것

① 원제(原劑) ② 천연식물보호제
③ 방제제 ④ 농약활용기자재

해설

정의(법 제2조)
천연식물보호제란 다음 각 목의 어느 하나에 해당하는 농약으로서 농촌진흥청장이 정하여 고시하는 기준에 적합한 것을 말한다.
가. 진균, 세균, 바이러스 또는 원생동물 등 살아 있는 미생물을 유효성분(有效成分)으로 하여 제조한 농약
나. 자연계에서 생성된 유기화합물 또는 무기화합물을 유효성분으로 하여 제조한 농약

08 농업기계 검정기준상 공통안전기준 중 가동부의 방호기준에 관한 사항으로 (   )에 알맞은 내용은?

> 가동부와 작업자의 사이에 방호장치(가드)를 부착 시 가동부가 작업자의 상방향(작업자가 서서 손을 뻗었을 때)에 있는 경우 안전거리는 지면 또는 방책면으로부터 (   )mm 이상일 것

① 1,000 ② 1,500
③ 2,000 ④ 2,500

해설

공통 안전기준(농업기계 검정기준 별표2)
1. 가동부의 방호
   나. 가동부와 작업자의 사이에 방호장치(가드)를 부착할 경우 안전거리(위험부에 접촉하지 않는 거리)는 다음과 같을 것. 다만, 작업에 불가피하다고 인정되는 경우에 예외로 한다.
   1) 가동부가 작업자의 상방향(작업자가 서서 손을 뻗었을 때)에 있는 경우 안전거리는 지면 또는 방책면으로부터 2,500mm 이상일 것

09 신규농업인에게 짧은 시간 동안 많은 양의 사실적, 기본적 정보개념을 전달할 때 사용되는 안전교육기법은?

① 시 범 ② 토의법
③ 강의법 ④ 사례연구

해설

강의법
많은 대상자에게 짧은 시간동안 많은 지식과 정보를 제공한다.

10 농작업으로 인한 유해요인으로 틀린 것은?

① 양계작업 – 이산화탄소
② 시설하우스 작업 – 더위
③ 노지고추 방제작업 – 농약
④ 콤바인 벼 수확작업 – 곡물 분진

해설

양계 농작업은 가축을 밀집시켜 사육하는 방식으로 작업 중 유기성 분진, 유해가스, 악취, 닭과의 접촉 등에 노출될 수 있으며, 이로 인한 호흡기 질환, 피부염 등의 질환이 생길 수 있다.

11 교육과정을 통해 얼마나 성장하였는가에 초점을 두는 교육평가 유형은?

① 진단 평가
② 성장 참조 평가
③ 능력 참조 평가
④ 규준 지향 평가

해설

성장 참조 평가
교육과정을 통하여 얼마나 성장하였느냐에 관심을 두는 평가로, 최종 성취수준보다는 초기 능력수준에 비추어 얼마나 성장하였느냐를 강조하는 평가

12 농업기계화 촉진법령상 농업기계의 검정방법 중 농업기계의 형식에 대한 구조, 성능, 안전성 및 조직의 난이도에 대한 검정은?

① 안전검정
② 변경검정
③ 성능검정
④ 종합검정

해설

농업기계의 검정방법 등(시행규칙 제4조)
① 법 제9조 제1항 본문에 따른 필수적 검정대상 농업기계에 대한 검정의 종류는 다음 각 호와 같다.
　1. 종합검정 : 농업기계의 형식에 대한 구조, 성능, 안전성 및 조직의 난이도에 대한 검정
　2. 안전검정 : 농업기계의 형식에 대한 구조 및 안전성에 대한 검정
　3. 변경검정 : 종합검정 또는 안전검정에서 적합판정을 받은 농업기계의 일부분을 변경한 경우 그 변경 부분에 대한 적합성 여부를 확인하는 검정

13 다음에서 설명하는 재해원인의 통계적 분석방법은?

> 재해 발생건수 등의 추이를 파악하여 목표관리를 행하는 데에 필요한 월별 발생수를 그래프(Graph)화하고 관리선을 설정하는 방법

① 관리도
② 특성요인도
③ 파레토도
④ 클로즈 분석

해설
① 관리도 : 재해 발생건수 등의 추이를 파악하여 목표관리를 행하는 데 필요한 월별 발생수를 그래프(Graph)화하여 관리선을 설정·관리하는 방법
　※ 관리구역 – 관리상한(UCL ; Upper Control Limit), 중심선(CL ; Center Limit), 관리하한(LCL ; Lower Control Limit)
② 특성요인도 : 특성과 요인관계를 도표로 하여 어골상(魚骨狀)으로 세분하는 방법
③ 파레토도(Pareto Diagram) : 사고의 유형, 기인물 등 분류항목을 큰 순서대로 도표화(문제나 목표의 이해에 편리)
④ 클로즈(Close) 분석 : 2개 이상 문제관계를 분석하는 데 사용하는 것으로, 데이터(Data)를 집계하고 표로 표시하여 요인별 결과 내역을 교차한 클로즈(Close) 그림을 작성하여 분석하는 방법

14 농작업 보건교육에 관한 설명으로 옳은 것은?
① 학습자를 존중하고 도와주는 개념으로 보건교육이 진화되고 있다.
② 보건교육을 통해 질병을 사전에 예방할 수 없다.
③ 보건교육의 패러다임이 건강 중심에서 질병 중심으로 변화하였다.
④ 일반인 중심의 보건교육에서 전문가 중심의 보건교육으로 변화하였다.

해설
② 보건교육을 통해 질병을 사전에 예방할 수 있다.
③ 보건교육의 패러다임이 질병 중심에서 건강 중심으로 변화하였다.
④ 전문가 중심의 보건교육에서 일반인 중심의 보건교육으로 변화하였다.

15 농약관리법령상 농약 등 또는 원제의 표시사항이 아닌 것은?

① 포장단위

② 제품의 제조공정

③ 유효성분의 일반명 및 함유량

④ 농약제품의 균일성이 인정되도록 구성한 모집단의 일련번호

해설

농약 등·원제의 표시사항 및 가격 표시방법(시행규칙 제23조)

① 법 제20조 제1항 및 제2항에 따른 농약 등 또는 원제의 표시사항은 다음 각 호와 같다.

1. 품목등록번호 또는 제품등록번호
2. 농약 등 또는 원제의 명칭 및 제제형태
3. 유효성분의 일반명 및 함유량과 기타 성분의 함유량
4. 포장단위
5. 농작물별 적용 병해충(제초제·생장조정제나 약효를 증진시키는 자재의 경우에는 적용대상 토지의 지목이나 해당 용도를 말한다) 및 사용량
6. 사용방법과 사용에 적합한 시기
7. 안전사용기준 및 취급제한기준(그 기준이 설정된 농약에 한한다)
8. 다음 각 목의 어느 하나에 해당하는 표시사항
   가. 맹독성·고독성·작물 잔류성·토양 잔류성·수질오염성 및 어독성 농약 등의 경우에는 그 문자와 경고 또는 주의사항
   나. 사람 및 가축에 위해한 농약 등 또는 원제의 경우에는 그 요지 및 해독방법
   다. 수서생물에 위해한 농약 등 또는 원제의 경우에는 그 요지
   라. 인화 또는 폭발 등의 위험성이 있는 농약 등 또는 원제의 경우에는 그 요지 및 특별취급방법
9. 저장·보관 및 사용상의 주의사항
10. 상호 및 소재지(수입하는 농약 등 또는 원제의 경우에는 수입업자의 상호 및 소재지와 제조국가 및 제조자의 상호를 말한다)
11. 농약 등 또는 원제 제조 시 제품의 균일성이 인정되도록 구성한 모집단의 일련번호
12. 약효보증기간
13. 법 위반에 따른 과태료 적용 등 주의사항

② 법 제20조 제3항에 따른 농약 등의 가격 표시방법은 다음 각 호와 같다.

1. 소비자가 쉽게 알아볼 수 있는 방법으로 선명하고 명확하게 표시할 것
2. 개별 제품별로 가격을 표시하되, 개별 제품에 가격을 표시하는 것이 곤란한 경우에는 소비자가 쉽게 알아볼 수 있는 방법으로 판매업소 내에 표시하거나 게시할 것
3. 가격이 변경되었거나 할인하여 판매하려는 경우에는 기존에 표시한 가격이 보이지 아니하게 하거나 기존에 표시한 가격을 붉은색 이중 실선으로 긋고 현재의 가격을 표시할 것

③ 제1항에 따른 농약 등 또는 원제의 표시에 관한 세부사항은 농촌진흥청장이 정하여 고시한다. 이 경우 원제의 표시에 관한 세부사항은 환경부장관과 협의하여 고시해야 한다.

④ 제2항에 따른 농약 등의 가격 표시에 관한 세부기준은 국립농산물품질관리원장이 정하여 고시한다.

16 다음에서 사용된 교육평가 모형은?

> 안전교육에 참여한 집단과 참여하지 않은 집단의 안전교육 실시 전후, 정보를 수집하여 안전교육의 실시로
> 인해 변화된 내용과 얼마나 변화되었는지를 평가한다.

① 사후 조사 평가모형
② 사전·사후 조사 평가모형
③ 대조군 사전 조사 평가모형
④ 실험군 및 대조군 사전·사후 조사 평가모형

해설

실험군 및 대조군 사전·사후 평가모형
• 프로그램에 참여한 집단과 프로그램에 참여하지 않은 집단에 대한 정보를 프로그램 실시 전후로 각각 수집하여,
  프로그램 실시로 인해 변화된 내용과 얼마나 변화되었는지를 평가한다.
• 농작업 안전보건 교육자가 일정한 계획을 갖고 학습자를 모집하는 경우 바람직한 평가방법이 될 수 있으며, 농작업
  안전보건 교육의 효과를 결정적으로 파악할 수 있는 방법이다.

17 농작업 안전보건 집단교육 시 유의사항으로 틀린 것은?

① 평가에 교수자뿐 아니라 학습자도 참여시키는 것이 바람직하다.
② 교육대상자 수는 15~20명 정도가 효과적이며, 대상자가 많을 경우 50명 내외로 한다.
③ 교육대상자들이 서로 다른 성격과 문제를 가지는 집단으로 구성되어야 교육의 효과가 높다.
④ 교육방법은 교수자와 교육대상자가 함께 학습할 수 있는 방법으로 운영되는 것이 효과적이다.

해설

개별보건교육의 장점
• 한 사람만을 대상으로 하므로 집단교육보다 교육효과가 높다.
• 학습자에 대한 기본 이해를 중심으로 하므로, 학습자의 변화 유도가 용이하다.
• 집단교육에 비하여 대상자를 모아야 하는 시간이 적게 든다.
• 짧은 시간의 교육도 가능하므로, 다양한 보건사업현장에서 적용할 수 있다.

18 농어업인의 안전보험 및 안전재해예방에 관한 법률상 보험에서 피보험자의 농어업작업안전 재해에 대하여 지급하는 보험금의 종류가 아닌 것은?(단, 그 밖에 대통령령으로 정하는 급여금은 제외한다)

① 장해급여금

② 행방불명급여금

③ 상병(傷病)보상연금

④ 상해·질병 치료급여금

해설

보험금의 종류(법 제9조)

① 보험에서 피보험자의 농어업작업안전재해에 대하여 지급하는 보험금의 종류는 다음 각 호와 같다.

1. 상해·질병 치료급여금
2. 휴업급여금
3. 장해급여금
4. 간병급여금
5. 유족급여금
6. 장례비
7. 직업재활급여금
8. 행방불명급여금
9. 그 밖에 대통령령으로 정하는 급여금

19 농업인의 건강관리에 관한 사항으로 틀린 것은?

① 곡물 분진, 인간공학적 유해요인 등 위험인자들이 다양하다.

② 농약중독이나 사고로 인한 손상이나 사망이 높은 것으로 보고되고 있다.

③ 각종 농기계의 사용에 따른 소음, 진동 등과 같은 위험요인에 노출될 위험이 크다.

④ 농작업 중 노출되는 위험요인과 실제 질병을 일으키는 인자들은 단순하고 간단하다.

해설

농업인의 건강에 대한 일반적 특성

농업은 다른 직종군과 비교하였을 때, 작업 관련성 손상과 질병에 대한 위험이 커 가장 위험한 직업군으로 알려져 있다. 특히 농업인들의 경우 일반 인구집단보다 총 사망이나 암 사망률은 낮은 대신 호흡기 질환, 피부 질환, 근골격계 질환, 인수공통감염병, 신경계 질환, 특정 암(피부암, 전립선암, 백혈병, 비호지킨 림프종, 다발성 골수종 등) 및 농약중독이나 사고로 인한 손상이나 사망이 더 높은 것으로 보고되고 있다. 이러한 특성들은 농업인들이 일상적으로 행하는 농작업의 특성과 관련되는 부분이 많은데, 특히 다양한 농기계의 사용, 농약을 비롯한 다양한 화학물질의 노출, 축산업이나 비닐하우스 내의 미생물, 옥외작업 시의 온열과 분진, 밀폐된 공간 내에서의 각종 유해가스와 곡물 관련 분진 및 농작업 과정에서의 인간공학적 위험요인과 각종 농기계 사용에 따른 소음, 진동 등과 같은 복합적인 원인에 노출될 위험이 크다.

20 농작업 안전보건 교육프로그램 개발을 위한 ADDIE 모형의 절차로 (   )에 알맞은 내용은?

분석 → 설계 → 개발 → (   ) → 평가

① 관 찰 　　　　　　　② 연 구
③ 수 정 　　　　　　　④ 실 행

해설

ADDIE 모형은 다양한 교수체제 설계 모형의 기초이며 가장 널리 활용되는 모형으로, 기본적이고 주요한 과정인 분석(Analysis), 설계(Design), 개발(Development), 실행(Implementation), 평가(Evaluation)의 두문자를 따서 이름을 명명하였다.

제2과목 | 농작업 안전관리

21 과수원 등에서 이동식 사다리를 이용하여 작업할 때 떨어짐 사고 예방을 위한 조치로 틀린 것은?

① 사다리의 상부 3개 발판 미만에서 작업한다.
② 경사면 작업 시 경사면을 위로 보고 작업한다.
③ 두 손, 두 발 중 3점을 사다리에 접촉 유지한 상태로 작업한다.
④ 사다리에서 자재, 설비 등 15kg 이상의 중량물을 운반한다.

해설

떨어짐 사고 예방관리
• 작업자는 사다리 기둥 중앙부에서 작업하고, 오르내릴 때는 양손을 사용한다.
• 사다리 위에서 팔이 닿지 않는 곳은 무리하지 않고 사다리를 옮겨 작업한다.
• 사다리에서 내려오거나 올라갈 때 팔, 다리는 항상 사다리에 3점 이상 지지되도록 한다.
• 사다리 발판의 물기나 기타 이물질은 제거하고 발판에 미끄럼방지 장치를 부착한다.
• A형 사다리의 상부 3개 발판은 사용을 금하고 그 아래의 발판을 이용하여 작업한다.
• 사다리 작업 시 2인 1조로 작업을 실시하며 안전모 등 개인보호구를 지급·착용한다.
• 사다리 등 작업발판을 넓게 하고, 미끄럼방지 신발을 착용한다.
• 이동식 사다리의 길이가 6m를 초과하는 것은 사용하지 않는다.
• 이동식 사다리 발판의 수직 간격은 25~35cm 사이, 사다리 폭은 30cm 이상으로 제작된 사다리를 사용한다.
• 일자형 사다리의 설치각도는 수평면에 대하여 75° 이하를 유지하고, 일자형 사다리 높이의 1/4 길이의 수평거리를 유지하도록 한다.
• 일자형 사다리의 상단은 사다리를 걸쳐 놓은 지점으로부터 1m 이상 또는 사다리 발판 3개 이상의 높이로 올라오도록 설치한다.
• 일자형 사다리의 상부 3개 발판 미만에서만 작업하며, 3점 접촉을 유지한다.
• 곡면에 사다리를 세우면 옆으로 쓰러져 불안정하므로, 가능한 한 나무나 전주 등에는 세우지 않는다.
• 지면에서 2m 이상 높이에서는 사다리가 아닌 고소작업대를 사용한다.
• 경운기 등 농기계 탑승 시 안전벨트를 착용한다.
• 과수나무 오르기 등의 작업 시 주의에 만전을 기한다.

22 다음에서 설명하는 안전보건표지는?

> 어떤 특정한 행위가 허용되지 않음을 나타내는 표지로, 흰색 바탕에 빨간색 원과 45° 각도의 빗선으로 이루어진다.

① 금지표지   ② 경고표지

③ 지시표지   ④ 안내표지

해설

금지표지
- 어떤 특정한 행위가 허용되지 않음을 나타낸다.
- 표지는 흰색 바탕에 빨간색 원과 45° 각도의 빗선으로 이루어진다.
- 금지할 내용은 원의 중앙에 검은색으로 표현하며, 둥근 테와 빗선의 굵기는 원 외경의 10%이다.

23 산업안전보건법령상 산소결핍의 산소농도 기준은?

① 10% 미만   ② 18% 미만

③ 28% 미만   ④ 30% 미만

해설

산소농도가 18% 미만인 작업환경에서는 호흡용 보호구가 필요하다.

24 산업안전보건법령상 안전보건표지의 색채와 사용 예가 잘못 연결된 것은?

① 노란색 : 응급조치 강조 표시
② 녹색 : 비상구 및 피난소 안내 표시
③ 빨간색 : 소화설비 및 그 장소 표시
④ 파란색 : 특정 행위의 지시 및 사실의 고지 표지

해설

노란색 : 화학물질 취급장소에서의 유해·위험경고 이외의 위험경고, 주의표지 또는 기계방호물

25 동력예취기 작업 시 안전수칙으로 틀린 것은?

① 반드시 두 손으로 작업하고 칼날을 지면에서 50cm 이상 이격시킨다.

② 작업할 곳에 빈 병이나, 돌 등 위험요인을 확인한다.

③ 안전모, 보호안경, 무릎보호대, 안전화 등 보호구를 착용한다.

④ 운전 중 항상 기계의 작업범위 15m 내에 사람이 접근하지 못하게 한다.

> **해설**
>
> 동력예취기 안전수칙
> • 안전모, 보호안경, 무릎보호대, 안전화 등 보호구를 착용한다.
> • 제초용으로만 사용하고 전지나 전정 등 원래의 기능 이외 용도로 사용하지 않는다.
> • 예취날 등 각 부분의 체결 상태와 손상된 부분은 없는지 등을 확인하여 이상 부위는 즉시 정비한다.
> • 작업할 곳에 빈 병이나 깡통, 돌 등 위험요인이 없는지 확인하여 반드시 치운다.
> • 언덕이나 경사지에서 작업 시 신체의 균형을 잡아 안정된 자세로 작업한다.
> • 운전 중 항상 기계의 작업범위 15m 내에 사람이 접근하지 못하게 하는 등 안전을 확인하고, 예취작업은 오른쪽에서 왼쪽 방향으로 진행한다.
> • 시동 전 반드시 스로틀 레버를 조정하여 저속 위치에 맞추고 예초기가 움직이지 않도록 확실히 잡고 예취날이 지면에 닿지 않도록 한 다음 시동을 건다.
> • 반드시 두 손으로 작업하고 작업 중 칼날을 지면에서 30cm 이상 이격시키지 않는다. 가급적 예취날은 작업에 맞도록 사용하며 일자 날은 사용하지 않는다.
> • 예취날에 손이나 발 등 신체의 일부분을 집어넣거나 접촉하지 않도록 주의한다. 또한, 옷 등이 말려들어가지 않도록 주의한다.

26 농산물 세척 시 사용하는 컨베이어의 방호장치로 거리가 가장 먼 것은?

① 덮 개   ② 건널다리

③ 시건장치   ④ 비상정지장치

> **해설**
>
> 시건장치 : 문 따위를 잠그는 장치(일반자물쇠, 번호키 등)

27 방제복, 방제마스크, 고무장갑 등의 보호장구를 착용하고 반드시 바람을 등지고 작업해야 하는 농업기계는?

① 연무기   ② 비닐 피복기

③ 농업용 난방기   ④ 사료작물 수확기

> **해설**
>
> 연무기
> • 방제작업 시에는 바람을 등지고 살포하고 방제복, 방제마스크, 고무장갑 등의 보호장구를 착용한다.
> • 사람이나 가축을 향해 약제를 살포하지 않는다.
> • 연소실 커버 및 방열통 커버는 상당히 뜨거우므로 작업 중 또는 작업 직후에 옷, 손, 작물 등이 닿지 않도록 조심한다.
> • 연소실이 가열된 상태이거나 기계가 가동 중일 때는 연료나 약제를 주입하지 않는다.

28 농산물 선별기를 이용한 작업의 안전수칙으로 옳은 것은?

① 누전에 의한 사고 방지를 위한 접지 단자를 이용하여 접지한다.

② 벽면에 설치할 때는 벽에 붙여서 고정시키도록 한다.

③ 가동 중 기계 수리 시 면장갑을 착용 후 수리한다.

④ 수평조절나사를 돌려 선별기를 기울어지게 한다.

> **해설**
>
> 농산물 선별기
> - 벽면에 설치할 때에는 벽으로부터 1m 이상 떨어뜨려 설치한다.
> - 설치장소는 바닥이 고르고 튼튼한 곳을 택한다.
> - 수평조절나사를 돌려 제품이 수평이 되도록 한 후 사용한다.
> - 각 체결부의 볼트, 너트가 잘 조여졌는지 확인한다.
> - 누전에 의한 사고를 방지하기 위한 접지 단자를 이용하여 접지한다.
> - 기계를 가동 중에는 절대로 기계 내부에 손을 넣지 않는다.
> - 제품을 보관할 때는 전원 플러그를 뽑는다.

29 쟁기의 안전이용지침으로 틀린 것은?

① 안전볼트 교체 시에는 쟁기를 지면에 내려놓고 교환한다.

② 안전판과 쟁기 다리 사이에 손이 끼이지 않도록 한다.

③ 쟁기를 부착하고 주행할 경우 급가속하면 트랙터 앞부분이 들릴 수 있으므로 주의한다.

④ 트랙터에 정착된 상태로 점검 및 정비할 경우 반드시 유압을 들어 올려 쟁기 아래에 들어가서 정비한다.

> **해설**
>
> 트랙터 및 부속작업기 점검 및 정비 시 주의사항
> - 작업 후 점검·정비는 평탄한 장소에서 주차 브레이크를 걸고 엔진을 멈춘 후 가동부가 완전히 정지된 뒤에 실시한다. 또한 점검·정비를 하기 위해 떼어 놓았던 안전덮개는 종료 후 반드시 장착한다.
> - 배터리, 배선, 소음기, 엔진 주변부는 화재의 우려가 있으므로 항상 청소를 하고, 소음기나 엔진이 충분히 식은 후 점검·정비한다.
> - 야간에는 가급적 점검·정비를 하지 않으며, 부득이하게 야간작업을 할 때에는 적절한 조명을 이용한다.
> - 유압시스템의 작동유는 고압이므로 점검·정비 전에 회로 내의 압력을 낮춘다.
> - 고압유가 분출하여 피부나 눈에 닿지 않도록 보호안경과 두꺼운 장갑을 착용하고 누유점검 시에는 두꺼운 종이나 합판을 이용한다. 만일 기름이 피부에 닿았을 경우 즉시 의사의 진료를 받는다.
> - 유압라인을 테이프나 피팅 접착제 등으로 임시 수리하여 사용하지 않는다.
> - 작업기를 점검·정비할 때에는 작업기를 하강한 상태에서 하며, 부득이하게 작업기를 들어 올린 상태에서 점검·정비할 때에는 작업기가 하강하지 않도록 받침대 등으로 받친다.
> - 배터리를 분리할 경우 (−)단자를 먼저 분리하고, 연결할 때에는 (+)단자를 먼저 연결한다.

30 하비(J. H. Harvey)의 재해방지대책 3E에 해당하지 않는 것은?

① Education(교육적 대책)

② Engineering(기술적 대책)

③ Enforcement(규제적 대책)

④ Environment(환경적 대책)

> 해설
>
> 하비(J. H. Harvey)의 3E 재해예방이론
>
> 재해는 간접원인과 직접원인에 의해 발생하며, 기술(Engineering)대책, 교육(Education)대책, 규제(Enforcement)대책의 안전 대책으로 재해를 예방 및 최소화할 수 있다는 이론

31 넘어짐 사고의 예방대책으로 틀린 것은?

① 어두운 공간에는 충분한 조명을 설치한다.

② 미끄럼 위험이 있는 바닥은 마찰력을 높이는 조치를 한다.

③ 호스 등을 사용할 경우 바닥 위로 호스가 팽팽하게 당겨져 있도록 한다.

④ 하지근육피로 등을 초래할 수 있는 장시간 노동을 하지 않도록 한다.

> 해설
>
> 넘어짐 사고의 예방관리
> • 작업장을 자주 정리·정돈하여 환경을 개선한다.
> • 실내 작업 시에는 충분한 조명을 설치하며, 넘어짐 사고가 많은 이동 공간에도 조명을 설치한다.
> • 호스 등을 사용할 경우 호스를 바닥 위에 느슨하게 두어 걸리지 않도록 한다.

32 농업기계의 안전 이용을 위한 수칙 중 수행 주체가 다른 것은?

① 안전의식을 갖고 작업에 임하도록 노력한다.

② 농업용 기계의 적정한 조작을 위해 노력한다.

③ 도로교통법 등 관계법령을 숙지하도록 노력한다.

④ 농업기계의 안전사고 예방을 위하여 안전교육계획을 매년 수립하고 시행하여야 한다.

> 해설
>
> 농림축산식품부장관은 농업기계의 안전사고 예방을 위하여 안전교육계획을 매년 수립하고 시행하여야 한다.

33 트랙터 작업 시 안전수칙으로 틀린 것은?

① 요철이 심한 노면을 주행할 때는 속도를 낮춘다.

② 작업기를 점검·정비할 때에는 작업기를 하강한 상태로 하는 것이 원칙이다.

③ 배속턴 등 전륜증속기구는 고속 주행 시 또는 경사지에서 선회할 때 사용한다.

④ 좌우 독립 브레이크를 부착한 트랙터는 주행하거나 언덕을 넘을 때 좌우의 브레이크 페달을 연결하여 일체로 작동하도록 한다.

> **해설**
>
> 배속턴 등 전륜증속기구는 고속 주행 시나 경사지에서 선회할 때, 프론트 로더를 장착할 때에는 사용하지 않는다.

34 동력 경운기 및 관리기 등을 보관할 때 주의해야 할 사항으로 옳은 것은?

① 경사진 곳에 보관한다.

② 작업기는 내려놓은 상태로 보관한다.

③ 열쇠를 잃어버릴 우려가 있으므로 열쇠를 꽂아 놓는다.

④ 트레일러 보관 시 기체를 안정시키기 위한 스탠드가 있는 경우라도 사용하지 않는다.

> **해설**
>
> 동력 경운기 및 관리기 보관 시 주의사항
> • 보관창고는 충분히 밝도록 전등을 설치하고, 환기창이나 환기팬을 설치하여 환기를 잘 시킨다.
> • 어린이들이 만질 우려가 있으므로 키를 뽑아 보관한다.
> • 트레일러나 장착식 작업기를 보관할 때 기체를 안정시키기 위한 스탠드가 있는 경우 반드시 스탠드를 사용하여 지지한다.
> • 평탄한 장소에 보관 시 고임목 등을 받쳐 기계가 움직이지 않도록 한다.
> • 기계에 묻어 있는 흙이나 먼지, 짚 등 이물질은 제거하여 보관한다.
> • 장기간 보관할 때에는 배터리선을 분리한다.
> • 작업기는 내려놓은 상태로 보관한다.

35 재해 조사에 관한 설명으로 틀린 것은?

① 재해 조사 시 피해자, 목격자 등 많은 사람에게 사고 시의 상황을 듣는다.

② 재해를 발생시킨 원인을 규명하고 재발방지대책을 강구하는 데 목적이 있다.

③ 재해 발생에 책임이 있는 사람을 문책하기 위해 실시한다.

④ 동종사고 및 유사사고의 재발방지에 도움이 되는 자료 수집이 이루어져야 한다.

> **해설**
>
> 재해 조사의 목적은 같은 종류의 재해가 되풀이되어 일어나지 않도록 사고의 원인이 되는 위험한 상태 및 불안전한 행동을 미리 발견하고, 이를 분석·검토하여 올바른 사고예방대책을 세우기 위함이다. 또한 생산성 저해요인을 제거하여 관리조직상의 장애요인을 찾아내는 과정으로 재해 관련 책임자 문책은 해당되지 않는다.

36 농업기계 교통안전수칙으로 틀린 것은?

① 교차로 진·출입 시 충분한 시야를 확보한다.
② 도로교통법상의 안전수칙을 잘 지켜야 한다.
③ 음주운전은 하지 않고 방어운전을 습관화한다.
④ 주정차를 할 때에는 가급적 차량의 왕래가 빈번한 도로변에 해야 한다.

해설

농업기계의 안전한 주정차
- 농기계의 경우 차량의 왕래가 빈번한 도로변에는 가급적 주정차를 하지 않아야 한다.
- 해질녘 또는 야간에 농기계를 도로 가장자리에 주정차할 때에는 차폭등 또는 비상등을 켜 놓아야 사고를 예방할 수 있다.
- 자동차 운전자는 농촌지역 도로를 주행할 때 마을길, 농로 등과 만나는 교차로, 주정차된 농기계 등을 주의 깊게 살피면서 감속하여 운행하여야 한다.
- 주차는 다른 사람이나 차에 피해를 주지 않고 자신의 차를 안전하게 세우는 일이다. 차를 세울 때는 직진과 후진, 핸들 돌리기, 사이드미러 보기 등 다양한 운전기술과 방법을 사용하므로 주차를 잘하게 되면 운전에도 자신이 붙게 된다. 특히 차폭과 앞뒤 거리 감각을 익히는 데 많은 도움이 된다.

37 다음 (   )에 알맞은 내용은 무엇인가?

(   )은(는) 농업기계 등화장치 중에서 등광색이 황색 또는 호박색이며 기체의 좌우에 기체중심선을 기준으로 좌우 대칭이 되고 기체 너비의 50% 이상 간격을 두고 설치하여야 한다.

① 경고등
② 전조등
③ 제동등
④ 방향지시등

해설

방향지시등
붉은색의 후미등 외에 방향지시등이 부착되어 있어야 한다. 방향지시등이 켜져 있으면, 회전하는 반대 방향 쪽의 경고등은 깜빡이지 않는 반면에 회전하는 방향지시등 옆의 경고등은 1분에 110회 정도로 더 빨리 깜빡인다.

38 재해 발생 시 조치 순서로 옳은 것은?

> ㄱ. 재해 조사 ㄴ. 원인 분석
> ㄷ. 긴급처리 ㄹ. 대책 수립

① ㄱ → ㄴ → ㄹ → ㄷ ② ㄱ → ㄹ → ㄴ → ㄷ
③ ㄷ → ㄱ → ㄴ → ㄹ ④ ㄹ → ㄴ → ㄷ → ㄱ

해설

재해 발생 시 조치 순서
긴급처리 → 재해 조사 → 원인 강구 → 대책 수립 → 대책 실시계획 → 실시 → 평가

39 돼지의 이동 및 출하작업에서 작업자의 안전을 확보하기 위한 대책으로 틀린 것은?

① 돼지의 이동통로에는 발조심 등의 경고표시를 한다.
② 급하게 돼지를 몰지 않도록 작업자에게 충분한 시간을 준다.
③ 돼지에게 밟히면 위험하므로 고무장화를 신어야 한다.
④ 돼지를 이동시키는 몰이판은 작업자 허리 높이 이상 올라가는 것이 좋다.

해설

돼지 출하작업 시에 돼지와의 접촉사고(추돌, 발 밟힘, 스톨 협착 등)가 발생하므로 이를 예방하기 위해서는 가축의 습성을 파악하여 안전사고에 유의해야 하며, 안전사고 예방을 위한 개인보호구 착용(보호장갑, 안전화, 신체보호대 등)을 일상화하여야 한다.

40 안전점검을 점검방법에 따라 구분할 때 방호장치나 누전차단장치 등을 정해진 순서에 따라 작동시키면서 작동 여부를 확인하는 안전점검의 명칭은?

① 외관점검
② 작동점검
③ 종합점검
④ 일반점검

해설

작동점검(작동상태검사)

41 다음에서 설명하는 질환은?

> 우리나라에서 가장 많이 발생하는 진드기 매개질환으로 풀숲이나 들쥐에 기생하는 털 진드기 유충에 물려 발열, 오한, 피부 발진, 구토, 복통, 기침, 심한 두통 등이 발생

① 쯔쯔가무시증
② 렙토스피라증
③ 신증후군출혈열
④ 중증열성혈소판감소증후군

해설

쯔쯔가무시증
- 감염경로 : 들쥐에 기생하는 털 진드기의 유충이 풀숲이나 관목 숲을 지나는 사람을 물어 전파
- 주요 증상
  - 발열, 오한, 피부발진, 구토, 복통, 기침, 심한 두통 등
  - 가피(Eschar) 형성 : 털 진드기 유충에 물린 부위에 발생
  - 우리나라의 경우 겨드랑이(24.3%) → 사타구니(9.3%) → 가슴(8.3%) → 배 등의 순서로 많이 발생한다.
  - 피부발진 : 발병 5일 이후 발진이 몸통에 나타나 사지로 퍼지는 형태(일부 혹은 전신의 림프절 종대)
- 잠복기 : 1~3주(9~18일)
- 발생시기 : 10~12월

42 농약 노출의 특성이 아닌 것은?

① 농작업 시 농약 노출은 노출 형태가 다양하다.
② 농업인 간 같은 작목을 재배 시 농약 노출 시간은 동일하다.
③ 농약 노출 작업은 연간 일정하게 계속되는 것이 아니라 며칠 또는 몇 달에 걸쳐 집중적으로 이루어진다.
④ 농업인과 그 가족은 농촌지역에 거주하는 경우가 많으므로 직업적 노출 외에도 환경적 노출이 발생할 가능성이 크다.

해설

농약 노출의 특성
대부분의 농약은 인체에 침투하였을 때 나쁜 영향을 끼치며, 독성이 강한 농약은 조금만 인체에 침투되어도 매우 위험하다. 농약의 주요 침투경로로는 호흡기, 피부, 소화기 등이다. 농약 노출은 주로 직업적 노출이기는 하지만 노출 양상이 다른 직업적 유해인자와는 차이점이 있다. 하루 8시간 노출이 아니거나 하루 8시간, 주 40시간의 노출이 아닌 경우가 많으며 주로 환경성 노출의 가능성이 크다. 특히, 농작업과 관련한 농약 노출은 살포기기, 작업장의 밀폐 여부, 바람 방향 등 환경조건과 증기압과 같은 농약의 물리화학적 특성에 따라서 노출경로와 농도가 달라질 수 있다.

43 다음에서 설명하는 질환은?

> – 인수공통감염병의 하나로 수의사, 축산인 등 동물과 접촉이 많은 직업인에서 주로 발생하는 감염병으로 증상이 비특이적인 것으로 열, 오한, 발한, 두통, 근육통, 관절통 등이 있다.
> – 동물의 혈액, 대소변, 태반, 분비물 등과 접촉 또는 흡입 시 감염될 수 있다.

① 신종 독감
② 브루셀라증
③ 쯔쯔가무시증
④ 렙토스피라증

해설

브루셀라증
도축장 종사자, 수의사, 축산농업인 등 감염된 동물과 이들의 조직을 취급하는 특정 직업인에게 주로 발생하며, 감염된 가축의 분비물 등과 접촉 및 흡입 시에 감염될 수 있는 인수공통감염 질환이다.

44 농업인의 소음성 난청 관리 방안으로 틀린 것은?

① 작업장 내에 흡음재를 설치한다.
② 소음에 대한 노출시간을 단축시킨다.
③ 개인보호구를 착용하는 것이 가장 효과적이다.
④ 소음이 발생되는 농기계를 격리 또는 밀폐시킨다.

해설

개인보호구 착용
소음 관리에서 선택할 수 있는 최후의 방법이다.

45 하우스 등과 같이 밀폐된 공간에서 동력기기를 사용하는 작업, 로터리 작업, 농약 방제작업, 각종 트랙터 작업 등 농업용 기계를 사용하는 작업에서 노출될 수 있는 물질은?

① 석 면
② 유리규산
③ 석영 분진
④ 디젤 연소물질

해설

디젤 연소물질이 발생하는 작업
• 하우스 등과 같이 밀폐된 공간에서 동력기기를 사용하는 작업
• 로터리 작업
• 농약 방제작업
• 각종 트랙터작업

46 농작업 시 노출될 수 있는 유해요인 중 생물학적 유해인자와 거리가 가장 먼 것은?

① 미생물
② 박테리아
③ 곰팡이
④ 식물생장조절제

해설
식물생장조절제 : 화학적 유해인자

47 농작업 위험도 평가 결과에 따른 위험요인 관리 방향으로 틀린 것은?

① 낮음 - 특별한 조치는 필요 없음
② 중간 - 보호구 착용 및 주의에 대한 교육이 필요함
③ 높음 - 지속적 관찰이 필요함
④ 매우 높음 - 즉각적 조치가 필요함

해설
높음 - 조치가 필요함

48 다음의 작업 사례 중 근골격계 질환이 발생할 수 있는 사례를 모두 고른 것은?

ㄱ. 쪼그려 앉은 자세로 지속적으로 작업
ㄴ. 계단이나 사다리를 반복적으로 오르내리는 작업
ㄷ. 한쪽 발에 체중이 지속적으로 쏠리는 작업
ㄹ. 오랜 기간 예초기를 반복적으로 사용하는 작업

① ㄱ, ㄷ
② ㄱ, ㄴ, ㄹ
③ ㄴ, ㄷ, ㄹ
④ ㄱ, ㄴ, ㄷ, ㄹ

해설
근골격계 질환의 위험요인으로는 부적절한 작업 자세, 중량물 작업, 반복적인 동작, 진동 등을 들 수 있다.

46 ④ 47 ③ 48 ④ 정답

49 밀폐공간 작업으로 인한 건강장해 예방을 위한 적정공기 기준에 해당하지 않는 것은?

① 탄소가스 농도 1.5% 미만

② 황화수소 농도 10ppm 미만

③ 일산화탄소 농도 50ppm 미만

④ 산소 농도 18% 이상 23.5% 미만

[해설]

일산화탄소 : 30ppm 미만

50 다음 설명에 해당하는 온열질환은?

> – 고온 스트레스를 받았을 때 열을 발산시키는 체온 조절 기전에 문제가 생겨 심부 체온이 40℃ 이상 증가하는 것을 특징으로 한다.
> – 의식장애, 고열, 비정상적 활력징후, 고온 건조한 피부 등이 나타난다.

① 열사병(Heat Stroke)

② 열탈진(Heat Exhaustion)

③ 열경련(Heat Cramps)

④ 열실신(Heat Syncope)

[해설]

열사병(Heat Stroke)

열사병은 고온 스트레스를 받았을 때 열을 발산시키는 체온 조절 기전에 문제(Thermal Regulatory Failure)가 생겨 심부 체온이 40℃ 이상 증가하는 것이 특징이다. 의식장애, 고열, 비정상적 활력징후, 고온 건조한 피부 등이 나타난다. 치명률은 치료 여부에 따라 다르지만 대부분 매우 높게 나타난다.

51 농작업에서 가장 많이 노출되는 분진인 유기 분진에 해당하는 것은?

① 석 면

② 미생물

③ 이산화규소

④ 디젤 연소물질

[해설]

일반적으로 분진이 호흡기계 건강에 주는 영향은 분진의 화학적 성분에 따라 다양한데, 흙과 같은 광석의 비율이 많은 무기 분진과 식물이나 동물 같은 유기체에서 나오는 탄소, 미생물을 포함한 유기 분진으로 나눌 수 있다. 무기 분진은 이산화규소나 석면 같은 몇 종을 제외하고는 건강에 대한 영향이 적은 편이다. 반면 유기 분진은 인체에 들어가면 생물반응을 유도하여 건강에 더 해롭다. 축산, 버섯, 화훼 등의 농업인들이 주로 유기 분진에 노출이 되어 호흡기계 질환이 나타나기 쉽다.

52 농작업 유해요인 노출을 평가하는 방법으로 체크리스트 분석과 비디오 분석을 병행하는 방법을 가장 많이 쓰는 유해인자는?

① 물리적 유해인자　　　　　　　　② 화학적 유해인자

③ 생물학적 유해인자　　　　　　　④ 인간공학적 유해인자

> **해설**
> 인간공학적 유해요인 평가는 체크리스트 분석과 비디오 분석을 병행하여 실시한다. 이때 사용하는 평가방법은 작목별 작업 특성을 고려하여 기존에 타당도 및 신뢰도가 검증된 평가도구를 선택하여 사용한다.

53 생강 저장용 토굴에서 발생할 수 있는 질식재해를 예방하기 위한 조치로 적절하지 않은 것은?

① 방독마스크를 착용하고 토굴로 들어갔다.

② 들어가기 전 토굴의 산소 농도를 측정했다.

③ 송풍기를 이용하여 토굴에 공기를 주입했다.

④ 비상시 구조를 위해 입구에 안전삼각대를 설치했다.

> **해설**
> 송기마스크는 신선한 공기 또는 공기원(공기압축기, 압축공기관, 고압공기용기 등)을 사용하여 호스를 통해 공기를 송기함으로써 분뇨처리사, 퇴비사, 농산물 저장고(예 생강굴), 하수구 등의 장소에서 산소결핍으로 인해 질식사 및 가스중독사고를 방지하기 위해 사용한다.

54 진동 노출 평가기준 및 방법에 대한 설명으로 틀린 것은?

① 인체 진동 노출을 평가하기 위해서는 3방향(X, Y, Z)을 측정한다.

② 진동 발생 수준은 작업 대상의 노면 상태, 작업 내용에 따라 다르다.

③ 농작업에서 발생 가능한 요통과 관련되는 것은 국소진동이다.

④ 손에 전달되는 진동을 측정하는 경우는 진동이 손으로 전달되는 위치로부터 가까운 곳에서 측정한다.

> **해설**
> 전신진동(Whole Body Vibration)은 주로 운송 수단과 중장비 등에서 발견되는 형태로서 승용 장비의 바닥, 좌석의 좌판, 등받이와 같이 몸을 받치고 있는 지지구조물을 통하여 몸 전체에 진동이 전해지는 것으로, 주로 요통과 소화기관, 생식기관의 장애, 신경계통의 변화 등을 유발한다.

55 농업인들에게 빈번하게 발생하는 근골격계 질환의 특징이 아닌 것은?

① 반복작업은 근골격계 질환 발병에 전혀 영향을 미치지 않는다.

② 증상의 정도가 가볍고 주기적인 것부터 심각하고 만성적인 것까지 다양하다.

③ 하나의 조직뿐만 아니라 다른 주변 조직의 변화를 동시에 가져온다.

④ 특정된 하나의 신체 부위에 발생할 수 있고 동시에 여러 부위에서 다발적으로 나타날 수도 있다.

해설

반복적인 동작

유사한 동작이 작업 기간 동안 빈번하게 반복된다면(예 매 몇 초마다), 피로와 근육, 건에 대한 부하가 축적될 수 있다. 이러한 작업 중간에 충분한 휴식시간이 주어진다면 건과 근육은 피로로부터 회복된다. 같은 작업을 수행하는 데 반복적인 동작의 효과는 부적합한 자세와 힘이 많이 들어가는 경우를 포함할 때 증가한다.

56 근골격계 부담작업 평가도구를 선택할 때 고려하여야 하는 사항이 아닌 것은?

① 작업 특성을 고려하여 선택할 것

② 평가하고자 하는 대상자 수를 고려할 것

③ 평가자의 훈련 정도를 고려하여 선택할 것

④ 평가하고자 하는 신체 부위를 고려하여 선택할 것

해설

근골격계 부담작업 평가도구를 선택할 때 고려하여야 하는 사항

• 평가도구는 평가하고자 하는 신체 부위를 고려하여 선택할 것

평가하고자 하는 작업에서 주로 문제되는 신체 부위가 어디인지를 고려해야 한다. 평가방법에 따라 적절한 평가 부위가 정해져 있다.

• 평가도구는 작업 특성을 고려하여 선택할 것

어떤 평가도구는 중량물만 평가한다든지, 어떤 것은 작업 자세만 평가한다든지 각각의 특성이 있다. 또한 매번 동일한 동작이 반복 수행되거나 비특이적인 자세가 상황에 따라 바뀌는 작업 등 다양한 특성을 고려하여 평가도구를 선택해야 한다.

• 평가도구는 평가자의 훈련 정도를 고려하여 선택할 것

대부분의 평가를 위해서는 근골격계 질환과 관련된 전문교육이 필요하다. 교육 수준에 따라 다소 쉬운 평가와 좀 더 복잡한 평가도구를 사용할 수 있다.

정답 55 ① 56 ②

57 농약 노출 관리방안과 거리가 가장 먼 것은?

① 피부 노출을 최소화한다.

② 상황에 따라 적절한 마스크를 사용한다.

③ 작물의 높이를 고려하여 보호대책을 강구한다.

④ 농약을 살포할 때 보호구는 보호안경만 착용한다.

해설

농약의 일반적 예방대책

• 농약을 살포할 때 농약이 체내로 들어오지 않도록 하거나 들어오더라도 독작용이 나타나지 않을 정도로 농약을 살포한다.

• 농약 살포작업 시 중독사고를 방지하기 위해서 농약에 맞는 적절한 보호구를 착용한다.

• 농약 포장지의 사용상 주의사항을 주의 깊게 읽은 후 농약을 다루고 보관 및 살포한다.

• 더운 여름에 살포 시 호흡량이 늘어나 농약의 흡입 가능성이 높아지게 되므로 적절한 마스크를 착용한다.

• 농약과 인체의 접촉을 막기 위해서 방수성 방제복을 착용한다.

58 곡괭이질 또는 삽질 등의 중작업 시 고온 노출기준에 관한 사항으로 ( )에 알맞은 내용은?

(단위 : ℃, WBGT)

작업강도 〳 작업휴식시간비	중작업
계속 작업	(ㄱ)
매시간 75% 작업, 25% 휴식	(ㄴ)

① ㄱ : 25.0, ㄴ : 25.9

② ㄱ : 25.0, ㄴ : 27.9

③ ㄱ : 26.7, ㄴ : 25.9

④ ㄱ : 26.7, ㄴ : 27.9

해설

작업강도 〳 작업휴식시간비	WBGT(℃)		
	경작업 (3kcal/분 이상)	중증도작업 (5kcal/분 이상)	중작업 (7kcal/분 이상)
계속작업	30.0	26.7	25.0
75% 작업, 25% 휴식	30.6	28.0	25.9
50% 작업, 50% 휴식	31.4	29.4	27.9
25% 작업, 75% 휴식	32.2	31.1	30.0

59 감염병 예방 및 관리를 병원소관리, 전파과정의 차단, 숙주관리로 구분할 때 숙주관리에 해당하는 것은?

① 격 리

② 도 축

③ 치 료

④ 예방접종

해설

전파과정의 차단은 감염된 사람을 격리시키고, 환경위생, 식품위생, 개인위생 등의 위생관리방법이 있으며 병원소 관리로는 병원체를 배출하는 사람, 동물, 물과 같은 환경을 관리하는 방법이 있다. 숙주의 관리로 가장 대표적인 것은 예방접종이다.

60 호흡기계 건강장해를 예방하기 위해 착용하는 호흡용 보호구가 아닌 것은?

① 보안면

② 송기마스크

③ 방진마스크

④ 방독마스크

해설

보안면은 다양한 화학물질의 위험으로부터 안면 전체를 보호해 주며, 완전한 보호를 위해서는 고글형 보안경을 추가로 사용해야 하며, 2차 보호구로서 사용할 수 있다.

61 산업안전보건법령상 전기 기계·기구 등으로 인한 위험 방지 조치가 아닌 것은?

① 충전부가 노출되지 않도록 폐쇄형 외함(外函)이 있는 구조로 할 것

② 충전부에 충분한 절연효과가 있는 방호망이나 절연덮개를 설치할 것

③ 충전부는 내구성이 있는 절연물로 주요 작동 부분을 제외하고 완전히 덮어 감쌀 것

④ 전주 위 및 철탑 위 등 격리되어 있는 장소로서 관계자가 아닌 사람이 접근할 우려가 없는 장소에 충전부를 설치할 것

> **해설**
> 충전부는 내구성이 있는 절연물로 주요 작동 부분을 포함하여 완전히 덮어 감싼다.

62 저체온증의 응급처치방법으로 거리가 가장 먼 것은?

① 의식이 없는 경우 음료를 주지 않는다.

② 신속히 병원으로 가거나 119로 신고한다.

③ 겨드랑이나 배 위에 핫팩이나 더운 물통을 올려놓는다.

④ 착용 중인 옷이 젖었으면 그 위에 담요를 덮어 준다.

> **해설**
> 저체온증환자 발생 시 가능한 한 빨리 환자를 따뜻한 장소로 이동하여 체온을 유지시키며, 젖은 옷은 벗기고 건조하고 따뜻한 담요 등을 덮어 준다.

63 농작업 시 물체의 낙하 또는 비래에 의한 위험을 방지 또는 경감하고, 머리 부위 감전에 의한 위험을 방지하기 위하여 착용하는 안전모의 종류는?

① A   ② B

③ AE   ④ ABE

> **해설**
> AE 안전모
> 떨어지거나 날아오는 물체에 맞을 위험을 방지 또는 경감하고, 머리 부위 감전에 의한 위험을 방지하기 위한 안전모

64 방독마스크의 형태에 포함되지 않는 것은?

① 반면형

② 격리식 개폐형

③ 직결식 반면형

④ 직결식 전면형

해설

방독마스크의 형태별 종류는 격리식 전면형, 직결식 전면형, 직결식 소형 반면형으로 분류된다.

65 누전차단기 선정 시 주의사항으로 옳은 것은?

① 정격감도전류가 30mA 이상일 것

② 누전차단기의 동작시간은 0.5초 이하일 것

③ 누전차단기의 절연저항은 5MΩ 이상일 것

④ 정격부동작전류가 정격감도전류의 50% 이하인 것

해설

누전차단기 선정 시 주의사항

• 누전차단기는 전로 전기방식에 대해 차단기 극수(3상 4선식의 경우에 4극)를 보유하고 해당 전로의 전압과 전류 및 주파수에 적합하도록 사용해야 한다.

• 정격감도전류가 30mA 이하의 것을 사용한다.

• 정격부동작전류(正格不動作電流)가 정격감도전류의 50% 이상이어야 하고, 그 차이가 가능한 한 작은 것을 사용하는 것이 바람직하다.

• 누전차단기는 동작시간이 0.1초 이하이고 가능한 한 짧은 시간의 것을 사용해야 한다.

• 누전차단기는 절연저항이 5MΩ 이상 되어야 한다.

• 누전차단기를 사용하고 그 차단기에 과부하보호장치 또는 단락보호장치를 설치하는 경우, 각각의 기능이 서로 조화를 유지해야 한다.

• 누전차단기의 동작 확인

  – 전동기의 사용을 개시하려고 하는 경우

  – 차단기가 동작한 후에 재투입할 경우

  – 차단기가 접속되어 있는 전로에 단락사고가 발생한 경우

66 고령 농업인에게 최근 발생이 증가하고 있는 뇌심혈관계 질환에 대한 설명으로 틀린 것은?

① 유전적 요인에 의해서 발생한다.

② 치료와 재활에 재정적 부담이 크다.

③ 비만관리도 중요한 질환 예방 대책이다.

④ 고혈압, 당뇨병도 뇌심혈관계 질환에 속한다.

해설

뇌심혈관질환

뇌혈관질환(뇌의 혈관이 막히거나 터져서 생기는 질환)과 심장혈관 질환(심장질환과 혈관질환)을 합하여 칭하는 용어이다. 발생하는 부위는 다르지만 질병의 원인, 위험요인, 악화요인이 거의 같으므로 그에 대한 대책도 비슷하기 때문에 뇌혈관질환과 심혈관질환을 합하여 뇌심혈관질환이라고 한다. 고혈압, 당뇨병, 이상지질혈증은 뇌심혈관질환의 중요한 원인이다.

67 저음부터 고음까지 차음하는 귀마개의 종류는?

① EM

② EM-1

③ EP-1

④ EP-2

해설

종 류	등 급	기 호	성 능	비 고
귀마개	1종	EP-1	저음부터 고음까지 차음	귀마개의 경우 재사용 여부를 제조 특성으로 표기
	2종	EP-2	주로 고음을 차음 저음(회화영역)은 차음하지 않는 것	
귀덮개	−	EM	−	−

68 최소감지전류에 대한 설명으로 옳은 것은?

① 자력으로 이탈할 수 없는 전류를 말한다.

② 근육마비 및 쇼크와 함께 고통이 따르게 된다.

③ 직류를 기준으로 성별 관계없이 동일한 전류의 크기를 가진다.

④ 교류인 경우 상용주파수에서 60Hz에서 건강한 성인남자의 경우 1mA 정도로 감지한다.

해설

최소감지전류

인체에 전압을 인가하여 통전전류의 값을 서서히 증가시켜서 어느 일정한 값에 도달하면, 고통을 느끼지 않으면서 짜릿하게 전기가 흐르는 것을 감지하게 되는데, 이때의 전류값을 최소감지전류라 한다. 이 값은 직류냐 교류냐에 따라, 성별·건강·연령에 따라 다르며 교류인 경우에는 상용주파수 60Hz에서 건강한 성인남자의 경우는 1mA 정도이다.

69 농작업 안전화 및 보호장화를 선정할 때 고려사항으로 거리가 가장 먼 것은?

① 발보다 약간 커야 한다.

② 땀이 잘 발산되어야 한다.

③ 가볍고 신고 벗기 편해야 한다.

④ 미끄러운 곳에서 신발 바닥의 마찰력이 커야 한다.

해설

안전화의 사용 및 관리방법
- 작업내용이나 목적에 적합할 것
- 가벼운 것
- 땀 발산효과가 있는 것
- 디자인이나 색상이 좋은 것
- 바닥이 미끄러운 곳에는 창의 마찰력이 큰 것
- 발에 맞는 것을 착용할 것
- 목이 긴 안전화는 신고 벗는데 편하도록 된 구조(예) 지퍼 등)로 된 것
- 우레탄 소재(Pu) 안전화는 고무에 비해 열과 기름에 약하므로 기름을 취급하거나 고열 등 화기취급작업장에서는 사용을 피할 것
- 윗부분이 질질 끌리거나 균열 또는 찢어진 경우, 발바닥과 윗부분이 분리된 경우, 바닥이나 뒤꿈치의 구멍이나 균열이 있는 경우, 전기 위험용 안전화의 경우에 발끝 보호장비의 바닥이나 뒤꿈치에 끼인 금속 등의 이물질을 완전히 제거하거나 새것으로 교체

70 자외선 과다 노출에 의한 인체에 유해한 영향과 거리가 가장 먼 것은?

① 백내장

② 구루병

③ 익상편

④ 피부 흑색종

해설

우리의 몸은 피부에 닿는 태양광선의 활동에 의해 비타민 D를 만든다. 비타민 D는 뼈의 형성을 도와 구루병, 뼈 연화증, 임산부·수유부의 뼈·치아 탈회현상을 방지한다. 이외에도 칼슘의 항상성 유지, 유방암과 결장암의 항암작용 및 여러 가지 생리작용을 한다.

71 농약중독의 응급처치방법으로 거리가 가장 먼 것은?

① 농약을 마셨을 경우 즉시 병원으로 이송하여 치료받도록 한다.

② 입에 묻었거나 입안으로 들어간 경우, 깨끗한 물을 마시게 한다.

③ 농약이 피부에 묻었을 때 농약이 묻은 피부 부위를 비누를 사용하여 10분 이상 깨끗하게 닦아낸다.

④ 농약이 눈에 들어갔을 때 깨끗한 물로 눈을 헹구어 낸 후, 흐르는 물에 적어도 15분 이상 씻어낸다.

해설

농약중독 시 응급처치
- 농약에 오염된 옷을 빨리 제거하고, 노출된 부위는 흐르는 물과 비누로 깨끗이 씻어내며 농약에 오염된 부분을 손으로 만지지 않는다.
- 농약 복용 시 119에 도움을 요청하고, 복용한 농약을 병원에 가져간다.
- 농약을 복용한지 30분 이내면 구토를 유발하고, 빨리 병원으로 이송하여 추가적인 위세척과 가능하다면 해독제를 투여받는 것이 중요하다.
- 의식이 저하된 경우 환자를 회복 자세로 눕히며, 의식과 호흡이 없으면 즉시 심폐소생술을 시행한다.

72 감전으로 인한 위험의 크기를 결정짓는 요인으로 옳은 것은?

① 통전 시간, 기계 종류, 전류 크기

② 기계 종류, 통전 경로, 통전 시간

③ 전류 크기, 인체 크기, 기계 크기

④ 통전 경로, 통전 시간, 전원 종류

해설

전류에 의해 인체에 미치는 영향으로 전격의 위험을 결정하는 주요 인자
- 통전 전류의 크기
- 통전 경로(전류가 신체의 어느 부분을 흘렀는가)
- 전원의 종류(교류, 직류별)
- 통전시간과 전격인가위상(심장 맥동주기의 어느 위상에서 통전했는가)
- 주파수 및 파형
※ 감전에 의한 사망의 위험성은 일반적으로 통전 전류의 크기에 의해서 결정된다.

73 스트레스 예방관리의 개인적 관리방안 중 (   )에 알맞은 내용은?

> (   )은(는) 깊은 이완을 통해 뇌의 전기적 특성, 즉 뇌파를 전환시켜 줌으로써 스트레스를 극복하는 방법이다.

① 명상법

② 인지-행동기법

③ 점진적 근육 이완법

④ 생체 자기제어 기법

해설

명상법은 깊은 이완을 통해 뇌의 전기적 특성, 즉 뇌파를 전환시켜 줌으로써 스트레스를 극복하는 방법이다.

74 농촌생활에서 식생활 안전을 위해 지켜야 할 사항으로 틀린 것은?

① 손을 자주 씻고 음식을 익혀서 먹는다.

② 도마는 식재료별로 구분하여 사용하고 세척과 건조를 잘하도록 한다.

③ 화농성 감염이 있는 환자가 조리하지 않도록 한다.

④ 설사, 구토 등의 식중독 증상이 나타나면 구토약이나 설사약을 먹고 몸을 차갑게 한다.

건강을 위한 식이요법 중 가장 기본적인 것은 아침식사를 거르지 않고, 규칙적인 식사를 하는 것이다. 올바른 식생활을 위해서는 여러 음식을 골고루 섭취해야 한다. 특히 가공식품의 경우 염분 함량이 많고 여러 첨가물이 문제가 되므로 많이 섭취하는 것은 바람직하지 않다. 외식 시에는 짜고 기름진 음식을 주의하며 커피 등 카페인 음료는 적당량을 마신다. 동물성 지방은 혈액 속의 중성지방뿐 아니라 콜레스테롤을 높여 동맥경화, 협심증, 심근경색증 등의 질병을 유발할 수 있으므로 되도록 자주 먹지 않는 것이 바람직하다. 소금을 과다섭취하면 고혈압, 뇌졸중 등의 원인이 될 수 있다. 과음이나 잦은 음주, 흡연은 간질환의 위험요인이 되고 다른 영양소의 흡수, 이용을 방해하며 여러 질병을 일으키는 주요 위험인자이다. 설사, 구토 등의 식중독 증상이 나타나면 구토약이나 설사약을 먹고 몸을 따뜻하게 한다.

75 농기계 점검·수리 중 발생한 손가락 절단사고의 응급처치사항으로 틀린 것은?

① 절단 부위는 차게 하되 얼리지 않는다.

② 절단 부위는 소독된 마른 거즈나 깨끗한 천으로 감싼다.

③ 절단 부위는 거즈 등 청결한 천으로 압박 지혈하고 심장보다 높게 올린다.

④ 절단된 부위에 묻은 이물질은 흐르는 물에 손으로 살살 문질러 제거한다.

절단상의 일반적 처치
- 절단된 부위는 깨끗한 물로 씻어서 이물질을 제거하고 문지르지 않는다.
- 절단된 부위는 거즈 등의 청결한 천을 두툼하게 대고 직접 압박으로 지혈하고 손상 부위를 높게 올린다.
- 4~6시간 이내에 접합수술이 가능하도록 절단 부위를 잘 보관하고 병원으로 신속하게 함께 이송한다.
- 피부와 연결되어 있는 부분, 즉 힘줄이나 몸에 간신히 붙어 있는 부분은 절단하지 않는다.
- 절단 손상의 일반적 처치 시 절단된 부위를 보관한다.
- 절단된 부분은 깨끗한 물로 씻어서 소독된 마른 거즈나 깨끗한 천에 싸서 젖지 않도록 비닐 주머니에 넣어 봉한 후 얼음 위에 놓는다.
- 동상이 생긴 피부는 접합할 수 없으므로 얼음 속에 묻지 않으며, 얼음에 직접 닿지 않게 한다.

76 농업인들이 일반적으로 겪는 스트레스의 요인을 모두 고른 것은?

> ㄱ. 자본과 노동의 일원화
> ㄴ. 사적 영역과 공적 영역의 혼재
> ㄷ. 육체노동에 정신노동의 수반
> ㄹ. 교대 근무제

① ㄱ, ㄴ, ㄷ
② ㄱ, ㄷ, ㄹ
③ ㄴ, ㄷ, ㄹ
④ ㄱ, ㄴ, ㄷ, ㄹ

해설

우리나라 농업인들이 경험하는 일반적인 스트레스 요인
• 자본과 노동(경영)의 일원화
• 사적 영역(업무 외 일상 영역)과 공적 영역(업무 영역) 간의 혼재
• 가계 수입의 불안정성
• 육체적 노동과 정신적 노동의 수행
• 기후나 재해 등에 대한 민감성
• 신체적 건강과 생산성의 직결성
• 직업에 대한 사회적 평가 및 고립과 소외
• 농가 부채 및 경제적 악순환
• 위험한 물리환경에의 노출
• 조직이 없는 개미 군단

77 성인 심정지 환자에게 시행하는 가슴 압박의 적절한 속도와 깊이는?

① 분당 60~79회, 약 3cm

② 분당 80~99회, 약 4cm

③ 분당 100~120회, 약 5cm

④ 분당 140회 이상, 약 6cm

해설

심폐소생술 순서
• 반응 확인
• 119 신고 : 환자의 반응이 없다면 즉시 큰 소리로 119 신고를 요청
• 호흡 확인
• 가슴 압박 30회 시행
  – 손가락이 가슴에 닿지 않도록 주의하면서 양팔을 쭉 편 상태로 체중을 실어서 환자의 몸과 수직이 되도록 가슴을 압박하고, 압박된 가슴은 완전히 이완되도록 함
  – 분당 100~120회의 속도와 약 5cm 깊이(소아 4~5cm)로 강하고 빠르게 시행
• 인공호흡 2회 시행
  – 환자의 기도 개방
  – 엄지와 검지로 환자의 코를 잡아서 막고, 가슴이 올라올 정도로 1초에 걸쳐서 숨을 불어 넣음
  – 환자의 가슴이 부풀어 오르는지 눈으로 확인하고, 숨을 불어 넣은 후 입을 떼고 코도 놓아 공기가 배출되도록 함
• 가슴압박과 인공호흡을 반복함

78 농촌 소각장에서 폐비닐이나 전선, PVC를 태울 때 발생하는 물질로 인체에 독성이 강한 것은?

① 불산
② 다이옥신
③ 에탄올
④ 황산화물

해설

다이옥신은 쓰레기를 태울 때 제일 많이 생기며 특히 PVC제제가 많이 포함된 쓰레기를 소각할 때 많이 나온다. 대부분 다이옥신은 음식에 포함되어 흡수되며 3% 이하만 호흡기를 통해 흡수된다.

79 폭염 발생 시 농작업자의 온열질환을 예방하기 위한 방법으로 옳은 것은?

① 휴게실을 설치하고 적정 습도 80%를 유지한다.
② 낮 시간은 모자, 그늘막을 활용한다면 문제없다.
③ 가장 더운 낮 시간에는 작업을 중단한다.
④ 작업할 때에는 복사열을 방지하기 위해 시설물의 천장을 개방한다.

해설

온열질환 예방대책
• 온열질환은 예방이 중요하므로 물과 염분을 수시로 보충한다.
• 폭염시간대는 농작업 및 야외활동을 피하고, 밖을 나설 때는 챙이 넓은 모자, 여유 있는 긴팔 옷과 바지 등을 착용하여 자외선 노출을 차단한다.
• 비닐하우스 등 밀폐공간에서의 농작업은 5시간 이하로 제한해야 하며 일하는 중간에 그늘이나 통풍이 잘되는 곳에서 자주 짧은 휴식을 취한다.
• 고열에 순응할 때까지 고열작업시간을 점차 단계적으로 증가시킨다.
• 온습도를 쉽게 알 수 있도록 온도계 등의 기기를 작업장에 부착한다.
• 여름철 옥외작업의 경우 일정 온도 이상이 되면 옥외작업을 중단한다.
• 작업시간 중간에 주기적으로 휴식시간을 갖는다.
• 물과 식염을 작업공간 곳곳에 비치하고 휴게장소는 고열작업장과 떨어진 시원한 곳에 마련한다.
• 카페인이 함유된 음료, 알코올은 탈수현상을 가중시키므로 삼간다.
• 온열질환 응급환자가 발생할 경우 응급구조방법을 숙지한다.
• 모자, 긴팔 등의 직사광선을 피할 수 있는 대책을 세운다.
• 냉각 젤이나 얼음이 들어 있는 냉각 조끼(Cooling Vest) 등의 냉각도구를 착용한다.
• 힘든 작업은 되도록 시원한 시간대(아침, 저녁)에 한다.

80 추위로 인한 건강장해를 예방하는 방법으로 거리가 가장 먼 것은?

① 작업은 되도록 새벽시간에 할 것을 권장한다.

② 체온 유지를 위해 수시로 따뜻한 물 또는 음료를 섭취한다.

③ 체온 유지를 위해 얇은 옷을 여러 겹 겹쳐 입도록 한다.

④ 작업자가 일하는 장소 가까운 곳에 휴게실을 마련하고 환기가 잘되는 장소에 난로를 설치한다.

해설

한랭 시 건강장해 예방대책
- 작업복 : 두꺼운 옷 한 겹보다는 얇은 옷을 여러 겹 겹쳐 입는다.
  - 제일 안쪽 : 공기가 잘 통하고 땀을 잘 흡수하는 것(면, 합성 메리야스 등)
  - 중간 : 땀을 흡수하는 동시에 젖었을 때에도 단열효과를 유지하는 것(양모, 오리털, 합성 솜 등)
  - 가장 바깥쪽 : 짜임새가 치밀하여 바람을 막아 주고 약간의 환기기능이 있는 것(고어텍스, 나일론 등)
- 특히 손, 발, 머리, 얼굴을 보호한다.
- 반드시 모자를 쓴다(머리 노출 시 체열의 40%가 발산된다).
- 양말을 겹쳐 신었을 때 양말이나 신발이 너무 죄지 않도록 주의한다(혈액순환이 억제되어 동상의 원인이 된다).
- 작업복이 젖을 경우에 갈아입을 수 있도록 여분의 옷을 준비한다.
- 여자는 특히 하반신 보온에 신경 쓴다.
- 공복 상태는 금물이므로, 단백질과 지방질을 충분히 섭취하고 더운 물, 더운 음식을 섭취한다.
- 고혈압, 류머티즘, 신경통이 있는 사람은 한랭작업에 맞지 않으므로 피하도록 한다.

제1과목 | 농작업과 안전보건교육

01 농어업인의 안전보험 및 안전재해예방에 관한 법률과 관련하여 농어업 작업안전재해의 예방을 위한 기본계획의 수립내용에 포함되지 않는 것은?

① 농어업작업안전재해 예방 정책의 기본 방향

② 농어업작업안전재해 예방 정책에 필요한 연구·조사 및 보급·지도에 관한 사항

③ 농어업작업안전재해 예방을 위한 교육·홍보에 관한 사항

④ 농어업작업안전재해 보상에 관한 사항

해설

농어업작업안전재해의 예방을 위한 기본계획의 수립 등(농어업인의 안전보험 및 안전재해예방에 관한 법률 제16조)

① 농림축산식품부장관과 해양수산부장관은 농어업작업안전재해를 예방하기 위하여 농어업작업안전재해 예방 기본계획(이하 "기본계획"이라 한다)을 5년마다 각각 수립·시행하여야 한다.

② 기본계획에는 다음 각 호의 사항이 포함되어야 한다.

  1. 농어업작업안전재해 예방 정책의 기본 방향

  2. 농어업작업안전재해 예방 정책에 필요한 연구·조사 및 보급·지도에 관한 사항

  3. 농어업작업안전재해 예방을 위한 교육·홍보에 관한 사항

  4. 그 밖에 농어업작업안전재해 예방에 관하여 필요한 사항

③ 농림축산식품부장관과 해양수산부장관은 기본계획에 따라 매년 농어업작업안전재해 예방을 위한 시행계획(이하 "시행계획"이라 한다)을 각각 수립·시행하여야 한다.

④ 농림축산식품부장관과 해양수산부장관은 매년 제3항에 따른 시행계획의 이행실적을 평가하여 그 결과를 기본계획 및 다음연도 시행계획의 수립 등에 반영하여야 한다.

⑤ 제1항부터 제4항까지의 규정에 따른 기본계획 및 시행계획의 수립·시행·평가 등에 필요한 사항은 농림축산식품부령 또는 해양수산부령으로 정한다.

02 농어업인의 안전보험 및 안전재해예방에 관한 법률상 보험에서 피보험자의 농어업작업안전 재해에 대하여 지급하는 보험금의 종류가 아닌 것은?(단, 그 밖에 대통령령으로 정하는 급여금은 제외한다)

① 장해급여금
② 행방불명급여금
③ 상병(傷病)보상연금
④ 상해·질병 치료급여금

해설

보험금의 종류(농어업인의 안전보험 및 안전재해예방에 관한 법률 제9조)
① 보험에서 피보험자의 농어업작업안전재해에 대하여 지급하는 보험금의 종류는 다음 각 호와 같다.
  1. 상해·질병 치료급여금
  2. 휴업급여금
  3. 장해급여금
  4. 간병급여금
  5. 유족급여금
  6. 장례비
  7. 직업재활급여금
  8. 행방불명급여금
  9. 그 밖에 대통령령으로 정하는 급여금

03 농어업인의 안전보험 및 안전재해예방에 관한 법률과 관련하여 농어업작업안전재해에 대하여 지급하는 보험금에 대한 설명으로 옳지 않은 것은?

① 장해급여금은 농어업작업으로 인하여 부상을 당하거나 질병에 걸려 치유 후에도 장해가 있는 경우에 장해등급에 따라 책정한 금액을 피보험자에게 연금 또는 일시금으로 지급한다.
② 휴업급여금은 피보험자가 농어업작업으로 인하여 부상을 당하거나 질병에 걸린 경우에 그 의료비 중 실제로 본인이 부담한 비용(국민건강보험법에 따른 요양급여비용 또는 의료급여법에 따른 의료급여비용 중 본인이 부담한 비용과 비급여비용을 합한 금액을 말한다)의 일부를 피보험자에게 지급한다.
③ 간병급여금은 상해·질병 치료급여금을 받은 사람 중 치유 후 의학적으로 상시 또는 수시로 간병이 필요하여 실제로 간병을 받은 피보험자에게 지급한다.
④ 유족급여금은 피보험자가 농어업작업으로 인하여 사망한 경우 농림축산식품부령 또는 해양수산부령으로 정하는 유족에게 연금 또는 일시금으로 지급한다.

해설

휴업급여금은 농어업작업으로 인하여 부상을 당하거나 질병에 걸려 농어업작업에 종사하지 못하는 경우에 그 휴업기간에 따라 산출한 금액을 피보험자에게 일시금으로 지급한다(농어업인의 안전보험 및 안전재해예방에 관한 법률 제9조3항).

04 농어업인의 안전보험 및 안전재해예방에 관한 법률상 (　　) 안에 들어갈 알맞은 용어는?

> (　　)란 농어업작업으로 인하여 발생한 농어업인 및 농어업근로자의 부상·질병·장해 또는 사망을 뜻한다.

① 농부증

② 농업인 질환

③ 농작업 사고

④ 농어업작업안전재해

05 농업기계화 촉진법령과 관련하여 옳은 것은?

① 농림축산식품부장관은 농업기계화사업을 효율적으로 추진하기 위하여 관계 중앙행정기관의 장과 협의하여 5년마다 농업기계화 기본계획을 세워야 한다.

② 농업기계화에 대한 실태조사는 3년마다 실시한다.

③ 이 법의 목적은 농업·농촌 및 식품산업 기본법, 산림기본법, 해양수산발전 기본법 및 수산업·어촌 발전 기본법에 따라 농어업인 등의 복지증진, 농어촌의 교육여건 개선 및 농어촌의 종합적·체계적인 개발촉진에 필요한 사항을 규정함으로써 농어업인 등의 삶의 질을 향상시키고 지역 간 균형발전을 도모하는 것이다.

④ 농업기계화 실태조사에는 농어업인등의 복지실태, 농어업인 등에 대한 사회안전망 확충 현황, 고령 농어업인 소득 및 작업환경 현황, 농어촌의 교육여건, 농어촌의 교통·통신·환경·기초생활 여건, 그 밖에 농어업인등의 복지증진과 농어촌의 지역개발을 위하여 필요한 사항이 포함된다.

해설

② 농림축산식품부장관은 농업기계화 관련 정책의 효율적인 추진을 위하여 농업기계화에 대한 실태조사를 정기적으로 실시하고 이를 기본계획에 반영하여야 한다(농업기계화 촉진법 제5조의2).

③ 농어업인 삶의 질 향상 및 농어촌지역 개발촉진에 관한 특별법 목적(법 제1조)

④ 농업기계화에 대한 실태조사에 포함되어야 하는 사항(농업기계화 촉진법 시행규칙 제1조의 4)

• 주요 농업기계의 이용 실태

• 벼 및 밭작물에 대한 농작업 기계화율

• 그 밖에 농업기계화 관련 정책의 효율적인 추진을 위하여 농림축산식품부장관이 필요하다고 인정하는 사항

06 농업기계화 촉진법령상 안전교육에 관한사항으로 옳지 않은 것은?

① 교육대상자 : 농업용 기계를 사용하거나 사용하려는 농업인 등

② 교육시간 : 농업기계의 종류에 따라 1일 3시간 이내의 범위에서 교육

③ 교육기간 : 농업기계의 종류에 따라 3일 이내의 범위에서 교육

④ 교육과정 : 구조 및 조작 취급성 등에 관한교육

해설

안전교육 대상자의 범위 등(농업기계화 촉진법 시행규칙 제19조)
① 법 제12조의2제2항에 따른 농업기계 안전교육 대상자의 범위, 교육기간 및 교육과정은 다음과 같다.
　1. 안전교육 대상자 : 농업용 트랙터 등 농업용 기계를 사용하거나 사용하려는 농업인 등
　2. 교육기간 및 교육과정 : 농업기계의 종류에 따라 3일 이내의 범위에서 구조 및 조작 취급성 등에 관한 교육
② 제1항에서 정하지 아니한 그 밖의 안전교육에 관하여 필요한 사항은 농촌진흥청장이 정한다.

07 농어업인 삶의 질 향상 및 농어촌지역 개발촉진에 관한 특별법에서 '농어업인 삶의 질 향상 및 농어촌 지역개발위원회'는 어느 소속으로 두는가?

① 국무총리　　　　　　　　　② 해양수산부

③ 농림축산식품부　　　　　　④ 지방자치단체

해설

농어업인 삶의 질 향상 및 농어촌 지역개발위원회(농어업인 삶의 질 향상 및 농어촌지역 개발촉진에 관한 특별법 제10조)
농어업인등의 복지증진, 농어촌의 교육여건 개선 및 지역개발에 관한 정책을 총괄 · 조정하기 위하여 국무총리 소속으로 농어업인 삶의 질 향상 및 농어촌 지역개발위원회를 둔다.

08 농약관리법상의 농약으로 분류되지 않는 것은?

① 전착제　　　　　　　　　　② 살충제

③ 제초제　　　　　　　　　　④ 도포제

해설

농약(농약관리법 제2조)
• 농작물[수목(樹木), 농산물과 임산물을 포함한다]을 해치는 균(菌), 곤충, 응애, 선충(線蟲), 바이러스, 잡초, 그 밖에 농림축산식품부령으로 정하는 동식물(이하 "병해충"이라 한다)을 방제(防除)하는 데에 사용하는 살균제 · 살충제 · 제초제
• 농작물의 생리기능(生理機能)을 증진하거나 억제하는 데에 사용하는 약제
• 그 밖에 농림축산식품부령으로 정하는 약제

09 농업기계 검정기준상 공통 안전기준 중 가동부의 방호기준에 관한 사항으로 (   ) 안에 들어갈 알맞은 내용은?

> 가동부와 작업자의 사이에 방호장치(가드)를 부착 시 가동부가 작업자의 상방향(작업자가 서서 손을 뻗었을 때)에 있는 경우 안전거리는 지면 또는 방책면으로부터 (   )mm 이상일 것

① 1,000

② 1,500

③ 2,000

④ 2,500

공통 안전기준(농업기계 검정기준 별표 2)
- 가동부의 방호 : 가동부와 작업자의 사이에 방호장치(가드)를 부착할 경우 안전거리(위험부에 접촉하지 않는 거리)는 다음과 같을 것. 다만, 작업에 불가피하다고 인정되는 경우에 예외로 한다.
  - 가동부가 작업자의 상방향(작업자가 서서 손을 뻗었을 때)에 있는 경우 안전거리는 지면 또는 방책면으로부터 2,500mm 이상일 것

10 외국의 농작업 안전보건제도에 관한 사항 중 옳은 것은?

① 아일랜드는 민간보험에서 임의가입으로 농업인 안전재해보험을 운영하고 있으나 한국과는 달리 농업인의 80~90%가 농업인 재해보험에 가입되어 있으며, 재해예방의 법적 의무규정 및 안전교육을 확대하고 있다.

② 미국은 국가가 주도하여 농업안전보건 관리를 수행하고 있다.

③ 독일은 농가 단위로 재해보험 가입이 의무화되어 있으나, 농가 경영주에게 해당 농장의 재해예방조치 의무는 없다.

④ 핀란드는 농업인사회보험공단에서 일반 제조업 근로자와 분리되어 있는 형태의 농업인 안전재해보험 가입은 당연가입이 아닌 자율 선택이다.

- 미국 : 민영화된 건강보험 체계로서 유럽과 달리 국가가 주도하여 농업안전보건 관리를 수행하지 않는다. 대신 질병통제제국 산하 국립산업안전보건원(NIOSH)에서 1990년대부터 농업인의 산업안전관리를 위해 11개의 농업안전보건센터를 설립·지원한다.
- 독일 : 농업근로자, 자영 농업인 및 그 가족을 하나의 제도로 포괄(당연가입)하였다. 농업인 업무상 재해 예방을 국가의 법적 의무사항으로 규정하고, 국가적 예방관리에 대해서 지원 및 투자를 지속하고 있으며, 국내 제조업에 적용되는 산업안전보건법과 마찬가지로 농가 경영주에게 예방조치 의무를 부과한다.
- 핀란드 : 농업인사회보험공단에서 일반 제조업 근로자와 분리되어 있는 형태의 농업인 안전재해보험(강제가입)을 운영하고 있으며, 예방조직으로서 국가중앙기관인 "국립농업안전보건센터"가 중추적인 활동을 수행하며, 농업안전보건전문가의 교육·양성(법제화), 지역현장에서의 안전·보건의 제반영역을 포함한 농업보건서비스를 수행한다.

11 농작업 안전보건관리를 위하여 다음의 농업인 안전감독관(TAD)제도를 운영하는 나라는?

> 농업인 안전감독관(Technischer Arbeitsdienst)
> • 인력 규모 : 농업인사회보험조합 인력의 10%(전국 500여명)
> • 임무 : 농가현장 방문상담 및 지원으로 예방활동 수행(현장시찰, 상담과 교육, 재해조사, 감독 등)
> • 활동 : 매년 전체 농가의 약 7% 방문, 활동 현장 방문조사 실시(연간 약 1만여 건)
> • 인력 양성 : 농업인사회보험조합에서 2년간 교육 및 자격증 부여

① 영 국   ② 독 일
③ 미 국   ④ 핀란드

> **해설**
> 안전보건전문가
> 농작업 환경 개선 및 재해예방을 위한 전문가의 현장지원서비스에 대한 농업인의 요구도가 높으며, 선진국의 경우 농업안전보건 전문인력을 양성하여 농가방문식 컨설팅·서비스를 주요 재해예방사업으로 수행한다.
> ※ 독일의 농업안전보건 감독관(TAD ; Technischer Arbeitsdienst), 핀란드의 농업안전보건 전문가, 스웨덴의 농업안전보건 컨설턴트 등

12 농작업 안전보건 교육계획을 수립할 때 고려해야 할 사항으로 옳지 않은 것은?

① 농작업 안전보건교육에 필요한 정보를 수집한다.
② 농업현장의 의견을 반영한다.
③ 농작업 안전보건관리와 관련된 정부의 법, 규정을 고려한다.
④ 교육자의 입장에서 교육자가 주체가 되어 시행한다.

> **해설**
> 안전보건 교육은 교육자의 입장이 아닌 학습자가 학습경험을 가질 수 있도록 교육에 대한 목표를 설정하기 위하여 학습자의 요구분석을 실시한다.

13 다음 내용과 관련 있는 안전교육은?

> • 작업방법 및 순서를 준수하려는 의지
> • 관련 전문가를 활용하려는 협력적 자세
> • 유해 위험요인에 대한 주의 깊은 관찰

① 안전기술교육   ② 안전지식교육

③ 안전태도교육   ④ 문제해결교육

해설

안전교육의 목적을 달성하기 위해 지식, 기능, 태도 측면에서 세부적으로 접근할 수 있다.
• 안전지식교육 : 안전지식교육은 안전에 대한 의식의 향상 및 책임감 주입, 기능 및 태도교육에 필요한 기초지식 주입, 안전규정 숙지 등을 포함한다.
• 안전기능교육 : 안전기능교육은 교육 대상자가 스스로 행동할 수 있는 상태가 되도록 교육하는 것으로, 교육 대상자가 안전요령을 체득하여 안전에 대한 숙련성이 증가하는 것으로 달성된다.
• 안전태도교육 : 안전기능을 실제적으로 수행하도록 하는 교육이다(산업안전교육원, 1991).

14 교육과정을 통해 얼마나 성장하였는가에 초점을 두는 교육평가 유형은?

① 진단평가   ② 성장참조평가

③ 능력참조평가   ④ 규준지향평가

해설

② 성장 참조 평가 : 교육과정을 통하여 얼마나 성장하였느냐에 관심을 두는 평가로, 최종 성취수준보다는 초기 능력수준에 비추어 얼마나 성장하였느냐를 강조하는 평가한다.
① 진단평가 : 대상자들의 교육에 대한 이해 정도를 파악하고, 교육계획을 수립할 때 무엇을 교육할지 알아보기 위해 실시한다.

15 다음 중 농작업 안전보건 교육프로그램 교재를 개발할 때 고려해야 할 사항이 아닌 것은?

① 학습자의 태도   ② 시간 활용 가능성

③ 필요한 자원의 확보   ④ 전문가 활용 가능성

해설

교재를 개발해야 하는 경우 교재 사용 대상자, 교재내용, 교재 개발자, 필요한 자원(시간, 전문가, 재원) 등을 고려해야 한다.

16 농작업 안전보건 교육을 실시할 때 요구분석의 방법으로 옳지 않은 것은?

① 교육 실시자가 가지고 있는 자료 중 고른다.

② 설문조사를 통해 요구도를 파악한다.

③ 면담은 관련자와 직접 접촉하여 깊이 있는 자료를 얻을 수 있다.

④ 관찰은 융통성 있는 조사가 가능하며 많은 자료를 얻을 수 있다.

해설

요구분석 시 자료 수집의 방법으로는 대인면접조사, 전화면접, 우편조사, 기록 및 통계 활용, 관찰 등이 있다. 어떤 자료가, 어떤 내용으로, 어디에서 수집하며, 어떻게 수집할 것에 대한 결정에 따라 자료 수집방법을 선택한다.

17 농작업 안전보건교육 평가 시 평가도구가 갖추어야 할 조건이 아닌 것은?

① 신뢰도   ② 타당도

③ 객관성   ④ 주관성

해설

안전보건교육 평가 시 평가도구의 조건은 타당도, 신뢰도, 객관도, 실용도이다. 채점자가 객관적 입장에서 공정하게 채점하는지에 대한 객관도를 갖춰야 한다.

18 다음에서 사용된 교육평가 모형은?

> 안전교육에 참여한 집단과 참여하지 않은 집단의 안전교육 실시 전후의 정보를 수집하여 안전교육의 실시로 인해 변화된 내용과 얼마나 변화되었는지를 평가한다.

① 사후조사 평가모형

② 사전사후조사 평가모형

③ 대조군 사전조사 평가모형

④ 실험군 및 대조군 사전사후조사 평가모형

해설

실험군 및 대조군 사전사후 평가모형

• 프로그램에 참여한 집단과 프로그램에 참여하지 않은 집단에 대한 정보를 프로그램 실시 전후로 각각 수집하여, 프로그램 실시로 인해 내용이 얼마나 변화되었는지를 평가한다.

• 농작업 안전보건 교육자가 일정한 계획을 갖고 학습자를 모집하는 경우 바람직한 평가방법이 될 수 있으며, 농작업 안전보건 교육의 효과를 결정적으로 파악할 수 있다.

19 농작업 안전보건 교육에서 학습내용 설정 시 주의사항으로 옳지 않은 것은?

① 중요한 개념과 핵심 포인트를 빠뜨리지 않도록 한다.

② 특별히 주의를 기울일 필요가 없는 부분은 강조하지 않는다.

③ 한 번 제시한 내용을 반복한다.

④ 핵심 주제와 초점은 학습목표와 연계되어야 한다.

해설

학습내용 선정은 학습목표에서부터 시작하며, 핵심 주제와 초점은 학습목표와 연계되어야 한다. 학습내용을 구성하는 데 있어 주의해야 할 점은 다음과 같다.
• 중요한 개념과 핵심 포인트를 빠뜨리지 않도록 한다.
• 특별히 주의를 기울일 필요가 없는 부분은 강조하지 않는다.
• 한 번 제시한 내용은 반복하지 않는다.

20 농업 분야 산업재해 통계, 즉 농업안전보건 통계에 대한 설명으로 옳지 않은 것은?

① 전체 집단 또는 부분 집단에 대한 재해 발생 상황을 수치로 나타낸 것으로, 농업인 업무상 재해 예방대책 마련을 위한 연구, 교육, 정책·사업의 수립과 평가 등을 위한 객관적인 기초자료로 활용된다.

② 우리나라 농업안전보건 통계의 경우, 농업인 전수를 대상으로 하는 조사통계나 보고통계를 생산한다.

③ 자료 수집방법에 따라 조사표를 이용한 직접조사에 의한 조사통계(예 농업인의 업무상 질병 및 손상조사)와 행정시스템 등에 의해 보고·등록되는 자료를 집계하여 작성하는 보고[행정통계(예 농업인 안전보험 통계)]로 나뉠 수 있다.

④ 조사 대상의 포괄범위에 따라 대상 전체에 대한 자료를 이용하여 작성하는 전수통계(예 농림어업총조사, 인구주택총조사)와 대상의 일부를 표본으로 선정하여 자료를 수집하여 작성하는 표본통계로 나뉜다.

해설

현재 우리나라 농업안전보건 통계의 경우, 농업인 전수를 대상으로 하는 조사통계나 보고통계는 생산하지 않는다. 농업인 전체를 대표하는 표본을 대상으로 하는 농업인의 업무상 질병 및 손상 조사통계, 보험 가입자를 대상으로 하는 농업인 안전재해보험 통계, 유관기관의 보고통계 등 다양한 통계를 활용하여 농작업 재해(농업인 업무상 재해) 현황을 파악한다.

21 재해조사의 주된 목적으로 옳은 것은?

① 동종 또는 유사재해의 재발을 방지하기 위함이다.

② 동일 업종의 산업재해 통계를 조사하기 위함이다.

③ 재해의 책임 소재를 명확히 하기 위함이다.

④ 해당 사업장의 안전관리 계획을 수립하기 위함이다.

해설

재해조사의 가장 중요한 목적은 재해를 발생시킨 원인을 규명하고, 그 원인에 대한 대처방안이나 개선안을 제시하여 같거나 유사한 종류의 사고의 재발을 예방하는 것이다. 즉, 재해조사는 조사 그 자체가 목적이 아니고, 책임을 추궁하기 위한 것도 아니다. 오직 재발방지 대책을 강구하는 데 목적이 있다. 재해조사가 올바르게 실시되지 않아 잘못된 결론을 얻게 되면 재발방지대책의 효과를 기대하기 어려우므로 재해의 원인조사는 재해의 예방관리를 위한 가장 중요한 업무 중의 하나이다.

22 다음 중 산업재해 발견의 기본원인 4M이 옳게 짝지어진 것은?

① Management(관리) : 심리적 원인(감각, 무의식 등), 생리적 요인(피로, 질병 등), 직장의 원인 (본인 외의 사람, 직장의 인간관계, 의사소통 등)

② Machine(기계) : 작업자세, 동작 등

③ Media(매체) : 작업 정보, 작업 방법 등

④ Man(인간) : 작업 관리, 법규 준수, 단속, 점검 등

해설

안전의 4M

• Management(관리) : 작업관리, 법규준수, 단속, 점검 등
• Machine(기계) : 기계, 장치, 설비 등의 물적 요인
• Media(매체) : 작업정보, 작업방법, 작업 자세, 동작 등
• Man(인간) : 심리적 원인(감각, 무의식 등), 생리적요인(피로, 질병 등), 직장의 원인(본인 외의 사람, 직장의 인간관계, 의사소통 등)

23 버드(Bird)의 수정 도미노이론 5단계에 해당하지 않는 것은?

① 통제의 부족 : 관리－안전과 손실제어 결함
② 직접원인 : 징조－불안전한 행동과 상황
③ 간접원인 : 평가－안전관리에 대한 평가
④ 기초원인 : 기원－작업자와 환경의 결함

해설

버드(Bird)의 수정 도미노이론(경영자의 책임이론)
• 통제의 부족 : 관리－안전과 손실제어 결함
• 기초원인 : 기원－작업자와 환경의 결함
• 직접원인 : 징조－불안전한 행동과 상황
• 사고 : 원하지 않는 일의 발생
• 상해 : 재산 피해와 부상

24 다음의 재해 발생과 재해 예방에 관한 이론을 설명한 사람은?

• 재해 발생의 과정에 도미노이론을 활용하였다.
• 상호 밀접한 관계를 가진 5개의 골패를 세워 놓고 그중 하나의 골패가 넘어가면 나머지 골패가 연쇄적으로 넘어지면서 재해가 발생한다.
• 각각의 과정 중 직접원인만을 한 군데라도 제거하면 사고의 연쇄과정을 막아 최종과정인 재해 예방이 가능하다.

① 버 드
② 하인리히
③ 아담스
④ 웨 버

해설

재해의 원인에서 발생까지의 5단계(하인리히 도미노이론)
㉠ 사회적 환경 및 유전적 요소(선천적 결함)
㉡ 개인적 결함(인간의 결함)
㉢ 불안전한 행동 및 불안전한 상태(물리적·기계적 위험성)
㉣ 사 고
㉤ 상 해
※ 하인리히는 사고 예방의 중심목표로 불안전한 행동(Unsafe Act)과 불안전한 상태(Unsafe Condition)를 제거하는 데 안전관리의 중점을 두어야 한다는 것을 강조하였다.

25 하인리히(Heinrich)의 재해구성 비율에 따른 58건의 경상이 발생한 경우 무상해 사고는 몇 건 발생하겠는가?

① 58건
② 116건
③ 600건
④ 900건

해설

$1 : 29 : 300 = 2 : 58 : 600$

26 농작업 안전관리상 다양한 오류를 줄이기 위한 안전보건 관리방식에 대한 설명으로 옳지 않은 것은?

① 정비 보수 및 감독 관리 : 기계나 표식 등에 의해 농업인이 위험을 사전에 인식하도록 관리하는 것으로 농기계 후진 시의 알람, 밀폐공간의 산소농도 알람, 위험확인표지, 화재경보기 등이 여기에 해당된다.

② 디자인 관리 : 농작업 설비 및 기계의 근원적 안전성과 유해요인의 제거를 위해 설비 및 기계의 설계, 기준 등을 바꾸고 교체하는 것으로 농업인이 물건을 운반하다 걸려 넘어질 수 있는 문턱을 제거하는 것이나, 미세분진이 많이 발생하는 디젤 엔진 자동차를 가솔린 전기 자동차로 바꾸는 것 등이 여기에 해당된다.

③ 훈련 및 작업절차 관리 : 기계나 시설에 대한 적절한 사용 기술을 배우고 안전에 필요한 작업 절차 준수를 관리하는 것으로 농기계를 정비할 때 시동을 끄지 않거나, 2인 이상 공동 작업을 하거나, 농작업 안전보건 교육에 참석하여 안전 관련 지식을 얻는 행위 등이 여기에 해당한다.

④ 인간요인 관리 : 작업자의 실수나 오류로 사고가 발생하지 않도록 환경을 조성하거나 개인보호구를 활용하는 것으로 실내에서 넘어지지 않도록 밝은 조명을 설치하고, 적절한 개인보호구를 착용하는 것이 여기에 해당한다.

해설

• 정비 보수 및 감독 관리 : 안전장치나 안전표지의 형태와 기능이 유지되도록 관리하는 것으로 환기장치의 풍량이 감소하였는지 확인하고, 축사에 붙은 '외부인 출입금지'와 같은 표지가 이상이 없는지 확인하는 활동이 여기에 해당한다.
• 알람 및 경고 관리 : 기계나 표식 등에 의해 농업인이 위험을 사전에 인식하도록 관리하는 것으로 농기계 후진 시의 알람, 밀폐공간의 산소농도 알람, 위험확인표지, 화재경보기 등이 여기에 해당된다.

27 제조물 책임(PL ; Products Liability) 관련 용어에 대한 설명으로 옳지 않은 것은?

① 제조물 책임 : 결함이 있는 제품에 의하여 소비자 또는 제3자가 신체상·재산상의 손해를 입었을 경우, 제조자·판매자 등 그 제조물의 제조·판매의 일련의 과정에 관여한 자가 부담해야 하는 손해배상책임

② 제조물 : 제조·설계 또는 표시상의 결함이나 기타 통상적으로 기대할 수 있는 안전성이 결여되어 있는 것

③ 제조상의 결함 : 제조업자의 제조물에 대한 제조·가공상 주의 의무의 이행 여부에도 불구하고 제조물이 원래 의도한 설계와 다르게 제조·가공됨으로써 안전하지 못한 경우

④ 설계상의 결함 : 제조업자가 합리적인 대체설계를 채용하였더라면 피해나 위험을 줄이거나 피할 수 있었음에도 대체설계를 채용하지 않아서 해당 제조물이 안전하지 못하게 만들어진 경우

> **해설**
> • 제조물 : 다른 동산이나 부동산의 일부를 구성하는 경우를 포함한 제조 또는 가공된 동산
> • 결함 : 제조·설계 또는 표시상의 결함이나 기타 통상적으로 기대할 수 있는 안전성이 결여되어 있는 것

28 인간의 안전심리 5요소에 해당하지 않는 것은?

① 지능(Intelligence)　　　　② 감정(Emotion)
③ 습관(Custom)　　　　　　④ 동기(Motive)

> **해설**
> 안전행동에 영향을 주는 개인의 심리적 특성인 습성(Habit), 동기(Motive), 기질(Temper), 감정(Feeling), 습관(Custom)을 안전심리의 5대 요소라 하며, 이를 잘 분석하고 통제하는 것이 사고 예방의 핵심이 된다.

29 농업기계 교통안전수칙으로 옳지 않은 것은?

① 교차로 진출입 시 시야를 충분히 확보한다.
② 주정차를 할 때에는 가급적 차량의 왕래가 빈번한 도로변에 한다.
③ 방어운전을 습관화하고 음주운전을 하지 않는다.
④ 도로교통법상의 안전수칙을 잘 지킨다.

> **해설**
> 차량의 왕래가 빈번한 도로변에는 가급적 주정차를 하지 않고, 해질녘 또는 야간에 농기계를 도로 가장자리에 주정차할 때에는 차폭등 또는 비상등을 켜 놓아야 사고를 예방할 수 있다. 또한 자동차 운전자는 농촌지역 도로를 주행할 때 마을길, 농로 등과 만나는 교차로, 주정차된 농기계 등을 주의 깊게 살피면서 감속하여 운행하여야 한다. 경사지에 주차할 때에는 농업기계가 움직이지 않도록 타이어 밑에 돌이나 고임목 등을 받쳐 놓는다.

30 다음 중 농업기계의 범위에 해당하지 않는 것은?

① 가정용 도정기
② 사료급이기
③ 동력이앙기
④ 연속식 열풍형 건조기

> **해설**
>
> 곡물건조기 중 열풍형 건조기(원적외선 건조기는 포함, 연속식 건조기는 제외), 상온 통풍 저장형 건조기는 농업기계의 범위에 들어간다(농업기계화 촉진법 시행규칙 별표 1).

31 추락전도사고의 위험성이 높은 지역에서 농기계 사용 시 주의해야 할 사항으로 옳은 것은?

① 포장에 출입할 경우에는 경사 방향에서 차체가 옆으로 충분히 기울여지도록 회전한다.
② 논둑을 넘을 때는 차체가 논둑에 대해 직각이 되게 해서 저속으로 이동하고, 높이차가 큰 경우 디딤판을 사용한다.
③ 경사지나 언덕길에서는 고속으로 주행하고, 작업기를 올려 무게중심을 올린다.
④ 경운기 등은 경사지의 포장이나 내리막길에서 조향 클러치를 조작하면 평지에서의 조작과는 같은 방향으로 움직인다.

> **해설**
>
> 트랙터 등을 운전할 때에는 좌우 독립 브레이크 페달을 가진 것은 사전에 연결하고, 폭이 좁은 농도나 모퉁이에서는 특히 속도를 낮추고 주행한다. 또한 농로의 가장자리에 너무 붙어 주행하지 않도록 주의한다. 안전하게 통행할 수 있는 도로 폭을 확보하고, 회행 장소를 미리 염두에 두고 작업에 임한다. 모퉁이 주행 시에는 충분한 시야를 확보하도록 노력하고, 농로의 가장자리는 알아보기 쉽도록 예초하고, 연약한 지반은 자갈 등을 이용하여 보강한다. 또한 노면의 바퀴자국, 물웅덩이, 침식되어 생긴 도랑 등은 평평하게 한다.
>
> 포장에 출입할 경우에는 경사 방향에서 차체가 옆으로 기울지 않도록 주의하고, 포장 옆에 수로 등이 있는 경우에는 너무 가장자리까지 가지 않도록 한다. 논둑을 넘을 때는 차체가 논둑에 대해 직각이 되게 해서 저속으로 이동하고, 높이차가 큰 경우 디딤판을 사용한다. 포장의 출입로는 경사를 완만하게 하고 충분한 폭을 가지도록 하며, 연약한 부분은 보강하여 농업기계가 출입하는 데 용이하도록 정비한다.
>
> 경사지나 언덕길에서는 저속으로 주행하고, 좌우 독립 브레이크 페달을 반드시 연결하고, 작업기를 내려 무게중심을 낮춘다. 경사지에서 작업할 때는 앞 차륜이 들리지 않도록 밸런스 웨이트를 부착한다. 경사지에서 등고선 방향으로 주행할 경우에는 분담하중이 큰 쪽을 가능한 한 높은 쪽으로 향하도록 한다. 경운기 등은 경사지의 포장이나 내리막길에서 조향 클러치를 조작하면 평지에서의 조작과는 반대 방향으로 선회하므로 주의한다.
>
> 급한 내리막에서는 반드시 엔진브레이크를 이용하고, 내리막길을 이동하는 도중에 주행 클러치를 조작하지 않도록 한다. 후방에 작업기 등을 부착하고 오르막길을 오를 때에는 후방전도나 조향이 어려워질 수 있으므로 주의한다.

32 농업기계를 사용하는 작업에서 작업 전 안전수칙으로 적절하지 않은 것은?

① 기후조건을 고려하여 작업 계획을 수립한다.

② 땀을 닦기 위해 목에 두른 수건의 끝은 작업 중 불편하지 않게 외부로 노출시킨다.

③ 작업장 주변에 일하는 사람이 있는지 미리 확인한다.

④ 비산물이 발생하는 작업의 경우에는 보안경, 마스크 등의 보호구를 착용하도록 한다.

해설

농업기계 작업 전 안전수칙

- 긴급 시 정지방법 주지 : 긴급상황에 대비하여 작업기의 동력 차단방법, 엔진 정지방법 등을 가족이나 작업자가 모두 알아둔다.
- 옷단, 소맷자락이 조여진 작업복을 착용하고 필요에 따라 헬멧, 장갑, 안전화, 보호안경, 귀마개, 기타 보호구를 착용한다.
- 허리나 목, 머리에 수건을 두르지 않는다.
- 기계에 말려 들어갈 우려가 있는 작업을 할 때에는 장갑을 착용하지 않는다.
- 몸 상태가 나쁠 때는 가급적 운전하지 않으며, 피로를 느낄 때에는 충분히 휴식을 취한다.
- 악천후일 때에는 사고의 위험이 높으므로 무리하여 작업하지 않는다.
- 운전하기 전에 반드시 점검정비하는 습관을 갖고, 이상이 있는 경우에는 정비할 때까지 사용하지 않는다.

33 안전점검은 점검기준에 의해서 점검표를 만들어 실시해야 한다. 체크리스트를 작성할 때의 유의사항으로 옳지 않은 것은?

① 일시적인 점검이므로 기록 및 수집은 필요 없다.

② 발견된 불량 부분은 원인을 조사하고 필요한 시정책을 강구한다.

③ 내용은 구체적이고 재해예방에 효과가 있어야 한다.

④ 과거의 재해 발생 부분은 그 요인이 없어졌는가를 확인한다.

해설

체크리스트 작성 시 유의사항

- 사업장에 적합하고 쉽게 이해되도록 독자적인 내용으로 작성할 것
- 내용은 구체적이고 재해 예방에 효과가 있을 것
- 위험도가 높은 것부터 순차적으로 작성할 것
- 일정한 양식을 정해 점검 대상마다 별도로 작성할 것
- 점검기준(판정기준)을 미리 정해 점검결과를 평가할 것
- 정기적으로 검토하여 계속 보완하면서 활용할 것

34 점검방법에 따라 안전점검을 구분할 때 방호장치나 누전차단장치 등을 정해진 순서에 따라 작동시키면서 작동 여부를 확인하는 안전점검의 명칭은?

① 외관점검

② 작동점검

③ 종합점검

④ 일반점검

해설

- 외관점검(육안검사) : 기기의 적정한 배치, 설치 상태, 변형, 균열, 손상, 부식, 볼트의 여유 등의 유무를 외관에서 시각 및 촉각 등에 의해, 점검기준에 의해 조사하고 확인한다.
- 기능점검(조작검사) : 간단한 조작률을 행함으로써 대상 기기 작동의 적정함을 확인한다.
- 작동점검(작동상태검사) : 방호장치나 누전차단기 등을 정해진 순서로 작동시켜 상황의 양부를 확인한다.
- 종합점검 : 정해진 기준에 따라 측정검사를 하고 정해진 조건하에서 운전시험을 행하여 그 기계와 설비의 종합적인 기능을 판단한다.

35 다음 예방관리에 적합한 재해 유형은?

- 보수점검 시에 전원 스위치를 잠금장치하고 '점검작업 중' 표지판을 부착한다.
- 협착점, 끼임점, 물림점 등에 방호장치를 설치한다.
- 불량 부품 제거 시 수공구를 사용한다.
- 기계 사용 중에는 상하 사이로 손을 넣지 않는다.

① 질식사고

② 넘어짐사고

③ 끼임사고

④ 떨어짐사고

해설

끼임사고 예방관리

- 안전장치 설치
  - 양손 조작식, 손쳐내기식, 광전자식의 방호장치를 설치한다.
  - 프레스 사용 시 안전블록을 사용한다.
  - 유압식 안전장치를 설치한다.
  - 협착점, 끼임점, 물림점 등에 방호장치를 설치한다.
  - 불량 부품 제거 시 수공구를 사용한다.
- 안전작업 표준 준수
  - 기계, 기구 정비 등 작업 시에 반드시 운전을 정지한다.
  - 급정지장치 및 비상정지장치의 이상 유무를 확인한다.
  - 기계 사용 중에는 상하 사이로 손을 넣지 않는다.
  - 가공물을 송급 혹은 배출 시에 수공구나 안전장치를 사용한다.
  - 반드시 작업 종료 후에 청소 및 주유 등을 시행한다.
  - 운전 조작 스위치를 수동으로 놓고 금형 개폐 스위치를 작동하여 이상 유무를 확인한다.
  - 작업복은 기계에 말려들어가지 않도록 몸에 맞는 것을 착용한다.
- 안전작업수칙 준수
  - 보수 점검 시에 전원 스위치를 잠금장치하고 '점검작업 중' 표지판을 부착한다.
  - 지정점검자가 점검하며 관계자 이외에 접근을 금지한다.

36 다음과 같은 상황에서 기인물과 가해물 그리고 재해유형이 순서(기인물, 가해물, 재해발생 형태)대로 옳게 짝지어진 것은?

> 작업자가 바닥의 기름에 미끄러져 넘어지면서 선반에 머리를 부딪쳤다.

① 기름, 선반, 전도
② 선반, 기름, 전도
③ 바닥, 작업자, 전도
④ 작업자, 선반, 화상

해설

- 기인물 : 직접적으로 재해를 유발하거나 영향을 끼친 에너지원(운동, 위치, 열, 전기 등)을 지닌 기계·장치, 구조물, 물체·물질, 사람 또는 환경 등
- 가해물 : 직접 사람에게 접촉되어 위해를 가한 것

37 농업기계 중 방제복, 방제마스크, 고무장갑 등의 보호장구를 착용하고 반드시 바람을 등지고 작업해야 하는 것은?

① 난방기
② 연무기
③ 비닐 피복기
④ 사료작물 수확기

해설

방제작업 시에는 바람을 등지고 살포하고 방제복, 방제마스크, 고무장갑 등의 보호장구를 착용한다. 사람이나 가축을 향해 약제를 살포하지 않는다. 연소실 커버 및 방열통 커버는 매우 뜨거우므로 작업 중 또는 작업 직후에 옷, 손, 작물 등이 닿지 않도록 조심한다. 연소실이 가열된 상태이거나 기계가 가동 중일 때는 연료나 약제를 주입하지 않는다.

38 농약 살포 시 주의사항으로 옳지 않은 것은?

① 농약 포장지의 사용 약량(희석 배수, 살포량)을 준수한다.
② 농약은 한낮, 가장 더울 때 살포한다.
③ 장시간 살포작업을 하지 않으며, 통상 2시간 이내에 살포작업을 마친다.
④ 농약은 바람을 등지고 살포하며, 살포작업 중 흡연이나 음식물 섭취를 삼간다.

해설

농약 살포 중 주의사항

- 농약 포장지의 사용 약량(희석 배수, 살포량)을 준수한다.
- 살포자의 체력 유지를 위해 살포작업은 시원한 시간대에 한다.
- 농약은 바람을 등지고 살포한다.
- 주변 환경(하천, 개울 등)을 고려하여 영향을 주지 않도록 한다.
- 장시간 살포작업을 하지 않는다. 통상 2시간 이내에 살포작업을 마친다.
- 살포작업 중에 흡연이나 음식물 섭취를 삼간다.
- 살포 시에는 소지품이 오염되지 않도록 청결히 관리한다.

39 재해 발생 시 조치 순서로 옳은 것은?

> ㄱ. 재해조사
> ㄴ. 원인분석
> ㄷ. 긴급처리
> ㄹ. 대책수립

① ㄱ → ㄴ → ㄹ → ㄷ
② ㄱ → ㄹ → ㄴ → ㄷ
③ ㄷ → ㄱ → ㄴ → ㄹ
④ ㄹ → ㄴ → ㄷ → ㄱ

해설

재해 발생 조치 순서 : 긴급처리 → 재해조사 → 원인강구(원인분석) → 대책수립 → 대책실시계획 → 실시 → 평가

40 안전 · 보건표지는 색깔과 모양으로 용이하게 구분할 수 있도록 규정(산업안전보건법)되어 있는데 다음 중 옳지 않은 내용은?

① 빨간색은 방화와 금지를 나타내는 표지로 인화 또는 발화하기 쉬운 위험물이 있는 장소를 나타내며, 소화설비 및 방화설비가 있는 것을 알려 주고 위험한 행동을 금지하는 데 쓰인다.
② 노란색은 경고표지로 위험을 경고하고 주의해야 할 것을 나타낸다.
③ 파란색은 일정한 행동을 취할 것을 지시하는 표지이다.
④ 녹색은 경고할 내용을 나타내는 표지로, 삼각형 중앙에 검은색으로 표현하고 녹색의 면적이 전체의 50% 이상을 차지하도록 한다.

해설

녹색은 안내표지로 안전에 관한 정보를 제공한다. 이 표지는 녹색 바탕의 정방형 또는 장방형이며, 표현하고자 하는 내용은 흰색이고, 녹색은 전체 면적의 50% 이상이 되어야 한다(예외 : 안전제일표지).

41 중량물을 반복적으로 드는 직업의 요통 위험성을 평가하고자 할 때 가장 적합한 평가도구는?

① JSI(Job Strain Index)

② NLE(NIOSH Lifting Equation)

③ REBA(Rapid Entire Body Assessment)

④ OWAS(Ovako Working-posture Analysis System)

해설

- REBA(Rapid Entire Body Assessment) : 간호사 등과 같이 예측하기 힘든 자세에서 이루어지는 서비스업에서 전체적인 신체에 대한 부담 정도와 위해 인자의 노출 정도를 분석하기 위한 목적으로 개발되었다(손, 아래 팔, 목, 어깨, 허리, 다리 부위 등 전신, 허리, 어깨, 다리, 팔, 손목 등의 부적절한 자세와 반복성, 중량물 작업 등이 복합적으로 문제되는 작업).
- RULA(Rapid Upper Limb Assessment) : 의류산업체 및 다양한 제조업의 작업을 대상으로 하여 어깨, 팔, 손목, 목 등 상지(Upper Limb)에 초점을 맞추어서 작업자세로 인한 작업부하를 쉽고 빠르게 평가하기 위해 만들어진 기법이다.
- OWAS(Ovako Working-posture Analysis System) : 철강업에서 작업자들의 부적절한 작업자세를 정의하고 평가하기 위해 개발한 대표적인 작업자세 평가기법이다(허리, 어깨, 다리 부위, 쪼그리거나 허리를 많이 숙이거나, 팔을 머리 위로 들어 올리는 작업).
- JSI(Job Strain Index) : 수확물 선별 포장 혹은 반복적인 전지가위 사용 등 손목, 손가락 등을 반복적으로 사용하거나 힘을 필요로 하는 작업자세 평가기법이다.
- NLE(NIOSH Lifting Equation) : 중량물을 반복적으로 드는 작업자세 평가기법이다(허리 부위).

42 반복적인 전지가위 사용 등 손목, 손가락 등을 반복적으로 사용하거나 힘을 필요로 하는 작업의 위험성을 평가할 때 적합한 평가도구는?

① NLE(NIOSH Lifting Equation)

② OWAS(Ovako Working-posture Analysis System)

③ REBA(Tapid Entire Body Assessment)

④ JSI(Job Strain Index)

해설

평가방법	적합한 평가 부위	평가에 적합한 작업
OWAS	허리, 어깨, 다리 부위	쪼그리거나 허리를 많이 숙이거나, 팔을 머리 위로 들어 올리는 작업
REBA	손, 아래팔, 목, 어깨, 허리, 다리 부위 등 전신	허리, 어깨, 다리, 팔, 손목 등의 부적절한 자세와 반복성, 중량물 작업 등이 복합적으로 문제되는 작업
JSI	손목, 손가락 부위	수확물 선별 포장 혹은 반복적인 전지가위 사용 등 손목, 손가락 등을 반복적으로 사용하거나 힘을 필요로 하는 작업
NLE	허리 부위	중량물을 반복적으로 드는 작업

43 미국 산업안전보건연구원(NIOSH)에서 제시한 최적의 조건에서 90%의 성인 남녀가 수용할 수 있는 최대중량은?

① 20kg
② 22kg
③ 23kg
④ 25kg

해설

구 분	최대중량	비 고
ISO 11228-1(2003)	25kg	95%의 성인 남성과 70%의 성인 여성이 수용할 수 있는 최대중량
NIOSH(1994)	23kg	90%의 성인 남녀가 수용할 수 있는 최대중량

44 감염병의 예방과 관리 중 감염병 예방에 가장 효과적인 방법이며, 적절한 영양과 운동 등을 통하여 일반적인 건강 상태를 유지하여 감염병에 대한 저항을 높이는 데 기여하는 방법은?

① 병원소 관리
② 전파과정의 차단
③ 숙주관리
④ 손 씻기

45 가축과의 접촉에 의해 생길 수 있는 인수공통 감염병이 아닌 것은?

① 탄저병
② 조류독감
③ 브루셀라증
④ 쯔쯔가무시증

해설

쯔쯔가무시증은 우리나라에서 가장 많이 발생하는 진드기 매개 감염병으로, 쯔쯔가무시균(O. tsutsugamushi)에 감염된 털진드기 유충에 물려서 걸린다. 털진드기의 유충은 사람 몸에 붙어 체액을 섭취하는 과정에서 사람에게 전파된다. 매개 진드기는 털진드기이며 알-유충-자충-성충의 여러 단계 중에서도 유충(Chigger) 시기가 가장 중요하다. 우리나라의 경우 활순털진드기와 대잎털진드기가 쯔쯔가무시증 매개체의 대부분을 차지한다. 활순털진드기는 남부지방 및 서해안에 주로 분포하며, 대잎털진드기는 제주를 제외한 전국에 분포하지만 주로 중부 및 강원도지역에 분포하고 있다.

46 설치류 매개 감염병끼리 짝지어진 것은?

> ㄱ. 쯔쯔가무시
> ㄴ. 신증후군출혈열
> ㄷ. 콜레라
> ㄹ. 렙토스피라증

① ㄱ, ㄷ
② ㄱ, ㄴ, ㄷ
③ ㄴ, ㄹ
④ ㄹ

- 신증후군출혈열 : 가을철 발열성 질환의 하나로, 1976년에 한국인 이호왕 박사가 병원체를 분리하고 그 이름을 한탄 바이러스로 명명한 감염병이다. 병원소는 설치류(등줄쥐, 집쥐)이며, 각 설치류의 종에 따라 바이러스가 분포한다.
- 렙토스피라증(Leptospirosis) : 가을철 발열성 질환의 하나로, 인플루엔자와 유사한 전구 증상으로 시작하여 흉통, 기침, 호흡곤란 등의 증상을 유발하는 감염병이다. 병원소는 다람쥐, 들쥐, 너구리 등 설치류와 소, 돼지, 개 등의 일부 가축이며, 감염된 동물의 콩팥 세뇨관과 생식관에 기생하면서 소변으로 균을 배출한다.

47 다음에서 설명하는 질환은?

> 인수공통감염병의 하나로, 우리나라에서는 소에서 사람으로 전파되는 것이 일반적이지만, 병원소는 돼지, 염소, 양, 낙타, 들소, 순록, 사슴, 해양동물 등 다양하다. 인수공통감염병이다 보니 동물을 다루는 수의사, 축산인, 실험실 근무자 등 특정 직업인에서 주로 발생한다. 전파경로는 다양하여 감염된 동물 혹은 동물의 혈액, 대소변, 태반, 분비물 등과 접촉, 흡입 시 혹은 오염된 유제품 섭취, 드물게 육류 섭취 시에 감염될 수 있다. 사람 간 전파는 드물지만 성 접촉, 수직감염(분만, 출산, 수유 등), 수혈, 장기 이식, 비경구적(주로 정맥 내 주사) 경로 등으로 감염될 수 있다.

① 브루셀라증
② 탄저병
③ 디프테리아
④ 신증후군출혈열

브루셀라증 감염경로
- 감염된 가축의 소변, 양수, 태반 등에 접촉되었을 때 피부 상처를 통해 감염된다.
- 소 분만 작업 시 오염된 공기를 흡입하거나 사람의 결막을 통하여 감염된다.
- 살균처리되지 않은 오염된 우유나 유제품 섭취 시 감염된다.

48 우리나라에서 흔한 작은소피참진드기를 통해 바이러스에 감염되는 질환으로 체액과 혈액을 통해 사람 간에도 전파 가능한 감염성 질환은?

① 쯔쯔가무시증
② 신증후군출혈열
③ 렙토스피라증
④ 중증열성혈소판감소증후군

해설

중증열성혈소판감소증후군(SFTS)
• 감염경로 : 작은소피참진드기(Haemaphysalis longicornis)가 사람을 물어 전파되며, 체액이나 혈액을 통해 사람과 사람 간 전파가 가능하다.
• 주요 증상
  – 고열, 소화기 증상(구토, 설사 등), 백혈구감소증, 혈소판감소증
  – 혈소판 감소가 심할 경우 출혈 경향이 나타날 수 있다.
  – 치명률은 국내의 경우 초기에는 40%를 넘었으나 최근에는 20% 내외로 보고된다.
• 잠복기 : 4~15일
• 발생시기 : 4~11월(최근에는 9~10월에 집중되는 경향)

49 미국 산업위생전문가협의회(ACGIH)의 작업장 노출기준(TLV ; Threshold Limit Value) 중 일하는 시간 동안 어느 순간에도 초과해서는 안 되는 것은?

① 단시간(STEL) 노출기준
② 시간가중평균(TWA) 노출기준
③ 천정값(Ceiling) 노출기준
④ 상한치(Excursion Limits)

해설

노출기준 종류	노출시간
시간가중평균 노출기준(TWA–TLV)	1일 8시간, 주 40시간 일하는 동안 초과해서는 안 되는 평균농도
단시간 노출기준(STEL–TLV)	15분 동안, 1일 4회 이상 초과해서는 안 되는 농도
천정값 노출기준(Ceiling–TLV)	일하는 시간 동안 어느 순간에도 초과해서는 안 되는 농도
상한치(Excursion Limits–TLV)	짧은 시간에 어느 정도의 높은 농도에 노출이 가능한지에 대한 기준 • 시간가중평균 노출기준의 3배 이상의 농도에서 30분 이상 노출되어서는 안 된다. • 시간가중평균 노출기준의 5배 이상은 어느 경우라도 노출되어서는 안 된다.

50 진동노출 평가기준 및 방법에 대한 설명으로 옳지 않은 것은?

① 인체 진동 노출을 평가하기 위해서는 3방향(X, Y, Z)을 측정한다.

② 손에 전달되는 진동을 측정하는 경우는 진동이 손으로 전달되는 위치로부터 가까운 곳에서 측정한다.

③ 농작업에서 발생 가능한 요통과 관련되는 것은 국소진동이다.

④ 진동 발생 수준은 작업 대상의 노면 상태, 작업내용에 따라 다르다.

> **해설**
>
> 전신진동(Whole Body Vibration)은 주로 운송수단과 중장비 등에서 발견되는 형태로서 승용 장비의 바닥, 좌석의 좌판, 등받이와 같이 몸을 받치고 있는 지지 구조물을 통하여 몸 전체에 진동이 전해진다. 주로 요통과 소화기관, 생식기관의 장애, 신경계통의 변화 등을 유발한다.

51 연간 분진 노출시간 조사 시 필요한 요소가 아닌 것은?

① 연간 작업 횟수
② 1회당 작업시간
③ 작업 시 사용 도구
④ 작업 대상물의 하중

> **해설**
>
> 연간 분진 노출시간 조사 양식
> • 작목명
> • 작업명
> • 연간 작업 횟수
> • 1회 작업시간
> • 작업 시 사용 도구/농기계
> • 분진마스크 사용 여부

52 농약의 독성을 표시한 것으로, 시험동물의 50%가 죽는 농약의 양을 의미하며 LD_{50}이라고도 하는 것은?

① 안전사용기준량
② 잔류허용량
③ 중위치사량
④ 1회 섭취허용량

> **해설**
>
> 농약의 독성은 시험동물의 50%가 죽는 농약의 양을 의미하는 반수치사량 또는 중위치사량(Median Lethal Dose, LD_{50})으로 나타낸다.

53 농약 노출의 특성이 아닌 것은?

① 농작업 시 농약 노출은 노출 형태가 다양하다.

② 농업인 간 같은 작목을 재배 시 농약 노출시간은 동일하다.

③ 농약 노출작업은 연간 일정하게 계속되는 것이 아니라 며칠 또는 몇 달에 걸쳐 집중적으로 이루어진다.

④ 농업인과 그 가족은 농촌지역에 거주하는 경우가 많으므로 직업적 노출이 발생할 가능성이 높다.

해설

농작업 형태에 따라 개별 농업인 간에 노출이 매우 다르게 나타난다. 농업인의 경우 같은 작목을 재배하더라도 개인별로 서로 다른 농약들을 사용할 수 있고, 작업 형태도 서로 다르며, 착용하는 보호구의 종류나 개수에서도 차이를 보여 노출의 형태가 달라질 수 있다. 이러한 노출의 이질성은 결과적으로 농업인 내에서 같은 농약에 노출되더라도 서로 간에 일치하지 않는 건강 영향 결과가 초래될 수 있다.

54 급성중독 시 신경말단의 아세틸콜린 신경화학전달물질 분해를 억제하여 발한, 호흡부전을 일으키는 살충제 농약의 성분은?

① 유기인계　　　　　　　　　② 유기염소계

③ 피레스로이드계　　　　　　④ 폐녹시계

해설

급성중독은 특히 살충제 사용 시 많이 나타나는데 많이 사용하는 유기인계, 카바메이트계, 황산니코틴이 함유된 농약을 사용하는 경우 주의가 필요하다. 또한 유기인계, 황산계, 유기염소계 농약은 피부를 통한 급성중독을 많이 일으키는 것으로 알려져 있다.

55 유황을 함유한 유기물이 부패하면서 발생되며, 달걀 썩는 냄새가 특징인 유해물질로 흔히 밀폐된 저장고 등에 들어갔을 때 노출될 수 있으며 고농도에 노출 시 사망사고로 이어질 수 있는 물질은?

① 이산화탄소　　　　　　　　　② 황화수소
③ 암모니아　　　　　　　　　　④ 메탄가스

해설

황화수소

황화수소(H_2S)는 황과 수소로 이루어진 화합물로서, 상온에서는 무색의 기체로 존재하며 특유의 달걀 썩는 냄새가 나는 유독성 가스이다. 공기와 잘 혼합되며 물에 쉽게 용해된다. 자연에서는 화산가스나 광천수에 포함되어 있고, 황을 포함한 단백질의 부패로도 발생한다. 오수, 하수, 쓰레기 매립장 등에서 유기물의 혐기성 분해(산소가 없는 조건에서의 유기물·무기물의 분해)에 의해 발생한다. 저농도 노출 시에는 눈의 점막, 호흡기 점막자극 등으로 심한 통증이 유발되지만, 고농도 노출 시에는 후각이 마비되어 악취 및 질식의 위험신호를 느끼지 못한다. 700ppm 이상의 고농도 노출 시에는 즉시 호흡정지 또는 질식으로 사망한다.

56 옥외(태양광선이 내리쬐지 않는 장소)의 온열조건이 다음과 같은 경우에 습구흑구온도 지수(WBGT)는?

> • 건구온도 : 30℃
> • 흑구온도 : 40℃
> • 자연습구온도 : 25℃

① 28.5℃　　　　　　　　　　② 29.5℃
③ 30.5℃　　　　　　　　　　④ 31.0℃

해설

• 옥외(태양광선이 내리쬐는 장소) 측정
  습구흑구온도(℃) = 0.7 × 습구온도 + 0.2 × 흑구온도 + 0.1 × 건구온도
• 옥내(태양광선이 내리쬐는 않는 장소) 측정
  습구흑구온도(℃) = 0.7 × 습구온도 + 0.3 × 흑구온도
  　　　　　　　　 = 0.7 × 25 + 0.3 × 40 = 29.5

57 생강굴과 같은 밀폐 공간 작업 시 주의해야 할 사항 중 옳지 않은 것은?

① 작업 전과 작업 중에 유해가스농도 및 산소농도를 측정한다.

② 충분한 환기를 실시하고 호흡용 보호구를 지급한다.

③ 비상시 구조를 위해 입구에 안전삼각대를 설치한다.

④ 작업은 주로 혼자 수행한다.

> **해설**
> 질식사고의 예방관리로는 작업 시작 전과 작업 중에 유해가스농도 및 산소농도를 측정하며, 환기를 충분히 시키고, 호흡용 보호구를 지급한다. 또한 폐수처리 저류소 수위를 확인하고 방법을 개선한다. 사고에 대비하여 안전담당자를 지정하고 감시인을 배치하며, 질식자 구출 시 송기마스크 등 호흡용 보호구를 반드시 착용한다. 작업 장소에 출입하는 근로자의 인원을 상시 점검하며 해당 근로자 외 출입금지와 작업 장소에 '관계자 외 출입금지' 표지판을 게시한다. 밀폐 공간 작업자는 외부 감시인과 상시연락을 취할 수 있는 연락장비를 구비한다.

58 농작업에서 가장 많이 노출되는 분진인 유기분진?

① 석 면

② 미생물

③ 이산화규소

④ 디젤 연소물질

> **해설**
> 일반적으로 분진이 호흡기계 건강에 주는 영향은 분진의 화학적 성분에 따라 다양한데, 흙과 같은 광석의 비율이 많은 무기분진과 식물이나 동물과 같은 유기체에서 나오는 탄소, 미생물을 포함한 유기분진으로 나눌 수 있다. 무기분진은 이산화규소나 석면 등을 제외하고는 건강에 대한 영향이 적은 편이다. 반면 유기분진은 인체에 들어가면 생물반응을 유도하여 건강에 더 해롭다. 축산, 버섯, 화훼 등의 농업인들이 주로 유기분진에 노출이 되어 호흡기계 질환이 나타나기 쉽다.

59 농업인의 소음성 난청을 예방하기 위하여 산업안전보건법령상의 허용기준을 준용한 경우, 95dB의 소음이 발생하는 사업장에서 1일 기준 몇 시간까지 근무가 가능한가?(단, 충격 소음은 제외한다)

① 1시간

② 2시간

③ 4시간

④ 8시간

[해설]

소음작업(산업안전보건기준에 관한 규칙 제512조)

1일 8시간 작업을 기준으로 85dB 이상의 소음이 발생하는 작업으로, 강렬한 소음작업이란 다음의 어느 하나에 해당하는 작업이다.

• 90dB 이상의 소음이 1일 8시간 이상 발생하는 작업
• 95dB 이상의 소음이 1일 4시간 이상 발생하는 작업
• 100dB 이상의 소음이 1일 2시간 이상 발생하는 작업
• 105dB 이상의 소음이 1일 1시간 이상 발생하는 작업
• 110dB 이상의 소음이 1일 30분 이상 발생하는 작업
• 115dB 이상의 소음이 1일 15분 이상 발생하는 작업

60 밀폐 공간에서 산소농도에 따른 건강 영향에 대한 설명으로 옳은 것은?

① 산소농도 18% : 호흡 정지, 경련, 6분 이상이면 사망

② 산소농도 12% : 실신 혼절, 7~8분 이내에 사망

③ 산소농도 10% : 안면 창백, 의식불명, 구토

④ 산소농도 6% : 호흡, 맥박의 증가, 두통, 메스꺼움

[해설]

밀폐 공간에서 산소농도에 따른 건강 영향

구 분	내 용
산소농도 18%	안전한 수준이지만 연속 환기가 필요하다.
산소농도 16%	호흡, 맥박이 증가하고 두통과 메스꺼움, 구토를 느낀다.
산소농도 12%	어지럼증, 구토를 느끼며 체중 지지 불능으로 추락할 수 있다.
산소농도 10%	안면이 창백해지고 의식불명이 생기며, 구토를 한다.
산소농도 8%	실신 혼절을 하며, 7~8분 이내에 사망한다.
산소농도 6%	순간에 혼절을 하며 호흡이 정지되고, 경련이 생긴다. 6분 이상이면 사망한다.

61 다음 중 농업인에게 문제가 될 수 있는 일반적인 스트레스의 요인으로 가장 거리가 먼 것은?

① 자연재해

② 농기계 소음

③ 수작업의 기계화에 따른 작업시간 단축

④ 농기계에 의한 안전사고 위험

해설

우리나라 농업인들이 경험하는 일반적인 스트레스 요인

• 자본과 노동(경영)의 일원화

• 사적 영역(업무 외 일상영역)과 공적 영역(업무영역) 간의 혼재

• 가계 수입의 불안정성

• 육체적 노동과 정신적 노동의 수행

• 기후나 재해 등에 대한 민감성

• 신체적 건강이 생산성과 직결

• 직업에 사회적 평가 및 고립, 소외

• 농가 부채 및 경제적 악순환

• 위험한 물리환경에의 노출·조직이 없는 개미군단

62 질식사고 가능성이 있는 밀폐된 작업 공간에서 작업할 때 작업자가 착용해야 할 적합한 보호구는?

① 방독마스크　　　　　　　② 보안면

③ 송기마스크　　　　　　　④ 방진마스크

해설

• 송기마스크는 신선한 공기 또는 공기원(공기압축기, 압축공기관, 고압공기용기 등)을 사용하여 호스를 통해 공기를 송기함으로써 분뇨처리사, 퇴비사, 농산물 저장고(예 생강굴), 하수구 등 산소결핍으로 인해 질식사 및 가스 중독사고를 방지하기 위해 사용한다.

• 산소결핍(18% 미만)이 우려되는 작업

　– 고농도의 분진, 유해물질, 가스 등이 발생하는 작업

　– 작업 강도가 높거나 장시간 작업

　– 유해물질 종류와 농도가 불명확한 작업

63 안전모의 종류 구분 중 떨어지거나 날아오는 물체에 맞을 위험을 방지 또는 경감하고, 머리 부위 감전 위험을 방지하기 위한 목적에 가장 적합한 것은?

① AE종
② AB종
③ A종
④ ABE종

해설

안전모 등급
- A등급(낙하) : 일반 작업용이며 떨어지거나 날아오는 물체에 맞을 위험을 방지 또는 경감시킨다. 충격의 위험이 있는 벌채작업 등에 이용한다.
- B등급(추락) : 추락 시 위험을 방지 또는 경감시킨다(2m 이상의 고상작업 등에서의 추락 등).
- E등급(절연) : 감전 위험을 방지한다(내전압성 : 7,000V 이하의 전압에 견딤).
- AB등급 : 낙하, 추락을 방지한다.
- AE등급 : 낙하, 절연을 방지한다.
- ABE등급 : 낙하, 추락, 절연을 방지한다.

64 농약의 혼합 시 착용하기 가장 적합한 보호장갑은?

① 알루미늄 장갑
② 합성 폴리아마이드 장갑
③ 면장갑
④ 네오프렌 장갑

해설

농작업에서 보호장갑이 필요한 경우는 농약의 혼합과정 시, 농약 살포과정 시, 농약 살포 기계의 수리와 관리 시, 농약의 유출 시이다. 혼합 시 착용하기 적합한 보호장갑은 네오프렌 장갑이다. 네오프렌 장갑은 유연성, 손가락의 민첩성, 고밀도 및 내마멸성을 가지고 있어 수압 액체, 가솔린, 알코올, 유기산 및 알칼리로부터 작업자의 손을 보호한다.

65 농약의 안전사용기준 설정목적으로 옳지 않은 것은?

① 농약 살포 시 작업자의 중독 예방을 위하여
② 농약 살포액의 안전한 조제를 위하여
③ 농약을 절약하기 위하여
④ 농산물의 잔류농약 안전성 향상을 위하여

해설

농약의 안전사용기준
- 농약의 적용 대상 농작물과 적용 대상 병해충을 확인한 후 사용하고, 사용방법 및 사용량을 준수한다.
- 농약의 사용시기, 재배기간 중의 사용 가능 횟수를 준수한다.
- 사용 대상자 외에는 농약을 함부로 사용하지 않는다.
- 사용지역이 제한되는 농약의 경우 사용제한지역에서 사용하지 않는다.
- 안전사용기준과 다르게 농약 사용 및 판매할 경우 농약관리법 제40조에 의거 과태료 등의 처벌을 받을 수 있다.

66 농약중독의 응급처치방법으로 거리가 가장 먼 것은?

① 농약을 마셨을 경우 즉시 병원으로 이송하여 치료받는다.

② 입에 묻었거나 입안으로 들어간 경우, 깨끗한 물을 마시게 한다.

③ 농약이 피부에 묻은 경우 비누를 사용하여 농약이 묻은 피부 부위를 10분 이상 깨끗하게 닦아낸다.

④ 농약이 눈에 들어간 경우 깨끗한 물로 눈을 헹구어 낸 후 흐르는 물에 적어도 15분 이상 씻어낸다.

[해설]

농약중독 시 응급처치요령
• 농약중독 시 응급처치는 중독환자의 일반적인 처치와 유사하다.
• 농약에 오염된 옷을 빨리 제거하고, 노출된 부위는 흐르는 물과 비누로 깨끗이 씻어 내며 농약에 오염된 부분은 손으로 만지지 않는다.
• 농약 복용 시 119 구급대에 도움을 요청하고, 복용한 농약을 병원에 가져간다.
• 농약을 복용한지 30분 이내면 구토를 유발시키고, 빨리 병원으로 이송하여 추가적인 위세척과 가능하다면 해독제를 투여받는 것이 중요하다.
• 의식이 저하된 경우 환자를 회복자세로 눕히며, 의식과 호흡이 없으면 즉시 심폐소생술을 시행한다.

67 스트레스 예방관리의 개인적 관리방안 중 ( ) 안에 들어갈 내용은?

> ( )은 깊은 이완을 통해 뇌의 전기적 독성, 즉 뇌파를 전환시켜 줌으로써 스트레스를 극복하는 방법이다.

① 명상법
② 인지-행동기법
③ 점진적 근육이완법
④ 생체 자기제어기법

[해설]

명상은 동양의 정신문명 또는 종교의식에 그 뿌리를 두고 있으며, 깊은 이완을 통해 뇌의 전기적 특성, 즉 뇌파를 전환시켜 줌으로써 스트레스를 극복하는 방법이다. 여러 가지의 명상기법이 있지만, 가장 널리 알려진 것은 초월명상이다. 이 명상기법은 요가의 한 형태에서 발전되었는데, 매우 조용한 공간에서 편안한 자세로, 똑바로 앉은 상태에서 눈을 감고 주문을 정신적으로 반복하면서 수동적인 태도를 유지한다.

68 다음에 설명하는 질환은?

> 우리나라에서는 흔히 중풍이라고도 한다. '뇌가 갑자기 부딪힌다.' 또는 '강한 일격을 맞는다.'라는 뜻으로, 혈관이 막혀 혈관에 의해 혈액을 공급받던 뇌의 일부가 손상되는 것이다.

① 뇌졸중　　　　　　　　　　② 심근경색
③ 당뇨병　　　　　　　　　　④ 고혈압

해설

뇌혈관질환은 뇌혈류 이상으로 갑작스레 유발된 국소적인 신경학적 결손 증상으로, 통칭되는 뇌졸중(Cerebrovascular Accident, Stoke)이 가장 많다. 뇌졸중은 '뇌가 갑자기 부딪힌다.' 또는 '강한 일격을 맞는다.'라는 뜻으로, 크게 두 가지로 분류할 수 있다. 첫째, 혈관이 막혀 혈관에 의해 혈액을 공급받던 뇌의 일부가 손상되는 것으로, 뇌경색 (Cerebral Infarction)이라고 한다. 둘째, 뇌혈관이 터져 뇌 안에 피가 고여 그 부분의 뇌가 손상되는 것으로, 뇌출혈 (Cerebral Hemorrhage)이라고 한다. 우리나라에서는 흔히 중풍이라고도 한다.

69 다음 중 정전작업의 5대 안전수칙은?

① 작업 중 전원 공급　　　　　② 작업 전 전원 공급
③ 단락접지　　　　　　　　　④ 단독 작업

해설

국제사회안전협회(ISSA)에서 제시하는 정전작업의 5대 안전수칙
첫째, 작업 전에 전원 차단
둘째, 전원 투입의 방지
셋째, 작업장소의 무전압 여부 확인
넷째, 단락접지
다섯째, 작업 장소의 보호

70 전선 또는 차단기의 용도로 옳지 않은 것은?

① 600V 이하의 옥내 배선에 절연전선(IV)을 사용한다.
② 전기기구나 코드가 합선되거나 과다 사용으로 용량을 초과하면 자동으로 전기를 차단하기 위해 배선용 차단기를 설치한다.
③ 옥내에서 AC 300V 이상의 소형 전기기구에 코드선(VF)을 사용한다.
④ 과전류 시 퓨즈(Fuse)가 녹아 전기를 차단하도록 커버나이프 스위치를 설치한다.

해설

전선의 표기에서 허용전압이 표기되어 있으며, 용도별로 절연전선(IV)은 600V 이하의 옥내 배선에, 케이블(CV)은 전력용으로, 코드(VF)는 주로 옥내에서 AC 300V 이하의 소형 전기기구에 사용된다.

71 누전차단기 선정 시 주의사항으로 옳은 것은?

① 누전차단기의 절연저항은 5MΩ 이상일 것

② 누전차단기의 동작시간은 0.5초 이하일 것

③ 정격감도전류가 30mA 이상일 것

④ 정격부동작전류가 정격감도전류의 50% 이하인 것

해설

누전차단기 선정 시 주의사항

• 누전차단기는 전로 전기방식에 대해 차단기 극수(3상4선식의 경우에 4극)를 보유하고 해당 전로의 전압과 전류 및 주파수에 적합하도록 사용한다.

• 정격감도전류가 30mA 이하의 것을 사용한다.

• 정격부동작전류(正格不動作電流)가 정격감도전류의 50% 이상이어야 하고, 이들의 차가 가능한 한 작은 것을 사용하는 것이 바람직하다.

• 누전차단기는 동작시간이 0.1초 이하이고, 가능한 한 짧은 시간의 것을 사용한다.

• 누전차단기는 절연저항이 5MΩ 이상 되어야 한다.

• 누전차단기를 사용하고 그 차단기에 과부하보호장치 또는 단락보호장치를 설치하는 경우, 각각의 기능이 서로 조화를 유지하도록 한다.

• 누전차단기의 동작을 확인한다.

   – 전동기의 사용을 개시하려고 하는 경우

   – 차단기가 동작한 후에 재투입할 경우

   – 차단기가 접속되어 있는 전로에 단락사고가 발생한 경우

72 다음 ( ) 안에 들어갈 알맞은 내용은?

> 양액 재배 시 온도가 높아지면 양액 내에 흐르는 전기의 양이 많아지면서 EC(Electrical Conductivity), 즉 전기전도도 수치가 증가하게 되는데 온도가 1℃씩 상승하면 전기전도도 수치는 ( )%씩 증가한다.

① 1

② 2

③ 3

④ 4

해설

양액 내에 동일한 양의 이온이 있어도 온도에 따라 전기전도도(EC)는 변화한다. 양액의 온도가 높으면 양액 내에 흐르는 전기의 양이 많아지며 전기전도도(EC)가 증가하는데, 이때 표준 전기전도율(EC)는 온도가 25℃일 때를 기준으로 온도가 1℃ 상승 시 전기전도도는 2% 상승한다.

73 고열로 인해 발생하는 건강장해 중 가장 위험성이 크며 신체 내부의 체온조절중추가 기능을 잃어 사망까지 이르게 되는 질환은?

① 열사병　　　　　　　　　　　② 열피로

③ 열경련　　　　　　　　　　　④ 열발진

해설

열사병(Heat Stroke)

열사병은 고온 스트레스를 받았을 때 열을 발산시키는 체온조절기전에 문제가 생겨(Thermal Regulatory Failure) 심부 체온이 40℃ 이상 증가하는 것이다. 의식장애, 고열, 비정상적 활력징후, 고온 건조한 피부 등의 증상이 나타난다. 치명률은 치료 여부에 따라 다르게 나타나지만 대부분 매우 높다.

74 온열질환 예방 중 보건관리상의 대책으로 옳지 않은 것은?

① 고열작업장 근로자를 개인의 질병, 연령, 적성에 맞게 적정 배치한다.

② 작업량을 조절하고 작업의 자동화, 기계화를 설비한다.

③ 수분 및 염분의 공급을 해 주고 통기성 있는 옷을 입는다.

④ 작업주기를 길게 하고 휴식시간은 정해진 시간에만 쉬게 한다.

해설

온열 안전 건강 대책

• 온열질환은 예방이 중요하므로 수시로 물과 염분을 보충한다.

• 폭염시간대는 농작업 및 야외활동을 피하고, 밖을 나설 때는 챙이 넓은 모자, 여유 있는 긴팔 옷과 바지 등을 착용하여 자외선 노출을 차단한다.

• 비닐하우스 등 밀폐 공간에서의 농작업은 5시간 이하로 제한해야 하며 일하는 중간에 그늘이나 통풍이 잘되는 곳에서 자주 짧은 휴식을 취한다.

• 고열에 순응할 때까지 고열작업시간을 점차 단계적으로 증가시킨다.

• 온습도를 쉽게 알 수 있도록 온도계 등의 기기를 작업장에 부착한다.

• 여름철 옥외작업의 경우 일정 온도 이상이 되면 옥외작업을 중단한다.

• 작업시간 중간에 주기적으로 휴식시간을 갖는다.

• 물과 식염을 작업 공간 곳곳에 비치하고 휴게 장소는 고열작업장과 떨어진 시원한 곳에 마련한다.

• 카페인이 함유된 음료, 알코올은 탈수현상을 가중시키므로 삼간다.

• 온열질환 응급환자가 발생할 경우를 대비해 응급구조방법을 숙지한다.

• 모자, 긴팔 등의 직사광선을 피할 수 있는 대책을 세운다. 냉각 젤이나 얼음이 들어 있는 냉각 조끼(Cooling Vest) 등의 냉각도구를 착용한다.

• 힘든 작업은 되도록 시원한 시간대(아침, 저녁)에 한다.

75 상한 음식을 섭취하여 황색포도상구균이나 보툴리누스균에 의한 독성 세균이 몸에 들어와 위장 증세를 일으키는 것은?

① 식중독

② 인플루엔자

③ 쯔쯔가무시

④ 심근경색

해설

- 식중독 : 상한 음식을 섭취하여 황색포도상구균이나 보툴리누스균에 의한 독성 세균이 몸에 들어와 위장증세를 일으키는 것으로, 두드러기를 유발하여 피부발진, 가려움증과 같은 증상이 동반한다.
- 장염은 음식과 세균뿐 아니라 손, 코, 입 등의 호흡기를 통해 노로바이러스, 장관아데노바이러스, 로타바이러스 등의 바이러스에 의한 건강장애로 세균성 식중독과는 달리 작은 개체로도 발병이 가능하다. 수인성 감염병처럼 2차 감염이 일어나기 쉽고 항생제 치료가 어려운 반면 인체 이외에서는 증식이 불가능하다.

76 안전화 선정 시 고려해야 할 사항이 아닌 것은?

① 작업내용이나 목적에 적합할 것

② 무겁고 발 사이즈보다 약간 작은 것

③ 바닥이 미끄러운 곳에는 창의 마찰력이 큰 것

④ 목이 긴 안전화는 신고 벗는데 편하도록 지퍼 등이 달린 것

해설

안전화, 보호장화의 선정

- 작업내용이나 목적에 적합할 것
- 가벼운 것
- 땀 발산효과가 있는 것
- 디자인이나 색상이 좋은 것
- 바닥이 미끄러운 곳에는 창의 마찰력이 큰 것
- 발에 맞는 것
- 목이 긴 안전화는 신고 벗는데 편한 구조일 것(예 지퍼 등)

77 기계적, 물리적, 화학적, 생물적 유해·위험으로부터 인체를 보호하는 역할을 하는 보호복의 소재와 용도에 대한 설명으로 옳은 것은?

① 가공처리된 모 혹은 면 : 면밀하게 직조된 면직물은 근로자들이 무겁거나 날카롭거나 거친 자재를 다룰 때 절단이나 타박상으로부터 보호해 준다.

② 두꺼운 즈크면 : 특정 산이나 기타 화학물질로부터 보호해 준다.

③ 부직포 섬유 : 부직포 섬유로 만든 보호복은 1회용으로서 분진이나 튀는 액체로부터 보호해 준다.

④ 고무, 고무처리된 직물, 네오프렌 및 플라스틱 : 온열작업 시 열을 차단해 준다.

해설

① 가공처리된 모 혹은 면 : 가공처리된 모 혹은 면으로 만든 방호복은 온도가 변하는 작업장에 적합하며, 내화성이 있고 편안하다. 분진 마찰 및 거칠거나 자극적인 표면으로부터 보호해 준다.

② 두꺼운 즈크 면 : 면밀하게 직조된 면직물(즈크 ; 캔버스)은 근로자들이 무겁거나, 날카롭거나, 거친 자재를 다룰 때 절단이나 타박상으로부터 보호해 준다.

④ 고무, 고무처리된 직물, 네오프렌 및 플라스틱 : 이 재료로 만든 방호복은 특정 산이나 기타 화학물질로부터 보호해 준다.

78 심정지가 발생한 환자를 발견하였을 때 응급처치의 시행방법을 순서대로 바르게 나열한 것은?

① 의식 확인 → 도움 요청 → 기도개방 → 인공호흡 → 가슴압박

② 도움 요청 → 의식 확인 → 인공호흡 → 가슴압박 → 기도개방

③ 의식 확인 → 도움 요청 → 가슴압박 → 기도개방 → 인공호흡

④ 도움 요청 → 의식 확인 → 기도개방 → 가슴압박 → 인공호흡

79 응급처치 시 지혈방법으로 옳은 것은?

① 상처에 된장, 담뱃가루, 지혈제 등을 뿌리는 민간요법으로 지혈을 시도한다.

② 누르고 있던 상처를 들어 올리고 압박붕대로 감는다.

③ 상처 부위에 흙이나 더러운 것이 묻어 있어도 그대로 둔다.

④ 상처 부위를 노출시켜 준다.

해설

지혈의 일반적 처치
- 상처에 소독 거즈나 깨끗한 수건을 덮고 손으로 압박하여 지혈시킨다.
- 누르고 있던 상처를 들어 올리고 압박붕대로 감는다.
- 출혈이 심해서 붕대 밖으로 혈액이 스미면 압박붕대 위에 다시 소독거즈를 덧대어 압박한다.
- 상처 부위를 부목으로 고정시킨다.

80 멧돼지 발견 시 대처요령으로 옳지 않은 것은?

① 서로 눈을 마주친 경우에는 뛰거나 소리 지르기보다는 침착하게 움직이지 않는 상태에서 멧돼지의 눈을 똑바로 쳐다본다.

② 멧돼지를 보고 소리를 지르거나 달아나려고 등을 보이는 등 겁먹은 모습을 보여서는 안 된다

③ 멧돼지에게 해를 입히기 위한 행동을 절대로 해서는 안 된다.

④ 주위의 나뭇가지로 멧돼지를 공격한다.

해설

멧돼지 발견 시 대처요령
- 서로 눈을 마주친 경우에는 뛰거나 소리 지르기보다는 침착하게 움직이지 않는 상태에서 멧돼지의 눈을 똑바로 쳐다본다(뛰거나 소리치면 오히려 멧돼지가 놀라 공격한다).
- 멧돼지를 보고 소리를 지르거나 달아나려고 등을 보이는 등 겁먹은 모습을 보여서는 안 된다. 야생동물은 직감적으로 겁먹은 것으로 알고 공격하는 경우가 많다.
- 멧돼지에게 해를 입히기 위한 행동을 절대로 해서는 안 된다.
- 멧돼지는 적에게 공격을 받거나 놀란 상태에서는 흥분하여 움직이는 물체나 사람에게 저돌적으로 달려와 피해를 입힐 수 있기 때문에 가까운 주위의 나무, 바위 등 은폐물에 몸을 신속하게 피한다.

2023년

제4회

최근 기출복원문제

제1과목 | 농작업과 안전보건교육

01 농어업인 삶의 질 향상 및 농어촌지역 개발촉진에 관한 특별법령상 농어업인 등에 대한 실태 조사는 몇 년마다 시행하는가?

① 2년

② 3년

③ 5년

④ 10년

해설

농어업인 등에 대한 복지실태 등 조사(농어업인 삶의 질 향상 및 농어촌지역 개발촉진에 관한 특별법 제8조)

① 정부는 농어업인 등의 복지증진과 농어촌의 지역개발에 관한 시책을 효과적으로 추진하기 위하여 5년마다 다음 각 호의 사항을 포함하는 실태조사를 실시하여야 한다.

1. 농어업인 등의 복지실태
2. 농어업인 등에 대한 사회안전망 확충 현황
3. 고령 농어업인 소득 및 작업환경 현황
4. 농어촌의 교육 · 문화예술 여건
5. 농어촌의 교통 · 통신 · 환경 · 기초생활 여건
6. 그 밖에 농어업인 등의 복지증진과 농어촌의 지역개발을 위하여 필요한 사항

02 농업기계화 촉진법령상 안전교육에 관한 사항으로 옳지 않은 것은?

① 교육대상자는 농업용 기계를 사용하거나 사용하려는 농업인 등이다.

② 교육기간은 농업기계의 종류에 따라 3일 이내의 범위에서 교육한다.

③ 농업기계의 종류에 따라 구조 및 조작취급성 등에 관한 교육이다.

④ 안전교육계획은 농림축산식품부장관이 3년마다 계획을 수립하고 시행한다.

해설

안전교육(농업기계화 촉진법 제12조의2)

① 농림축산식품부장관은 농업기계의 안전사고 예방을 위하여 안전교육계획을 매년 수립하고 시행하여야 한다.

② 제1항에 따른 안전교육 대상자의 범위, 교육기간 및 교육과정, 그 밖에 필요한 사항은 농림축산식품부령으로 정한다.

안전교육 대상자의 범위 등(농업기계화 촉진법 시행규칙 제19조)

① 안전교육에 따른 농업기계 안전교육 대상자의 범위, 교육기간 및 교육과정은 다음 각 호와 같다.

1. 안전교육 대상자 : 농업용 트랙터 등 농업용 기계를 사용하거나 사용하려는 농업인 등
2. 교육기간 및 교육과정 : 농업기계의 종류에 따라 3일 이내의 범위에서 구조 및 조작취급성 등에 관한 교육

② 제1항에서 정하지 아니한 그 밖의 안전교육에 관하여 필요한 사항은 농촌진흥청장이 정한다.

정답 1 ③ 2 ④

03 농어업인안전보험법령상 보험금의 종류에 해당되지 않는 것은?

① 장해위로금

② 간병급여금

③ 직업재활급여금

④ 행방불명급여금

> **해설**
>
> 보험금의 종류(농어업인의 안전보험 및 안전재해예방에 관한 법률 제9조 제1항)
> 보험에서 피보험자의 농어업작업안전재해에 대하여 지급하는 보험금의 종류는 다음과 같다.
> • 상해·질병 치료급여금
> • 휴업급여금
> • 장해급여금
> • 간병급여금
> • 유족급여금
> • 장례비
> • 직업재활급여금
> • 행방불명급여금
> • 그 밖에 대통령령으로 정하는 급여금

04 농어업인의 안전보험 및 안전재해예방에 관한 법률상 농어업인의 안전보험과 관련한 내용으로 옳지 않은 것은?

① 장해란 부상 또는 질병이 치유되었으나 육체적 또는 정신적 훼손으로 인하여 노동능력이 상실되거나 감소된 상태를 말한다.

② 휴업급여금은 농어업작업으로 인하여 부상을 당하거나 질병에 걸려 농어업작업에 종사하지 못하는 경우에 그 휴업기간에 따라 산출한 금액을 피보험자에게 일시금으로 지급한다.

③ 보험금을 지급받을 수 있는 권리는 양도하거나 담보로 제공할 수 없으며, 압류대상으로 할 수 없다.

④ 산업재해보상보험법에 따라 산업재해보상보험의 적용을 받는 농어업인 또는 농어업근로자도 피보험자가 될 수 있다.

> **해설**
>
> 피보험자(농어업인의 안전보험 및 안전재해예방에 관한 법률 제6조)
> 보험은 농어업인 또는 농어업근로자를 피보험자로 한다. 다만, 다음의 어느 하나에 해당하는 사람은 피보험자가 될 수 없다.
> • 산업재해보상보험법에 따른 산업재해보상보험의 적용을 받는 사람
> • 어선원 및 어선 재해보상보험법에 따른 어선원보험의 적용을 받는 사람
> • 최근 2년 이내에 보험 관련 보험사기행위로 형사처벌을 받은 사람
> • 그 밖에 대통령령으로 정하는 사람

3 ① 4 ④ 정답

05 농어업인의 안전보험 및 안전재해예방에 관한 법률과 관련하여 농어업작업안전재해에 대하여 지급하는 보험금의 종류의 설명으로 옳지 않은 것은?

① 장해급여금은 농어업작업으로 인하여 부상을 당하거나 질병에 걸려 치유 후에도 장해가 있는 경우에 장해등급에 따라 책정한 금액을 피보험자에게 연금 또는 일시금으로 지급한다.

② 휴업급여금은 피보험자가 농어업작업으로 인하여 부상을 당하거나 질병에 걸린 경우에 그 의료비 중 실제로 본인이 부담한 비용(「국민건강보험법」에 따른 요양급여비용 또는 「의료급여법」에 따른 의료급여비용 중 본인이 부담한 비용과 비급여비용을 합한 금액을 말한다)의 일부를 피보험자에게 지급한다.

③ 간병급여금은 제2항에 따라 상해·질병 치료급여금을 받은 사람 중 치유 후 의학적으로 상시 또는 수시로 간병이 필요하여 실제로 간병을 받은 피보험자에게 지급한다.

④ 유족급여금은 피보험자가 농어업작업으로 인하여 사망한 경우 농림축산식품부령 또는 해양수산부령으로 정하는 유족에게 연금 또는 일시금으로 지급한다.

> 해설
>
> 휴업급여금은 농어업작업으로 인하여 부상을 당하거나 질병에 걸려 농어업작업에 종사하지 못하는 경우에 그 휴업기간에 따라 산출한 금액을 피보험자에게 일시금으로 지급한다.

06 농약관리법상 제조업·원제업 또는 수입업을 하려는 자는 농림축산식품부령으로 정하는 바에 따라 (   )에게 등록하여야 한다. (   ) 안에 알맞은 용어는?

① 농촌진흥청장

② 해양수산부

③ 국무총리

④ 지방자치단체

> 해설
>
> 영업의 등록 등(농약관리법 제3조 제1항)
>
> 제조업·원제업 또는 수입업을 하려는 자는 농림축산식품부령으로 정하는 바에 따라 농촌진흥청장에게 등록하여야 한다. 등록한 사항 중 농림축산식품부령으로 정하는 중요한 사항을 변경하려는 경우에도 또한 같다.

07 농어업인의 안전보험 및 안전재해예방에 관한 법률 및 시행규칙상 농어업작업안전재해의 예방교육 내용으로 옳지 않은 것은?

① 농어업인 안전보건 인식 제고를 위한 교육

② 자연재해를 입은 농작물의 보상범위에 관한 교육

③ 농어업인의 건강에 영향을 미치는 위험요인의 차단에 관한 교육

④ 작업자의 안전 확보를 위한 개인보호장비에 관한 교육

> **해설**
>
> 농어업작업안전재해의 예방교육(농어업인의 안전보험 및 안전재해예방에 관한 법률 시행규칙 제6조)
> • 농어업인의 건강에 영향을 미치는 위험요인의 차단에 관한 교육
> • 비위생적이고 열악한 농어업작업 환경의 개선에 관한 교육
> • 작업자의 안전 확보를 위한 개인보호장비에 관한 교육
> • 농산물 수확 또는 어획물 작업 등 노동 부담 개선을 위한 편의장비에 관한 교육
> • 농어업작업 환경의 특수성을 고려한 건강검진에 관한 교육
> • 농어업인 안전보건 인식 제고를 위한 교육
> • 그 밖에 농림축산식품부장관 또는 해양수산부장관이 필요하다고 인정하는 교육

08 농어업인의 안전보험 및 안전재해예방에 관한 법률상 농어업 작업안전재해의 인정기준으로 적합한 것은?

① 농어업인 및 농어업 근로자가 농어업 작업이나 그에 따르는 행위를 하던 중 발생한 사고

② 농어업 작업과 농어업 작업안전재해 사이에 상당한 인과관계가 없는 경우

③ 농어업 작업을 하러 가던 중 일어난 음주운전사고

④ 농어업인 및 농어업 근로자의 고의, 자해행위나 범죄행위 또는 그것이 원인이 되어 부상, 질병, 장해 또는 사망이 발생한 경우

> **해설**
>
> 농어업작업안전재해의 인정기준(농어업인의 안전보험 및 안전재해예방에 관한 법률 제8조)
> ① 농어업인 및 농어업근로자가 다음 각 호의 구분에 따른 각 목의 어느 하나에 해당하는 사유로 부상, 질병 또는 장해가 발생하거나 사망하면 이를 농어업작업안전재해로 인정한다.
>   1. 농어업작업 관련 사고
>   가. 농어업인 및 농어업근로자가 농어업작업이나 그에 따르는 행위(농어업작업을 준비 또는 마무리하거나 농어업작업을 위하여 이동하는 행위를 포함한다)를 하던 중 발생한 사고
>   나. 농어업작업과 관련된 시설물을 이용하던 중 그 시설물 등의 결함이나 관리 소홀로 발생한 사고
>   다. 그 밖에 농어업작업과 관련하여 발생한 사고
>   2. 농어업작업 관련 질병
>   가. 농어업작업 수행 과정에서 유해·위험요인을 취급하거나 그에 노출되어 발생한 질병
>   나. 농어업작업 관련 사고로 인한 부상이 원인이 되어 발생한 질병
>   다. 그 밖에 농어업작업과 관련하여 발생한 질병

09 농어업인 삶의 질 향상 및 농어촌지역 개발촉진에 관한 특별법에서 농어업인 삶의 질 향상 및 농어촌 지역개발위원회를 어느 소속으로 두도록 되어 있는가?

① 농림축산식품부 ② 해양수산부
③ 국무총리 ④ 농촌진흥청장

해설

농어업인 삶의 질 향상 및 농어촌 지역개발위원회(농어업인 삶의 질 향상 및 농어촌지역 개발촉진에 관한 특별법 제10조)

① 농어업인 등의 복지증진, 농어촌의 교육여건 개선 및 지역개발에 관한 정책을 총괄·조정하기 위하여 국무총리 소속으로 농어업인 삶의 질 향상 및 농어촌 지역개발위원회를 둔다.

10 농업기계화 촉진법에 따라 안전관리대상 농업기계의 주요 안전장치로 분류되지 않는 것은?

① 가동부의 방호 ② 등화장치
③ 저온부의 방호 ④ 제동장치

해설

안전관리대상 농업기계의 주요 안전장치(농업기계화 촉진법 시행규칙 별표 12)
- 가동부의 방호
- 안전장치
- 운전석 및 그 밖의 작업장소
- 작업기 취부장치 및 연결장치
- 등화장치
- 돌기부 및 예리한 단면 등의 방호
- 축전지의 방호
- 작업등
- 안전표시
- 동력취출장치 및 동력입력축의 방호
- 제동장치
- 운전·조작장치
- 계기장치
- 고온부의 방호
- 비산물의 방호
- 안정성 관련 장치
- 전도 시 운전자 보호장치
- 취급성 관련 장치
- 그 밖에 농림축산식품부장관이 안전을 위하여 특별히 필요하다고 인정하는 것

11 하버드 학파의 5단계 교수법 중 4단계로 옳은 것은?

① 교시(Presentation)

② 응용(Application)

③ 총괄(Generalization)

④ 연합(Association)

> **해설**
>
> 하버드 학파의 5단계 교수법
> - 1단계 : 준비(Preparation)
> - 2단계 : 교시(Presentation)
> - 3단계 : 연합(Association)
> - 4단계 : 총괄(Generalization)
> - 5단계 : 응용(Application)

12 농업인에게 짧은 시간 동안 많은 양의 사실적, 기본적 정보 개념을 전달할 때 사용되는 안전교육 기법은?

① 시 범

② 강의법

③ 토의법

④ 사례연구

> **해설**
>
> 강의법 : 정해진 시간 내에 많은 양의 지식을 학습자에게 동시에 전달할 수 있다.

13 농작업 안전보건 교육프로그램 개발을 위한 ADDIE 모형의 절차로 ( )에 알맞은 용어는?

분석 → 설계 → 개발 → ( ) → 평가

① 실 행　　　　　　　　　② 관 찰
③ 수 정　　　　　　　　　④ 연 구

해설

농작업 안전보건 교육프로그램 개발을 위한 ADDIE 모형의 절차
분석(Analysis) → 설계(Design) → 개발(Development) → 실행(Implementation) → 평가(Evaluation)

14 다음은 집단보건교육의 방법 중 어떤 교육방법에 대한 설명인가?

〈장점〉
• 기술습득이 용이하며 사회성 개발에 효과적이다.
• 심리적 전환 경험을 통해 학습자의 태도변화가 용이하다.
〈단점〉
• 준비시간이 많이 요구된다.
• 극중 인물을 선택하는 데 어려움이 있다.
• 사실과 거리감이 있을 때는 효과가 저하된다.

① 강 의　　　　　　　　　② 그룹토의
③ 분단토의　　　　　　　　④ 역할극(Role Playing)

해설

유 형	장 점	단 점
강 의	• 많은 대상자에게 짧은 시간 동안 많은 지식과 정보를 제공한다. • 교수자는 지식을 체계적·논리적으로 전달할 수 있으며, 학습자는 이를 효율적으로 받아들일 수 있다.	• 모든 사람들이 들을 수 있도록 소리를 조절해야 한다. • 수준별 맞춤형 수업이 용이하지 않다. • 주입식 수업이 되기 쉬우며, 능동적인 참여나 활동이 제한적이다.
집단토의	• 목표를 위해 능동적으로 참여할 기회가 있다. • 효과적인 의사소통능력을 기른다. • 선입견이나 편견의 수정이 가능하다.	• 시간이 많이 소요된다. • 지배적인 참여자와 소극적인 참여자가 될 수 있다. • 예측하지 못한 상황의 발생이 가능하다.
분단토의	• 모든 대상자들에게 참여기회가 주어진다. • 문제를 다각적으로 분석·해결할 수 있다. • 다른 그룹과 비교가 되어 반성적 사고능력을 기른다.	• 참여자들이 준비가 안 되면 효과가 없다. • 소수의견이 집단 전체의 의견이 될 수 있다. • 소심한 사람에게는 부담스러울 수 있다.

15 집단교육방법 중 강의식은 교수 위주의 주입식 수업이 되기 쉽기 때문에 학습자의 주의를 환기시키고, 필요 이상의 해설을 피하며, 학습자가 적극적으로 사고하고 참여하도록 유도해야 한다. 다음 중 강의식 교육방법의 장점으로 옳지 않은 것은?

① 교수자의 설명 중심으로 수업이 진행되며 학습자의 능동적인 참여나 활동이 가능하다.

② 교수자가 중요한 내용의 포인트를 전달함으로써 학습자가 효율적으로 학습 정보를 받아들일 수 있다.

③ 교수자가 지닌 지식과 기능을 체계적이고 논리적으로 전달할 수 있다.

④ 정해진 시간 내에 많은 양의 지식을 학습자에게 동시에 전달할 수 있다.

> **해설**
> 강의식 교육방법의 단점
> • 교수자의 설명 중심으로 수업이 진행되어 학습자의 능동적인 참여나 활동이 제한적이다.
> • 학습이 수동적으로 이루어지기 쉬우며, 학습자가 스스로 탐구하거나 성찰할 수 있는 시간이 부족할 수 있다.
> • 교수자 한 명당 여러 명의 학습자를 대상으로 가르치기 때문에 수준별 맞춤형 수업이 용이하지 않다.

16 농작업 안전보건 교육계획을 수립할 때 고려해야 할 사항 중 옳지 않은 것은?

① 교육에 필요한 정보를 수집한다. 농작업 안전보건교육 관련 조직이나 기관이 설정하고 있는 지침 및 기준을 반드시 확인하도록 한다.

② 현장의 의견을 반영한다. 현장의 의견을 반영할 경우, 교육 담당자가 미처 생각하지 못했던 좋은 아이디어를 얻을 수 있다.

③ 교육 시행체계와 관련하여 시행한다. 안전보건 교육을 담당하는 다른 기관들의 기능에 따라서 각 종류의 안전보건 교육을 분담하여 실시하도록 하며, 이와 같은 시행체계의 범위를 벗어나지 않도록 한다.

④ 교육의 효과를 크게 기대하기보다 사람 측면에서의 안전보건의 수준 향상만을 도모할 수 있다.

> **해설**
> 농작업 안전보건 교육계획을 수립할 때 고려해야 할 사항
> • 정부 법, 규정 이외의 교육을 고려한다. 정부에서 법 혹은 규정으로 정하고 있는 안전보건 교육은 어디까지나 기초적인 최소한도의 교육이므로, 지역 또는 작업장의 실태를 감안하여 필요한 교육사항을 추가하거나 교육시간을 충분히 활용한다. 또한 확정된 계획에는 교육의 종류 및 교육대상, 교육의 과목 및 교육내용, 교육시간 및 시기, 교육장소, 교육방법, 교육담당자 및 강사 등의 내용이 명시되어야 한다.
> • 교육의 효과를 고려한다. 사람 측면에서의 안전보건의 수준 향상을 도모할 뿐 아니라 물적 측면에서의 재해 예방 및 보건에 만전을 기할 수 있어야 하며 안전보건 교육의 효과를 고려하여 지도안을 작성하고 교재를 준비하며, 강사를 섭외해야 한다.

17 농작업 안전보건 교육을 운영할 때 유의해야 할 사항으로 옳은 것은?

① 연령, 교육수준, 경제수준은 고려하지 않는다.

② 교육과정 중에 전달되는 정보를 학습자들의 실제 생활과 접목시켜야 하며 농작업 안전보건 교육은 실제 경험과 비슷한 학습 환경에서 이루어질 때 그 효과가 크다.

③ 지역사회 주민의 안전보건에 대한 태도, 신념, 미신, 습관, 금기사항, 전통 등 일상생활의 전반적인 사항은 개인적이므로 알 수 없다.

④ 대상자가 자발적으로 참여하지 않는다면 강제로 교육한다.

> **해설**
>
> 농작업 안전보건 교육을 운영할 때 유의해야 할 사항
> - 농작업 안전보건 교육은 단편적인 지식이나 기능을 전달하는 것이 아니라 일상생활에서 응용될 수 있도록 하는 것이며, 인간의 신체적·정신적·사회적 측면의 조화를 고려하여 실시해야 한다.
> - 교육 과정 중에 전달되는 정보를 학습자들의 실제 생활과 접목시켜야 한다. 농작업 안전보건 교육은 실제 경험과 비슷한 학습 환경에서 이루어질 때 그 효과가 크다.
> - 연령, 교육수준, 경제수준에 맞게 실시해야 한다.
> - 대상자가 자발적으로 참여토록 한다.
> - 그 지역사회 주민의 안전보건에 대한 태도, 신념, 미신, 습관, 금기사항, 전통 등 일상생활의 전반적인 사항을 알고 있어야 한다.
> - 명확한 목표 설정이 있어야 한다.
> - 위험에 대해 전달할 때, 교육생들이 두려움에 휩싸이지 않도록 해야 한다.
> - 양과 질을 측정할 수 있는 평가지표의 준비가 필요하다.
> - 교육장소는 산만하지 않고, 청결하며, 흥미를 끌 수 있는 상태를 유지해야 한다.
> - 교육자재가 깔끔히 마련되고 강사들의 복장 상태도 말끔히 하여 교육생들이 집중할 수 있도록 도와주어야 한다.
> - 휴식시간은 여유 있게 배정한다.

18 농업인을 대상으로 하는 농작업 안전보건 교육의 내용 중 옳지 않은 것은?

① 농업인의 장기출타 집합교육이 어렵다.

② 교육대상자의 사회·경제적 특성이 거의 비슷하다.

③ 교육대상자의 다양성, 교육내용의 전문성과 실용성, 농업의 취약성 등으로 인하여 농업인 교육 담당자에게 높은 수준의 교수능력을 요구한다.

④ 교육목표가 실천성이 강조되는 농업인의 행동변화에 역점을 둔다.

> **해설**
>
> 농업인을 대상으로 하는 농작업 안전보건 교육은 남녀노소, 기술수준과 요구의 차이 등 교육대상자의 사회·경제적 특성이 다양하다.

19 레빈(Lewin)의 인간의 행동특성을 다음과 같이 표현하였다. 변수 E가 의미하는 것은?

$$B = f(P \cdot E)$$

① 연 령   ② 성 격
③ 환 경   ④ 지 능

해설

독일에서 출생하여 미국에서 활동한 심리학자 레빈(Lewin. K)은 인간의 행동(B)은 그 자신이 가진 자질, 즉 개체(P)와 심리적인 환경(E)과의 상호관계에 있다고 말하였다. 인간의 행동은 주변 환경의 자극에 의해서 일어나며, 항상 환경과의 상호작용의 관계에서 전개된다.

$B = f(P \cdot E)$

여기서, B(Behavior) : 인간의 행동

            f(function) : 함수관계, 즉 적성 기타 P와 E에 영향을 미칠 수 있는 조건

            P(Person) : 개체, 즉 연령, 경험, 심신상태, 성격, 지능 등

            E(Environment) : 환경, 즉 인간관계, 작업환경 등

20 농작업 안전보건 교육프로그램의 학습내용 구성에 관한 설명으로 옳지 않은 것은?

① 학습되는 순서를 고려하여 학습 내용을 구성하는 일을 계열화라고 한다.
② 한 번 제시한 내용을 반복하여 제시한다.
③ 핵심주제와 초점은 학습목표에 연계되어야 한다.
④ 학습내용의 구조화는 비슷한 내용을 묶는 작업이다.

해설

학습내용 선정은 학습목표에서부터 시작하며, 핵심 주제와 초점은 학습목표와 연계되어야 한다. 학습내용을 구성하는 데 있어 주의해야 할 점은 다음과 같다.
• 중요한 개념과 핵심 포인트를 빠뜨리지 않도록 한다.
• 특별히 주의를 기울일 필요가 없는 부분은 강조하지 않는다.
• 한 번 제시한 내용은 반복하지 않는다.

21 버드(Bird)의 재해발생법칙 이론에 따라 2건의 중상 발생 시 경상은 몇 건 발생하는가?

① 2건　　　　　　　　　　　　② 10건
③ 20건　　　　　　　　　　　　④ 100건

[해설]

1 : 10 : 30 : 600 = 2 : 20 : 60 : 1,200
버드의 재해발생 이론(1 : 10 : 30 : 600 = 641)
• 1 : 중상
• 10 : 경상(물·인적 사고)
• 30 : 무상해 사고(물적 손실)
• 600 : 무상해·무사고

22 하인리히(Heinrich)의 재해구성비율에 따른 600건의 무상해 사고가 발생한 경우 경상은 몇 건이 발생하겠는가?

① 1건　　　　　　　　　　　　② 29건
③ 58건　　　　　　　　　　　　④ 300건

[해설]

1 : 29 : 300 = 2 : 58 : 600
하인리히의 재해구성비율(1 : 29 : 300 = 330)
330회의 사고 중에 중상 또는 사망 1회, 경상 29회, 무상해 사고 300회의 비율로 사고가 발생한다.

23 농작업 재해의 사고 원인 조사방법 중 사고 유형별 빈도자료를 이용하여 주된 사고 유형을 선별하기 위한 방법으로 막대의 높이 등으로 도표화한 것은?

① 클로즈 분석　　　　　　　　② 파레토도 분석법
③ 산업재해 조사표　　　　　　④ 특성요인도

[해설]

② 파레토도(Pareto Diagram) : 사고의 유형, 기인물 등 분류항목을 큰 순서대로 도표화한다(문제나 목표의 이해에 편리).
① 클로즈(Close) 분석 : 2개 이상 문제관계를 분석하는 데 사용하는 것으로, 데이터(Data)를 집계하고 표로 표시하여 요인별 결과 내역을 교차한 클로즈(Close) 그림을 작성하여 분석하는 방법이다.
④ 특성요인도 : 특성과 요인관계를 도표로 하여 어골상(魚骨狀)으로 세분한다.

24 산업현장에서 재해발생 시 조치 순서로 옳은 것은?

① 긴급처리 → 실시계획 → 재해조사 → 대책수립 → 평가 → 실시

② 긴급처리 → 원인분석 → 재해조사 → 대책수립 → 실시 → 평가

③ 긴급처리 → 재해조사 → 원인분석 → 실시계획 → 실시 → 대책수립 → 평가

④ 긴급처리 → 재해조사 → 원인분석 → 대책수립 → 실시계획 → 실시 → 평가

해설

긴급처리 → 재해조사 → 원인분석 → 대책수립 → 대책실시계획 → 실시 → 평가

25 일반적인 동력예취기 사용에 관한 안전지침으로 옳지 않은 것은?

① 엔진 시동은 지면에서 예취기 날을 띄운 상태로 시동한다.

② 예취기 주유 시에는 엔진 시동을 정지한 후 급유한다.

③ 작업 중에는 작업자 간에 10m 거리를 유지한다.

④ 온도가 낮은 아침의 경우 손을 충분히 따뜻하게 한 후 작업한다.

해설

운전 중 항상 기계의 작업범위 15m 내에 사람이 접근하지 못하도록 하는 등 안전을 확인하고, 예취작업은 오른쪽에서 왼쪽방향으로 한다.

26 하비(J. H. Harvey)의 안전론에 따른 3E에 포함되지 않는 것은?

① 경험(Experience)

② 관리(Enforcement)

③ 교육(Education)

④ 기술(Engineering)

해설

하비(J. H. Harvey)의 3E 재해예방이론
• 기술(Engineering) 대책
• 교육(Education) 대책
• 관리(Enforcement) 대책

27 경운기를 운전할 때 조향클러치를 이용해도 안전한 작업이 가능한 경우는?

① 급경사의 내리막 농로를 주행할 때
② 갓길로 주행하고 있을 때
③ 급경사의 오르막 농로를 주행할 때
④ 밭에서 로터리로 작업할 때

해설

급경사지나 언덕길에서는 경운기, 관리기의 폭주를 초래할 우려가 있으므로 변속조작을 하지 않는다. 경사진 곳에서 조향클러치의 작동은 평지와 반대방향으로 선회하므로 조향클러치를 사용하지 말고 반드시 핸들로 선회한다.

28 동력경운기의 내리막길 주행 시 조향클러치의 작동방법으로 옳은 것은?

① 조향클러치를 사용하지 않고 핸들만으로 운전한다.
② 양쪽 클러치를 모두 잡는다.
③ 회전하는 쪽의 클러치를 잡는다.
④ 평지에서와 같은 방법으로 운전한다.

해설

동력경운기 주행에 급한 내리막에서는 반드시 엔진브레이크를 이용하며 내리막길을 이동하는 도중에 주행클러치를 조작하지 않도록 한다.

29 이앙기의 안전이용 수칙으로 옳지 않은 것은?

① 논 출입 시는 포장 출입로 또는 논두렁에 직각으로 진행해야 하며, 논둑이 높을 경우 보조발판을 사용한다.
② 포장 출입로, 경사진 농로, 차량 적재 시 등 경사진 곳에서는 후진으로 올라가고 전진으로 내려온다.
③ 경사진 논 출입로를 내려올 때는 후진, 올라갈 때는 전진으로 운행하는 것이 안전하다.
④ 타기 쉬운 볏짚이나 마른 풀 등의 위에 이앙기를 세워두지 않도록 한다.

해설

이앙기 안전이용 수칙
• 포장 출입로, 경사진 농로, 차량 적재 시 등 경사진 곳에서는 후진으로 올라가고 전진으로 내려온다. 이때 보조 묘 탑재대 등에 적재물을 적재하지 않도록 한다.
• 추락과 전도의 우려가 있으므로 좌석 이외의 부분에는 타지 않도록 한다.
• 이앙작업 중 모 매트는 반드시 주행을 정지한 후에 보급하되 엉거주춤한 자세로 매트를 공급하지 않도록 한다.
• 식부 날에 돌, 짚 등 이물질이 끼인 경우에는 엔진을 멈춘 후 작동부가 정지한 다음 제거해준다.

30 재해발생 원인 중 불안전한 행동(인적 원인)에 해당하는 것은?

① 작업환경장의 높은 온도와 습도   ② 물자의 배치 및 작업장소 불량

③ 안전조치 불이행   ④ 외부적·자연적 불안전 상태

> **해설**
>
> 불안전한 상태(물적 원인) : 작업방법의 결함, 안전·방호장치의 결함, 작업환경의 결함, 물자의 배치 및 작업장소 불량, 외부적·자연적 불안전 상태 등

31 안전모의 종류 구분 중 '떨어지거나 날아오는 물체에 맞을 위험을 방지 또는 경감하고, 머리 부위 감전위험을 방지'하기 위한 목적에 가장 적합한 것은?

① A   ② AB

③ AE   ④ ABE

> **해설**
>
> 안전모 등급
> - A등급(낙하) : 일반 작업용이며 떨어지거나 날아오는 물체에 맞을 위험을 방지 또는 경감시킨다. 충격의 위험이 있는 벌채작업 등에 이용한다.
> - B등급(추락) : 추락 시 위험을 방지 또는 경감시킨다(2m 이상의 고상작업 등에서의 추락 등).
> - E등급(절연) : 감전 위험을 방지한다(내전압성 : 7,000V 이하의 전압에 견딤).
> - AB등급 : 낙하, 추락을 방지한다.
> - AE등급 : 낙하, 절연을 방지한다.
> - ABE등급 : 낙하, 추락, 절연을 방지한다.

32 농업인 재해통계의 설명이 잘못 이루어진 것은?

① 건수율(Incidence Rate) : 산업재해의 발생상황을 총괄적으로 파악하는 데 적합하다.

② 강도율(Intensity or Severity Rate) : 강도율은 산업재해로 인한 근로손실의 정도를 나타내는 통계이다.

③ 연천인율 : 근로자 100명당 1년간에 발생하는 재해발생자 수의 비율이다.

④ 도수율(Frequency Rate) : 산업재해의 발생의 빈도를 나타내는 단위이다. 재해가 일어나는 빈도는 단지 어느 기간의 재해건수나 연천인율에서 정확하게 판단될 수 없다. 그러므로 근로자의 수나 가동시간을 고려할 필요가 있다. 현재는 재해발생의 정도를 나타내는 국제적 표준척도로서 이 도수율(빈도율)을 사용하고 있다. 도수율은 근로시간 합계 1,000,000시간당 재해발생건수이다.

> **해설**
>
> 연천인율(도수율×2.4) : 근로자 1,000명당 1년간에 발생하는 재해발생자 수의 비율이다.

33 강도율을 구하는 공식으로 옳은 것은?

① 일정기간 중의 작업손실일 수/일정기간 중의 연작업시간 수×1,000

② 일정기간 중의 작업손실일 수/일정기간 중의 연작업시간 수×100

③ 일정기간 중의 재해건 수/일정기간 중의 연작업시간 수×1,000

④ 일정기간 중의 재해건 수/일정기간 중의 연작업시간 수×100

해설

강도율(Intensity or Severity Rate)

산업재해로 인한 근로손실의 정도를 나타내는 통계로서 1,000시간당 근로손실일수를 나타낸다. 이는 재해발생의 경중, 즉 강도를 나타낸다.

$$강도율 = \frac{일정기간\ 중의\ 작업손실일\ 수}{일정기간\ 중의\ 연작업시간\ 수} \times 1,000$$

34 체크리스트를 작성하여 안전점검 시 유의사항으로 옳지 않은 것은?

① 발견된 불량부분은 원인을 조사하고 필요한 시정책을 강구한다.

② 내용은 구체적이고 재해예방에 효과가 있어야 한다.

③ 과거의 재해발생 부분은 그 요인이 없어졌는가를 확인한다.

④ 일시적인 점검이므로 기록 및 수집은 필요 없다.

해설

체크리스트 작성 시 유의사항
• 사업장에 적합하고 쉽게 이해되도록 독자적인 내용으로 작성한다.
• 내용은 구체적이고 재해예방에 효과가 있어야 한다.
• 위험도가 높은 것부터 순차적으로 작성한다.
• 일정한 양식을 정해 점검대상마다 별도로 작성한다.
• 점검기준(판정기준)을 미리 정해 점검결과를 평가한다.
• 정기적으로 검토하여 계속 보완하면서 활용한다.

안전점검 시 유의사항
• 안전점검은 형식과 내용에 변화를 주어서 몇 개의 점검방법을 병용한다.
• 과거의 재해발생 부분은 그 요인이 없어졌는가를 확인한다.
• 발견된 불량부분은 원인을 조사하고 필요한 시정책을 강구한다.
• 점검자의 능력을 감안하여 그에 준하는 점검을 실시한다.
• 불량부분이 발견되었을 경우에는 다른 동종의 설비에 대해서도 점검한다.
• 안전점검은 안전수준의 향상을 목적으로 하는 것임을 염두에 둔다.
• 점검할 때, 작업자에게 동정적이고 안이한 점검이 되지 않아야 한다.

35 농작업 안전시스템의 6가지 영역의 구성요소가 아닌 것은?

① 응급조치　　　　　　　　　② 자동 차단장치

③ 누전차단기　　　　　　　　④ 환경정리

해설

6가지 영역의 안전시스템

1. 디자인과 공학적 조치사항 : 자동 차단장치 등
2. 정비보수와 감독 : 정비 프로그램 및 체계
3. 완화조치 및 장치 : 하우스 전기시설 누전차단기
4. 경고장치 : 고온 감지 등
5. 훈련과 과정 : 응급조치 등
6. 인적 요인 : 보호구 착용, 휴식시간 준수 등

36 농업기계화 촉진법 시행규칙에서 농업기계의 검정방법 등의 항목에 따른 검정 내용으로 옳지 않은 것은?

① 기술검정 : 농업기계를 재구매할 시에 기계작동에 대한 점검

② 안전검정 : 농업기계의 형식에 대한 구조 및 안전성에 대한 검정

③ 종합검정 : 농업기계의 형식에 대한 구조, 성능, 안전성 및 조작의 난이도에 대한 검정

④ 변경검정 : 종합검정 또는 안전검정에서 적합판정을 받은 농업기계의 일부분을 변경한 경우 그 변경 부분에 대한 적합성 여부를 확인하는 검정

해설

농업기계의 검정방법 등(농업기계화 촉진법 시행규칙 제4조)

① 법 제9조 제1항 본문에 따른 필수적 검정대상 농업기계에 대한 검정의 종류는 다음 각 호와 같다.

　1. 종합검정 : 농업기계의 형식에 대한 구조, 성능, 안전성 및 조작의 난이도에 대한 검정

　2. 안전검정 : 농업기계의 형식에 대한 구조 및 안전성에 대한 검정

　3. 변경검정 : 종합검정 또는 안전검정에서 적합판정을 받은 농업기계의 일부분을 변경한 경우 그 변경 부분에 대한 적합성 여부를 확인하는 검정

37 하인리히는 산업재해가 발생하는 원인에는 5가지 기본적인 요소들이 서로 밀접한 관계를 가지고 있다고 하였다. 즉, 한 가지 요인이 발생하면 다른 요인이 연쇄적으로 발생하여 일어나는 도미노 이론 5단계 중 제거 가능한 요인은?

① 불안전한 행동 및 상태
② 관리의 구조
③ 사회적 환경과 유전적인 요소
④ 개인적 결함(성격·개성 결함)

해설

하인리히 도미노이론
• 1단계 : 사회적 환경과 유전적인 요소
• 2단계 : 개인적 결함
• 3단계 : 불안전한 행동 및 상태
• 4단계 : 사고
• 5단계 : 상해(재해)
※ 이 중 3단계인 불안전한 행동 및 상태는 제거 가능한 요인이다.

38 콤바인 사용 시 주의사항으로 옳지 않은 것은?

① 두렁에 한쪽 바퀴만을 올려놓은 채로 작업할 때에는 전도되지 않도록 조심하여 작업한다.
② 화재나 오버히트를 방지하기 위하여 엔진, 소음기, 풀리 등 구동부의 주변 쓰레기는 자주 치워준다.
③ 막힘이나 얽힘 현상을 제거할 때는 부상의 우려가 있으므로 반드시 회전부가 정지된 후 얇은 장갑을 착용한 다음에 한다.
④ 점검정비 시에는 주차브레이크를 걸고 엔진을 정지시킨다.

해설

점검정비 시에는 주차브레이크를 걸고 엔진을 정지시킨다. 특히 막힘이나 얽힘 현상을 제거할 때는 부상의 우려가 있으므로 반드시 회전부가 정지된 후 두꺼운 장갑을 착용한 다음에 한다. 또한 예취부 등의 밑으로 들어가지 않는다. 만일 들어가야 할 때는 예취부의 낙하방지 장치를 고정한 다음에 들어간다.

39 바인더, 결속기 등의 수확, 가공용 기계 작업 중 안전지침에 대한 내용으로 옳은 것은?

① 바인더, 결속기에 끈을 통과시킬 경우 엔진을 정지하고 주차브레이크를 건 후 한다.

② 바인더, 결속기 클러치가 작동하면 도어부를 작동시킨다.

③ 바인더, 결속기에 끈을 걸 때는 방출 암에 닿지 않도록 결속기에서 30cm 이상 떨어진다.

④ 바인더, 결속기에서 결속다발이 방출되는 방향으로 서 있다.

해설

바인더, 결속기 작업 중 안전지침
• 결속기에 끈을 통과시킬 경우 엔진을 정지하고 주차브레이크를 건 후 한다.
• 결속기가 회전하고 있을 때에는 결속부 클러치가 작동하면 방출 암 등 각 부가 갑자기 움직이기 시작하여 부상당할 우려가 있으므로 절대 도어부를 만지지 않는다.
• 결속기에 끈을 걸 때는 방출 암에 닿지 않도록 결속기에서 50cm 이상 떨어진다.
• 결속기에서 결속다발이 방출되는 방향에 서 있지 않는다.
• 결속기 등에 부착기를 장착하면, 기체가 길어지거나 주위가 보이지 않게 될 경우가 있으므로 충돌에 주의한다.

40 다음의 안전보건표지 중 차량 통행금지 표지는?

①

②

③

④

해설

① 탑승금지
③ 사용금지
④ 매달린 물체 경고

41 우리나라에서 흔한 작은소피참진드기를 통해 바이러스에 감염되어 발생되는 질환으로, 체액이나 혈액을 통해 사람과 사람 간에도 전파 가능한 감염성 질환은?

① 쯔쯔가무시증

② 신증후군출혈열

③ 중증열성혈소판감소증후군

④ 렙토스피라증

해설

중증열성혈소판감소증후군(SFTS)

병원소는 아직 근거가 부족하지만, 중국에서 양, 소, 돼지, 개, 닭 등에 대한 혈청 검사에서 SFTSV가 분리되어 병원소일 가능성이 제기되었다. 전파경로는 참진드기가 사람을 물어 전파되며, 체액이나 혈액을 통한 사람과 사람 간 전파가 가능하다. 작은소피참진드기(Haemaphysalis Longicornis)가 주요 매개체이며, 한국, 중국, 일본, 호주 및 뉴질랜드에서 널리 분포하고 있다. 우리나라에서는 전국적으로 분포하며 가장 흔한 종으로 주로 수풀이나 나무가 우거진 환경에서 서식한다.

42 농약의 급성독성의 강도를 나타내는 것으로 독성시험에 사용된 동물의 반수(50%)를 치사에 이르게 할 수 있는 화학물질의 양(mg)을 그 동물의 체중 1kg당으로 표시하는 수치는?

① 최대무작용량(NOAEL ; No Observed Adverse Effect Level)

② 1일 섭취허용량(ADI ; Acceptable Daily Intake)

③ 독성노출비(TER ; Toxicity Exposure Ratio)

④ 반수치사약량(LD_{50})

해설

① 최대무작용량(NOAEL ; No Observed Adverse Effect Level) : 만성독성시험, 번식독성 시험, 기형독성시험, 발암성시험 등에서 시험농약을 시험기간 동안 매일 반복투여하며, 전 시험기간에 걸쳐 투여실험동물에 아무런 악영향을 미치지 않는 최대의 농약량을 최대무작용량이라 한다. 단위는 mg/kg/bw/day로 표기한다.

② 1일 섭취허용량(ADI ; Acceptable Daily Intake) : 농약 등 의도적으로 사용하는 화학물질을 일생동안 섭취하여도 유해영향이 나타나지 않는 1인에 대한 1일 최대섭취허용량을 말하며, 최대무작용량을 안전계수로 나누어 설정한다. 단위는 mg/kg/bw/day로 표기한다.

③ 독성노출비(TER ; Toxicity Exposure Ratio) : 시험생물에 대한 독성값(LC_{50})을 농약을 사용했을 때의 노출량으로 나눈 값으로 위해성을 판단하는 기준이 된다.

43 다음 ( ) 안에 들어갈 용어로 적합한 것은?

> 농약 노출의 90% 이상은 ( )을(를) 통해 흡수되기 때문에 농약의 ( ) 노출에 대한 평가가 반드시 이루어져야 한다.

① 피 부
② 호흡기
③ 구 강
④ 눈

해설

피부 : 가장 흔히 볼 수 있는 독성물질의 침투경로이다. 농약은 잡초의 표피나 해충의 체벽을 쉽게 침투하여 잡초와 해충을 죽게 만든다. 고온 작업조건에서는 피부의 땀구멍들이 개방되기 때문에 위험도가 높아지며, 고온 상태에서는 베인 곳, 피부병이나 오픈된 상처 등에 의한 농약의 흡수가 빨라진다.

44 위험요인 노출수준 측정방식 중 직독식 측정방식의 사례에 해당하는 것은?

① 공기 흡입 펌프를 이용하여 화학적 위험요인이나 생물학적 위험요인들로 오염된 공기를 여재(필터, 활성탄 등)로 통과시켜 여재에 채취된 위험요인의 양(mg 등)을 알아내는 방식
② 동영상 촬영 및 체크리스트 평가방식
③ 액체의 산도를 리트머스 종이를 넣어서 색깔의 변화를 보는 방식
④ 영상 촬영과 인터뷰 등을 통하여 작업방식을 확인

해설

현장에서 직접 농도나 강도를 읽는다는 의미의 가장 대표적인 방법이다. 리트머스 종이의 색깔 변화를 통해 액체의 산도를 확인하는 방식 등이 여기에 속한다. 이러한 직독식 측정은 유해요인의 대상, 측정하고자 하는 목적, 활용도에 따라 사용하는 방법과 장비, 기기 등이 다를 수 있다.

45 우리나라에서 가장 많이 발생하는 진드기 매개 질환으로서 감염된 털진드기의 유충에 물려서 걸리며, 10~12월에 대부분의 환자가 발생하는 것은?

① 신증후군출혈열
② 렙토스피라증
③ 쯔쯔가무시증
④ 중증열성혈소판감소증후군

해설

쯔쯔가무시증
• 들쥐에 기생하는 털진드기의 유충이 풀숲이나 관목 숲을 지나는 사람을 물어 전파시킨다.
• 예방방법으로는 야외활동 시 긴팔, 긴 양말을 착용하며, 농사(야외)활동 후 바로 샤워하고 옷을 세탁하여 진드기를 제거한다.
• 적절한 치료를 하면 1~2일 내 증상이 회복되지만, 방치할 경우 뇌수막염과 같은 합병증이 동반될 수 있다.

46 다음의 감염성 질환 중 인수공통전염병이 아닌 것은?

① Q열

② 디프테리아

③ 렙토스피라증

④ 신증후군출혈열

해설

감염병 예방 및 관리에 관한 법률에 따른 인수공통감염병은 10종(장출혈성대장균감염증, 일본뇌염, 브루셀라증, 탄저, 공수병, 동물인플루엔자 인체감염증, 중증급성호흡기증후군(SARS), 변종 크로이츠펠트-야콥병, 큐열, 결핵)으로 분류되며, 렙토스피라증과 신증후군출혈열도 대표적인 인수공통감염병이다.

47 NIOSH 들기작업 공식을 이용한 중량물취급 작업의 평가에 관한 설명으로 옳은 것을 모두 고른 것은?

> ㄱ. 들기지수(LI)가 1보다 작으면 안전한 작업이다.
> ㄴ. 작업지속시간과 작업의 횟수를 조사해야 한다.
> ㄷ. 가장 좋은 조건에서 들기작업의 최대권장하중은 25kg이다.

① ㄱ

② ㄷ

③ ㄱ, ㄴ

④ ㄱ, ㄷ

해설

미국 산업안전보건연구원(NIOSH) : 90%의 성인 남녀가 수용할 수 있는 최대중량을 23kg로 제시하고 있다.

48 다음 중 농약 살포와 관련하여 주의하여야 할 사항으로서 옳지 않은 것은?

① 제조작업에는 집에서 입는 편안한 복장을 착용한다.

② 농약살포 시에는 반드시 방제 복장을 착용한다.

③ 온도가 높은 한낮에는 농약작업을 하지 않는다.

④ 남은 농약을 다른 용기에 옮기지 않는다.

해설

농약 조제작업 시에도 방제복장을 착용해야 하며, 중독 사고를 방지하기 위해서 그에 따른 적절한 보호구를 착용한다.

49 산소농도는 작업자뿐만 아니라 측정자에게 영향을 미칠 수 있기 때문에 봄, 초여름의 생강굴처럼 산소결핍이 예상되는 작업장에 들어갈 때 반드시 안전수칙을 지켜야 한다. 다음 중 안전수칙으로 옳지 않은 것은?

① 작업장에 작업자 전원이 들어가 작업을 진행한다.
② 불의의 사고가 발생할 경우에 측정자의 몸을 끌어 낼 수 있도록 로프 등을 측정자의 몸에 묶는다.
③ 공기호흡기나 송기 마스크를 착용하고 작업장에 들어간다.
④ 작업환경 측정 및 산소농도 결핍 작업장이라는 표지판을 준비한다.

> **해설**
> 질식사고 예방 관리를 위해서 안전담당자를 지정하고 외부에 감시인을 배치한다.

50 감염성 질환 예방관리로 옳은 것은?

① 숙주의 관리 – 감염된 사람을 격리시키고, 환경위생, 식품위생, 개인위생 등의 위생관리 방법이 있다.
② 병원소 관리 – 병원체를 배출하는 환자를 신속하게 발견하여 격리시킨다.
③ 숙주의 관리 – 가장 대표적인 것이 예방접종이며 감염병 예방에 가장 효과적이다.
④ 전파과정의 차단 – 병원체를 배출하고 있는 사람, 동물, 물과 같은 환경을 관리한다.

> **해설**
> 전파과정의 차단은 감염된 사람을 격리시키고, 환경위생, 식품위생, 개인위생 등의 위생관리 방법이 있으며 병원소 관리로는 병원체를 배출하고 있는 사람, 동물, 물과 같은 환경을 관리한다. 숙주의 관리로 가장 대표적인 것은 예방접종이다.

51 농업인의 소음성 난청을 예방하기 위하여 산업안전보건법령상의 허용기준을 준용한 경우, 95dB 의 소음이 발생하는 사업장에서 1일 기준 몇 시간까지 근무가 가능한가?

① 1시간   ② 4시간
③ 8시간   ④ 30분

> **해설**
> 소음작업(산업안전보건기준에 관한 규칙 제512조)
> 1일 8시간 작업을 기준으로 85dB 이상의 소음이 발생하는 작업으로, 강렬한 소음작업이란 다음의 어느 하나에 해당하는 작업이다.
> • 90dB 이상의 소음이 1일 8시간 이상 발생하는 작업
> • 95dB 이상의 소음이 1일 4시간 이상 발생하는 작업
> • 100dB 이상의 소음이 1일 2시간 이상 발생하는 작업
> • 105dB 이상의 소음이 1일 1시간 이상 발생하는 작업
> • 110dB 이상의 소음이 1일 30분 이상 발생하는 작업
> • 115dB 이상의 소음이 1일 15분 이상 발생하는 작업

52 우리나라 농업인들이 경험하는 일반적인 스트레스 요인에 관한 기술로서 적절치 못한 것은?

① 다른 업종에 비해 농작업의 경우 기후나 재해에 의해 심각한 영향을 받는다.

② 가계 수입의 불안정성으로 인하여 저축이나 소비생활의 많은 제약을 받게 되고 이는 스트레스로 작용하게 된다.

③ 농업은 자본과 노동이 일원화되어 있어 다른 산업에 비해 직무 스트레스가 낮다.

④ 농업인들의 분업화 사회에서의 근로자가 아닌 '만능 근로자(Multiple Player)'가 되어야 하는 부담이 가중되고 있다.

해설

우리나라의 농업인의 경우 '자본과 노동을 동시에 책임져야 하는 구조적 상황'에 있다는 점에서 업무수행 과정에서의 이중적 부담이 가중된다. 이러한 상황은 다시 농업인 가계의 경제적 부담을 야기해 스트레스를 유발하게 된다.

53 여름철 노지 작업 시 온열스트레스(WBGT)를 평가하고자 할 때 측정에 필요한 항목을 모두 나열한 것은?

ㄱ : 적외선	ㄴ : 건구온도
ㄷ : 습구온도	ㄹ : 흑구온도
ㅁ : 가시광선	

① ㄱ, ㄴ

② ㄴ, ㄷ, ㅁ

③ ㄴ, ㄷ, ㄹ

④ ㄱ, ㄴ, ㄷ, ㄹ, ㅁ

해설

• 옥외(태양광선이 내리쬐는 장소) 측정
  습구흑구온도(WBGT, ℃) = 0.7 × 습구온도 + 0.2 × 흑구온도 + 0.1 × 건구온도
• 옥내(태양광선이 내리쬐는 않는 장소) 측정
  습구흑구온도(WBGT, ℃) = 0.7 × 습구온도 + 0.3 × 흑구온도

54 급성 중독 시, 신경 말단의 아세틸콜린 신경화학전달물질 분해를 억제하여 발한, 요실금, 설사, 복통, 침 분비 과다 및 호흡부전을 일으키는 살충제 농약의 성분은?

① 유기염소계

② 유기인계

③ 네레이스톡신계

④ 무기농약

해설

유기인계 농약은 주로 아세틸콜린에스테라제(Acetylcholinesterase)를 저해하여 급성 중독증상을 보이며, 임상증상으로 두통, 현기증, 무력감, 경련, 청색증, 설사, 기관지 분비액 증가, 구토 등을 발생시킨다.

55 자외선이 인체에 미치는 좋은 영향으로 올바른 것은?

① 비타민 C 합성 ② 백내장

③ 피부노화 ④ 살균작용

해설

자외선이 인체에 미치는 긍정적인 영향으로는 살균작용과 비타민 D 합성이 있다.

56 유황을 함유한 유기물이 부패하면서 발생되며 달걀 썩는 냄새가 특징인 유해물질로 흔히 밀폐된 저장고 등에 들어갔을 때 노출될 수 있으며 고농도에 노출 시 사망사고로 이어질 수 있는 물질은?

① 이산화탄소 ② 일산화탄소

③ 암모니아 ④ 황화수소

해설

황화수소(H_2S) : 황과 수소로 이루어진 화합물로서, 상온에서는 무색의 기체로 존재하며, 특유의 달걀 썩는 냄새가 나는 유독성 가스이다. 공기와 잘 혼합되며 물에 용해되기 쉽다. 자연에서는 화산가스나 광천수에도 포함되어 있고, 황을 포함한 단백질의 부패로도 발생한다. 오수 · 하수 · 쓰레기 매립장 등에서의 유기물이 혐기성 분해(산소가 없는 조건에서의 유기물 · 무기물의 분해)에 의해 발생한다.

저농도 노출 시에는 눈의 점막, 호흡기 점막자극 등으로 심한 통증 유발하나, 고농도 노출 시에는 후각이 마비되어 악취 및 질식위험 신호를 느끼지 못한다. 700ppm 이상의 고농도 노출 시에는 노출 즉시 호흡정지 또는 질식으로 사망한다.

57 다음 중 근골격계 질환에 대한 설명으로 옳지 않은 것은?

① 근골격계 질환은 주로 근육, 신경, 인대, 관절, 척추디스크 등에 나타나는 만성적인 건강장해이다.

② 농업인의 가장 대표적인 근골격계 질환은 골절이다.

③ 근골격계 질환의 위험요인으로는 부적절한 작업 자세, 중량물 작업, 반복적인 동작, 진동 등을 들 수 있다.

④ 작업 자세, 무리한 힘의 사용이 원인이 되기도 한다.

해설

농업인의 대표적인 근골격계 질환으로는 요통, 관절염, 근막통증후군 등을 들 수 있다.

58 다음 중 허리 부위나 중량물취급 작업에 대한 유해요인의 주요 평가기법은?

① REBA
② JSI
③ RULA
④ NLE

해설

NLE(NIOSH Lifting Equation) : 취급중량과 취급횟수, 중량물 취급위치, 인양거리, 신체의 비틀기, 중량물 들기
쉬움 정도 등 여러 요인을 고려해 들기 작업에 대한 권장무게한계(RWL)를 쉽게 산출하도록 하는 평가방법이다.

59 연간 분진 노출시간 조사 시 필요한 요소가 아닌 것은?

① 연간 작업량
② 1회당 작업시간
③ 작업물의 무게
④ 작업 시 사용 도구

해설

연간 분진 노출시간 조사 양식
- 작목명
- 작업명
- 연간 작업 횟수
- 1회 작업시간
- 작업 시 사용 도구/농기계
- 분진마스크 사용 여부

60 농약 용도구분에 따른 용기마개 색깔이 옳게 연결된 것은?

① 생장조정제 – 청색
② 살균제 – 황색
③ 살충제 – 적색
④ 제초제 – 분홍색

해설

농약 용도 구분에 따른 용기마개 색

종 류	살균제	살충제	제초제	비선택성 제초제	생장조정제	기 타
마개 색	분홍색	녹 색	황색(노랑)	적 색	청 색	백 색

61 스트레스 예방관리의 개인적 관리방안 중 (   )에 알맞은 용어는?

> (   )은 깊은 이완을 통해 뇌의 전기적 독성, 즉 뇌파를 전환시켜 줌으로써 스트레스를 극복하는 방법이다.

① 명상법
② 인지–행동기법
③ 점진적 근육이완법
④ 생체 자기제어 기법

해설

② 인지–행동기법 훈련 : 훈련 참가자가 경험하는 상황에서 받는 스트레스를 결정해주는 평가과정을 수정할 수 있고 스트레스원을 관리하기 위한 행동기술을 개발할 수 있도록 고안되었다.
③ 점진적 근육이완법 : 신체가 반응하는 스트레스로 인한 증상을 완화시켜 주는 방법이다.
④ 생체 자기제어 기법 : 자신이 수행한 것에 대해 피드백을 받을 때 가장 잘 인식하게 된다.

62 다음 중 자연발화가 일어나는 조건으로 알맞지 않은 것은?

① 주위 온도가 높을수록
② 표면적이 클수록
③ 촉매물질이 존재할 때
④ 열 축적이 작을수록

해설

자연발화의 조건
• 열의 축적이 클수록
• 주위 온도가 높을수록
• 열의 발생속도가 빠를수록
• 표면적이 클수록
• 촉매물질의 존재 유무에 따라 발생

63 전기 화재의 경로별 원인으로 가장 거리가 먼 것은?

① 저전압

② 누 전

③ 단 락

④ 접촉부의 과열

해설

전기 화재의 경로별 원인 : 고전압, 누전, 단락, 접촉부의 과열 등

64 농약 중독 예방관리를 위한 보호구 종류 및 착용방법으로 적절치 않은 것은?

① 신체 부위 중 손은 농약 노출에 가장 취약한 부분 중 하나이므로 면장갑을 착용하고 작업한다.

② 농약 전용 방제복 또는 방수 기능이 있는 옷을 착용하여야 한다.

③ 호흡기로 흡입되는 농약을 방지하기 위하여 농약 방제용 방독마스크를 사용하는 것이 좋다.

④ 농약 보호구에는 방제복, 마스크, 장갑, 고글, 장화 등이 있다.

해설

일반 면장갑은 방수가 되지 않으므로 방수 기능이 있는 고무 재질의 장갑 중에서도 내화학성 기능의 장갑을 사용하는 것이 중요하다.

65 정전작업 시 안전조치 사항으로 가장 거리가 먼 것은?

① 단락 접지

② 전원 투입의 방지

③ 절연보호구 수리

④ 작업 장소의 보호

해설

국제사회안전협회(ISSA)에서 제시하는 정전작업의 5대 안전수칙

• 작업 전에 전원 차단

• 전원 투입의 방지

• 작업 장소의 무전압 여부 확인

• 단락 접지

• 작업 장소의 보호

66 안전보건표지의 종류 및 사용범위 등에 관한 설명으로 옳지 않은 것은?

① 빨간색은 방화와 금지를 나타내는 표지이다.

② 노란색은 경고표지이며, 위험을 경고하고 주의해야 할 것을 나타낸다.

③ 파란색은 특정행위의 지시 및 사실의 고지를 나타낸다.

④ 녹색은 정지신호, 소화설비 및 그 장소 유해행위의 금지표지이다.

해설

녹색은 안내표지로 안전에 관한 정보를 제공한다.

67 밀폐 공간에서의 안전작업 절차에 관한 설명 중 옳지 않은 것은?

① 작업위험 요소 인지, 가스 농도 측정 및 환기방법, 재해자 구조 및 응급처치 방법 등의 작업자 안전보건교육을 시행한다.

② 위험농도 측정 장비(황화수소, 산소, 암모니아 등), 환기팬, 공기호흡기, 통신수단(무전기), 출입구 '위험경고' 혹은 '출입금지' 표지판 등의 장비를 구비한다.

③ 밀폐공간 작업자에게 응급상황이 생기면 외부 감시인이 즉시 구조한다.

④ 작업 전, 작업 중 계속 환기를 수행한다.

해설

질식사고 예방 관리

• 기술적·관리적 대책

– 작업 시작 전과 작업 중에 유해가스 농도 및 산소농도를 측정한다.

– 충분한 환기를 실시하고 호흡용 보호구를 지급한다.

– 폐수처리 저류소 수위를 확인하고 방법을 개선한다.

– 안전담당자를 지정하고 감시인을 배치한다.

– 질식자 구출 시 송기마스크 등 호흡용 보호구를 착용한다.

– 작업장소에 출입하는 근로자의 인원을 상시점검한다.

– 해당 근로자 외 출입금지와 작업장소에 '관계자 외 출입금지' 표지판을 게시한다.

– 밀폐공간 작업자가 외부 감시인과 상시연락을 취할 수 있는 연락장비를 구비한다.

• 교육적 대책

– 현장에서의 질식재해 예방에 관한 교육을 실시한다.

– 작업위험 요인과 이에 대한 대응방법에 대하여 교육을 실시한다.

– 사고 시의 응급조치에 대해 교육한다.

68 방독마스크 종류에 따른 정화통 색깔과 용도가 알맞게 연결된 것은?

① 할로겐가스용 – 적색 – 화재연기

② 유기가스용 – 흑색 – 유기용제, 유기화합물 등의 가스, 증기

③ 소방용 – 녹색 – 일산화탄소가스

④ 황화수소용 – 백색, 흑색 – 아황산가스

해설

종 류	정화통	용 도
할로겐가스용(A)	회색, 흑색	할로겐가스 또는 증기
산성가스용(B)	회 색	염산, 붕산, 황산미스트
유기가스용(C)	흑 색	유기용제, 유기화합물 등의 가스, 증기
일산화탄소용(E)	적 색	일산화탄소가스
소방용(F)	백색, 흑색	화재 연기
연기용(G)	백색, 흑색	연 기
암모니아용(H)	녹 색	암모니아가스
아황산가스, 황산용(I)	백색, 등색	아황산가스, 황산미스트
청산용(J)	청 색	청산가스
황화수소용(K)	황 색	황화수소가스

69 농약 중독 응급처치 중 흡착제의 종류로 맞는 것은?

① 아드솔빈

② 알코올

③ 생리식염수

④ 이온수

해설

흡착제(활성탄, 아드솔빈, 목초액 등)를 먹여 장에서 농약이 흡수되는 것을 방지한다.

70 다음 중 방제복, 방제마스크, 고무장갑 등의 보호장구를 착용하고 반드시 바람을 등지고 작업해야 하는 기계는?

① 비닐 피복기

② 난방기

③ 연무기

④ 사료작물 수확기

해설

연무기

• 방제작업 시에는 바람을 등지고 살포하고 방제복, 방제마스크, 고무장갑 등의 보호장구를 착용한다.

• 사람이나 가축을 향해 약제를 살포하지 않는다.

• 연소실 커버 및 방열통 커버는 상당히 뜨거우므로 작업 중 또는 작업 직후에 옷, 손, 작물 등이 닿지 않도록 조심한다.

• 연소실이 가열된 상태이거나 기계가 가동 중일 때는 연료나 약제를 주입하지 않는다.

71 한랭질환 중 저체온증 환자에 대한 응급처치 요령으로 옳지 않은 것은?

① 가능한 한 빨리 환자를 따뜻한 장소로 이동하여 체온을 유지시킨다.

② 환자의 젖은 옷을 벗기고, 마른 담요나 침낭으로 감싸 준다.

③ 경증 환자라면 담요로 덮어 주는 정도로도 충분하다.

④ 뜨거운 난로나 장작불 등 직접적인 열을 직접가하며 혈액순환 증진을 위하여 카페인, 알코올을 섭취하도록 한다.

해설

저체온증 환자의 응급처치

• 가능한 한 빨리 환자를 따뜻한 장소로 이동하여 체온을 유지시킨다.

• 젖은 옷은 벗기고 건조하고 따뜻한 담요 등을 덮어 준다.

• 체온 소실의 50% 이상이 머리를 통해 일어나므로 환자의 머리도 감싸 준다.

• 심장 상태가 불안정하여 부정맥을 초래할 수 있으므로 환자의 움직임을 최소화시킨다.

• 의식이 있으면 따뜻한 물을 먹이고, 의식과 호흡이 없으면 심폐소생술을 시행한다.

• 외형상 사망한 것처럼 보이는 환자가 응급처치로 소생하는 경우가 많으므로 최대한 빨리 병원으로 이송한다.

70 ③ 71 ④ 정답

72 뱀에게 물렸을 경우 응급처치 방법으로 옳은 것은?

① 계속 움직이며 독이 온몸에 퍼지는 것을 막는다.

② 물린 부위는 심장보다 아래에 위치시켜 독이 심장쪽으로 퍼지는 것을 지연시킨다.

③ 손으로 상처 부위를 직접 압박한다.

④ 상처 부위의 반지나 시계는 그대로 두어 독이 퍼지지 않도록 한다.

해설

뱀에게 물렸을 경우 응급처치
- 환자를 안정시키도록 하며 흥분해서 걷거나 뛰면, 독이 더 빨리 퍼지므로 주의한다.
- 팔을 물렸을 때는 반지와 시계를 제거한다. 그냥 두면 팔이 부어오르면서 손가락이나 팔목을 조여 혈액순환을 방해할 수도 있다.
- 물린 부위는 비누와 물로 씻어 낸다.
- 물린 부위는 움직일수록 독이 더 빨리 퍼지므로 움직이지 않게 고정시키고, 심장보다 아래에 위치시켜 독이 심장쪽으로 퍼지는 것을 지연시킨다.
- 물린지 15분 이내인 경우에는 진공흡입기를 사용하여 독을 제거한다. 진공흡입기가 없거나, 의료기관이 1시간 이상 거리에 떨어져 있는 경우 입으로 상처를 빨아 독을 제거해 볼 수 있으나, 입안에 상처가 있는 사람이 빨아서 독을 제거할 경우 오히려 입안의 상처를 통해 독이 흡수될 수 있음을 반드시 주지한다.
- 상지에서 40~70mmHg의 압력으로 물린 부위 전체에 압박 붕대를 하는 것과, 하지에서 55~70mmHg의 압력으로 압박 붕대를 하는 것이 효과적이며 안전한 방법으로 뱀독이 퍼지는 것을 막아 준다.
- 1399로 문의하여 최대한 빨리 항독소가 있으면서 적절한 치료를 받을 수 있는 병원으로 이송한다.
- 모든 응급의료기관에서는 초기 독사 교상 처치 시 전문생명유지술(Advanced Life Support)을 시행해야 한다. 환자에게 저혈압이 발견되면 초기 치료로 등장성 수액을 빠르게 정주해야 한다. 경증의 경우를 제외한 모든 환자에서 독사 중독치료에 익숙한 의사나 독물센터에 자문을 의뢰한다.
- 진행되는 증상이나 징후를 보이는 모든 뱀 교상 환자는 즉시 항독소를 투여받는다. 진행되는 소견으로는 국소 손상이 악화되는 경우(동통, 반상 출혈 또는 종창), 검사실 이상 소견(혈소판 감소, 응고시간 지연, 섬유소원 감소) 또는 전신증상(불안정한 생체 징후, 의식의 변화) 등이 있다.
- 급성 알레르기 반응이 발생하면 즉시 주입을 멈추고 항히스타민제를 투여하며 반응의 정도에 따라 에피네프린을 투여한다.
- 저혈압이 발생하면 등장성 수액을 투여한 뒤 승압제를 투여한다. 응고 장애가 있을 때는 항독소가 최상의 치료지만 출혈 발생 시 혈액 성분 제제의 보충이 필요하다. 교상 후 다른 합병증으로는 구획(Compartment) 증후군이 있다. 교상으로 구획 안에 독액이 주입되면 구획 압력이 증가할 수 있으며 임상 양상으로는 구획 안에 국한된 심한 동통이며 마약성 진통제에 호전되지 않는다.

73 외상의 종류와 내용이 알맞게 연결된 것은?

① 타박상 : 칼이나 날카로운 물건의 끝으로 입은 상처

② 찰과상 : 못, 바늘, 철사 등에 찔리거나, 조직을 뚫고 지나간 상처

③ 결출상 : 피부가 찢겨져 떨어진 상태

④ 열상 : 출혈이 내부에 있어서 피부 표면에 멍든 상태

해설

종 류	내 용
타박상(멍)	외부 충격으로 발생하며, 출혈이 내부에 있어서 피부 표면에 멍이 든 상태
찰과상	보통 미끄러지거나 넘어지는 것이 원인으로 피부나 점막이 심하게 마찰되거나 몹시 긁혀서 생긴 상처
열 상	칼이나 날카로운 물건의 끝으로 입는 상처
결출상	철조망, 기계, 동물 등과 접촉하여 피부가 찢겨져 떨어진 상태로 상처 부위에 붙어 있거나 완전히 떨어져 나간 상처
자 상	못, 바늘, 철사 등에 찔리거나, 조직을 뚫고 지나간 상처
절단상	신체 사지의 일부분이 잘려 나간 경우

74 저혈당 환자의 응급상황 시 처치방법으로 옳지 않은 것은?

① 혈당측정기로 혈당을 측정한다.

② 기도유지 및 호흡 여부, 의식사정을 한다.

③ 의식이 없어도 경구를 통해 즉시 사탕이나 주스를 제공한다.

④ 의식이 있다면 당뇨병 유무, 식사 여부를 확인한다.

해설

저혈당 시 응급처치
• 의식이 있는 경우 : 즉시 당류(사탕, 주스, 초콜릿 등)를 섭취하게 한다.
• 의식이 없는 경우 : 구강으로 먹이지 않고 신속히 병원으로 이송한다.

75 청력보호구의 종류 중 저음부터 고음까지 차음되는 것은?

① 귀덮개(EM) ② 귀마개(EP-1)
③ 귀마개(EP-2) ④ 귀마개(EM)

해설

종 류	등 급	기 호	성 능	비 고
귀마개	1종	EP-1	저음부터 고음까지 차음	귀마개의 경우 재사용 여부를 제조 특성으로 표기
	2종	EP-2	주로 고음을 차음 저음(회화영역)은 차음하지 않는 것	
귀덮개	–	EM	–	–

76 다음 중 괄호에 알맞은 단어끼리 연결된 것은?

> 양돈장에서 분뇨 처리작업 시 질식사고의 주원인은 (A)로 보고된다. 산업안전보건법령상 적정공기의 (A) 농도 기준은 (B) 미만이다.

① A : 산소부족, B : 18.5~23%
② A : 황화수소, B : 30ppm
③ A : 황화수소, B : 10ppm
④ A : 이산화탄소, B : 1.5%

해설

양돈장에서 분뇨처리 작업 시 질식사고의 주원인은 황화수소(H_2S)로 보고된다. 산업안전보건법령상 적정공기의 황화수소 농도 기준은 10ppm 미만이다.

77 고열로 인해 발생하는 건강장해 중 가장 위험성이 크며 신체 내부의 체온조절중추가 기능을 잃어 사망에까지 이르게 되는 질환으로 옳은 것은?

① 열경련 ② 열피로
③ 열사병 ④ 열발진

해설

열사병(Heat Stroke)
열사병은 고온 스트레스를 받았을 때 열을 발산시키는 체온조절 기전에 문제가 생겨(Thermal Regulatory Failure) 심부 체온이 40℃ 이상 증가하는 것을 특징으로 한다. 의식장애, 고열, 비정상적 활력징후, 고온 건조한 피부 등이 나타난다. 치명률은 치료 여부에 따라 다르게 나타나지만 대부분 매우 높게 나타나고 있다.

78 심폐소생술 시행방법으로 적절치 않은 것은?

① 한 손으로 환자의 머리를 젖히고 다른 손으로 턱을 들어 올려 기도를 개방시킨다.

② 쓰러진 환자의 얼굴과 가슴을 10초 이내로 관찰하여 호흡이 있는지를 확인한다. 환자의 호흡이 없거나 비정상적이라면 심정지가 발생한 것으로 판단한다.

③ 환자를 단단하고 평평한 곳에 등을 대고 눕힌 뒤에 가슴뼈(흉골)의 아래쪽 절반 부위에 깍지를 낀 두 손의 손바닥 뒤꿈치를 댄다.

④ 압박 시에는 분당 60~100회의 규칙적인 속도와 2~3cm의 깊이로 강하고 **빠르게** 압박한다.

> **해설**
> 가슴 압박은 성인에서 분당 100~120회의 속도와 약 5cm 깊이(소아 4~5cm)로 강하고 빠르게 시행한다.

79 안전복의 소재와 용도가 바르게 연결된 것은?

① 두꺼운 즈크 면 : 분진 마찰 및 거칠거나 자극적인 표면으로부터 보호

② 부직포 섬유 : 1회용으로 분진이나 튀는 액체로부터 보호를 위한 것

③ 가공처리된 모 혹은 면 : 특정 산이나 기타 화학물질로부터 보호

④ 고무, 고무처리된 직물, 네오프렌 및 플라스틱 : 무겁거나 날카롭거나 거친 자재를 다룰 때 절단이나 타박상으로부터 보호

> **해설**
>
> | 부직포 섬유 | 부직포 섬유로 만든 보호복은 1회용으로서 분진이나 튀는 액체로부터 보호를 위한 것 |
> |---|---|
> | 가공처리된 모 혹은 면 | 가공 처리된 모 혹은 면으로 만든 방호복은 온도가 변하는 작업장에 잘 맞으며, 내화성이 있고 편안하다. 분진 마찰 및 거칠거나 자극적인 표면으로부터 보호해 준다. |
> | 두꺼운 즈크 면 | 면밀하게 직조된 면직물(즈크 ; 캔버스)은 근로자들이 무겁거나, 날카롭거나, 거친 자재를 다룰 때 절단이나 타박상으로부터 보호해 준다. |
> | 고무, 고무처리된 직물, 네오프렌 및 플라스틱 | 이 재료로 만든 방호복은 특정 산이나 기타 화학물질로부터 보호해 준다. |

80 작업자가 생강굴에서 작업을 할 예정이다. 작업 시 착용할 개인보호구로 적합한 것은?

① 방독마스크　　　　　　② 산소마스크

③ 방진마스크　　　　　　④ 방제마스크

> **해설**
> 산소 결핍(18% 미만)이 우려되는 작업, 고농도의 분진, 유해물질, 가스 등이 발생하는 작업, 작업강도가 높거나 장시간 작업, 유해물질 종류와 농도가 불명확한 작업에는 산소마스크를 사용할 수 있다.

교육은 우리 자신의 무지를 점차 발견해 가는 과정이다.

– 윌 듀란트 –

교육이란 사람이 학교에서 배운 것을 잊어버린 후에 남은 것을 말한다.

– 알버트 아인슈타인 –

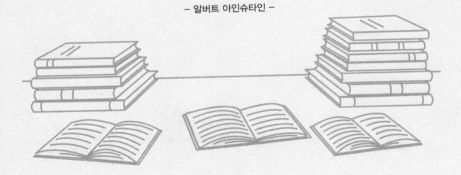

우리 인생의 가장 큰 영광은 결코 넘어지지 않는 데 있는 것이 아니라

넘어질 때마다 일어서는 데 있다.

– 넬슨 만델라 –

참 / 고 / 문 / 헌

- 농촌진흥청 국립농업과학원, 건강한 농업인, 안전한 농작업, 2018
- 농촌진흥청, 이경숙, 김경란, 김효철, 김경수, 최동필, 인테러뱅 : 건강한 농업인, 건강한 농업농촌, 전우용사촌 (주), 2018
- 안전보건공단, 밀폐공간작업 질식재해예방 종합 매뉴얼, 2017
- 민경애, bigmama 민경애 지역사회간호, ㈜시대고시기획, 2017
- 농촌진흥청, 농업기계 관련 농업인 손상 실태, 2017
- 농촌진흥청, 농업인 안전관리 포인트, 2017
- 농촌진흥청, 농업활동 안전사고 예방 가이드라인, 2017
- 농촌진흥청, 농업기계 관련 농업인 손상 실태, 전주, 2017
- 농촌진흥청, 농업인의 전도사고 종류와 예방, 2016
- 농촌진흥청, 알기 쉬운 농업인의 업무상 손상, 2016
- 농촌진흥청, 농작업 유해요인의 노출평가와 개선, 2016
- 통계교육원 국가통계의 이해, 2015
- 농촌진흥청 국립농업과학원, 농업인을 위한 개인보호구 및 보조장비, 2014
- 농촌진흥청, 농업기계 안전사고 실태, 2012
- 농촌진흥청, 농작업 관련 근골격계질환 예방, 2011
- 김병갑, 신승엽, 김유용, 김형권, 이용범, 농업기계 안전이용지침서, 농촌진흥청 국립농업과학원. 수원, 2011
- 농촌진흥청, 농작업 및 생활환경 안전관리 길라잡이, 2010
- 농촌진흥청, 농작업재해 현황 및 원인 통계의 구축 방안, 2009
- 농촌진흥청, 이경숙, 김경란, 김효철, 김경수, 농업인 업무상재해 관리체계에 관한 연구, (주)을지글로벌, 2006
- 신승엽, 김병갑, 윤진하, 강창호, 이용복, 농업기계 안전사고 Zero를 위한 농작업 안전지침서, 농업공학연구소. 수원, 2005
- 고상백, 농업인의 건강 : 원인, 현황 및 대책, 대한의사협회지
- 권순찬, 이수진, 정미혜, 농업인의 건강유해요인, 대한의사협회지
- 농업인건강안전정보센터, 유해요인 관리(농작업환경 유해요인의 이해 1, 2, 3)
- 농촌진흥청, 농작업 안전관리 핸드북 『농업인의 직업병에 대하여』 중에서
- 법제처 국가법령정보센터 www.law.go.kr
- 농촌진흥청, 농약정보서비스 www.nongsaro.go.kr
- 농촌진흥청, 농약정보서비스 http://pis.rda.go.kr/
- 안전보건공단, 안전보건실무길라잡이-농업 http://guide.kosha.or.kr/agriculture/index.do
- 농업안전보건센터 http://www.koreanfarmer.org/
- 농촌진흥청 국립농업과학원, 농업인건강안전정보센터 http://farmer.rda.go.kr/
- 고용노동부 안전관리공단, 현장작업자를 위한 소화기 종류와 사용방법, 2016

2024 농작업안전보건기사 필기 한권으로 끝내기

개정6판1쇄 발행	2024년 07월 05일 (인쇄 2024년 06월 07일)
초 판 발 행	2019년 01월 03일 (인쇄 2018년 11월 08일)
발 행 인	박영일
책 임 편 집	이해욱
편 저	박지영
편 집 진 행	윤진영 · 김달해
표지디자인	권은경 · 길전홍선
편집디자인	정경일
발 행 처	(주)시대고시기획
출 판 등 록	제10-1521호
주 소	서울시 마포구 큰우물로 75 [도화동 538 성지 B/D] 9F
전 화	1600-3600
팩 스	02-701-8823
홈 페 이 지	www.sdedu.co.kr

I S B N	979-11-383-7203-9(13520)
정 가	33,000원